JN428875

항공추진엔진

가스터빈에서 스크램제트 엔진까지

설계/3D프린팅 제작

성홍계 지음

저자소개

성홍계 한국항공대학교 항공우주 및 기계공학부 교수

학사: 인하대학교
박사: (미) 팬실바니아주립대학교

국방과학연구소 연구원
한국 항공우주학회(KSAS) 펠로우
영국 항공학회(RAeS) 펠로우
미국 항공우주학회(AIAA) 펠로우
호주 에너지학회(AIHEM) 펠로우
우주기초연구실, 국방특화연구실 등 실장
연구재단 등 국가공공기관 전문 및 자문위원

공저

항공우주 추진기관 개론, 한국추진공학회, 한티미디어
항공우주학 개론 6판, 한국항공우주학회, 경문사

역저

유한체적법을 이용한 전산유체역학, 도서출판 홍릉(홍릉과학출판사)

항공추진엔진

가스터빈에서 스크램제트 엔진까지

설계/3D프린팅 제작

PUBLICATION INDUSTRY PROMOTION AGENCY OF KOREA
2022
세종도서
학술부문
한국출판문화산업진흥원

성홍계 지음

도서출판 홍릉

항공추진엔진

가스터빈에서 스크램제트 엔진까지

설계/3D프린팅 제작

2021년 9월 16일 초판 1쇄 발행
2022년 8월 30일 초판 2쇄 발행

저　자: 성홍계
발행인: 송 준
발행처: 도서출판 홍릉
주　소: 01093 서울시 강북구 인수봉로 50길 10
등　록: 1976년 10월 21일 제5-66호

전　화: 02-999-2274~5, 903-7037
팩　스: 02-905-6729
e-mail: hongpub@hongpub.co.kr
http://www.hongpub.co.kr
ISBN: 979-11-5600-799-9(93550)

정　가: 34,000원

낙장 및 파본은 구입처나 본사에서 교환하여 드립니다.
판권 소유에 위배되는 사항(인쇄, 복제, 제본)은 법에 저촉됩니다.

저자와의 협의하에 인지는 생략됩니다

PREFACE

우리나라의 항공우주 교육의 방향이 빠르게 변화하고 있다. 1980-90년도에는 항공우주 분야의 국내 기술이 선진국에 비하여 많이 부족하여 선진국의 기술을 습득하고자, 항공우주기계의 작동을 이해하는 것이 주 관심사로써 기본적인 현상에 대한 이론 교육과 연구에 집중하였다. 이로 인하여 항공우주 기술의 기반을 다지게 되었으며, 부품 산업에서는 괄목한 성장을 이루었다. 2000년도에는 부품에서 시스템 분야로 확대 발전하여 2020년도 현 시점에서는 우리나라의 항공우주 분야는 거대한 투자만을 요구하는 자본을 잠식하는 산업이 아닌, 현재는 물론 미래 산업의 수익 창출에 일조를 하는 분야로 주목받게 되었다. 이러한 변화에 따라 산업현장에서는 교육방향의 변화 요구도 거세지고 있는데, 그중에서도 학문적인 지식뿐 만 아니라 현장에서 필요로 하는 교육을 요구하고 있다. 이러한 요구를 반영하기 위해 교육의 방식도 변화되고 있다. 일방적 지식 전달이 아닌, 배운 지식을 기반으로 학생이 주도적으로 아이디어를 발휘하여 프로젝트를 함으로서 역학 지식을 바탕으로 응용과 적용을 경험하는 실무를 겸비하게 하는 교육, 프로젝트 기반의 학습 (Project Based Learning) 이 강조되고 있다. 이러한 점을 고려하여 본 서적은 이론을 학습한 후, 엔진을 설계하고 3D 프린터를 이용한 제작까지 연결이 되도록 주요 장마다 설계 프로젝트를 준비하였다. 가스터빈 엔진의 구성품인 흡입구-압축기-연소기-터빈-노즐의 각 세부 장마다 이론학습과 설계 프로젝트를 제시하였다. 각 장의 프로젝트를 수행하면 10장에서 각 구성품을 통합함으로써 엔진이 완성되도록 하였다. 이를 쉽게 할 수 있도록 프로젝트 해설도 제공하였다. 실제로 엔진 설계를 위해서는 설계 조건을 만족하기 위해서 여러 번의 계산을 반복해야 하므로 이를 용이하게 할 수 있도록 주요 설계 프로그램을 수록하였다. 프로젝트를 수행하는데 어려움이 있어 저자에 요청하면 다양한 방법으로 도움을 줄 수 있다.

아울러 모든 분야가 점점 글로벌화 되어가는 속도가 상당히 빠른데, 추진 분야도 이에 부합하고 있다. 현대 가스터빈 엔진을 사용한 항공기로 서울에서 서울 반대쪽에 있는 뉴욕까지 비행하는데 12시간 정도 소요가 된다. 이를 2시간으로 비행시간을 줄인다면 지구는 일일 생활권이 될 수 있을 것이다. 이를 위하여 우선적으로 초고속 엔진이 개발이 되어야 하는데, 스크램제트 엔진이 그 해결책으로 주목을 받고 있다. 스크램제트 엔진은 극초음속까지 비행영역의 확장이 가능한 엔진이다. 불과 10여년 전 만해도 스크램제트 엔진의 구현이 가능할까? 라는 의구심 속에 있었지만, 그동안 많은 연구자들의 노력과 초고속 기술개발의 열망으로 문제점들이 하나씩 해결되면서 실용화되는 단계로 접어들고 있다. 반면에 우리나라에서는 스크램제트 엔진 교육에 도움이 되는 서적이 많이 부족하여 본 서적에서 다루고자 하였다. 이 또한 각 장(11, 12장)의 프로젝트를 수행하면서 램제트와 스크램제트 엔진의 설계를 경험하도록 하였다. 프로젝트 수행에 어려움이 있어서 저자에게 요청하면 도움을 제공할 수 있다.

빠르게 변화되는 공기흡입식 엔진 (가스터빈, 램제트, 스크램제트 엔진) 기술을 이해하고, 설계/해석/제작을 실질적으로 경험하는 학습에 도움이 되길 바라는 마음으로 본 서적을 저술하게 되었다. 본 서적이 완성되기까지 수고한 종합설계 및 캡스톤 디자인에 참여했던 진욱화, 민영덕, 이상윤, 윤동규, 천호석, 이동선 그리고 김종찬 박사의 수고에 감사함을 표한다. 잘 참아주고 응원해준 가족들에게도 고마운 마음을 전하고 싶다.

2021년 9월

저자

CONTENTS

Chapter 1

서론

Chapter 2

열역학 복습

Chapter 3

가스터빈 엔진 개론

Chapter 4

엔진의 성능 인자

Chapter 5

가스터빈 엔진 성능 해석

Chapter 6

흡입구와 노즐

Chapter 7

연소기

Chapter 9

터빈

Chapter 10

가스터빈 엔진 통합 설계와 탈설계

Chapter 11

램제트 엔진

Chapter 12

스크램제트 엔진

Chapter 1

서 론

Chapter 1
서론

1.1 추진 기관의 기본 개념

1.1.1 추진 원리

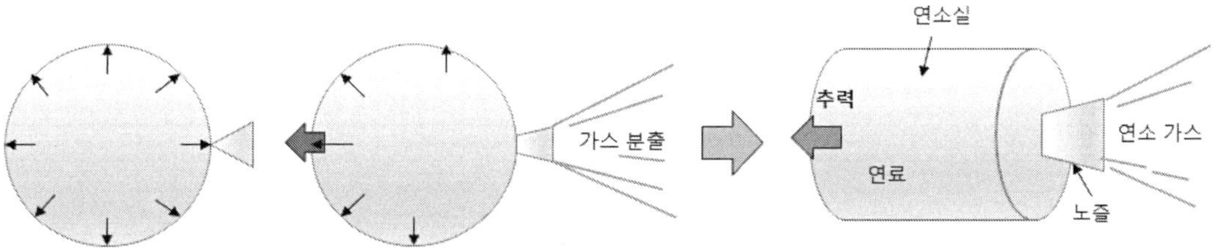

〈풍선의 이동 원리〉 〈추진 원리〉

[그림 1-1] 추진 기관의 추진 원리

그림 1-1)에서 보는 것과 같이 풍선에 가스를 넣어 압력을 높인 후에, 풍선의 출구를 열면 풍선의 내부와 외부의 압력차에 의해서 풍선 속에 있는 가스가 밖으로 분출되고, 이 가스가 분출될 때 발생하는 분출 힘의 반력(뉴턴의 작용과 반작용 법칙의 원리)에 의해 풍선은 가스가 분출되는 반대 방향으로 전진하게 된다. 풍선 속에 있는 가스의 압력이 높을수록 분출되는 가스의 질량 유량과 속도가 더 커지므로, 더 큰 추진력을 얻을 것으로 예상할 수 있다. 따라서 추진 기관의 추력의 크기는 연소실의 압력, 분출되는 가스의 질량 유량, 분출 속도와 상당히 연관이 깊다는 것을 알 수 있다. 이러한 이유로 추진 기관은 일반적으로 연료(화학 에너지가 높은 물질)를 안정적으로 연소시켜 연소된 가스를 사용하여 연소실의 압력을 높게 하고, 연소실에서 생성된 고온고압의 연소가스를 노즐을 통하여 빠르게 분출시킴으로써 그 반력을 이용하여 추진력을 얻는다. 이러한 추진 원리에 따라 화학 에너지를 사용하는 추진 기관은 성능 증대를 위해 연소실 압력을 가능한 높히는 노력을 한다.

1.1.2 추진 기관의 분류

추진 기관은 산화제의 탑재 유무, 연료의 종류, 연료의 상(Phase: 고체, 액체, 기체), 엔진의 구성, 엔진의 동력 원리 등 여러 가지 기준으로 분류를 할 수 있다.

사용되는 연료에 따라 화학 연료를 사용하는 추진 기관과 비화학 연료를 사용하는 추진 기관으로 분류할 수 있다. 일반적으로 짧은 시간에 큰 추력을 요하는 추진 기관은 대체로 화학 연료를 사용한다. 이에 반하여 전기 추진 장치는 전자기 에너지를 이용하기 때문에 비화학 에너지를 사용하는 추진 기관이라 할 수 있다. 이 외에도 핵에너지 등은 다른 비화학적 에너지를 사용하는 추진 기관으로 분류된다.

사용하는 산화제에 따라 추진 기관을 분류할 수도 있으며, 산화제 사용 방식에 따라 로켓 추진 기관과 공기 흡입식 추진 기관(엔진)으로 구분한다. 로켓 추진 기관은 산화제(산소)를 비행체에 탑재/저장하여 사용하는 반면에 공기 흡입식 엔진은 대기의 공기를 엔진 내로 흡입하여 공기 중에 있는 산소를 산화제로 사용한다.

또한 로켓 추진 기관의 연료의 종류와 저장 상태의 상(Phase)에 따라서 로켓 추진 기관의 명칭을 달리한다. 고체 상태의 연료를 사용하면 고체 로켓 추진 기관(원어에서는 고체 로켓 모터, Solid rocket motor), 액체 상태의 연료를 사용하면 액체 로켓 추진 기관(액체 로켓 엔진, Liquid rocket engine)이라고 부른다. 로켓에서는 연료와 산화제를 합쳐 추진제(Propellant)라고 부르는데 고체 로켓인 경우 추진제는 연료와 산화제를 잘 혼합하여 반죽된 상태에서 고형화하여 고체 상태의 추진제가 사용된다. 반면에 액체 로켓은 액체 연료와 산화제를 별도의 탱크에 저장한 후에, 연소에 필요한 양의 연료와 산화제를 분사기를 통해 연소실 내로 분사하면 연료/산화제는 서로 혼합된 후에 연소된다.

공기 흡입식 추진 기관(공기 흡입식 엔진, Air-breathing engine)으로는 가스터빈 엔진, 램제트 엔진, 스크램제트 엔진 등이 있으며, 가스터빈 엔진은 주로 아음속 비행 또는 지상 발전용에 적합한 엔진으로 흡입구에서부터 연소실까지 아음속에서 작동한다. 램제트 엔진은 초음속 비행에 적합한 엔진으로서 초음속으로 유입된 공기는 흡입구에서 아음속으로 감속되어, 연소실에서는 아음속에서 연소된 후 노즐을 통해 높은 초음속으로 분출되어 추력을 발생한다. 스크램제트 엔진은 극초음속 비행에 적합한 엔진이며 극초음속으로 유입된 공기는 흡입구에서 초음속으로 감속되고, 연소실에서 초음속에서 연소된 후 노즐을 통해 극초음속으로 분출되어 추력을 발생한다. 데토네이션 엔진은 흡입구의 개폐 작용을 통해 흡입 공기를 엔진 안에 머물게 하고, 순간적으로 연료를 분사하여 연소시켜서 생성된 고온 고압의 연소가스를 노즐을 통해 빠른 속도로 분출시켜 추력을 얻는다. 그림 1-2)는 위에서 구별한 추진 기관의 분류를 나타낸다.

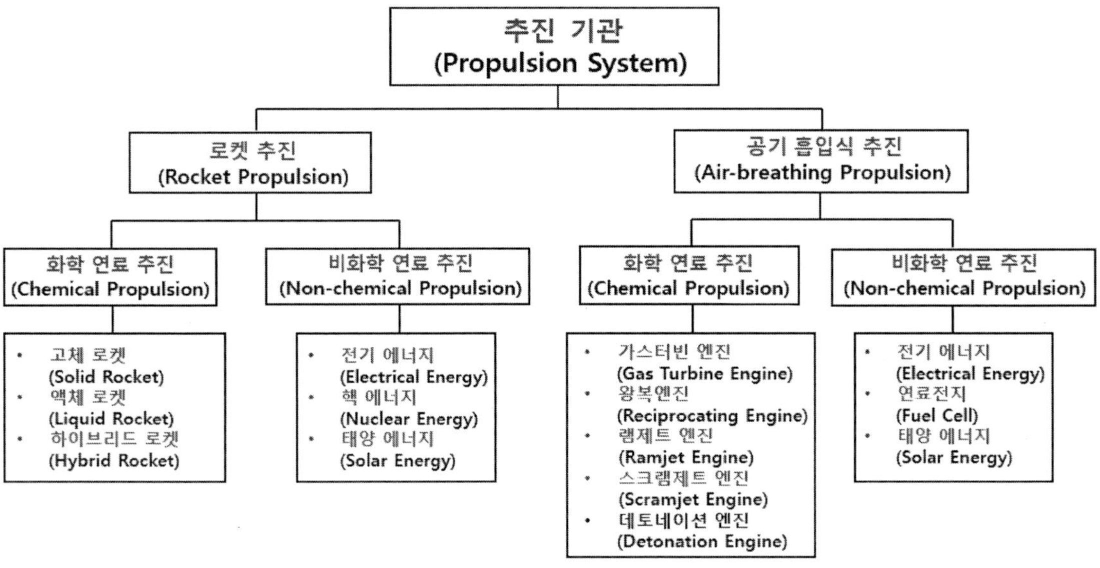

[그림 1-2] 추진 기관의 분류

1.2 로켓 추진 기관과 공기 흡입식 엔진

로켓 추진 기관(누리호)

공기 흡입식 엔진(KF-X)

[그림 1-3] 로켓 추진 기관과 공기 흡입식 엔진

로켓 추진 기관과 공기 흡입식 엔진의 차이점에 대해서 좀 더 구체적으로 알아보고 각 기준에 따른 분류를 살펴보자(그림 1-3 참조).

(1) 산화제 저장 유무

로켓 추진 기관과 공기 흡입식 엔진의 큰 차이점은 비행체 안에 산화제의 탑재 유무이다. 로켓 추진 기관은 산화제를 비행체 내의 탱크에 저장하여 연소에 필요한 만큼 산화제를 사용한다. 반면에 공기 흡입식 엔진은 대기 중의 공기를 엔진 내부로 흡입하여, 그 공기 안에 있는 산소를 산화제로 사용한다. 따라서 비행체 내에 산화제를 탑재하는 로켓 추진 기관은 사용이 가능한 산화제가 한정적인 반면에, 공기 흡입식 엔진은 대기 중의 산소를 이용하기 때문에 대기가 있는 환경에서만 작동된다.

(2) 운항 고도 또는 공기 밀도

대기 중의 공기를 이용하는 공기 흡입식 엔진은 고도가 높아질수록 공기의 밀도와 온도가 낮아진다. 그러기 때문에 공기 흡입식 엔진을 사용할 수 있는 고도는 제한되며 그 이상의 고도로 올라가면 공기가 희박하여 연소가 불안정하게 일어나거나 연소가 안 되는 경우가 발생한다. 반면 로켓 추진 기관은 자체적으로 산화제를 탑재하여 사용하기 때문에 고도에 영향을 받지 않는다. 따라서 로켓 추진 기관은 고도에 큰 제한이 없으며, 산소가 없는 우주 공간에서도 사용이 가능하다.

(3) 비행 방향

로켓 추진 기관은 공기를 흡입하지 않으므로 흡입구가 없고, 추력 방향 조절장치로 추력 방향을 다양한 각도로 조정이 가능하지만, 공기 흡입식 엔진은 공기 흡입구로 유입되는 공기의 유입 방향(비행 방향)에 따라 필요한 공기가 흡입되지 못하면 연소가 불안정하게 일어난다. 따라서 공기 흡입식 엔진은 대기의 받음각(비행각도) 제한이 로켓보다 상대적으로 크게 제한된다.

(4) 재활용 가능성

보통 로켓 추진 기관은 일부 재사용하는 로켓 추진 기관(우주 왕복선의 부스터, 스페이스 X 부스터의 재활용 엔진)이 있지만, 대부분 한 번만 사용하는 일회성이다. 반면 공기 흡입식 엔진은 보통 항공기의 추진 기관으로 사용하며 재사용된다.

1.3 공기 흡입식 엔진의 종류

공기 흡입식 엔진은 엔진의 작동 범위에 따라 구분할 수 있다. 각 엔진에 대해 자세히 알아보자(그림 1-4, 1-6 참조).

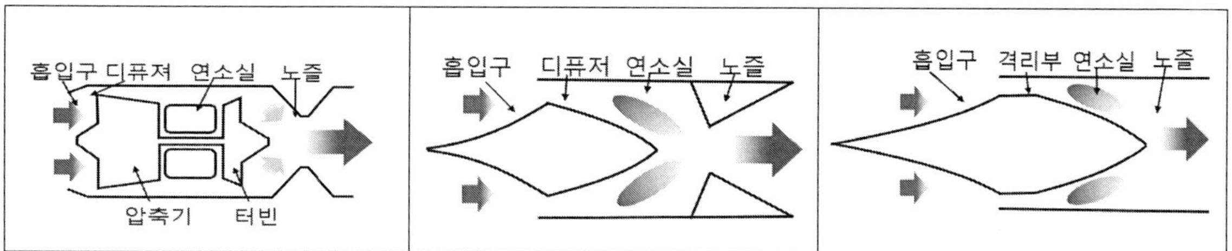

(a) 가스터빈 엔진 (Gas turbine engine)	(b) 램제트 엔진 (Ramjet engine)	(c) 스크램제트 엔진 (Scramjet engine)

[그림 1-4] 공기 흡입식 엔진의 분류

1.3.1 가스터빈 엔진(Gas Turbine Engine)

가스터빈 엔진에 대한 분류와 자세한 내용은 차후에 설명하며, 여기서는 가스터빈 엔진 중 하나인 터보제트 엔진(Turbojet engine)을 예로 들어 설명한다. 터보제트 엔진은 원활한 연소를 위하여 압축기에서 압축된 공기를 연소실에 공급하며, 연소실에서 발생한 고온 고압의 연소가스가 터빈을 가동시킨다. 터빈은 압축기에서 필요로 하는 회전력을 공급한다. 터빈을 통과한 연소가스는 노즐을 통해 가속되고 제트로 분사되어 분출하는 제트의 반력으로 추력을 얻는다. 따라서 엔진의 동력을 얻는 주요 장치인 터빈과 제트를 합하여 터보제트 엔진이라고 부른다. 터보제트 엔진은 일정 속도 이상이 되어 유입 공기 속도가 흡입구에서 너무 빨라지면(예를 들어 흡입 공기가 높은 초음속으로 들어오면) 압축기는 공기의 유입 흐름을 방해(Blocking)하는 현상이 발생한다. 이는 흡입 공기 유량이 크게 감소하여 엔진의 효율이 크게 저하되므로, 주로 아음속 비행용 엔진으로 사용된다. 초음속 전투기 같은 경우 터보제트 엔진을 사용하는데, 항력이 증가하여 효율이 떨어지는 것을 감수하고도 빠른 기동을 위해 필요에 따라 필요한 시간 동안 초음속에 사용되기도 한다.

1.3.2 램제트 엔진(Ramjet Engine)

램제트 엔진(Ramjet engine)은 초음속으로 흡입되는 공기가 쐐기 모양의 흡입구를 지나갈 때 충격파가 발생되고 이 충격에 의해서 초음속의 흡입 공기는 아음속까지 감속되어 압력이 높아지는 원리를 이용한다. 이런 현상, 즉 공기의 속도가 감속되면 압력이 상승하는 압축 현상 을 램(Ram) 또는 램 효과(Ram effect)라고 한다. 흡입구에서 압축된 공기는 덕트(또는 디퓨저(Diffuser))를 통해 연소실로 공급되며, 연소실에서 아음속 연소로 발생된 연소가스가 노즐을 통하여 초음속으로 빠르게 분출되는 제트의 힘으로 추진력을 얻는다.

램 압축을 위한 흡입구의 형상은 일반적으로 쐐기 형태(Wedge shape)인데, 이는 아음속 흡입구처럼 둥근 형태(Blunt shape)로 하면 흡입구 앞에서 수직 충격파가 발생하여 전압력 손실이 크게 증가되어 흡입구의 효율(압력 회복률)이 크게 저하되므로, 쐐기 형태로 설계하는 것이 추진 효율을 높일 수 있는 방법이다.

▣ 램 효과(Ram effect)

램 효과(Ram effect)란 공기의 압축 성질을 이용하는 효과이다. 아음속 유동이 물체를 지나갈 때는 물체 주변으로 완만하게 유동이 흐르지만 초음속 유동은 물체에 강하게 부딪쳐서 물체 앞에 충격파(Shock wave)가 발생한다. 즉 초음속 이상의 유동이 물체 주위로 흐를 때 아음속과 다르게 공기가 물체에 강하게 부딪침으로 물체 주위에서 충격파가 발생하며, 충격파에 의해 공기가 압축되는데 이를 램 압축(Ram compression)이라 한다(그림 1-5 참조). 이는 유동이 물체에 충돌함에 따른 유동의

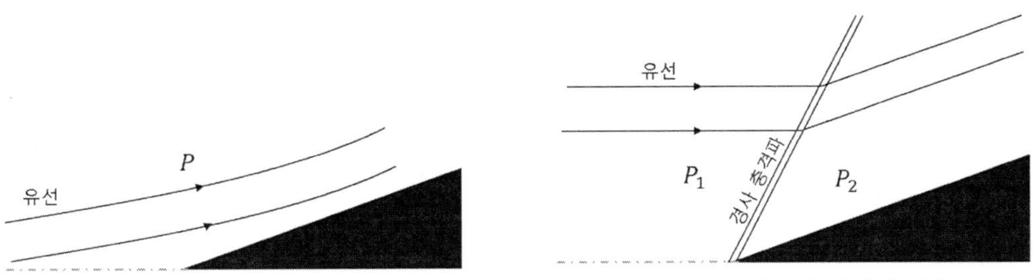

(a) 아음속 유동에서의 부드러운 유선　　(b) 초음속 유동에서의 경사 충격파 발생($P_1 < P_2$)

[그림 1-5] 기체가 물체 주위로 흐를 때 유속에 따른 유동 구조의 차이

역압력 구배(상류에 비하여 하류의 압력이 증가)가 발생하고, 역압력 구배의 정보는 음속으로 전달되므로, 아음속 유동에서는 유동이 물체에 도달하기 전에 역압력 구배의 정보가 유동에 전달된다. 따라서 부드럽게 유동이 형성된다. 하지만 초음속 유동에서는 역압력차의 정보를 전달하는 속도(음속)보다 유동 속도가 빠르기 때문에 유동은 물체에 부딪치게 되며 이러한 충돌은 충격파를 발생시킨다. 충격파가 발생하면 속도가 감소되고 압력이 증가하기 때문에 고속 추진 기관인 램제트 엔진과 스크램제트 엔진에서는 압력 손실을 최소화하면서 공기를 압축하기 위해 램 효과를 이용한다.

1.3.3 스크램제트 엔진(SCRamjet Engine)

스크램제트 엔진(Scramjet engine)의 SCRamjet은 Supersonic Combustion Ramjet의 약자로 초음속으로 연소됨을 호칭한 것이다. 극초음속으로 흡입되는 공기를 램 효과를 이용하여 흡입구와 격리부에서 낮은 초음속(마하수 2~3)으로 감속/압축하고, 연소실로 유입된 공기는 연료와 혼합되어 초음속에서 연소된다. 스크램제트 엔진은 램제트 엔진과 같이 흡입 공기를 압축시키고자 하는 목적은 같지만, 연소기에서 아음속 연소하는 램제트와는 달리 초음속에서 연소된다는 점이 다르다.

앞에서 설명한 공기 흡입식 엔진(가스터빈 엔진, 램제트 엔진, 스크램제트 엔진)의 특징을 정리하면 표 1-1)과 같다.

[표 1-1] 공기 흡입식 엔진의 특징

엔 진	추력원	압축 방식	설 명
가스터빈 (터보제트 엔진)	제트 (Jet)	압축기 (Compressor)	• 압축기를 이용한 공기 압축 • 아음속 연소 → 연소 효율이 높고 아음속 순항에 적합 • 분출 제트의 반작용으로 추력 생성
램제트		램압축 (Ram compression)	• 램(Ram) 효과를 이용한 공기 압축 • 아음속 연소 → 초음속 순항에 적합(마하수 2~4) • 분출 제트의 반작용으로 추력 생성
스크램제트			• 램(Ram) 효과를 이용한 공기 압축 • 초음속 연소(Supersonic combustion) → 극초음속 순항에 적합(마하수 5~10) • 분출 제트의 반작용으로 추력 생성

1.3.4 데토네이션 엔진(Detonation Engine)

램제트와 스크램제트 엔진은 흡입 공기를 압축하기 위해서 램 효과를 사용한다는 것을 알았다. 하지만 이 램 효과를 이용하기 위해서는 흡입 공기는 충격파가 발생되는 초음속 이상의 유동이 흡입구로 유입되어야 한다. 만약 흡입 공기가 아음속으로 흡입되면 램 효과가 크지 않기 때문에 추력이 매우 작다. 이러한 단점을 보완하기 위해 고안된 엔진 중에 데토네이션 또는 펄스제트 엔진이 있다(그림 1-6 참조).

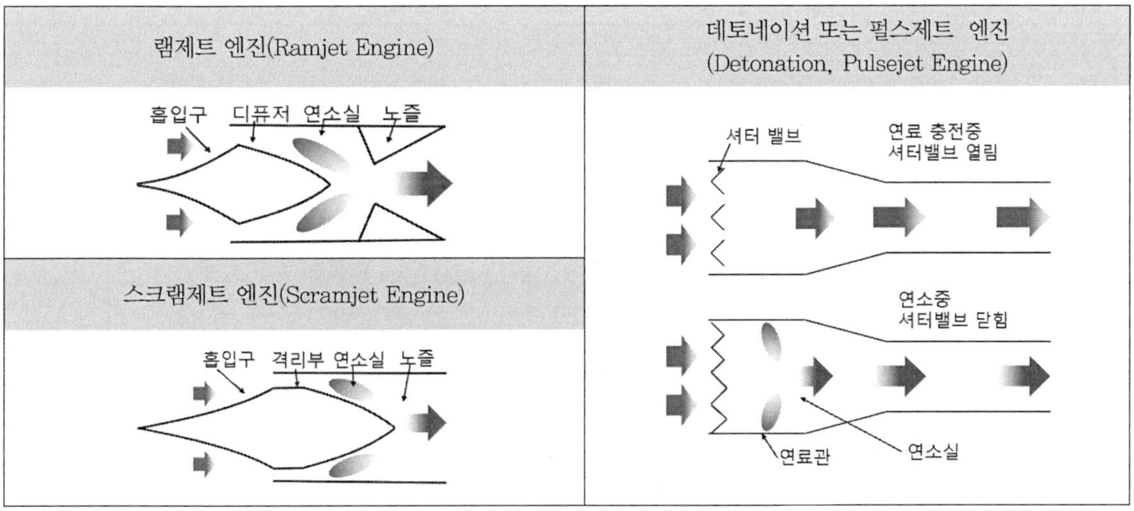

[그림 1-6] 고속 추진 기관(엔진)의 종류

데토네이션 엔진은 흡입구의 개폐 작용을 통해 흡입 공기를 연소실 안에 머물게 하고, 순간적으로 연료를 분사하여 연소되어 생성된 고온 고압의 연소가스를 노즐을 통해 빠른 속도로 분출시켜서 추력을 얻는다. 연소된 고압의 연소가스가 대기로 분출될 때 굉음이 발생되어 데토네이션 엔진 또는 흡입 공기 밸브의 개폐에 의해 연소가 펄스(맥박)처럼 일어나므로 펄스제트 엔진으로 부른다. 엔진의 연소가스를 배출시킨 후에는 흡입구를 열어 새로운 공기가 들어오게 하여 위 단계를 반복한다. 따라서 흡입 공기의 속도에 무관하게 추력을 얻을 수 있다는 장점이 있다. 하지만 큰 추력을 얻기 위해서는 연소를 빠르게 해야 하는데, 이를 위하여 흡입구 입구의 개폐 속도 또한 빨라져야 하므로 개폐 속도의 한계 내에서 엔진 작동이 가능하다.

1.3.5 결합 사이클 엔진(Combined Cycle Engine)

공기 흡입식 엔진은 비행 속도와 자세가 엔진의 작동 가능 여부 및 엔진의 성능에 큰 영향을 준다. 엔진의 성능을 대변하는 인자(파라미터)들에는 여러 가지가 있다. 성능 인자는 3장에서 자세히 다루며, 이번 장에서는 추진 기관의 비추력(Specific impulse)에 대해 설명하고, 결합 사이클 엔진에 대해 알아보자.

비추력은 사용된 연료(추진제)로 얼마나 많은 추력을 생성했는지를 나타내는 엔진의 성능 인자이다. 즉,

추력을 연료(공기 흡입식 엔진의 경우)의 질유량률 또는 추진제(로켓 추진 기관의 경우)의 질유량률로 나눈 것으로 정의되며, 비추력(I_{sp})식은 다음과 같다.

$$I_{sp} \equiv \frac{F}{\dot{m}_f} \text{ 또는 } I_{sp} \equiv \frac{F}{\dot{m}_p} \text{ [sec]} \tag{1-1}$$

이는 다른 표현으로 총역적(Total impulse: 일정 시간 동안 얻은 추력×시간의 합)을 소모된 연료의 양으로 나눈 것으로 표현될 수 있다.

$$I_{sp} \equiv \frac{\int_0^{t_b} F\,dt}{m_f} \text{ 또는 } I_{sp} \equiv \frac{\int_0^{t_b} F\,dt}{m_p} \tag{1-2}$$

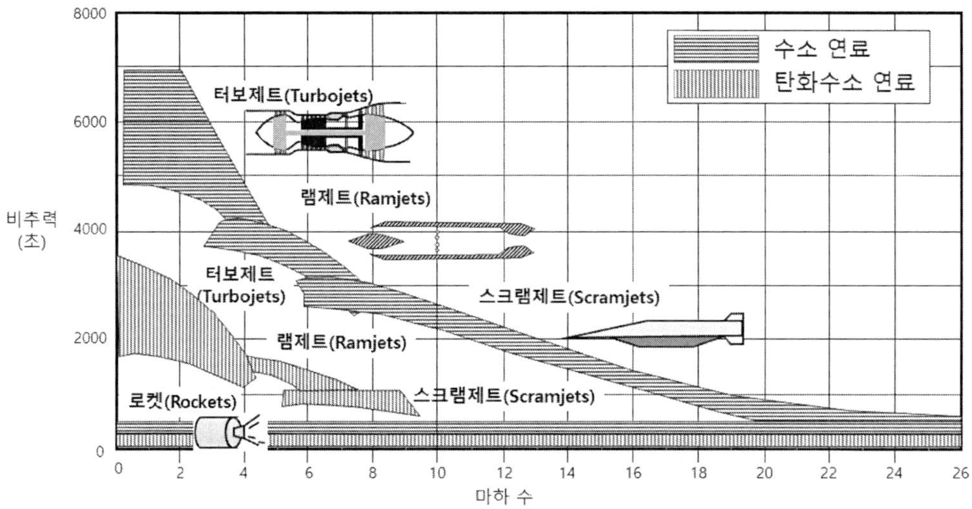

[그림 1-7] 각종 추진 기관의 비행 속도(마하수)에 따른 비추력[1] 선도

로켓 추진 기관은 산화제를 비행체에 탑재하여 사용하므로 공기 흡입식 엔진의 비추력에 비하여 매우 낮다(그림 1-7 참조). 하지만 로켓 추진 기관은 공기가 없는 대기권 밖에서도 비행이 가능하고, 공기 흡입구가 없기 때문에 흡입 공기의 영향을 받지 않으므로 로켓 추진 기관은 비행 속도에 상관없이 거의 일정한 비추력을 갖는다. 반면에 공기 흡입식 엔진의 추력은 흡입구의 성능에 크게 영향을 받는다. 엔진의 작동 영역이 비행 속도와 고도에 의해 제한되지만 비추력이 로켓 추진 기관보다 높다. 공기 흡입식 엔진은 엔진의 종류(형태)에 따라 운용 범위와 비추력이 결정된다. 또한 고도의 영향을 많이 받는데, 고도가 높을수록 대기 중의 공기 밀도가 낮아지므로, 공기 흡입량이 작아져서 추력이 감소되고 때로는 연소 불안정 현상이 발생한다. 그러므로 광범위한 비행 속도와 넓은 영역의 비행 환경(고도 등)에서 효과적인 비행을 위해서는

1) 비추력 : 비추력은 추진제(또는 연료) 1kg이 1초 동안 소비될 때에 발생하는 추력

한 종류의 엔진으로 비행하는 것은 불가하거나, 가능하더라도 매우 비효율적이므로 비행 영역에 적합한 엔진의 선택이 필요하다.

공기 흡입식 엔진의 작동 영역과 성능을 만족하면서 광범위한 비행에 효과적인 엔진의 작동을 위하여 몇 가지의 엔진을 조합하는 결합 사이클 엔진을 적용할 수 있다. 이는 아음속 비행에 유용한 엔진과 초음속 및 극초음속에 유용한 엔진을 조합하여 출발(Take off)에서부터 극초음속까지 비행 속도를 효과적으로 증가시킬 수 있는 방법이다. 결합 사이클 엔진은 대표적으로 TBCC(Turbine based combined cycle) 엔진과 RBCC(Rocket based combined cycle) 엔진이 있다.

TBCC 엔진은 터보제트 엔진을 이용하여 아음속에서 초음속 이상으로 가속이 가능하다. 초음속에서는 램제트 엔진이 작동하고, 극초음속에서는 스크램제트 엔진이 작동하는 엔진이다. 전 비행 구간에서 효과적으로 공기의 흡입과 압축을 위하여 흡입구 형상을 변화시키는 가변 흡입구를 사용하고, 아음속에서의 공기 유로와 초음속 이상에서의 공기 유로를 다르게 한다. 초음속 이상에서 흡입구 형태는 쐐기형으로 하여 램 압축을 이용한 램제트와 스크램제트 엔진이 작동하도록 각각의 엔진 작동을 바꿔준다(그림 1-8 참조).

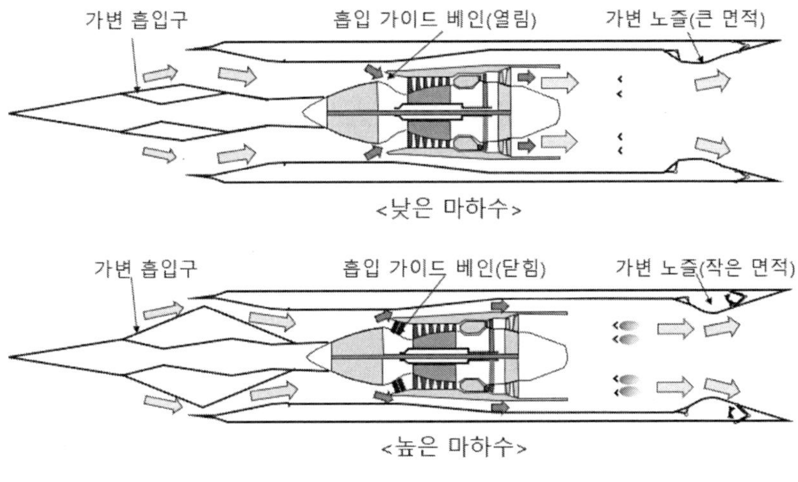

[그림 1-8] TBCC(Turbine Based Combined Cycle) 엔진

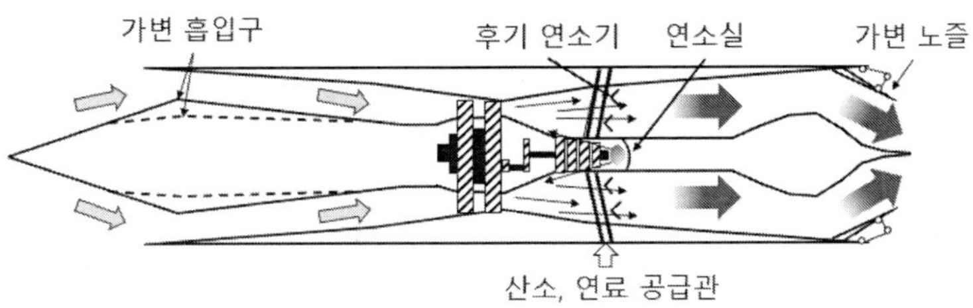

[그림 1-9] RBCC(Rocket Based Combined Cycle) 엔진

RBCC 엔진은 TBCC 엔진과 달리, 출발에서 초음속까지 가속하기 위하여 로켓 추진 기관을 사용한다(그림 1-9 참조). 따라서 RBCC 엔진은 TBCC 엔진에 비해 엔진 구성이 간단하고, 무게도 상대적으로 작다는 장점이 있다. 하지만 앞서 비추력에서 확인했듯이 로켓 추진 기관은 가스터빈 엔진에 비해 비추력이 작으므로 엔진의 성능 효율이 TBCC 엔진에 비하여 낮다.

1.4 새로운 엔진 개념

1.4.1 열역학적 사이클 관점

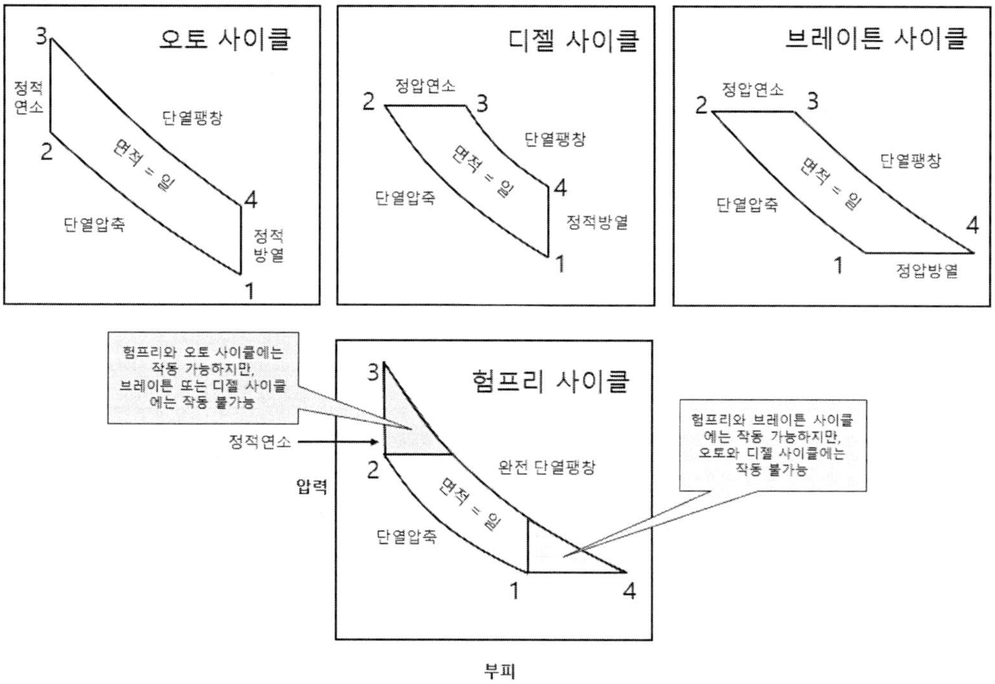

[그림 1-10] 대표적 엔진의 열역학적 사이클의 압력-체적 선도

그림 1-10)은 열역학적 사이클에 대한 P-V(압력-체적) 선도를 보여준다. 오토 사이클과 디젤 사이클은 자동차용으로 많이 사용하는 왕복 기관 사이클이다. 오토 사이클은 단열 압축-정적 연소-단열 팽창-정적 방열 과정으로 이루어진다. 피스톤이 상사점에 도달했을 때 최소 체적에서 짧은 시간 동안 정적 연소가 발생되고 이때 고온, 고압의 연소가스는 등엔트로피 팽창을 하고 짧은 시간 동안 정적 과정으로 배기가 된다. 반면에 디젤 사이클은 오토 사이클과 배기 과정은 같으나 연소가 정압 연소로 차이가 있다. 이때의 정압 연소 과정은 디젤인 경우엔 피스톤이 최상(상사점)에서 연료가 발화가 시작되어 연소 시에는 피스톤이

하강하므로 압력이 일정하게 유지된다고 본다. P-V선도의 면적은 정미 일(Net work)을 뜻한다. 따라서 연소실의 최대 압력이 동일하다면 오토 사이클이 디젤 사이클보다 더 많은 일을 얻을 수 있다. 이는 같은 압력에서 비교한 것으로, 실제는 디젤 사이클은 연소 압력을 더욱 크게 할 수 있으므로 디젤 사이클이 오토 사이클보다 연소 효율이 높다.

가스터빈 엔진을 대변하는 브레이튼 사이클은 단열 압축-정압 연소-단열 팽창-정압 방열 과정이다. 가스터빈의 배기가스는 대기압에 노출되어 있기 때문에 정압 방열 과정으로 볼 수 있다.

사이클의 성능을 높게 하기 위한 방법 중 하나는 P-V 선도의 면적을 증가시키는 방법이다. 따라서 브레이튼 사이클과 오토 사이클의 과정을 결합하여 Humphrey 사이클과 같이 만들 수 있다. 이 사이클은 연소를 할 때는 정적 과정이며 배기할 때는 정압 과정을 통해서 P-V 선도의 면적을 증가시킬 수 있다(그림 1-11 참조).

1.4.2 성능 관점

X-47 Pegasus

X-43

[그림 1-11] 새로운 개념의 항공기

그림 1-11)은 초음속 및 극초음속에서 비행을 위한 새로운 형태의 비행체를 보여준다. 초고속 비행에서 비행 성능이 우수하도록 비행체의 형상은 유선형이 아닌 쐐기형으로 다양하게 각진 형상이다. 이러한 비행체의 형상과 아음속-초음속-극초음속의 광범위한 비행에 순추력을 발생하는 추진 기술이 필요하다. 이를 위해 아음속에서 초음속까지 작동이 가능한 가스터빈 엔진의 개발이 필요하며, 초음속에서 극초음속까지 광범위한 마하수에서 작동이 가능한 스크램제트 엔진의 개발이 요구된다. 가스터빈 엔진의 관점에서는 그동안 아음속 비행에 적합하도록 개발되었으나, 초음속에서도 흡입구와 압축기의 성능(압력 회복률)이 크게 저하되지 않도록 하며, 연소기에서 더욱 빠른 공기의 유속에서도 연소 효율이 크게 감소되지 않도록 연소기가 설계되어야 한다. 이에 대한 구체적인 설명은 3장에 기술하였다. 스크램제트 엔진은 극초음속 영역에서의 순추력 발생 초점에서 개발되었다면 초음속에서 극초음속까지 엔진 작동이 가능하고, 특별히 낮은 초음속과 높은 극초음속(탈설계 영역)에서도 순추력이 발생되면서 성능 효율이 크게 저하되지 않는 엔진 기술이 개발되어야 한다. 우선적으로 무인기 또는 유도탄에 기술을 적용하고 있으며, 기술이 성숙되면 전투기 및 초고속 민항 항공기로의 확대가 기대된다. 이에 대한 구체적인 설명은 12장에 기술하였다.

연습문제

1 로켓과 공기 흡입식 엔진의 차이점을 작동개념과 작동가능 범위 측면에서 설명하시오.

2 추력 발생 원리 관점에서 연소실의 직경이 같을 때, 4종류 추진 기관(고체 로켓 모터, 액체 로켓 엔진, 가스터빈 엔진, 램제트 엔진)을 추력 크기가 큰 순서부터 나열하고 그 이유를 설명하시오.

3 각 추진 기관의 추력 발생 개념과 작동 한계와 비추력을 비교 및 설명하시오.
(1) 고체 로켓 모터, 액체 로켓 엔진, 가스터빈 엔진, 램제트 엔진
(2) 가스터빈 엔진, 램제트 엔진, 스크램제트 엔진, 펄스데토네이션 엔진
(3) TBCC 엔진과 RBCC 엔진

4 오토 사이클, 디젤 사이클, 브레이튼 사이클의 차이점과 각 사이클을 적용한 엔진의 사례를 드시오.

5 험프리 사이클의 압력-부피 선도를 그리고, 적용 가능 엔진의 개념을 설명하시오.

6 비행체 A의 엔진은 액체 엔진이며, 비행체 B의 엔진은 가스터빈 엔진이고, 비행체 C의 엔진은 스크램제트 엔진이다. 모든 비행체(비행체 A, 비행체 B, 비행체 C)의 노즐에서 분사되는 배기가스의 속도가 음속이라면 각 비행체는 가속하겠는가? 감속하겠는가? 속도 변화가 없겠는가? 그 이유를 설명하시오. (이때 비행체 동체의 항력은 무시)

7 문제6)에서 어떤 비행체가 가장 많이 가속, 감속하겠는가? 그 이유를 설명하시오.

8 문제6)의 비행체 A, B, C의 고도가 상승한다면 추진력은 증가하는가? 감소하는가? 변화가 없는가? 그 이유를 설명하시오, 단 연료–공기비는 이상적 혼합비를 유지하고 있다.

9 문제6)의 비행체 A, B, C의 엔진을 이상적으로 설계하면 무한정으로 속도를 빠르게 할 수 있는지 아니면 할 수 없는지 각각에 대하여 설명하시오.

10 문제6)의 비행체 A, B, C가 비행체 형상 측면에서 어떤 차이점이 있으며, 그 이유를 설명하시오.

Chapter 2

열역학 복습

Chapter 2
열역학 복습

2.1 소개(Introduction)

엔진은 열 에너지를 이용하여 추력 및 동력을 발생시키는 열기관이다. 작동 유체인 흡입 공기가 흡입구와 압축기를 통과하여 연소기에서 연료와 혼합/연소되어 고온 가스가 발생되어 배출된다. 작동 유체가 흡입되어 배출되기 때문에 개방 사이클(open cycle)이라 할 수 있다.

엔진 내부의 각 구성품(구간)에서 열역학 상태량의 변화를 통해 추력 및 발생 동력을 알 수 있다. 엔진 성능의 해석 방법을 간단히 접근하기 위하여 작동 유체를 표준 공기로 가정하여 엔진 내부의 관내 유동을 이상적으로 접근할 수 있다. 열역학에서 배운 이상 열유동(Ideal thermo-fluid) 개념을 바탕으로 엔진에서 나타나는 손실(비가역성, irreversibility)을 고려하여 실제 엔진의 손실을 고려한 성능을 해석할 수 있다. 엔진의 관내 유동에서는 표 (2-1)과 같이 벽면에서 마찰, 벽을 통한 열 전달, 연소실에서의 공기와 연료의 혼합에 의한 화학 반응, 흡입구와 노즐과 같은 유로의 면적 변화, 압축성 효과 등이 발생하고, 실제 유동의 열역학 상태량에도 영향을 준다.

[표 2-1] 엔진에서 나타나는 물리적 현상

• 마찰(Friction on the wall)
• 벽을 통한 열 전달(Heat transfer through the wall)
• 연소실에서의 혼합 및 화학 반응(Mixing and chemical reaction in the combustor)
• 덕트 유로의 면적 변화(Area change of the duct)
• 압축성 효과 및 충격파(Compressible effects and shock waves)

2.2 상태 방정식(Equation of state)

상태 방정식은 기체의 상태를 압력, 온도, 밀도(또는 체적)로 표현한 관계식이다. 이상 기체(Ideal gas or perfect gas)는 분자의 부피를 무시하고, 분자들이 분자의 크기에 비하여 서로 멀리 떨어져 있을 경우에 분자들은 서로 영향을 받지 않는다고 가정한다. 가스터빈 엔진의 성능 해석은 압축성 이상 기체 상태 방정식을 적용할 수 있다.

이상 기체 상태 방정식의 수식적 표현은 다음과 같다.

$$p = \rho RT \qquad \text{식 (2-1)}$$

위 식에서 비례상수인 R은 기체 상수를 의미한다. 기체 상수는 크게 두 가지로 표현이 가능한데 하나는 **보편 기체 상수**($\overline{R}$ or R_u, Universal gas constant), 또 하나는 물질의 분자량을 고려한 **일반 기체 상수**(R, Gas constant)이다. 이 일반 기체 상수는 $R = \overline{R}/MW$로 정의되고 보편 기체 상수($\overline{R}$)에 그 물질의 분자량(MW)으로 나누어 준 값이다.

(여기서, $\overline{R} = 8314\dfrac{J}{kmol \cdot K} = 4.97 \times 10^4 \dfrac{ft \cdot lbf}{slug \cdot mol \cdot R}$)

예를 들면, 산소의 분자량이 $32\,kg/kmol$이기 때문에 보편 기체 상수($\overline{R}$)를 산소의 분자량인 $32kg/kmol$으로 나눠준 값이 산소의 일반 기체 상수(R)가 된다. 각 물질의 분자량이 다르므로, 물질마다 일반 기체 상수 값도 모두 다르다. 따라서 작동 유체가 어떤 물질인지 알면 분자량을 알 수 있고, 이 분자량을 이용하여 작동 유체의 일반 기체 상수를 구해 이상 기체 상태 방정식을 적용할 수가 있다. 특별한 언급이 없다면 열역학적으로 해석할 때 모든 기체는 이상 기체로 취급한다.

예제2.1

건공기(Dry air)의 정압력과 온도가 각각 4.0 MPa, 25℃이다. 밀도를 구하시오.

해설

$T = 273 + 25 = 298K$

$R = \overline{R}/MW = \dfrac{8314J/kmol \cdot K}{29kg/kmol}$

$\cong 287J/kg \cdot K$

$\rho = \dfrac{p}{RT} = \dfrac{4 \times 10^6 N/m^2}{287J/(kg \cdot K) \cdot 298K}$

$\cong 46.77kg/m^3$

2.3 에너지(열역학 제1법칙)

열역학적으로 물체를 해석할 때 시스템(계)은 매우 중요한 개념이다. 시스템은 밀폐계(Closed system), 개방계(Open system), 고립계(Isolated system)로 구분할 수 있다. 밀폐계는 경계면이 변하는 계(Moving boundary)와 변하지 않는 계로 구분할 수 있으며, 고립계는 실생활에서 쉽게 볼 수 없다. 시스템의 에너지는 변화할 수 있는데, 이는 시스템의 경계(Boundary)를 통해 일(Work), 열(Heat), 물질(Mass)의 형태로 에너지의 유출입이 가능하다. 밀폐계는 물질의 출입은 없지만, 일과 열에 의해 시스템의 내부 에너지를 변화시킬 수 있으며, 개방계는 일과 열 형태의 에너지뿐만 아니라 물질의 질량을 통해서도 시스템의 에너지를 변화시킬 수 있다.

시스템이 에너지를 주고받을 때 열역학 제1법칙에 의해 에너지는 보전이 된다. 따라서 에너지 보존 방정식은 다음과 같이 나타낼 수 있다.

$$\Delta E_{sys} = E_{i.n} - E_{out} = E_{net} \qquad \text{식 (2-2)}$$

위 식에서 하첨자 net는 모든 출입량(들어오고 나가는 양)을 합산한 결과를 의미하며, E_{net}는 시스템내에 출입된 에너지로 인하여 시스템의 변화된 에너지의 양을 의미한다.

식 (2-2)는 에너지 평형식으로써, 시스템의 경계를 통해 들어오고 나간 에너지의 차이만큼 시스템 에너지의 변화량이 결정됨을 의미한다. 또한 시간에 따른 변화량으로 에너지 보존 방정식을 표현하면 다음과 같다.

$$\frac{dE_{sys}}{dt} = \dot{E}_{in} - \dot{E}_{out} \qquad \text{식 (2-3)}$$

시스템의 에너지(E)는 시스템의 온도와 관련된 내부 에너지, 시스템의 운동과 관련된 운동 에너지(Kinetic energy), 시스템의 위치와 관련된 위치(포텐셜) 에너지(Potential energy)의 합으로 표현할 수 있다. 내부 에너지는 시스템 내부 분자의 운동 에너지와 관련된 현열 에너지(Sensible heat energy), 상변화와 관련된 잠열 에너지(Latent energy), 분자 내의 원자결합과 관련된 화학 에너지(Chemical energy), 원자 핵 내의 결합과 관련된 핵 에너지(Nuclear energy) 또는 전자기에 의한 전자기 에너지(Electric energy)로 나타낼 수 있다. 우리 실생활 주변에서 열역학적인 해석은 화학 반응이 없다면 화학 에너지를, 핵분열이 없는 경우엔 핵 에너지를 무시할 수 있으며, 특별한 언급이 없는 경우, 내부 에너지 중에 화학 에너지와 핵 에너지는 무시한다. 시스템이 움직이지 않는다면 운동 에너지는 무시되며, 포텐셜 에너지의 변화도 무시할 수 있다. 이를 다음과 같이 요약할 수 있다.

$$E_{sys} = U_{sys} + KE_{sys} + PE_{sys} \approx U_{sys} \ (\text{if } KE_{sys} = PE_{sys} = 0) \qquad \text{식 (2-4)}$$

2.3.1 밀폐계의 에너지 방정식

만약 밀폐계가 움직이지 않는다면 밀폐계의 운동 에너지와 포텐셜 에너지를 무시할 수 있으므로, 밀폐계의 에너지는 내부 에너지로만 표현이 가능하다. 밀폐계의 경계가 고정(Closed system with no moving boundary)되어 계가 일을 하지 않는다고 가정한다면, 시스템의 에너지는 열 에너지와 경계일(Boundary work) 외의 어떠한 일에 의해 변화될 수 있다. 따라서 경계가 고정되고 움직이지 않는 밀폐계의 에너지 평형(에너지 보존)은 다음과 같이 표현할 수 있다.

$$E_{sys} = U_{sys} = Q_{net,in} - W_{net,out} = Q_{net,in} - W_{shaft} \qquad \text{식 (2-5)}$$

여기서 $Q_{net,in}$는 정미 열 에너지를 의미하며 $Q_{net,in} = Q_{in} - Q_{out}$이며, $W_{net,out} = W_{out} - W_{in}$

이다. 경계가 움직이지 않는 밀폐계는 W_{shaft}는 외부로 공급하는 일과 외부에서 공급되는 일의 합을 의미한다. 따라서 시스템의 내부 에너지는 열의 출입과 일에 의해 변화될 수 있다. 내부 에너지는 온도 변화와 연관이 있다. 내부 에너지를 정량화하기 위하여 비열의 개념을 도입한다. 정적 비열(C_v)이란 경계면이 변하지 않는 밀폐계에서 단위 질량을 단위 온도만큼 증가시키는 데 필요한 열 에너지로 정의되며, 비열은 물질의 에너지 저장능력을 비교할 수 있는 열역학 상태량이다. 하첨자($_v$)는 정적(Constant volume)을 의미한다. 따라서 밀폐계의 내부 에너지 변화는 $de = du = C_v dT$로 표현이 가능하다.

비열은 물질에 따라, 또는 시스템의 종류에 따라서 달라진다. 경계면이 고정된 밀폐계는 정적 과정에서 비열을 측정한 결과인 정적 비열(C_v)을 사용한다. 하지만 경계면이 변화하는 밀폐계에서는 정적 비열대신 정압 비열(C_p)을 사용하는 것이 편리하다. 예를 들면, 실린더와 피스톤으로 구성된 시스템이 있는데 이 실린더에 열량을 공급(가열)하면 실린더 내의 압력이 상승하고, 실린더 내의 압력이 대기압 보다 크게 되면 피스톤은 움직일 것이다. 이 피스톤은 실린더 내의 압력이 대기압과 일치될 때까지 움직이므로 피스톤이 움직이기 전과 후의 시스템 내의 압력은 대기압이므로 변화가 없다. 따라서 전후의 압력이 같으므로 이 과정은 정압 과정이다, 따라서 경계면이 변하는 밀폐계는 정압 비열을 적용을 하는 것이 편리하다.

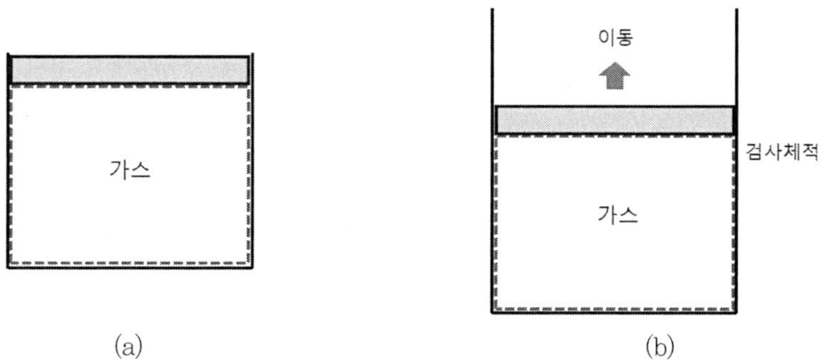

[그림 2-1] 경계가 변하지 않는 밀폐계(a)와 경계가 변하는 밀폐계(b)

경계가 변화하는 밀폐계의 에너지 평형은 다음 식과 같다.

$$\Delta E_{sys} = H_{in} - H_{out} = Q_{net,\,in} - W_{shaft} \qquad \text{식 (2-6)}$$

여기서 H는 엔탈피이다. 엔탈피 변화량은 $dh = C_p dT$로 표현된다. 이상 기체일 때는 내부 에너지뿐만 아니라 엔탈피 또한 온도만의 함수이다.

2.3.2 개방계의 에너지 방정식

개방계는 밀폐계와 다르게 일과 열 에너지뿐만 아니라 물질이 경계를 통해 출입하므로 출입하는 물질이 가지고 있는 에너지를 고려해야 한다. 유동이 가지고 있는 에너지 또는 유동이 시스템으로 출입하게 하는 일(유동 일)은 힘(F)과 힘을 받는 방향으로의 이동 거리(l)의 곱 형태로 표현할 수 있다. 이때 힘을 압력의 형태로 바꾸면 다음 식 (2-7)과 같이 표현할 수 있다.

$$W_{flow} = F \cdot l = (PA) \cdot l = PV \qquad \text{식 (2-7)}$$

즉, 유동일을 압력과 체적으로 표현할 수 있다. 열유체에서는 일을 힘과 거리로 표현하는 것보다는 압력과 체적으로 표현하면 편리한 점이 많다. 단위 질량 당 유동 일은 다음 식과 같다.

$$w_{flow} = Pv \qquad \text{식 (2-8)}$$

따라서 개방계에서 물질의 유출입에 의한 에너지의 변화는 물질 자체의 내부 에너지와 물질이 시스템의 유출입에 의한 유동 일만큼 변화하며, 이를 합쳐서 엔탈피(Enthalpy)로 표현하면 다음 식과 같다.

$$H = U + PV \qquad \text{식 (2-9)}$$

물질의 유출입이 가능한 개방계의 에너지 평형을 표현하면 다음 식과 같다.

$$\Delta E_{sys} = E_{in} - E_{out} = H_{in} - H_{out} = Q_{net,\,in} - W_{shaft,\,out} \qquad \text{식 (2-10)}$$

위에서 설명한 밀폐계(경계면 고정 밀폐계 또는 경계면 변화 밀폐계)와 개방계의 에너지 보존 방정식(열역학 제1법칙)을 요약하면 표 2-2)와 같다.

[표 2-2] 시스템의 에너지 밸런스(보존) 요약

구 분	경계면이 고정된 밀폐계	경계면이 변하는 밀폐계와 개방계
시스템 에너지 변화량	$\Delta E_{sys} = \Delta U_{sys} = Q_{net,in} - W_{shaft,in}$	$\Delta E_{sys} = \Delta H_{sys} = Q_{net,in} - W_{shaft,in}$
단위 질량당 에너지 변화량	$de = du = C_v dT$	$de = dh = C_p dT$

예제2.2

지상에서 공기($4.5\,kg/s$)를 압축하는 압축기의 출구에서 전온도를 측정하였더니 $T_{T_2} = 335K$였다. 이 압축기를 작동하는 데 소요된 동력을 구하시오. (단, $c_p = 1.004\,kJ/kg \cdot K$)

해설

$T = 273 + 25 = 298K$

$\dot{W} = \dot{m}_a(h_{T_2} - h_{T_1}) = \dot{m}_a c_p (T_{T_2} - T_{T_1})$

$= 4.5 \times 1.004 \times (335 - 298)$

$= 167.17\,kW$

2.4 열역학 제2법칙과 열역학적 관계식

$$\text{열역학 1법칙} : de = \delta q - \delta w \quad \text{식 (2-11)}$$

$$\text{열역학 2법칙} : Tds \geq \delta q \quad \text{식 (2-12)}$$

열역학 제1법칙은 시스템의 에너지는 에너지의 형태는 변해도 총량은 일정하다는 내용이며, 열역학 2법칙은 에너지는 양뿐만 아니라 질도 갖고 있어 질을 저하시키는 방향(또는 엔트로피(Entropy)이 증가하는 방향)으로 자연계가 진행된다는 의미이다. 엔트로피(s)는 $ds = \delta q / T$ 로 정의되며, 실생활에서 일반적인 현상들은 비가역 과정이므로 열역학 제2법칙에 의해 $ds \geq \delta q / T$ 이 된다. 즉 엔트로피는 증가한다.

이에 대한 열역학적 관계식을 유도해보자. 앞장에서 밀폐계의 열역학 제1법칙은 $de = \delta q - \delta w$ 로 표현됨을 알았다. 이때 발생되는 일은 경계 일로 $Pd\nu$로 표현된다. 즉 경계 일은 압력이 가해져서 부피가 변화한다는 것으로 표현된다.

$$de = du = \delta q - \delta w = \delta q - pd\nu \quad \text{식 (2-13)}$$

이때 가역 과정으로 가정하면 열역학 제2법칙은 등호가 성립한다. 위 식 (2-13)의 미소 열 에너지를 엔트로피 관련 식으로 표현하면 식 (2-14)와 같다.

$$Tds = du + Pd\nu \quad \text{식 (2-14)}$$

이때 엔탈피 정의($h = u + P\nu$)를 적용하면 다음 식과 같다.

$$Tds = dh - \nu dP \quad \text{식 (2-15)}$$

위 식 (2-15)는 엔탈피 정의에 의해 다음 식과 같다.

$$ds = C_p \frac{dT}{T} - \frac{\nu}{T} dP = C_p \frac{dT}{T} - R\frac{dP}{P} \quad \text{식 (2-16)}$$

위 식을 적분하면 다음과 같다.

$$s_2 - s_1 = \Delta s = \int_1^2 C_p \frac{dT}{T} - R\ln\frac{P_2}{P_1} \quad \text{식 (2-17)}$$

식 (2-17)은 온도와 압력의 상태량의 변화를 알면 엔트로피 변화를 알 수 있다.

만약 정압 비열이 상수(Calorically perfect gas)라면 우변에 있는 비열이 적분 밖으로 나올 수 있으므로 이를 적분하면 다음과 같다.

$$\Delta s = C_p \ln\frac{T_2}{T_1} - R\ln\frac{P_2}{P_1} \qquad \text{식 (2-18)}$$

위 식 (2-18)의 우변은 온도와 압력의 상태량의 관계이다. 따라서 이 상태량들은 어떤 과정이든 경로에 무관하기 때문에 점 함수로 취급이 가능하다. 우변이 상태량들의 조합이므로 상태의 원리에 따라 엔트로피 또한 상태량으로 취급 가능하며 점함수(Point function)라는 것을 알 수 있다(단, 온도범위가 작을 때 성립). 열역학 데이터 테이블에서는 온도에 의한 엔트로피의 변화량을 다음과 같이 나타내어 편리하게 변화량을 사용할 수 있도록 제공하기도 한다.

$$\int_1^2 C_p\frac{dT}{T} = \phi_2 - \phi_1 \text{ (점 함수)} \qquad \text{식 (2-19)}$$

2.5 비열비(Specific heat ratio)

비열비는 정압 비열과 정적 비열의 비로 정의된다.

$$\text{비열비} : \gamma \equiv \frac{C_p}{C_v} \qquad \text{식 (2-20)}$$

비열비를 살펴보기 전에 정압 비열과 정적 비열의 관계식을 유도해보자.

열적 이상 기체(Calorically perfect gas, 비열이 상수인 경우)에 대해서 미소 엔탈피 변화량은 다음 식과 같다.

$$dh \equiv C_p dT = du + RdT = C_v dT + RdT \qquad \text{식 (2-21)}$$

따라서 정압 비열은 정적 비열과 기체 상수의 합으로 표현이 가능하다.

$$C_p = C_v + R \qquad \text{식 (2-22)}$$

위 식 (2-24)를 비열비 정의에 적용을 하면 다음과 같은 관계가 유도된다.

$$\gamma \equiv \frac{C_p}{C_\nu} = \frac{C_v + R}{C_v} \Rightarrow C_p = \frac{\gamma}{\gamma - 1}R,\ C_v = \frac{1}{\gamma - 1}R \qquad \text{식 (2-23)}$$

비열비는 1보다 크거나 같은 값을 갖는다. 만약 액체나 고체처럼 비압축성으로 취급이 가능하면 비열비가 1이 된다. 비열 값은 기체의 분자 구조나 온도에 따라서 다른 값을 갖는다. 만약 열적 이상 기체(Calorically perfect gas)가 아니라고 하면, 비열은 온도에 대한 함수이므로 온도의 변화에 따라 다른 값을 갖게 된다. 따라서 비열비도 온도에 따라 변화한다. 이렇게 달라지는 이유는 분자 운동과 관련이 있다. 분자 동역학 이론에 의하면 비열비를 다음과 같이 나타낼 수 있다.

$$\gamma = \frac{n+2}{n} \text{ (n : 분자의 자유도)} \qquad \text{식 (2-24)}$$

- 낮은 온도에서 단원자 분자의 운동(병진 운동: 자유도 3개): $n = 3 \Rightarrow \gamma = 5/3 \cong 1.667$
- 낮은 온도에서 이원자 분자의 운동(병진 운동(3)+회전 운동(2)): $n = 5 \Rightarrow \gamma = 7/5 \cong 1.40$
- 600K 이하 온도에서 이원자 분자의 운동(병진(3)+회전(2)+진동(1)): $n = 6 \Rightarrow \gamma = 8/6 \cong 1.33$
- 600K 이상 온도에서 이원자 분자의 운동(병진(3)+회전(2)+진동(2)): $n = 7 \Rightarrow \gamma = 9/7 \cong 1.29$

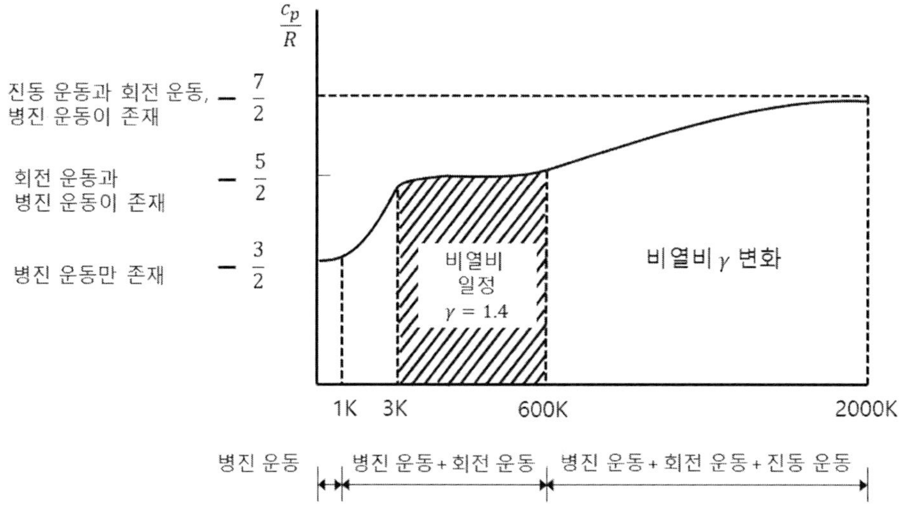

[그림 2-2] 온도에 따른 비열비 변화

표준 공기 조건(20℃, $1atm$)에서 비열비는 표(2-3)과 같다.

[표 2-3] 표준 공기 조건에서의 비열과 비열비

정적 비열	$C_v = 0.713\ kJ/kg \cdot K$
정압 비열	$C_p = 1.0\ kJ/kg \cdot K$
비열비	$\gamma = \frac{C_p}{C_v} = 1.4$

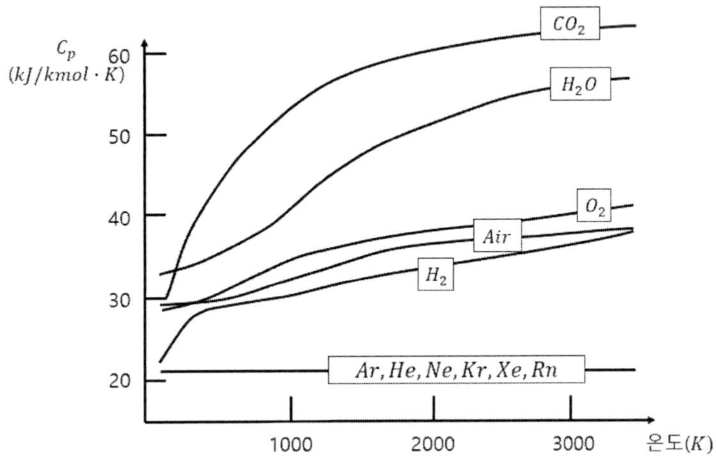

[그림 2-3] 온도에 따른 정압 비열 변화

그림 2-3)은 각기 다른 분자 구조를 갖는 기체에 대해서 온도에 따른 정압 비열의 변화를 보여준다. 단원자 분자(주기율표의 7족 원소)들은 분자 구조로 인해서 회전이나 진동은 없고 병진 운동만 하기 때문에 온도에 따라 일정하게 유지된다. 하지만 이원자 분자는 온도가 증가함에 따라 회전과 진동으로 자유도가 증가하기 때문에 정압 비열이 증가한다. 또한 그림 2-3)에서 볼 수 있듯이 비열(C_p, C_v)을 온도의 다항식으로 표현이 가능하다. 일반적으로 5차 다항식으로 다음과 같은 관계식 (2-27)로 표현할 수 있다.

$$C_p(T) \text{ or } C_v(T) \cong aT^5 + bT^4 + cT^3 + dT^2 + eT^1 + f \qquad \text{식 (2-25)}$$

이때 계수(a, b, c, d, e, f)들은 상수이며 기체의 물질에 따라서 다르다. 각 계수의 값은 열역학 책에 일반적으로 나타나 있다.

2.6 등엔트로피 과정(Isentropic process)과 관계식

등엔트로피 과정(Process)이란 엔트로피의 변화가 없는 이상적인 과정을 의미한다. 등엔트로피 과정은 폴리트로픽 과정 중의 하나이며 폴리트로픽 과정에서 지수의 상수가 비열비이다. 식 (2-17)로 부터

$$\Delta s = s_2 - s_1 = \int_1^2 C_p \frac{dT}{T} - R \ln \frac{p_2}{p_1} = 0 \qquad \text{식 (2-26)}$$

이때 비열 값이 상수로 가정하면 우변의 첫 번째 항은 적분 밖으로 나오고 우변을 적분하게 되면 다음 식과 같은 관계가 성립한다.

$$C_p \ln \frac{T_2}{T_1} - R\frac{p_2}{p_1} = 0 \qquad \text{식 (2-27)}$$

압력비(Pressure ratio)에 관한 식으로 정리하면 다음 식과 같다.

$$\frac{p_2}{p_1} = \left(\frac{T_2}{T_1}\right)^{\frac{C_p}{R}} \qquad \text{식 (2-28)}$$

기체 상수와 정압 비열을 비열비에 관한 항으로 정리를 하면 다음 관계식이 성립한다.

$$\frac{p_2}{p_1} = \left(\frac{T_2}{T_1}\right)^{\frac{C_p}{R}} = \left(\frac{T_2}{T_1}\right)^{\frac{\gamma}{\gamma-1}} \qquad \text{식 (2-29)}$$

이때 상태 방정식을 이용하여 온도비를 밀도비로도 표현할 수 있다.

$$\frac{p_2}{p_1} = \left(\frac{T_2}{T_1}\right)^{\frac{C_p}{R}} = \left(\frac{T_2}{T_1}\right)^{\frac{\gamma}{\gamma-1}} = \left(\frac{\rho_2}{\rho_1}\right)^{\gamma} \qquad \text{식 (2-30)}$$

따라서 등엔트로피 유동은 온도의 비(온도의 변화)를 알면 압력과, 밀도의 변화를 위의 관계식을 이용하여 쉽게 구할 수 있다.

예제2.3

공기가 등엔트로피 과정을 통해 입구 상태량($p_1 = 100kPa,\ T_1 = 25°C$)에서 출구 상태량($p_2 = 1.0MPa$)로 압축되었다. 출구 상태량 ρ_2를 구하시오. (단, $\gamma = 1.4,\ R = 287J/kg \cdot K$, 열적 이상 기체로 가정)

해설

$T_1 = 273 + 25 = 298K.$

식 (2-30)을 이용하여

$$T_2 = T_1\left(\frac{p_2}{p_1}\right)^{\frac{\gamma-1}{\gamma}}$$

$$= (298K)(10)^{\frac{0.4}{1.4}} \cong 575.35K$$

출구 상태량 ρ_2를 구하기 위해 두 가지 방법이 있다. 첫 번째로 이상 기체 상태 방정식과 두 번째로 등엔트로피 방정식을 활용하는 것이다.

첫 번째 : 이상 기체 상태 방정식

$$\rho_2 = \frac{p_2}{RT_2} = \frac{10^6 Pa}{287J/(kg \cdot K)(575.35K)}$$

$$\cong 6.056kg/m^3$$

두 번째 : 등엔트로피 방정식

$$\rho_1 = \frac{p_1}{RT_1} = \frac{100kPa}{287J/(kg \cdot K)(298K)}$$

$$\cong 1.1692kg/m^3$$

$$\rho_2 = \rho_1\left(\frac{p_2}{p_1}\right)^{\frac{1}{\gamma}} = (1.1692kg/m^3)(10)^{\frac{1}{1.4}}$$

$$\cong 6.056kg/m^3$$

2.7 유동 지배 방정식(Flow governing equation)

자연계에서 질량 보존, 운동량 보존, 에너지 보존을 만족시켜야 한다. 첫 번째로 질량 보존을 살펴보자.

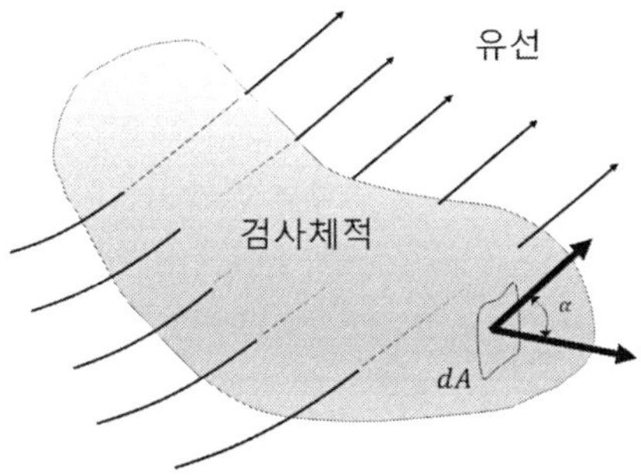

[그림 2-4] 유동과 검사 체적(control volume)

2.7.1 질량 보존 방정식(Equation of mass conservation)

$$\frac{\partial}{\partial t}\iiint_{CV}\rho dV + \iint_{CS}\rho(\vec{v}\cdot\vec{n})dA = 0 \qquad \text{식 (2-31)}$$

밀폐계에서는 질량의 유출입이 없으므로 질량 보존은 당연히 성립한다. 하지만 개방계에서는 질량의 유출입이 존재하므로 질량 보존을 일반화하여 식 (2-33)으로 표현을 한다. 만약 개방계에서 물질이 나가는 질량보다 들어오는 질량이 많으면 시스템의 질량은 증가한다. 반대로 나가는 질량이 더 많다고 하면 시스템의 질량은 감소한다. 시스템의 질량을 알아보기 위해 관찰하고 싶은 부분에 검사 체적(CV: Control Volume)을 설정한다. 질량은 검사 표면(CS: Control Surface)을 통해 유출입을 표현할 수 있다. 식 (2-33)에서 좌변의 첫 번째 항은 시간에 따른 검사 체적 내 질량의 변화량이며, 두 번째 항은 검사 표면을 통해 유출입하는 질량의 변화량을 표현한 것이다. 질량의 속도 성분과 검사 표면의 면 벡터와의 적분 형식으로 표현함으로써 질량이 들어오는 것과 나가는 것을 하나의 항으로 표현이 가능하다. 이때 검사 표면의 면 벡터는 면이 바깥쪽을 바라보는 방향이 양의 부호를 갖는다. 이때 삼중 적분, 이중 적분이 쓰였는데, 선 적분을 세 번 적분함으로써 부피를 표현하는 삼중 적분, 선 적분을 두 번 적분해서 면적을 표현한 것이다.

이 항들을 자세히 살펴보면, 첫 번째 항은 시간에 따른 검사 체적의 질량 변화를 표현하며, 만약 정상 상태(Steady state)라고 한다면 시간에 따라서 변화가 없으므로 이 항은 무시된다.

$$\frac{\partial}{\partial t}\iiint_{CV}\rho dV = 0 \qquad \text{식 (2-32)}$$

두 번째 항은 물질의 유출입에 의한 질량 변화인데, 이때 질량이 검사 표면으로 들어올 때와 나갈 때의 속도 방향이 각기 다를 것이다. 하지만 각기 다른 방향으로 검사 표면으로 들어올 때 속도 성분을 수직(Normal) 방향과 접선(Tangential) 방향으로 나눠본다면 수직 성분만 검사 표면에 들어오는 데 영향을 줄 것이다. 즉, 접선 방향 속도는 질량의 유출입과 무관하다. 이는 수직 방향 성분만 시스템의 유출입과 관련이 있으므로 검사 표면의 면 벡터 방향과 물질의 속도 벡터와 내적으로 표현할 수 있다. 따라서 들어오는 물질과 나가는 물질의 질량 변화를 적분항 하나로 표현이 가능하며, 이는 식 (2-31)에서 좌변의 두 번째 항과 같이 나타낼 수 있다.

만약 정상 상태이고 물질의 속도 성분이 균일하게 수직으로 들어온다고 하면 다음과 같이 간단히 표현할 수 있다.

$$\sum_{out}\rho vA - \sum_{i.n}\rho vA = 0 \text{ 또는 } \sum_{exit}\dot{m} - \sum_{in}\dot{m} = 0 \qquad \text{식 (2–33)}$$

$$\sum_{exit}\dot{m} = \sum_{in}\dot{m} \qquad \text{식 (2–34)}$$

또 입구와 출구가 하나인 단일 유동인 경우 다음과 같이 표현할 수 있다.

$$\rho_i v_i A_i = \rho_e v_e A_e \text{ or } \dot{m}_i = \dot{m}_e \qquad \text{식 (2–35)}$$

여기서 비압축성($\rho = const.$)이면 질량 유량을 체적 유량으로 표현할 수 있다.

$$v_i A_i = v_e A_e \text{ 또는 } \dot{Q}_i = \dot{Q}_e \ (\dot{Q} = vA \text{ : 체적 유량}) \qquad \text{식 (2–36)}$$

2.7.2 운동량 보존 방정식(Momentum conservation equation)

운동량 보존도 질량 보존과 유사하게 설명할 수 있다. 하지만 질량 유량과 다르게 힘은 벡터이므로 방향을 갖고 있다. 3차원 공간에서는 3개의 방향이 존재하므로 각 방향으로 분리해서 해석하는 것이 편리하다.

$$\sum\vec{F} = \frac{\partial}{\partial t}\iiint_{CV}\rho\vec{v}\,dV + \iint_{CS}\rho\vec{v}(\vec{v}\cdot\vec{n})dA \qquad \text{식 (2–37)}$$

위 식 (2–37)을 자세히 살펴보면, 좌변은 검사 체적에 작용하는 힘을 뜻한다. 이 힘은 크게 표면력(Surface force)과 체적력(Body force)으로 나눌 수 있는데, 표면력은 압력에 의한 힘과, 마찰에 의한 힘의 합이다. 체적력은 중력에 의한 힘이고 검사 체적의 무게를 뜻한다. 만약 기체 유동을 다룰 때에는 기체의 질량이 상대적으로 매우 작으므로 무시할 수 있다.

$$\sum\vec{F} = \vec{F}_{surface} + \vec{F}_{body} \qquad \text{식 (2–38)}$$

식 (2−37)의 우변은 유동(유체의 운동)에 의해 발생하는 힘을 뜻한다. 우변의 두 항은 질량 보존 방정식에 유동의 속도 벡터를 곱한 것으로 우변 전체도 벡터식이 되었다. 우변의 첫 번째 항은 시간에 따라서 검사 체적의 운동량의 변화를 뜻하며 만약 정상 상태 조건이면 이 항은 무시된다. 두 번째 항은 유동에 의한 힘의 변화를 의미하고, 뉴턴 제 2법칙인 운동량 보존의 법칙으로 접근을 하면 시간에 따른 운동량 변화는 힘으로 표현이 가능하므로, 검사 표면으로 유출입하는 유체의 질유량에 유동의 속도 벡터를 곱하므로 유동이 갖고 있는 힘을 표현할 수 있다. 질량 보존 방정식과 같이 이 항을 면 적분을 함으로써 하나의 항으로 표현이 가능하다. 따라서 운동량 보존 방정식은 식 (2−37)과 같이 적분 식으로 간단하게 표현이 가능하다.

만약 유동이 정상 상태 조건에서 검사 표면에 균일하고 수직으로 들어오면, 다음 식과 같이 표현할 수 있다.

$$\sum \vec{F} = \sum_{out} \dot{m}\vec{v} - \sum_{in} \dot{m}\vec{v} \qquad \text{식 (2−39a)}$$

만약 1차원 유동에 입구와 출구가 하나인 단일유동일 때 다음과 같다.

$$\sum F = \dot{m}_e v_e - \dot{m}_i v_i \qquad \text{식 (2−39b)}$$

유동이 3차원이라고 하면 3개의 방정식이 존재하고, 2차원 유동은 2개, 1차원은 1개의 운동량 보존 방정식의 개수가 결정된다.

2.7.3 각 운동량 보존 방정식(Angular momentum conservation equation)

$$\sum \vec{T}_R = \frac{\partial}{\partial t}\iiint_{CV} \vec{r}\times\vec{v}\rho dV + \iint_{CS} \vec{r}\times\vec{v}(\rho\vec{v}\cdot\vec{n})dA \qquad \text{식 (2−40)}$$

$$\sum \vec{T}_R = r\times\vec{F}_{surface} + \vec{T}_{shaft} \qquad \text{식 (2−41)}$$

각 운동량 보존 방정식은 선 운동량 보존과 같은 의미를 갖고 있는데, 좌변은 검사 표면에 작용하는 각 운동량과, 축에 의한 각 운동량으로 표현이 되며, 우변도 시간에 따른 각 운동량 항과 유동의 각 운동량의 시간에 따른 변화량으로 벡터 적분식으로 표현된다. 각 운동량 보존 방정식도 선 운동량 보존식과 같이 벡터식이므로 3차원 공간에서는 3개의 방정식이 존재하고 차원의 수에 따라 방정식 개수가 정해진다.

2.7.4 에너지 보존 방정식(Equation of energy conservation)

$$\dot{Q} - \dot{W}_{shaft} - \dot{W}_{viscous} = \frac{\partial}{\partial t}\iiint_{CV} e_o \rho dV + \iint_{CS}(h + e_k + e_p)\rho(\vec{v} \cdot \vec{n})dA \qquad \text{식 (2-42)}$$

(여기서, 총 에너지 : $e_o = u + e_k + e_p$)

에너지 보존 방정식(식 2-42)는 열역학 제1법칙과 같은 의미이다. 좌변은 검사 체적에 작용하는 열 전달, 시간에 따른 축일, 마찰일로 표현된다. 우변의 첫 번째 항은 시간에 따른 검사 체적의 총 에너지(Total energy)의 변화량을 뜻하며, 두 번째 항은 검사 표면을 통과하는 유체가 갖고 있는 에너지를 표현한다. 유체가 운동하고 있으므로(즉 개방계이므로) 내부 에너지는 엔탈피로 표현을 하고, 엔탈피와 운동 에너지와 위치 에너지의 합으로 유체가 갖고 있는 에너지를 표현할 수 있다. 이 에너지 보존 방정식은 스칼라 식으로 한 개의 보존 방정식만 존재한다.

여기까지 총 4개의 방정식들을 알아보았다. 3차원 공간에서 압축성 유동을 해석하기 위해서는 질량 보존(1개), 운동량 보존(3개), 각 운동량 보존(3개), 에너지 보존(1개), 상태 방정식(1개)로 총 9개의 방정식의 구성이 가능하다. 방정식이 9개이므로 9개의 열역학 상태량(밀도, 속도(3개), 온도, 압력, 각속도(3)를 결정할 수 있다.

2.7.5 추력(Thrust)

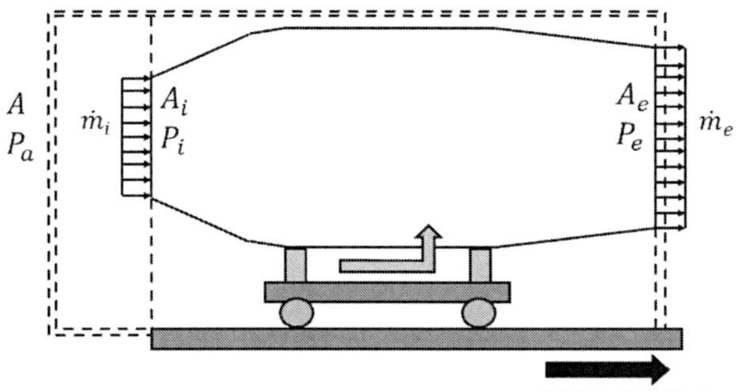

[그림 2-5] 추력 발생 장치 주변의 검사 체적

그림 2-5)와 같이 검사 체적을 설정하고 운동량 보존 방정식(식 2-37)을 적용하면 추력을 계산할 수 있다.

$$\sum \vec{F} = \frac{\partial}{\partial t}\iiint_{CV} \rho \vec{v} dV + \iint_{CS} \rho \vec{v}(\vec{v} \cdot \vec{n})dA$$

만약 정상 상태이고, 유동이 검사 표면에 수직으로 균일하게 출입한다고 가정할 때 운동량 보존 방정식을 다음과 같이 세울 수 있다.

$$\text{좌변 : } \sum\vec{F} = F + P_a(A - A_i) + P_iA_i - P_a(A - A_e) - P_eA_e$$
$$= F - A_e(P_e - P_a) + A_i(P_i - P_a)$$

$$\text{우변 : } \frac{\partial}{\partial t}\iiint_{CV}\rho\vec{v}dV + \iint_{CS}\rho\vec{v}(\vec{v}\cdot\vec{n})dA = \iint_{CS}\rho\vec{v}(\vec{v}\cdot\vec{n})dA$$
$$= \rho_e v_e^2 A_e - \rho_i v_i^2 A_i = (\dot{m}_a + \dot{m}_f)v_e - \dot{m}_a v_i$$

이 때 발생한 추력에 관한 식으로 정리를 하면 다음과 같이 간단히 표현을 할 수 있다.

$$F = (\dot{m}_a + \dot{m}_f)v_e - \dot{m}_a v_i + A_e(P_e - P_a) - A_i(P_i - P_a) \quad \text{식 (2-43a)}$$
$$= (\dot{m}_a + \dot{m}_f)v_e - \dot{m}_a v_o + A_e(P_e - P_a) \ \ (\text{if } P_i = P_a \text{ and } v_i = v_o) \quad \text{식 (2-43b)}$$
$$= \dot{m}_a([1+f]v_e - v_o) + A_e(P_e - P_a) \ \ (\because f = \dot{m}_f/\dot{m}_a) \quad \text{식 (2-43c)}$$

따라서 추력을 증가시키기 위해서는 질량 유량, 연공비(연료/공기 질량비, f), 출구에서의 속도가 증가해야 하는 것을 확인할 수 있다.

그림 2-5)에서 검사 체적을 어떻게 설정해도 같은 결과가 나온다. 하지만 결과는 같지만 계산 과정은 검사 체적을 어떻게 잡는지에 따라 복잡해 질 수 있다. 따라서 명확하고 간단히 풀기 위해서는 검사 체적을 적절하게 설정해야 하며, 검사 체적 설정에 주의 깊은 관찰과 연습이 필요하다. 또한 추력을 구하기 앞서 엔진의 열유동은 정상 상태이고 노즐에서 분출되는 배기가스는 노즐 출구 면에 수직한 방향으로 분사되고 유동은 균일하다고 가정하였는데 이는 운동량 보존 방정식을 간단히 표현하기 위해서 가정을 하였다. 하지만 이 가정이 성립하지 않는 경우도 있으니 식의 의미를 잘 이해할 필요가 있다.

예제2.4

터보제트 엔진을 장착한 항공기가 고도 2 km에서 속도 250 m/s로 비행하고 있다. 엔진이 노즐 출구에서 완전 팽창되고 있을 때의 추력을 구하시오. (단, 공기 유동율 4 kg/s이며 연공비는 1/80이다)

해설

식 (2-43)을 이용하여

$$F = \dot{m}_a[(1+f)v_e - v_o] + A_e(P_e - P_a)$$

완전 팽창이므로 $P_e = P_a$

$$F = \dot{m}_a[(1+f)v_e - v_o]$$
$$= 4[(1+1/80)550 - 250] = 1227.5\,N$$

2.8 음속과 마하수(Speed of sounds and Mach number)

음속은 소리의 속도로서 소리가 매질을 통해 전파되는 속도를 의미한다. 사람의 소리는 목의 떨림에 의해서 발생되는 작은 압력차가 파동(Wave) 형태로 전달되어 소리를 듣게 된다. 매질의 상(phase: 기체, 액체, 고체)에 따라서 음속이 달라지는데 그 이유는 음속의 식을 유도해서 살펴보면 알 수 있다.

2.8.1 음속

음속을 수식적으로 표현을 해보자.

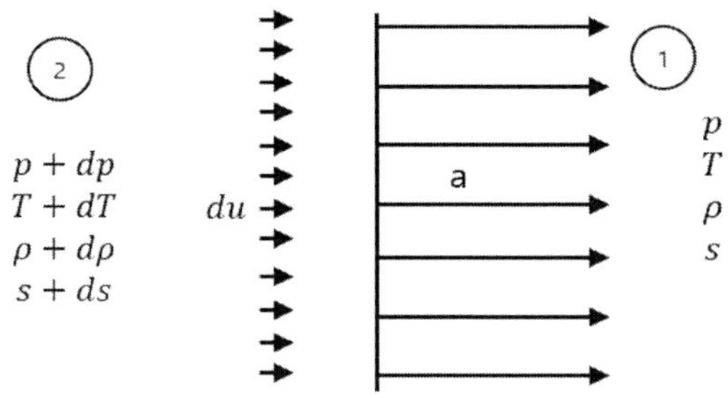

[그림 2-6] 음파에 의한 열역학 상태량 변화

그림 2-6)은 음파 한개가 오른쪽 방향으로 음속(a)으로 이동할 때 음파 전후에서 열역학 상태량을 나타낸다. 음파의 주변을 검사 체적으로 설정하여 해석해보자. 음파를 기준으로 왼쪽을 상태 2, 오른쪽을 상태 1이라 하자. 상태 2는 음파에 의해 압력이 상승된 상태로 상태 1보다 압력, 온도, 밀도가 더 높을 것이다. 변화된 크기는 작으므로 그림 2-6)과 같이 상태량의 미소 변화로 표현한다. 움직이는 음파를 상대 속도의 개념을 도입하면 쉽게 해석할 수 있다. 이는 그림 2-7)과 같이 상대 속도를 적용하여 검사 체적을 설정할 수 있다.

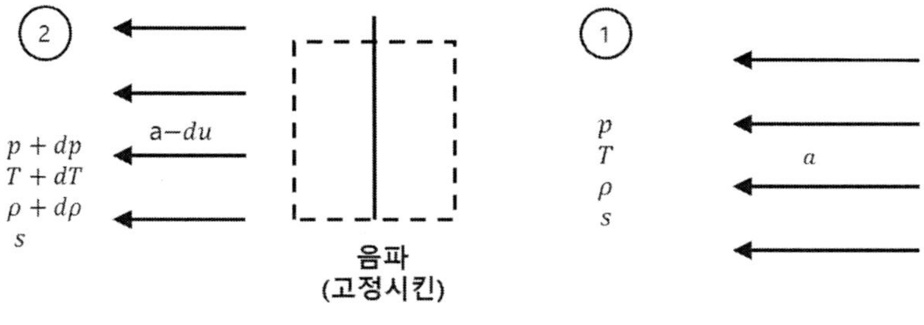

[그림 2-7] 상대 속도의 음파 검사 체적 설정

각 상태량은 상대 속도로 표현하기 전과 똑같이 유지되지만 속도는 검사 체적과 상대 속도이므로 그림 2-7)과 같이 오른쪽에서 속도가 들어온다고 표현할 수 있다. 이에 대해 지배 방정식(보존 방정식)을 통하여 음속을 구해보자.

첫 번째로 연속 방정식(질량 보존 방정식)은 앞서 알아보았던 식 (2-31)은 다음과 같다.

$$\frac{\partial}{\partial t}\iiint_{CV}\rho dV + \iint_{CS}\rho(\vec{v}\cdot\vec{n})dA = 0$$

이때 정상 상태 조건이므로 좌변의 첫 번째 항은 0이 된다. 또한 검사 표면을 통해 들어오거나 나가는 속도는 검사 표면의 면에 수직하고 균일하므로 연속 방정식을 다음 식과 같이 표현할 수 있다.

$$\sum_{out}(\rho+d\rho)(a-du)A - \sum_{in}(\rho aA) = 0 \qquad \text{식 (2-44)}$$

이때 유로의 면적은 일정하고, 출입하는 유로는 하나이므로 연속 방정식은 다음 식과 같이 표현할 수 있다.

$$(\rho+d\rho)(a-du) = \rho a \qquad \text{식 (2-45)}$$

위 식을 정리하면 다음과 같다.

$$\rho du = a d\rho \qquad \text{식 (2-46)}$$

이때 $dud\rho$항은 아주 작은 미소 값들의 곱이므로 매우 작아져 다른 항에 비해 상대적으로 작아 무시하였다.

두 번째로 운동량 보존 방정식을 구해보자. 운동량 보존 방정식은 앞서 알아보았던 식 (2-37)은 다음과 같다.

$$\sum\vec{F} = \frac{\partial}{\partial t}\iiint_{CV}\rho\vec{v}dV + \iint_{CS}\rho\vec{v}(\vec{v}\cdot\vec{n})dA$$

위 식의 좌변의 항은 $\sum\vec{F} = \vec{F}_{surface} + \vec{F}_{body}$로 표현되지만 기체의 무게는 매우 작은 값이므로 체적력 $\vec{F}_{body}$을 무시할 수 있다. 위 검사 표면에서 유동은 1차원 유동이므로 $\vec{F}_{surface}$은 x축 방향으로 검사 표면에 미치는 힘은 압력에 의한 힘이므로 다음과 같다.

$$\sum\vec{F} = \vec{F}_{surface} = (p+dp)A - pA \qquad \text{식 (2-47)}$$

질량 보존 방정식(식 2-31)의 우변항에서 속도의 방향이 검사 표면과 수직이고 균일하게 들어오고 나간다고 한다면 다음 식과 같이 식이 간단해진다.

$$\sum_{in}\rho a^2 A - \sum_{out}(\rho+d\rho)(a-du)^2 A \qquad \text{식 (2-48)}$$

면적이 일정하고, 출입 유로가 하나이므로 다음 식과 같다.

$$\rho a^2 = (\rho + d\rho)(a - du)^2 \qquad \text{식 (2-49)}$$

최종적으로 운동량 보존 방정식을 다음 식과 같이 정리할 수 있다.

$$\rho a du = dp \qquad \text{식 (2-50)}$$

연속 방정식과 운동량 보존 방정식에서 나온 관계식 (2−46)과 (2−50)을 du로 연립하여 정리하면 다음과 같이 음속이 표현된다.

$$a^2 = \frac{dp}{d\rho} \qquad \text{식 (2-51)}$$

소리가 전달되는 상태량의 변화 크기는 매우 작아서 등엔트로피 유동에 가까우므로 등엔트로피 과정이라 할 수 있다.

$$a^2 = \frac{dP}{d\rho} = \left(\frac{dP}{d\rho}\right)_s \qquad \text{식 (2-52)}$$

$$\frac{P}{\rho^\gamma} = const. \Rightarrow P = const. \cdot \rho^\gamma \qquad \text{식 (2-53)}$$

위 식과 같은 등엔트로피 관계식을 이용하여 음속 식에 적용하면 다음과 같이 정리된다.

$$a^2 = \frac{\gamma P}{\rho} \qquad \text{식 (2-54)}$$

만약 매질이 이상 기체라고 가정하고, 상태 방정식을 위 식의 우변에 적용을 하면 다음과 같이 음속 관계식이 유도된다.

$$a = \sqrt{\gamma R T} = \sqrt{(\gamma - 1)c_p T} \qquad \text{식 (2-55)}$$

또 위 기체 상수를 **보편 기체 상수**(R_u, Universal gas constant)로 표현을 하면 다음 식과 같이 표현할 수 있다.

$$a = \sqrt{\gamma \left(\frac{R_u}{MW}\right) T} \qquad \text{식 (2-56)}$$

따라서 이상 기체일 때 음속은 매질의 온도, 매질의 분자량, 매질의 비열비에 의존한다. 매질의 온도가 높을수록, 매질의 분자량이 작을수록 음속은 빨라진다. 비열비는 단원자 분자, 이원자 분자에 따라 값이 달라지고, 온도에 따라서도 값이 달라진다. 하지만 표준 온도 또는 그렇게 높지 않은 온도를 갖는 이원자 분자들의 비열비는 서로 유사하다.

예를 들면 공기는 이원자 분자들로 구성이 되고, 수소 역시 이원자 분자이므로 표준 온도에서 공기와 수소의 비열비는 서로 같다. 하지만 비열비와 온도가 같아도 공기와 수소의 분자량이 다르기 때문에 분자량이 더 작은 수소의 음속이 더 빠르다는 것을 식 (2-56)을 통해서 알 수 있다.

2.8.2 초음속 유동에서의 파동(Wave) 형태

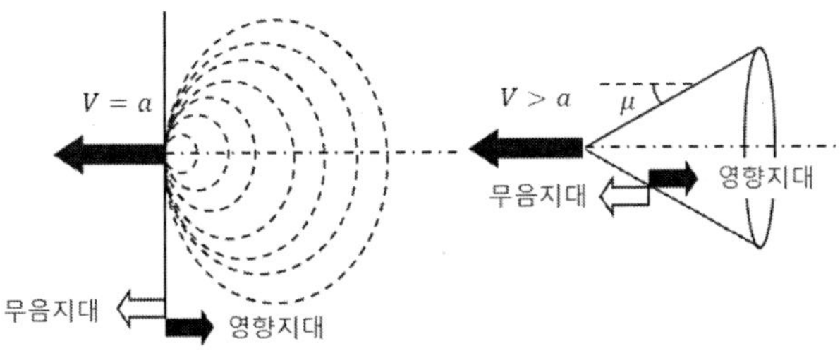

[그림 2-8] 음파 분포

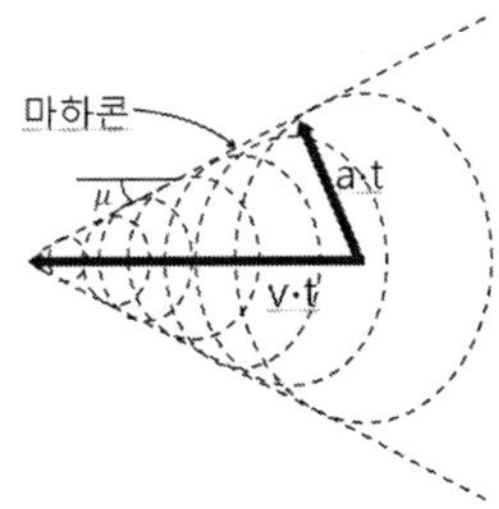

[그림 2-9] 마하콘(Mach cone)

만약 어떤 물체가 대기(공기)에서 음속과 같은 속도로 움직인다고 하자. 물체는 물체 주위의 공기와 부딪히므로 공기에 외란(Disturbance)이 발생하고 공기의 외란은 음속으로 전파된다. 이때 물체가 음속으로 움직이면 외란이 계속해서 중첩되는 현상이 발생한다. 따라서 그림 2-8)과 같이 한쪽으로 중첩되는 파동이 형성된다. 하지만 물체가 음속보다 빠른 속도로 움직이면 외란은 음속으로 전파되지만 물체의 속도보다 느리므로 그림 2-9)와 같이 콘 형태의 파동 형태가 발생하고 이 형태를 마하콘(Mach cone)이라 한다. 이 마하콘은 물체의 속도에 따라 각도가 달라진다. 만약 물체의 속도가 음속보다 느리면 마하파는 발생하지 않고, 음속과 같을 때는 물체의 진행 방향과 수직으로 생긴다. 만약 물체의 속도가 음속보다 빠르다고 한다면 마하파가 점점 눕혀지는(각도 μ가 작아지는) 현상을 볼 수 있다.

이때 발생하는 각을 마하각(Mach angle)이라고 하며, μ로 표현을 하고, 다음과 같이 정의된다.

$$\mu \equiv \sin^{-1}\frac{a}{V} \qquad \text{식 (2-57)}$$

그림 2-9)에서 마하콘 바깥 부분에서는 외란을 전달받지 못하였으므로 물체를 인지하지 못할 것이다. 초음속으로 비행하고 있는 전투기가 지나간 후에 비행 소음을 들어본 적이 있을 것이다. 전투기가 지나갈 때는 물체가 인지하지 못하는 부분, 즉 마하콘의 바깥쪽에 있었기 때문에 소리를 듣지 못하는 현상이 발생한 것이다. 이렇게 인지하지 못하는 부분을 무음 지역(Zone of silence)이라고 한다.

2.8.3 마하수(M, Mach number)

속도를 음속으로 나눠서 무차원화한 속도를 마하수라고 하며 다음 식 (2-58)과 같이 정의한다. 따라서 속도가 마하수가 1보다 작으면 아음속, 1이면 음속, 1보다 크면 초음속이라고 하고, 5이상은 극초음속이라 한다.

$$M \equiv \frac{V}{a} \qquad \text{식 (2-58)}$$

2.8.4 등엔트로피 관계식의 마하수 표현

등엔트로피 과정(가역 과정)에서 열역학 상태량의 관계식을 마하수로 표현하면, 열역학 상태량의 관계식이 매우 간단하게 표현된다. 더욱이 등엔트로피 과정이 아니더라도(비가역 과정이더라도) 등엔트로피 관계식을 간단히 보정하여 실제 현상에 적용할 수 있으며, 또한 변수를 크게 줄일 수 있어서 등엔트로피 관계식의 형태가 공학 문제에서 매우 유용하게 적용되므로 잘 이해할 필요가 있다.

등엔트로피 과정을 만족하는 유동에 에너지 보존 방정식을 적용하면 다음 식과 같이 정리된다.

$$\sum_{in}\left(h+\frac{V^2}{2}+gz\right)=\sum_{out}\left(h+\frac{V^2}{2}+gz\right) \qquad \text{식 (2-59)}$$

위 식에서 위치 변화가 작아 포텐셜 에너지의 차를 무시할 수 있다면 엔탈피와 속도항만 남아 다음 식과 같다.

$$\sum_{in}\left(h+\frac{V^2}{2}\right)=\sum_{out}\left(h+\frac{V^2}{2}\right) \qquad \text{식 (2-60)}$$

위 식에서 괄호 안에 있는 정엔탈피(static enthalpy)와 속도 에너지를 합하여 전엔탈피(h_t, Total enthalpy or stagnation enthalpy)로 정의한다.

$$h_t = h + \frac{V^2}{2} \qquad \text{식 (2-61)}$$

이때 열량적 이상 기체(Callorically perfect gas, 즉 비열이 상수)라고 한다면 다음과 같이 표현되고,

$$T_t = T + \frac{V^2}{2C_p} \qquad \text{식 (2-62)}$$

이 전온도(Total temperature)를 음속과 비열의 항으로 정리하면 다음 식과 같다.

$$T_t = T\left(1 + \frac{V^2}{2C_pT}\right) = T\left(1 + \frac{\gamma - 1}{2}\frac{V^2}{a^2}\right) \quad \text{식 (2-63)}$$

위 식을 마하수로 표현하면 전온도는 마하수와 비열에 관한 식으로 표현이 가능하다.

$$T_t = T\left(1 + \frac{\gamma - 1}{2}M^2\right) \quad \text{식 (2-64)}$$

따라서 위 식을 등엔트로피 관계식에 적용하면, 다음과 같은 마하수와 비열비에 관한 식으로 표현할 수 있다.

$$\text{온도 : } \frac{T_t}{T} = \left(1 + \frac{\gamma - 1}{2}M^2\right) \quad \text{식 (2-65a)}$$

$$\text{압력 : } \frac{P_t}{P} = \left(\frac{T_t}{T}\right)^{\frac{\gamma}{\gamma - 1}} = \left(1 + \frac{\gamma - 1}{2}M^2\right)^{\frac{\gamma}{\gamma - 1}} \quad \text{식 (2-65b)}$$

$$\text{밀도 : } \frac{\rho_t}{\rho} = \left(\frac{T_t}{T}\right)^{\frac{1}{\gamma - 1}} = \left(1 + \frac{\gamma - 1}{2}M^2\right)^{\frac{1}{\gamma - 1}} \quad \text{식 (2-65c)}$$

따라서 비열비와 마하수만으로 등엔트로피 관계식을 이용하여 열역학 상태량을 쉽게 구할 수 있다.

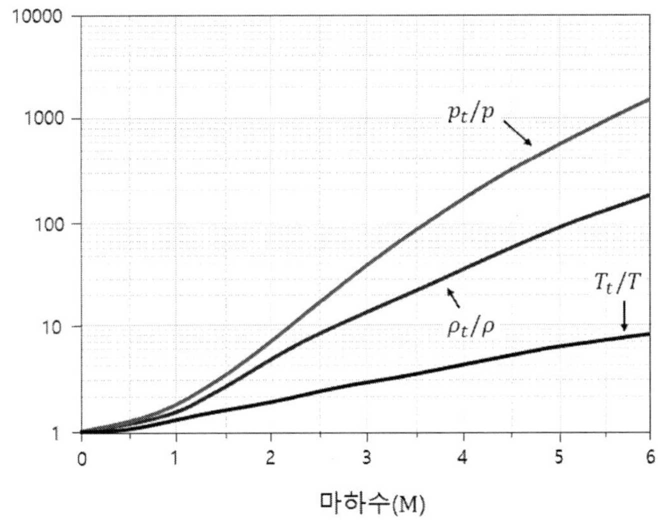

[그림 2-10] 마하수에 따른 상태량비(압력, 온도, 밀도)

위 그림 2-10)은 등엔트로피 관계식을 이용한 마하수에 따른 상태량의 변화를 보여준다. 마하수에 따라 지수 값 크기에 따라서 전압력비, 전밀도비, 전온도비 순서로 변화하는 값이 작아지는 것을 확인할 수 있다. 즉, 마하수가 증가함에 따라 각 상태량들이 변하는데 압력 변화가 가장 크고 다음으로 밀도 변화, 그 다음으로 온도 변화 순이다.

$$\left(\frac{P_t}{P}\right) > \left(\frac{\rho_t}{\rho}\right) > \left(\frac{T_t}{T}\right) \qquad \text{식 (2-66)}$$

예제2.5

어떤 관에 공기가 흐른다. 이 관의 출구에서 전온도와 유속을 측정하였더니 각각 333 K와 152.4 m/s였다면, 이 위치에서의 공기 온도를 구하시오. (공기 정압 비열: $c_p = 1.004\, kJ/kg \cdot K$)

해설

$$T = T_t - \frac{u^2}{2c_p}, K$$

$$= 333 - \frac{(152.4)^2}{2 \times 1004} = 321.78\,K$$

$$= 43.65\ ℃$$

예제2.6

덕트 유동에서 전압력(P_T), 압력(P), 전온도(T_T)의 측정은 쉬운데, 온도(T)는 측정하기가 어렵다. $P_T = 137.89\,kPa$, $P = 103.42\,kPa$, $T_T = 555.7K$가 측정되었다면, 이 가스의 온도 T와 마하수를 구하시오. ($c_p = 1.004\,kJ/kg \cdot K$, $\gamma = 1.4$, $\overline{R} = 8314J/(kmol \cdot K)$)

해설

$$T = T_T\left(\frac{P}{P_T}\right)^{\frac{\gamma-1}{\gamma}} = 555.7\left(\frac{103.42}{137.89}\right)^{0.286}$$

$$= 511.7K$$

$$u = \sqrt{2c_p(T_T - T)} = \sqrt{2 \times 1004(555.7 - 511.7)}$$

$$= 297.1\,m/s$$

$$R = \overline{R}/MW = \frac{8314J/kmol \cdot K}{29kg/kmol}$$

$$\cong 287\,J/kg \cdot K$$

$$a = \sqrt{\gamma RT} = \sqrt{1.4 \times 287 \times 511.7}$$

$$= 453.4\,m/s$$

$$M = \frac{u}{a} = \frac{297.1}{453.4} = 0.655$$

2.8.5 압축성 효과(Compressible Effect)

분자 간 거리가 작고 결합 상태가 단단한 고체와 액체는 압축 효과를 무시할 수 있을 정도이므로 비압축성이라고 가정해도 무방하다. 하지만 기체는 고체, 액체와 다르게 분자 간 거리가 상대적으로 크며, 분자 간 결합력이 상대적으로 매우 작기 때문에 압력을 가하면 부피가 줄어드는(압축이 되는) 성질을 갖고 있다. 따라서 속도를 무시할 수 없는 환경에서 기체는 압축성 효과를 고려해야 한다. 기체의 압축성을 고려했을 때와 고려하지 않았을 때 얼마나 차이가 있는지 수식을 통해서 확인해 보자.

먼저 비압축성을 고려하자.

식 (2-65b)을 테일러 급수(Taylor series)로 근사화하면 다음과 같이 표현된다.

$$\frac{P_t}{P} = 1 + \frac{\gamma}{2}M^2 = 1 + \frac{u^2}{2RT} = 1 + \frac{\rho u^2}{2P} \quad (\text{if } M \ll 1) \qquad \text{식 (2-67)}$$

위 식은 유체 역학에서 다루었던 베르누이 방정식과 같다. 즉 베르누이 방정식은 식 (2-65b)의 근사식으로 속도가 작은 경우에 대해 유도(유효)한 식이다. 일반적으로 밀도 변화가 5% 이하일 때를 비압축성이라고 가정할 수 있으며 이는 마하수 0.3에 해당된다(그림 2-11 참조).

위에서 다룬 두 식을 정리하면 다음 식과 같다.

$$\text{비압축성 : } \frac{P_o^*}{P} = 1 + \frac{\rho u^2}{2P} = 1 + \frac{\rho M^2 a^2}{2\rho RT} = 1 + \frac{M^2 a^2}{2a^2/\gamma} = 1 + \gamma \frac{M^2}{2} \qquad \text{식 (2-68)}$$

$$\text{압축성 : } \frac{P_0}{P} = \left(1 + \frac{\gamma - 1}{2} M^2\right)^{\frac{\gamma}{\gamma - 1}} \qquad \text{식 (2-65b)}$$

위 두 식에서 특정 상황에서의 압력비 값의 차이를 살펴보자.

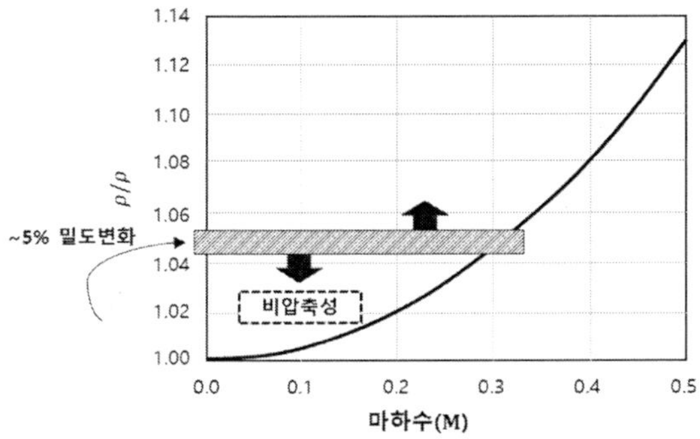

[그림 2-11] 마하수에 따른 밀도비

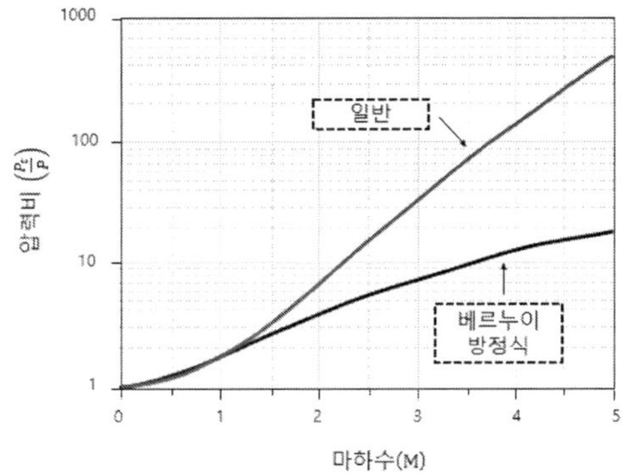

[그림 2-12] 마하수 변화에 따른 압력비

위 그림 2-12)에서 마하수가 증가함에 따라서 압축성을 고려했을 때와 비압축성으로 고려했을 때의 압력비(P_t/P) 값의 차이는 점점 증가하는 것을 알 수 있다. 따라서 보통 마하수가 0.3보다 작을 때 압축성을 고려했을 때와 비압축성으로 고려했을 때의 밀도 변화는 5% 미만으로 무시할 수 있기 때문에 비압축성으로 간주할 수 있다. 하지만 마하수가 0.3 이상이 되었을 때는 ρ_t/ρ 값의 차이는 무시할 수 없으므로 기체의 압축성을 고려해야 한다.

만약 마하수가 1.0이라고 할 때 전압력비는 다음 값을 갖는다(단, $\gamma = 1.4$).

$$\frac{P_t}{P} = 1.89 \text{ (압축성)}, \qquad \frac{P_t^*}{P} = 1.7 \text{ (비압축성)}$$

압축성을 고려 안했을 때의 전압력은 압축성을 고려했을 때 보다 약 11%가 낮게 계산이 되었다. 따라서 문제를 접근하기 전에 마하수를 구한 후 비압축성으로 취급 가능한지 판단하고 취급이 부적절하다고 판단되면 압축성 방정식을 적용해야 한다.

2.8.6 단열과 마찰손실을 고려한 $T-s$선도

열량적 이상 기체(Calorically perfect gas)라고 하면 엔트로피 변화량 식은 앞에서 다룬 식 2-18)은 다음과 같다.

$$\Delta s = C_p \ln \frac{T_{t2}}{T_{t1}} - R \ln \frac{P_{t2}}{P_{t1}} \qquad \text{식 (2-18)}$$

이때 열 출입이 없는 단열 과정을 고려하면 전온도는 일정하게 유지되기 때문에 식 (2-18)의 우변 첫 번째 항은 0이 된다.

$$\Delta s = -R \ln \frac{P_{t2}}{P_{t1}} \qquad \text{식 (2-69)}$$

식을 이항하여 전압력 비에 대해 정리를 하면 다음 식과 같다.

$$\frac{P_{t2}}{P_{t1}} = e^{-\frac{\Delta s}{R}} \qquad \text{식 (2-70)}$$

가역 과정이 아니라면 상태가 변할 때 엔트로피는 증가할 것이다. 실제 과정은 가역 과정이 될 수 없으므로 엔트로피는 증가한다. 따라서 식 (2-70)에서 $P_{t2} < P_{t1}$인 부등식의 관계가 될 것이다. 즉, 마찰 등의 비가역성에 인해 엔트로피는 증가하고 이는 전압력 손실로 나타난다는 의미이다.

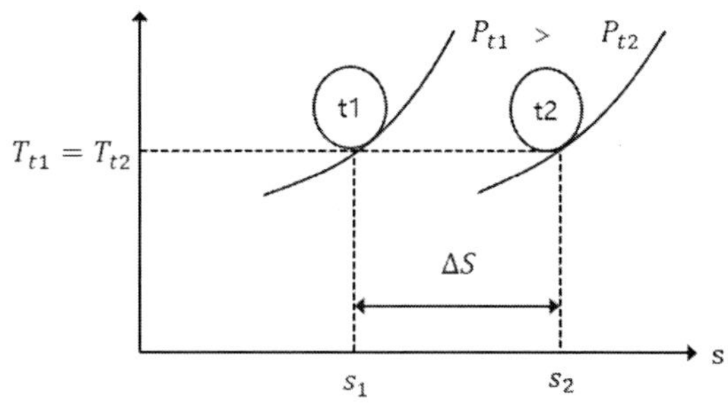

[그림 2-13] $T-s$선도

위 그래프는 $T-s$선도이다. $h-s$선도에서 엔탈피를 비열로 나눠주면 $T-s$선도가 된다. 단열 과정일 때에 엔트로피가 증가하면 오른쪽으로 이동하므로 전압력이 감소함을 알 수 있다. 즉 엔트로피의 증가는 전압력의 손실을 의미한다. 시스템을 설계할 때에 엔트로피의 증가를 작게하여 전압력 손실을 작게하는 것이 필요하다. 이를 통해 $T-s$선도는 실질적 상태(비가역 상태)를 감안하여 온도와 엔탈피 및 전압력의 변화를 나타내므로 열역학 상태량의 변화를 판단하는 데 매우 유용하게 사용될 수 있음을 알 수 있다.

이 원리를 이용하여 흡입구 유동에 대해서 알아보자.

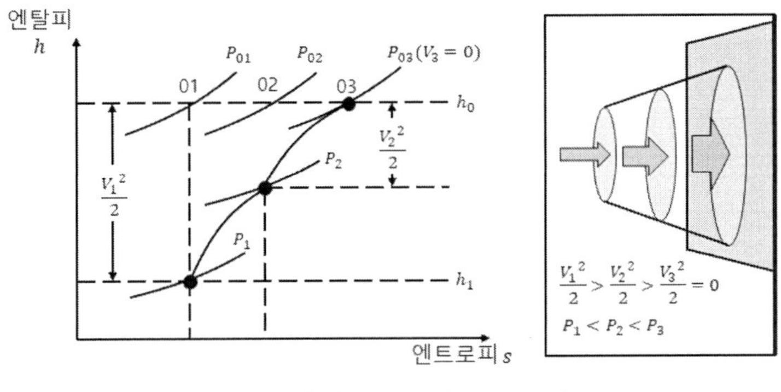

[그림 2-14] 흡입구에서의 $h-s$ 선도

그림 2-14)는 단계별로 압축이 되는 입구 유동을 보여준다. 흡입구 유동 과정이 단열 과정이라고 가정하자. 흡입구로 아음속의 공기가 들어온다면 유로가 증가할수록 속도는 감소하고 정압력은 높아진다. $h-s$ 선도를 보면 단열 과정이므로 전엔탈피는 일정하게 유지되고 상태 1의 전엔탈피와 정엔탈피의 차이는 $h_t = h + V^2/2$ 식에 의해 $V^2/2$의 크기임을 알 수 있다. 상태 1에서 상태 2로 점점 속도가 줄어들고 압축되는 과정이므로 $h-s$ 선도를 보면 전엔탈피와 정엔탈피의 차이인 동엔탈피($V^2/2$)는 상태 1보다 줄어들고 정압력은 상태 1보다 큰 것을 확인할 수 있다. 상태 2의 전압력은 압축이 될 때 마찰 손실로 인해 엔트로피가 증가하였고 이에 따라서 상태 1의 전압력보다 전압력이 작아지는 것을 $h-s$ 선도에서도 확인할 수 있다. 상태 2에서 상태 3의 과정에서 속도가 0이 되면 전엔탈피와 정엔탈피는 같은 값을 갖게 되고 마찰 손실에 의해 전압력은 감소된다.

2.8.7 추진력 발생을 위한 에너지 변환의 원리

엔진은 엔진의 내부를 통과하는 작동 유체의 에너지 변환, 즉 연료의 화학적인 에너지를 사용하여 작동 유체의 전엔탈피를 상승시키고, 이를 동적 에너지로 전환하여 엔진의 추진력을 얻는다. 간단한 열역학 사이클 계산을 통해 그 원리를 열역학의 수식과 연관하여 이해해보자. 앞 장에서 유도된 열적 이상 기체에 대한 엔트로피 변화량 식 (2-18)에서 출발하자.

$$\Delta s = C_p \ln\frac{T_2}{T_1} - R\ln\frac{P_2}{P_1} \qquad \text{식 (2-18)}$$

위 식을 다음 식과 같이 표현할 수 있다.

$$s = C_p \ln T + C_1 = C_p \ln\left(\frac{h}{C_p}\right) + C_2 = C_p \ln h + C_3 \qquad \text{식 (2-71)}$$

$$s = C_p \ln h + C_3 \ \Rightarrow\ \ln h = \frac{s}{C_p} + C \qquad \text{식 (2-72)}$$

일정 비열을 갖는 이상 기체의 $\ln h - s$ 선도를 그려보면 다음과 같다.

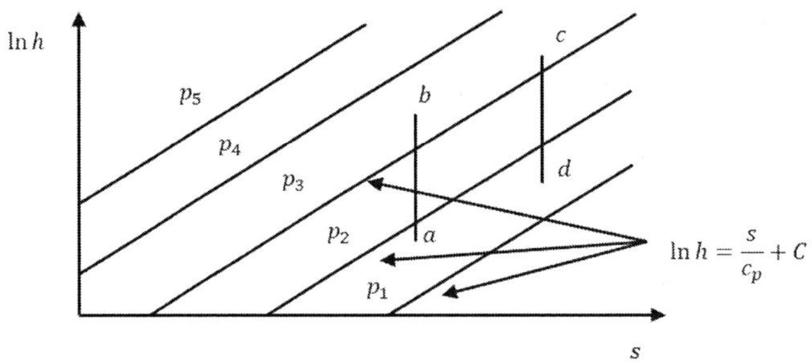

[그림 2-15] $\ln h - s$ 선도

$\ln h = \dfrac{s}{C_p} + C$ 식은 $\ln h - s$ 선도에서 기울기가 정압 비열의 역수인 선형식이며 우변의 상수 값(C)에 따라 직선을 그림 2-15)의 선도와 같이 나타낼 수 있다. 이때 상태 a, b, c, d에 적용하여 $\ln h - s$에 표시를 하면 그림 2-15)의 선도에서 볼 수 있듯이 a-b-c-d 평행 사변형 꼴로 엔진 사이클을 표현할 수 있다. 이는 등엔트로피 압축 과정(a-b 과정)에서 소요되는 $\ln\ h$와 등엔트로피 팽창 과정(c-d 과정)에서 발생되는 $\ln\ h$가 같다.

가스터빈 엔진은 압축 과정의 에너지보다 팽창 과정의 에너지를 더 크게 하여 팽창 과정에서 만들어지는 에너지의 일부를 압축기에 필요한 에너지로 사용하고 나머지 에너지는 제트로 분사시켜 엔진의 추력 또는 동력을 얻는 기관이다.

이를 수식을 통해 알아보자.

식 (2-72)는 선형식이므로 다음 식과 같은 관계가 성립한다.

$$\ln h_b - \ln h_a = \ln h_c - \ln h_d \qquad \text{식 (2-73)}$$

식 (2-78)을 다음과 같은 과정으로 정리한다.

$$\ln \frac{h_b}{h_a} = \ln \frac{h_c}{h_d} \ \Rightarrow\ \frac{h_b - h_a}{h_a} = \frac{h_c - h_d}{h_d}$$

$$\Rightarrow\ \frac{h_d}{h_a} = \frac{h_c - h_d}{h_b - h_a} \qquad \text{식 (2-74)}$$

이때 팽창 과정을 지난 상태 d의 엔탈피(h_d)는 압축되기 전의 상태 a의 엔탈피(h_a)보다 큰 것을 확인할 수 있다. 따라서 다음 부등호 관계가 성립한다.

$$\frac{h_d}{h_a} = \frac{h_c - h_d}{h_b - h_a} > 0$$

$$h_c - h_d > h_b - h_a \qquad \text{식 (2-75)}$$

따라서 a-b-c-d 사이클(브레이튼 사이클)은 가스터빈 엔진이 작동하기 위한 조건을 만족시키는 것을 확인할 수 있다. 즉 압축 과정의 에너지 변화($h_b - h_a$)보다 팽창 과정의 에너지 변화($h_c - h_d$)가 더 크므로, 팽창과정에서 만들어진 에너지의 일부를 압축기에 필요한 에너지로 사용하고 나머지 에너지는 제트로 분사시켜 엔진의 추력 또는 회전 동력을 얻을 수 있음을 알 수 있다.

그림 2-16)의 $h-s$ 선도를 통해 위 관계를 재확인할 수 있다.

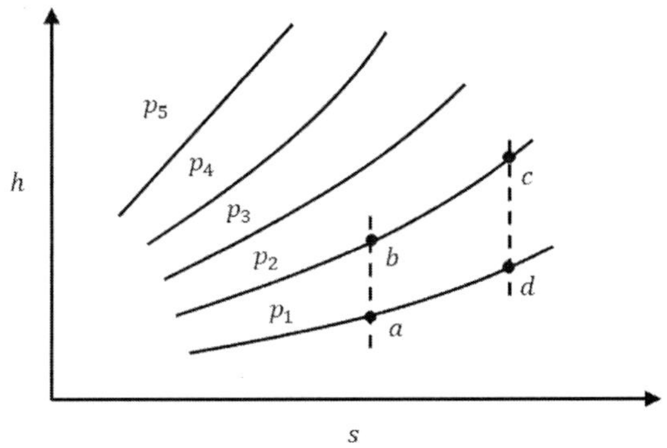

[그림 2-16] 등압선을 나타내는 이상 기체 $h-s$ 선도

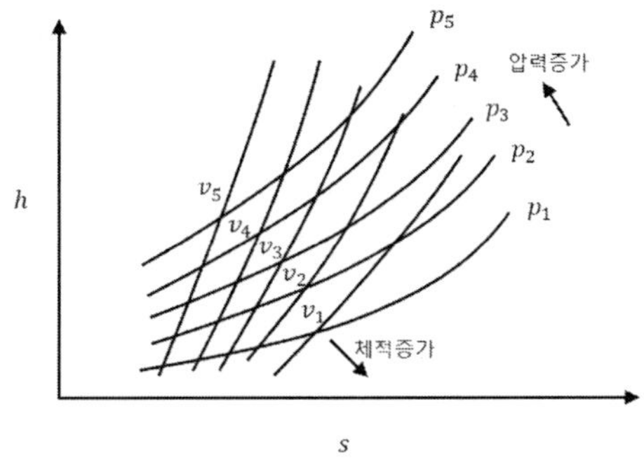

[그림 2-17] $h-s$ 선도에서의 정적선과 정압선

또한 $h-s$ 선도에 정적 과정으로 $s = C_v \ln h + C$에 대해 적용하면, 그림 2-17)과 같이 $h-s$ 선도에 정적선을 나타낼 수 있다. 정적선은 정압선보다 기울기가 크므로, 정압 과정에서 더 큰 에너지를 얻을 수 있음을 의미한다.

2.9 면적 변화와 속도 변화의 관계

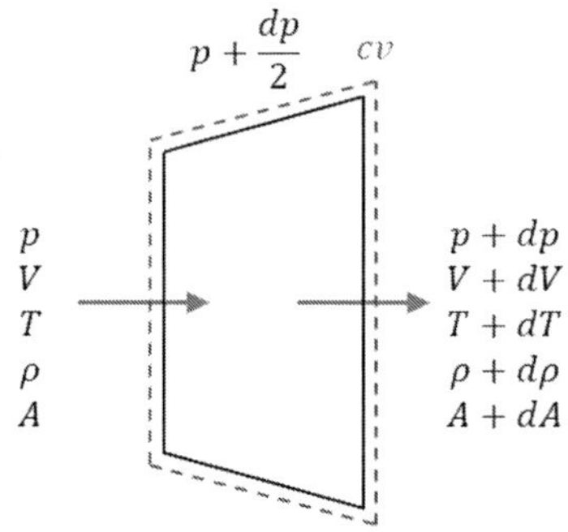

[그림 2-18] 면적 변화에 대한 검사 체적

엔진은 작동 유체가 엔진의 구성품을 통과하면서 운동량과 에너지의 변화로 추력 또는 출력을 생성한다. 따라서 작동 유체가 내부 유로 내에서 이동할 때 열역학 상태량의 변화를 계산해야 하며, 유로의 면적 변화에 대한 유속 변화의 계산이 필요하다. 아음속에서는 유로 면적이 증가하면 유속은 감소하고, 유로 면적이 감소하면 속도는 증가한다. 그러나 초음속에서는 이와 반대되는 현상, 즉 유로의 면적이 증가하면 유속도 증가하고, 면적이 감소하면 유속도 감소한다. 이를 수식으로 알아보면 다음과 같다.

2.9.1 질량 보존 방정식(연속 방정식)

면적 변화에 대한 유동의 변화를 연속 방정식에 적용해 보자. 이때 정상 과정이라 가정하면 연속 방정식은 다음과 같다.

$$\sum_{in}\rho VA = \sum_{out}\rho VA \qquad \text{식 (2-76)}$$

그림 2-18)에서 각 상태의 상태량을 위 식에 대입을 하면 다음과 같다.

$$(\rho + d\rho)(V + dV)(A + dA) = \rho VA \qquad \text{식 (2-77)}$$

위 식을 정리하면 다음 식과 같다.

$$\rho VdA + \rho AdV + VAd\rho = 0 \qquad \text{식 (2-78)}$$

위 식의 양변에 ρVA로 나눠주면 최종적으로 아래 관계식을 유도할 수 있다.

$$\frac{dA}{A} + \frac{d\rho}{\rho} + \frac{dV}{V} = 0 \qquad \text{식 (2-79)}$$

2.9.2 운동량 보존 방정식

주어진 유동을 운동량 보존 방정식에 적용해보자. 체적력과 마찰력은 무시하고 연속 방정식에서의 가정을 그대로 이용하면 운동량 보존 방정식은 다음 식과 같이 표현된다.

$$\sum \vec{F}_{surface} = \sum_{e} \rho V^2 A - \sum_{i} \rho V^2 A \qquad \text{식 (2-80)}$$

위 그림 2-18)에서 각 상태의 상태량을 위 식에 대입을 하면 다음과 같다.

$$pA + \left(p + \frac{dp}{2}\right)dA - (p+dp)(A+dA) = (\rho + d\rho)(V+dV)^2(A+dA) - \rho V^2 A \qquad \text{식 (2-81)}$$

위 식을 정리하면 최종적으로 아래 관계식을 유도할 수 있다.

$$\therefore\ dp + \rho V dV = 0 \qquad \text{식 (2-82)}$$

2.9.3 면적 변화에 따른 압력 및 속도 변화

앞 절에서 유도된 연속 방정식 (2-79)와 운동량 보존 방정식 (2-82)를 연립하면 다음과 같다.

$$dp + \rho V dV = dp + \rho V^2\left(\frac{dV}{V}\right) = dp + \rho V^2\left(-\frac{d\rho}{\rho} - \frac{dA}{A}\right) = 0 \qquad \text{식 (2-83)}$$

위 식의 속도항을 음속항으로 바꾸면 다음의 관계를 얻을 수 있다.

$$dp + \rho V^2\left[-\frac{dp}{\rho}\left(\frac{\partial \rho}{\partial p}\right)_s - \frac{dA}{A}\right] = dp + \rho V^2\left(-\frac{dp}{\rho a^2} - \frac{dA}{A}\right) = 0 \qquad \text{식 (2-84)}$$

상태 방정식을 이용하여 음속을 마하수로 바꿔주고 dp/dA에 대해 정리하면 최종적으로 면적 변화에 따른 압력 변화의 관계를 얻을 수 있다.

$$\frac{dp}{dA} = \frac{\rho V^2}{(1-M^2)A} = \frac{\rho a^2 M^2}{(1-M^2)A} = \frac{\rho M^2}{(1-M^2)A} \cdot \frac{\gamma p}{\rho}$$

$$\frac{dp}{p} = \left(\frac{\gamma M^2}{(1-M^2)}\right)\frac{dA}{A} \qquad \text{식 (2-85)}$$

또한 운동량 보존 방정식(식 2-82)에 의해 다음 관계가 성립된다.

$$dp + \rho VdV = 0 \;\rightarrow\; dp = -\rho VdV$$

$$(M^2 - 1)\frac{dV}{V} = \frac{dA}{A} \qquad \text{식 (2-86)}$$

위 두 식 (2-85, 86)으로부터 유동이 아음속 (M<1)일 때, $dp \propto dA$와 $dV \propto -dA$가 성립된다. 즉, 유동이 아음속일 때 면적이 증가하면 속도는 감속되고, 면적이 감소하면 속도는 가속된다. 면적이 증가하면 압력이 증가하고, 면적이 감소하면 압력도 감소하는 것을 수식을 통해 확인할 수 있다(그림 2-19 참조). 반면에 초음속 유동일 때는 앞의 두 식 (2-85, 86)으로부터 $dp \propto -dA$와 $dV \propto dA$가 성립된다. 즉, 유동이 초음속일 때, 면적이 증가하면 속도는 가속되고, 면적이 감소하면 속도도 감속된다. 또한 면적이 증가하면 압력은 감소하고, 면적이 감소하면 압력은 증가하는 것을 수식을 통해 확인할 수 있다. 따라서 아음속 유동일 때와 반대의 현상이 나타난다.

위의 내용을 정리하면 아래 그림과 같다.

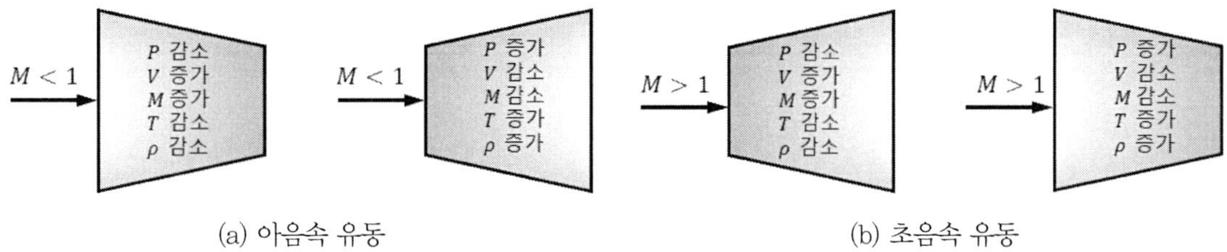

[그림 2-19] 면적 변화에 따른 열역학 상태량 변화

면적에 따른 속도 변화의 개념을 축소-확대 노즐(Convergent-divergent nozzle)에 적용해보자.

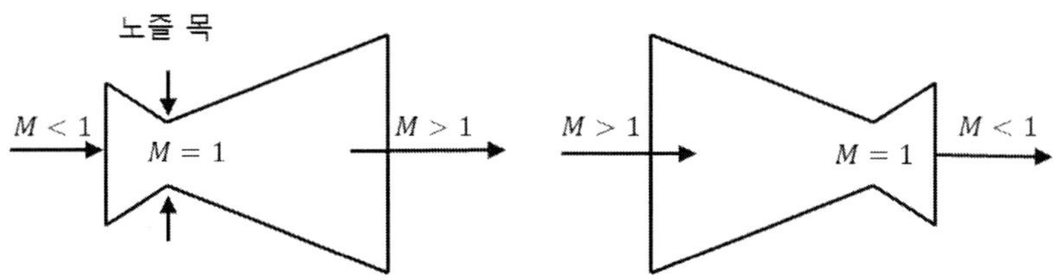

[그림 2-20] 축소-확대 노즐에서 유동 속도의 변화

아음속인 유동이 축소-확대 노즐 입구로 들어와서 축소부에서 가속이 되며, 최대 M=1.0까지 가속이 되고, 노즐목 이후에 초음속 유동이 되면 확대부에서 계속 가속되어 초음속이 된다. 그와 반대로 초음속으로 축소부로 들어가면 노즐목 까지 M=1.0까지 감속이 되면 노즐목 이후에 아음속이 되면 확대부에서 감속이 된다. 축소-확대 노즐은 아음속을 초음속으로 가속시켜 추력을 최대화하는 엔진의 노즐로 많이 사용되는 형상이다.

2.9.4 질량 유량 계산

등엔트로피 관계식을 이용하여 질유량($\dot{m}$)을 전상태량(Total property)과 마하수로 표현해 보자.

질량 유량의 식을 상태 방정식을 이용하여 표현하면 다음 식과 같다.

$$\dot{m} = \rho VA = \left(\frac{P}{RT}\right)A(M\sqrt{\gamma RT}) \qquad \text{식 (2-87)}$$

여기서 사용된 상태량들은 정상태량(static property)들이다. 이 정상태량들을 마하수와 전상태량들로 표현된 등엔트로피 관계식 (식 2-65)를 대입하면 다음 식과 같이 표현되고,

$$\dot{m} = \frac{p_t}{\left(1+\frac{\gamma-1}{2}M^2\right)^{\frac{\gamma}{\gamma-1}}} \cdot \frac{1}{R} \cdot \frac{\left(1+\frac{\gamma-1}{2}M^2\right)}{T_t} \cdot A \cdot M\sqrt{\gamma R} \cdot \sqrt{\frac{T_t}{\left(1+\frac{\gamma-1}{2}M^2\right)}} \qquad \text{식 (2-88)}$$

정리하면 최종적으로 마하수와 전상태량들로 표현된 질량 유량의 다음 식을 얻을 수 있다.

$$\therefore \dot{m} = \frac{p_t}{\sqrt{RT_t}}A\sqrt{\gamma}M\left(1+\frac{\gamma-1}{2}M^2\right)^{\frac{\gamma+1}{2-2\gamma}} \qquad \text{식 (2-89)}$$

다음과 같이 함수의 형태로 질량 유량을 간단히 표현할 수 있다.

$$\dot{m} = \frac{p_t}{\sqrt{RT_t}}A f(\gamma, M), \quad f(\gamma, M) = \sqrt{\gamma}M\left(1+\frac{\gamma-1}{2}M^2\right)^{\frac{\gamma+1}{2-2\gamma}}$$

M=1.0일 때 노즐목(A_{th})에서 질식(choked) 현상이 일어나며, 이때의 노즐목 면적을 A^*라 표현한다.

$$A_{th} = A^*$$

M=1.0일 때, 질량 유량을 구해보면 다음과 같이 표현되며,

$$\dot{m} = \frac{p_t}{\sqrt{RT_t}}A^*\sqrt{\gamma}\left(1+\frac{\gamma-1}{2}\right)^{\frac{\gamma+1}{2-2\gamma}} \qquad \text{식 (2-90)}$$

다음과 같이 M=1.0일 때, 함수의 형태로 질량 유량을 간단히 표현할 수 있다.

$$\dot{m} = \frac{p_t}{\sqrt{RT_t}}A^* f(\gamma, 1), \quad f(\gamma, 1) = \sqrt{\gamma}\left(1+\frac{\gamma-1}{2}\right)^{\frac{\gamma+1}{2-2\gamma}} \qquad \text{식 (2-91)}$$

위 원리들을 노즐(Nozzle), 오리피스(Orifice), 터빈의 베인(Turbine vane)에서의 유동에 적용해보자.

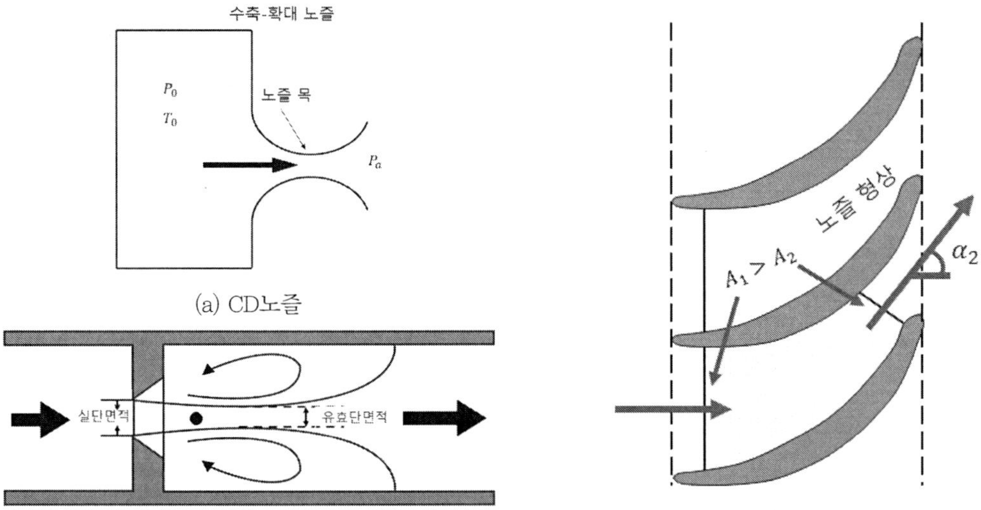

(a) CD노즐

(b) 오리피스가 있는 관

(c) 터빈의 베인

[그림 2-21] 관 유로의 예시: (a) CD노즐, (b) 오리피스 관, (c) 터빈의 베인

(1) 수축–확대 노즐(Convergent–Divergent(CD) nozzle)

챔버의 전압력과 노즐 출구의 배압의 차이로 노즐에서 유동이 발생하며, 전압력과 배압이 충분히 차이가 난다고 한다면 노즐목에서 마하수가 1.0이 되고 질식이 된다. 이 현상은 다음 절에서 자세히 살펴보도록 하자.

(2) 오리피스(Orifice)가 있는 관

오리피스에서는 그림 2-21b)와 같이 유동이 유선을 따라 이동한다. 따라서 오리피스의 단면적과 유동의 실단면적인 유효 면적이 차이가 발생한다. 또한 유선 바깥 부분(모서리 코너 부분)은 유동이 정지해 있으므로 이 위치에서 측정된 압력과 온도는 전압력, 전온도이다. 전압력과 전온도를 알면 식 2-90)을 사용해서 유량을 계산할 수 있다. 따라서 오리피스를 이용하여 속도가 정체되는 부분을 만들고, 이 부분의 압력과 온도를 측정함으로써 유량 측정이 가능하다. 또한 유동박리와 확산에 의해 손실된 양을 보정계수를 통해 실제 유량을 계산할 수 있다.

(3) 터빈의 베인

터빈의 베인은 그림 2-21c)와 같이 면적이 점점 줄어든다. 만약 베인 간의 유로에서 가장 작은 면적에서 마하수가 1.0이 되면 유동은 질식(Choked)된다. 터빈 베인 출구에서 유동의 속도가 마하수 1.0이면 베인 출구 후단에서의 압력 변화 영향이 터빈 노즐 앞으로 전달되지 않는다. 만약 터빈 베인의 가장 작은 면적인 터빈 노즐목에서 마하수가 1.0보다 작다고 한다면, 베인 출구 후단의 압력 변화는 상류로 전달되므로 베인의 상태량이 후단의 영향을 받으므로 터빈 노즐목에서 질식이 되도록 하면 이러한 현상을 방지할 수 있다.

2.9.5 수축-확대 노즐(Converging-diverging nozzle)

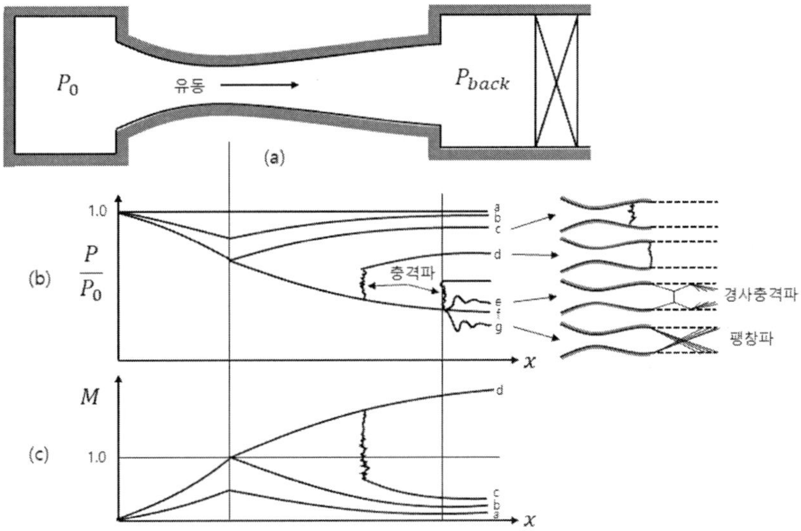

[그림 2-22] CD 노즐의 형상(a), 압력(b), 마하수(c)의 변화

수축-확대 노즐에서 유동은 배압의 영향을 받는다. 만약 노즐 입구에서 전압력이 일정하다고 했을 때 이 전압력과 배압의 차이에 의해서 유동은 가속이 되고, 노즐 안에서 수직 충격파가 발생하기도 한다. 이런 현상을 간단히 알아보자.

그림 2-22a)는 수축-확대 노즐의 단면을, (b)는 노즐 길이의 방향에 따른 전압력과 정압력의 비를, (c)는 마하수를 나타낸다. 그림 2-22b)를 통해 배압이 노즐 내부의 유동에 어떤 영향을 미치는지 알아보자.

- 배압 (a) : 노즐 입구와 출구의 압력이 같으므로 유동이 발생되지 않는다.
- 배압 (b) : 노즐 입구에서 아음속이므로 수축부에서 유동은 가속되면서 압력은 낮아진다. 하지만 배압이 노즐목에서 질식시킬 만큼 낮지 않으므로 노즐목에서 마하수가 1.0보다 작아 아음속이므로, 확대부에서는 점점 감속이 되며 압력은 증가한다. 최종적으로 노즐 출구에서는 유동의 압력은 배압과 같아진다.
- 배압 (c) : 전압력과 배압의 차이는 노즐목에서 M=1.0이 되도록 한다. 하지만 배압이 확대부에서 가속시킬 만큼의 낮은 배압이 아니므로, 유동은 노즐 확대부에서 점점 감속이 되고 압력이 증가한다. 최종적으로 노즐 출구에서는 유동의 압력은 배압과 같아진다.

- 배압 (c)~(d) : 정확히 말하면 배압 (c)보다 작고 배압 (d)와 같은 범위의 배압에서는 노즐 확대부에서 수직 충격파가 발생한다. 배압 (c)보다 작기 때문에 노즐목에서 질식되며(마하수=1.0) 노즐 확대부에서는 가속된다. 하지만 배압이 확대부의 전체에서 가속시킬 수 있을 만한 낮은 배압이 아니기 때문에 수직 충격파가 발생하여야 노즐 출구의 배압과 같게 된다.
- 배압 (e) : 배압 (e)에서는 배압 (d)보다 압력이 낮으므로 수직 충격파가 노즐 출구 외부로 벌어져 경사 충격파가 발생한다. 이때 노즐 출구에서 유동의 압력이 배압을 맞출 수가 없어 노즐 밖에서 충격파가 발생되고 이로 인하여 출구 밖에서 압력이 증가된다.
- 배압 (f) : 배압 (f)에서는 노즐 확대부에서 가속되어 압력은 감소하는데 노즐 출구에서의 압력이 배압과 일치된다. 이것을 완전 팽창(Perfectly expansion)이라 하며, 노즐 내부에서는 등엔트로피 유동이며, 노즐 출구의 압력은 배압과 같다. 배압 (f)일 때 유동은 충격파가 발생하지 않고, 가속되는 것을 유지할 수 있어서 배압 (f)일 때가 수축-확대 노즐에서 최대 추력이 발생된다.
- 배압 (g) : 배압 (g)은 완전 팽창(Perfectly expansion)하는 배압 (f)보다 낮아 노즐 출구에서 팽창파(Expansion wave)가 발생하며, 노즐 출구에서 유동의 압력은 배압보다 커서, 노즐 출구 밖에서 유동의 압력이 갑자기 낮아지는 현상이 발생한다.

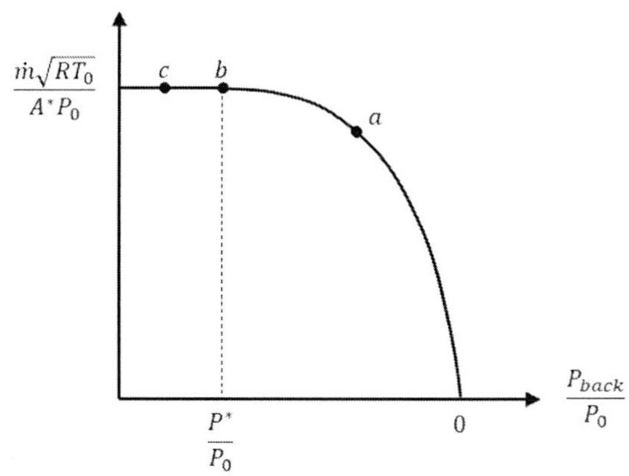

[그림 2-23] 배압에 따른 유량변화

위 그림 2-23)은 수축-확대 노즐에서 배압에 따른 유동 내부의 질량 유량을 표현한 그래프이다. 배압이 유동의 전압력과 같으면 수축-확대 노즐에서 압력차가 발생하지 않아 노즐을 흐르는 질량 유량이 없다. 하지만 배압이 전압력보다 작아지는 순간 노즐에서 압력차가 발생하여 유동이 발생한다. 노즐목에서 질식될 때까지 배압을 낮추면 질유량은 점점 증가한다. 노즐목에서 질식이 되는 순간, 배압이 더 낮아지더라도 질유량은 일정하게 유지가 된다. 이런 현상은 노즐목에서 M=1.0을 넘지 못하고 배압이 더 낮아짐에도 노즐목의 면적과 마하수가 일정하기 때문에 목에서의 질량 유량이 일정하고 노즐 전체 유량도 일정하게 유지된다.

예제2.7

공기(1 MPa, 600℃)가 150 m/s로 축소형 노즐로 들어간다. 노즐목의 면적은 50 cm^{2}이며 노즐 출구의 압력은 1) 0.7 MPa 2) 0.4 Mpa일 때 질량 유량을 구하시오. ($\gamma = 1.4,\ c_p = 1.004\ kJ/kg \cdot K$)

해설

하첨자: 입구(i), 노즐목(t), 노즐목 출구(b)로 표시하자.

$$T_{0_i} = T_i + \frac{u_i^2}{2c_p} = 884\,K$$

$$P_{0_i} = P_i\left(\frac{T_{0_i}}{T_i}\right)^{\gamma/(\gamma-1)} = 1.045\,MPa$$

1) Pb = 0.7 MPa 경우

$$\frac{P_b}{P_0} = \frac{0.7}{1.045} = 0.67 > \left(\frac{P_t}{P_0}\right)_{cr} = 0.528$$

이므로

노즐목에서 질식(Choked)이 안됨

아음속 유동이므로

$$P_t = P_b = 0.7\,MPa \Rightarrow \frac{P_t}{P_0} = 0.67$$

$$\Rightarrow M_t = 0.778,\ \frac{T_t}{T_0} = 0.892$$

$$T_t = 0.892\,T_0 = 788.5\,K$$

$$\rho_t = \frac{P_t}{RT_t} = 3.093\,kg/m^3$$

$$u_t = M_t\sqrt{\gamma R T_t} = 437.9\,m/s$$

$$\dot{m} = \rho_t A_t u_t = 6.77\,kg/s$$

2) Pb = 0.4 MPa 경우

$$\frac{P_b}{P_0} = \frac{0.4}{1.045} = 0.38 < \left(\frac{P_t}{P_0}\right)_{cr} = 0.528$$

이므로

노즐목에서 질식(Choked)이 됨

식 2-90)을 적용하면

$$\dot{m} = 7.10\ kg/s$$

2.10 충격파(Shock Wave)

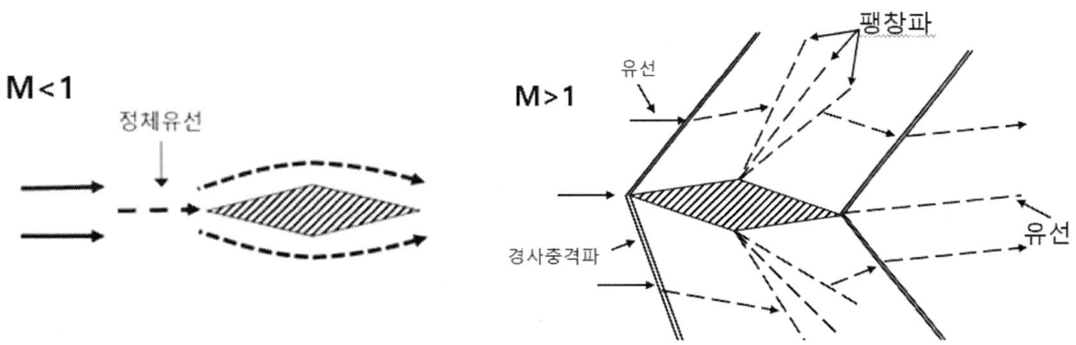

(a) 아음속 유동 (b) 초음속 유동

[그림 2-24] 유동 속도에 따른 물체 주변의 유동 현상

충격파는 유동이 초음속일 때 발생한다. 물체가 공기 중에서 움직이면, 물체가 공기를 미는 힘에 의해 공기의 압력 변화를 일으키고, 이를 외란으로 표현하면, 외란은 주변으로 음속의 속도로 퍼진다. 물체의 속

도가 초음속이 될 때 외란에 의한 파동이 계속해서 겹쳐지는 현상이 발생하고, 여러 파동이 겹쳐진 것을 충격파라고 한다(그림 2-8 참조). 충격파를 지난 유동의 압력과 온도, 밀도는 급격히 증가하고 속도는 급격히 감소한다. 그러기 때문에 충격파는 열역학 상태량이 불연속적이다. 하지만 충격파의 두께는 매우 얇기 때문에 단열 과정으로 취급 가능하여 충격파를 지나도 전온도는 일정하게 유지되고, 비가역 과정으로 마찰손실에 의해 전압력은 감소한다. 여기서는 충격파의 관계식을 유도하지 않는다.

충격파는 충격파 형태에 따라 구분지을 수 있는데, 유동 방향과 수직으로 충격파가 형성되면 수직 충격파, 경사진 형태로 형성되면 경사 충격파라고 칭한다(그림 2-24 참조).

그림 2-25)의 그래프는 수직 충격파(Normal shock wave)를 지나고 난 상태의 상태량 변화를 나타낸다. 정압력과 정온도는 높아지며, 속도는 감소한다. 또한 충격파는 비가역적 얇은 막과 같으므로 충격파를 지나면 충격으로 엔트로피는 증가되고, 전압력은 감소된다. 수직 충격파를 지나면 초음속은 아음속으로 감속된다.

경사 충격파로 들어오는 초음속 유동은 경사 충격파와 평행한 속도 성분은 속도가 변하지 않으며, 경사 충격파와 수직인 속도 성분은 수직 충격파를 지나는 것이므로 속도가 감속된다. 경사 충격파는 수직 충격파와 달리 경사 충격파와 평행한 속도 성분은 일정하게 유지되므로 수직 충격파에 비하여 높은 속도를 유지할 수 있다. 이런 이유로 초음속 유동이 경사 충격파를 지나면 유속은 감속되지만 초음속은 유지한다.

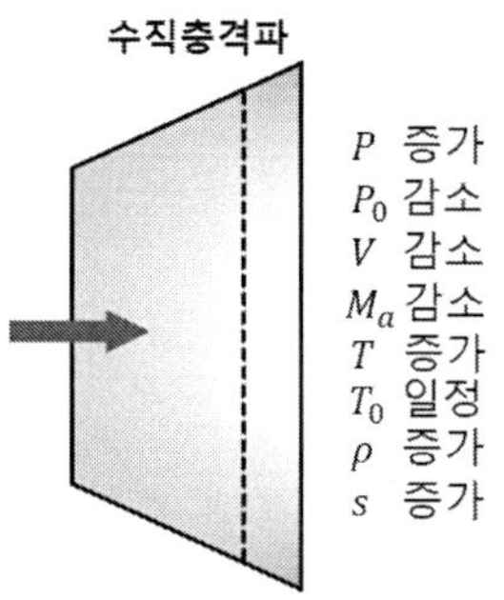

[그림 2-25] 수직 충격파에 의한 상태량 변화

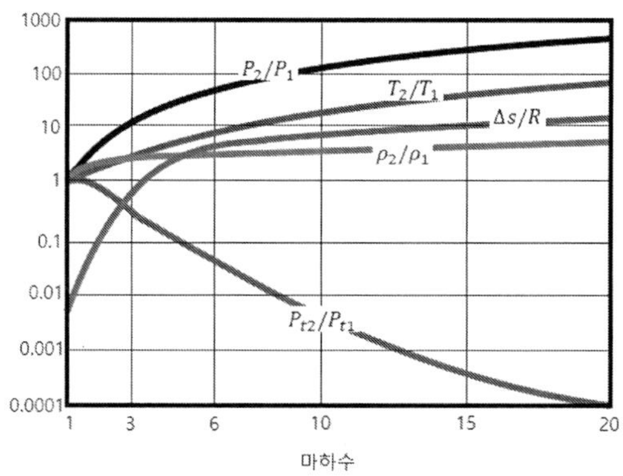

[그림 2-26] 수직 충격파에 의한 마하수에 따른 상태량 변화

그림 2-27)은 공기(비열비 1.4)일 때 수직 충격파로 들어오는 유동의 마하수(M_1)에 따라 충격파를 지난 후의 마하수(M_2)와 전압력비(p_{t2}/p_{t1}) 변화를 나타낸다. 수직 충격파로 들어오는 유동의 마하수가 커짐에 따라 전압력 손실은 증가하고, 충격파를 지나고 난 유속은 감소한다. 그림 2-28)은 경사 충격파로 들어오는 공기의 마하수에 따라 충격파를 지난 후의 전압력비(p_{t2}/p_{t1})를 나타낸다. 경사 충격파는 수직 충격파에 비해 상대적으로 압력 손실이 작다는 것을, 또한 굴절각(Deflection angle, δ)이 작을수록 전압력 손실이 작다는 것을 알 수 있다. 따라서 항공기 앞 부분을 설계함에 있어서 전압력 손실을 최소화시키면서 초

음속의 유동을 감속시키기 위해서는 수직 충격파를 이용하는 것보다 경사 충격파를 이용하면 압력 손실을 작게할 수 있다.

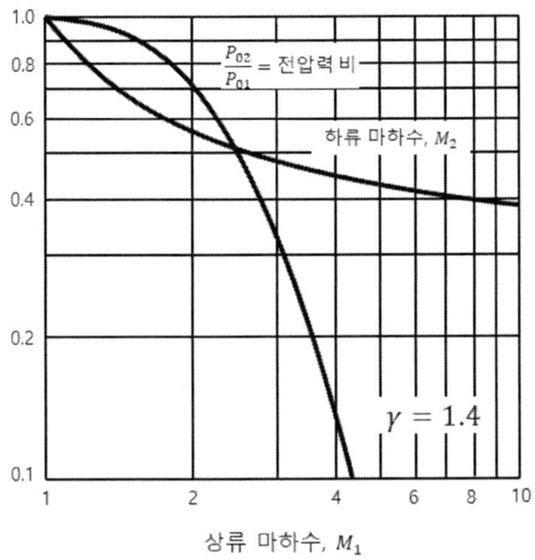

[그림 2-27] 수직 충격파에 의한 상태량 변화

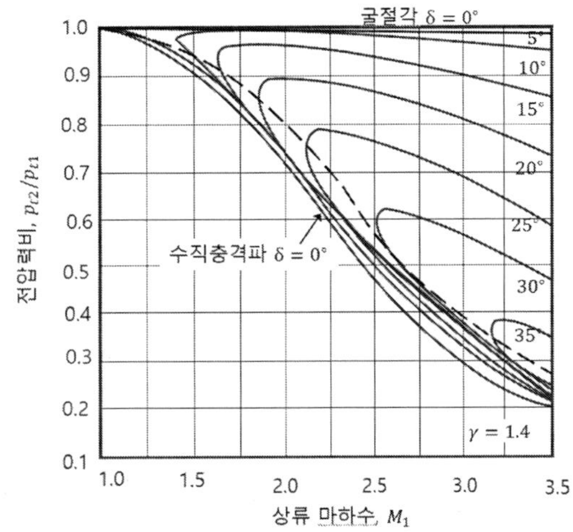

[그림 2-28] 경사 충격파에 의한 전압력비

따라서 초음속 유동에서는 압축시키는 최적의 쐐기 모양의 각도를 정하여 압력 손실을 적게 하면서 감속시켜야 한다. 여러 단에 걸쳐 편향각을 만들어서 여러 개의 수직 충격파(Normal shock wave)를 만들어 다단으로 속도를 감속시켜준다. 이때 여러 단에서 만든 경사 충격파의 세기가 모두 같으면 전압력 손실을 최소화할 수 있다.

예제2.8

공기(50 kPa, 250 K)가 500 m/s로 다음의 수직 충격파를 지나간다. 수직 충격파를 지난 후의 공기의 속도, 온도, 압력, 전온도, 전압력을 구하시오.

해설

충격파를 만나기 전의 공기 마하수

$$M_1 = \frac{u_1}{a_1} = \frac{500}{\sqrt{1.4 \cdot 287 \cdot 250}} = 1.578$$

a) 수직 충격파를 지날 때

그림 2-26) 또는 테이블로부터

$$\frac{T_2}{T_1} = 1.373,\ \frac{P_2}{P_1} = 2.737,$$

$$\frac{P_2}{P_1} = 2.737,\ \frac{\rho_2}{\rho_1} = 1.994,\ M_2 = 0.6753$$

$$\frac{u_2}{u_1} = \frac{\rho_1}{\rho_2} \Rightarrow u_2 = 500/1.994 = 250.74\,m/s$$

$$P_2 = 50 \times 2.737 = 136.85\,kPa$$

$$T_2 = 250 \times 1.373 = 343.14\,K$$

충격파는 단열 조건이므로 $T_{01} = T_{02}$

식 2-65)로부터

$$\frac{T_1}{T_{01}} = 0.668 \Rightarrow T_{01} = 374.42 = T_{02}$$

$$\frac{P_1}{P_{01}} = 0.243 \Rightarrow P_{01} = 205.59\,kPa$$

그림 2-27) 또는 테이블로부터

$$\frac{P_{02}}{P_{01}} = 0.903 \Rightarrow P_{02} = 185.73\,kPa$$

2.11 Rayleigh 유동(Rayleigh Flow)

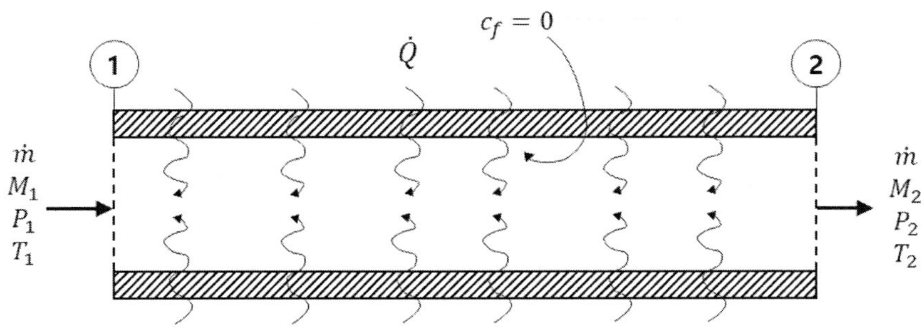

[그림 2-29] Rayleigh 유동 개략도와 검사 체적

노즐의 면적 변화에 의해 유동의 속도가 변화함을 앞장에서 다루었다. 열 에너지의 유출입으로도 유동의 속도가 변화할 수 있다. 유로 면적의 변화는 없고 열 에너지의 출입이 있는 유동을 Rayleigh 유동이라고 한다. 이때 1) 정상 상태, 2) 이상 기체, 3) 벽 마찰 무시, 4) 일정한 단면적 유로, 5) 균일 유동으로 가정한다. Rayleigh 유동은 입구 조건을 이용하여 질량 보존 방정식, 운동량 보존 방정식, 에너지 보존 방정식, 엔트로피 관계식과 상태 방정식의 총 5개의 연립 방정식을 이용하여 출구 조건을 계산할 수 있다.

지배 방정식을 통해 상태량들의 변화를 수식으로 유도를 하고, 비열비와 마하수의 함수로 유도해서 열유동의 상태량 변화를 이해하자.

위 그림 2-29)와 같이 검사 체적을 설정하고 검사 체적에 유출입하는 유체의 상태량을 다음과 같이 표현할 수 있다.

1) 질량 보존 방정식(연속 방정식)

정상 상태로 가정하면 그림 2-29)에서 검사 체적을 통해 들어오거나 나가는 속도는 검사 표면의 방향에 평행하고 균일하므로 연속 방정식을 다음과 같이 표현할 수 있다.

$$\sum_{out}(\rho_2 u_2 A_2) - \sum_{in}(\rho_1 u_1 A_1) = 0 \qquad \text{식 (2-92)}$$

이때 유체는 일정한 단면적을 갖는 채널을 통과함으로써 면적은 서로 소거된다.

$$\sum_{out}\rho_2 u_2 = \sum_{in}\rho_1 a_1 \qquad \text{식 (2-93)}$$

여기서 출입하는 통로는 하나이므로 최종적으로 다음과 같다.

$$\therefore\ \rho_1 u_1 = \rho_2 u_2 \qquad \text{식 (2-94)}$$

2) 운동량 보존 방정식

축 방향으로만 유체가 이동하고, 단면적이 일정한 단일 채널, 정상 상태, 균일 유동이라면 운동량 보존 방정식은 다음과 같이 간단히 표현할 수 있다.

$$p_1 - p_2 = \rho_2 u_2^2 - \rho_1 u_1^2 \qquad \text{식 (2-95)}$$

위 식을 같은 위치의 상태량들로 정리하면 최종적으로 다음과 같다.

$$\therefore\ p_1 + \rho_1 u_1^2 = p_2 + \rho_2 u_2^2 \qquad \text{식 (2-96)}$$

3) 에너지 보존 방정식

마찰 손실이 없고, 일이 없으므로 다음과 같이 간단히 표현이 가능하다.

$$\dot{Q} = \dot{m}(h_2 + \frac{u_2^2}{2}) - \dot{m}(h_1 + \frac{u_1^2}{2}) \qquad \text{식 (2-97)}$$

위 식의 우변에서 정엔탈피와 동엔탈피를 전엔탈피항으로 표현하면 최종적으로 다음 식과 같다.

$$\therefore\ \dot{Q} = \dot{m}(h_{t2} - h_{t1}) \qquad \text{식 (2-98)}$$

그리고 위 식 (2-98)을 이용하여 전온도의 변화에 관한 식을 유도할 수 있다.
단위 질량당 열 전달률을 다음 식과 같이 표현할 수 있다.

$$q \equiv \frac{\dot{Q}}{\dot{m}} = h_{t2} - h_{t1} = C_p(T_{t2} - T_{t1}) \qquad \text{식 (2-99)}$$

따라서 전온도의 변화에 관한 식은 다음 식으로 표현된다.

$$\therefore\ T_{t2} = T_{t1} + \frac{q}{C_p} \qquad \text{식 (2-100)}$$

4) 상태량 변화

위 3개의 보존 방정식을 이용해 압력, 밀도, 온도의 변화를 비열비와 마하수의 함수로 나타내보자.

(1) 정압력 변화

운동량 보존 방정식에서 유도된 식 (2-96)에서 압력을 묶어내면 다음 식과 같고,

$$p_1(1+\frac{\rho_1 u_1^2}{p_1}) = p_2(1+\frac{\rho_2 u_2^2}{p_2}) \quad \text{식 (2-101)}$$

위 식을 상태 방정식을 이용하여 비열과 마하수의 함수로 표현하면

$$p(1+\frac{\rho u^2}{p}) = p(1+\frac{u^2}{RT}) = p\,(1+\gamma M^2) \quad \text{식 (2-102)}$$

$$p_1\,(1+\gamma M_1^2) = p_2\,(1+\gamma M_2^2) \quad \text{식 (2-103)}$$

로 표현이 되므로 따라서 정압력 변화 관계식은 다음 식과 같이 표현된다.

$$\therefore \frac{p_2}{p_1} = \frac{(1+\gamma M_1^2)}{(1+\gamma M_2^2)} \quad \text{식 (2-104)}$$

(2) 정온도 변화

정온도 변화는 두 개의 관계식을 이용하여 구하는데, 첫 번째 관계식은 연속 방정식에서 유도한 식 (2-94)를 이용하여 구한다.

$$\rho_1 u_1 = \rho_2 u_2 \;\rightarrow\; \frac{\rho_2}{\rho_1} = \frac{u_1}{u_2} \quad \text{식 (2-105)}$$

위 식을 다음과 같이 표현하고 마하수의 정의를 이용하면 다음 식과 같이 첫 번째 관계식이 유도된다.

$$\frac{\rho_2}{\rho_1} = \frac{u_1}{u_2} = \frac{a_1 M_1}{a_2 M_2} = \frac{M_1\sqrt{\gamma R T_1}}{M_2\sqrt{\gamma R T_2}} = \frac{M_1}{M_2}\sqrt{\frac{T_1}{T_2}} \quad \text{식 (2-106)}$$

두 번째 관계식은 상태 방정식을 이용하여 구하면 다음 식과 같고,

$$\frac{\rho_2}{\rho_1} = \frac{\dfrac{p_2}{RT_2}}{\dfrac{p_1}{RT_1}} = \frac{p_2}{p_1} \cdot \frac{T_1}{T_2} \quad \text{식 (2-107)}$$

이때 정압력을 운동량 보존 방정식에서 유도된 관계식을 이용하면, 다음 식과 같은 두 번째 관계식이 유도된다.

$$\frac{\rho_2}{\rho_1} = \frac{(1+\gamma M_1^2)}{(1+\gamma M_2^2)} \times \frac{T_1}{T_2} \qquad \text{식 (2-108)}$$

식 (2-106)과 식 (2-108)을 합치면 다음 식과 같고,

$$\frac{\rho_2}{\rho_1} = \frac{M_1}{M_2}\sqrt{\frac{T_1}{T_2}} = \frac{(1+\gamma M_1^2)}{(1+\gamma M_2^2)} \times \frac{T_1}{T_2} \qquad \text{식 (2-109)}$$

온도 변화에 대한 식으로 정리하면 최종적으로 비열비와 마하수의 함수로 표현할 수 있다.

$$\therefore \frac{T_2}{T_1} = \frac{M_2^2}{M_1^2} \cdot \frac{(1+\gamma M_1^2)^2}{(1+\gamma M_2^2)^2} \qquad \text{식 (2-110)}$$

(3) 밀도 변화

앞서 구한 정온도 식 (2-110), 정압력 변화 식 (2-104)와 상태 방정식을 이용하여 밀도 변화를 비열비와 마하수의 함수로 나타내면 다음 식과 같이 표현된다.

$$\therefore \frac{\rho_2}{\rho_1} = \frac{p_2 T_1}{p_1 T_2} = \frac{M_1^2}{M_2^2} \cdot \frac{(1+\gamma M_2^2)}{(1+\gamma M_1^2)} \qquad \text{식 (2-111)}$$

(4) 전온도 변화

전온도 변화를 정온도에 관한 식으로 나타내면, 다음 식으로 표현이 되고,

$$\frac{T_{t2}}{T_{t1}} = \frac{T_2}{T_1}\left(\frac{1+\frac{\gamma-1}{2}M_2^2}{1+\frac{\gamma-1}{2}M_1^2}\right) \qquad \text{식 (2-112)}$$

비열비와 마하수로 표현된 정온도의 비를 대입하면, 다음 식과 같이 비열비와 마하수의 함수로 표현이 된다.

$$\therefore \frac{T_{t2}}{T_{t1}} = \frac{M_2^2}{M_1^2} \cdot \frac{(1+\gamma M_1^2)^2}{(1+\gamma M_2^2)^2} \cdot \left(\frac{1+\frac{\gamma-1}{2}M_2^2}{1+\frac{\gamma-1}{2}M_1^2}\right) \qquad \text{식 (2-113)}$$

또한 앞서 표현한 열 전달률 관계식 (2-99)를 적용하면, 다음과 같은 관계식이 유도된다.

$$\therefore \frac{T_{t2}}{T_{t1}} = \frac{M_2^2}{M_1^2} \cdot \frac{(1+\gamma M_1^2)^2}{(1+\gamma M_2^2)^2} \cdot \left(\frac{1+\frac{\gamma-1}{2}M_2^2}{1+\frac{\gamma-1}{2}M_1^2} \right) = 1 + \frac{q}{C_p T_{t1}} \quad \text{식 (2-114)}$$

(5) 전압력 변화

전압력 변화를 정압력에 관한 식으로 나타내면, 다음 식과 같이 표현되고,

$$\frac{p_{t2}}{p_{t1}} = \frac{p_2}{p_1} \cdot \left(\frac{1+\frac{\gamma-1}{2}M_2^2}{1+\frac{\gamma-1}{2}M_1^2} \right)^{\frac{\gamma}{\gamma-1}} \quad \text{식 (2-115)}$$

비열비와 마하수로 표현된 정온도의 비를 대입하면 다음 식과 같이 비열비와 마하수의 함수로 표현이 된다.

$$\therefore \frac{p_{t2}}{p_{t1}} = \frac{(1+\gamma M_1^2)}{(1+\gamma M_2^2)} \cdot \left(\frac{1+\frac{\gamma-1}{2}M_2^2}{1+\frac{\gamma-1}{2}M_1^2} \right)^{\frac{\gamma}{\gamma-1}} \quad \text{식 (2-116)}$$

(6) 엔트로피 변화

엔트로피 변화 식은 식 (2-20)으로 다음과 같다.

$$ds = C_p \frac{dT}{T} - R\frac{dp}{p} \quad \text{식 (2-20)}$$

운동량 보존 방정식을 미분하고 정리하면, 다음과 같은 식이 유도되고,

$$\frac{dp}{p} = -\frac{2\gamma M dM}{1+\gamma M^2} \quad \text{식 (2-117)}$$

$\frac{dp}{p}$을 엔트로피 변화 식 (2-20)에 대입하면 다음 식과 같다.

$$ds = C_p \frac{dT}{T} + R\left(\frac{2\gamma M^2}{1+\gamma M^2}\right)\frac{dM}{M} \quad \text{식 (2-118)}$$

비열비, 온도비, 압력비를 이용하면, 다음과 같이 온도 변화에 따른 엔트로피 변화 관계식이 유도된다.

$$ds = C_p\left(\frac{1-M^2}{1-\gamma M^2}\right)\frac{dT}{T} \quad \text{식 (2-119)}$$

질식된 상태(마하수 = 1.0)의 상태량 관계식을 다음과 같이 정리할 수 있다.

$$\text{정압력} : \frac{p}{p^*} = \frac{(1+\gamma)}{(1+\gamma M^2)} \quad \text{식 (2-120a)}$$

$$\text{정온도} : \frac{T}{T^*} = M^2 \times \frac{(1+\gamma)^2}{(1+\gamma M^2)^2} \quad \text{식 (2-120b)}$$

$$\text{밀도} : \frac{\rho}{\rho^*} = \frac{1}{M^2} \times \frac{(1+\gamma M^2)}{(1+\gamma)} \quad \text{식 (2-120c)}$$

$$\text{전온도} : \frac{T_t}{T_{t^*}} = M^2 \times \frac{(1+\gamma)^2}{(1+\gamma M^2)^2} \times \left(\frac{1+\frac{\gamma-1}{2}M^2}{\frac{\gamma+1}{2}}\right) \quad \text{식 (2-120d)}$$

$$\text{전압력} : \frac{p_t}{p_t^*} = \frac{(1+\gamma)}{(1+\gamma M^2)} \times \left(\frac{1+\frac{\gamma-1}{2}M^2}{\frac{\gamma+1}{2}}\right)^{\frac{\gamma}{\gamma-1}} \quad \text{식 (2-120e)}$$

$$\text{엔트로피} : ds = C_p\left(\frac{1-M^2}{1-\gamma M^2}\right)\frac{dT}{T} \quad \text{식 (2-120f)}$$

출구 온도를 가정하여 위 지배 방정식을 통해 다른 상태량의 변화를 도식화한 것이 그림 2-30)이다.

그림 2-31)을 다시 보면, 엔트로피에 따른 온도 변화를 나타낸다. 엔트로피 변화 식을 온도에 대해 미분함으로 위 점 a와 점 b를 구할 수 있다.

$$\text{점a} : \frac{ds}{dT} = 0 \quad at\ M = 1.0$$

$$\text{점b} : \frac{dT}{ds} = 0 \quad at\ M = \frac{1}{\sqrt{\gamma}}$$

따라서 아음속에서 열을 가하면 유동은 가속이 된다. 하지만 마하수가 1.0일 때 질식이 되며 열을 더 추가해도 더 이상 가속이 되지 않고, 열을 방출해야 초음속으로 가속이 된다. 열을 빼줌으로 인해서 초음속으로 가속되면 엔트로피는 감소하게 된다. 또한 점 b에서 점 a로 갈 때, 열 에너지가 추가됨에 따라 온도가 감소하는 경향을 보이는데, 이 경우는 확대 노즐의 초음속 유동에서 발생하는 속도와 압력과 관계와 유사하고 식 (2-62)를 통해 알아보자.

$$T_t = T + \frac{V^2}{2C_p} \qquad \text{식 (2-62}$$

열 에너지가 증가함에 따라 전온도는 증가한다. 이 전온도 증가에 따른 정온도와 속도가 같이 커지는데, 점 b에서 점 a 구간에서는 속도 증가량이 매우 커 온도가 낮아지는 현상이 발생하여, 열을 가해도 속도가 증가하는 양이 매우 커 온도가 낮아진다.

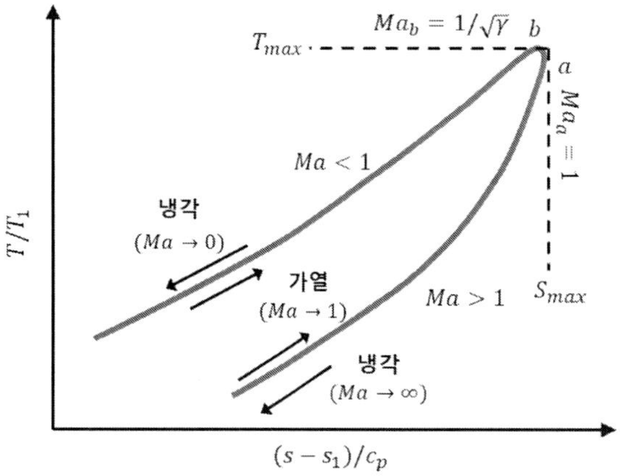

[그림 2-30] Rayleigh 선도

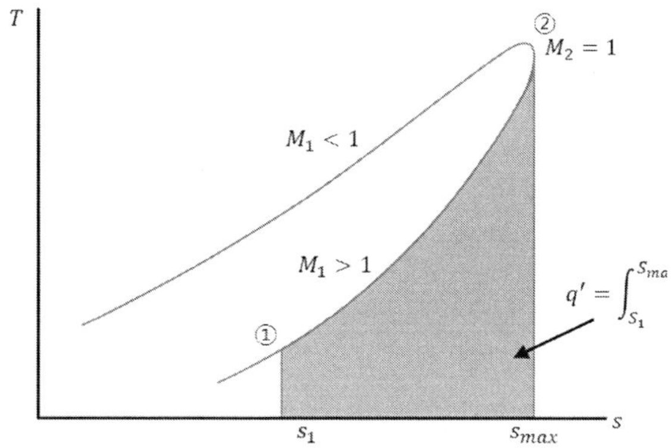

[그림 2-31] Rayleigh 유동의 $T-s$선도

위 그림 2-31)에서 아음속 구간에서 마하수가 1.0이 되기 위해 필요 열량을 알 수 있으며, 또한 마하수가 1.0인 지점부터 초음속이 되기 위해 제거되어야 할 열량을 알 수 있다. 즉, 필요 열량과 제거되어야 할 열량은 그래프의 아래 면적으로 위 선도를 적분해서 알 수 있다.

예제2.9

공기가 단면적이 일정한 덕트를 통과하고 있다. 입구에서 유동은 마하수 0.2, 압력 100 kPa, 온도 300 K 이다. 공기 1 kg 당 열이 50 kJ/(공기 1kg) 가열된다. 덕트의 마찰을 무시할때 출구에서의 마하수, 압력, 온도를 구하시오. (공기 비열비 ɣ=1.4, 가스상수 R=0.287 kJ/kg · K, 비열 Cp=1.004 kJ/kg · K)

해설

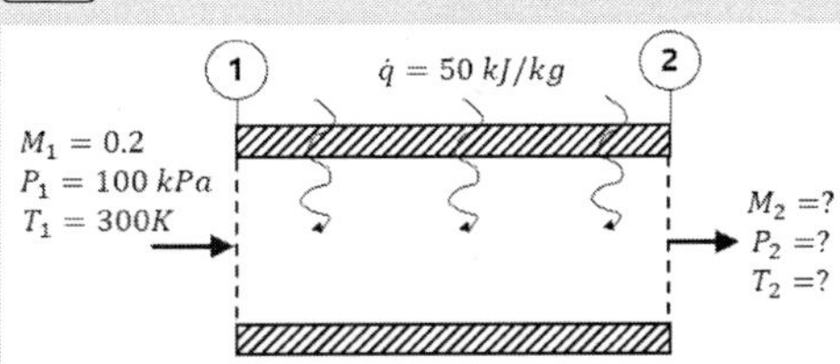

등엔트로피 관계식으로부터

$M_1 = 0.20$일 때

$$\frac{T}{T_{t1}} = 0.9921 \Rightarrow T_{t1} = \frac{300}{0.9921} = 302.39\,K$$

$$T_{t2} - T_{t1} = \frac{q}{C_p} = \frac{50}{1004} = 49.80\,K$$

$$\Rightarrow T_{t2} = 352.19\,K$$

(식 2-123d)로부터

$M_1 = 0.20$일 때

$$\frac{T_{t1}}{T_t^*} = 0.1736 \Rightarrow \frac{T_{t2}}{T_t^*} = \frac{T_{t2}}{T_{t1}}\frac{T_{t1}}{T_t^*} = \frac{352.19}{302.39} \cdot 0.1736 = 0.2021$$

(식 2-123d)로부터 $M_2 = 0.218$

위와 유사한 방법으로

$$T_2 = \frac{T_2}{T^*}\frac{T^*}{T_1} \cdot T_1 = 0.2402\left(\frac{1}{0.2066}\right)300 = 348.79\,K$$

$$p_2 = \frac{p_2}{p^*}\frac{p^*}{p_1} \cdot p_1 = 2.2506\left(\frac{1}{2.2727}\right)100 = 99.0276\,kPa$$

2.12 Fanno 유동(Fanno Flow)

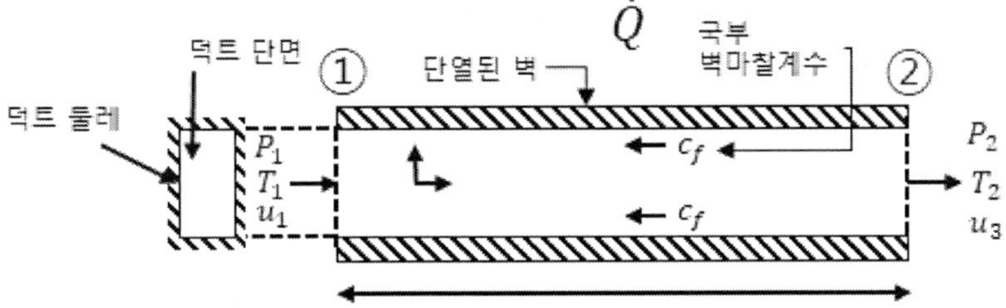

[그림 2-32] Fanno 유동의 검사 체적

앞 절에서 유동의 속도가 유로의 면적이 변할 때(예를 들면 노즐 유동의 경우) 또는 열 에너지를 가하거나 제거할 때(Rayleigh 유동, 예를 들면 연소실 또는 냉각기)에 열역학 상태량의 변화에 대해 살펴보았다. 이 절에서는 단열된 조건에서 벽면에서 발생하는 마찰에 의해 열역학 상태량이 어떻게 변화하는지 살펴보자. 이러한 유동을 Fanno 유동이라 한다. 일반적으로 관유로 내의 유동이 Fanno 유동이라 할 수 있다. 이때 1)

정상 상태, 2) 이상 기체, 3) 벽면에서 단열, 4) 일정한 단면적 유로, 5) 균일 유동으로 가정한다. Fanno 유동은 입구 조건을 이용하여 질량 보존 방정식, 운동량 방정식, 에너지 보존 방정식, 엔트로피 관계식, 상태 방정식의 총 5개의 연립 방정식을 이용하여 출구 조건을 얻을 수 있다. 이때 운동량은 마찰에 의해 손실이 있으므로 보존되지 않는다. 출구 온도를 가정하여 5개의 지배 방정식을 통해 다른 상태량을 구할 수 있다.

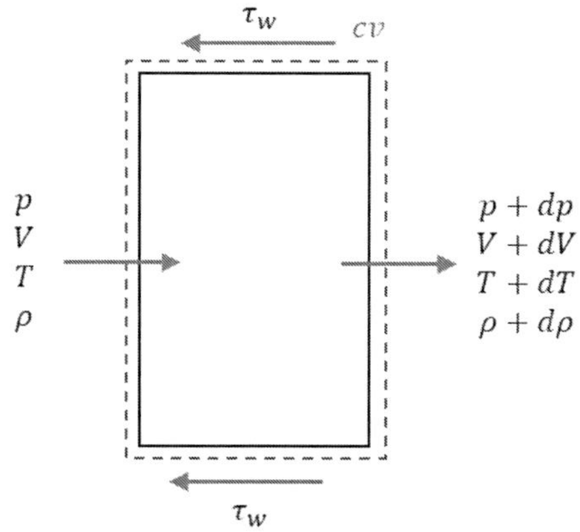

[그림 2-33] Fanno 유동의 검사 체적

위 그림 2-33)과 같이 검사 체적을 설정하고 검사 체적에 유출입 하는 유체의 상태량을 다음과 같이 표현할 수 있다.

1) 질량 보존 방정식(연속 방정식)

정상 상태이고, 검사 표면을 통해 들어오거나 나가는 속도는 검사 표면의 방향에 평행하고 균일하므로 연속 방정식을 다음 식과 같이 표현할 수 있다.

$$\sum_{out}(\rho+d\rho)(u+du)A - \sum_{in}(\rho uA) = 0 \qquad \text{식 (2-121)}$$

일정한 단면적을 통과함으로써 면적을 소거하면 다음 식과 같고,

$$(\rho+d\rho)(u+du) = \rho u \qquad \text{식 (2-122)}$$

미소 변화의 곱 $d\rho du$는 다른 항들에 비해 상대적으로 매우 작은 값이므로 무시할 수 있다. 따라서 위 식 (2-125)를 정리하면 최종적으로 다음 식을 유도할 수 있다.

$$\therefore \ ud\rho = -\rho du \qquad \text{식 (2-123)}$$

2) 운동량 보존 방정식

단면적이 일정한 단일 채널, 정상 상태, 균일 유동이므로 운동량 보존 방정식은 다음 식과 같이 간단히 표현할 수 있다.

$$pA-(p+dp)A-\tau_w c dx = (\rho+d\rho)(u+du)^2A - \rho u^2 A \qquad \text{식 (2-124)}$$

위 식을 정리하면 다음 식과 같고,

$$\rho u du = -dp - \frac{\tau_w c dx}{A} \qquad \text{식 (2-125)}$$

이때 수력학적 직경을 $D_h \equiv \dfrac{4A}{c}$ 로 정의하고, 위 식에 적용하면 최종적으로 다음 식과 같이 유도된다.

$$\therefore\ \rho u du = -dp - \frac{4\tau_w dx}{D_h} \qquad \text{식 (2-126)}$$

3) 에너지 보존 방정식

벽에서 단열 조건이고 일이 없다고 가정하면 에너지 보존 방정식은 다음과 같이 표현 가능하다.

$$\rho u A\left[\left((h+dh)+\frac{(u+du)^2}{2}\right)-\left(h+\frac{u^2}{2}\right)\right]=0 \qquad \text{식 (2-127)}$$

위 식을 정리하면 최종적으로 다음 식을 유도할 수 있다.

$$\therefore\ dh + udu = 0 \qquad \text{식 (2-128)}$$

4) 상태량 변화

Fanno 유동에서 상태량 변화량을 비열비와 마하수의 함수로 구해보자.

(1) $4C_f\dfrac{L^*}{D_h}$ 관계식

위 관계식을 유도하기 위해 2개의 속도항 관계식을 구해야 한다.

첫 번째 관계식을 에너지 보존 방정식 (2-128)을 통해 다음 식과 같이 정리한다.

$$C_p dT + udu = 0 \qquad \text{식 (2-129)}$$

위 식에 u^2을 나눠주면 다음 식과 같고,

$$\frac{C_p}{u^2}dT + \frac{du}{u} = 0 \qquad \text{식 (2-130)}$$

비열비와 마하수로 표현하기 위해 상태 방정식을 이용하면, 다음 식으로 표현되며,

$$\frac{\gamma}{\gamma-1}R\times\frac{\gamma RT}{u^2}\times\frac{1}{\gamma RT}\times\frac{T}{1}\times\frac{dT}{T} + \frac{du}{u} = 0 \qquad \text{식 (2-131)}$$

속도항으로 식을 정리하면 다음과 같이 첫 번째 관계식을 유도할 수 있다.

$$\therefore \frac{du}{u} = -\frac{1}{\gamma-1}\times\frac{1}{M^2}\times\frac{dT}{T} \qquad \text{식 (2-132)}$$

두 번째 관계식은 운동량 방정식을 이용하여 구할 수 있다. 운동량 방정식 (2-126)에 ρu^2으로 나눠주면 다음 식으로 표현되며,

$$\frac{du}{u} = -\frac{dp}{\rho u^2} - 4\frac{\tau_w}{\rho u^2}\frac{dx}{D_h} \qquad \text{식 (2-133)}$$

상태 방정식을 적용하고 정리하면 다음 식으로 표현된다.

$$\frac{du}{u} = -\frac{\rho RT}{\rho u^2}\frac{dp}{p} - 2\frac{\tau_w}{\frac{1}{2}\rho u^2}\frac{dx}{D_h} \qquad \text{식 (2-134)}$$

위 식의 우변의 첫 번째 항을 비열비와 마하수로 표현하고, 두 번째 항을 마찰 계수로 표현하면 다음 식으로 표현되고,

$$\frac{du}{u} = -\frac{1}{\gamma}\frac{1}{M^2}\frac{dp}{p} - 2c_f\frac{dx}{D_h} \quad \left(\because c_f \equiv \frac{\tau_w}{\frac{1}{2}\rho u^2}\right) \qquad \text{식 (2-135)}$$

위 식의 $\dfrac{dp}{p}$항에 상태 방정식을 적용하면 다음 식이 되고,

$$\frac{du}{u} = -\frac{1}{\gamma}\frac{1}{M^2}\frac{p}{\rho RT}(\rho dT + Td\rho) - 2c_f\frac{dx}{D_f} \qquad \text{식 (2-136)}$$

위 식을 정리하면 다음 식과 같이 최종적으로 두 번째 관계식이 유도된다.

$$\frac{du}{u} = -\frac{1}{\gamma}\frac{1}{M^2}\left(\frac{dT}{T}+\frac{d\rho}{\rho}\right) - 2c_f\frac{dx}{D_f} \qquad \text{식 (2-137)}$$

따라서 첫 번째 관계식 (2−132)와 두 번째 관계식 (2−137)를 $\frac{du}{u}$ 항에 대해 정리하면 다음 식으로 표현되고,

$$\frac{1}{(\gamma-1)M^2}\frac{dT}{T} = \frac{1}{\gamma}\frac{1}{M^2}\left(\frac{dT}{T}+\frac{d\rho}{\rho}\right) + 2c_f\frac{dx}{D_h} \qquad \text{식 (2-138)}$$

연속 방정식을 우변에 적용하면 다음 식으로 표현되고,

$$\frac{1}{(\gamma-1)M^2}\frac{dT}{T} = \frac{1}{\gamma}\frac{1}{M^2}\left(\frac{dT}{T}+\frac{1}{(\gamma-1)M^2}\frac{dT}{T}\right) + 2c_f\frac{dx}{D_h} \qquad \text{식 (2-139)}$$

$$\left(\because \frac{d\rho}{\rho} = -\frac{du}{u} = \frac{1}{\gamma-1}\frac{1}{M^2}\frac{dT}{T}\right)$$

위 식을 정리하면 다음과 같은 식으로 나타낼 수 있다.

$$\frac{M^2-1}{\gamma M^2(\gamma-1)M^2}\frac{dT}{T} = 2c_f\frac{dx}{D_h} \qquad \text{식 (2-140)}$$

위 식에서 $\frac{dT}{T}$ 항을 마하수로 표현하여 위 식에 적용해보면 단열 조건이므로 전온도는 유동 전 구간에 대해서 일정하다. 전온도 관계식은 다음과 같으므로,

$$T_t = T\left(1+\frac{\gamma-1}{2}M^2\right)$$

이 전온도 관계식을 온도에 대해 양변을 미분하면

$$\frac{dT_t}{T_t} = \frac{dT}{T} + \left(\frac{(\gamma-1)MdM}{1+\frac{\gamma-1}{2}M^2}\right) = 0 \quad (\because T_t = const) \qquad \text{식 (2-141)}$$

이 되고, $\frac{dT}{T}$로 정리하면 다음 식으로 표현된다.

$$\frac{dT}{T} = -\left(\frac{(\gamma-1)MdM}{1+\frac{\gamma-1}{2}M^2}\right) \qquad \text{식 (2-142)}$$

따라서 식 (2-140)에 대입하면,

$$\frac{1-M^2}{\gamma M^2(\gamma-1)M^2}\left(\frac{(\gamma-1)M^2}{1+\frac{\gamma-1}{2}M^2}\right)=2c_f\frac{dx}{D_h} \quad \text{식 (2-143)}$$

이 되고, 정리하면

$$\frac{1-M^2}{(\gamma M^2)\left(1+\frac{\gamma-1}{2}M^2\right)}\frac{dM}{M}=2c_f\frac{dx}{D_h} \quad \text{식 (2-144)}$$

이고, 최종적으로 다음 식으로 유도될 수 있다.

$$\therefore\ 4c_f\frac{dx}{D_h}=\frac{1-M^2}{(\gamma M^2)\left(1+\frac{\gamma-1}{2}M^2\right)}\frac{dM^2}{M^2},\quad (\because\ \frac{2MdM}{M^2}=\frac{dM^2}{M^2}) \quad \text{식 (2-145)}$$

따라서 위 식을 살펴보면 다음과 같은 특징을 갖고 있다.

$$M^2<1,\ dM^2>0(\text{가속})$$

$$M^2>1,\ dM^2<0(\text{감속})$$

따라서 아음속일 때는 가속되며, 초음속일 때는 감속된다는 것을 식을 통해 확인할 수 있다. 또한 위 식을 보면 특성 길이(L^*)가 도달했을 때 마하수가 1.0이 되고 질식이 된다. 따라서 특성 길이(L^*)을 구할 수 있다. 위 식의 국소 마찰 계수 c_f을 전체 마찰 계수로 표현하면,

$$C_f\equiv\int_0^{L^*}c_f dx \quad \text{식 (2-146)}$$

$$\frac{4}{D_h}\int_0^{L^*}c_f dx=4C_f\frac{L^*}{D_h}=\int_{M^2}^{1}\frac{1-M^2}{(\gamma M^2)\left(1+\frac{\gamma-1}{2}M^2\right)}\frac{dM^2}{M^2} \quad \text{식 (2-147a)}$$

비열비와 마하수의 함수로 표현이 가능하다.

$$\therefore\ 4C_f\frac{L^*}{D_h}=\int_{M^2}^{1}f(M^2,\gamma)dM^2 \quad \text{식 (2-147b)}$$

(2) 정온도 변화

전체 유동에 걸쳐 단열 과정이므로 전온도는 일정하게 유지되고, 전온도와 정온도의 관계는 다음 식과 같이 비열비와 마하수의 함수로 표현할 수 있다.

$$\therefore \ \frac{T}{T^*} = \frac{\gamma+1}{2(1+\frac{\gamma-1}{2}M^2)} \qquad \text{식 (2-148)}$$

(3) 밀도 변화

연속 방정식을 이용하면 다음 식과 같이 비열비와 마하수의 함수로 표현할 수 있다.

$$\therefore \ \frac{\rho}{\rho^*} = \frac{u^*}{u} = \frac{1}{M}\sqrt{\frac{T^*}{T}} = \frac{1}{M}\sqrt{\frac{2(1+\frac{\gamma-1}{2}M^2)}{\gamma+1}} \qquad \text{식 (2-149)}$$

(4) 정압력 변화

상태 방정식을 이용하면 다음과 같은 관계를 얻을 수 있고,

$$\frac{p}{p^*} = \frac{\rho RT}{\rho^* RT^*} = \frac{1}{M}\sqrt{\frac{T^*}{T}}\frac{T}{T^*} = \frac{1}{M}\sqrt{\frac{T}{T^*}} \qquad \text{식 (2-150)}$$

정리하면 다음 식과 같이 비열비와 마하수의 함수로 표현할 수 있다.

$$\therefore \ \frac{p}{p^*} = \frac{1}{M}\sqrt{\frac{\gamma+1}{2(1+\frac{\gamma-1}{2}M^2)}} \qquad \text{식 (2-151)}$$

(5) Fluid impulse 변화

$$I \equiv pA(1+\gamma M^2) \qquad \text{식 (2-152)}$$

$$\frac{I}{I^*} = \frac{p(1+\gamma M^2)}{p^*(1+\gamma)} = \frac{p}{p^*}\frac{1+\gamma M^2}{1+\gamma} \qquad \text{식 (2-153)}$$

위 식들과 같이 Fluid impulse 변화 표현이 가능하고, 앞서 구한 압력 변화 관계식 (2-151)을 위 식에 대입하면 다음 식과 같이 비열비와 마하수의 함수로 표현할 수 있다.

$$\therefore\ \frac{I}{I^*} = \frac{1}{M}\sqrt{\frac{\gamma+1}{2(1+\frac{\gamma-1}{2}M^2)}} \times \frac{1+\gamma M^2}{1+\gamma} \qquad \text{식 (2-154)}$$

(6) 전압력 변화

전압력과 정압력, 동압력 관계식을 이용하면 다음 식과 같이 표현되며,

$$\frac{p_t}{p_t^*} = \frac{p}{p^*}\left(\frac{1+\frac{\gamma-1}{2}M^2}{\frac{\gamma+1}{2}}\right)^{\frac{\gamma}{\gamma-1}} \qquad \text{식 (2-155)}$$

앞서 구한 정압력 변화 관계식을 위 식에 대입하면 최종적으로 다음 식과 같이 비열비와 마하수의 함수로 표현할 수 있다.

$$\therefore\ \frac{p_t}{p_t^*} = \frac{1}{M}\left(\frac{1+\frac{\gamma-1}{2}M^2}{\frac{\gamma+1}{2}}\right)^{\frac{\gamma+1}{2(\gamma-1)}} \qquad \text{식 (2-156)}$$

(7) 엔트로피 변화

엔트로피 변화 식은 다음과 같다.

$$ds = C_p\frac{dT}{T} - R\frac{dp}{p}$$

상태 방정식과 밀도 변화 관계식을 이용하면 다음과 같이 압력 변화 관계식을 얻을 수 있고

$$\frac{dp}{p} = \frac{dT}{2T} - \frac{dM}{M} \qquad \text{식 (2-157)}$$

위 엔트로피 변화 관계식에 대입하고, 엔트로피 변화와 온도 변화에 대해 식을 정리하면, 다음 식으로 정리된다.

$$\therefore\ \frac{ds}{R} = \left[\frac{(M^2-1)}{(\gamma-1)M^2}\right]\frac{dT}{T} \qquad \text{식 (2-158)}$$

따라서 엔트로피 변화에 따른 온도 변화에 대한 그래프를 그리면, 다음 선도(그림 2-34)와 같이 나타낼 수 있다.

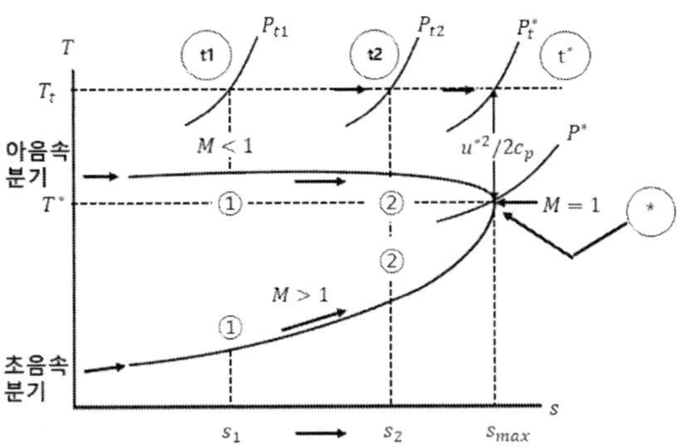

[그림 2-34] Fanno 선도

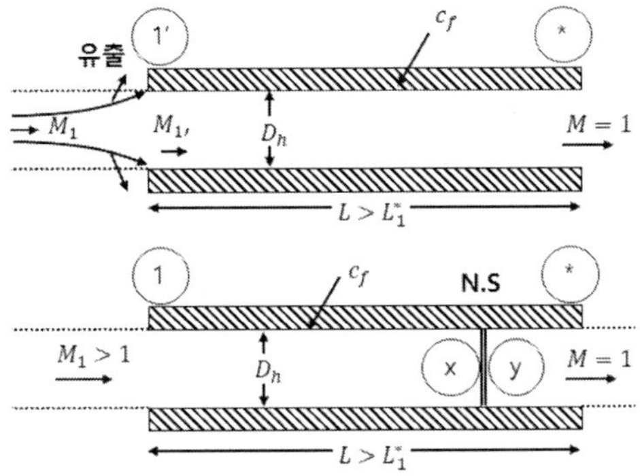

[그림 2-35] Fanno 유로

즉, 마하수가 1.0이 되는 지점에서 엔트로피 값이 최대가 되고, 만약 아음속인 경우 엔트로피가 증가함에 따라 유동은 가속된다. 하지만 질식되는 지점, 즉 마하수가 1.0인 지점에서 초음속으로 가속되기 위해서는 엔트로피가 줄어들어야 한다는 것을 알 수 있다. 따라서 얼만큼 가속이 되기 위해 얼마나 엔트로피의 변화가 필요한지 위 그래프를 수치 적분을 통해 값을 얻어낼 수 있다.

질식된 상태(마하수 = 1.0일 때)의 상태량의 관한 식을 다음과 같이 정리할 수 있다.

마찰 계수, 특정 길이 : 식(2-150b)을 적분하면

$$c_f\frac{L_{max}}{D_h}=\left(\frac{\gamma+1}{2\gamma}\right)\ln\left(\frac{\frac{\gamma+1}{2}}{1+\frac{\gamma-1}{2\gamma}M^2}\right)-\frac{1}{\gamma}\left(1-\frac{1}{M^2}\right)-\left(\frac{\gamma+1}{2\gamma}\right)\ln\left(\frac{1}{M^2}\right) \quad \text{식 (2-159a)}$$

정온도 : $$\frac{T}{T^*}=\frac{\gamma+1}{2(1+\frac{\gamma-1}{2}M^2)} \quad \text{식 (2-159b)}$$

밀도 : $$\frac{\rho}{\rho^*}=\frac{u^*}{u}=\frac{1}{M}\sqrt{\frac{T^*}{T}}=\frac{1}{M}\sqrt{\frac{2(1+\frac{\gamma-1}{2}M^2)}{\gamma+1}} \quad \text{식 (2-159c)}$$

정압력 : $$\frac{p}{p^*}=\frac{1}{M}\sqrt{\frac{\gamma+1}{2(1+\frac{\gamma-1}{2}M^2)}} \quad \text{식 (2-159d)}$$

Fluid Impulse : $$\frac{I}{I^*}=\frac{1}{M}\sqrt{\frac{\gamma+1}{2(1+\frac{\gamma-1}{2}M^2)}}\times\frac{1+\gamma M^2}{1+\gamma} \quad \text{식 (2-159e)}$$

전온도 : $T_t=const.$

전압력 : $\frac{p_t}{p_t^*} = \frac{1}{M}\left(\frac{1+\frac{\gamma-1}{2}M^2}{\frac{\gamma+1}{2}}\right)^{\frac{\gamma+1}{2(\gamma-1)}}$ 식 (2-159f)

엔트로피 : $\frac{ds}{R} = \left[\frac{(M^2-1)}{(\gamma-1)M^2}\right]\frac{dT}{T}$ 식 (2-159g)

예제2.10

단면적이 일정한 덕트가 단열되어 있다. 덕트의 길이는 45 cm, 직경은 3 cm, 마찰 계수는 0.02이다. 입구에서 유동은 마하수 0.6, 압력 150 kPa, 온도 300 K이다. 출구에서의 마하수, 압력, 온도를 구하시오. (비열비는 1.4)

해설

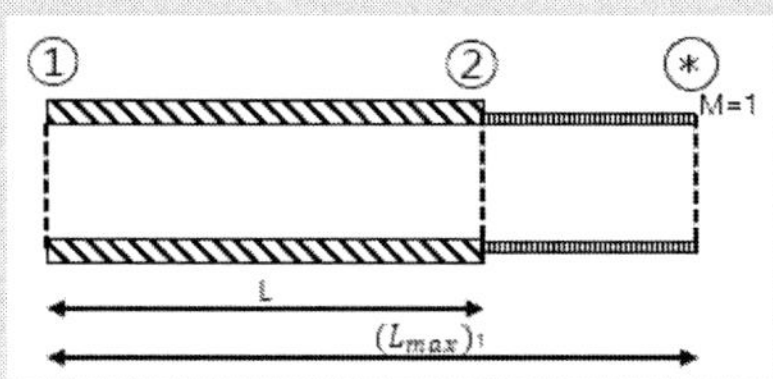

식(2-159a) 으로부터

입구에서 $(C_f L_{\max}/D)_1 = 0.4908$

$(L_{\max})_2 = (L_{\max})_1 - L$

$$\left(\frac{C_f L_{\max}}{D}\right)_2 = \left(\frac{C_f L_{\max}}{D}\right)_1 - \frac{C_f L}{D}$$

$$= 0.4908 - 0.30 = 0.1908$$

식(2-159a)으로부터 $M_2 = 0.7093$

$$\frac{p_2}{p_1} = \left(\frac{p_2/p^*}{p_1/p^*}\right) = \frac{1.4722}{1.7634} = 0.8349$$

$$\frac{T_2}{T_1} = \left(\frac{T_2/Tp^*}{T_1/T^*}\right) = \frac{1.0903}{1.1194} = 0.9740$$

$$p_2 = (0.8349)\cdot 150 = 125.24\,kPa$$

$$T_2 = (0.9740)\cdot 300 = 292.20\,K$$

2.13 Fluid Impulse

Fluid impulse의 정의는 다음과 같다.

$$I \equiv pA + \dot{m}V = pA(1+\gamma M^2) \quad \text{식 (2-160)}$$

즉, Fluid impulse는 유체가 받는 총 힘을 의미한다.

따라서 가스터빈 엔진에서 유체가 받는 총 힘은 다음 식과 같이 Fluid impulse의 차이로 표현된다.

$$F_{x,F} = (\dot{m}V_2 + p_2A_2) - (\dot{m}V_1 + p_1A_1) = I_2 - I_1 \quad \text{식 (2-161)}$$

이때 유체가 받는 힘이라는 것은 추력을 뜻한다. 즉, 흡입구에서 들어오는 유체가 받는 힘과 제트로 나가는 유체에 작용되는 힘의 차이를 뜻하며, 작용 반작용에 의해 엔진이 받는 힘은 유체가 받는 힘에 반대 방향으로 작용한다.

$$F_{x,W} = -F_{x,F} = I_1 - I_2 \quad \text{식 (2-162)}$$

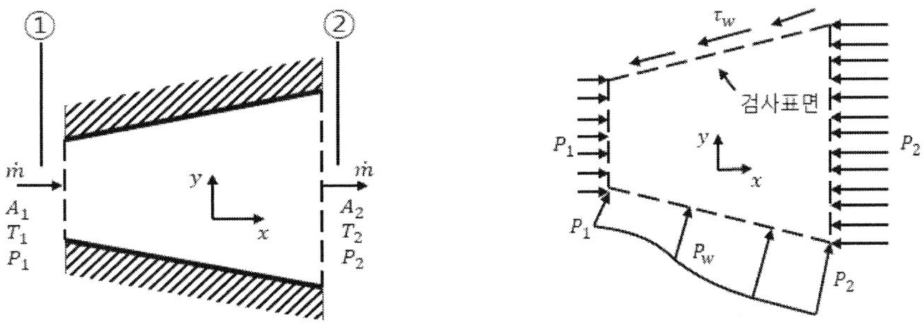

(a) 덕트 형상과 유동 인자 (b) 유체에 가해지는 힘(검사 표면)

[그림 2-36] 관내 유동의 검사 표면

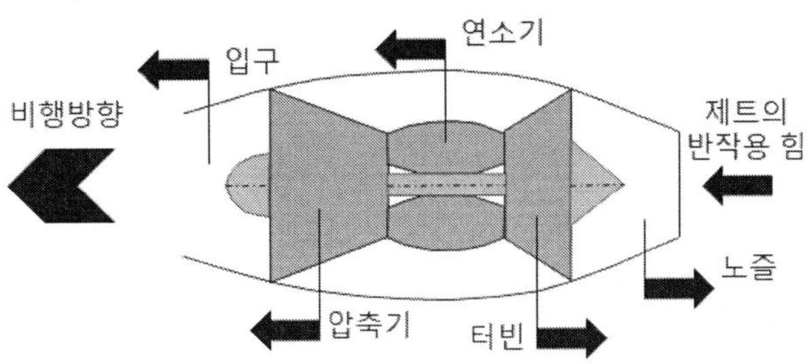

[그림 2-37] 터보제트 엔진의 축 방향 성분의 힘

유체에 작용하는 힘을 알면 시스템이 복잡하게 구성되어 있다 하더라도, 작용되는 힘의 방향을 알 수 있다. 흡입구에서 점점 속도가 낮아지므로 유동 방향으로 갈수록 압력이 증가하므로 흡입구 힘은 그림 2-37)과 같이 작용한다. 즉 흡입구에서 상대적으로 뒤쪽의 압력이 높으므로 압력 차로 인해 앞 방향으로 힘이 발생한다. 압축기도 마찬가지로 뒤쪽의 압력이 높으므로 압력 차로 앞으로 나가는 힘이 생긴다. 하지만 터빈과 노즐에서는 뒤로 갈수록 속도가 증가하여 압력이 낮아지므로 항력과 같이 힘이 뒤쪽으로 작용한다. 따라서 추력은 앞 방향으로 작용하는 힘이므로, 위와 같은 전체적인 힘 방향을 통해 각 구간에서 작용되는 힘을 조절하여 전체적인 시스템의 힘 평형을 조절할 수 있다.

Chapter 3

가스터빈 엔진 개론

Chapter 3

가스터빈 엔진 개론

3.1 가스터빈 엔진의 추진 원리

3.1.1 추진 원리

가스터빈 엔진의 추진 원리를 설명하기 위하여 제트 엔진을 예로 들어 설명한다. 제트 엔진은 흡입구를 통해 흡입된 공기를 연소기에서 연료와 혼합 및 연소를 하고, 연소가스를 노즐을 통해 가속(항공기의 비행 속도보다 빠르게 대기로 분출)시켜 추력을 발생한다.

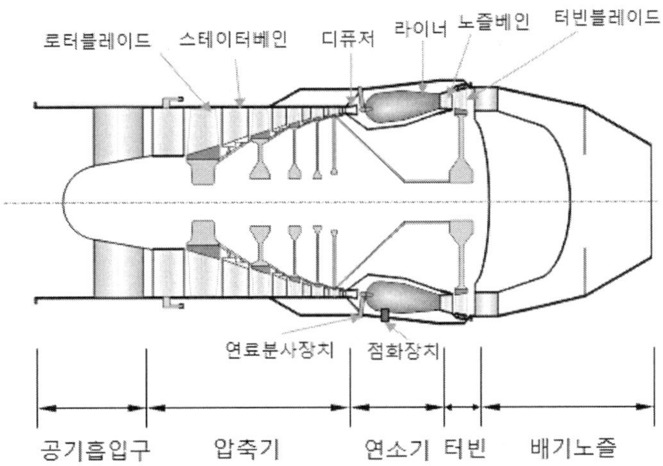

[그림 3-1] 제트 엔진 구성도

제트추진 원리의 핵심은 비행 속도로 흡입되는 공기의 유입 속도보다 배출되는 연소가스의 속도를 더 빠르게 분출하여, 비행 속도와 배출 속도의 속도 차이에 의해 반작용이 발생하여 추력을 생성한다는 것이다. 따라서 제트 엔진 연소기에서 발생한 열 에너지를 운동 에너지로 연속적으로 변환하는 일련의 과정을 거치게 된다.

그림 3-1)은 이러한 기능을 구현하기 위한 제트 엔진의 주요 장치, 즉 공기 흡입구, 압축기, 연소기, 터빈, 배기 노즐을 나타낸다. 우선 공기 흡입구는 제트 엔진에 필요한 공기 유량을 유입하되 마찰을 최소화하면서 부드럽게 흡입할 수 있도록 유입 통로의 역할을 담당한다. 또한 압축기가 정상적으로 작동될 수 있도록 유입 공기의 속도를 제어하는 역할도 한다. 흡입구를 통과한 흡입 공기는 압축기를 거치면서 공기의 압력이 상승하게 되며, 공기 온도도 동시에 상승하게 된다. 압축된 공기는 연소기 입구에서 분사되는 연료와 혼합되어 연소하여, 고온고압의 연소가스가 생성된다. 연소가스는 터빈을 회전시키고 터빈을 통과한 연소가스는 배기 노즐을 통해 고속으로 대기로 분출되어 추력을 발생한다. 한편 터빈에서 발생된 회전력은 압축기를 구동(회전)시켜서 지속적으로 흡입 공기를 압축한다.

3.1.2 제트 엔진의 추력식

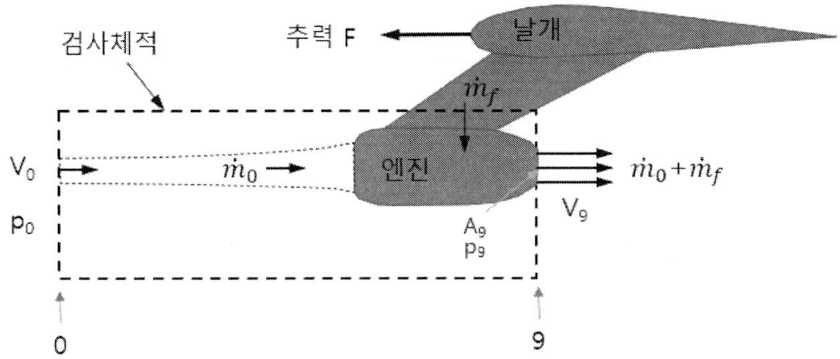

[그림 3-2] 엔진 주위 검사 체적 내에서 작용하는 힘(추력) 개념도

제트 엔진의 추력은 흡입 공기와 배출가스의 속도 차이에 의해 발생하는 운동량의 반작용에 의해 추진력이 발생하며 그림 3-2)에 개념도가 제시되어 있다. 비행 속도를 V_0, 가스의 배출 속도를 V_9, 흡입 공기의 질량 유량을 $\dot{m}_0$, 연료의 질량 유량을 $\dot{m}_f$, 배기 노즐의 출구 단면적을 A_9, 대기의 정압력을 p_0, 배기 노즐 끝단에서의 압력을 p_9이라고 하면, 순 추력(F_n)은 다음과 같이 표현할 수 있다.

$$F_n = (\dot{m}_0 + \dot{m}_f)V_9 - (\dot{m}_0)V_0 + (p_9 - p_0)A_9 \tag{3-1}$$

이때 배기 노즐에서의 가스 유량은 흡입 공기량에 공급된 연료량 $\dot{m}_f$ 만큼 증가하게 된다. 또한 배기 노즐 끝단에서의 압력 p_9 은 아음속의 경우 대기 압력 p_0와 같게 되나 초음속으로 배기되는 경우 작동 조건에 따라 대기 압력 p_0와 다른 값을 가지는 경우도 발생할 수 있다.

3.2 가스터빈 엔진의 종류와 특징

3.2.1 가스터빈 엔진의 종류

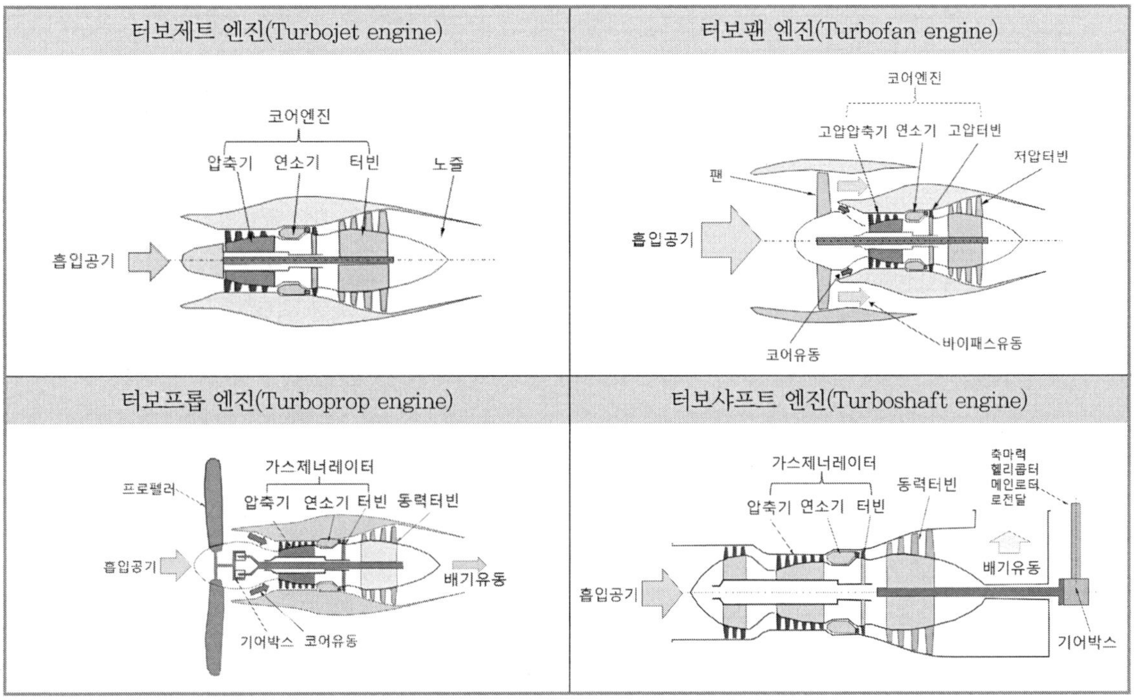

[그림 3-3] 가스터빈 엔진의 종류와 구조

(1) 터보제트 엔진(Turbojet Engine)

터보제트 엔진은 압축기, 연소기, 터빈을 통과한 고온, 고압의 가스를 배기 노즐로 빠르게 배출하면서 얻는 제트의 힘을 이용한 추진 장치이다. 고속의 배기 속도를 얻기 위해서는 배기 노즐의 면적이 점차 줄어드는 축소형 노즐(Convergent nozzle)을 이용한다. 또한 초음속 배기 속도를 얻기 위해서는 축소확대 노즐(Convergent divergent nozzle)을 이용한다. 터보제트 엔진은 흡입된 공기를 고속으로 배출하여 항공기 추진에 이용하고 있어 프로펠러 추진 항공기에 비해 항공기의 고속 비행이 가능하다.

(2) 터보팬 엔진(Turbofan Engine)

현대 항공기의 속도가 빨라짐에 따라 프로펠러 추진장치의 높은 효율성과 제트 엔진의 고속 비행 특성을 결합하는 방식이 필요하게 되었으며, 이것을 구현한 것이 바로 터보팬 엔진이다. 공기 흡입식 엔진의 추력은 배기가스의 속도와 비행 속도의 차와 질량 유량의 곱에 비례($F_n \propto \dot{m}_0(V_9 - V_0)$) 한다(식

3-1 참조). 제트 엔진은 배기가스의 속도를 크게하여 추력을 얻는 반면에 터보팬 엔진은 질유량을 크게 증가시켜 추력을 발생 유지면서도 연료 소모율을 최대한 감소시키는 방향으로 연구되고 있다. 즉 엔진 내부에 제트 엔진을 장착하고 외부에 프로펠러와 비슷한 기능을 담당하는 팬을 부착시키는 방식으로 그 개념을 구체화하게 되었다. 그림 3-3)과 같이 터보팬 엔진은 고압 압축기(High pressure compressor), 연소기, 고압 터빈(High pressure turbine)이 있으며, 이를 코어 엔진(Core engine)이라고 명칭을 한다. 이때 코어 엔진의 압축기를 고압 압축기, 이를 회전시키는 터빈을 고압 터빈, 팬을 회전시키는 터빈을 저압 터빈(Low pressure turbine)으로 명칭한다. 코어 엔진으로 흐르는 유동을 코어 유동(Core flow)이라고 명칭한다. 코어 엔진에서 배출되는 고속의 배기가스는 두 번째 터빈인 저압터빈을 가동시키게 되고 이때 생성된 회전 에너지는 엔진 전방부에 위치한 팬(Fan)을 구동하게 된다. 저압 터빈과 팬을 합하여 팬 모듈(Fan module)이라고 명칭하며, 팬 모듈은 코어 엔진 회전축 내부에 위치하는 또 하나의 독립된 축으로 연결되어 있다. 팬은 대용량의 공기를 흡입할 수 있는 회전 날개이며, 팬으로 흡입된 대량 공기의 일부는 코어 엔진으로 공급되고 나머지 공기는 코어 엔진 외부의 독립적인 통로를 통해 팬을 통과한 후에 외부로 배출된다. 이러한 공기 유동을 바이패스 유동(Bypass flow)이라고 지칭한다. 바이패스 유동은 코어 엔진의 연소기를 통과하지 않기 때문에 팬 노즐을 거쳐 대기로 배출되며, 코어 유동에 비해 상대적으로 저온이며 저속의 특성을 지니고 있다. 바이패스 유동이 코어에서 배출되는 배기 속도보다 낮은 속도를 가지지만, 대용량의 유량이므로 코어 엔진보다 큰 추력을 얻을 수 있어 연료 경제성에 핵심적인 기여를 하게 된다. 민항기의 경우 장착된 엔진의 직경이 매우 큰 것을 볼 수 있다. 이것은 비연료 소모율을 최소화하기 위하여 바이패스 공기량이 크게 설계하기 때문이며, 결과적으로 바이패스 공기의 유량이 코어 엔진을 통과하는 유량보다 많다. 바이패스 유량과 코어 유량의 비를 바이패스비(Bypass ratio)라고 칭하며, 현재 민항기에 장착된 터보팬 엔진의 경우 연료 경제성을 위하여 바이패스비가 5 이상되는 엔진을 장착하는 경우가 많다.

(3) 터보프롭 엔진(Turboprop Engine)

압축기, 연소기, 터빈을 통과한 고온, 고압의 가스는 추가적인 터빈인 동력 터빈에서 축 마력을 추출하게 되며, 추출된 축 마력을 기어 박스를 통하여 감속한 후 프로펠러를 구동하는 방식이 터보프롭 엔진이다. 엔진의 개념도가 그림 3-3)에 제시되어 있으며, 압축기-연소기-터빈을 가스 제너레이터로 칭한다. 동력 터빈은 코어 부분의 회전축과 독립적으로 운영되며, 수만 RPM 이상으로 회전하므로 수천 RPM 의 저속으로 회전하는 프로펠러를 구동하기 위해서는 감속 기어가 필수적이다. 프로펠러의 단면은 날개(에어포일) 형상으로 양력 발생 관점에서 표면 경계층의 영향에 민감하다. 프로펠러의 끝단의 속도가 빨라질수록 끝단에서부터 실속되기 쉽고, 만약 실속된다면 양력이 크게 감소한다. 이 때문에 프로펠러 끝단에서 실속이 일어나지 않은 속도로 제한을 두어야 한다. 따라서 엔진의 구동축 회전 속도에 비하여 프로펠러의 회전 속도를 작게하기 위해 감속 기어 박스(Gear box)를 사용한다. 터보프롭 엔진의 대부분의 추력은 프로펠러 회전으로부터 발생하는 추진력으로부터 얻게 되며, 약 10% 정도의 추력은 배기 노즐에서 분사되는 제트 추진력으로부터 얻게 된다.

(4) 터보샤프트 엔진(Turboshaft Engine)

터보샤프트 엔진은 가스 제너레이터 부분을 통과한 연소가스를 동력 터빈을 통해 대부분의 속도 에너지를 축 마력으로 전환하여 전환된 축 마력을 이용하여 항공기를 추진하는 시스템이다(그림 3-3 참조). 배기가스는 배기 덕트를 통해 저속으로 배출되므로 속도에 의한 추진력은 전혀 얻지 못한다. 동력 터빈에서 추출한 축 마력은 기어 박스를 통해 감속된 후 헬리콥터의 경우 메인 로터로 전달되어 회전력을 제공한다. 터보샤프트 엔진의 축 마력은 최근 지상용 및 선박용 발전기를 구동하는 용도로도 사용되고 있다.

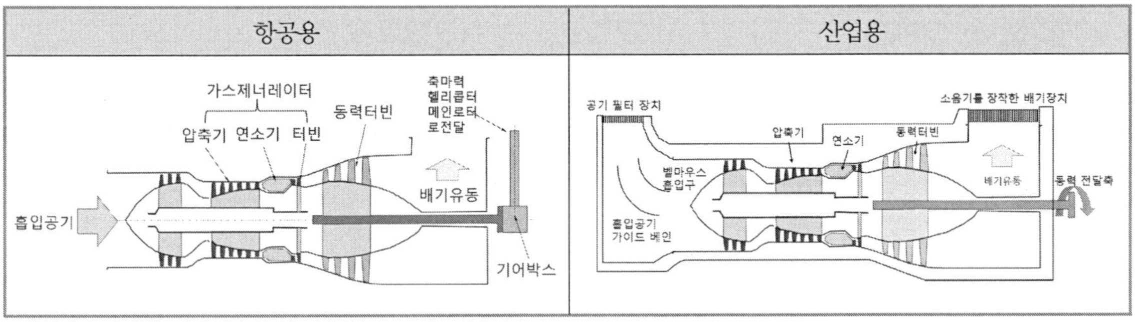

[그림 3-4] 항공용과 산업용 터보샤프트 엔진

터보샤프트 엔진은 터빈에서 발생하는 동력을 회전축(Shaft)을 이용해 방향을 바꾸고 요구되는 회전력을 전달한다. 프로펠러 비행기는 회전력을 위(프로펠러)로 전달하고 프로펠러의 회전력을 이용하여 추력을 얻는다. 반면에 산업용 터보샤프트 엔진은 회전력을 필요로 하는 장치(선박용은 스크류, 발전소용은 발전기)에 연결되어 사용된다. 특히 터보샤프트 엔진은 회전익 항공기과 대형 선박, 또는 발전소에서 많이 사용되고 있으며 큰 힘의 회전력을 필요로 하는 곳에 쓰일 수 있다. 터빈에서 얻은 에너지 중 약 60% 정도를 압축기의 회전력 공급에 사용되고, 나머지는 발전기 구동에 이용되어 전력을 발생한다.

3.2.2 가스터빈 엔진의 특징

(1) 가스터빈의 구성

가스터빈 엔진은 압축기, 연소기, 터빈을 가스터빈 엔진의 코어부품(Core component)이라 칭한다. 가스터빈 엔진은 압축기에서의 압축 과정, 연소기에서 정압 연소 과정, 터빈에서 팽창과정으로 하나의 사이클을 구성하게 되는데, 이러한 엔진 사이클을 브레이튼 사이클(Brayton cycle)이라 한다. 가스터빈 엔진은 브레이튼 사이클로 추력과 동력을 얻는 열기관이다.

[표 3-1] 가스터빈 엔진의 각 구성품과 기능

흡입구(Intake)	흡입 공기를 감속
압축기(Compressor)	터빈에서 회전 동력을 공급받아 흡입 공기를 압축
연소기(Burner)	연소 과정에서 연료의 화학 에너지를 열 에너지로 변환
터빈(Turbine)	연소가스로부터 회전 동력을 발생시켜 회전축을 통해 압축기로 동력을 전달하고 외부로 회전 동력 전달
노즐(Nozzle)	고온, 고압의 연소가스의 열 에너지를 운동 에너지로 변환

(2) 가스터빈 엔진의 특징

과거의 선박 엔진은 석탄을 사용하여 발생된 증기를 터빈의 구동력으로 이용하는 증기기관이었다. 하지만 시대가 발전해 현대에는 가스터빈을 선박 엔진으로 많이 사용한다. 선박용 가스터빈 엔진은 값싼 중유나 경유, 가스등 다양한 연료를 사용할 수 있다.

항공용 가스터빈 엔진의 연료는 제트 연료를 사용한다. 이 연료는 선박용, 자동차용 엔진에 사용되는 연료보다 출력당 중량이 매우 작기 때문에 특별히 제트 연료로 명명한다. 표 3-2)를 보면 같은 가스터빈 엔진이더라도 선박용과 항공용을 비교했을 때 출력당 중량이 최소 1/10배, 최대 1/5배 정도 차이가 난다는 것을 알 수 있다.

[표 3-2] 각종 엔진의 사용 연료와 비중량

분 류	엔진 명칭	사용연료	출력당 중량(kg/PS)
선박용 엔진	증기 엔진	석탄	80 ~ 200
	디젤 엔진	경유(고속용), 중유(저속용)	5 ~ 60
	가스터빈 기관	중유, 경유, 가스	10 ~ 15
자동차용 엔진	디젤 엔진	경 유	4 ~ 9
	가솔린 엔진	가솔린	2 ~ 5
항공용 엔진	공랭식 가솔린 엔진	항공용 가솔린	0.45 ~ 1.2
	가스터빈 기관	제트 연료(JP)[1]	0.15 ~ 0.5(추력)
			0.10 ~ 0.3(축 출력)

가스터빈 엔진의 특징을 다음과 같이 요약할 수 있다.

▣ 왕복 기관에 비해 진동이 상대적으로 작고 고출력 발생

가스터빈 엔진은 왕복 기관에 비해 진동이 상대적으로 작지만, 절대적인 수치로 보면 고속 축 회전으로 상당한 진동이 발생하므로 진동문제를 해결하기 위해 많은 노력이 있었다. 가스터빈 엔진은 다른 추진 기관에 비하여 작은 공간에서 큰 추력(출력)을 발휘하며, 우수한 내구성과 성능으로 장시간 사용할 수 있다는 장점이 있다. 또한 복합소재를 이용함에 따라 경량화와 소형화가 가능하게 되었고, 결과적으로 항공기에 탑재 가능한 가스터빈 엔진이 개발되었다. 가스터빈 엔진은 상당히 복잡하지만 경량, 소형화가 되었고 고출력을 낼 수 있다는 것은 최첨단 기술이 결집되어 있다는 것을 시사한다.

▣ 시동이 쉽고 난기(warming-up) 운전이 불필요

추운 겨울에는 대기 중 공기에 섞여 있는 수증기가 얼게 되어 왕복 기관 엔진 같은 경우 얼어 있는 수증기가 연소실로 바로 들어올 때는 예열 없는 시동하기에 어려운 점이 있다. 하지만 가스터빈 기관은 얼어있는 수증기가 포함된 공기가 엔진으로 들어와도 압축기에서 공기를 압축시키는 과정에서 압력과 온도의 상승으로 흡입 공기는 자연스럽게 예열(Pre-heating)이 된다. 그럼에도 불구하고 압축기를 구동시키기 위해 터빈의 동력이 필요한데 터빈을 구동시키려면 연소기로부터 에너지를 받아야 한다. 따라서 연소기 가동 전에 보조 동력 장치(APU[2])를 이용하여 엔진을 시동시킨다.

---

1) 제트 연료(JP, Jet Propellent) : 항공유라고도 하는 제트 연료는 불순물이 적고 99% 정도의 순도를 갖고 있어 다른 연료보다 더 큰 에너지를 발생시킬 수 있다.

2) APU : 항공기에서 엔진 시동 전이나 비행 중 엔진이 비정상적으로 작동할 경우 전력과 공기압 또는 유압 등 항공기를 작동하는 데 필요한 동력을 발생시키는 보조 엔진으로 항공기 시동 시 외부 동력 없이 자체 시동용으로 사용한다.

▣ 고옥탄가 연료 사용이 불필요

가스터빈 엔진은 왕복 기관과 다르게 연소기에서 연료를 분사시켜 혼합기를 형성하고 연속적으로 연소하기 때문에 간헐적 연소를 하는 밀폐계(Closed chamber)에서 나타나는 노킹 현상이 안 나타나므로 고옥탄가[3]의 연료가 불필요하다. 또한 가스터빈 엔진과 왕복 기관 연소기의 압력을 비교해 보면, 왕복 기관 연소기의 실린더 내부의 압력은 약 100 기압인 반면에 가스터빈 엔진의 연소기 압력은 최대 40~50 기압이며, 통상적으로 10~20 기압을 유지한다. 따라서 가스터빈 엔진의 연소기 내 압력이 상대적으로 낮으므로 벽면에서의 온도가 열 전달에 의해 점화될 수 있는 높은 온도로 상승하지 않는다. 따라서 고옥탄가의 연료 사용이 불필요하고, 노킹 현상[4]이 발생하지 않는다.

▣ 고속, 고공 비행 가능

왕복 기관을 사용하는 프로펠러 엔진은 프로펠러 선속도 제한으로 인해 고속으로 비행이 불가능하다. 하지만 가스터빈 엔진은 아음속에서 이러한 속도제한이 없고 또한 고속 비행에 적합하게 가스터빈 엔진을 설계하여 초음속으로도 비행이 가능하다. 고도가 높으면 대기 중 공기의 밀도가 낮기 때문에 연소가 잘 일어날 수 있는 환경이 아니지만 압축기를 통해 공기의 밀도를 높여 연소가 가능하게 만든다. 따라서 가스터빈 엔진은 왕복 기관에 비하여 고속 및 고공 비행이 가능하다.

3.3 가스터빈 엔진의 역사와 발전

배기가스 제트의 힘을 이용한 인류 최초의 기구는 기원전 120년에 장난감에서 찾아 볼 수 있다.

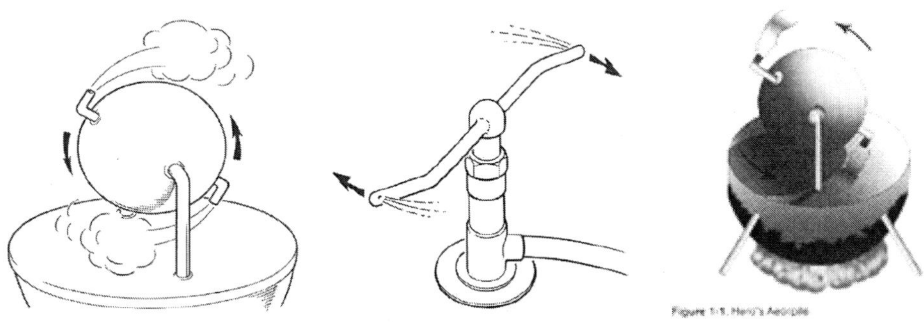

[그림 3-5] 기력솥(Aeolipile)

3) 옥탄가 : 연료가 노킹 현상을 일으키지 않는 척도

4) 노킹 현상 : 엔진이 점화시기에 점화되어야 하는데 뜨거워진 벽면을 통해 열 전달이 과도하여 점화시기 이전에 열 전달에 의해 점화되는 비정상적인 현상을 일컬음.

그림 3-5)를 보면 구 형태의 용기에 물이 채워져 있고, 돌아갈 수 있도록 결합부(Joint)가 있다. 용기에 2개의 파이프가 붙어 있고, 구와 파이프가 연결되어 있는 부분을 제외하고는 밀폐되어 있다. 이때 구 형태의 용기를 가열하면 용기 내에서 증기가 발생하고, 증기에 의해 용기 내 압력이 증가하여 파이프를 통해 증기가 빠져나간다. 파이프의 출구를 용기의 접선 방향으로 하면, 분출되는 증기의 반력으로 구는 지속적으로 회전하게 된다. 또한 회전하면서 파이프를 통해 흰색의 분출 가스가 나오므로 그 주위로 나선형의 증기 궤적이 나타나며, 이러한 현상을 이용해 장난감으로 사용하였다.

AD 1232년에 몽골은 중국에서 만든 화약을 이용한 불꽃, 또는 화염을 가지고 동력을 발생시키는 개념을 이해하였다. 우리나라는 1448년 조선시대에 최무선이 흑색 화약을 연소시켜 나오는 반발력을 화살의 추진 동력 장치로 사용하였고, 이 로켓 추진의 화살을 신기전이라고 했으며, 신기전 화살의 화약통의 길이는 20cm, 연소관의 외경은 2.8cm이다.

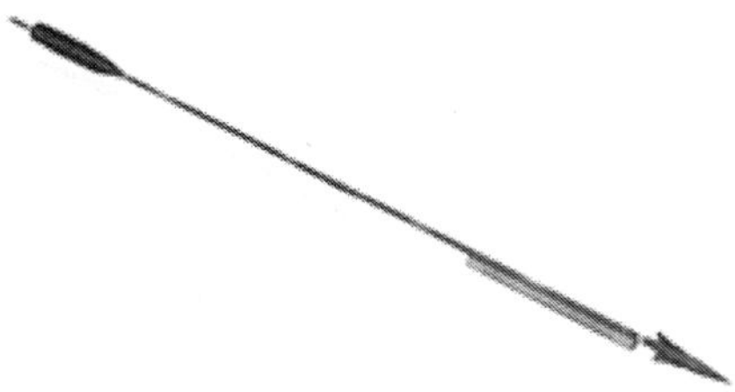

[그림 3-6] 신기전

1500년에 예술가로 잘 알려진 레오나르도 다빈치(Leonardo da Vinci)는 굴뚝에서 가스가 분출하는 제트 힘을 회전력으로 얻어 회전식(rotary) 터빈을 고안하였다. 1500년대에 네덜란드의 수학자들이 유체 안의 압력(수압력)에 대한 수력학에 대해 저술하였다. 책을 저술한다는 것은 그 분야에 대해 상당한 이해력이 발달되었음을 의미한다. 1648년에 영국의 성직자인 John Wilkins는 네덜란드식의 풍차와 같은 터빈을 고안하였다. 이 터빈은 자연의 풍력을 이용하여 회전력을 얻고, 이 회전력을 응용하는 계기가 되었다. 17세기가 되면서 수은을 이용하여 압력을 측정하였고, 이 수은 압력계를 이용하여 피토관을 만들어 압력계에서 측정한 높이의 차($\Delta\rho gh = \Delta P$)는 압력차로 이해되고 베르누이 방정식을 통해 속도 또한 측정할 수 있었다. 이 시기부터 속도에 대해 정량화가 가능하게 되었다. 1770년대에 프랑스에서는 오늘날의 가스터빈과 같은 연구를 하였고, 이 가스터빈 기관은 작동은 안 되었지만 개념적으로 전체적인 시스템을 이해하였다. 1872년에 독일인 Herr Stolze는 다단(Multi-stage)을 가스터빈 엔진의 압축기에 접목시키는 노력을 하였다. 여전히 가스터빈 엔진은 작동하지 않았지만, 엔진을 구성하는 시스템 측면에서 동력 발생과 에너지 전환에 대해 이해하는 계기가 되었다.

1903년 프랑스 파리에서 가스터빈 기관을 처음으로 작동시키는데 성공하였다. 이 엔진의 효율은 3%에 불과하여 상용화는 불가능하였지만 작동되는 가스터빈 엔진을 시스템화하는 계기가 되었다. 1903년 12월

17일 라이트 형제가 인력 비행이 아닌 동력 비행을 하게 된 최초의 비행이 있었으며 이때 사용한 동력 장치는 12마력의 왕복 기관이었다. 이때부터 동력 비행의 시대가 열렸고, 다른 동력 장치를 이용하여 비행을 현실화하는데 발판이 되었다.

(1) 영국의 가스터빈 엔진의 역사와 특징

1930년에 영국에서 항공기에 적용할 수 있을 정도의 가스터빈 엔진인 Whittle 엔진의 특허가 등록되었다. 1941년에 Gloster E28/39 항공기에 Whittle engine(W1)을 장착하여 시험비행을 하였다. 이때 사용한 항공기는 오늘날의 비행기 형태와 유사하며, 영국의 가스터빈 엔진이 최초로 개발되어 항공기에 적용할 수 있는 동력 장치가 되기까지 불과 10년밖에 소요되지 않았다.

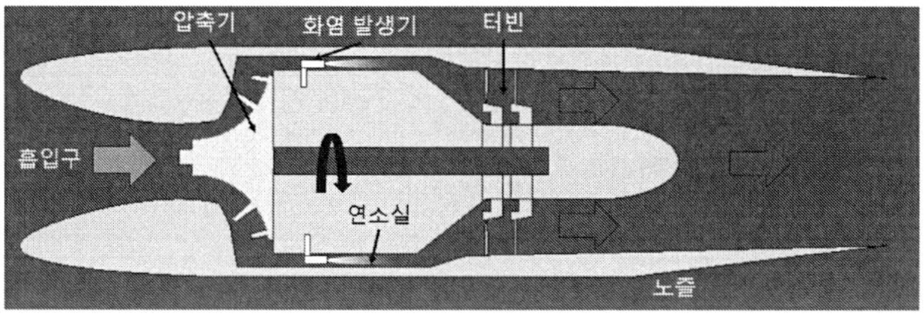

[그림 3-7] Whittle 엔진

[그림 3-8] Frank Whittle

[그림 3-9] Gloster E28.39

▣ Whittle 엔진의 특징

원심(Radial) 압축기를 적용한 가스터빈 엔진이 항공기에 탑재할 정도가 되려면 많은 연료의 연소가 필요로 했고, 그에 해당하는 많은 공기가 필요하였기에 압축기의 양쪽에서 압축하는 압축기(Double side centrifugal compressor) 기술을 사용하였다. 이 당시에는 공기 역학적 안정성 문제 때문에 축류 압축기를 사용하지 못하였다. 똑같은 회전력이라 할 때 축류 압축기는 원심 압축기에 비해 압축하는 능력은 절반 정도였다. 축류 압축기로 충분한 압축을 위해서는 압축기의 회전력을 높여야 하는데 고속 회전 시 공기 역학적 안정성 문제가 발생하므로 이 시대에는 이 문제를 해결하지 못하였다. 연소기는 역방향의 연소기를 사용하였다. 이 역방향의 연소기는 압축기를 통해 나온 압축된 흡입 공기의 유동을 180도 방향을 전환하여 속도를 낮춘다. 감속된 압축 공기에 연료를 분사하여 연소하는 방식으로 축 방향의 연소기에 비해 압축 공기와 연료가 충분히 혼합 및 연소될 수 있는 시간을 증가시켜 충분한 연소가 되도록 하였다.

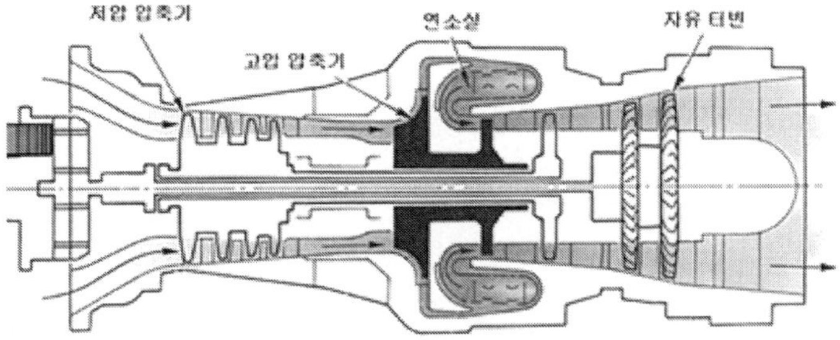

[그림 3-10] Whittle 엔진 형태의 터보제트 엔진

(2) 독일의 가스터빈 엔진의 역사와 특징

1936년에 Von Ohain는 수소 연료를 이용한 제트 엔진의 특허를 취득하였다. 이후 1939년에 터보제트 엔진을 이용한 항공기(Heinkel 178)가 개발되었다. 이 전에도 가스터빈 엔진을 사용한 항공기를 개발하였지만 이 항공기들에 장착된 엔진은 프로펠러를 이용해 추력을 얻는 방법이었다. 그에 비하여 제트 엔진을 사용하여 더욱 빠른 비행기를 개발하게 되었다. 1942년에 Von Ohain의 특허를 바탕으로 Anselm Franz가 제트 엔진(Jumbo 004)을 설계(Jumbo 004B : 압축기 효율 78%, 연소기 효율 95%, 터빈 효율 79.5%)하였다. 1944년 제2차 세계 대전 당시 독일이 최초의 전략 폭격용 항공기 V-1을 개발하였다.

▣ 제트 엔진(Jumbo 004B)의 특징

Jumbo 004B는 현대의 가스터빈의 축류 압축기, 축류 연소기, 공랭식 터빈 냉각과 노즐을 모두 구성하였다. 같은 시기에 이 엔진은 영국에서 만든 Whittle 엔진 보다 성능이 월등하였다. 이것을 통해 독일은 다른 나라에 비해 월등한 항공 기술력을 확보하고 있었다는 것을 알 수 있다.

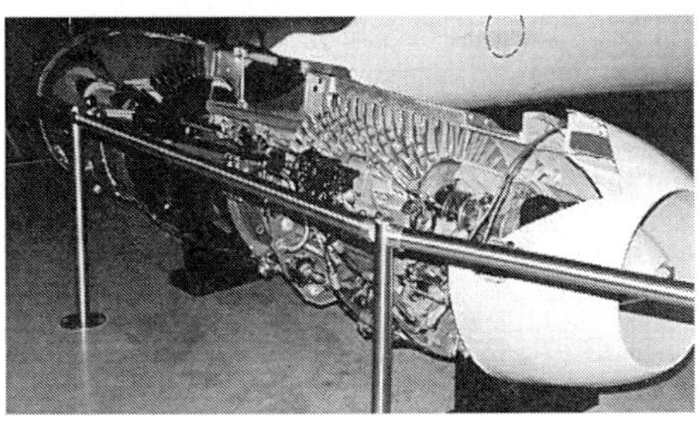

[그림 3-11] Jumbo 004B 엔진

[그림 3-12] Jumbo 004B를 탑재한 제트 항공기(Me 262)

(3) 미국의 가스터빈 엔진의 역사와 특징

1941년에 영국에서 미국으로 제트 엔진(J-31)이 도입이 되었고 이 제트 엔진은 미국에서 대량으로 생산된 첫 번째 엔진이 되었다. 또한 GE(General electric)사는 영국의 Whittle 엔진을 입수해 Whittle 엔진을 본 떠 I-A 엔진을 개발하였다.

[그림 3-13] J-31 가스터빈 기관

미국의 가스터빈 엔진은 영국으로부터 엔진을 도입하여 오늘날의 가스터빈 엔진의 기술력을 확보하였으므로 영국의 영향이 매우 컸다. 오늘날에는 미국 GE(General electric)와 P&W(Pratt & Whitney) 회사와 영국의 Rolls-Royce 회사가 세계 가스터빈 엔진 시장의 대부분을 차지하고 있다.

3.4 가스터빈 엔진의 적용 사례

3.4.1 터보제트 엔진(Turbojet Engine)

터보제트 엔진은 연소가스를 빠르게 분사(제트 분사)하여 추력을 얻는 엔진으로 주로 소형 비행기의 엔진으로 사용된다.(그림 3-14 참조)

터빈에서 압축기로 회전 동력을 전달해주는 회전축을 스풀(Spool)이라고 한다. 현대의 가스터빈 엔진은 스풀을 여러 개를 사용하는 것이 일반적이다.(그림 3-15 참조) 2개 이상의 스풀을 사용하는 이유는 압축기가 다단일 때에 압축기 전단에서는 압력이 높지 않지만 점점 뒤로 갈수록 고압에서 압축이 일어나기 때문에 전단은 저압 압축기, 후단은 고압 압축기로 구분하고, 저압 압축기는 저압 터빈으로, 고압 압축기는 고압 터빈으로 필요한 회전력을 공급함으로써, 각 압축기의 필요한 에너지만 전달해주면 불필요한 에너지 손실을 막을 수 있다. 정리하자면, 압축기는 저압 압축기와 고압 압축기로 구분하고, 저압 압축기는 저회전력, 고압 압축기는 고회전력을 공급하기 위해 다중 스풀을 사용한다.

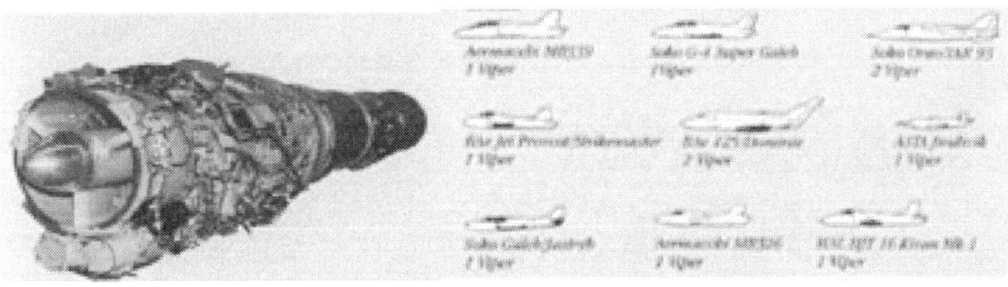

[그림 3-14] 터보제트 엔진의 적용 예

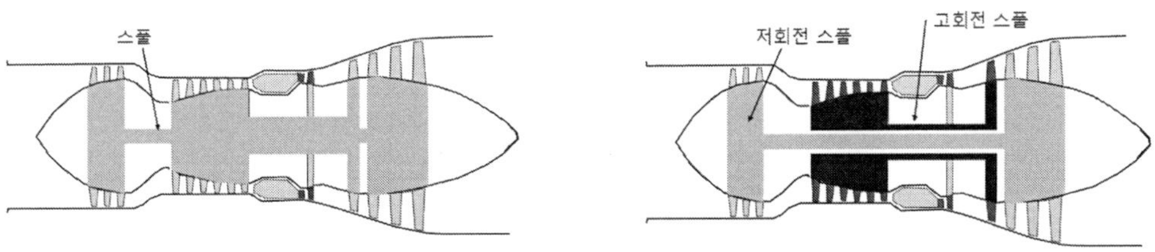

(a) 단일 스풀 터보제트 엔진

(b) 다중 스풀 터보제트 엔진

[그림 3-15] 단일 및 다중 스풀(multi-spool)의 터보제트 엔진

3.4.2 터보팬 엔진(Turbofan Engine)

터보팬 엔진은 추력의 대부분을 팬에서 얻는 엔진으로 다양한 크기의 비행기 엔진으로 사용되며, 대형 비행기에서는 터보팬 엔진이 주로 사용된다.(그림 3-16 참조) 팬이 커지면 많은 양의 공기를 흡입할 수 있어 흡입 공기의 질량 유량이 커지게 되고 터보제트 엔진에 비해 연료 소모율이 적어 경제적으로 엔진을 구동할 수 있다. 팬을 통과한 공기가 연소가스와 분리되어 대기로 배출시키거나, 또는 혼합하여 배출시킬 수 있다.(그림 3-17 참조) 분리형 배기 흐름 터보팬 엔진은 팬의 크기를 크게 하는데 용이하므로 고출력이 요구되는 항공기의 엔진으로 사용된다. 반면에 혼합형 배기 흐름 터보팬 엔진은 팬의 크기를 크게 할 수 없으며, 전투기의 엔진으로 적합하다. 전투기는 큰 추력을 이용해 빠른 기동성이 요구되면서 소형화되어야 하므로 혼합형 배기 흐름 터보팬 엔진이 적합하다. 그렇지만 분리형에 비해 연료 소모율이 크다는 단점이 있다.

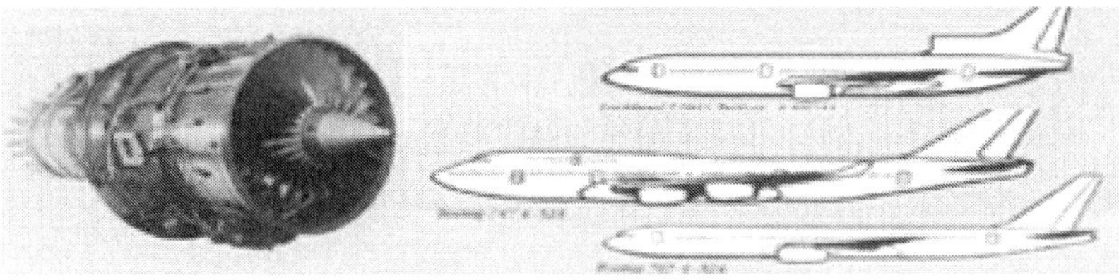

[그림 3-16] 터보팬 엔진의 적용 예

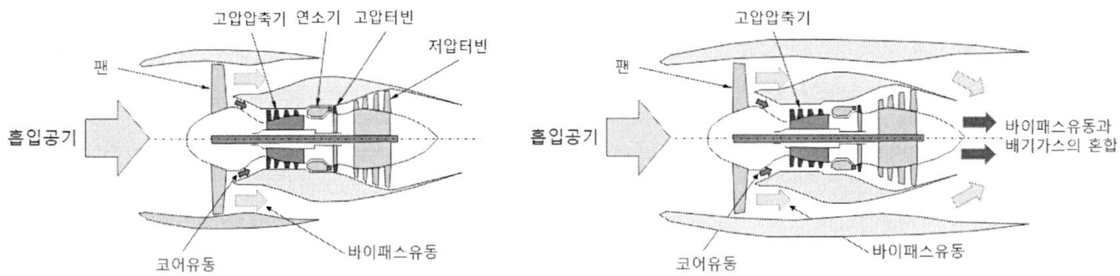

(a) 분리형 배기 흐름 터보팬 엔진 (b) 혼합형 배기 흐름 터보팬 엔진

[그림 3-17] 분리형 및 혼합형 배기 흐름의 터보팬 엔진

3.4.3 터보프롭 엔진(Turboprop Engine)

터보프롭 엔진은 추력의 대부분을 프로펠러에서 얻는 엔진으로 소형 저속 비행기에 주로 사용된다.(그림 3-18 참조) 프로펠러 비행기는 바람의 변화가 큰 산과 골이 많은 산악지형이나 북극이나 남극과 같은 극지방에서 주로 사용되고 있다.

흡입 공기를 압축시켜 원심(Radial) 방향으로 내보내는 형식의 압축기 방식은 원심 압축기식 터보프롭 엔진이다. 원심 압축기는 다단 축류(Axial) 압축기보다 효율은 떨어지지만 구조가 상대적으로 간단하고 공기 역학적 문제가 크게 발생되지 않아 다단 축류 압축기가 개발되기 전까지 많이 이용된 압축기이다. 그림 3-19)를 보면 원심 압축기를 이용한 가스터빈 엔진이 소개되어 있다. 흡입 공기를 원심 압축기를 이용하여 압축하여 연소기로 보내 연소되며, 연소가스가 터빈을 지나가면서 회전 동력이 발생된다.

흡입 공기를 축 방향으로 압축시키고 축 방향으로 내보내는 형식의 압축기 방식은 축류 압축기식 터보프롭 엔진이다. 이러한 방식으로 고압의 공기를 연소기로 보내려면 높은 회전수를 유지해야 높은 엔진 효율이 발생하기 때문에 원심 압축기에 비해 상대적으로 복잡한 구조와 압축기의 공기 역학적 문제를 해결해야 한다. 따라서 현대에는 높은 효율과 큰 추력을 얻기 위해 고속으로 회전시키기 때문에 소형 엔진을 제외하고는 다단 축류 압축기를 주로 사용한다.

팬에 비해 크기가 상당히 큰 프로펠러가 팬과 같은 각속도로 회전한다고 하더라도 프로펠러 길이 방향의 속도는 증가하며 끝단에서의 속도가 매우 빠르게 된다. 압축기-터빈이 연결된 축은 고회전이기 때문에 감속 기어 없이 동력 방향만 바꾸어 프로펠러를 회전시키면 실속이 일어날 수 있다. 따라서 감속 기어를 사용하여 프로펠러 각속도를 변화시킨다.

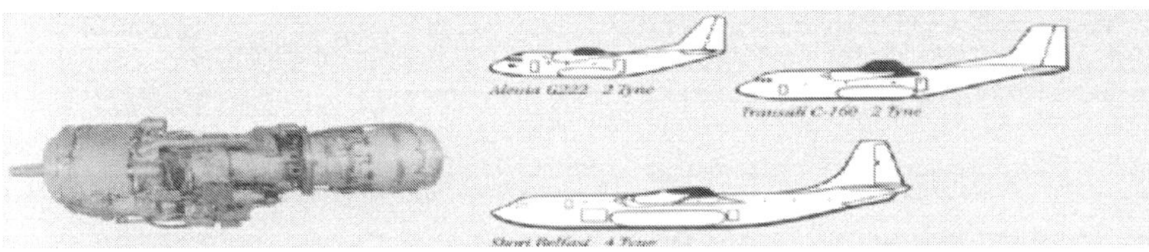

[그림 3-18] 터보프롭 엔진의 적용 예

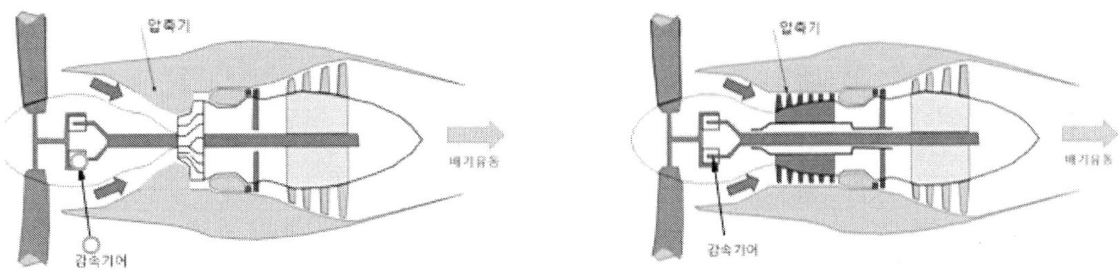

(a) 원심 압축기식 터보프롭 엔진 (b) 축류 압축기식 터보프롭 엔진

[그림 3-19] 원심 및 축류 압축기식 터보프롭 엔진

3.4.4 터보샤프트 엔진(Turboshaft Engine)

터보샤프트 엔진은 프로펠러 비행기용, 선박용, 산업용으로 사용된다(그림 3-20). 전방 흡입식 터보샤프트 엔진은 터보제트, 터보팬, 터보프롭 엔진과 같이 전방의 흡입구를 통해 공기를 흡입하고 압축하는 면에서는 유사하지만 다른 가스터빈 엔진과는 다르게 터빈에서 발생된 동력을 다른 방향으로 바꿀 수 있다는

것이 특징이다. 후방 흡입식 터보 샤프트 엔진은 다른 가스터빈 기관과 엔진의 내부 구조는 유사하지만 흡입구를 엔진 뒤쪽에 위치시켜 공기를 뒤에서 흡입하는 형식이다. 흡입 공기가 뒤쪽에서 앞쪽으로 진행하기 때문에 압축기 또한 뒤쪽에, 터빈은 앞쪽에 위치해 있다는 것이 특징이다(그림 3-21). 이러한 역방향의 엔진 구조는 사용 목적과 환경에 따라 달라질 수 있는데 이 엔진은 보통 회전익의 항공기나, 산업용 또는 대형 선박에서 사용되고 있다. 터보샤프트 엔진은 터보프롭 엔진과 같이 감속 기어를 사용한다.

[그림 3-20] 터보샤프트 엔진의 적용 예

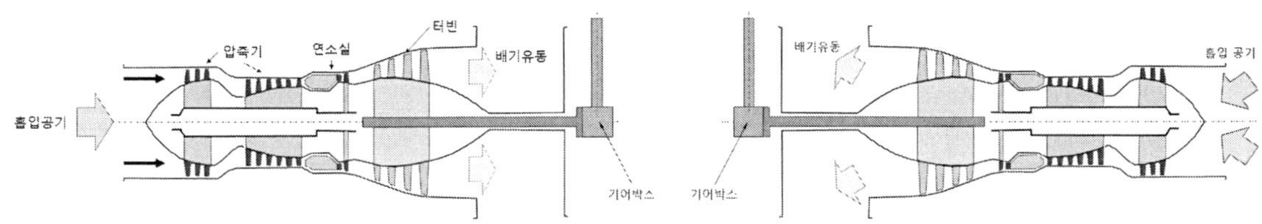

(a) 전방 흡입식 터보샤프트 엔진 (b) 후방 흡입식 터보샤프트 엔진

[그림 3-21] 전방 및 후방 흡입식 터보샤프트 엔진

3.5 항공기 엔진의 혁신 기술

단지 2~4개의 엔진으로 어떻게 그 육중한 쇳덩어리 비행기를 하늘로 띄울 수 있을까? 라는 의문이 드는 것이 당연하다. 과거에는 기술력의 차이로 현대 엔진과 크기는 비슷하지만 추력이 현저히 낮았기 때문에 오늘날과 같은 큰 여객기가 비행한다는 생각을 하지 못하였다. 하지만 급격한 항공기 엔진의 기술 발전으로 큰 추력을 발생시킬 수 있었고, 현재와 같은 큰 항공기도 2~4개의 엔진으로 비행할 수 있게 되었다. 어떠한 혁신 기술이 오늘날 고성능 및 고추력의 엔진으로 발전하는 데 크게 기여를 했는지 살펴보자.

3.5.1 멀티 스풀(Multi-spool Configuration, P&W)

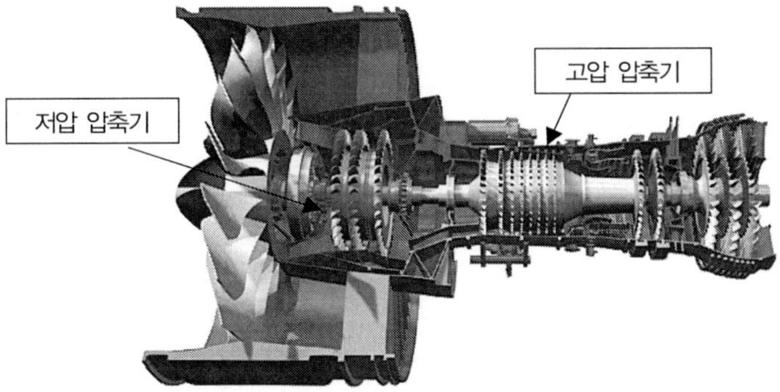

[그림 3-22] 2개의 스풀을 사용하는 엔진(PW1500G, P&W)

여러 개의 스풀을 이용하는 기술은 미국의 P&W사가 압축기의 성능을 증대시키기 위해 처음 고안하였다. 추진 기관의 추력은 연소기의 압력을 높여줄수록 추력이 증가하기 때문에 연소기의 압력을 높이기 위해 압축기의 역할이 절대적으로 필요하다. 다단의 압축기를 2개 또는 3개의 그룹으로 나누어 상대적으로 압력이 낮은 구간을 저압 압축기(LPC: low pressure compressor)라 하고, 압력이 가장 큰 구간의 고압 압축기(HPC: high pressure compressor)라 한다. LPC와 HPC의 중간인 구간을 중간 압축기(IPC: intermediate pressure compressor)라 한다. 이때 압축기의 개수와 터빈의 개수를 맞추어 3개의 축(스풀)으로 회전을 시킨다. 즉, 2개의 압축기와 터빈을 사용하면 2개의 스풀을, 3개를 사용하면 3개의 스풀을 사용한다. 이때 스풀의 위치는 스풀 안에 또 하나의 스풀이 들어가는 형식으로 스풀의 단면은 동심원 형태로 겹쳐지게 된다. 이렇게 구간을 나눔에 따라 상대적으로 압력이 낮은 구간에서 압축할 때는 고압인 구간에서 압축하는 것보다 작은 동력을 공급하여 불필요한 에너지 손실 없이 다단의 압축기를 구동할 수 있다.

3.5.2 가변 스테이터(Variable Stator, GE)

가변 스테이터(Variable stator) 기술은 미국의 GE사가 엔진 압축기의 성능을 증대시키기 위해 처음으로 고안하였다(그림 3-23 참조). 압축기는 고정되어 있는 스테이터(Stator)와 회전하는 로터(Rotor)가 한 조로 이루어진다. 스테이터는 유동 방향을 가이드하는 역할을 한다. 만약 설계점(Design point)에서만 엔진을 작동시킨다면 일정한 회전수로 공기의 유질이 크게 바뀌지 않으므로 스테이터를 고정시켜도 상관없을 것이다. 하지만 가스터빈 엔진은 이륙에서 순항 상태를 거쳐 착륙하므로 엔진은 매우 다른 상태의 압축력을 필요로 한다. 엔진의 설계점이 순항할 때 맞춰져 있다면 이륙과 착륙할 때 엔진은 설계점에서 벗어난 탈설계점[5](Off-design) 상태에 있다. 탈설계점에서는 엔진의 회전수가 상황에 따라 바뀌며 공기의 양과 공기의 유질이 달라짐에 따라 로터로 들어오는 흡입 공기의 유동각 뿐만 아니라 빠져나가는 유동각도 변화한다. 또한 압축기는 역압력구배 상태에 놓여 있기 때문에 로터나 스테이터의 입사각이 달라지면 유동박리가 발생하여 성능이 저하되고 더 나아가 실속이 발생한다. 따라서 엔진의 회전수가 바뀜에 따라 스테이터의 깃을 조정함으로써 고속 회전에서도 보다 효율적으로 압축을 시킬 수 있는 기술이 가변 스테이터 기술이다. 이러한 기술을 적용하면 보다 효율적으로 공기를 잘 흡입하고 고압으로 압축하여 큰 추력을 얻을 수 있다.

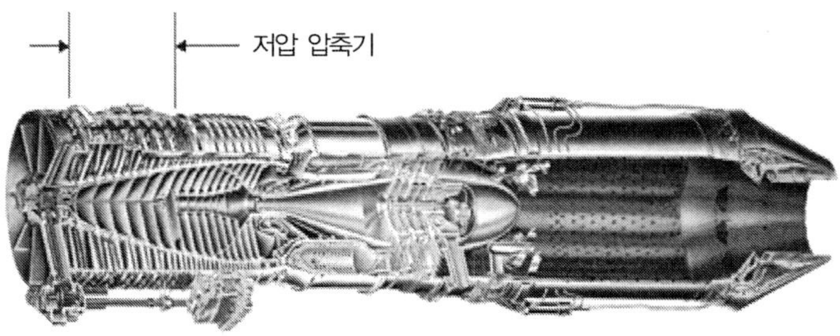

[그림 3-23] 가변 스테이터 사용 엔진(GE J79, GE)

3.5.3 천음속 압축기(Transonic Compressor)

속도는 아음속, 천음속, 초음속, 극초음속으로 구분 지을 수 있다. 천음속 구간은 마하수 0.8~1.2로 아음속과 초음속의 사이로 매우 빠른 속도이다. 과거에는 로터 블레이드의 팁 속도가 초음속에 도달하면 충격파가 발생하고 실속을 유발하지만, 설계/제작 기술의 발전으로 블레이드의 비틀림각을 주어 비틀림각을 통해 공기 역학적인 문제를 해결하였고, 블레이드 재료의 개발과 제작 생산 기술 발전으로 압축기의 회전속도를 증가시킬 수 있었다. 따라서 천음속 압축기의 기술 개발로 압축기 전방에서는 마하 0.8로 시작하여 압축기 후방에서는 초음속에 도달할 정도로 고속으로 회전시킬 수 있어 압축기의 성능을 개선하였다.

보통 아음속 압축기를 사용할 때에는 한 사이클에서 3.18배를 압축시키기 위해 8개의 단(Stage)을 사용하

5) 탈설계점(Off-design) : 설계점(Design point)을 벗어나는 것을 일컫는다.

였지만 이 기술을 적용하면 한 단당 1.6배를 압축시킬 수 있으므로 2개의 단으로 3.18배를 압축시킬 수 있다. 즉, 아음속 압축기보다 4배의 압축이 가능하므로 소형, 경량화가 가능하고 압축기의 수명이 늘어나는 효과를 얻을 수 있다.

또한 전산 유체역학(CFD: computational fluid dynamics)의 발전으로 압축기의 성능 시험을 컴퓨터를 이용하여 형상화시켜 수치적으로 성능을 해석할 수 있기에 시간과 비용이 크게 단축되고 상당히 복합한 형상도 CFD 해석으로 성능 예측도 가능하게 되었다. 즉, 더 우수한 성능의 압축기를 개발할 수 있었다.

(a) CFD 해석

(b) 곡선 형태의 블레이드

[그림 3-24] 천음속 압축기

3.5.4 유해 물질 저방출 연소기(Low-Emission Combustor)

오늘날에는 환경에 대한 규제가 점점 강화되고 있다. 따라서 엔진의 배기가스의 유해 물질 발생을 개선해야 한다. 개선을 위해서는 연소 과정에서 유해 물질의 발생 원인을 알아야 한다. 유해 물질은 연소 과정에서 화염 온도가 높으면 높을수록 해리 현상 으로 인해 불안정한 분자가 생성되어 대기 중의 공기 성분과 결합하여 대기의 성질을 변화시켜 오염시킨다. 반면에 추력 등 엔진의 성능을 높이기 위해서는 연소기의 압력과 온도를 높여야 한다. 따라서 배기가스의 온도를 높이지 않으면서도 성능을 높일 수 있는 방법을 개발해야 한다. 따라서 다음 두 가지 방법으로 고추력의 성능을 유지하면서 유해 물질 발생을 낮출 수 있는 방법이 개발되었다. 두 가지 방법 모두 연소기를 다단으로 사용함으로 유해 물질을 보다 줄일 수 있다.

1) 다단 환형 연소기(Double-annular Combustor)

그림 3-25a)와 같이 1차 화염(Pilot flame)을 장착해 이 연소 영역에서는 이론 공연비에서 연소를 시킨다. 이 연소 구간에서 화염 온도는 높아졌지만 2차 연소(주연소: Main flame)를 지나가면서 외부 공기와 희석시켜 온도를 낮추어서, 배기될 때에는 유해 물질 발생을 줄일 수 있다. 따라서 연소 구간을 다단으로 구성함으로써 연소기의 온도를 높게 유지하면서도 배기가스의 온도는 낮추어서 유해 물질을 줄일 수 있다.

2) 예혼합 다단 환형 연소기(Premixed Double-annular Combustor)

예혼합 다단 환형연소 방법은 다단 환형 연소기와 같이 다단 연소 방법을 이용하지만, 차이점은 연소기로 들어오기 전에 연료와 산화제를 미리 최적의 비율로 혼합하여 연소시킨다. 이런 방법으로 연소를 하면 배기가스의 유해 물질을 더욱 줄일 수 있다.

또한 전산 유체역학의 발전으로 연소기의 성능 시험을 CFD 수치 해석하여 시간과 비용을 크게 단축하고 상당히 복잡한 형상도 해석으로 오염 물질의 예측도 가능하게 되었다(그림 3-26 참조). 즉, 저렴한 비용으로 더 우수한 성능의 연소기를 개발할 수 있었다.

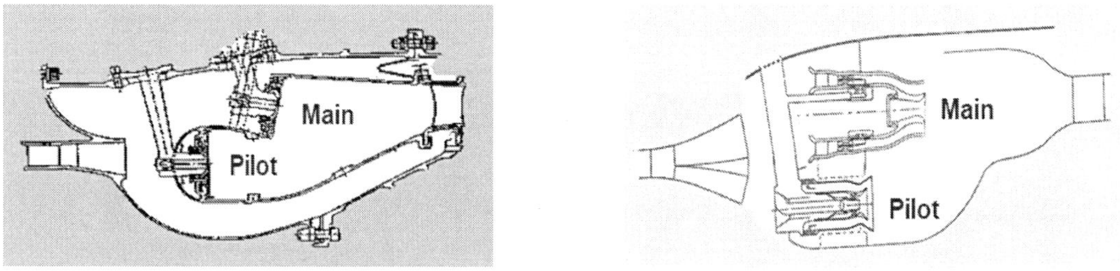

(a) 다단 환형 연소기 (b) 예혼합 다단 환형 연소기

[그림 3-25] 다단 환형 연소기와 예혼합 환형 연소기

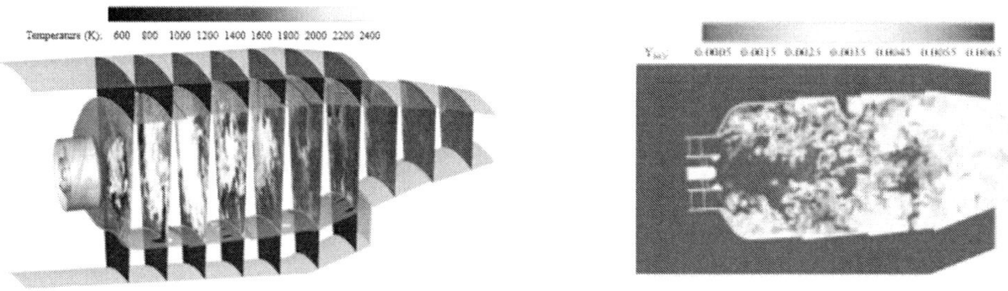

(a) 온도 분포 (b) NO 분포

[그림 3-26] 스월 연소기의 온도와 NO 분포의 CFD 해석

3.5.5 터빈 냉각(Turbine Cooling)

가스터빈 엔진에서 터빈의 입구 온도는 매우 중요하다. 터빈의 입구 온도를 높게 할 수록 연소기의 온도를 높게 할 수 있으므로 엔진의 성능은 좋아지지만, 이 고온의 연소가스가 터빈을 지나갈 때 터빈 블레이드에 계속 부딪혀 터빈 표면으로 열 전달이 커지므로, 터빈의 열 응력 문제를 유발시킨다. 따라서 터빈 재료의 열적 한계로 터빈 입구의 온도가 제한된다. 열에 강한 재료 개발과 함께 냉각 기술 개발이 필요하다. 그림 3-27)과 같이 터빈에 통로를 만들고 그 안으로 냉각 공기가 지나가게 하여 터빈의 재료가 견딜 수 있는 온도보다 더 높은 온도에서 견딜 수 있게 할 수 있다.

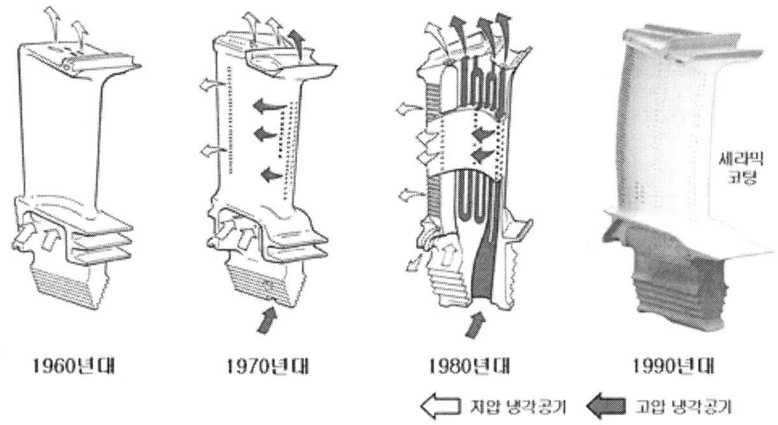

[그림 3-27] 터빈 냉각 기술

60년대의 터빈 블레이드는 터빈을 냉각하는 공기의 통로가 하나밖에 없다는 것을 알 수 있다. 이때 냉각 공기는 엔진의 흡입구로 들어오는 흡입 공기 일부를 터빈 쪽으로 바이패스(Bypass)시켜 터빈 내부로 공급한다. 70년대에 들어서 냉각 공기가 전체적으로 터빈 표면을 냉각시킬 수 있도록 하는 기술이 개발되었고, 80년대 들어서 더 많은 채널을 만들어, 같은 냉각 공기 유량으로도 열 응력이 집중된 부분을 보다 더 많이 냉각시킴으로써 효과적으로 온도를 낮출 수 있도록 하였다. 또한 90년대에는 냉각 채널 사용과 터빈 블레이드 표면에 세라믹 코팅을 하여 고온에 더욱 잘 견딜 수 있도록 하였다. 세라믹은 도자기에 많이 사용되며, 고온에 잘 견디는 재료이다.

3.5.6 가변 배기 노즐(Variable Exhaust Nozzle)

과거 가스터빈 엔진의 배기 노즐은 고정된 노즐을 사용하였다. 고정된 노즐을 가변 시킴으로써 설계점과 탈설계점 작동 시에도 모두 우수한 성능을 갖게 할 수 있다. 가변 노즐의 원리는 탈설계점에서 원하는 추력만큼 연소가스를 노즐에서 가속시킬 수 있도록 상황에 맞게 노즐의 면적을 조절하는 것이다.

과거 전투기가 급가속 기동을 할 때 날개의 힘으로만 이용하여 방향을 바꾸었지만, 배기가스의 분사 각을 조정함으로써 더욱 빠르게 원하는 방향으로 기동할 수 있게 되었다. 그림 3-28a)에서 볼 수 있듯이 F-35B와 같은 전투기들은 노즐 방향을 수직 방향으로 바꾸어(배기가스 분사 방향을 수직으로 배출시켜) 수직 이착륙이 가능하게 되었다. 수직 분사를 통해 활주 길이가 짧아도 이륙이 가능하게 되며, 어디서든 이착륙이 가능하게 되었다.

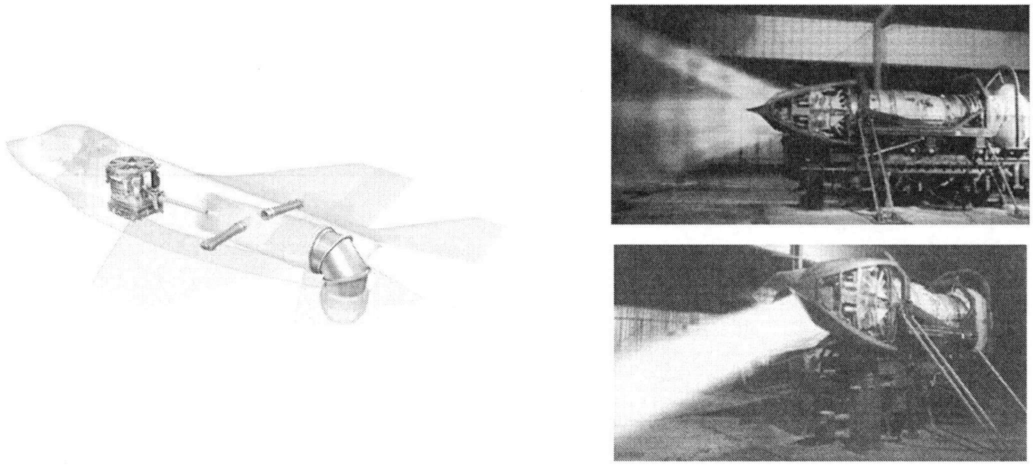

(a) F-35 Joint Strike Fighter(Rolls-Royce)　　(b) F-22 Raptor TVC(P&W)

[그림 3-28] 가변 배기 노즐 기술

3.5.7 최신 재료와 생산 기술(Modern Materials and Manufacturing Techniques)

(a) 전통 주형 방식(Conventional Cast)　(b) 주상정(Columnar Grain)　(c) 단결정(Single Crystal)

[그림 3-29] 개선된 터빈 블레이드 재료

항공기 엔진은 엔진 무게를 감소시키는 것과 소형화시키는 것이 매우 중요하다. 무게를 줄이기 위해 같은 강도를 갖고 있으면서 가벼운 재료를 선호한다. 재료가 개발될수록 점점 가벼운 금속을 사용한다. 복합 재료가 개발됨에 따라 무게가 낮은 고강도의 복합 재료를 엔진 부품에 많이 사용하고 있다.

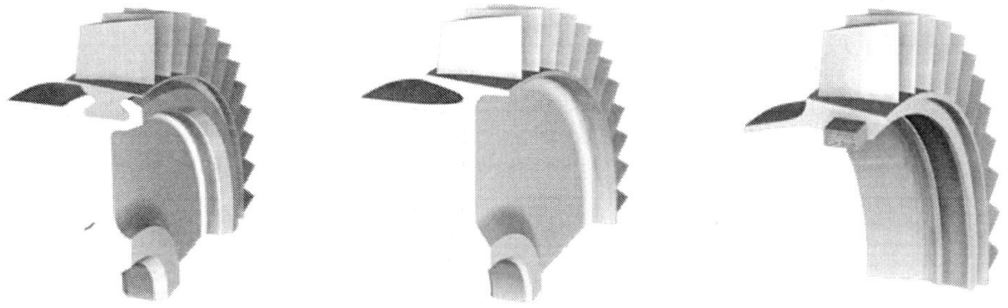

(a) Conventional disk & blades

(b) Blisk(bladed disk) : 30% 무게 감소

(c) Bling – Ti MMC (metal matrix component) : 70% 무게 감소

[그림 3-30] 개선된 제작 공법

더 나아가 제조 기술을 개발하여 제작 공정과 형상을 개선하였다. 가스터빈 엔진의 많은 부품 중에 터빈 또는 압축기를 예로 들어 알아보자. 그림 3-30a)에서 보는 것과 같이 일반적인 회전체(Conventional disk & blades)는 회전체에 블레이드 날개를 꼽는 형식으로 만들었다. 이 방법은 두 부품의 체결 문제와 많은 공정 시간 때문에 그림 3-30b)와 같이 Blisk(bladed disk) 방법으로 개선되었다. Blisk(bladed disk)는 블레이드와 몸체를 결합시켜 하나의 몸체로 제작함으로써 강도 증가와 체결 상태가 좋아지고 공정 시간도 줄어들게 되었다. 하지만 회전체의 몸체를 잡고 있는 부분인 디스크가 고회전에서는 스트레스가 크게 가해지게 된다. 그래서 그림 3-30c)를 보면 빨간 띠 형태의 고강도 재료로 바꿈으로써 디스크의 두께를 더욱 작게 할 수 있어 경량화가 가능하다. 또한 열의 강도도 키울 수 있다. 따라서 이러한 재료와 공정을 통해 전체 엔진의 무게가 절감되는 효과를 얻을 수 있었다.

3.6 엔진 기술 발전 동향(Progress in Aero-engine Technology)

3.6.1 시장 점유 형태

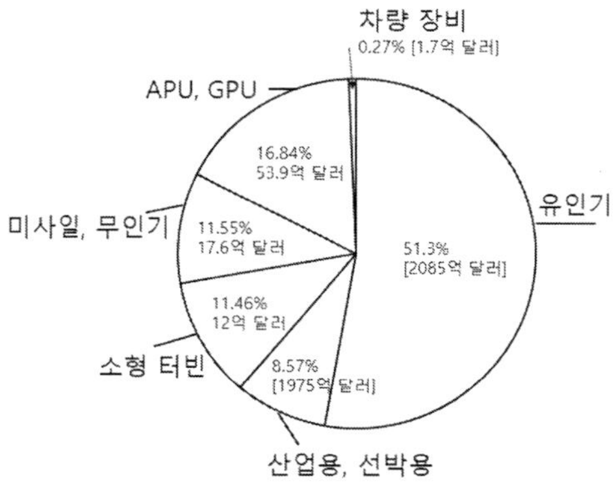

[그림 3-31] 가스터빈 엔진의 시장 점유 형태(미국, 2002-2011)

그림 3-31)는 가스터빈 엔진의 시장 점유 형태를 나타낸다. 유인기가 절반 이상을 차지하고 그 다음으로 가스터빈의 시동기인 APU와 같은 소형 가스터빈이 차지한다. 그 다음으로 미사일이나, 무인기 등 순이다. 산업용과 대형 선박용 가스터빈 엔진의 시장 점유율은 약 9%로 항공용 가스터빈 엔진에 비해 매우 적다. 따라서 가스터빈 엔진은 항공 산업에 대부분 사용된다고 할 수 있다. 그러나 총 비용 측면에서는 선박용 엔진이 항공기용 엔진과 크게 다르지 않은데 이는 선박용 엔진은 매우 큰 대형 엔진이어서 엔진의 단가가 항공용 엔진보다 큼을 의미한다.

3.6.2 엔진 성능

1) 추력

그림 3-32)는 민간 항공기와 군용 항공기 엔진의 추력 크기의 변화를 나타낸다. 그래프 기울기만 보면 민간 항공기가 군용 항공기보다 엔진 추력의 향상이 더 가파르다. 따라서 군용보다 민간 항공기에서 추력을 증대시키는 노력을 더 많이 했다고 볼 수 있다. 수치적으로 보면 1940년대에는 군용과 민간용의 추력이 거의 차이가 나지 않았지만 1960년대에는 2배, 2000년도 와서는 약 6배 정도 추력의 차이를 보인다. 이렇게 차이가 나는 이유는 두 분야에서 항공기의 요구 조건이 다르기 때문이다. 민항용 엔진의 추력이 크게 발전된 이유는 더 많은 승객과 화물을 태우기 위해 민간 항공기가 대형화되었기 때문이다. 군용 항공기는 그에 비해 최대한 작은 공간에 엔진을 탑재해야 하고, 높은 기동성을 위해, 고추력 소형화가 중요하다. 또한 항공기와 엔진의 무게가 점점 줄어드는 상황에서 민간 항공기처

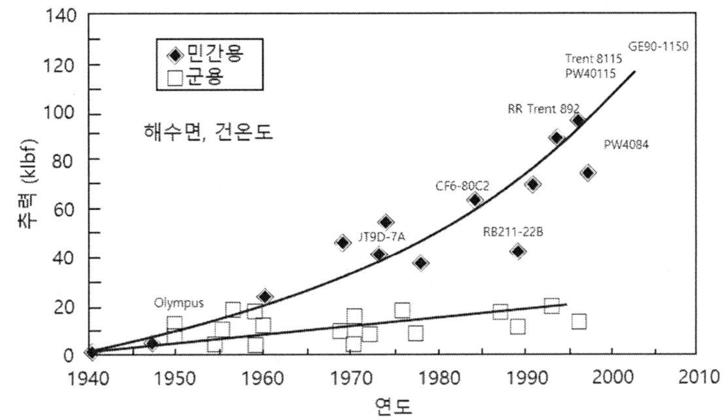

[그림 3-32] 항공용 엔진 추력의 향상

럼 추력 증가가 크게 요구되지 않는다. 따라서 추력 발전이 더딘 것처럼 보일 수 있지만 실질적으로는 민간 항공기나 군용 항공기 모두 요구에 따라 목적에 맞게 성능이 좋아지고 있다.

2) 추력 당 중량 비

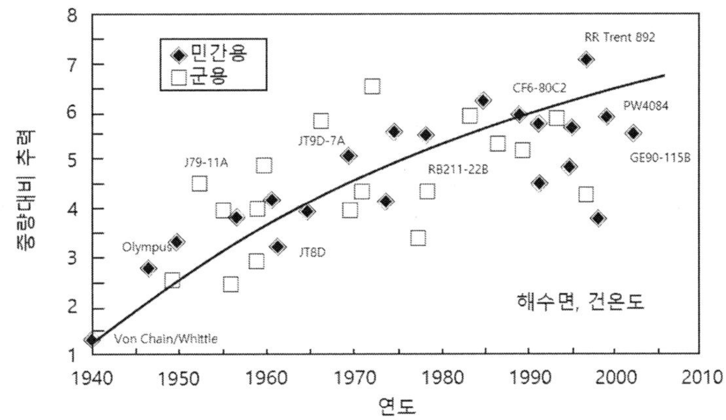

[그림 3-33] 중량 대비 추력의 변화

그림 3-33)은 추력 당 중량 비를 나타낸다. 이는 중량 대비 추력을 나타내고, 항공기의 단위 무게 당 추력을 낼 수 있는 지표이다. 군용과 민간용 발전 동향을 보면 거의 비슷하다. 민간 항공기가 군용 항공기보다 무게가 더 크기 때문에 추력이 큰 대형 엔진이 사용됨을 알 수 있다. 연도별로 보면 1940년대에는 중량 당 추력은 약 1.2~1.3 정도이지만 60년대 들어서는 3정도, 2000년대 들어서는 약 6정도의 수치를 보인다. 따라서 가능한 무게를 감소시켜 소형화하면서 큰 추력을 낼 수 있도록 발전이 되고 있다는 것을 그래프를 통해 확인할 수 있다.

3) 비추력

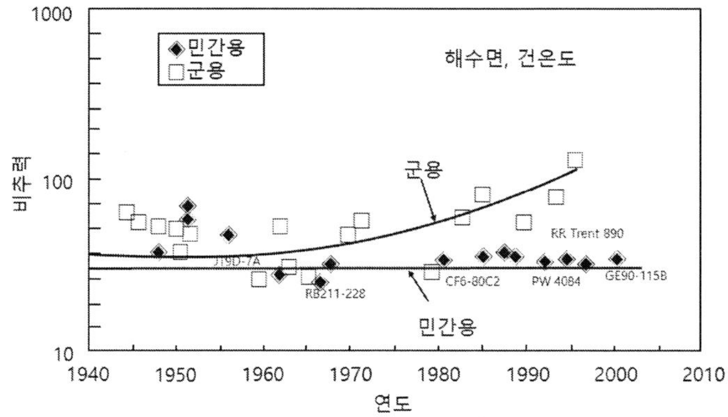

[그림 3-34] 비추력

그림 3-34)는 비추력을 나타낸다. 비추력은 연료 소비 대비 얼마만큼의 추력을 낼 수 있는지를 의미한다. 비추력의 발전 동향을 보면 민간 항공기의 비추력은 약 50정도로 일정하다. 이에 비해 군용은 70년대 기점으로 상대적으로 큰 증가율을 보이고 있다. 비추력이 높으면 사용된 연료 대비 높은 추력이 발생되기 때문에 같은 연료로 고추력을 발생시킬 수 있다. 따라서 고기동성 측면에서 고추력의 요구도가 높은 군용 항공기에 적합하게 발전되어 가고 있다는 것을 알 수 있다.

4) 전체 압축비

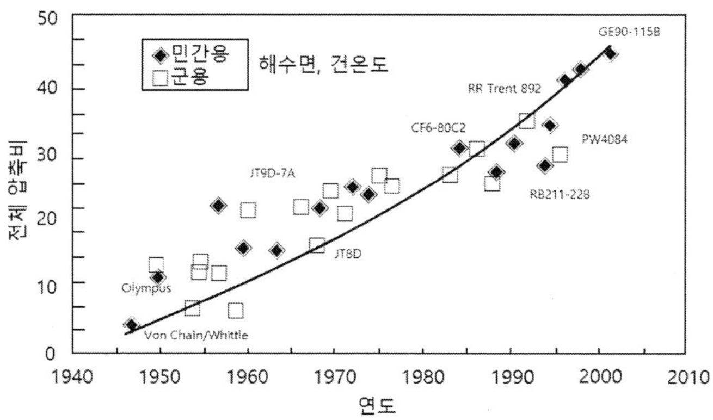

[그림 3-35] 전체 압축비

그림 3-35)는 전체 압축비의 변화를 나타낸다. 전체 압축비의 발전 동향을 보면 1945년도에는 압축비가 약 2~3정도에서 70년대 이후에는 압축비 20을 상회하였으며, 2000년대에는 거의 50에 가까운 엔진이 개발되었다. 압축비가 클수록 연소기에서의 압력이 높아져서 추력이 증가하며 〈연도별 엔진 추력〉그래프와 경향성이 유사하다고 볼 수 있다.

5) 압축기의 압축비

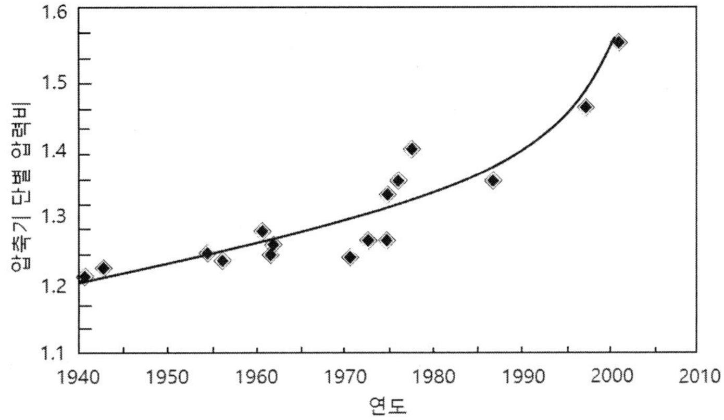

[그림 3-36] 압축기의 한 단당 압축비

그림 3-36)은 압축기 한 단당 압축비를 의미하며 앞서 다루었던 다른 성능 향상과 다르게 50년 동안(1950~2000) 압축비는 약 50%밖에 증가되지 않았다. 그런데 〈연도-전체 압축비〉그래프에서 50년 동안(1950~2000) 10배가 넘는 증가를 보였는데 그 이유는 단 수의 증가로 인해서 총압축비는 10배 증가한 것이다. 압축기는 역 압력구배로 유동박리가 쉽게 일어나기 때문에 한 단에서의 압축비를 크게 증가시키지 못한다. 따라서 다단 압축이 가능함에 따라 큰 압축비를 얻은 결과이다. 또한 멀티스풀을 사용함으로써 에너지 손실을 줄여 에너지를 경제적으로도 사용이 가능해졌다. 가스터빈 엔진이 발전되면서 공기 역학, 진동, 열 유체의 복잡한 기술들이 함께 개발이 되어, 다단 압축기를 사용한 엔진의 성능이 크게 증가되었다고 할 수도 있다.

6) 터빈 입구 온도

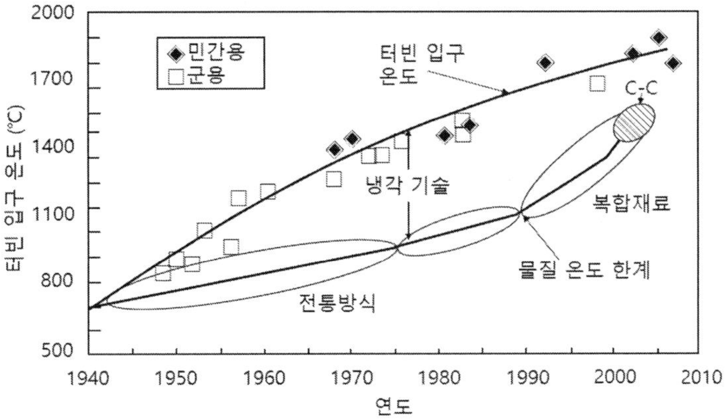

[그림 3-37] 터빈 입구 온도

그림 3-37)은 터빈 입구 온도의 향상을 나타낸다. 1940년도에는 약 650~700℃ 정도였는데 2010년도 들어서는 1700℃ 이상 온도가 향상되었다. 1940~1975년도에는 터빈은 열을 잘 견디는 금속재료를 많이 사용하다가 탄소 계열의 재료를 사용하고 더 나아가 복합 재료를 사용하여 터빈이 고열에 잘 견딜 수 있도록 하였다. 위 그래프의 선도에서 아래 선도는 각 재료들이 견딜 수 있는 온도를 표시한 것이다. 사용된 각 재료들의 한계 온도보다 터빈의 온도가 더 높다는 것을 보여주는데 이는 터빈 냉각 기술을 접목을 하여 재료가 견딜 수 있는 온도보다 더 고온의 환경에서도 터빈이 작동되도록 개선되었다. 이렇게 터빈이 더 높은 열에 견딜 수 있기에 엔진 성능이 증가하게 되었다.

7) 바이패스 비

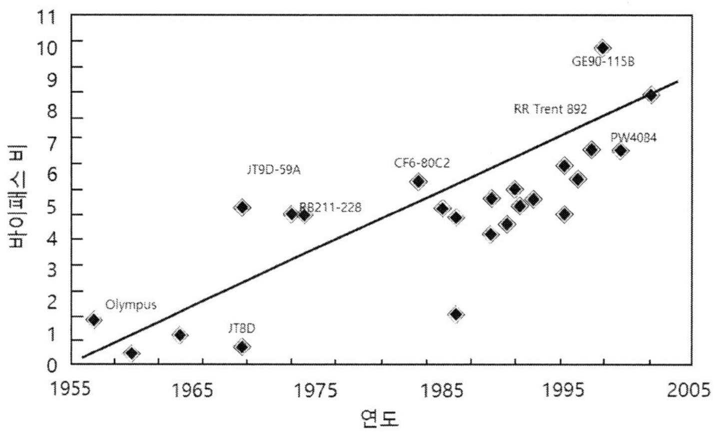

[그림 3-38] 바이패스비

그림 3-38)은 연도별 바이패스 비의 변화를 의미한다. 바이패스 비는 연소기로 들어가는 흡입 공기량 대비 팬을 통과하는 흡입 공기량의 비를 의미한다. 바이패스 비를 크게 하면 흡입 공기(작동 유체)의 질량 유량이 증가 되므로 큰 추력을 발생시킬 수 있다. 1955년에는 바이패스 비가 1도 안 되는 상황에서 1990년대에는 바이패스 비가 5, 2000년대 들어서 10 이상 향상되었다는 것을 확인할 수 있다. 이는 엔진의 추력을 크게 하기 위하여 노즐로 배출되는 속도를 증가시키는 것 보다는 공기 흡입 유량을 크게 하여 추력을 크게 증가시켰을 뿐만 아니라 연료 소모량도 많이 개선되었음을 의미한다.

8) 소음감소

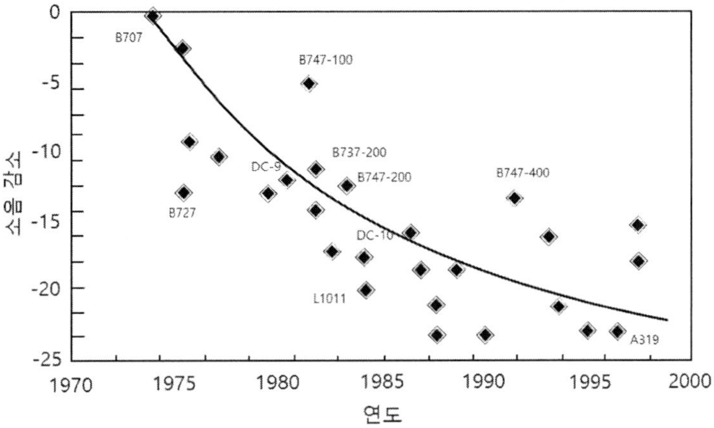

[그림 3-39] 소음의 크기

그림 3-39)는 엔진의 소음 감소를 나타낸다. 현대에 들어서 전세계 항공기의 수가 급격히 증가하고, 과거에 비해 엄청난 수의 사람들이 항공기를 이용하기에, 주거 지역과 탑승객을 보호하고자 엔진의 소음을 줄이는 노력을 해왔다. 소음은 압력의 차이에 의해 발생하므로 엔진의 배기 제트 압력과 대기 압력의 격차로 인해 소음이 크게 발생한다. 따라서 소음을 감소시키기 위해서는 이 압력의 격차를 줄여야 한다. 이를 위해 배기 제트의 압력을 대기압과 유사하게 하고, 제트의 유동 흐름을 빨리 흩어지게 하여 제트의 주유동을 희석시키는 방법이 사용된다. 이를 위해 노즐 형상을 톱니바퀴처럼 만들어 톱니의 골과 산의 방향으로 배기가스를 비대칭 적으로 분산시켜서, 대기의 공기와 신속히 혼합시켜서 소음을 낮춰 줄 수 있다.

연습문제

1 가스터빈 엔진은 4가지(터보제트 엔진, 터보팬 엔진, 터보프롭 엔진, 터보샤프트 엔진)로 구분되는데 4가지 엔진 이름에 모두 "터보"를 붙이고, "터보+OO"와 같이 "OO"이 붙는다. "터보"와 "OO"의 호칭의 의미를 설명하시오.

2 가스터빈 엔진의 코어 부품에 해당되는 부품은 어떤 것이 있으며, 코어 부품으로 부르는 이유를 설명하시오.

3 UAV(Unmaned air vehicle)에 적용 가능한 엔진은 어떤 것들이 있는지 나열하고 장단점을 비교하시오.

4 현존하고 있는 엔진 중에서 가장 높은 바이패스비(bypass ratio)는 어느 정도이며, 가장 높은 압축비를 가지는 터보팬 엔진은 어떤 엔진인지 설명하시오.

5 현존하고 있는 비행기 중에 가장 빠른 유인 비행체와 무인 비행체는 각각 무엇이고, 어떤 추진 기관을 사용하고 작동 원리는 무엇인지 설명하시오.

6 다음 엔진의 추력발생 개념과 작동 한계, 비추력을 비교하고 설명하시오.

(1) 터보샤프트 엔진, 터보프롭 엔진, 산업용 가스터빈 엔진

(2) 터보제트 엔진과 터보팬 엔진

(3) 터보프롭 엔진과 터보팬 엔진

7 아래 그림의 엔진은 4가지 가스터빈 엔진 중에 어떤 가스터빈 엔진이며, 그 이유를 설명하시오.

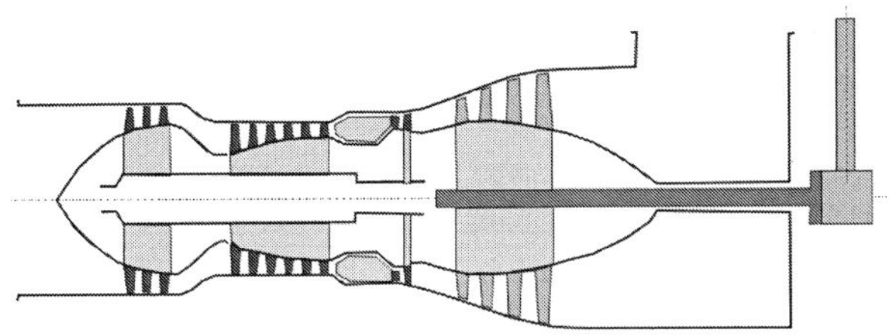

8 다음 가스터빈 엔진의 특징을 설명하고 상용화된 엔진의 예를 드시오.

9 다음 두 엔진의 차이를 설명하고 각각 상용화된 엔진의 예를 드시오.

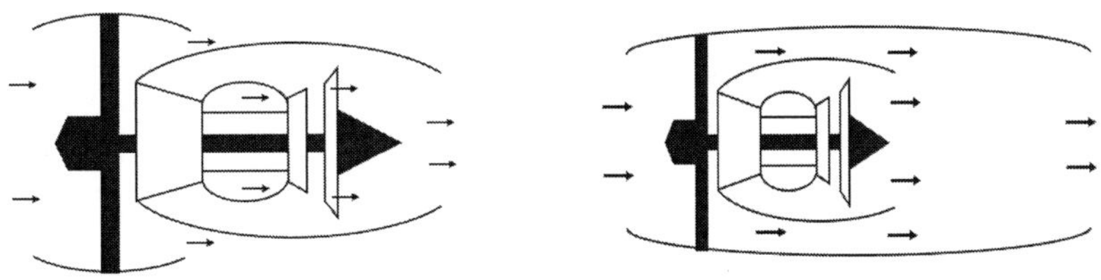

10 오늘날과 같이 항공기 가스터빈 엔진이 고성능의 가스터빈 엔진으로 발전하는 데 크게 기여한 엔진의 혁신 기술은 무엇인지 3가지를 선정하고 그 이유를 설명하시오.

11 아래 그림에서 압축비가 크게 증가(초기 가스터빈 엔진인 휘틀 엔진의 약 50배)된 것을 알 수 있다. 압축비를 크게 하려는 이유가 무엇인지 설명하고, 현대 상용 엔진 중에서 압축비의 최대 크기는 얼마이며 어떤 엔진인지 설명하시오.

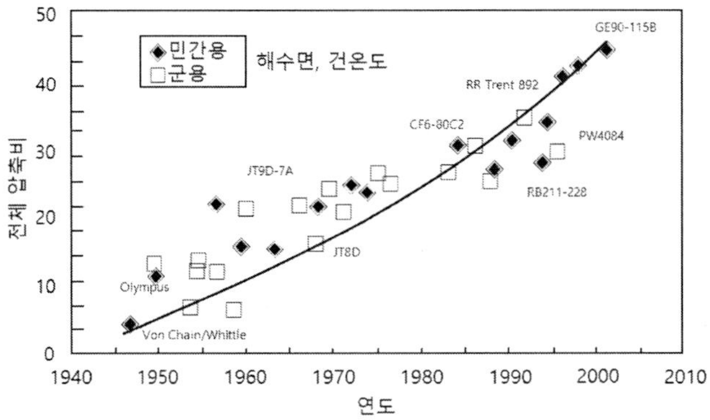

12 아래 그림에서 터빈의 입구 온도가 크게 상승한 것을 알 수 있다. 온도를 높이는 이유가 무엇인지 설명하고, 재료가 견딜 수 있는 온도보다 더 높은 연소가스 온도에서도 엔진이 작동 가능한 이유를 설명하시오.

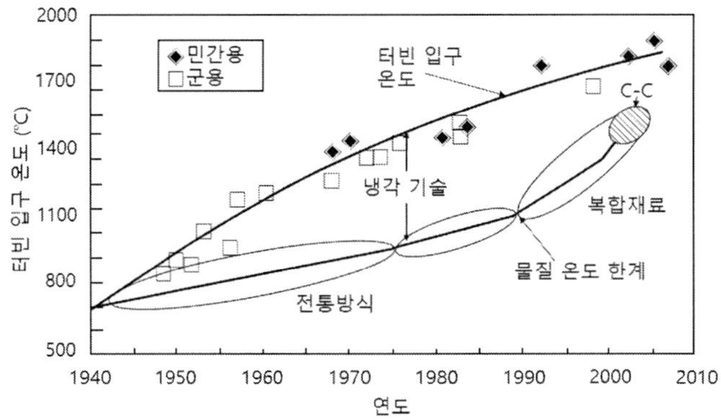

Chapter 4

엔진의 성능 인자

Chapter 4

엔진의 성능 인자

4.1 성능 인자(Performance Parameters)

가스터빈 엔진은 연료의 화학 에너지를 공기와 혼합 연소시켜 연소가스의 운동 에너지를 이용하여 추력 또는 출력을 발생하는 열기관이다. 따라서 연료의 화학 에너지가 연소가스의 운동 에너지의 변환으로 얼마나 효과적으로 이루어졌는지에 대한 평가가 필요하며, 이를 엔진의 성능 인자를 정의하여 나타낼 수 있다. 이 장에서는 엔진의 성능을 표현하는 성능 인자를 알아본다.

4.1.1 비추력(Specific Thrust)

$$Specific\,Thrust = \frac{F}{\dot{m}_0},\quad [N \cdot s/kg],[lbf \cdot s/lbm] \qquad \text{식 (4-1)}$$

가스터빈 엔진의 성능 중에 가장 기본적으로 관심 있는 것이 추력(F)이다. 위 식 (4-1)은 비추력을 의미하며, 공기 질량률에 대한 추력으로 표현했는데, 이는 가스터빈 엔진은 사용되는 연료의 양이 공기량에 비하여 많이 작아서 연료량을 무시하고 공기 질량률($\dot{m}_0$)을 기준으로 정의하였다(공기량은 연료량의 약 14.7배 수준임, 7장 참조). 이렇게 정의된 비추력의 유용성은 다음과 같다. 크기가 큰 엔진은 작은 엔진보다 일반적으로 큰 추력을 발생한다. 그렇다고 큰 추력을 발생하는 큰 엔진의 성능이 작은 엔진의 성능보다 더 좋은 엔진이라고 단정하는 것은 적절치 못하다. 왜냐하면 큰 엔진은 그만큼 엔진의 무게가 증가하고, 사용되는 연료의 양도 그만큼 크기 때문이다. 또한 공기 흡입량이 클수록 흡입구의 단면적이 커서 항력이 증가하게 되므로 이를 고려해야 한다. 따라서 같은 공기 흡입량을 기준으로 엔진의 추력을 비교하는 비추력으로 엔진 성능을 나타내는 것이 적절하다. 다시 말해 공기 흡입식 엔진에서의 비추력은 엔진의 크기를 감안하여 얼마만큼의 추력이 발생하는지를 나타내는 성능 인자임을 의미한다. 비추력에서의 성능 인자는 추력과 공기 흡입량의 함수이므로, 이 두 파라미터를 적절히 조절하여 큰 비추력을 갖는 엔진을 설계하는 것이 요구된다.

4.1.2 추력 당 연료 소모율(TSFC, Thrust Specific Fuel Consumption)

$$TSFC = \frac{\dot{m}_f}{F},\quad [mg/s/N],[lbm/s/lbf] \qquad \text{식 (4-2)}$$

가스터빈 엔진의 성능 중에 추력만큼 중요하게 고려해야 하는 성능 인자(파라미터)는 연료 소모율($\dot{m}_f$)이다. TSFC는 단위 추력 당 단위 시간에 얼마만큼의 연료가 소모되는지를 의미한다. 따라서 추력 당 연료 소모율(TSFC)이 작은 엔진이 우수한 엔진이다. 연료 소모율은 상업적으로 이윤을 많이 내야 하는 민간 항공기 또는 산업용 엔진에서는 엔진의 연료 소모량이 비추력 등 다른 성능 인자보다 더 중요하다. 같은 거리를 운항하는데 연료가 적게 소모될수록 연료비용이 저렴하기 때문이다. 하지만 군용 항공기 같은 경우는 유사시 큰 추력을 내는 것이 중요하기 때문에 연료 소모율이 가장 우선적으로 고려되는 성능 인자는 아니다. 따라서 엔진을 운용함에 있어 주목적에 따라 요구되는 성능 인자의 중요도의 우선 순위가 달라진다.

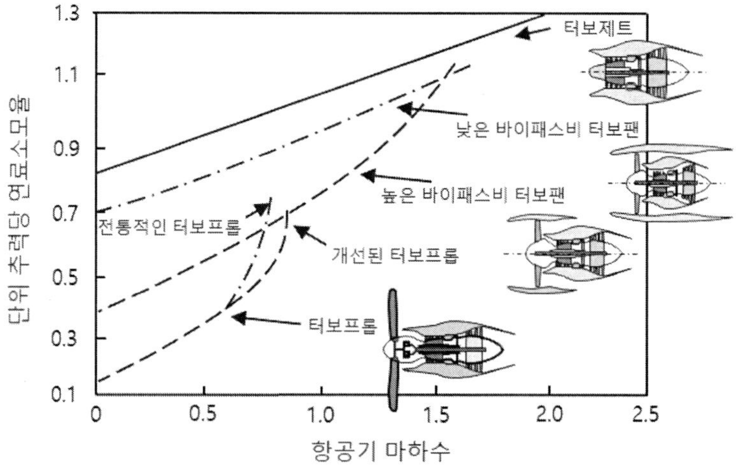

[그림 4-1] 비행 속도에 따른 추력당 연료 소모율(TSFC)

대표적인 4가지 형태의 가스터빈 엔진의 비행 속도에 따른 TSFC를 그림 4-1)에 나타내었다. 비행 속도가 마하수 0.5 이하인 구간에서는 터보프롭 엔진, 고바이패스비 터보팬 엔진, 저바이패스비 터보팬 엔진, 터보제트 엔진 순으로 TSFC가 큼을 알 수 있다. TSFC가 작을수록 엔진을 경제적으로 운용할 수 있다는 것을 의미한다. 하지만 터보프롭 엔진은 비행 속도가 마하수 0.5 보다 빨라지면 TSFC가 급격히 증가하는 것을 볼 수 있는데, 그 이유는 프로펠러의 탑(끝)에서의 유동의 박리가 발달되어 실속이 발생하여 추력이 급격히 감소하기 때문이다. 또한 고바이패스비 터보팬 엔진은 비행 속도가 너무 빠르면 바이패스되는 공기 흡입량이 적어지고, 추력도 그만큼 적게 발생하여 TSFC가 급격히 증가한다. 터보제트 엔진도 터보팬 엔진과 유사하게 비행 속도가 증가할수록 TSFC는 증가한다. 따라서 운용 비행 속도에 맞는 엔진을 설계하고 선택하는 것이 중요하다.

4.1.3 비추력 또는 비충격(Isp, Specific Impulse)

Specific impulse은 Specific thrust와 한글 용어가 비추력으로 같으므로 구분을 명확하게 하기 위하여 본 장에서는 영문으로 표기한다. Isp(specific impulse)는 추진제1kg이 1초 동안 소모될 때 발생하는 추력으로 정의되며, 식 (4-3a)와 식 (4-3b)로 표현된다. Isp의 값이 클수록 같은 연료 소모량으로 큰 추력을 발휘하므로 성능이 더 좋은 엔진이라 할 수 있다.

$$\text{공기 흡입식 엔진}: I_{sp} = \frac{F}{\dot{m}_f g_0},\ [\text{sec}] \qquad \text{식 (4-3a)}$$

$$\text{로켓 추진 엔진}: I_{sp} = \frac{F}{\dot{m}_p g_0},\ [\text{sec}] \qquad \text{식 (4-3b)}$$

$$(\text{여기서},\ \dot{m}_p = \dot{m}_f + \dot{m}_{ox})$$

Specific thrust는 공기 소모율을 기준으로 추력을 나타내지만, Isp는 연료 소모율을 기준으로 추력을 나타낸다. Isp는 매우 유용한 엔진의 성능 인자이다. 로켓 엔진은 산화제를 비행체에 탑재하기 때문에 Isp를 정의할 때 연료 소모율이 아닌 추진제 소모율을 기준으로 한다(식 4-3 참조).

Isp는 해수면 기준의 중력 가속도로 나눠줌으로써 단위가 초(sec)가 되어 영국식 단위계를 사용하는 엔진과 SI 단위계를 사용하는 엔진에 대해서 단위 환산 없이 바로 비교가 가능하다.

4.2 효율(Efficiency)

효율이란 사용된 입력량 대비 얻어진 출력량의 비를 나타낸다. 따라서 엔진의 효율은 사용된 연료의 화학 에너지가 운동 에너지로 얼마나 효과적으로 달성되었는지 나타내는 지표이다. 효율이 100%에 가까울수록 에너지 변환 및 전달하는 과정에서 손실이 적다는 것을 의미한다. 엔진은 연료의 화학 에너지를 운동 에너지로 변환하여 추력 또는 출력을 발생하고, 결과적으로는 비행체를 움직이게 하거나, 전력을 발생하므로, 관찰 목적에 따라 다양한 효율을 정의할 수 있다.

4.2.1 열효율(Thermal Efficiency, η_{th})

열효율은 열기관의 성능을 나타내는 지표 중 하나이다. 엔진의 열효율은 연료가 가지고 있는 화학 에너지가 얼마나 효율적으로 작동 유체(공기와 연소가스)의 운동 에너지로 변환되었는지를 나타낸다.

1) 터보제트 엔진과 터보팬 엔진의 열효율

각각의 가스터빈 엔진마다 추력을 발생시키는 방법이 다르기 때문에 열효율의 정의를 엔진의 특성에 맞게 적용해야 한다. 터보제트 엔진은 연료가 소모되어 배기가스의 운동 에너지 증가에 기여하는 것뿐만 아니라 터빈 축을 회전시키는 데도 사용된다. 따라서 터보제트 엔진과 터보팬 엔진의 열효율은 다음 식 (4–4)로 표현할 수 있다.

$$\eta_{th} = \frac{P_{shaft} + \Delta \dot{KE}}{\dot{m}_f Q_R} \qquad \text{식 (4–4)}$$

위 식에서 $\dot{m}_f$는 소모된 연료의 질량 유량, Q_R는 연료의 발열량을 의미한다. 또한 P_{shaft}는 터빈의 회전 동력, $\Delta \dot{KE}$는 작동 유체의 운동 에너지의 단위 시간당 증가량을 의미한다.

터보제트 엔진의 경우 터보팬 엔진에 비하여 축을 회전시키는 동력이 운동 에너지 변화량보다 무시할 만큼 작다고 한다면, 축 회전 동력은 무시될 수 있어 다음 식 (4–5)로 간단히 표현할 수 있다.

$$\eta_{th} \equiv \frac{\Delta \dot{KE}}{\dot{E}_{thermal}} = \frac{(\dot{m}_0 + \dot{m}_f)\, V_{ex}^2 - \dot{m}_0\, V_0^2}{2\dot{m}_f Q_R} \qquad \text{식 (4–5)}$$

위 식에서 $\dot{m}_0$는 흡입 공기량, V_0는 흡입 공기 속도, V_{ex}는 노즐 출구에서 연소가스(제트)의 배출 속도를 의미한다.

2) 터보샤프트 엔진과 터보프롭 엔진의 열효율

터보샤프트 엔진과 터보프롭 엔진은 연료의 화학 에너지가 작동 유체(흡입 공기가 연소가스로)의 운동 에너지 변화량에 비해 샤프트 에너지 변화량에 더 크게 기여하기 때문에 종종 운동 에너지 변화량은 무시할 수 있다(그림 4–5, 4–6 참조). 따라서 터보샤프트 엔진과 터보프롭 엔진의 열효율의 정의는 아래 식 (4–6)으로 표현이 가능하다.

$$\eta_{th} = \frac{P_{shaft} + \Delta \dot{KE}}{\dot{m}_f Q_R} \cong \frac{P_{shaft}}{\dot{m}_f Q_R} \qquad \text{식 (4–6)}$$

위 식에서 P_{shaft}는 샤프트에서 발생된 동력을 의미한다. 이 엔진의 연료 소모율이 2배 커졌다 하더라도 운동 에너지가 2배가 안 되는 이유는 식 (4–6)의 열효율 정의를 보면 알 수 있다.

예제4.1

다음의 상황에서 터보제트 엔진의 열효율과 추력을 계산하라.

해설

$\dot{m}_0 = 50kg/s$

$V_0 \approx 0m/s$

$\dot{m}_f = 2kg/s$

$Q_R = 42{,}500kJ/kg$

$V_{ex} = 800m/s$

$$\eta_{th} = \frac{(50+2)800^2 - 50 \cdot 0^2}{2 \cdot 2 \cdot 42{,}500 \cdot 1000} \cong 19.58\%$$

$$F \approx (\dot{m}_{ex} V_{ex} - m_o V_o) = 52 \cdot 800N = 41.6kN$$

4.2.2 추진 효율(Propulsive Efficiency, η_p)

열효율은 연료의 화학 에너지가 얼마나 효과적으로 흡입 공기가 연소가스의 운동 에너지로 변화되었는지를 나타낸다. 반면에 추진 효율은 이렇게 발생된 운동 에너지가 얼마나 효과적으로 항공기의 추진력으로 기여했는지를 표현한다.

즉, 발생된 운동 에너지가 항공기의 비행 속도의 변화에 얼마나 기여를 했는지를 표현하기 위해 추진 효율을 다음 식과 같이 정의한 것이다.

$$\eta_p \equiv \frac{F \cdot V_0}{\Delta \dot{KE}} \cong \frac{\left[(\dot{m}_0 + \dot{m}_f) V_{ex} - \dot{m}_0 V_0\right] V_0}{(\dot{m}_0 + \dot{m}_f)\frac{V_{ex}^2}{2} - \dot{m}_0 \frac{V_0^2}{2}} \qquad \text{식 (4-7)}$$

연료 소모율($\dot{m}_f$)은 흡입 공기 유량률에 비해 무시할 정도로 작기 때문에 연료 소모율은 무시하면, 다음 식과 같이 추진 효율을 정리할 수 있다.

$$\eta_p \cong \frac{(V_{ex} - V_0) V_0}{\frac{1}{2}(V_{ex}^2 - V_0^2)} = \frac{2 V_0}{V_{ex} + V_0} = \frac{2}{1 + \frac{V_{ex}}{V_0}} \qquad \text{식 (4-8)}$$

여기서 추진 효율은 속도비(V_{ex}/V_0)의 함수로 표현이 된다. 또한 추력을 속도비($F/\dot{m}_0 V_{ex} \cong 1 - V_0/V_{ex}$)로 나타낼 수 있으므로 V_{ex}/V_0의 변화에 따른 추진 효율을 그림 4-2)와 같이 나타낼 수 있다.

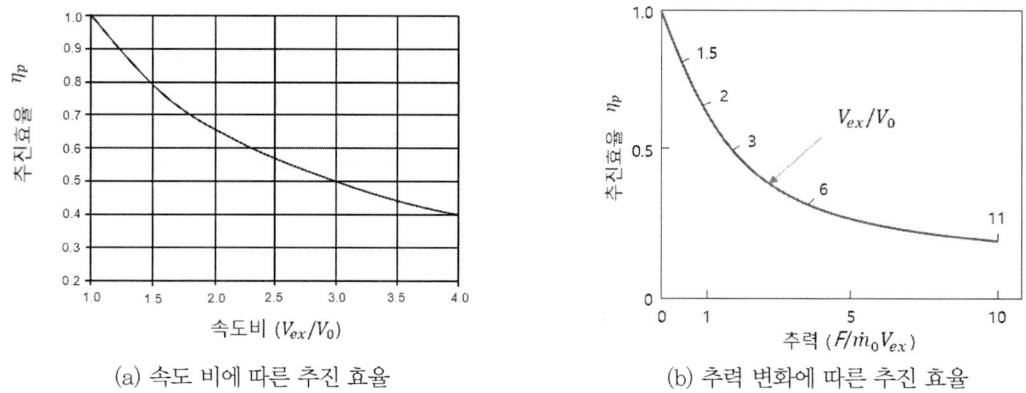

[그림 4-2] 속도 비에 따른 추진 효율(a)과 추력 변화에 따른 추진 효율(b)

위 그림 4-2)의 그래프를 보면 V_{ex}/V_0가 1일 때 추진 효율 100%가 되며, V_{ex}/V_0가 증가됨에 따라 추진 효율은 점점 감소한다. 추진 효율이 높을수록 성능이 좋기 때문에 V_{ex}/V_0가 1일 때 추진 효율이 가장 높다고 생각할 수 있다. 하지만 V_{ex}/V_0가 1은 흡입 공기의 속도와 노즐 출구에서 배출 속도가 같다는 의미인데, 이렇게 되면 작동 유체의 모멘텀 변화가 없기 때문에 추력이 발생되지 않는다. 따라서 V_{ex}/V_0가 1이 되는 것은 엔진 작동에 있어서 실질적이지 못하다. 그림 4-2b)는 유입 공기 모멘텀 당 추력 변화와 속도비의 관계와 이때의 추진 효율을 나타낸다. 속도비가 증가하면 추력이 증가하지만 추진 효율은 감소하므로, 요구되는 추력에 대한 최적의 추진 효율 위한 속도비가 존재함을 알 수 있다.

각 엔진의 형태에 대한 추진 효율을 알아보자. 추진 효율은 운동량 변화율이 실제로 항공기를 움직이는데 얼마나 기여를 했는지를 나타내므로 각 엔진의 추진 효율을 다르게 정의할 수 있다. 터보제트 엔진의 경우 축을 돌리는 데 사용되는 동력은 실제 항공기를 움직이는 데 기여하지 못하고 작동 유체의 운동 에너지 변화만이 항공기를 움직이는 데 기여하기 때문에 터보제트 엔진의 추진 효율을 다음 식과 같이 표현할 수 있다.

$$\text{터보제트 엔진 추진 효율}: \eta_p \equiv \frac{F \cdot V_0}{\Delta \dot{KE}} \qquad \text{식 (4-9)}$$

하지만 터보프롭 엔진과 터보샤프트 엔진은 운동 에너지 변화율 뿐만 아니라 축을 이용하여 프로펠러를 회전시켜 추진력을 발생시키기 때문에 축 회전 동력과 운동 에너지 변화율은 항공기의 속도 변화에 기여한다. 따라서 이 엔진들의 추력에 기여하는 에너지는 운동 에너지 변화율과 축 동력이기 때문에 이 엔진들의 추진 효율을 다음 식과 같이 표현할 수 있다.

$$\text{터보프롭, 터보샤프트 엔진 추진 효율}: \eta_p \equiv \frac{F \cdot V_0}{\Delta \dot{KE} + P_{shaft}} \qquad \text{식 (4-10)}$$

이때 운동 에너지 변화율은 샤프트 에너지 변화에 비해 무시할 정도로 작기 때문에 운동 에너지 변화는 무시해도 된다. 따라서 식 (4-11)과 같이 터보프롭 엔진과 터보샤프트 엔진의 추진 효율을 간단히 표현할 수 있다.

$$\eta_p \equiv \frac{F \cdot V_0}{P_{shaft}} \quad (\because P_{shaft} \gg \Delta KE) \qquad \text{식 (4-11)}$$

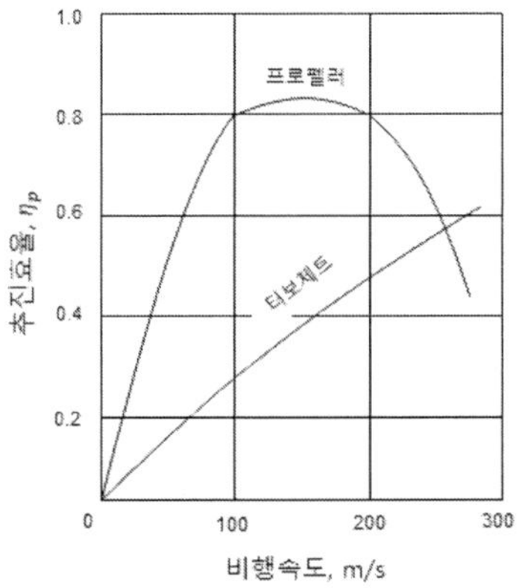

[그림 4-3] 프로펠러 엔진과 터보제트 엔진의 추진 효율 비교

터보프롭 엔진의 비행 속도에 따른 추진 효율의 변화는 그림 4-3)과 같다. 터보프롭 엔진은 비행 속도가 증가할수록 추진 효율이 점점 증가하다가 비행 속도가 약 150m/s 지점에서 추진 효율은 급격히 감소하는 것을 알 수 있다. 그 이유는 프로펠러의 양력을 이용하여 추력을 얻는 터보프롭 엔진은 속도가 증가함에 따라 프로펠러의 속도가 같이 빨라지게 되는데 어느 속도 이상에서는 프로펠러의 팁(Tip)에서 유동이 박리되어 실속이 발생하기 때문이다. 실속이 일어나면 양력 효과가 크게 감소하기 때문에 추진 효율이 급격히 저하된다. 따라서 저속에서 운용하는 프로펠러 항공기는 큰 추진 효율을 갖기만, 작동 한계를 벗어난 비행 속도에서 추진 효율이 급격히 저하되기 때문에 프로펠러 항공기는 상대적으로 낮은 속도에서 비행 운용 속도의 한계가 존재한다.

4.2.3 프로펠러 효율(η_p, Propeller Efficiency)

프로펠러 효율은 프로펠러의 샤프트 동력이 얼마만큼의 추력으로 변환이 되었는지 표현하는 지표가 되고 식 (4-12)와 같이 표현할 수 있다.

$$\eta_p \equiv \frac{F_{prop} \cdot V_0}{P_{s,prop}} \qquad \text{식 (4-12)}$$

위 식에서 $P_{s,prop}$는 터빈 샤프트에서 발생된 동력을, F_{prop}는 프로펠러에서 발생된 힘을 의미한다(그림 4-4 참조).

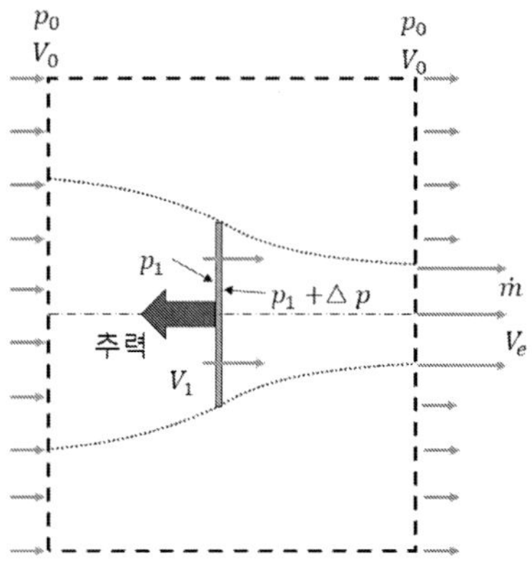

[그림 4-4] 프로펠러 주위 검사 체적 내에서 작용하는 힘(추력) 개념도

4.2.4 기어 박스 효율(Gear Box Efficiency, η_g)

기어 박스 효율은 터빈에서 발생된 동력이 얼마나 프로펠러를 회전시키는 동력으로 변환이 되었는지를 알려주는 지표이며, 터빈에서 발생된 동력 대비 프로펠러의 회전 동력으로 식 (4-13)과 같이 표현할 수 있다.

$$\eta_g \equiv \frac{P_{s,prop}}{P_{s,power\ turbine}} \qquad \text{식 (4-13)}$$

위 식에서 $P_{s,power\ turbine}$는 터빈에 의해 발생된 축 동력을, $P_{s,prop}$는 프로펠러에서 발생된 동력을 의미한다.

4.2.5 전체 효율(Overall Efficiency, η_o)

지금까지 열효율과 추진 효율에 대해서 알아보았다. 열효율은 연료의 화학적 에너지가 운동 에너지로 얼마나 변환되었는지를 나타내고, 추진 효율은 운동 에너지가 항공기가 얼마만큼 이동(일률)하는지를 표현한 것이다.

전체 효율에 대해 알아보자. 전체 효율은 연료가 공급되어 운동 에너지의 변화를 일으키고 이 운동 에너지의 변화에 의해 추력을 얻어 항공기가 얼마나 이동되었는지의 전 과정에 대한 효율을 나타낸다. 따라서 전체 효율(η_o)은 열효율(η_{th})과 추진 효율(η_p)을 곱한 값이며 식 (4-14)와 같이 수식적으로 표현할 수 있다.

$$\eta_o = \eta_{th}\eta_p = \frac{F \cdot V_0}{\dot{m}_f Q_R} \approx \frac{(V_{ex} - V_0) \cdot V_0}{f Q_R} \qquad \text{식 (4-14)}$$

위 식(4-14)에서 $\dot{m}_f$는 연료 질량 유량을 의미하고 V_0는 흡입 공기 속도, V_{ex}는 노즐 출구에서 제트의 속도를 의미한다. 또한 Q_R는 연료의 발열량을, F는 엔진에서 발생된 추력을, f는 연공비를 의미한다. 전체 효율을 높여주기 위해서는 열효율과 추진 효율을 높여주면 된다는 것을 알 수 있다. 또한 일정한 연공비에서는 노즐 출구에서 제트 속도를 크게 하면 전체 효율이 향상된다.

연습문제

1 Specific thrust(비추력)와 Specific impulse(Isp, 비추력 또는 비충격)의 정의와 의미를 설명하고, 각각의 용어로 구분하여 사용하는 이유를 적용예를 들어 설명하시오.

2 제트 엔진이 다른 종류의 가스터빈 엔진보다 연료 소모율이 큰 이유를 설명하시오.

3 전체 효율은 어떻게 표현되며, 전체 효율을 증가시키기 위한 방법을 2가지 성능인자로 예를 들어 설명하시오.

4 순추력(net thrust)의 의미와 그 필요성을 설명하고, 순추력을 크게 하기 위한 방법을 설명하시오,

5 엔진에 요구되는 가장 큰 추력은 비행(이륙, 순항, 기동) 중에 언제인지와 그 이유를 설명하시오.

6 비행기가 이륙 시 요구되는 추력에 영향을 주는 인자 3가지를 열거하고, 그것이 타당한 인자임을 설명하시오.

7 시속 900 km로 비행하는 비행기에서 터보제트 엔진의 순추력이 44500 N이다. 이 엔진의 배기 제트 속도는 610 m/s이고, 연료주입량은 4080 kg/s이다. 이 엔진의 열효율과 추진 효율을 구하시오. (연료의 열량 : $LHV = 42805\,kJ/kg$)

8 터보제트 엔진을 장착한 항공기가 고도 2km에서 속도 250 m/s로 비행하고 있다. 엔진의 배기 제트의 분사 속도는 550 m/s 분사 압력은 89.5 kPa이다. 엔진에 흡입되는 공기 유량률은 144,000 kg/hr, 연료 유동률은 1,800 kg/hr이다. 이 엔진의 순추력과 추진 효율을 구하시오.

Chapter 5

가스터빈 엔진 성능 해석

Chapter 5
가스터빈 엔진 성능 해석

5.1 소개

4장에서 가스터빈 엔진을 해석하기 위한 성능 인자(파라미터)에 대해서 알아보았다. 이번 장에서는 터보제트, 터보팬, 터보샤프트, 터보프롭 엔진들에 대한 성능 해석 방법을 다룬다. 각 가스터빈 엔진에 대한 성능 해석을 통해 엔진 구성품의 성능을 도출하고 엔진의 추력을 계산한다.

가스터빈 엔진을 해석하기 전에 각 엔진의 열역학적 사이클을 먼저 간단히 살펴보자. 가스터빈 엔진은 브레이튼 사이클임을 열역학에서와 본 교재의 2장에서 다루었다. 다른 엔진의 대표적인 열역학적 사이클인 오토 사이클과 디젤 사이클과의 차이를 비교하는 것이 가스터빈 엔진의 특징과 브레이튼 사이클을 이해하는데 도움이 된다.

위에서 언급한 엔진의 열역학적 사이클에 대한 특징을 알아보자.

5.1.1 오토 사이클(Otto Cycle)

오토 사이클은 왕복 기관에 주로 사용되는 열역학적 사이클이다. 가솔린 연료를 이용하는 자동차 엔진에 적용되며 연소실에서 정적 연소(Constant volume combustion)를 하는 것이 특징이다. 왕복 기관의 구조를 간단히 설명하자면, 실린더 내부에서 피스톤이 왕복 운동을 하고, 피스톤 하단부에 힘이 전달될 수 있는 크랭크 암이 연결되어 있고 크랭크 샤프트를 통해 힘이 전달되어 직선 운동을 회전 운동으로 바꿔주어 회전력을 얻는다. 오토 사이클은 상사점(Top dead point: 피스톤의 왕복 운동에서 피스톤이 가장 위에 있을 때의 위치)에 도달하기 전에 점화되어 피스톤이 상사점에서 최대 연소면이 형성된다(그림 5-1 참조).

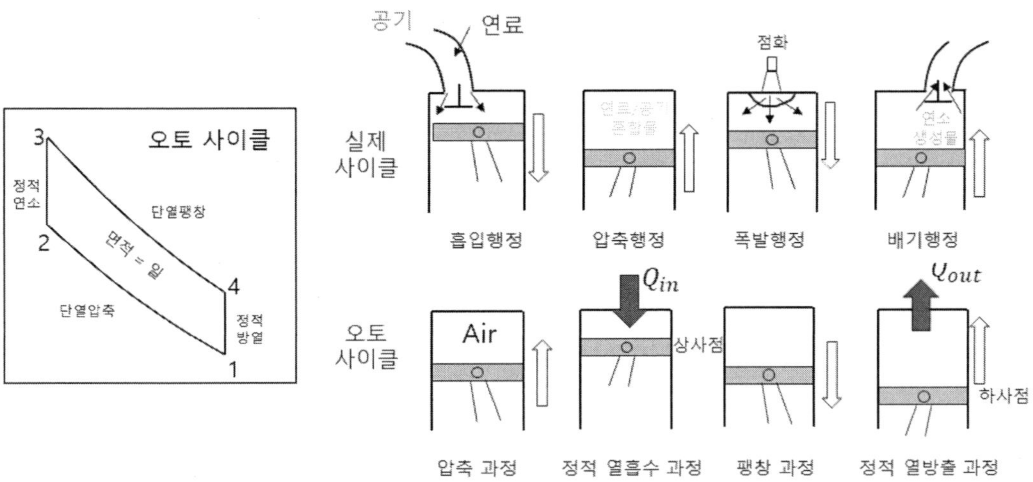

(a) P-V 선도 (b) 4행정 사이클 개념도

[그림 5-1] 가솔린 왕복 기관의 오토 사이틀

상사점에서 최대 연소면을 형성하는 이유는 최고 연소 압력에서 연소의 효율이 최대가 되기 때문이다. 실제적으로 연소 중에 피스톤이 내려가기 때문에 정적이라고 할 순 없지만, 개념적으로 최대 연소면이 상사점에서 형성되고 연소하는 시간이 충분이 짧으므로 일정한 체적에서 대부분 연소가 일어나기 때문에 정적 연소라고 할 수 있다. 따라서 오토 사이클은 정적 연소 과정을 갖고 있다는 것이 특징이다.

5.1.2 디젤 사이클(Diesel Cycle)

디젤 사이클은 주로 디젤 연료를 이용하는 자동차 엔진에 적용되며 오토 사이클과 유사한 작동 매커니즘을 갖고 있다. 다른 점은 연소 과정이 오토 사이클은 정적 연소 과정인 반면에 디젤 사이클은 정압 연소 과정이다(그림 5-3 참조). 오토 사이클은 상사점 이전에 점화 플러그를 이용하여 점화를 하는 반면에, 디젤 사이클은 실린더가 상사점으로 압축하는 과정에서 연료를 분사하고, 상사점에서 자연 발화가 되게 한다. 상사점에서 발화되어 연소면의 발달로 압력이 상승하지만 반면에 피스톤은 하강하므로 압력이 저하하므로, 두 요인이 서로 상쇄되어 압력이 크게 변하지 않으므로 디젤 사이클은 정압 연소 과정을 갖는 것이 특징이다.

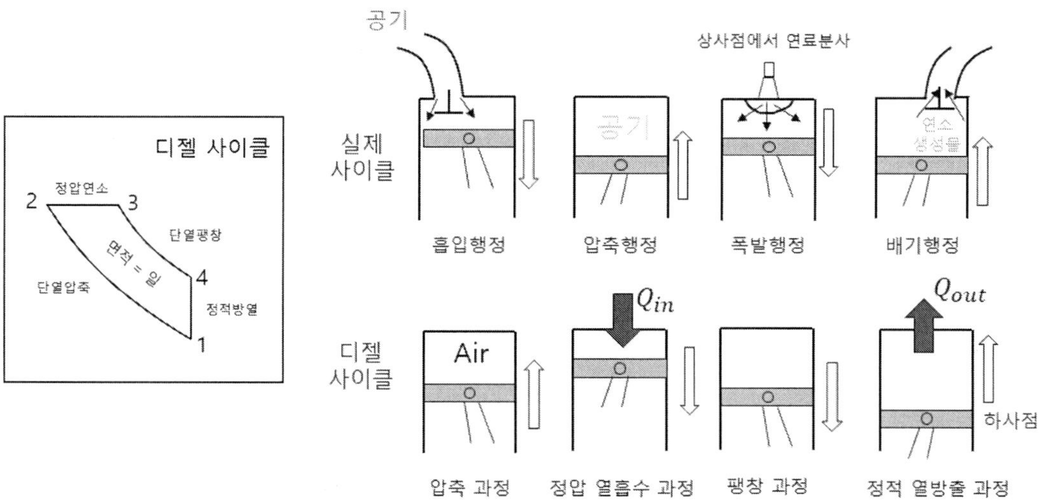

(a) P-V 선도 (b) 4행정 사이클 개념도

[그림 5-2] 디젤 왕복 기관의 디젤 사이클

5.1.3 브레이튼 사이클(Brayton Cycle)

브레이튼 사이클이 가스터빈 엔진의 작동 특성을 대변하는 열역학적 사이클이다. 가스터빈 엔진의 작동 매커니즘을 살펴보면, 흡입구로 유입되는 공기는 압축기에서 압축이 되어 연소기로 공급되고 연료와 혼합된 후 정압 연소(Constant pressure combustion)된다. 연소가스는 터빈을 회전시키고, 터빈과 압축기를 연결한 축의 회전력으로 압축기를 회전시킨다. 터빈을 구동시키고 남은 연소가스의 잉여 에너지는 노즐을 통과하면서 가속되어 빠르게 배출됨으로써 배기 제트의 반력으로 추력을 발생한다(그림 5-3 참조). 연소기로 들어간 압축된 공기는 연료와 혼합/연소되고, 연소기에서는 터빈이 지속적으로 회전할 수 있도록 연속적으로 연소가스를 생성한다. 왕복 기관 엔진은 피스톤이 상사점 위치에서만 연소되는 간헐적인 연소인 반면에 가스터빈 엔진은 연소가 연속적이다. 압력이 일정하게 유지하면서 연속적으로 연소가 이루어지게 연소기의 형상을 설계한다. 따라서 브레이튼 사이클은 정압 연소 과정이다.

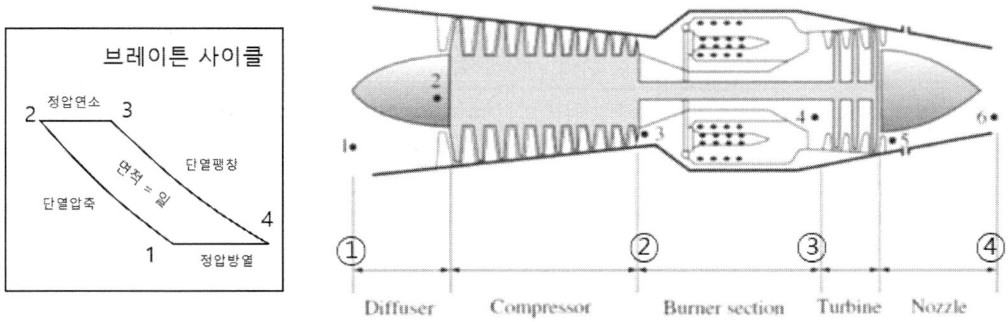

(a) P-V 선도 (b) 가스터빈 엔진 개념도

[그림 5-3] 가스터빈 엔진의 브레이튼 사이틀

5.2 터보제트 엔진 구간별 상태량 변화

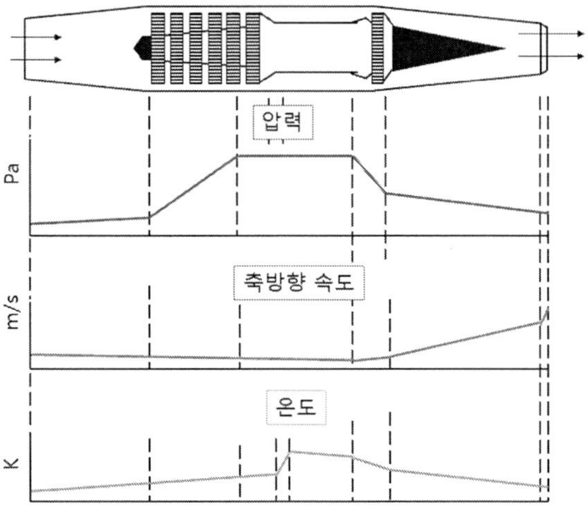

[그림 5-4] 가스터빈 엔진 구간별 상태량 변화[1]

그림 5-4)는 터보제트 엔진의 구성품을 구간으로 나누어 압력, 속도, 온도의 상태량이 각 구성품 구간에 따라 어떻게 변화하는지 보여준다. 흡입구 입구에서 흡입구 출구인 동시에 압축기 입구까지 구간을 구간 ①, 압축기 입구에서 압축기 출구인 동시에 연소기 입구까지를 구간 ②, 연소기 입구에서 연소기 출구인 동시에 터빈 입구까지를 구간 ③, 터빈 입구에서 터빈 출구인 동시에 노즐 입구까지를 구간 ④, 노즐 입구에서 노즐 출구까지를 구간 ⑤로 설정하여, 가스터빈 엔진을 크게 5개 구간으로 나눠서 살펴보자(일반적인 가스터빈 엔진은 주로 아음속 비행에 적합한 엔진이기 때문에 엔진 흡입구로 들어오는 공기의 속도는 별도의 언급이 없으면 아음속으로 가정한다).

1) 각 구간별 상태량 변화

(1) 구간 ①(흡입구 ~ 흡입구 출구)

속도	흡입구로 아음속의 공기가 들어오고, 흡입구의 유로의 면적이 유동 방향으로 커지므로 유동의 속도는 감속된다.
압력	유동의 속도가 감속되므로 압력(Static pressure)은 증가한다. 그러나 흡입구 벽면의 마찰에 의해 전압력(Total pressure)은 감소된다.
온도	보일샤를의 법칙에 의해 유로 방향으로 압력이 증가하여 온도 또한 증가한다.

1) 압력은 정압력(Static pressure)를 의미함

(2) 구간 ②(압축기 입구 ~ 압축기 출구)

속도	압축기의 기계적 회전력이 유동에 작용하여 유동 방향에 따라 압력이 상승되며, 유동 속도는 일정하도록 압축기를 설계한다. 압축기에서 압력이 증가되어도 유동의 속도는 일정하다.
압력	압축기를 이용하여 설계 압축비만큼 압력이 상승된다. 이때 압축기에서 상승된 압력은 흡입구를 통해 증가되는 압력보다 훨씬 크다.
온도	흡입구에서와 같이 보일샤를의 법칙에 의해 압력 상승에 따라 온도도 상승한다.

(3) 구간 ③(연소기 입구 ~ 연소기 출구)

속도	연소 과정에서 압력은 거의 일정하게 유지되도록 연소기를 설계한다. 연소기 내에서 압력이 일정하게 유지되므로 유동 속도도 거의 일정하게 유지된다.
압력	연소 과정에서 압력이 일정하게 유지되지만 연소기 벽면의 마찰에 의해 전압력은 감소된다.
온도	연소기의 연소 구간에서는 온도가 급격히 상승한다. 연소기 후단에 위치한 터빈을 연소가스의 고온으로 부터 보호하기 위하여 희석공기의 주입으로 연소기 후반부로 갈수록 온도는 저하된다.

(4) 구간 ④(터빈 입구 ~ 터빈 출구)

속도	터빈은 터빈 블레이드의 윗면과 아래면의 속도차로 압력차를 만들어 양력을 발생시켜 구동한다. 따라서 터빈에서 유동의 속도는 조금씩 가속된다.
압력	유속이 증가되므로 압력이 감소되고, 유동의 에너지로 터빈을 회전시킴으로써 터빈에 공급된 에너지 만큼 유동의 전압력은 감소된다.
온도	터빈에서 유동의 에너지를 사용하므로 전압력이 감소되고, 유동이 가속이 되어 압력이 감소하므로 온도는 저하된다.

(5) 구간 ⑤(노즐 입구 ~ 노즐 출구)

속도	터빈 출구로 나온 연소가스의 속도는 아음속이고, 노즐에서 유로의 면적이 유동 방향으로 점점 줄어들기 때문에 유동의 속도는 가속된다.
압력	유동의 속도가 유로의 면적에 의해 가속이 되므로 압력은 감소한다. 노즐 벽면의 마찰에 의해 전압력도 감소된다.
온도	유로의 면적 변화에 의해 압력이 감소하므로 보일샤를의 법칙에 의해 온도도 감소한다.

각 구간에서 자세한 상태량 변화 원리와 변화량 계산은 6장 ~ 9장에서 다룰 것이다. 구간별 상태량 변화의 경향성을 이해하는 것이 중요하고, 각 구간별 상태량의 변화 폭의 차이에 대한 이해는 가스터빈 엔진의 각 구성품의 작동 원리를 제대로 파악하는 데 큰 도움이 된다. 또한 속도, 압력(Static pressure), 온도(Static temperature) 이외에도 전압력(Total pressure), 전온도(Total temperature), 엔트로피(Entropy) 변화도 서로 연관지어 이해하는 것이 필요하다.

5.3 터보제트 엔진 성능 해석

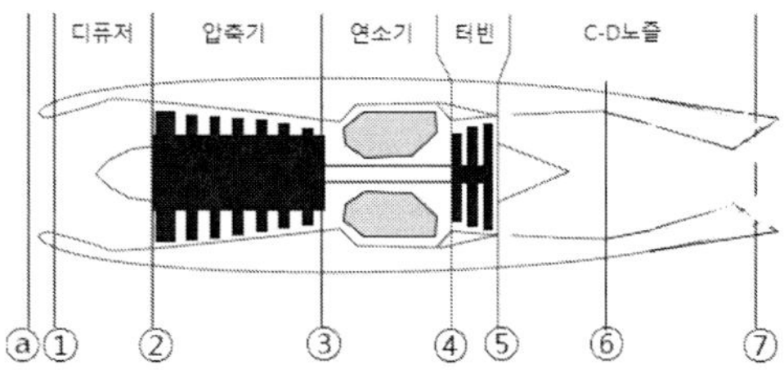

[그림 5-5] 터보제트 엔진의 성능 해석을 위한 엔진 내부 구간 번호 설정

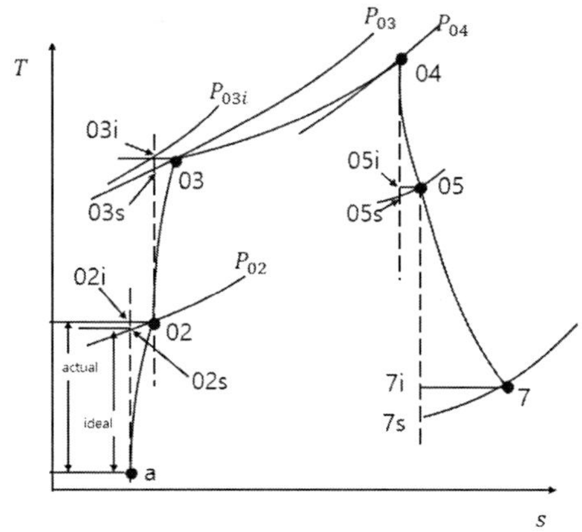

[그림 5-6] 터보제트 엔진의 T-s선도

그림 5-5)는 터보제트 엔진의 각 구성품에서 열역학 상태량의 변화를 계산하기 위하여 엔진 내부 구간에 번호를 부여한 것을 나타낸다. 대기의 상태를 ⓐ 또는 ⓪, 흡입구 입구를 ①, 흡입구 출구 또는 압축기 입구를 ②, 압축기 출구 또는 연소기 입구를 ③, 연소기 출구 또는 터빈 입구를 ④, 터빈 출구 또는 노즐 입구를 ⑤, 노즐 출구를 ⑦로 번호를 지칭한다.

그림 5-6)의 $T-s$선도는 각 구간별 온도와 엔트로피의 변화를 나타낸다. 엔진의 각 구성품의 입구와 출구에서의 열역학적 상태량들을 흡입구에서 부터 노즐까지 유동 방향으로 계산하면, 엔진의 추력과 열효율 등 성능 인자를 계산할 수 있다.

▣ 터보제트 엔진의 $T-s$선도

ⓐ와 ①의 상태 즉, 대기와 흡입구에서의 상태가 같다고 가정하면 (실제로는 엔진의 작동 상태에 따라 ⓐ와 ①의 상태가 다른데 이는 제6장 흡입구에서 설명됨), 흡입구에서 유로의 면적이 증가하므로 속도가 감소되며 압력과 온도가 증가한다. 이 상태에서 압축기로 들어오면 설계 압축비만큼 압력이 증가되고 온도도 증가한다. 연소기에서는 당연히 온도가 증가하고 터빈을 거쳐 에너지 소모로 인해 가스(작동 유체)의 온도가 감소된다. 노즐에서 작동 유체는 가속이 되며, 압력과 온도는 감소하게 된다.

가스터빈 엔진에서 실제로 나타나는 물리 현상을 이해하여 실질적 사이클 해석 방법을 이해하자. $T-s$선도에서 점선은 등엔트로피 과정을 적용한 이상적인 사이클을 의미하고, 실선은 마찰 손실 등을 고려한 실질적인 사이클을 의미한다.

5.3.1 전(Total), 정(Static), 동(Dynamic) 상태량

가스터빈 엔진은 개방계(Open system)이므로 작동 유체의 에너지를 엔탈피로 표현하는 것이 편리하다(2장 참조). 엔진의 작동 유체(공기 또는 연소가스)가 흡입구에서부터 노즐 출구까지 이동할 때에 위치 변화를 무시하면 작동 유체의 전엔탈피(Total enthalpy)는 온도와 관련된 정(Static)엔탈피, 운동 에너지와 관련된 동(Dynamic)엔탈피의 합으로 나타낼 수 있다. 따라서 에너지 보존에서 단위 질량당 엔탈피의 관계를 다음과 같이 표현한다(2장 참조).

$$h_t = h + V^2/2 \qquad \text{식 (5-1)}$$

[단위질량 당 전엔탈피 = 정엔탈피 + 동엔탈피]

5.3.2 각 구간별 상태량 변화

각 구성품에 대해 $T-s$선도를 정확히 이해하여 실제 성능 인자의 값들을 구해보자.

(1) 흡입구(Inlet, ⓐ ~ ②)

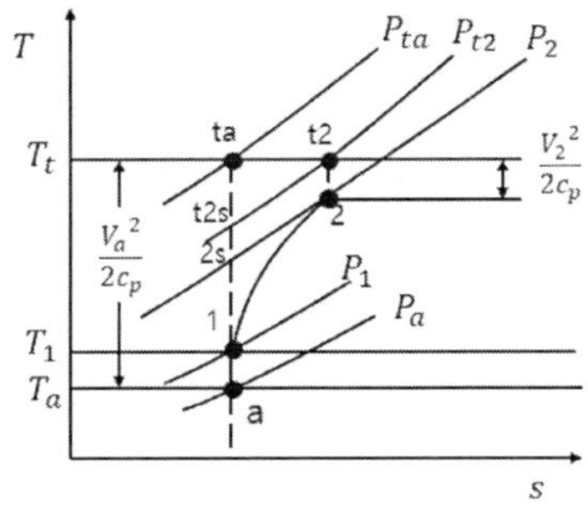

[그림 5-7] 흡입구(ⓐ ~ ②)의 $T-s$선도

외부 공기가 흡입구로 이상적으로 들어온다고 가정하자. 외부 공기가 유선을 따라서 매끄럽게 들어오면 단열 조건이고 벽면의 마찰도 무시하면 등엔트로피 유동이라 할 수 있다. 흡입한 공기가 외부에서 흡입구의 입구 사이에 유선의 면적이 증가한다면 공기의 유속은 감속이 되고, 온도는 증가된다. 외부 공기의 유선의 면적이 증가하는 상황은 비행 속도가 정지 또는 낮았을 때 나타난다. 하지만 비행 속도가 증가하면 점점 유선의 면적이 점점 감소되는 현상이 발생하는데 이때는 $T-s$그래프가 다르게 그려져야 할 것이다. 또한 유동이 아음속일 때와 초음속일 때 변화되는 현상이 다르므로 유동의 속도 또한 고려해야 한다. 자세한 내용은 7장에서 다룰 것이기 때문에 이번 장에서는 비행 속도가 낮을 때의 상황을 적용한다.

흡입구에서 온도(Static temperature)는 그림 5-7)의 $T-s$선도에서 증가하는 것을 확인할 수 있다.

하지만 흡입구에서 열 출입이 없는 단열 과정으로 간주하면 전온도는 변화가 없다. 식 (5-1)에서 다음과 같이 표현됨을 알 수 있다.

$$T_t = T + V^2/(2C_p) \quad \text{식 (5-2)}$$

하지만 점 ①과 ②에서 전온도는 같지만 다른 열역학 상태량은 다르다. 다른 이유는 점 ②에서 엔트로피가 증가되기 때문이다. 흡입구 벽면에서 마찰 등이 발생하므로 엔트로피는 증가하여 $S_2 > S_1$이 될 것이다. 또한 엔트로피 변화 관계식에 의해 전압력은 감소되는 것을 알 수 있다(2장 참조). 따라서 점 ②는 점 ①보다 오른쪽에 위치해 있어야 한다.

전, 정, 동 상태량을 이용하여 각 점의 상태량을 직접 해석하지 않고 전 압력선을 따라 엔트로피가 변하지 않는 점인 $T-s$ 선도에서 t2s 점을 이용하면 계산이 편리하다. 이 방법을 사용하는 이유는 점1에서 점 t2s까지 등엔트로피 과정이므로 등엔트로피 관계식을 이용할 수 있기 때문에 각 구성품에서의 열역학 상태량을 간단 명료하게 계산할 수 있다. 등엔트로피 관계식을 이용한다는 것이 이 접근 방법의 핵심이라 할 수 있다.

$$\text{등엔트로피 관계식 : } \frac{P_2}{P_1} = \left(\frac{T_2}{T_1}\right)^{\frac{\gamma}{\gamma-1}} = \left(\frac{\rho_2}{\rho_1}\right)^{\gamma} \quad \text{식 (5-3)}$$

등엔트로피 관계식 식 (5-3)에서 온도, 압력, 밀도의 관계를 알 수 있다. 등엔트로피 관계식은 등엔트로피 과정에서만 사용할 수 있다는 것을 명심해야 한다. 이 접근 방법을 이용하면 온도 변화만 알아도 등엔트로피 관계식을 이용하여 압력, 밀도의 변화도 구할 수 있다. 하첨자 t2s에서의 s는 엔트로피 고정, 즉 등엔트로피 과정에서의 점을 의미한다. 이제부터 하첨자 끝에 s가 있으면 등엔트로피 과정에 해당되는 점으로 생각하자. 위치 ①의 열역학 상태량으로 위치 ②의 열역학 상태량를 구해야 하는데 이때 에너지 보존 법칙인 열역학 제1법칙을 이용한다.

$$\text{에너지 보존 법칙 : } \dot{q} - \dot{w} + \left(h_i + \frac{V_i^2}{2}\right) - \left(h_e + \frac{V_e^2}{2}\right) = 0 \quad \text{식 (5-4)}$$

만일 흡입구에서 단열 조건이면 $\dot{q} = 0$이고, 들어오는 에너지를 $(h_i + V_i^2/2)$으로, 나가는 에너지를 $(h_e + V_e^2/2)$으로 표현을 하고, 흡입구에서는 일을 하지 않으므로 $\dot{w} = 0$이다. 단열 과정이고, 마찰과 일도 무시된다면 전에너지(Total energy)는 보존된다. 따라서 $h_t = h + V^2/2 = const.$로 표현할 수 있다. 또한 가스터빈 엔진 내부에서는 작동 유체의 압축성을 고려해야 하기 때문에 베르누이 방정식 대신 마하수의 함수인 식을 사용해야 한다(2장 참조). 위치 ⓐ와 위치 ②의 온도의 변화를 식으로 표현하면 $T_{t2}/T_a = T_{ta}/T_a = \left(1+(\gamma-1)M_a^2/2\right)$로 표현한다.

실제는 엔트로피가 증가하고 에너지 손실이 있다. 이는 효율 개념을 도입하여 이상적인 현상과 실제 현상에서의 관계식으로 문제를 해결한다. 흡입구에서 실제 현상을 흡입구 효율(η_d, Inlet adiabatic efficiency)을 사용하여 설명한다. 이때 하첨자 d는 디퓨져(Diffuser)의 약자로 표현한 것이다. 손실이 만약 없다면 효율은 100%가 된다. 이때의 효율을 열효율이라 한다.

흡입구 열효율은 다음과 같이 정의한다.

$$\eta_d \equiv \frac{h_{t2s} - h_a}{h_{t2} - h_a} \tag{식 (5-5)}$$

엔탈피 변화와 온도의 변화 관계식을 이용하여 엔탈피를 온도로 표현하면 다음과 같다.

$$\frac{h_{t2s} - h_a}{h_{t2} - h_a} = \frac{C_p(T_{t2s} - T_a)}{C_p(T_{t2} - T_a)} \tag{식 (5-6)}$$

최종적으로 다음 식과 같이 흡입구의 열효율을 온도에 관한 함수로 표현된다.

$$\therefore \eta_d \equiv \frac{T_{t2s}/T_a - 1}{T_{t2}/T_a - 1} \tag{식 (5-7)}$$

위 식 (5–7)에서 T_{t2s}/T_a에 대해 정리하면 다음 식이 된다.

$$\frac{T_{t2s}}{T_a} = 1 + \eta_d\left(\frac{T_{t2}}{T_a} - 1\right) \tag{식 (5-8)}$$

식 (5–8)에서 열효율이 100%라고 했을 때 $T_{t2s} = T_{t2}$가 성립한다는 것을 확인할 수 있고 T_{t2s}와 T_{t2}의 차이는 열효율에 의해서 정해지는 것도 알 수 있다. 실질적으로 손실되는 양은 t2s에서 t2의 차이로 나타낼 수 있다. 그림 5–7) 흡입구의 $T-s$ 선도에서 이 방법을 똑같이 적용하면 P_2의 등압선과 흡입구 입구에서의 등엔트로피 선의 교점은 t2s 이다. ta와 t2s 의 엔탈피 차이가 에너지 손실을 의미한다. 이 개념을 적용하여 온도의 변화는 식 (5–8)을 이용하여 계산할 수 있고, 압력 변화는 등엔트로피 관계식을 이용하여 다음식과 같이 간편히 계산할 수 있다.

$$\text{압력 변화 :}\ \frac{P_{t2}}{P_a} = \frac{P_{t2s}}{P_a} = \left(1 + \eta_d\left(\frac{T_{t2}}{T_a} - 1\right)\right)^{\frac{\gamma}{\gamma-1}} \tag{식 (5-9)}$$

전온도 손실(T_{t2s}와 T_{t2}의 차이)을 표현한 흡입구 열효율(η_d)이 외에 전압력 손실에 대해서는 압력비(π_d)을 이용하여 표현한다. 흡입구의 압력비(π_d)를 P_{t2}/P_{ta}로 정의하고, 이는 전압력 회복량(Inlet total pressure recovery)을 의미한다.

P_{t2}/P_a을 연쇄 법칙(Chain rule)을 이용하여 표현하면 다음과 같다.

$$\frac{P_{t2}}{P_a} = \frac{P_{t2}}{P_{ta}} \cdot \frac{P_{ta}}{P_a} \qquad \text{식 (5-10)}$$

이때 흡입구 압력비를 이용하고, 등엔트로피 관계식를 적용한 마하수 식으로 표현하면 다음과 같다.

$$\frac{P_{t2}}{P_a} = \pi_d\left(1 + \frac{\gamma-1}{2}M^2\right)^{\frac{\gamma}{\gamma-1}} \qquad \text{식 (5-11)}$$

앞서 온도 변화로 구한 압력 변화식인 식 (5-9)를 식 (5-11)에 적용하고 압력비에 대해 정리하면 다음과 같이 간단히 표현된다.

$$\pi_d = \left(\frac{1 + \eta_d \frac{\gamma-1}{2}M^2}{1 + \frac{\gamma-1}{2}M^2}\right)^{\frac{\gamma}{\gamma-1}} \qquad \text{식 (5-12)}$$

따라서 흡입구 열효율과 유동의 마하수만 알고 있으면 압력비를 구할 수 있다.

(2) 압축기(Compressor, ② ~ ③)

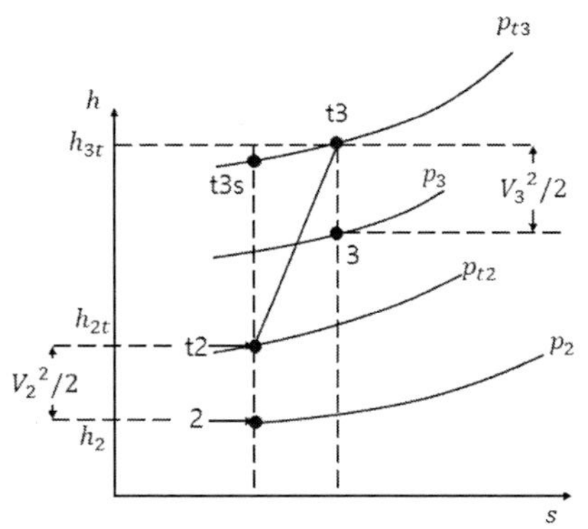

[그림 5-8] 압축기(② ~ ③)의 $h-s$ 선도

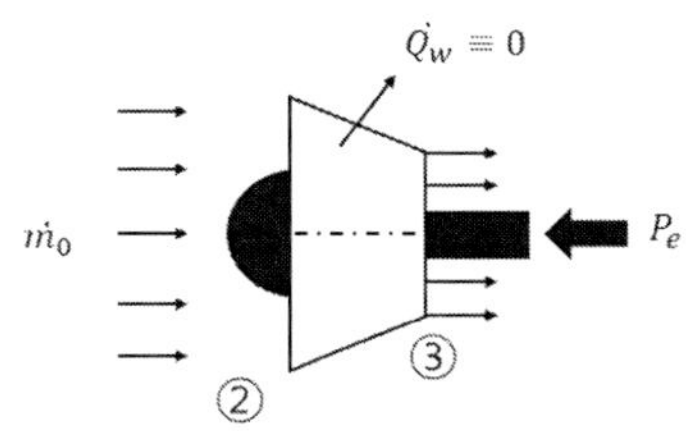

[그림 5-9] 압축기 단면

압축기 또한 흡입구에서 사용한 방법, 즉 등엔트로피 선과 만나는 점(s)을 이용하여 열역학 상태량을 해석하면 편리하다. 벽에서의 열 전달은 압축기가 하는 일에 비해 무시할 정도로 작기 때문에 무시한다. 압축기가 작동 유체에 공급하는 일은 압축기 입구 ②와 압축기 출구 ③에서 손실 없이 이론적으로 얻어지는 에너지는 점 t3과 t2의 차이인 $h_{t3} - h_{t2}$이다. 그러나 실제로 손실에 의해 이론적인 에너지보다 더 적은 에너지가 얻어지는데 이는 점 t3s와 t2의 차이인 $h_{t3s} - h_{t2}$로 표현할 수 있다. 압축기에서의 얻어지는 압력비를 π_c라고 표현을 하고 정의는 다음 식과 같다.

$$\text{압축기 압력비(Compressor pressure ratio)},\ \pi_c \equiv \frac{P_{t3}}{P_{t2}} \qquad \text{식 (5-13)}$$

먼저 압축기 압력비의 정의에 의해서 ③점에서의 전압력을 다음 식과 같이 표현된다.

$$P_{t3} = \pi_c P_{t2} \qquad \text{식 (5-14)}$$

또한 압축기 효율을 다음 식과 같이 정의된다.

$$\text{압축기 효율(Compressor efficiency)},\ \eta_c \equiv \frac{h_{t3s} - h_{t2}}{h_{t3} - h_{t2}} \qquad \text{식 (5-15)}$$

위 식을 정리하면 다음과 같이 표현된다.

$$\eta_c = \frac{T_{t3s}/T_{t2} - 1}{T_{t3}/T_{t2} - 1} \qquad \text{식 (5-16)}$$

위 식을 T_{t3}/T_{t2}로 정리하면 다음 식과 같다.

$$\frac{T_{t3}}{T_{t2}} = 1 + \frac{1}{\eta_c}\left(\frac{T_{t3s}}{T_{t2}} - 1\right) \qquad \text{식 (5-17)}$$

위 식을 온도(T_{t3s}/T_{t2})항을 압력항으로 바꾸면 다음과 같고,

$$\frac{T_{t3}}{T_{t2}} = 1 + \frac{1}{\eta_c}\left(\left(\frac{P_{t3}}{P_{t2}}\right)^{\frac{\gamma-1}{\gamma}} - 1\right) \qquad \text{식 (5-18)}$$

위치 ③의 전온도(T_{t3})로 정리하면, 다음 식과 같다.

$$\therefore\ T_{t3} = T_{t2}\left[1 + \frac{1}{\eta_c}\left(\pi_c^{\frac{\gamma-1}{\gamma}} - 1\right)\right] \qquad \text{식 (5-19)}$$

압축기의 과정(②~③)에서 벽에서 마찰이 발생하여 손실이 발생한다. 또한 압축기 회전체의 블레이드는 같은 각속도로 회전하지만, 반지름 방향의 길이에 따라 선속도가 달라진다. 이때 주변의 유체의 선속도가 서로 다르다면 이 속도 차이에 의해서 와류(Wake)가 발생한다. 이 회전에 의한 와류는 운동량과 에너지 손실을 유발한다. 이는 비가역성으로 압축기에서 엔트로피가 증가한다.

위 식 (5-13)에서 압력비를 π_c로 표현했던 것처럼 온도비를 고려하여 표현해보자. 이때 온도비(τ_c)는

다음과 같다.

$$\tau_c \equiv \frac{T_{t3}}{T_{t2}} \qquad \text{식 (5-20)}$$

따라서 위 식의 좌변에서 온도비를 이용하여 압축기 효율에 관해 정리하면 다음 식과 같이 정리된다.

$$\eta_c = \frac{\pi_c^{\frac{\gamma-1}{\gamma}} - 1}{\tau_c - 1} \qquad \text{식 (5-21)}$$

위 식 (5-21)에서 압축기 효율은 압력비와 온도비의 함수라는 것을 알 수 있다. 연소기로 들어오는 압력은 엔진의 추력을 증가시키는 성능 인자이기 때문에 압력비를 높일수록 성능이 향상되어 효율이 증가하는 것을 알 수 있다.

예제5.1

압축기 입구 상태가 $P_{t_2} = 82.73\,kPa$, $T_{t_2} = 283\,K$**이고 압력비가** $P_{t_3}/P_{t_2} = 5$ **이며 압축기 효율이** $\eta_c = 0.87$ **이라면 출구의 전온도** T_{t_3}**는 얼마인가?** ($\gamma = 1.4$)

해설

$$T_{t_3 s} = \left(\frac{P_{t_3}}{P_{t_2}}\right)^{\frac{\gamma-1}{\gamma}} = 283.33(5)^{0.286} = 448.89\,K$$

$$\Delta T_{i_c} = T_{t_3 s} - T_{t_2} = 448.89 - 283.00 = 165.89K$$

$$= 165.89\,℃$$

$$T_{T_3} = T_{T_2} + \frac{\Delta T_{i_c}}{\eta_c} = 283.00 + \frac{165.89}{0.87}$$

$$= 473.68\,K$$

(3) 연소기(Combustor, ③ ~ ④)

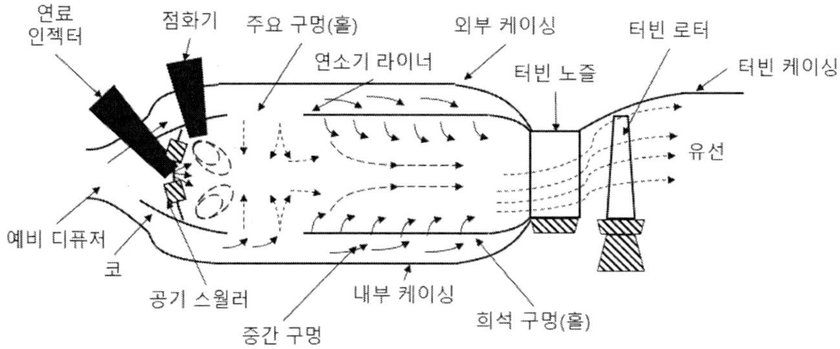

[그림 5-10] 연소기

압축기 다음에 연소기가 있으며, 압축기에서 압축된 흡입 공기가 연소기 입구로 들어간다. 연소기에서 공기와 연료가 혼합되며, 연소기에서 혼합물(압축 흡입 공기 + 연료)의 유동 흐름은 매우 복잡하다. '흐름이 복잡하다'라는 것은 점성을 갖고 있는 혼합기의 유동이 난류를 의미하며, 비가역성인 마찰이 존재하여 에너지 손실이 유발된다. 이로 인하여 혼합되는 과정과 혼합물의 연소 과정은 엔트로피가 증가하는 비가역 과정이다. 연소기를 설계함에 있어 손실량을 구해야 하는데, 이는 손실률을 도입하여 사이클 해석을 할 수 있다.

연소기로 들어오는 압축 흡입 공기의 속도는 연소기에서 화염이 꺼지지 않을 정도로 속도를 높이면서도, 화염이 꺼지지 않을 정도의 속도로 설계한다. 일반적인 가스터빈 엔진의 연소기에서 작동 유체의 마하수 범위는 0.2~0.3이다.

Kerrebrock's 공식을 이용하면 연소기에서 손실된 압력을 쉽게 구할 수 있다. 동압(q)는 밀도를 상태방정식을 이용해 표현하면 다음 식과 같이 표현되고,

$$q = \frac{1}{2}\rho V^2 = \frac{1}{2}\left(\frac{P}{RT}\right)V^2 \qquad \text{식 (5-22)}$$

이때 이상 기체에서 음속 식과, 마하수의 정의를 이용하여 식을 정리하면, 다음 식과 같이 동압이 마하수에 관한 함수로 표현된다.

$$q = \frac{1}{2}\left(\frac{\gamma P}{\gamma RT}\right)V^2 = \frac{1}{2}\left(\frac{\gamma P}{a^2}\right)V^2 = \frac{\gamma P}{2}M^2 \qquad \text{식 (5-23)}$$

Kerrebrock's 공식은 다음 식과 같다.

$$\pi_b \cong 1 - \epsilon\frac{\gamma}{2}M_b^2 \qquad \text{식 (5-24)}$$

(여기서, $1 < \epsilon < 2$)

Kerrebrock's 식에서 우변의 2번째 항을 보면 앞서 마하수로 표현한 동압과 유사하다는 것을 알 수 있다. π_b는 연소기에서의 압력비를 뜻하며, 이때 손실된 양은 동압에 관련된 항으로 표현된다. 이 식을 통해 연소기에서의 동압이 커질수록 연소기에서 손실되는 전압력은 증가하는 것을 알 수 있다. 이때 압력 손실이 최대인 조건은 연소기에서 작동 유체의 마하수가 0.3, ϵ이 2일 때이며, 보통 연소기에서 작동 유체의 비열비(γ)가 1.33인 것을 고려한다면 연소기의 압력비는 약 0.88이다. 앞서 언급했듯이 연소기에서 작동 유체의 속도가 클수록 연소가 가능한 공기 유량이 증가하여 추력은 높아질 수 있지만, 작동 유체의 속도가 빠를수록 마찰과 혼합(Mixing)에 의한 압력 손실은 증가된다.

지금까지는 연소기에서 연소 과정을 통한 전압력 손실에 대해서 알아보았다. 이제 간단한 모델을 설정하여 질량과 에너지 평형을 이용하여 연소기를 해석해보자.

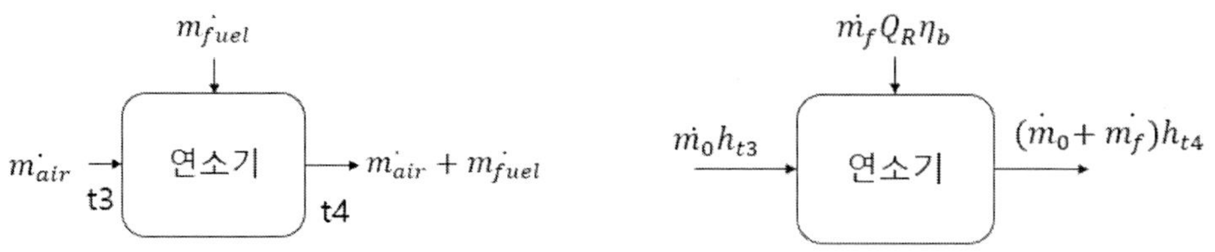

(a) 질량 보존 (b) 에너지 보존

[그림 5-11] 연소기의 질량 및 에너지 평형

먼저 질량 평형에 관해서 알아보자. 연소기 입구를 통해 압축기에서 압축된 흡입 공기가 들어오고, 연료 분사기를 통해 연료가 분사되어 공기와 연료는 혼합되어 연소된다. 따라서 연소기에서 질량 평형을 다음 식으로 표현할 수 있다.

$$\dot{m}_4 = \dot{m}_0 + \dot{m}_f = \dot{m}_0(1+f) \qquad \text{식 (5-25)}$$

$$(\text{여기서, } f \equiv \frac{\dot{m}_f}{\dot{m}_0})$$

식 (5-25)에서 $\dot{m}_0$은 연소기로 들어오는 압축된 흡입 공기 질량 유량을, $\dot{m}_f$는 연료의 질량 유량을, $\dot{m}_4$는 연소기 출구에서 질량 유량을 의미한다. 연료의 질량 유량을 흡입 공기의 질량 유량으로 나눈 것을 연공비(fuel air ratio)라고 하며, f로 표현한다. 연소 관점에서 공기의 양이 너무 많이 있어도, 공기의 양이 너무 적어도 연소가 되지 않기 때문에 적절한 혼합비를 형성해야 연소가 된다. 따라서 무차원화된 연공비(f)를 사용하여 연소 가능한 혼합비인지 쉽게 판단할 수 있다.

두 번째로 에너지 평형 측면에서, 연소기 입구로 들어오는 흡입 공기가 갖고 있는 엔탈피와 연료의 화학 에너지의 합이 연소기 출구로 빠져나가는 연소가스의 에너지와 같다. 따라서 연소기에서 에너지 평형은 다음 식으로 표현된다.

$$\dot{m}_0 h_{t3} + \dot{m}_f Q_R \eta_b = (\dot{m}_0 + \dot{m}_f) h_{t4} = \dot{m}_0 (1+f) h_{t4} \qquad \text{식 (5-26)}$$

$$(\text{여기서, } \eta_b \equiv \frac{Q_{R,actual}}{Q_{R,ideal}})$$

위 식에서 연소기 효율(η_b)의 정의는 앞서 흡입구와 압축기에서 정의했던 것과는 다르다. 앞서 정의한 효율들은 이상적인 엔탈피 차이 대비 실제 엔탈피 차이로 정의되었으며 작동 유체가 이상 기체일 경우 온도로 표현되었다. 하지만 연소기 관점에서 효율은 이상적인 연료의 발열량 대비 실제로 연소에 의해 연소가스의 에너지 상승에 기여한 에너지(발열량)로 정의된다. Q_R는 단위 연료 질량당 발열량을 의미하며 화학적 에너지가 모두 열 에너지로 변환될 때의 이론적인 값이다. 따라서 연소기 효율

(η_b)은 이론적으로 계산한 발열량과 실제로 열 에너지로 바뀌는 에너지의 비로 표현한다. 실제로 연소기에서 약 5%까지 손실이 일어날 수 있다.

식 (5-26)의 에너지 평형을 다른 관점에서 살펴보자. 식 (5-26)의 좌변의 두 번째 항을 연공비(f)로 표현하면, 다음 식과 같이 표현되고,

$$\dot{m}_0 h_{t3} + \dot{m}_0 f \cdot Q_R \eta_b = \dot{m}_0 (1+f) h_{t4} \qquad \text{식 (5-27)}$$

식 (5-27)의 양변을 흡입 공기 유량으로 나누고 식을 연공비로 정리하면 다음 식과 같다.

$$f = \frac{h_{t4} - h_{t3}}{Q_R \eta_b - h_{t4}} = \frac{T_{t4} - T_{t3}}{Q_R \eta_b / C_p - T_{t4}} \qquad \text{식 (5-28)}$$

식 (5-28)에서 연소기 입구에서 압축된 흡입 공기의 정압 비열과 연소기 출구에서 연소가스의 정압 비열이 같다고 가정했을 때 엔탈피를 비열로 표현하고 분모 분자에 정압 비열로 나눠주면 식 (5-28)의 우변과 같이 표현가능하다.

식 (5-28)에서 T_{t4}는 연소기의 출구 및 터빈의 입구 온도를 의미한다. 터빈을 냉각시키는 데 한계가 있어 터빈 입구 온도에 대한 제한 온도가 존재한다. 터빈 구조체가 견딜 수 있는 온도가 정해지면 식 (5-28)에 적용하면 연공비를 유추할 수 있으며, 이 연공비를 통해 연료가 주입되어야 할 양이 정해진다. 반면에 연공비를 조절하여 터빈 입구 온도를 조절할 수도 있다. 따라서 이 식은 연소기 설계를 시작할 때 유용하게 사용된다.

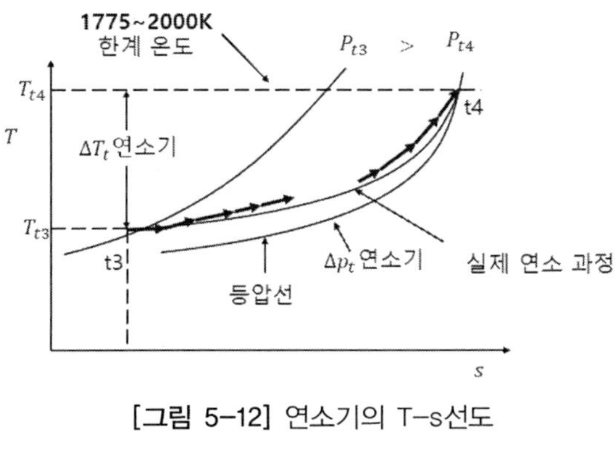

[그림 5-12] 연소기의 T-s선도

그림 5-12)는 연소기의 연소 과정에서 상태량의 변화를 보여주는 $T-s$선도이다. 이 선도를 보면, 연소가 발생하여 온도가 상승된다. 이때 전압력은 상승하지 않고 감소하는 것을 확인할 수 있다. 자동차 왕복 기관과 같은 밀폐계에서는 연소가 되면 전압력도 상승하지만, 정압 연소를 하는 가스터빈 엔진에서는 연소기에서 속도 변화는 크지 않고, 일정한 압력(Static pressure)을 유지하므로 전압력 변

화 또한 크게 변하지 않는다. 이상적인 연소 과정에서는 연소기에서 전압력의 변화는 거의 일어나지 않지만 실제 연소 과정에서의 마찰, 혼합, 연소로 인한 손실로 인해 전압력 손실이 발생하여 전압력이 감소한다.

[표 5-1] 연료의 화학 에너지

Q_{R,C_xH_y}	$42{,}000kJ/kg = 18{,}000\,BTU/lbm$
Q_{R,H_2}	$127{,}500kJ/kg = 55{,}400\,BTU/lbm$

연소기에 사용되는 연료에 대해 간단히 알아보자. 우리가 보통 사용하는 연료는 탄소와 수소가 결합된 탄화수소 연료이다. 하지만 간혹 수소 연료를 이용하는 경우를 볼 수 있는데 표 5-1)을 보면, 수소가 탄화수소 연료보다 발열량이 3배 정도 크다. 같은 무게에 3배 정도의 에너지를 더 발열할 수 있다는 의미이다. 수소 연료는 발열량 측면에서 매우 뛰어나고 화학 반응 속도가 빨라서 연소 시간을 단축시킬 수 있어 큰 추력을 발생시킬 수 있지만 상온에서는 가스상태로 존재하여 액화 장치를 사용하는 것이 일반적이다.

예제5.2

가스가 다음의 상태량을 가지고 연소실 입구로 들어가고 있다.

$T_{t3} = 800K, P_{t3} = 2MPa, \dot{m}_{air} = 50kg/s,$

$\gamma = 1.4,\ c_{p3} = 1004J/kg \cdot K$

탄화수소 연료를 $1kg/s$로 연소실에 주입하고 있다. 연소 효율은 0.995이고, 4% 전압력 손실이 발생한다. 연소실 출구에서 가스 특성은 다음과 같다.

$\gamma_4 = 1.33,\ c_{p4} = 1156J/kg \cdot K$

다음을 계산하시오.

(a) 연공비 f

(b) 연소실 출구 상태량 T_{t4}, P_{t4}

해설

(a) $\dot{m}_{air} = 50kg/s, \dot{m}_{fuel} = 1kg/s$ 이므로

$f = 1/50 = 0.02$ 또는 2%

(b) 식 (5-27)을 이용하여

$$\dot{m}_0 h_{t3} + \dot{m}_f Q_R \eta_b = \dot{m}_0 (1+f) h_{t4}$$

$h_t \sim c_p T_t$ 이므로 정리하면,

$$T_{t4} = \frac{c_{p3} T_{t3} + f Q_R \eta_b}{c_{p4}(1+f)}$$

$$= \frac{1004(800) + 0.02(42000 \cdot 10^3)(0.995)}{1156(1+0.02)}$$

$$\cong 1390K$$

$$P_{t4} = 2 \cdot 0.96 = 1.92MPa$$

(4) 터빈(Turbine, ④ ~ ⑤)

연소기 뒤쪽에 위치한 터빈은 냉각 시스템이 있는 것과 없는 것 두 가지로 나눌 수 있다.

(4-1) 냉각 시스템이 없는 터빈(Uncooled Turbine)

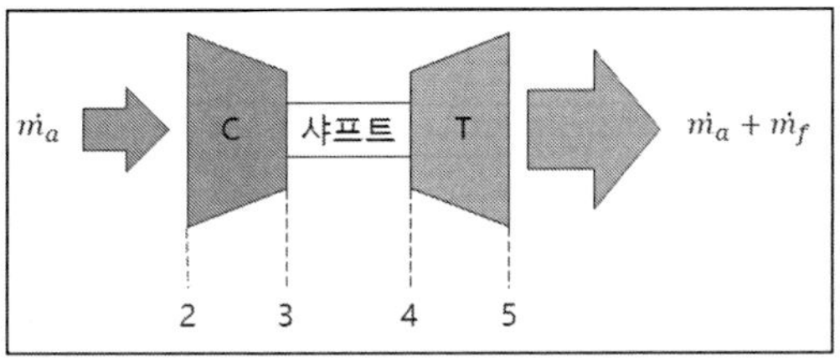

[그림 5-13] 가스터빈 엔진의 압축기-터빈 연결 개략도

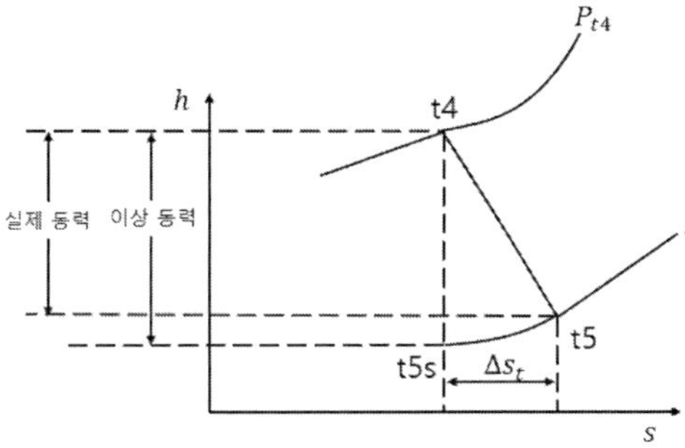

[그림 5-14] 냉각 시스템이 없는 터빈의 $h-s$ 선도

냉각 시스템이 없는 터빈에 대해서 알아보자. 터빈과 압축기를 연결하는 구동축의 손실을 무시하면, 터빈에서 필요한 에너지는 압축기를 구동시키는 데 필요한 에너지와 같으므로 다음과 같이 표현할 수 있다.

$$\dot{m}_c(h_{t3}-h_{t2}) = \dot{m}_t(h_{t4}-h_{t5}) \qquad \text{식 (5-29)}$$

식 (5-29)에서 $\dot{m}_c$는 압축기에서의 작동 유체의 질량 유량을 의미하며 흡입구를 통해 들어오는 흡입 공기가 바이패스(Bypass)되지 않고 모두 압축기로 들어간다면 $\dot{m}_c = \dot{m}_0$이다. $\dot{m}_t$는 터빈에서의 작동 유체의 질량 유량이며, 수식으로 $\dot{m}_t = \dot{m}_0 + \dot{m}_f$로 표현된다. 위 에너지 평형식 (5-29)에서 질량 유량을 흡입 공기의 유량으로, 엔탈피는 정압 비열과 온도로 표현하면 다음 식과 같다.

$$\dot{m}_0 C_{p,c}(T_{t3}-T_{t2}) = \dot{m}_0(1+f)C_{p,t}(T_{t4}-T_{t5}) \qquad \text{식 (5-30)}$$

이때 $C_{p,c}$는 압축기를 통과하는 작동 유체(공기)의 정압 비열, $C_{p,t}$는 터빈을 통과하는 작동 유체(연소가스)의 정압 비열을 의미한다. 또한 터빈의 출구 온도로 위 식을 정리하면 다음 식으로 표현된다.

$$T_{t5} = T_{t4} - \frac{C_{p,c}}{(1+f)C_{p,t}}(T_{t3}-T_{t2}) \qquad \text{식 (5-31)}$$

식 (5-31)에서 터빈 출구 온도(T_{t5})를 결정할 수 있다. 터빈에서는 터빈의 입구에서 출구까지 연소가스 유동 속도를 점점 증가시켜, 연소가스가 터빈 블레이드에 직접 부딪쳐서 발생하는 충돌력과 터빈 블레이드의 위 아랫면의 압력차를 이용한 공력(양력)을 이용하여 회전력을 얻는다. 공력은 유동 속도를 증가시킬 때 양력이 커지지만 블레이드에서 실속이 일어날 수 있기 때문에 실속이 일어나지 않는 범위 안에서 유동 속도를 증가시켜야 한다.

앞서 흡입구, 압축기에서 해석한 방법과 같은 방법으로 터빈도 해석할 수 있다. 위 에너지 평형으로 압축기 출구 온도(T_{t5})가 결정되며, 전압력 등압선을 따라 사용된 등엔트로피 점(s)을 이용하여 해석한다. 터빈 효율은 다음 식과 같이 정의된다.

$$\eta_t = \frac{h_{t4} - h_{t5}}{h_{t4} - h_{t5s}} \qquad \text{식 (5-32)}$$

이때 터빈의 효율은 흡입구와 압축기 효율과 다르다는 것을 정의를 통해 알 수 있다. 압축기 같은 경우에는 압축기가 공급한 에너지 대비 작동 유체가 실제로 얻은 에너지의 비를 효율로 정의했다. 하지만 터빈은 작동 유체에서의 에너지 감소량 대비 터빈이 얻은 에너지로 정의되므로 다음 식과 같이 표현된다.

$$\eta_t = \frac{h_{t4} - h_{t5}}{h_{t4} - h_{t5s}} = \frac{C_{p,t}(T_{t4} - T_{t5})}{C_{p,t}(T_{t4} - T_{t5s})} = \frac{T_{t4} - T_{t5}}{T_{t4} - T_{t5s}} \qquad \text{식 (5-33)}$$

식 (5-33)을 정리하면 터빈 효율이 다음과 같이 온도의 비로 표현된다.

$$\eta_t = \frac{1 - T_{t5}/T_{t4}}{1 - T_{t5s}/T_{t4}} \qquad \text{식 (5-34)}$$

이때 등엔트로피 선과 터빈 출구(⑤)의 전압력 등압선과 만나는 점의 s점을 이용하면 등엔트로피 관계식을 적용할 수 있다. 따라서 터빈 효율은 다음과 같이 표현된다.

$$\eta_t = \frac{1 - T_{t5}/T_{t4}}{1 - T_{t5s}/T_{t4}} = \frac{1 - T_{t5}/T_{t4}}{1 - (P_{t5s}/P_{t4})^{\frac{\gamma_t - 1}{\gamma_t}}} = \frac{1 - T_{t5}/T_{t4}}{1 - (P_{t5}/P_{t4})^{\frac{\gamma_t - 1}{\gamma_t}}} \qquad \text{식 (5-35)}$$

식 (5-35)의 우변에서 온도비(T_{t5}/T_{t4})를 τ_t로, 압력비(P_{t5}/P_{t4})를 π_t로 대체하면 다음 식으로 간단히 터빈 효율이 표현된다.

$$\eta_t = \frac{1 - \tau_t}{1 - \pi_t^{\frac{\gamma_t - 1}{\gamma_t}}} \qquad \text{식 (5-36)}$$

위 식 (5-36)을 압력비(π_t)로 정리하면 다음 식과 같고,

$$\pi_t = \frac{P_{t5}}{P_{t4}} = \left[1 - \frac{1}{\eta_t}\left(1 - \frac{T_{t5}}{T_{t4}}\right)\right]^{\frac{\gamma_t}{\gamma_t - 1}} \qquad \text{식 (5-37)}$$

터빈 출구 전압력(P_{t5})으로 정리하면, 다음 식 (5-38)로 최종적으로 표현할 수 있다. 식 (5-38)을 통해 터빈 출구의 전압력을 구할 수 있다.

$$P_{t5} = P_{t4}\left[1 - \frac{1}{\eta_t}\left(1 - \frac{T_{t5}}{T_{t4}}\right)\right]^{\frac{\gamma_t}{\gamma_t - 1}} \qquad \text{식 (5-38)}$$

(4-2) 냉각 시스템이 있는 터빈(Cooled turbine)

일반적으로 엔진 흡입구에서 터빈 냉각을 위한 냉각 공기를 바이패스시켜서 터빈을 냉각시킨다.

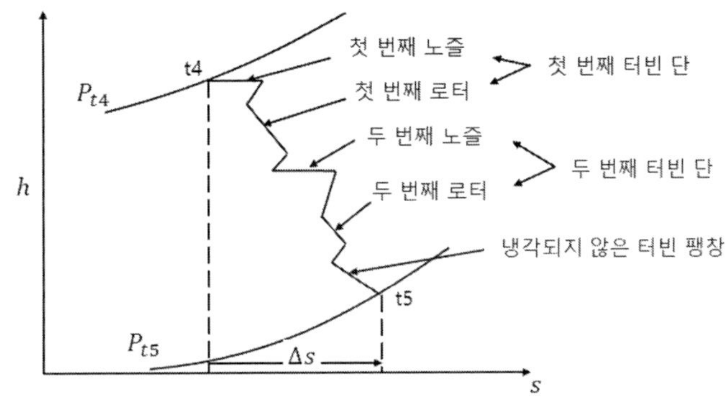

[그림 5-15] 냉각 시스템이 있는 터빈의 h-s선도(작동 유체 관점)

위 그림 5-15)는 다단 터빈을 고려한 $h-s$ 선도이다. 이때 압축기나 터빈은 돌아가는 회전체만 있는 것이 아니라, 회전하는 로터(Rotor)와 스테이터(Stator)가 한 조로 구성된다. 따라서 그림 5-14)처럼 연속적으로 선도가 변하지 않는다. 자세한 내용은 9장에서 다룰 예정이므로 이번 장에서는 간단히 설명한다.

냉각 시스템이 있는 터빈은 앞서 냉각 시스템이 없는 터빈에서 에너지 평형식을 세운 것과 유사하게 접근하여 에너지 평형식을 세우면 다음 식과 같다.

$$\dot{m}_c h_{t,c} + \dot{m}_g h_{t,g} = (\dot{m}_c + \dot{m}_g) h_{t,mixed-out} \qquad \text{식 (5-39)}$$

위 식에서 하첨자 c는 냉각 공기(Coolant)를, g는 연소가스를 의미한다. $\dot{m}_c$는 냉각 공기의 질량 유량, $\dot{m}_g$는 연소가스의 질량 유량을 의미하고 $h_{t,c}$는 냉각 공기의 엔탈피, $h_{t,g}$는 연소가스의 엔탈피, $h_{t,mixed-out}$는 냉각 공기와 연소가스의 혼합물(작동 유체)의 엔탈피를 의미한다. 여기서 하첨자 t는

Turbine의 앞 글자를 따서 표현하였다. 혼합되기 전 냉각 공기와 연소가스의 엔탈피 합이 혼합된 후 혼합된 작동 유체의 에너지와 같아야 하므로 식 (5-39)로 표현된다. 여기서 냉각 공기는 연소가스를 냉각시키는 것이 아닌 뜨거워진 터빈을 냉각하기 위해서 이용된다. 그렇기 때문에 실제로 완벽하게 혼합되지 않는다. 따라서 실제 해석을 할 때는 얼마나 잘 혼합이 되는지를 고려해야 한다.

식 (5-39)의 양변에 $h_{t,g}$로 나눠 $h_{t,mixed-out}/h_{t,g}$을 공통인수로 만들어준 후 이 공통인수로 식을 정리하면 다음 식과 같이 표현된다.

$$\frac{h_{t,mixed-out}}{h_{t,g}} = \frac{1+\frac{\dot{m}_c}{\dot{m}_g}\frac{h_{t,c}}{h_{t,g}}}{1+\frac{\dot{m}_c}{\dot{m}_g}} \qquad \text{식 (5-40)}$$

이항 정리를 이용하여 위 식 (5-40)을 간단히 표현해보자.

참고 이항 정리: $\epsilon \ll 1$이면 $\frac{1}{\epsilon+1} \approx 1-\epsilon$이 성립한다.

냉각 공기의 질량 유량이 연소가스의 질량 유량보다 상대적으로 매우 작기 때문에 $\dot{m}_c/\dot{m}_g \ll 1$로 표현할 수 있다. 따라서 $\dot{m}_c/\dot{m}_g \rightarrow \epsilon$로 치환하면 다음 식과 같이 표현되고,

$$\frac{h_{t,mixed-out}}{h_{t,g}} = \frac{1+\frac{\dot{m}_c}{\dot{m}_g}\frac{h_{t,c}}{h_{t,g}}}{1+\frac{\dot{m}_c}{\dot{m}_g}} = \left(1+\epsilon\frac{h_{t,c}}{h_{t,g}}\right)\left(\frac{1}{1+\epsilon}\right) \qquad \text{식 (5-41)}$$

$$where\ \ \epsilon = \frac{\dot{m}_c}{\dot{m}_g}$$

식 (5-41)에 이항 정리를 적용하면, 다음 식과 같이 표현되며,

$$\frac{h_{t,mixed-out}}{h_{t,g}} = \left(1+\epsilon\frac{h_{t,c}}{h_{t,g}}\right)\left(\frac{1}{1+\epsilon}\right) \approx \left(1+\epsilon\frac{h_{t,c}}{h_{t,g}}\right)(1-\epsilon) \qquad \text{식 (5-42)}$$

식 (5-42)에서 ϵ을 다시 $\dot{m}_c/\dot{m}_g$로 재치환하면, 다음 식과 같이 간단히 표현된다.

$$\frac{h_{t,mixed-out}}{h_{t,g}} \approx \left(1+\frac{\dot{m}_c}{\dot{m}_g}\frac{h_{t,c}}{h_{t,g}}\right)\left(1-\frac{\dot{m}_c}{\dot{m}_g}\right) \qquad \text{식 (5-43)}$$

(5) 노즐(Nozzle, ⑦ ~ ⑨)

노즐은 면적 변화를 통해 작동 유체의 속도가 가속된다. 노즐의 면적 변화에 따라 수축 노즐(그림 5-16)과 수축-팽창 노즐(그림 5-17)로 구분된다. 수축 노즐은 작동 유체를 아음속에서 가속되며, 수축-팽창 노즐은 아음속에서 초음속으로 가속된다.

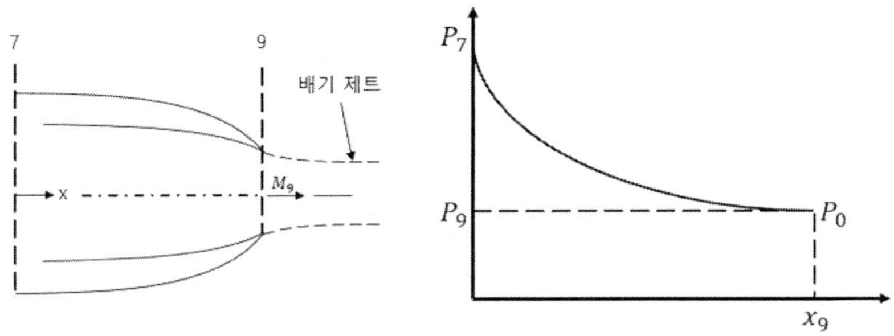

[그림 5-16] 수축 노즐 단면 및 길이 방향에 따른 압력 변화

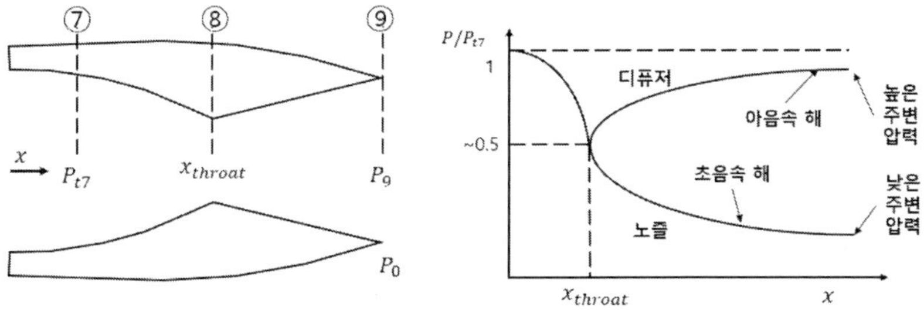

[그림 5-17] 수축-팽창 노즐의 단면과 길이 방향에 따른 압력비 변화

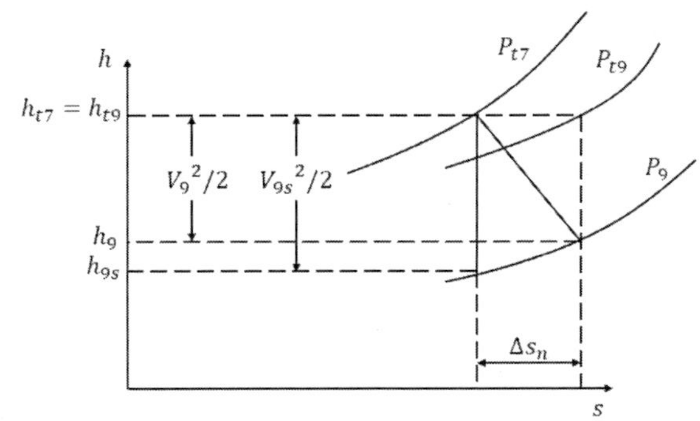

[그림 5-18] 노즐의 h-s선도

위 그림 5-18)은 노즐에 대한 $h-s$선도이다. 노즐의 $h-s$선도는 냉각 시스템이 없는 터빈의 $h-s$선도와 상당히 유사한 것을 알 수 있다. 노즐 벽에서 발생하는 열 전달을 무시하면, 열 출입이 없기 때

문에 단열 과정($\dot{Q}=0$)으로 취급할 수 있어 노즐에서의 전엔탈피는 일정하다. 전엔탈피는 일정하므로 정엔탈피가 동엔탈피로 변화된 만큼 연소가스가 가속된다. 실제로는 마찰 등으로 에너지 손실이 발생하여 엔트로피가 증가하기 때문에 이를 고려해야 한다. 그림 5-18)의 $h-s$선도에서 알 수 있듯이 이론적으로 $h_{t7}-h_{9s}$만큼의 동적 에너지를 얻을 수 있지만 실제로 $h_{t7}-h_9$의 에너지가 얻어진다. 따라서 이 손실량을 고려하기 위해 열효율을 도입하여 노즐 열효율을 정의하면, 다음 식과 같다.

$$\eta_n \equiv \frac{h_{t7}-h_9}{h_{t7}-h_{9s}} \qquad \text{식 (5-44)}$$

전엔탈피는 정엔탈피와 동엔탈피의 합 관계를 이용하여 식 (5-44)의 노즐 열효율을 다음과 같이 동엔탈피로 표현할 수 있다.

$$\eta_n \equiv \frac{h_{t7}-h_9}{h_{t7}-h_{9s}} = \frac{V_9^2/2}{V_{9s}^2/2} \qquad \text{식 (5-45)}$$

(여기서, $h_{t9}=h_{t7}=h_9+\dfrac{V_9^2}{2}=h_{9s}+\dfrac{V_{9s}^2}{2}$)

노즐 열효율 정의에서 분모 분자에 h_{t7}로 나눠주면 다음과 같이 표현되고,

$$\eta_n \equiv \frac{h_{t7}-h_9}{h_{t7}-h_{9s}} = \frac{1-h_9/h_{t7}}{1-h_{9s}/h_{t7}} \qquad \text{식 (5-46)}$$

식 (5-46)의 맨 우변의 분모에 있는 점 t7과 9s는 등엔트로피 과정이므로 등엔트로피 관계식을 이용하여 분모를 압력항으로 바꾸면, 다음과 같이 정리된다.

$$\eta_n = \frac{1-h_9/h_{t7}}{1-h_{9s}/h_{t7}} = \frac{1-h_9/h_{t7}}{1-(P_{9s}/P_{t7})^{\frac{\gamma_n-1}{\gamma_n}}} = \frac{1-h_9/h_{t7}}{1-(P_9/P_{t7})^{\frac{\gamma_n-1}{\gamma_n}}} \qquad \text{식 (5-47)}$$

($\because P_{9s}=P_9$)

노즐에서 단열 과정이므로 전엔탈피는 일정하다. 따라서 위 식 (5-47)의 분자 부분에서 h_{t7}을 h_{t9}로 대체하면 점 t9와 9는 등엔트로피 과정이므로 등엔트로피 관계식을 이용하여 분자도 압력항으로 표현하면 다음 식으로 표현된다.

$$\eta_n = \frac{1-h_9/h_{t7}}{1-(P_9/P_{t7})^{\frac{\gamma_n-1}{\gamma_n}}} = \frac{1-h_9/h_{t9}}{1-(P_9/P_{t7})^{\frac{\gamma_n-1}{\gamma_n}}} = \frac{1-(P_9/P_{t9})^{\frac{\gamma_n-1}{\gamma_n}}}{1-(P_9/P_{t7})^{\frac{\gamma_n-1}{\gamma_n}}} \qquad \text{식 (5-48)}$$

열효율을 여러 상태량으로 표현해보았고, 이제 열효율의 정의를 이용하여 배기가스의 속도를 구해보자. 열효율 정의에서 분자만 동엔탈피항으로 바꾸면 다음 식과 같이 표현되고,

$$\eta_n \equiv \frac{h_{t7} - h_9}{h_{t7} - h_{9s}} = \frac{V_9^2/2}{h_{t7} - h_{9s}} \qquad \text{식 (5-49)}$$

위 식을 V_9에 대해 정리하면 다음과 같다.

$$V_9 = \sqrt{2\eta_n (h_{t7} - h_{9s})} = \sqrt{2\eta_n C_p (T_{t7} - T_{9s})} \qquad \text{식 (5-50)}$$

이를 등엔트로피 관계식을 이용하여 괄호 안의 온도 항을 압력항으로 바꾸면 다음 식으로 표현된다.

$$V_9 = \sqrt{2\eta_n C_p T_{t7} (1 - T_{9s}/T_{t7})} = \sqrt{2\eta_n C_p T_{t7}\left(1 - (P_9/P_{t7})^{\frac{\gamma_n - 1}{\gamma_n}}\right)} \qquad \text{식 (5-51)}$$

식 (5-51)에서 V_9는 배기가스 속도를 의미하며 V_e로도 표현할 수 있다. 이 식을 이용하여 배기 출구의 연소가스 유속을 쉽게 구할 수 있다.

노즐에서는 질식(Choking) 여부에 따라 두 가지로 구분할 수 있다. 질식 현상은 노즐목에서 유동 마하수가 1이 될 때 발생한다. 질식 현상이 일어나지 않을 때 배기가스 속도는 아음속으로 출구 압력과 배기 압력이 같고, 수식으로 $P_9 = P_a$로 표현한다. 아음속일 때 출구 압력과 배기 압력이 같은 이유는 노즐 출구 뒤에서 압력 정보가 음속으로 전달되기 때문이다.

(5-1) 질식 현상이 없는 노즐(No-choked Nozzle)

질식이 안 되는 노즐을 수식으로 표현해보자. 배기가스 속도는 앞서 구한 식 (5-51)과 열효율의 정의인 식 (5-49)를 이용하여 T_9로 정리하면 다음과 같이 표현된다.

$$T_9 = T_{t7} - \eta_n (T_{t7} - T_{9s}) \qquad \text{식 (5-52)}$$

이상 기체의 마하수 정의(2장 참조)를 사용하여 다음과 같이 표현할 수 있다.

$$M_e = M_9 = \frac{V_9}{\sqrt{\gamma_n R T_9}} \qquad \text{식 (5-53)}$$

앞서 구한 노즐의 배기가스 속도 V_9의 식 (5-51)과 배기가스 온도 T_9의 식 (5-52)를 식 (5-53)에 대입하면 식 (5-54)로 표현된다.

$$M_e = M_9 = \frac{\sqrt{2\eta_n C_p T_{t7}\left(1-(P_9/P_{t7})^{\frac{\gamma_n - 1}{\gamma_n}}\right)}}{\sqrt{\gamma_n R[T_{t7} - \eta_n(T_{t7} - T_{9s})]}} \quad \text{식 (5-54)}$$

(5-2) 질식 노즐(Choked Nozzle)

노즐 종류에는 축소(Convergent) 노즐과 축소-확대(Convergent - Divergent) 노즐이 있다. 먼저 축소 노즐에 대해서 간단히 알아보면 노즐이 질식되었을 때 출구 마하수는 1이다. 축소 노즐에서 배기가스의 마하수는 1이므로 노즐 출구 뒤의 대기압의 정보가 전달될 수 있어 배기 압력(또는 노즐 출구 압력)과 대기 압력이 같아질 수 있다. 이때 노즐목은 노즐 출구이기 때문에 노즐 안에서 압력 변화는 연속적으로 변한다. 하지만 축소-확대 노즐에서 노즐목에서 질식되면 노즐 출구에 배기 속도는 초음속이 되므로 대기압이 노즐 내부로 전달될 수 없기 때문에 배기 압력이 대기 압력과 다를 수 있다.

▣ 축소 노즐(Convergent Nozzle)

$$V_9 = V_e = \sqrt{\gamma_n R T_9} \quad \because M_9 = 1 \quad \text{식 (5-55)}$$

$$(\because M_9 = 1,\ P_9 = P_a)$$

축소 노즐 출구에서 질식이 된다면 마하수는 1.0이다. 출구에서의 속도는 음속의 정의를 이용하여 식 (5-55)로 표현된다.

▣ 축소-확대 노즐(Convergent - Divergent Nozzle)

배기 압력의 크기에 따라 노즐 출구에서의 배기가스의 속도는 달라진다. 자세한 내용은 2장의 내용을 참조하여 축소-확대 노즐의 배기 속도를 구할 수 있다.

예제5.3

노즐 효율 $\eta_N = 0.97$ **인 노즐의 상류 상태는** $P_{t_7} = 137.89\,kPa$, $T_{t_7} = 927.78\,K$**이고 출구압은** $P_9 = 101.35\,kPa$**이다. 노즐의 배기 제트 유속** u_j**는 얼마인가?** ($\gamma = 1.4,\ c_p = 1.172\,kJ/kg \cdot K$)

해설

$$\left(\frac{T_{t_7}}{T_{t_9 s}}\right) = \left(\frac{P_{t_7}}{P_{t_9}}\right)^{\frac{\gamma-1}{\gamma}} = \left(\frac{137.89}{101.35}\right)^{0.286} = 1.092$$

$$T_{9s} = 849.45\,K$$

$$\Delta T_{ns} = T_{t_7} - T_{9s} = 78.33K,$$

$$\Delta T_n = \eta_n \cdot \Delta T_{ns} = 76K$$

$$u_j = \sqrt{2c_p \Delta T_n} = \sqrt{2 \times 1172 \times 76} = 422.33\,m/s$$

음속(a)은 정온도 T_9에서 계산되므로

$$T_9 = T_{t_7} - \Delta T_n = 851.78\,K$$

$$a = \sqrt{\gamma RT} = \sqrt{1.4 \times 1 \times 287 \times 851.78} = 584.91\,m/s$$

제트의 마하수 M_j

$$M_j = \frac{u_j}{a} = \frac{422.33}{584.91} = 0.722$$

5.4 에프터 버너를 장착한 터보제트 엔진의 성능

5.4.1 사이클 해석

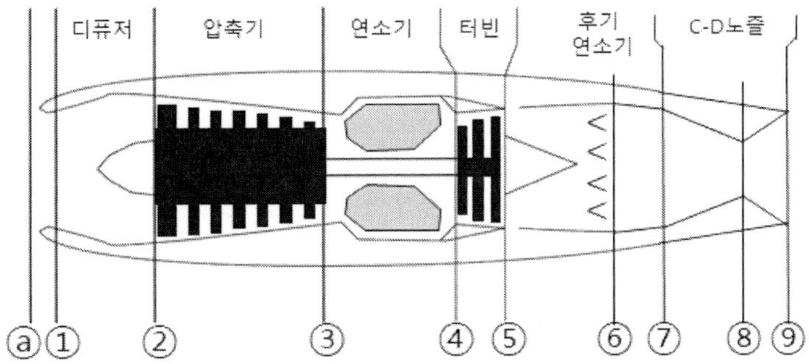

[그림 5-19] 후기 연소기가 장착된 터보제트 엔진

그림 5-19)는 후기 연소기(After burner)가 있는 터보제트 엔진의 각 구성품에서 열역학 상태량의 변화를 계산하기 위하여 엔진 내부 구간에 번호를 부여한 것을 나타낸다. 대기의 상태를 ⓐ 또는 ⓪, 흡입구 입구를 ①, 흡입구 출구 또는 압축기 입구를 ②, 압축기 출구 또는 연소기 입구를 ③, 연소기 출구 또는 터빈 입구를 ④, 터빈 출구 또는 에프터 버너 입구를 ⑤, 에프터 버너의 화염이 발생이 시작되는 보염 위치를 ⑥, 연소가 종료되는 에프터 버너의 출구 또는 노즐 입구를 ⑦, 노즐 출구를 ⑨로 번호를 지칭한다.

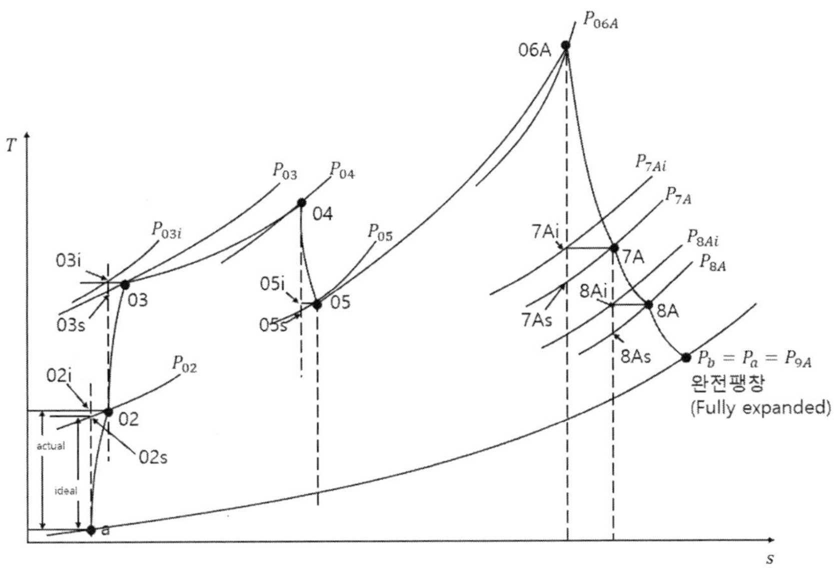

[그림 5-20] 후기 연소기가 장착된 터보제트 엔진의 $T-s$ 선도

그림 5-20)의 $T-s$ 선도는 각 구간별 온도와 엔트로피의 변화를 나타낸다. 각 구성품을 보면 흡입구, 압축기, 연소기, 터빈이 있고 추가적으로 에프터 버너(After burner)가 있다. 버너(Burner)는 연소기이므로 에프터 버너는 가스터빈 엔진의 주연소기 뒤에 위치하며 2차 연소기라고도 한다. 연소기에서 연소된 고온, 고압의 연소가스가 터빈을 통과해도 연소가스는 여전히 높은 온도이다. 주연소기에서 연소될 때 공기 중에 있는 산소가 모두 소모되지 않고, 산소가 남아 있는 고온의 연소가스에 추가로 연료를 주입하면 자연적으로 점화된다. 연소가스(작동 유체)의 온도를 높여줄 뿐만 아니라 노즐에서 더 가속시킬 수 있기 때문에 유사시 큰 추력이 요구될 때 에프터 버너를 사용한다. 따라서 에프터 버너를 사용하기 위해서는 연소기에서 산소(산화제)를 다 소모시키면 안 되는 조건을 갖고 있다.

에프터 버너가 있을 때와 없을 때의 추력량이 얼마나 차이가 나며, 이에 따른 연료 소모량을 알아보자.

$$F_{jet,\,W/AB} \approx 2F_{jet,\,W/OAB} \qquad \text{식 (5-56)}$$

$$(where\ \ W: with,\ \ W/O: without)$$

위 식에서 터보제트 엔진에서 에프터 버너가 있을 때가 없을 때보다 추력이 약 2배 정도 더 크다는 것을 알 수 있다. 간단한 장치를 장착하여 추력을 크게 증대시키는 면에서 유용한 장치이다.

$$\dot{m}_{f,\,jet\ W/AB} \approx 4\dot{m}_{f,\,jet\ W/OAB} \qquad \text{식 (5-57)}$$

하지만 연료 소모율은 추력이 증가하는 것보다 훨씬 많이 증가한다. 실제적으로 2배의 추력을 증가시키는데 소모되는 연료 소모율은 4배가 된다. 더 많은 연료를 공급해줘야 추력을 추가적으로 증가시킬 수 있다는 의미이다. 연료의 효율이 낮은 이유는 1차 연소기에 비하여 연소 압력이 낮고 유속이 훨씬 빠르기 때문이다.

작동 유체의 속도가 더욱 빨라지기 때문에 에프터 버너를 사용했을 때가 사용하지 않았을 때보다 압력 손실이 더 크며, 압력 변화율도 더 크다.

$$\dot{\pi}_{AB-OFF} < \dot{\pi}_{AB-ON} \qquad \text{식 (5-58)}$$

에프터 버너의 성능 해석을 해보자. 에너지 평형식을 사용하여 온도의 관계를 도출해 낼 수 있다.

에프터 버너로 들어오는 에너지는 터빈을 거쳐 들어오는 연소가스의 에너지와 에프터 버너에서 추가로 공급되는 연료가 갖고 있는 에너지의 합이 된다. 빠져 나가는 에너지는 에프터 버너의 연소가스의 에너지가 될 것이다. 이를 바탕으로 에너지 보존 방정식을 세워보자.

$$(\dot{m}_0+\dot{m}_f)h_{t5} + \eta_{AB}\dot{m}_{f,AB}Q_R = (\dot{m}_0+\dot{m}_f+\dot{m}_{f,AB})h_{t7} \qquad \text{식 (5-59)}$$

위 식을 연공비로 표현하면, 다음과 같다.

$$(1+f)h_{t5} + \eta_{AB} f_{AB} Q_R = (1+f+f_{AB})h_{t7} \qquad \text{식 (5-60)}$$

$$(where\ f_{AB} = \frac{\dot{m}_{f,AB}}{\dot{m}_0})$$

위 식에서 에프터 버너의 연공비(f_{AB})로 정리하면, 다음과 같이 표현된다.

$$f_{AB} = \frac{\dot{m}_{f,AB}}{\dot{m}_0} = \frac{(1+f)(h_{t7}-h_{t5})}{\eta_{AB}Q_R - h_{t7}} \approx \frac{(1+f)(T_{t7}-T_{t5})}{\eta_{AB}Q_R/C_{p,AB} - T_{t7}} \qquad \text{식 (5-61)}$$

위 식을 이용하면 에프터 버너에서 얼마만큼의 연료량을 공급해야 하는지, 만약 연료량이 정해져 있다면 에프터 버너의 출구 온도를 구할 수 있다. 연소기에서 설명했던 개념과 유사하다.

압력 관점에서 보면, 마찰에 의한 압력 손실은 에프터 버너 입구의 전압력과 출구의 전압력의 차로 정의되며, 다음과 같다.

$$\Delta P_{AB} = P_{t5} - P_{t7} \qquad \text{식 (5-62)}$$

이 압력 손실을 이용하여 에프터 버너 출구에서 전압력을 다음 식과 같은 과정을 통해 구할 수 있다.

$$P_{t7_{AB}} = P_{t5}\left(\frac{P_{t7}}{P_{t5}}\right) = P_{t5}\left(\frac{P_{t5}-\Delta P_{AB}}{P_{t5}}\right) = P_{t5}\left(1-\frac{\Delta P_{AB}}{P_{t5}}\right) \qquad \text{식 (5-63)}$$

엔트로피 증가에 따른 실제 노즐 출구에서 온도를 구할 수 있다.

$$\frac{T_{9s}}{T_{t7}} = \left(\frac{P_{9s}}{P_{t7}}\right)^{\frac{\gamma-1}{\gamma}} \qquad \text{식 (5-64)}$$

⑨점에서의 등압선과 등엔트로피 선 교점에 있는 점 9s를 사용하면 등엔트로피 관계식을 이용할 수 있다. P_9와 P_{9s}는 같은 등압선에 있으므로 서로 같다. 따라서 다음 관계식이 또한 성립한다.

$$\frac{T_{9s}}{T_{t7}} = \left(\frac{P_{9s}}{P_{t7}}\right)^{\frac{\gamma-1}{\gamma}} = \left(\frac{P_9}{P_{t7}}\right)^{\frac{\gamma-1}{\gamma}} \qquad \text{식 (5-65)}$$

에프터 버너를 고려한 가스터빈 엔진의 열효율은 다음 식으로 표현된다.

$$\eta_{th} \equiv \frac{\Delta \dot{KE}}{\dot{m}_f Q_R + \dot{m}_{f,AB} Q_{R,AB}} \qquad \text{식 (5-66)}$$

주연소기에서 연료의 질량 유량은 $\dot{m}_f$, 연료의 발열량은 Q_R, 에프터 버너에서의 연료의 질량 유량은 $\dot{m}_{f,AB}$, 연료의 발열량은 $Q_{R,AB}$로 표현한다. 식 (5-66)의 분자를 모멘텀항(동압)으로 표현하면 다음 식과 같고,

$$\eta_{th} \equiv \frac{(\dot{m}_0 + \dot{m}_f + \dot{m}_{f,AB})\frac{V_9^2}{2} - \dot{m}_0 \frac{V_0^2}{2}}{\dot{m}_f Q_R + \dot{m}_{f,AB} Q_{R,AB}} \qquad \text{식 (5-67)}$$

위 식을 정리하면 주연소기에서 연료의 양과 발열량과 에프터 버너에서 연료의 양과 발열량 대비 작동 유체의 운동 에너지 증가량을 열효율로 정의할 수 있다.

열효율과 같은 방법으로 추진 효율도 다음과 같이 표현할 수 있다.

$$\eta_p \equiv \frac{F \cdot V_0}{\Delta \dot{KE}} = \frac{(F/\dot{m}_0)V_0}{(1+f+f_{AB})\frac{V_9^2}{2} - \frac{V_0^2}{2}} \qquad \text{식 (5-68)}$$

5.4.2 추력(Trust)

에프터 버너에서 추가로 연료를 공급했기 때문에 노즐에서 빠져 나가는 유량에 이를 추가한다. 이때 추력은 다음 식으로 표현된다.

$$F = (\dot{m}_0 + \dot{m}_f + \dot{m}_{f,AB})V_9 - \dot{m}_0 V_0 + (P_9 - P_0)A_9 \qquad \text{식 (5-69)}$$

5.4.3 비추력(Specific Thrust)

성능 인자 중에서 비추력(Specific thrust)은 위에서 구한 식 (5-69)에 흡입구를 통해서 들어오는 흡입 공기의 질량 유량으로 나눠준 값이며 수식은 다음과 같이 표현된다.

$$\frac{F}{\dot{m}_0} = \frac{(\dot{m}_0 + \dot{m}_f + \dot{m}_{f,AB})V_9 - \dot{m}_0 V_0 + (P_9 - P_0)A_9}{\dot{m}_0} \qquad \text{식 (5-70)}$$

위 식의 우변을 연공비로 표현하면 다음 식과 같다.

$$\frac{F}{\dot{m}_0} = (1+f+f_{AB})V_9 - V_0 + \frac{(P_9 - P_0)A_9}{\dot{m}_0} \qquad \text{식 (5-71)}$$

위 식을 다음 식으로 대체할 수 있고,

$$\frac{F}{\dot{m}_0} = (1+f+f_{AB})V_9 - V_0 + \frac{(P_9 - P_0)A_9}{\dot{m}_0} \times \frac{(\dot{m}_0 + \dot{m}_f + \dot{m}_{f,AB})}{\dot{m}_9} \qquad \text{식 (5-72)}$$

이때 $\dot{m}_9 = \dot{m}_0 + \dot{m}_f + \dot{m}_{f,AB}$이므로 정리하면 다음 식으로 표현되며,

$$\frac{F}{\dot{m}_0} = (1+f+f_{AB})V_9 - V_0 + \frac{(1+f+f_{AB})(P_9 - P_0)A_9}{\dot{m}_9} \qquad \text{식 (5-73)}$$

위 식을 정리하면 다음 식과 같다.

$$\frac{F}{\dot{m}_0} = (1+f+f_{AB})V_9 - V_0 + \frac{(1+f+f_{AB})P_9(1-\frac{P_0}{P_9})A_9}{\rho_9 V_9 A_9} \qquad \text{식 (5-74)}$$

또한 위 식에 상태 방정식을 적용하고 정리하면 다음과 같다.

$$\frac{F}{\dot{m}_0} = (1+f+f_{AB})V_9\left(1 + \frac{1-\frac{P_0}{P_9}}{V_9^2}RT_9\right) - V_0 \qquad \text{식 (5-75)}$$

괄호 안의 속도(V_9)를 마하수로 표현하면, 최종적으로 비추력은 다음 식으로 표현된다.

$$\therefore Isp = \frac{F}{\dot{m}_0} = (1+f+f_{AB})V_9\left(1 + \frac{1-\frac{P_0}{P_9}}{\gamma M_9^2}\right) - V_0 \qquad \text{식 (5-76)}$$

5.4.4 추력 당 연료 소모율(TSFC: Thrust Specific Fuel Consumption)

TSFC는 다음과 같다.

$$TSFC \equiv \frac{\dot{m}_f + \dot{m}_{f,AB}}{F} = \frac{f + f_{AB}}{F/\dot{m}_0} \qquad \text{식 (5-77)}$$

위 식들을 통해서 터보제트 엔진에 대한 성능 인자들도 구할 수 있다.

5.4.5 최대 추력에 대한 압축비

노즐 출구에서 정압력대 전압력 비(P_{t9}/P_9)는 각 구간을 고려하여 연쇄 법칙을 적용하면 다음 식으로 표현되며,

$$\frac{P_{t9}}{P_9} = \frac{P_{t9}}{P_{t7}}\frac{P_{t7}}{P_{t5}}\frac{P_{t5}}{P_{t4}}\frac{P_{t4}}{P_{t3}}\frac{P_{t3}}{P_{t2}}\frac{P_{t2}}{P_{t0}}\frac{P_{t0}}{P_{t0}}\frac{P_0}{P_9} \qquad \text{식 (5-78)}$$

이 압력비를 π로 표현하면 다음 식과 같고,

$$\frac{P_{t9}}{P_9} = \pi_n \pi_{AB} \pi_t \pi_b \pi_c \pi_d \pi_r \frac{P_0}{P_9} \qquad \text{식 (5-79)}$$

압력비를 등엔트로피 관계식을 이용하여 온도비(τ)로 나타내면, 다음 식으로 표현된다.

$$\frac{P_{t9}}{P_9} = \tau_n^{\frac{\gamma}{\gamma-1}} \tau_{AB}^{\frac{\gamma}{\gamma-1}} \tau_t^{\frac{\gamma}{\gamma-1}} \tau_b^{\frac{\gamma}{\gamma-1}} \tau_c^{\frac{\gamma}{\gamma-1}} \tau_d^{\frac{\gamma}{\gamma-1}} \tau_r^{\frac{\gamma}{\gamma-1}} \frac{P_0}{P_9} \qquad \text{식 (5-80)}$$

여기서 노즐, 흡입구에서 열의 유출입을 무시하면 전온도는 일정하다($\tau_n = \tau_d = 1$). 또한 가스터빈 엔진 연소는 정압 과정($\pi_{AB} = \pi_b = 1$)이고, 노즐에서 완전 팽창이면 $P_9 = P_0$이므로 다음 식으로 간단히 표현할 수 있다.

$$\frac{P_{t9}}{P_9} = \tau_t^{\frac{\gamma}{\gamma-1}} \tau_c^{\frac{\gamma}{\gamma-1}} \tau_r^{\frac{\gamma}{\gamma-1}} = \left[\tau_r \tau_c \left(1 - \frac{\tau_r(\tau_c - 1)}{\tau_\lambda}\right)\right]^{\frac{\gamma}{\gamma-1}} \qquad \text{식 (5-81)}$$

이때의 최댓값을 찾기 위해 식 (5-81)을 τ_c로 편미분하면

$$\frac{\partial}{\partial \tau_c}\left[\tau_r \tau_c \left(1 - \frac{\tau_r(\tau_c - 1)}{\tau_\lambda}\right)\right]^{\frac{\gamma}{\gamma-1}} = 0 \qquad \text{식 (5-82)}$$

하지만 위 식에서 $\dfrac{\gamma}{\gamma-1}$이 항상 1보다 큰 수이므로, 괄호 안의 성분들만 편미분을 해도 무방하다.

$$\frac{\partial}{\partial \tau_c}\left[\tau_r \tau_c \left(1 - \frac{\tau_r(\tau_c - 1)}{\tau_\lambda}\right)\right] = 0 \qquad \text{식 (5-83)}$$

위 식에서 괄호 안의 성분만 τ_c에 대해서 편미분을 하면 다음과 같고,

$$\tau_r - \frac{2\tau_r^2\tau_c}{\tau_\lambda} + \frac{\tau_r^2}{\tau_\lambda} = \frac{\tau_r\tau_\lambda - 2\tau_r^2\tau_c + \tau_r^2}{\tau_\lambda} = \frac{\tau_r(\tau_\lambda - 2\tau_r\tau_c + \tau_r)}{\tau_\lambda} = 0 \qquad \text{식 (5-84)}$$

$(\tau_\lambda - 2\tau_r\tau_c + \tau_r) = 0$으로 간단히 정리된다.

따라서 $\tau_c = \dfrac{\tau_r + \tau_\lambda}{2\tau_r}$이므로 최대 추력에서 압축기의 압력비는 다음식으로 표현된다.

$$\therefore\ \pi_{c,optimum} = \left(\frac{\tau_r + \tau_\lambda}{2\tau_\lambda}\right)^{\frac{\gamma}{\gamma-1}} \qquad \text{식 (5-85)}$$

5.5 터보팬 엔진 성능 해석

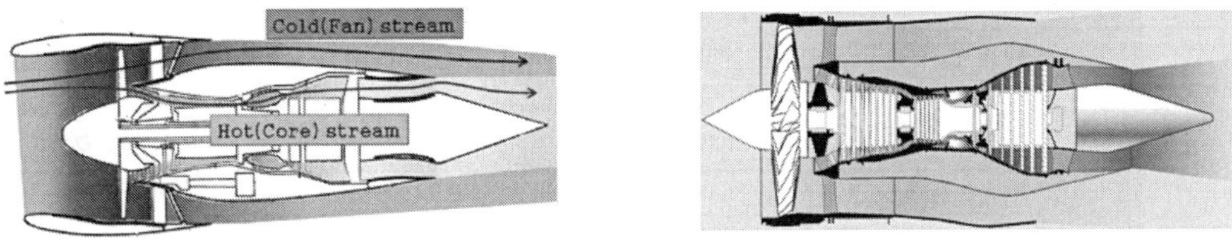

[그림 5-21] 분리형 배기 흐름 터보팬 엔진(Separated exhaust stream turbofan)

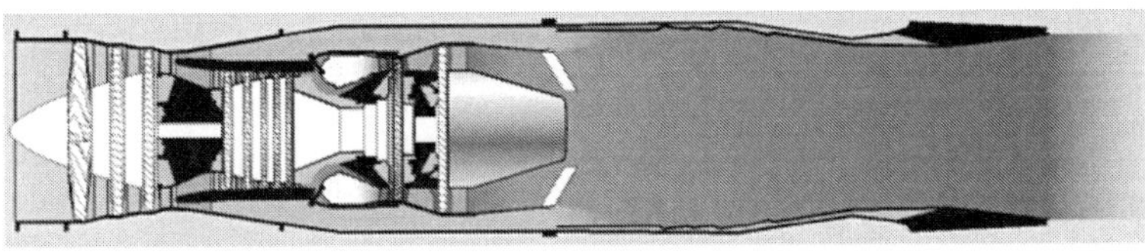

[그림 5-22] 혼합형 배기 흐름 터보팬 엔진(Mixed exhaust stream turbofan)

터보팬 엔진은 엔진 앞에 팬(Fan)이 달려 있다. 터보팬 엔진을 분리형 배기 흐름 터보팬 엔진과 혼합형 배기 흐름 터보팬 엔진, 두 가지 종류로 나눌 수 있다.

5.5.1 혼합형 터보팬 엔진의 추진 효율(Propulsive Efficiency)

먼저 추진 효율에 대해서 알아보자. 추진 효율 정의를 간단히 표현하면 다음과 같다(4장 참조).

$$\eta_p = \frac{2V_0}{V_e + V_0} \qquad \text{식 (5-86)}$$

추력 또한 다음 식으로 표현할 수 있다.

$$F = \dot{m}_0(V_9 - V_0) + (P_9 - P_0)A_9 \qquad \text{식 (5-87)}$$

만약 완전 팽창이면 $P_9 = P_0$ 이므로 다음과 같다.

$$F = \dot{m}_0(V_9 - V_0) \qquad \text{식 (5-88)}$$

추진 효율 식에 V_9에 대해 대입하면 다음과 같다.

$$\eta_p = \frac{2V_0}{V_0 + \left(V_0 + \dfrac{F}{\dot{m}_0}\right)} = \frac{1}{1 + \dfrac{F}{2\dot{m}_0 V_0}} \qquad \text{식 (5-89)}$$

V_0가 상수라고 가정하면, 다음 식과 같은 비례식을 얻을 수 있다.

$$\eta_p = f(F/\dot{m}_0) \propto \frac{1}{F/\dot{m}_0} \qquad \text{식 (5-90)}$$

이 비례식을 통해 흡입 공기의 질량 유량이 클수록 추진 효율이 커진다는 것을 알 수 있다(그림 5-23 참조).

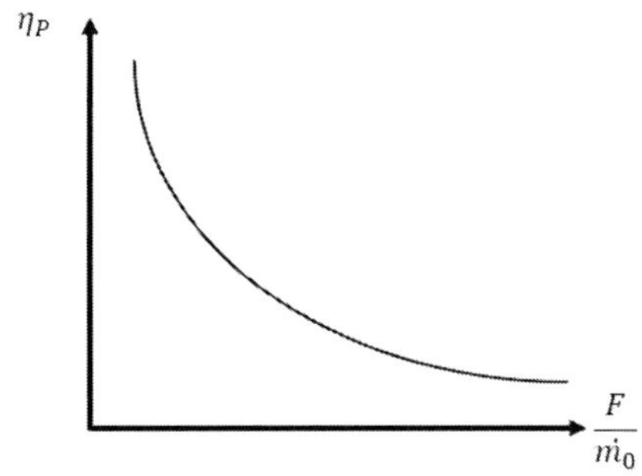

[그림 5-23] 질량 유량에 따른 추진 효율

흡입 공기의 질량 유량이 증가할수록 추진 효율이 커지므로 팬을 이용해 바이패스비를 크게 하면 성능 효율이 증가함을 알 수 있다. 민항기의 경우에는 바이패스비를 크게 하여 추진 효율을 크게 하는 것이 좋지만, 전투기인 경우에는 추진 효율 측면보다 추력을 크게 하는 것이 더 우선적인 요구 조건이므로 추진 효율 측면에서 상대적으로 좋지 않더라도 추력을 증가시키는 것이 필요하다. 따라서 민항기인 경우에는 그래프에서 왼쪽으로 갈수록 좋지만, 전투기는 그렇지 않다고 할 수 있다.

터보팬 엔진에 대한 사이클을 해석하기 전에 바이패스비와 팬 압력비의 정의는 다음과 같다.

$$Bypass\ ratio\,(\alpha)\ \equiv\ \frac{\dot{m}_{fan-bypass}}{\dot{m}_{core}} \qquad \text{식 (5-91a)}$$

$$Fan\ pressure\ ratio\,(\pi_f)\ \equiv\ \frac{P_{t13}}{P_{t2}} \qquad \text{식 (5-91b)}$$

바이패스비(α)는 팬으로 바이패스되는 공기 유량과 코어 부분으로 들어가는 공기 유량의 비로 정의되며, 팬 압력비는 팬 출구 전압력과 팬 입구 전압력의 비로 정의된다.

5.5.2 팬 효율과 온도비

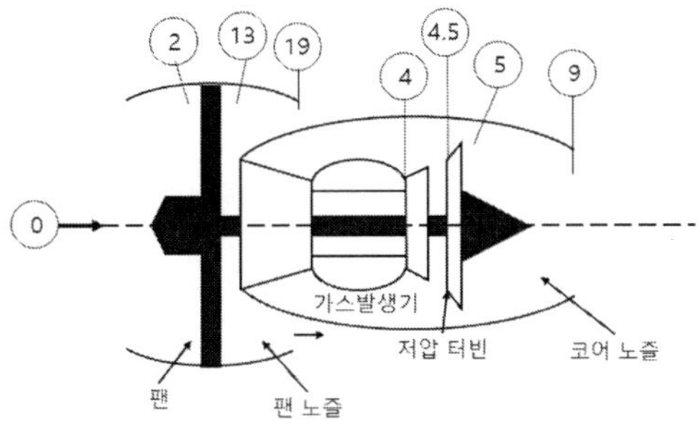

[그림 5-24] 분리형 터보팬 엔진

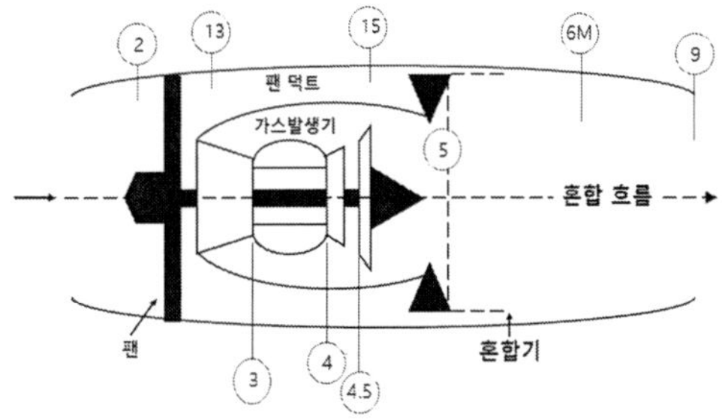

[그림 5-25] 혼합형 터보팬 엔진

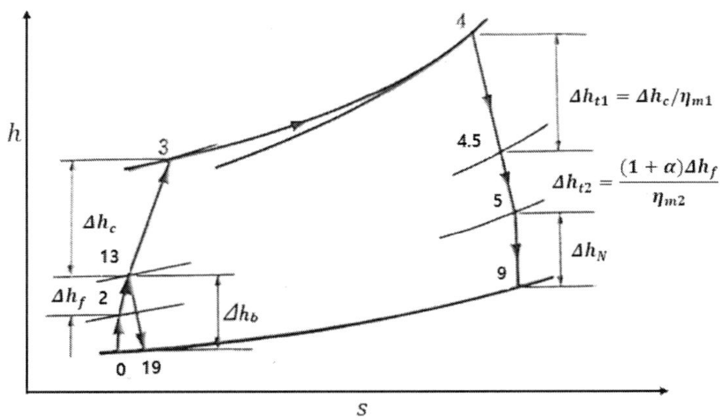

[그림 5-26] 분리형 터보팬 엔진의 $h-s$ 선도

팬 효율은 압축기에서 정의했던 것과 같다. 보통 가스터빈 엔진은 이중 스풀을 이용하여 LPT(Low pressure turbine)는 팬에 연결되어 있고 HPT(High pressure turbine)는 압축기에 연결되어 있다. 팬(②점 ~ ⑬점)은 공기를 압축시키는 역할을 한다. 위 $h-s$ 선도를 보면 팬에 의해 기계적 에너지가 작동 유체에 작용하여 전 엔탈피는 ②점에서 ⑬점으로 증가한다. 팬에서 얼마나 압축이 되었는지는 팬 효율의 정의를 이용하여 구해보자.

팬 효율은 팬을 통과하는 공기의 이론적 에너지 증가량 대비 실제 에너지 증가량으로 정의가 된다. 따라서 t13점에서 등압선과 ②점에서의 등엔트로피선의 교점을 t13s라고 표현하며, 다음 식과 같이 팬 효율을 정의할 수 있다.

$$\eta_f \equiv \frac{h_{t13s} - h_{t2}}{h_{t13} - h_{t2}} = \frac{\Delta h_{t,isentropic}}{\Delta h_{t,actual}} \qquad \text{식 (5-92)}$$

엔탈피로 표현된 팬 효율을 온도로 표현하면 다음과 같다.

$$\eta_f \equiv \frac{h_{t13s} - h_{t2}}{h_{t13} - h_{t2}} = \frac{T_{t13s}/T_{t2} - 1}{T_{t13}/T_{t2} - 1} \qquad \text{식 (5-93)}$$

위 식의 가장 우변의 분자항은 등엔트로피 과정이므로 등엔트로피 관계식을 적용하면 다음과 같다.

$$\eta_f \equiv \frac{T_{t13s}/T_{t2} - 1}{T_{t13}/T_{t2} - 1} = \frac{\pi_f^{\frac{\gamma-1}{\gamma}} - 1}{\tau_f - 1} \qquad \text{식 (5-94)}$$

이를 팬 온도비로 표현하면 다음 식이 된다.

$$\tau_f = 1 + \frac{1}{\eta_f}\left(\pi_f^{\frac{\gamma-1}{\gamma}} - 1\right) \qquad \text{식 (5-95)}$$

위 식을 팬 압력비로 정리하면 다음 식으로 표현된다.

$$\pi_f = \left\{1 + \eta_f(\tau_f - 1)\right\}^{\frac{\gamma}{\gamma-1}} \qquad \text{식 (5-96)}$$

따라서 위 식을 이용하면 팬에서의 온도 변화와 압력 변화를 알 수 있다. 압축기와 팬의 유도 과정은 유사하므로 서로 연계하여 알아 놓으면 편리하다.

단일 스풀로 가정하고 터빈에서의 온도비(τ_t)를 구해보자. 터빈에서 발생하는 에너지는 $\dot{m}_0(1+f)(h_{t4} - h_{t5})$이며, 이 에너지가 회전축을 통해 전달되므로 회전에 의한 손실이 있기 때문에 기계적 효율(η_m)을 고려해야 한다. 이렇게 전달된 에너지가 압축기를 구동하는 데 필요한 에너지는 $\dot{m}_0(h_{t3} - h_{t2})$이며, 팬을 구동하는 데 필요한 에너지는 $\alpha\dot{m}_0(h_{t13} - h_{t2})$이다.

에너지 평형식을 세우면 다음 식과 같다.

$$\eta_m \dot{m}_0(1+f)(h_{t4} - h_{t5}) = \dot{m}_0(h_{t3} - h_{t2}) + \alpha\dot{m}_0(h_{t13} - h_{t2}) \qquad \text{식 (5-97)}$$

위 식의 엔탈피를 온도로 표현하고 τ로 표현하면 다음 식과 같고,

$$\eta_m(1+f)\frac{h_{t4}}{h_0}(1-\tau_t) = \frac{h_{t2}}{h_0}\left[(\tau_c-1)+\alpha(\tau_f-1)\right] \qquad \text{식 (5-98)}$$

위 식을 이용해 터빈 온도비에 대해서 정리하면 다음 식으로 표현된다.

$$\tau_t = 1 - \frac{\tau_r\left[(\tau_c-1)+\alpha(\tau_f-1)\right]}{\eta_m(1+f)\tau_\lambda} \qquad \text{식 (5-99)}$$

따라서 팬 온도비를 알게 되면 터보팬 엔진의 터빈의 온도비를 구할 수 있다.

5.5.3 엔진 추력(Thrust)

터보제트 엔진의 추력을 구한 것과 동일한 방법으로 분리형 터보팬 엔진의 추력을 구할 수 있다. 바이패스 되지 않고 코어로 들어가는 공기의 질량 유량을 $\dot{m}_0$으로 정하면, 코어로 들어가는 공기에 의해 발생하는 추력은 다음 식과 같다.

$$F_{core} = \dot{m}_0(1+f)V_9 - \dot{m}_0 V_0 + (P_9 - P_0)A_9 \qquad \text{식 (5-100)}$$

바이패스된 공기의 유량은 $\alpha\dot{m}_0$이고, 팬을 통해 바이패스된 공기에 의해 발생한 추력은 다음과 같다.

$$F_{fan-baypass} = \alpha\dot{m}_0 V_{19} - \alpha\dot{m}_0 V_0 + (P_{19} - P_0)A_{19} \qquad \text{식 (5-101)}$$

코어로 들어가는 공기에 의해 발생하는 추력과 바이패스된 공기에 의해 발생된 추력의 합이 엔진 전체의 추력과 같다. 따라서 분리형 터보팬 엔진의 추력은 다음 식으로 표현된다.

$$\therefore F = \dot{m}_0(1+f)V_9 + \alpha\dot{m}_0 V_{19} - (1+\alpha)\dot{m}_0 V_0 + (P_9 - P_0)A_9 + (P_{19} - P_0)A_{19} \qquad \text{식 (5-102)}$$

5.5.4 터보팬 엔진 효율

(1) 열효율(Thermal Efficiency)

열효율 정의를 이용하여 수식으로 나타내면 다음과 같다.

$$\eta_{th} \equiv \frac{\Delta \dot{KE}}{\dot{m}_f Q_R} = \frac{\dot{m}_0(1+f)\frac{V_9^2}{2} + \alpha\dot{m}_0\frac{V_{19}^2}{2} - (1+\alpha)\dot{m}_0\frac{V_0^2}{2}}{\dot{m}_f Q_R} \qquad \text{식 (5-103)}$$

위 식의 우변의 분자의 첫 번째 항은 압축기를 통해 들어온 흡입 공기가 연소 과정을 통해 노즐 출구에서의 연소가스의 운동 에너지를 의미하며, 두 번째 항은 팬에 의해 바이패스된 공기의 팬 출구에서 운동 에너지를 의미한다. 마지막으로 세 번째 항인 $(1+\alpha)\dot{m}_0 V_0^2/2$은 흡입 공기의 운동 에너지이다. 터보제트 엔진의 열효율과 비교한다면 $\alpha\dot{m}_0 V_{19}^2/2$과 $\alpha\dot{m}_0 V_0^2/2$항이 추가되었다는 것을 확인할 수 있다.

위 열효율 식 (5-103)에 분모 분자에 $\dot{m}_0$로 나누어 정리하면 다음 식으로 간단히 표현할 수 있다.

$$\eta_{th} = \frac{(1+f)V_9^2 - V_0^2}{2fQ_R} + \alpha\frac{V_{19}^2 - V_0^2}{2fQ_R} \qquad \text{식 (5-104)}$$

(2) 추진 효율(propulsion efficiency)

터보팬 엔진의 추진 효율은 다음과 같다.

$$\eta_p \equiv \frac{FV_0}{\Delta\dot{KE}} \approx \frac{2V_0\dot{m}_0[V_9 + \alpha V_{19} - (1+\alpha)V_0]}{\dot{m}_0[(1+f)V_9^2 + \alpha V_{19}^2 - (1+\alpha)V_0^2]} \qquad \text{식 (5-105)}$$

위 식에서 우변항 분모의 괄호 안에 있는 항을 보면, $\dot{m}_0(V_9 - V_0)$은 코어에 의해서 발생된 추력을 의미하며, $\alpha\dot{m}_0(V_{19} - V_0)$은 바이패스된 공기가 팬에 의해 발생된 추력을 의미한다.

위 식 (5-105)에서 분모 분자에 $\dot{m}_0$로 나누고, 정리하면 다음 식으로 간단히 표현할 수 있다.

$$\therefore \eta_p \approx \frac{2\left[\left(\frac{V_9}{V_0}\right) + \alpha\left(\frac{V_{19}}{V_0}\right) - (1+\alpha)\right]}{\left(\frac{V_9}{V_0}\right)^2 + \alpha\left(\frac{V_{19}}{V_0}\right)^2 - (1+\alpha)} \qquad \text{식 (5-106)}$$

터보팬 엔진에 대한 열효율과 추진 효율을 수식을 통해 알아보았다. 터보팬 엔진의 열효율과 추진 효율 식에서 바이패스비(α)가 0이라면 터보제트 엔진의 열효율과 추진 효율과 같은 식이 된다.

5.6 터보프롭 엔진 성능 해석

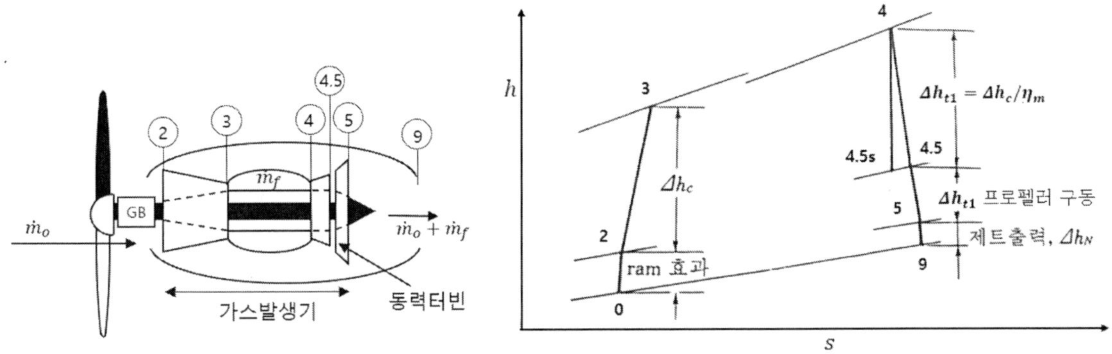

[그림 5-27] 터보프롭 엔진의 개념도와 $h-s$선도

터보프롭 엔진도 터보팬 엔진을 해석할 때와 같이 터보제트 엔진에서 해석했던 것을 토대로 다른 점만 설명한다. 터보프롭 엔진은 다른 엔진과 다르게 회전하는 프로펠러를 이용하여 주추력을 발생하므로 프로펠러가 상당히 크다. 터보팬 엔진에서 바이패스비가 아주 큰 경우 15 정도이지만 터보프롭 엔진 같은 경우에는 바이패스비가 30~100정도로 매우 크다. 프로펠러 크기 측면에서도 터보팬 엔진의 팬의 크기는 흡입구 안에 들어가는 반면, 터보프롭 엔진의 프로펠러는 엔진의 몸체보다 커 외부에 노출되어 있다. 만약 외부에 있는 프로펠러를 흡입구로 연결하려면 엔진의 무게와 부피가 크게 증가하므로 제약이 있다. 따라서 외부에 노출시키는 것이 적합하다고 볼 수 있다. 터보프롭 엔진은 바이패스비가 터보팬 엔진보다 크기 때문에 같은 비행 속도라 할 때 약 1.5배 큰 추진 효율을 갖는다.

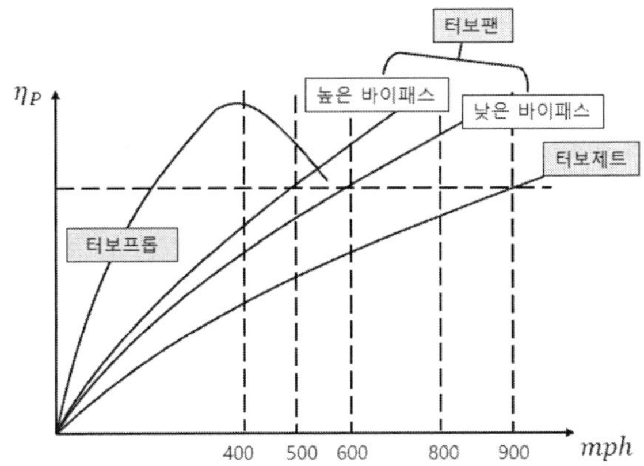

[그림 5-28] 비행 속도에 따른 가스터빈 엔진의 추진 효율

터보프롭 엔진의 큰 제약 중 하나가 속도가 빠르게 되면 프로펠러의 실속이 나타난다. 터보프롭 엔진의 프로펠러는 상당히 크므로 뿌리(Root)부분과 끝(Tip)부분의 길이 차이가 상당하므로 같은 회전수를 갖고 있을 때 선속도가 매우 큰 차이를 보인다. 선속도가 가장 빠른 끝부분부터 유동박리가 일어나 실속이 발생한다. 발전된 터보프롭 엔진의 경우 프로펠러 끝부분의 속도의 제한 마하수는 0.7~0.8 정도이고, 반면에 재래식 터보프롭 엔진인 경우는 프로펠러 끝부분 속도의 제한 마하수는 0.4~0.6 정도이다. 압축기를 회전하는 속도로 프로펠러를 회전시키면 너무 빠르기 때문에 회전 감속 장치인 기어 박스를 이용하여 프로펠러의 회전 속도를 줄여준다. 이때 회전 속도를 감축하는 비는 약 15:1 정도로 한다. 이 개념을 갖고 그림 5-28)의 그래프를 보면, 터보프롭 엔진이 실속이 안 되는 비행 속도까지는 다른 엔진들보다 추진 효율이 월등히 높으며, 제한속도를 넘어가면 실속이 발생하여 추진 효율은 급격히 떨어진다. 터보팬 엔진과 터보제트 엔진은 비행 속도가 증가하면 할수록 추진 효율이 증가하는 것을 확인할 수 있고, [터보팬 > 터보제트 엔진] 순으로 추진 효율이 좋다는 것을 알 수 있다.

프로펠러에 의해서 발생된 에너지가 비행체를 이동시키는 데 모두 사용되지 않고 손실이 발생한다. 따라서 이 손실을 고려하기 위해서 프로펠러 효율(Propeller efficiency, η_{pr})을 정의한다. 또한 실제 터빈, 노즐, 기어 박스에서도 손실이 발생하므로, 터빈 효율(Power turbine efficiency, η_{pt}), 노즐 효율(Nozzle efficiency, η_n), 기어 박스 효율(Gear box efficiency, η_g)을 도입한다.

각 효율을 고려하여 프로펠러 추력을 수식으로 나타내면 다음 식과 같다.

$$F_{pr} V_0 = \eta_{pr}\eta_g\eta_{pt}\dot{m}_0\alpha\Delta h \qquad \text{식 (5-107)}$$

위 식을 이용하여 프로펠러에 의한 힘으로 표현하면 다음 식으로 표현된다.

$$F_{pr} = \frac{\eta_{pr}\eta_g\eta_{pt}\dot{m}_0\alpha\Delta h}{V_0} \qquad \text{식 (5-108)}$$

터보프롭 엔진에서 연소기에서 발생된 연소가스가 터빈을 돌리고 남은 가스의 힘이 있다고 하면, 노즐을 통해 팽창되어 추력을 얻을 수 있다. 이 제트 힘이 프로펠러 힘보다 작지만 제트를 사용하면 추력이 더 증가하기 때문에 사용하는 것이 바람직하다. 이때 흡입 공기의 질량 유량에 엔진의 출구속도와 입구속도의 차를 곱하면 제트 힘(추력)이 된다. 입구속도는 아음속 터보제트엔진의 경우에는 비행체 속도를 대입하면 된다. 아음속에서 노즐 출구속도는 $V_9 = \sqrt{2(1-\alpha)\Delta h\eta_n}$ 로 표현 가능하다. 따라서 제트 힘에 의해 발생된 추력은 다음과 같이 나타낼 수 있다.

$$F_{jet} = \dot{m}_0(\sqrt{2(1-\alpha)\Delta h\eta_n} - V_0) \qquad \text{식 (5-109)}$$

최종적으로 제트의 힘과 프로펠러의 힘을 합치면 터보프롭 엔진의 추력을 얻을 수 있고, 다음과 같이 표현할 수 있다.

$$F_{turboprop} = F_{prop} + F_{jet} \qquad \text{식 (5-110)}$$

$$\therefore F = \frac{\eta_{pr}\eta_g\eta_{pt}\dot{m}_0\alpha\Delta h}{V_0} + \dot{m}_0\left(\sqrt{2(1-\alpha)\Delta h\eta_n} - V_0\right) \qquad \text{식 (5-111)}$$

터보프롭 엔진의 프로펠러의 바이패스비가 약 30~100정도 되는데, 이 바이패스비가 어느 정도일 때 추력이 최대가 되는지 알아보자. 다시 말해 터보프롭 엔진의 추력이 최대일 때 프로펠러와 코어로 들어가는 흡입 공기의 배분을 구해보자. 이때 바이패스비의 변화에 따른 그래프에서 변곡점이 최대, 최소점이 될 것이다. 여기서 효율, 속도, 엔탈피 차를 상수로 가정하면 식은 더 간편해진다.

$$\frac{\partial F}{\partial \alpha} = 0 \quad (\eta, V_0, \Delta h = const.) \qquad \text{식 (5-112)}$$

따라서 위 식을 바이패스비에 대한 편미분을 하고, 바이패스비로 표현하면 다음 식과 같다.

$$\alpha = 1 - \frac{V_0^2}{2\Delta h}\left(\frac{\eta_n}{\eta_{pr}^2\eta_g^2\eta_{pt}^2}\right) \qquad \text{식 (5-113)}$$

위 식을 보면, 비행 속도가 빠르면 빠를수록 바이패스비가 작아지는 것을 알 수 있다. 실제적으로 프로펠러의 크기가 클수록 비행 속도를 빠르게 할 수 없다. 비행 속도를 키우기 위해 프로펠러의 크기를 감소시킨다. 그러면 바이패스비는 당연히 줄어들게 될 것이다. 따라서 각 효율과 단위 질량당 엔탈피 차와 비행 속도를 알게 되면 터보프롭 엔진의 추력이 최대일 때의 바이패스비를 알 수 있다.

엔진 성능 해석 예제: 이중 스풀 터보제트 엔진

가스터빈 엔진의 사이클 해석은 엔진 설계와 해석에 유용하게 적용된다. 본 장에서 쌓은 지식으로 현대의 실제 엔진인 다중 스풀 터보제트 엔진에 대해 사이클 해석을 해보자.

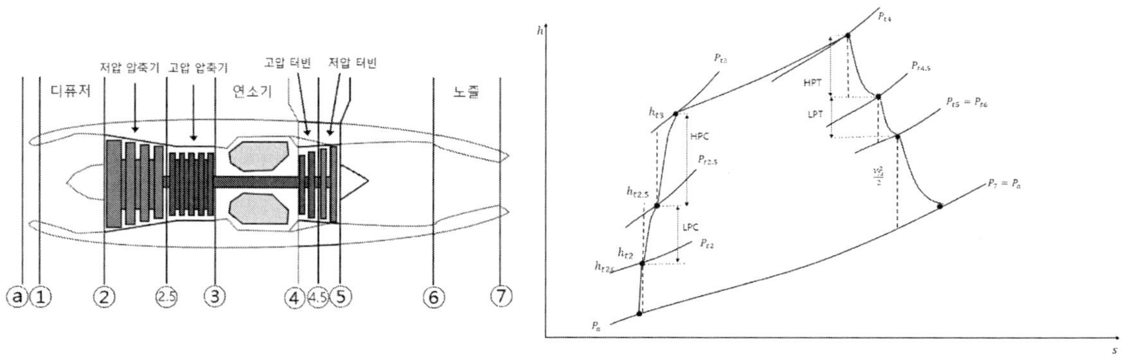

◀ 이중 스풀 터보제트 엔진 ▶

이중 스풀의 터보제트 엔진이 지상에서 작동중이다. 지상 정지 조건에서의 성능을 해석하여 추력과 연료 소모율을 계산하자.

◀ 주어진 데이터(설계점) ▶

altitude	0	π_{fan}	1.60306	π_{HPC}	5.670905
M_a	0	η_{fan}	0.90380	η_{HPC}	0.862469
$\dot{m}_0$	111.2601	π_{LPC}	2.25	π_b	0.945
α	5.27511	η_{LPC}	0.86575	η_b	0.994
Q_R	43124e6	η_{HPT}	0.91445	η_{LPT}	0.92880
$\eta_{m_{tp\,shaft}}$	1	$\eta_{m_{tp\,shaft}}$	1	f	0.0222
π_d	0.992	$dPqP_{duct1}$	0.0025	$dPqP_{duct2}$	0.0025
$dPqP_{duct3}$	0.01	$dPqP_{duct4}$	0.01	$dPqP_{bypassduct}$	0.0075

◀ 정압 비열, 엔탈피, 엔트로피 ▶

$$\frac{C_p}{R}=a_1+a_2T^{-1}+a_3+a_4T+a_5T^2+a_6T^3+a_7T^4$$

$$\frac{s}{RT}=\frac{-a_1}{2}T^{-2}-a_2T^{-1}+a_3\ln(T)+a_4T+\frac{a_5}{2}T^2+\frac{a_6}{6}T^3+\frac{a_7}{4}T^4+b_2$$

《 공기 》

	a_1	a_2	a_3	a_4	a_5	a_6	a_7	b_1	b_2
200<T<1000	10100	−196.8	5.0092	−0.0058	1.07e−05	−8.0e−09	2.19e−12	−176.8	−3.9215
1000<T<6000	241521	−1257.9	5.1446	−0.0002	7.07e−08	−1.1e−11	6.58e−16	6462.3	−8.1474

《 연료 (Jet_A) 》

	a_1	a_2	a_3	a_4	a_5	a_6	a_7	b_1	b_2
273<T<1000	−606870	8328.3	−43.1232	0.2572	−0.0003	1.65e−07	−4.6e−11	−76070	279.4306
1000<T<6000	18583561	−76772.2	141.9826	−0.0074	5.86e−07	1.23e−11	−3.2e−15	422199	−898.61

《 풀이 》

1) 비행 조건(지상 정지 상태, M=0)

$$T_a = T_a + \triangle T_{amb} = 288.15 + 15 = 303.15\,K$$

$$P_a = 101.325\,Kpa$$

$$P_{ta} = P_a(1+\frac{\gamma-1}{2}M_a^2)^{\frac{\gamma}{\gamma-1}} = 101.325\,kPa$$

$$T_{ta} = T_a(1+\frac{\gamma-1}{2}M_a^2) = 303.15\,K$$

$$a = \sqrt{\gamma R T_a} = 349.0176\,m/s$$

$$\rho_a = \frac{P_a}{RT_a} = 1.1644\ kg/m^3$$

2) 흡입구

단열 조건으로 가정,

$$T_{t2} = T_{ta} = 303.15\,K$$

$$P_{t2} = P_{ta} \cdot \pi_d = 100.5144\,kPa$$

3) 덕트1

$$P_{t2} = P_{t2}(1 - \mathrm{Pr}essure\,loss) = 100.2631\,kPa$$

4) LPC

$$P_{t2.5} = P_{t2} \times \pi_{LPC} = 225.592\,kPa$$

$$s_{t2.5s} = s_{t2} + R \times \ln(\pi_{LPC}) = 7.1137 \cdot 10^3$$

$$T_{t2.5s} = 381.9331\,K$$

$$\triangle h_{t,actual} = \frac{h_{t2.5s} - h_{t2}}{\eta_{LPC}} = 9.1704 \cdot 10^4 \frac{J}{kg}$$

$$h_{t2.5} = h_{t2} + \triangle h_{t,actual} = 9.2395 \cdot 10^4 \frac{J}{kg}$$

$$T_{t2.5} = 394.0983\,K$$

$$Power_{LPC} = \dot{m}_0 \times \triangle h_{t,actual} = 1.0203 \cdot 10^7\,W$$

5) 덕트2

$$P_{t2.5} = P_{t2.5} \times (1 - \mathrm{Pr}essure\,loss) = 225.028\,kPa$$

6) HPC

$$P_{t3} = P_{t2.5} \times \pi_{HPC} = 1277.9\,kPa$$

$$s_{t3s} = s_{t2.5} + R \times \ln(\pi_{HPC}) = 7.6439 \cdot T10^3$$

$$T_{t3s} = 638.835\,K$$

$$\triangle h_{t,actual} = \frac{h_{t3s} - h_{t2.5}}{\eta_{HPC}} = 2.9341 \cdot 10^5$$

$$h_{t3} = h_{t2.5} + \triangle h_{t,actual} = 3.8581 \cdot 10^5 \frac{J}{kg}$$

$$T_{t3} = 676.7359\,K$$

$$Power_{LPC} = \dot{m}_3 \times \triangle h_{t,actual} = 3.2645 \cdot 10^7\,W$$

7) 연소기

$$\dot{m}_4 = \dot{m}_0(1+f) = 113.7335\ kg/s$$

$$P_{t4} = P_{t3} \times \pi_b = 1207.7\,kPa$$

$$h_{t4} = \frac{\dot{m}_0 \times h_{t3} + \dot{m}_0 \times f \times Q_{R*}\eta_b}{\dot{m}_0(1+f)} = 1.3096 \cdot 10^6 \frac{J}{kg}$$

$$T_{t4} = 1458.7\,K$$

8) HPT

$$\triangle h_{t,actual} = \frac{Power_{HPC}}{\eta_{m_{hp\,shaft}} \times (\dot{m}_0 + \dot{m}_0 \times f)}$$

$$= 2.8703 \cdot 10^5 \frac{J}{kg}$$

$$h_{t4.5s} = h_{t4} - \frac{\triangle h_{t,actual}}{\eta_{HPT}} = 9.9574 \cdot 10^5 \frac{J}{kg}$$

$$h_{t4.5} = h_{t4} - \triangle h_{t,actual} = 1.0226 \cdot 10^6 \frac{J}{kg}$$

$$T_{t4.5} = 1231.1\,K,\ T_{t4.5s} = 1209.4\,K$$

$$\pi_{HPT} = \exp(\frac{s_{t4.5s} - s_{t4}}{R}) = 0.4399$$

$P_{t4.5} = P_{t4} \times \pi_{HPT} = 531.2056\,kPa$

9) 덕트3

$P_{t4.5} = P_{t4.5} \times (1 - Pressure\,loss)$

$= 525.8935\,kPa$

10) LPT

$$\Delta h_{t,\,actual} = \frac{Power_{LPC}}{\eta_{m_{lp\,shaft}} \times (\dot{m}_0 + \dot{m}_0 \times f)}$$

$$= 8.9710 \cdot 10^4 \frac{J}{kg}$$

$$h_{t5s} = h_{t4.5} - \frac{\Delta h_{t,\,actual}}{\eta_{LPT}} = 9.2601 \cdot 10^5 \frac{J}{kg}$$

$$h_{t5} = h_{t4.5} - \Delta h_{t,\,actual} = 9.3288 \cdot 10^5 \frac{J}{kg}$$

$T_{t5} = 1158.6\,K,\ T_{t5s} = 1153\,K$

$$\pi_{LPT} = \exp\left(\frac{s_{t5s} - s_{t4.5}}{R}\right) = 0.7541$$

$P_{t5} = P_{t4.5} \times \pi_{LPT} = 396.5769\,kPa$

11) 덕트4

$P_{t6} = P_{t5} \times (1 - Pressure\,loss) = 392.6111\ kPa$

12) 노즐(수축 노즐)

$T_{t7} = T_{t6} = 1158.6\,K$

$P_{t7} = P_{t6} = 392.6111\ kPa$

• 노즐 질식 상태 확인

$$P_{sMN} = \frac{P_{t7}}{\left(1 + \frac{\gamma - 1}{2}\right)^{\frac{\gamma}{\gamma - 1}}} = 213.963\ kPa$$

$$T_{sMN} = \frac{T_{t7}}{\left(1 + \frac{\gamma - 1}{2}\right)} = 1005.6K\ \ (at\,Mach = 1)$$

$P_a = 101.325\,kPa$

$$\begin{cases} P_{sMN} < P_a \Rightarrow unchoked \\ P_{sMN} \geq P_a \Rightarrow choked \end{cases}$$

$P_a\,(101.325\,kPa) < P_{sMN}\,(213.963\,kPa)$

$\therefore\ choked$

※ 질식 상태가 아닌 경우, 수치기법(Bisection or false position) 필요

$$P_7 = P_a = \frac{P_{t7}}{\left(1 + \frac{\gamma - 1}{2} M_7^2\right)^{\frac{\gamma}{\gamma - 1}}}$$

위 식을 만족하는 마하 수 계산(수치기법)

$$T_7 = \frac{T_{t7}}{\left(1 + \frac{\gamma - 1}{2} M_9^2\right)}$$

• 질식 상태인 경우,

$M_7 = 1$

$P_7 = P_{sMN} = 213.963kPa$

$T_7 = T_{sMN} = 1005.6\,K$

• 노즐 출구 계산

$a_7 = \sqrt{\gamma R T_7} = 613.7174\,m/s$

$V_7 = M_7 \times a_7 = 613.7174\ m/s$

$$\rho_7 = \frac{P_7}{RT_7} = 0.7409\ kg/m^3$$

$$A_7 = \frac{(1+f)\dot{m}}{\frac{P_{t7}}{\sqrt{T_{t7}}} \sqrt{\frac{\gamma}{R}}\, M_7 \left(1 + \frac{\gamma - 1}{2} M_7^2\right)^{-\frac{\gamma + 1}{2(\gamma - 1)}}}$$

$= 0.2501\,m^2$

13) 성능 계산

$F = \dot{m}_0(1+f)\,V_7 - \dot{m}_0 V_0 + (P_7 - P_0)A_7$

$= 97.9685\,kN$

$$SFC = \frac{\dot{m}_0 \times f}{F} = 25.47 \frac{mg}{N\,s}$$

엔진 성능 해석 예제: 이중 스풀 터보팬 엔진

이중 스풀의 터보팬 엔진이 지상에서 작동중이다. 지상 정지 조건에서의 성능을 해석하여 추력과 연료 소모율을 계산하자.

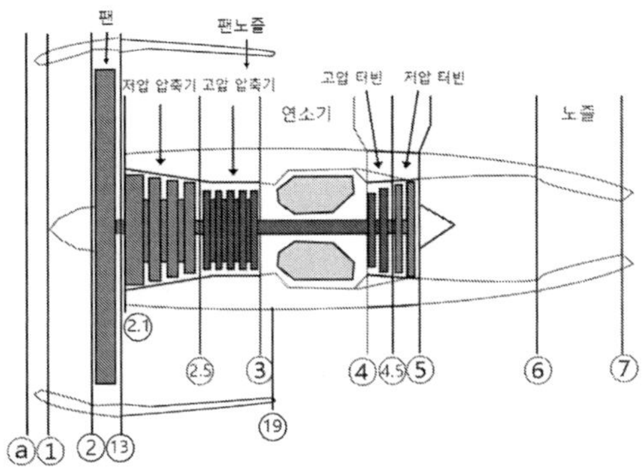

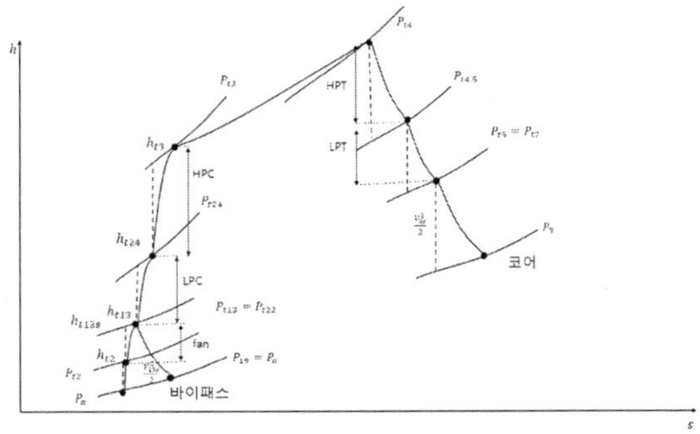

터보팬 엔진 h-s 선도

《 이중 스풀 터보팬 엔진 》

1) 비행 조건(지상 정지 상태, M=0)

$$T_a = T_a + \triangle T_{amb} = 288.15 + 15 = 303.15\,K$$

$$P_a = 101.325\,Kpa$$

$$P_{ta} = P_a (1 + \frac{\gamma - 1}{2} M_a^2)^{\frac{\gamma}{\gamma - 1}} = 101.325\,kPa$$

$$T_{ta} = T_a (1 + \frac{\gamma - 1}{2} M_a^2) = 303.15\,K$$

$$a = \sqrt{\gamma R T_a} = 349.0176\,m/s$$

$$\rho_a = \frac{P_a}{R T_a} = 1.1644\ kg/m^3$$

2) 흡입구

단열 조건으로 가정,

$$T_{t2} = T_{ta} = 303.15\,K$$

$$P_{t2} = P_{ta} \cdot \pi_d = 100.5144\,kPa$$

3) 팬

$$P_{t13} = P_{t2} \cdot \pi_{fan} = 161.1306\,kPa$$

$$s_{13s} = s_2 + R \times \ln(\pi_{fan}) = 7.0163 * 10^3$$

$$T_{t13s} = 346.8338\,K$$

$$\triangle h_{t,actual} = \frac{h_{t13s} - h_{t2}}{\eta_f} = 4.8639 \cdot 10^4 \frac{J}{kg}$$

$$h_{t13} = h_{t2} + \triangle h_{t,actual} = 4.9329 \cdot 10^4 \frac{J}{kg}$$

$$T_{t13} = 351.4753\,K$$

$$Power_f = (1 + \alpha) \times \dot{m}_0 \times \triangle h_{t,actual} = 3.3958 \cdot 10^7\,W$$

4) Splitter

$$\dot{m}_{21} = \dot{m}_0 = 111.2601\ kg/s,\ core$$

$$\dot{m}_{13} = \alpha \times \dot{m}_0 = 586.9093\ kg/s,\ bypass$$

5) 덕트1

$$P_{t21} = P_{t21} (1 - \mathrm{Pr}essure\,loss) = 160.7278\,kPa$$

6) LPC

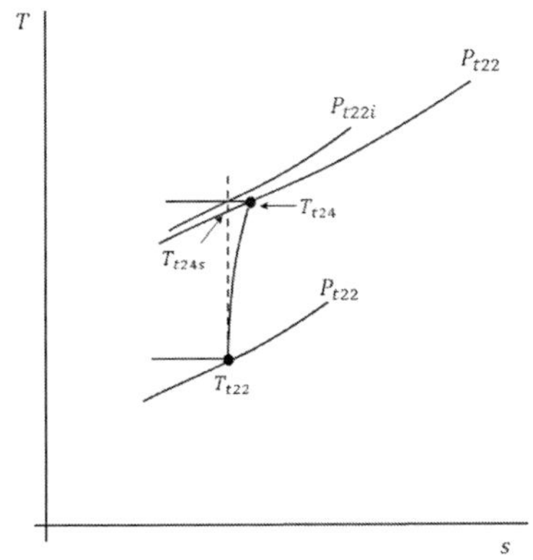

LPC의 T-s선도

$$P_{t25} = P_{t21} \times \pi_{LPC} = 361.6375\,kPa$$

$$s_{t25s} = s_{t21} + R \times \ln(\pi_{LPC}) = 7.2625 \cdot 10^3$$

$$T_{t25s} = 442.2633\,K$$

$$\Delta h_{t,actual} = \frac{h_{t25s} - h_{t21}}{\eta_{LPC}} = 1.0626 \cdot 10^5 \frac{J}{kg}$$

$$h_{t25} = h_{t21} + \Delta h_{t,actual} = 1.5559 \cdot 10^5 \frac{J}{kg}$$

$$Power_{LPC} = \dot{m}_2 \times \Delta h_{t,actual} = 1.1823 \cdot 10^7\ W$$

7) 덕트2

$$P_{t25} = P_{t25} \times (1 - Pressure\,loss) = 360.7334\ kPa$$

8) HPC

$$P_{t3} = P_{t25} \times \pi_{HPC} = 2048.62\,kPa$$

$$s_{t3s} = s_{t25} + R \times \ln(\pi_{HPC}) = 7.7928 \cdot 10^3$$

$$T_{t3s} = 734.0809\,K$$

$$\Delta h_{t,actual} = \frac{h_{t3s} - h_{t2.5}}{\eta_{HPC}} = 3.3848 \cdot 10^5$$

$$h_{t3} = h_{t2.5} + \Delta h_{t,actual} = 4.9407 \cdot 10^5 \frac{J}{kg}$$

$$T_{t3} = 776.8575\,K$$

$$Power_{HPC} = \dot{m}_3 \times \Delta h_{t,actual} = 3.7659 \cdot 10^7\ W$$

9) 연소기

$$\dot{m}_4 = \dot{m}_0(1+f) = 113.7335\ kg/s$$

$$P_{t4} = P_{t3} \times \pi_b = 1935.9\,kPa$$

$$h_{t4} = \frac{\dot{m}_0 \times h_{t3} + \dot{m}_0 \times f \times Q_{R*}\eta_b}{\dot{m}_0 + \dot{m}_0 \times f} = 1.4155 \cdot 10^6 \frac{J}{kg}$$

10) HPT

$$\Delta h_{t,actual} = \frac{Power_{HPC}}{\eta_{m_{hp\,shaft}} \times (\dot{m}_0 + \dot{m}_0 \times f)} = 3.3112 \cdot 10^5 \frac{J}{kg}$$

$$h_{t4.5s} = h_{t4} - \frac{\Delta h_{t,actual}}{\eta_{HPT}} = 1.0534 \cdot 10^6 \frac{J}{kg}$$

$$h_{t4.5} = h_{t4} - \Delta h_{t,actual} = 1.0844 \cdot 10^6 \frac{J}{kg}$$

$$T_{t4.5} = 1280.6\,K,\ T_{t4.5s} = 1255.8\,K$$

$$\pi_{HPT} = \exp\left(\frac{s_{t4.5s} - s_{t4}}{R}\right) = 0.4049$$

$$P_{t4.5} = P_{t4} \times \pi_{HPT} = 1935.9 \times 0.4049 = 783.8115\,kPa$$

11) 덕트3

$$P_{t4.5} = P_{t4.5} \times (1 - Pressure\,loss) = 775.9734\,kPa$$

12) LPT

$$\Delta h_{t,actual} = \frac{Power_{fan} + Power_{LPC}}{\eta_{m_{lp\,shaft}} \times (\dot{m}_0 + \dot{m}_0 \times f)} = 4.0253 \cdot 10^5 \frac{J}{kg}$$

$$h_{t5s} = h_{t4.5} - \frac{\Delta h_{t,actual}}{\eta_{LPT}} = 6.5103 \cdot 10^5 \frac{J}{kg}$$

$$h_{t5} = h_{t4.5} - \Delta h_{t,actual} = 6.8189 \cdot 10^5 \frac{J}{kg}$$

$$T_{t5} = 951.26\,K,\ T_{t5s} = 925.22\,K$$

$$\pi_{LPT} = \exp\left(\frac{s_{t5s} - s_{t4.5}}{R}\right) = 0.252$$

$$P_{t5} = P_{t4.5} \times \pi_{LPT} = 195.5807\,kPa$$

13) 덕트4

$$P_{t7} = P_{t5} \times (1 - Pressure\,loss) = 193.62\ kPa$$

14) 코어 노즐(수축 노즐)

위 문제 "이중 스풀 터보제트 엔진" 풀이와 동일

$$T_{t9} = T_{t7} = 951.26\,K,\ P_{t9} = P_{t7} = 193.6249\ kPa$$

- 노즐 질식 상태 확인

$$P_{sMN} = 105.02\,kPa,\ T_{sMN} = 820.4985\,K$$

$$P_{sMN}(105.02\,kPa) > P_a(101.325\,kPa)$$

$$\therefore choked$$

$$M_9 = 1$$

$$P_9 = P_{sMN} = 105.02\,kPa,$$

$$T_9 = T_{sMN} = 820.4985\,K$$

- 노즐 출구 계산

$$a_9 = 557.4435\,m/s,\ V_9 = 557.4435\,m/s$$

$$\rho_9 = 0.4457\ kg/m^3,\ A_9 = 0.4578\,m^2$$

15) 바이패스 덕트

$$P_{t13} = 159.92\ kPa$$

16) 바이패스 노즐(수축 노즐)

- 노즐 질식 상태 확인

$$P_{sMN} = 84.5379\,kPa\ (at\ Mach = 1)$$

$$T_{sMN} = 293.14\,K$$

$$P_{sMN}(84.54\,kPa) > P_a(101.325\,kPa)$$

$$\therefore unchoked$$

- 질식 상태가 아닌 경우, 수치기법(Bisection or false-position) 필요

$$P_{19} = P_a = \frac{P_{t19}}{\left(1 + \frac{\gamma - 1}{2} M_{19}^2\right)^{\frac{\gamma}{\gamma-1}}}$$

위 식을 만족하는 마하 수 계산(수치기법)

$M_{19} = 0.835,\ P_{19} = 101.325\,kPa,\ T_{19} = 308.65\ K$

※ 질식 상태인 경우,

$P_{19} = P_{sMN}\quad T_{19} = T_{sMN}$

노즐 출구 속도

$a_{19} = 351.94\ m/s$

$V_{19} = 293.83\ m/s$

$\rho_{19} = 1.1436\,kg/m^3$

$$A_9 = \frac{\alpha\dot{m}}{\frac{P_{t19}}{\sqrt{T_{t19}}}\sqrt{\frac{\gamma}{R}}M_{19}(1+\frac{\gamma-1}{2}M_{19}^2)^{-\frac{\gamma+1}{2(\gamma-1)}}}$$
$$= 1.7464\ m^2$$

17) 성능 계산

$$F_{core} = \dot{m}_0(1+f)V_9 - \dot{m}_0 V_0 + (P_9 - P_0)A_9$$
$$= 65.083\,kN$$

$$F_{fan-baypass} = \alpha\dot{m}_0 V_{19} - \alpha\dot{m}_0 V_0 + (P_{19} - P_0)A_{19}$$
$$= 172.45\,kN$$

$$F = \dot{m}_0(1+f)V_9 + \alpha\dot{m}_0 V_{19} - (1+\alpha)\dot{m}_0 V_0$$
$$+ (P_9 - P_0)A_9 + (P_{19} - P_0)A_{19} = 237.53\,kN$$

$$SFC = \frac{\dot{m}_0 \times f}{F} = 10.413\,\frac{mg}{N\,s}$$

프로젝트: 이중 스풀 터보제트 엔진과 터보팬 엔진의 비행 중 성능 해석

1) 위 예제에서 이중 스풀 터보제트 엔진이 지상에서 작동을 했는데, 이 엔진이 고도 10km, 속도 마하수 0.6일 때의 각 구성품의 성능 변수(압력, 온도 등)를 구하고 최종적으로 추력과 추진 효율 및 연료 소모율을 구하시오. (단 맵 스케일링은 무시함. 맵 스케일링을 고려한 탈설계는 10장에서 다룸)

정압, 정온 계산는 다음의 고도(h) 연관 식 사용

$$T_a = \begin{cases} 288.15 - 0.0065 \times h, & (h < 11000m) \\ 216.15, & (11000m \le h < 24994m) \\ 216.15 + 0.0029892 \times (h - 24994) & (24994m \le h < 33000m) \end{cases}$$

$$P_a = \begin{cases} 101.325 \times (\frac{288.15}{T})^{-5.25588}, & (h < 11000m) \\ \frac{22.63253}{\exp(0.000157689 \times (h - 10998.1))}, & (11000m \le h < 24994m) \\ 2.5237 \times * (\frac{216.65}{T})^{11.8} & (24994m \le h < 33000m) \end{cases}$$

2) 위 예제에서 이중 스풀 터보팬 엔진이 고도 10km, 속도 마하수 0.6 일 때의 각 구성품의 성능 변수(압력, 온도 등)를 구하고 최종적으로 추력과 추진 효율 및 연료 소모율을 구하시오. (단 맵 스케일링은 무시함. 맵 스케일링을 고려한 탈설계는 10장에서 다룸)

연습문제

1 제트 엔진의 이상적인 열효율을 카르노사이클의 열효율과 비교하고 유사성을 수식을 유도해서 설명하시오. (카르노사이클 열효율: $\eta_{th} \approx 1 - T_0/T_{t3}$)

2 아래와 같이 작동하는 터보제트 엔진의 비추력과 비연료 소모율을 계산하시오. 각 하첨자는 그림 5-5) 엔진 구성품 위치 번호를 참조하시오.

- 상태량: $T_a = 248.33K$, $P_a = P_7 = 46.60kPa$ $M_a = 0.6$, $(P_{T_3}/P_{T_2}) = 8$,
  연소기 전압력 손실 $\pi_B = (P_{T_4}/P_{T_3}) = 0.97$
- 효율: $\eta_I = 0.85$ $\eta_c = 0.85$, $\eta_B = 0.98$, $\eta_{T_1} = \eta_{T_2} = 0.9$, $\eta_N = 0.97$, $\eta_m = 0.97$
- 공기: $c_p = 1.005\ kJ/kg \cdot K$, $\gamma = 1.4$,
- 연료 및 가스: $Q_R = 42000\,kJ/kg$, $c_p = 1.172kJ/kg \cdot K$, $\gamma = 1.3$

3 고도 10 km에서 마하수 0.8로 순항하는 터보제트 엔진의 터빈 입구 온도가 1200 K일 때 문제2)를 다시 구하시오.

4 아래의 자료를 사용하여 터보팬 엔진의 비추력, 비연료 소비율, 연공비를 구하고 배기 제트의 추력과 바이패스 유동의 추력을 구하여 추진 효율의 기여도를 비교하시오.

- 비행 마하수 : $M_a = 0.6$, 대기 온도 : $T_a = 248.3\,K$, 공기 유량: $\dot{m}_a = 108.8\,kg/s$
- 공기 흡입구 전압력 회복률: $P_{T2}/P_{Ta} = 0.988$, 바이패스비: $\beta = 3$
- 총압력비: $P_{T3}/P_{T2} = 19$, 팬 압력비: $P_{Tt3}/P_{T2} = 1.65$,
  연소기 전압력 손실: $P_{T4}/P_{T3} = 0.95$
- 터빈 입구 온도 : $T_{T4} = 1444.5\,K$
- 효율: $\eta_F = 0.9$, $\eta_c = 0.9$, $\eta_B = 0.98$, $\eta_N = 0.95$
- 터빈 효율: $\eta_{T_1} = \eta_{T_2} = 0.9$, 기계 효율: $\eta_{m1} = \eta_{m2} = 0.97$
- 공기: $c_p = 1.005\,kJ/kg \cdot K$, $\gamma = 1.4$,
- 가스: $c_p = 1.172\,kJ/kg \cdot K$, $\gamma = 1.3$

5 지상 정지 상태에서 터보팬 엔진이 다음과 같은 조건에서 작동되고 있다. 압축기 출구로부터 터빈 입구까지의 전압력은 일정하게 유지된다고 가정한다. 연료 C_8H_{18}는 $298K$로 연소실로 공급되며, 분리 배기 방식의 터보팬 엔진이다. 이 터보팬 엔진의 다음 성능을 구하시오.

(a) 바이패스비 2.0일 때의 추력, 비연료 소비율 및 열효율

(b) 바이패스비 5.0일 때의 추력, 비연료 소비율 및 열효율

- 공기 유량: $1\,kg/s$
- 압축기 전압력비: 12.0
- 팬 전압력비: 1.35, 터빈 입구 전온도 : 1,400 K
- 효율: 흡입구(100%), 압축기(87%), 팬(85%), 터빈(89%), 코어노즐(98%), 팬노즐(98%)

6 아래와 같은 조건에서 터보프롭 엔진의 설계점 성능을 해석하시오. (각 하첨자는 그림 5-27) 엔진 구성품 위치 번호 참조)

- 비행 마하수(M_a): 0.8, 대기압(P_a): $96.52\,kPa$, 대기 온도(T_a): $277.78\,K$
- 추력비(α): 4.73, 터빈 입구 온도(T_{T_4}) = $1222.23\,K$
- 공기 흡입구 전압력 회복률(π_i) = 0.98, 압축기 전압력비(P_{T_3}/P_{T_2}) = 7
- 효율: $\eta_c = 0.85$, $\eta_B = 0.98$, $\eta_{T_1} = \eta_{T_2} = 0.9$, $\eta_N = 0.98$, 기계적 효율($\eta_{m_1} = \eta_{m_2}$) = 0.95
- 프로펠러 효율(η_p) = 0.8, 연소기 전압력 손실률(π_B) = 0.97
- 연료: $Q_R = 42000\,kJ/kg$, $c_p = 1.172\,kJ/kg \cdot K$, $\gamma = 1.33$
- 공기: $c_p = 1.004\,kJ/kg \cdot K$, $\gamma = 1.4$

7 가스터빈 엔진을 장착한 항공기가 표준 해면 상태에서 $223\,m/s$로 비행하고 있다. 램효율이 85%, 압축기의 압력비가 4:1, 압축기의 효율이 80%, 연소기 압력계수가 2%, 연료-공기비가 0.0122, 그리고 터빈 입구의 전온도는 707℃이다. 터빈의 효율이 84%이고, 노즐 효율이 95%일 때 순추력과 연료 소비율을 구하시오.

8 지상에서 정지 상태의 비행기에서 터보프롭 엔진이 아래와 같은 조건에서 작동한다. 압축기 출구와 터빈 입구에서의 전압력은 일정하게 유지된다고 가정한다. 이 터보프롭 엔진의 다음의 성능을 구하시오.

(1) 프로펠러를 구동하는 데 소요되는 동력

(2) 엔진 추력

(3) 연료 소비율

- 공기 유량: $1\,kg/s$, 압축기 전압력비 : 12.0
- 터빈 입구 전온도: $1{,}400\,K$, 저압터빈 출구 전압력 : $172.4\,kPa$
- 효율: 확산기(100%), 압축기(87%), 압축기 구동 터빈(89%), 프로펠러 구동 터빈(89%), 노즐(100%)

Chapter 6

흡입구와 노즐

Chapter 6
흡입구와 노즐

6.1 소개

가스터빈 엔진의 흡입구는 연소기에 필요한 공기를 대기로부터 흡입하여 압축기로 공급하는 역할을 한다. 압축기의 작동을 원활하게 하기 위하여 흡입된 공기의 질을 순화시켜서 압축기에 공급하기 위하여, 흡입구 유로의 단면적은 흐름 방향으로 증가되는 형상이다. 아음속 유동에서 유로 면적이 증가되면 유속은 감소하고, 유동 방향으로 압력이 점점 증가되므로 역압력 구배가 발생한다. 역압력 구배로 인하여 유동과 반대 방향으로 작용하는 힘은 유동의 흐름을 방해하므로 심한 경우는 유동박리가 발생한다. 유동박리는 복잡한 유동을 형성하며 유동의 모멘텀 및 에너지 손실이 크게 발생하므로 유동박리가 가능한 발생되지 않도록 해야 한다. 이와는 달리 노즐에서는 유동 방향으로 순압력 구배가 발생하므로 흡입구보다 상대적으로 유동구조가 복잡하지 않다.

6.1.1 흡입구 형상

원활한 엔진 작동을 위한 흡입구의 역할을 도모하기 위하여 다음과 같은 기술적 요구를 고려하여 흡입구 형상을 주의깊게 설계하여야 한다.

(1) 흡입구에서의 유속 범위

가스터빈 엔진에서 흡입 공기의 속도가 빠르면 빠를수록 많은 공기를 연소실로 공급할 수 있으므로 큰 추력을 발생시킬 수 있지만, 유속이 너무 빠르면 압축기에서 실속(Stall)이 일어나 압축기 성능이 감소한다. 일반적으로 압축기로 들어오는 흡입 공기의 속도는 마하수 0.4에서 0.7 정도로 제한된다. 아음속에서는 유동 방향으로의 유로의 면적을 증가하게 하여 유속을 감속시키는 흡입구 형상을 이용하면 더 빠른 비행 마하수에서도 압축기로 들어오는 흡입 공기의 유속을 제한된 범위로 감속시킬 수 있다. 예를 들면, 흡입구 입구의 유동 마하수가 0.85가 되더라도 압축기로 들어가는 공기의 마하수를 0.6으로 감속시켜줄 수 있다. 그러나 초음속 유동에서 감속을 하려면 오히려 유동 방향으로의 유로 면적이 감소하여야 하므로, 흡입구 입구의 유속이 아음속인지 아니면 초음속인지를 구분하여 흡입구를 설계해야 한다. 이에 대하여는 다음 절에 좀 더 자세히 다룬다.

(2) 유동박리 억제

흡입구에서 유동박리가 발생하면 유효 면적이 실제 면적보다 줄어들게 되어 흡입 공기의 유량이 감소되고, 흡입구 출구에서 원하는 속도까지 감속이 안 되어 압축기의 성능이 저하될 수 있다. 따라서 압축기에서 목표 성능을 발휘하기 위해서는 흡입구에서 유동박리가 일어나지 않도록 해야 한다.

(3) 작은 전압력 손실

가스터빈 엔진의 모든 부분에서 전압력 손실을 작게 하여 불필요한 에너지 손실을 최소화해야 한다. 흡입구에서 전압력 손실은 마찰에 의해 발생하는데, 전압력 손실이 일어남에 따라 엔트로피가 증가하여 효율이 떨어지게 된다. 효율 감소는 에너지 손실을 의미하므로, 흡입구에서의 전압력 손실을 최대한 작게 해야 한다.

(4) 흡입구 출구에서 균일한 흐름의 방향과 속도

흡입구 출구에서 와류가 크게 발생하면 압축기의 효율이 감소되므로 균일한 유동 흐름이 되도록 설계해야 한다. 흡입구 출구에서 와류가 발생하지 않도록 흡입구의 내부 곡면을 완만하게 설계해야 한다. 산업용 가스터빈 엔진인 경우엔 벨 마우스(Bell-mouth) 형태의 흡입구를 사용한다. 하지만 벨 마우스 형태의 흡입구는 유로 단면적이 크게 커지게 되어 항공용 가스터빈 엔진에는 적합하지 않은 면이 있다.

(5) 대기 공기의 흐름 방향 고려

항공기는 직진 운동만 하는 것이 아님을 고려해야 한다. 항공기는 상승과 하강할 때 피치(Pitch), 선회를 할 때 요(Yaw) 및 롤(Roll) 운동을 하며, 특히 전투기는 더욱 격한 방향으로 비행을 한다. 이를 고려하여 비행체의 격한 운동 또는 외기 바람의 급격한 방향 변경에도 흡입구로 들어오는 흡입 공기의 상태가 압축기 입구에서는 큰 유동 변화가 없도록 해야 한다. 즉, 외기 흐름이 크게 바뀌어도 흡입 공기가 압축기 성능을 저하시키지 않도록 해야 한다.

6.1.2 흡입구와 노즐에서 유동의 속도 변화

2장에서 다루었듯이 유로의 면적이 변하면 유속도 바뀐다. 공기는 압축성 유체이므로 이것을 고려한 마하수와 면적에 관한 관계식은 다음과 같다(2장 참조).

$$(M^2-1)\frac{du}{u} = \frac{dA}{A} \tag{6-1}$$

아음속일 때 위 식 (6-1)에서 (M^2-1)항은 음수가 되어 속도(마하수)의 변화는 유로 면적의 변화와 반대가 된다. 즉, 아음속에서 유로 면적이 증가하면 속도는 감속되며, 유로의 면적이 감소하면 유속은 가속된다(2장 참조).

$$dA > 0 \rightarrow du < 0$$

$$dA < 0 \rightarrow du > 0$$

반면에 유동이 초음속이면 식 (6-1)에서 (M^2-1)항은 양수가 되어 속도의 변화와 면적의 변화의 경향은 같다. 즉, 초음속에서는 유로의 면적이 증가하면 유동은 가속되며, 유로의 면적이 감소하면 속도는 감속이 된다.

$$dA > 0 \rightarrow du > 0$$

$$dA < 0 \rightarrow du < 0$$

면적 변화와 속도 변화의 관계를 이해하고, 속도와 압력의 관계를 이해해야 한다. 저속($M < 0.3$)일 때는 비압축성으로 가정하여 속도와 압력의 관계는 베르누이 방정식으로 알 수 있지만, 그 이상에서는 압축성 특성이 나타나므로 베르누이 방정식은 오차가 크게 되므로 유동의 압축성을 고려해야 한다. 이는 2장에 상세히 기록하였다.

비압축성 유동에서는 운동 에너지의 변화는 모두 정압력의 변화에 사용되지만, 압축성 유동에서는 운동 에너지의 변화는 정압력과 내부 에너지로 변환된다. 내부 에너지의 변화는 온도의 변화를 의미한다.

6.2 흡입구(Inlet or Diffuser)

6.2.1 흡입구 유동 구조

가스터빈 엔진의 흡입구에서 유동이 매끄럽게 흐를 때의 유동 형태를 그림 6-1a)에 개략적으로 나타내었다. ①은 흡입구의 외부, ②는 흡입구 내부 표면, ③은 압축기를 지지하는 스파이크의 콘(Corn) 형상을 나타낸다. 흡입구로 들어오는 흡입 공기가 큰 모멘텀 손실 없이 매끄럽게 들어올 수 있도록 흡입구와 몸체의 형상을 유선형으로 설계한다. 그림 6-1b)는 흡입구에서 유동박리가 발생할 때의 유동 형태를 나타낸 것이다. 유동박리가 일어나는 이유에 대해서 알아보자.

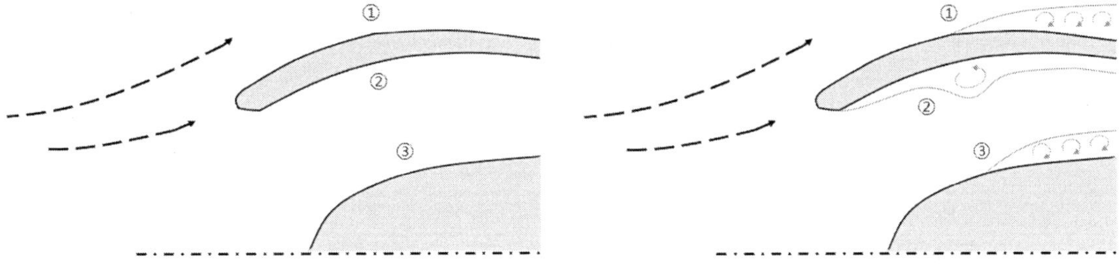

(a) 흡입구에서의 유동 형태 (b) 유동박리 발생 시 유동 형태

[그림 6-1] 흡입구에서의 공기 형태(유동박리가 있는 경우와 비교)

비행중에 외부 공기는 엔진 흡입구 외부 ①로 외부 공기가 흘러가는데 비행 속도가 빨라지면 이 부분에서 흡입구의 외부 곡면을 따라가지 못하여 유동박리가 발생한다. 흡입구 내부인 ②에서는 비행 속도가 빠르면 역압력 구배로 흡입 공기가 흡입구 내부 곡면을 따라가지 못하여 유동박리가 발생할 수 있다. 흡입구 내부인 ③에서는 곡면이 많이 바뀌므로 ①과 유사하게 비행 속도가 빨라지면 이 부분에서 유동이 흡입구의 곡면을 따라가지 못하여 유동박리가 발생할 수 있다. 유동박리는 흡입 공기의 유선이 벽면으로부터 떨어지는 현상이며, 유동이 박리되면 와류가 발생하고 복잡한 유동 현상이 일어나고, 모멘텀 손실이 크게 발생하여 큰 압력 손실을 유발하고, 유동이 규질하지 않으므로 압축기의 성능을 저하 시킨다. 따라서 흡입구에서 유동박리를 최대한 피하기 위해서는 유입되는 유동 속도를 고려하여 흡입구의 곡면을 설계해야 한다.

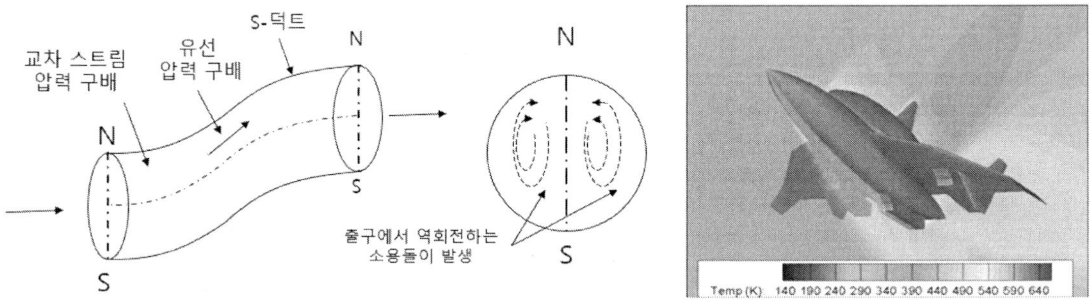

[그림 6-2] 흡입구의 원형 “S” 형상 덕트

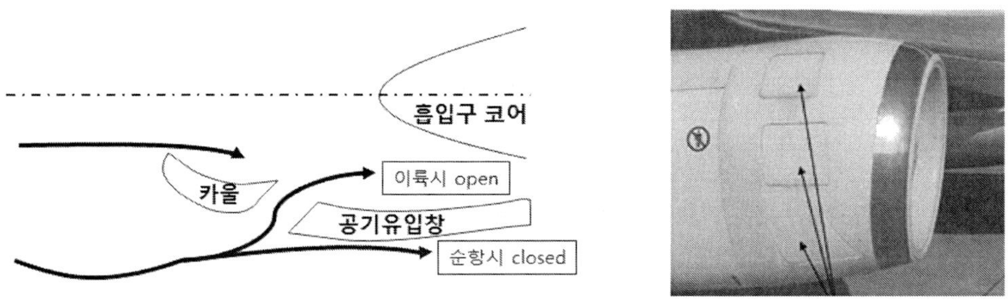

[그림 6-3] 흡입구의 공기 유입창(blow-in door)

흡입구에서 유속에 따라 역압력 구배에 의해 유동박리가 발생하기 때문에 항공기 흡입구는 “S” 형상으로 설계한다. 흡입 공기에 와류가 발생하여도 압축기로 바로 들어가지 않고 덕트를 지나면서 유질을 균질하게 하기 위함이다.

항공기가 순항할 때, 즉 비교적 낮은 속도로 운항을 할 때는 큰 추력이 필요하지 않지만 이륙할 때는 큰 추력이 요구된다. 흡입 공기의 질량 유량을 크게 하기 위하여 그림 6-3)과 같이 흡입구 외부에 창(blow- in door)을 만들어 필요시에는 많은 공기가 들어갈 수 있도록 공기량을 조절할 수 있게 할 수 있다. 순항할 때는 이 창은 닫혀져 있고 이륙할 때는 큰 추력이 필요하므로, 흡입 공기의 양이 많이 필요하기 때문에 바깥쪽에서 공기가 유입되도록 창을 열어서 흡입 공기 양을 증대시킨다.

6.2.2 비행 속도에 따른 유동 구조

흡입구 외부를 ⓐ, 흡입구 입구를 ①, 흡입구 출구이면서 압축기 입구를 ②로 구분하여 비행 속도에 따른 유동 패턴의 변화를 자세히 알아보자. 먼저 비행 속도가 저속에서와 고속에서의 흡입 공기의 질량 유량의 변화를 알아보고, 그 후 속도 구간별로 흡입 공기의 유동 패턴을 살펴보자.

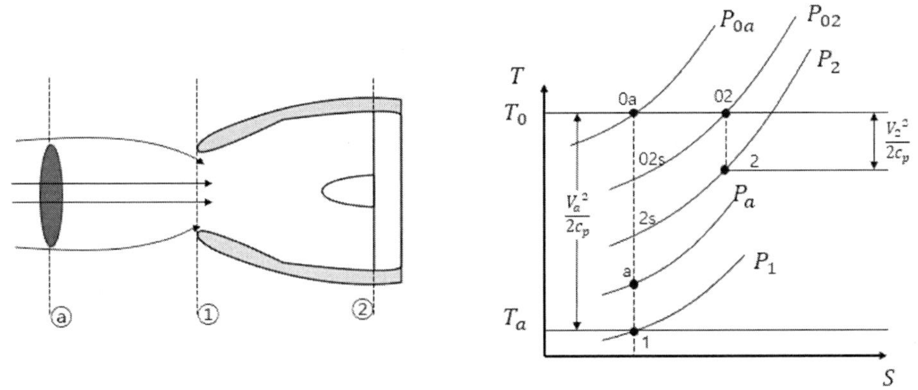

(a) 흡입구에서의 유동 형태 (b) $T-s$선도

[그림 6-4] 저속에서 유동 패턴: 흡입 유동 포획 면적(A_a)> 흡입구 면적(A_1)

①번에서의 흡입 공기의 유료 면적은 흡입구의 단면적과 같은데, 유입되는 속도가 낮을 때는 외부에서 들어오는 공기의 단면적은 흡입구 입구의 단면적보다 크다. 압축기 회전에 의해서 흡입이 되므로 큰 유로의 면적의 공기가 안쪽으로 빨려 들어오기 때문에 유선은 그림 6-4a)와 같다. 이러한 현상을 $T-s$선도에 나타내 보면, 외부에서 흡입구 입구까지 유로의 면적이 감소되었으므로 공기의 속도는 가속되면서 압력이

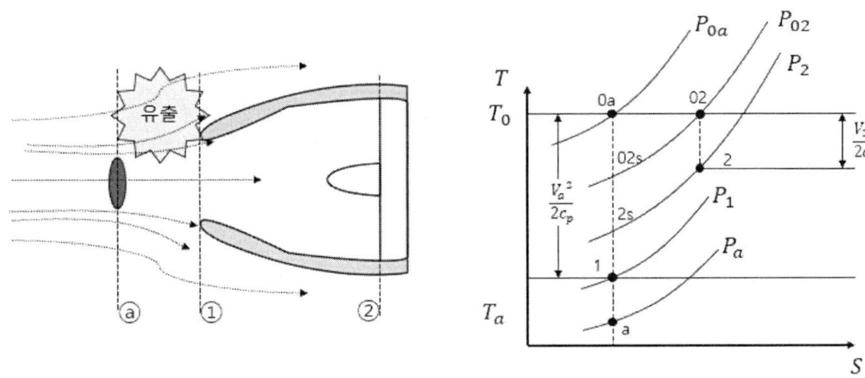

(a) 흡입구에서의 유동 형태 (b) $T-s$선도

[그림 6-5] 고속에서 유동 패턴: 흡입 유동 포획 면적(A_a)< 흡입구 면적(A_1)

낮아지고 온도도 낮아진다. 따라서 ①점의 온도가 ⓐ점의 온도가 보다 더 작으며, 이를 그림 6-4b)에 나타내었다.

반면 외부 공기의 속도가 빠를 때에는 압축기에서 소화할 수 있는 유량이 한계가 있기 때문에 일부 공기는 흡입되지 못하고 흡입구 밖으로 빠져나가는 현상(유출, Spillage)이 발생하여 흡입구의 유로 단면적보다 실제로 들어오는 유동 유효 면적이 작다(그림 6-5a 참조). ⓐ에서의 ① 사이는 등엔트로피 과정이라고 할 수 있으므로 공기가 감속되며 압력과 온도는 증가하게 된다(그림 6-5b 참조).

외부 공기의 유속이 낮을 때부터 초음속까지의 흡입구에서의 흡입 공기 유동 패턴을 살펴보자.

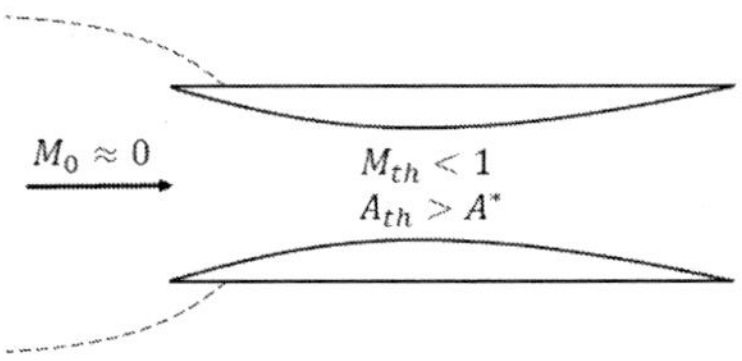

(a) 유속이 매우 낮을 때 노즐목에서 초킹이 되지 않는다(포획률 참고($A_0/A_1 > 1$)).

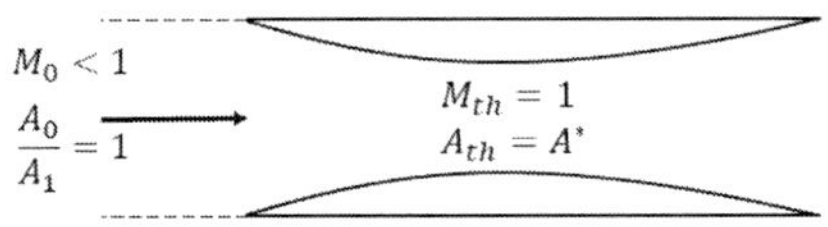

(b) 특정 아음속 마하수에서 노즐목에서 첫 번째 초킹이 일어난다(포획률 참고 ($A_0/A_1 = 1$)).

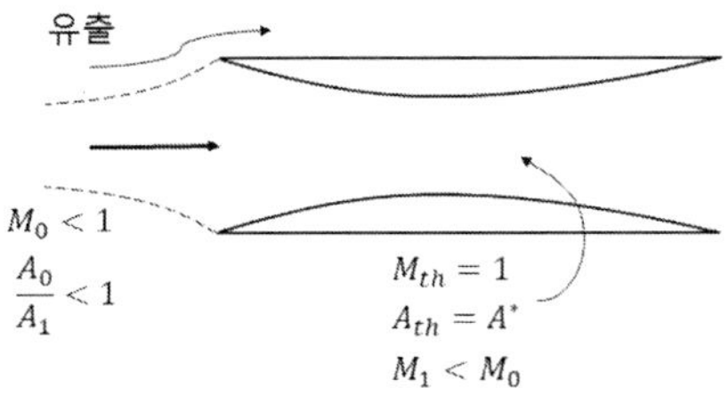

(c) (b)에서 보다 높은 마하수에서 포획률이 1보다 작아지고 유출이 발생한다(노즐목은 초킹 상태 유지).

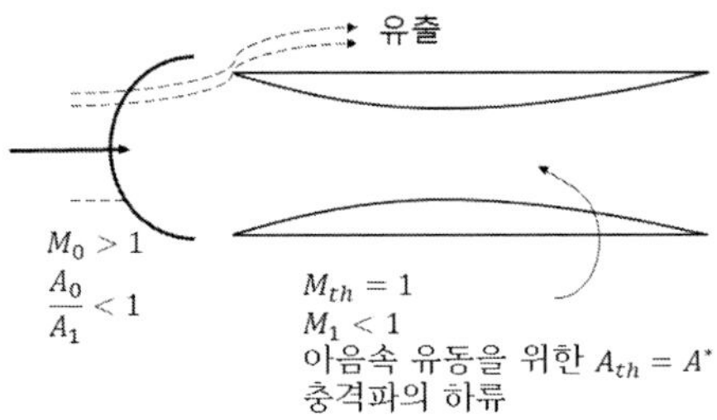

(d) 유출로 인하여 흡입구의 앞에서 아음속 마하수에서 시작(활) 충격파가 형성된다(노즐목은 초킹 상태 유지).

[그림 6-6] 흡입 유동의 유속 구간별 유동 형태

(a) 유속이 매우 낮을 때($M_0 \approx 0$)

유속이 매우 낮으면 유선은 그림 6-6a)와 같이 나타나며 외부에서 흡입구까지의 유로의 면적이 감소함에 따라 유속은 증가되지만 흡입구의 목(최소면적)에서 음속보다는 작아서 흡입구에서의 질식(chocking) 현상은 나타나지 않는다.

(b) 흡입 공기의 포획 면적이 흡입구 입구 면적과 같 때($A_0/A_1 = 1, M_0 < 1$)

유속이 빨라져서 흡입 공기의 포획 면적이 흡입구의 입구 면적과 같게 되고, 흡입구 목에서 유량이 질식(Choking)이 될 때 흡입 공기량은 최대가 된다. 흡입구 목 면적 이전까지는 유속은 아음속이며, (a)에서의 단면적과 비교했을 때 흡입 공기의 포획 면적이 작지만 유동 속도가 상대적으로 크기 때문에 흡입 공기 질량 유량은 (a) 보다 증가된다.

(c) 흡입 공기의 포획 면적이 흡입구 입구 면적 보다 작을 때($A_0/A_1 < 1, M_0 < 1$)

(b)보다 유속이 빨라진다면 흡입 공기의 포획 면적이 흡입구 입구 면적 보다 작게 되고, 일부 공기는 엔진 외부로 빠져나가는 현상(Spillage)이 일어난다. 그렇기 때문에 흡입구의 단면적 만큼 공기 유량이 들어오지 못하게 된다.

(d) 흡입 공기의 유속이 초음속일 때($M_0 > 1$)

흡입 공기의 유속이 초음속일 때 흡입구 앞에서 충격파가 발생한다. 이때 충격파 전후로 열역학적 상태량이 상당히 달라진다. 충격파를 지나면 속도가 급격히 감속이 되며, 압력, 온도는 크게 증가한다. 속도에 따라 유동의 흐름이 그림 6-6d)와 같이 달라지지만 어떠한 조건(속도가 낮을 때부터 높을 때까지)이라도 흡입구는 제 역할을 하여 압축기가 잘 작동될 수 있도록 설계가 되어야 한다. 엔진에서 필요한 공기량이 공급되어야 엔진에서 요구되는 출력이 발생되는데, 만일 (d)와 같이 공기가 흡입구 밖으로 배출되는 현상(Spillage)이 크게 발생하여 공기량이 많이 작아지면 엔진 작동이 잘 되지 않는다. 이때 엔진에서 필요한 공기 흡입량보다 적게 들어와 엔진이 작동 되는 않는 현상을 비시동(Unstart)이라고 한다. 비시동 현상이 발생하지 않도록 흡입구가 설계되어야 하고, 엔진 작동에서도 매우 조심해야 한다.

예제6.1

공기가 흡입구를 지나 압축기로 들어가고 있다. 흡입구는 진행 방향으로 넓이가 넓어지는 디퓨저 현상이다. 흡입구 입구와 출구의 면적 비가 1.2이고 흡입 마하수가 0.5일 때 흡입구 출구 마하수를 구하시오. (등엔트로피 과정이며 $\gamma = 1.4$ 가정이다)

해설

압축성 유동을 통해 다음의 식에서 출발하자.

$$\frac{A_i}{A^*} = \frac{1}{M_i}\left\{\frac{2}{\gamma+1}\left(1+\frac{\gamma-1}{2}M_i^2\right)\right\}^{\frac{\gamma+1}{2(\gamma-1)}} \quad \text{식 (1)}$$

$$\frac{A_e}{A^*} = \frac{1}{M_e}\left\{\frac{2}{\gamma+1}\left(1+\frac{\gamma-1}{2}M_e^2\right)\right\}^{\frac{\gamma+1}{2(\gamma-1)}} \quad \text{식 (2)}$$

$$A_e = 1.2A_i \quad \text{식 (3)}$$

흡입구 입구와 출구는 같은 등엔트로피 구간을 만족하므로 동일한 노즐목면적 A^*를 가진다.

식 (1)을 계산하면

$$\frac{A_i}{A^*} = \frac{1}{0.5}\left\{\frac{2}{1.4+1}\left(1+\frac{1.4-1}{2}0.5^2\right)\right\}^{\frac{1.4+1}{2(1.4-1)}} = 1.3398 \quad \text{식 (4)}$$

식 (3)을 식 (2)에 대입하여 계산하면

$$\frac{A_e}{A^*} = \frac{1.2A_i}{A^*} = \frac{1}{M_e}\left\{\frac{2}{\gamma+1}\left(1+\frac{\gamma-1}{2}M_e^2\right)\right\}^{\frac{\gamma+1}{2(\gamma-1)}} \quad \text{식 (5)}$$

식 (5)를 통해 A_e/A^*는 A_i/A^*에 1.2를 곱한 값이 됨을 알 수 있다.

$$\frac{1}{M_e}\left\{\frac{2}{\gamma+1}\left(1+\frac{\gamma-1}{2}M_e^2\right)\right\}^{\frac{\gamma+1}{2(\gamma-1)}} = 1.2 \cdot 1.3398 = 1.6078 \quad \text{식 (6)}$$

$\therefore M_e = 0.3946$

(계산기의 solve 기능을 이용하는 것을 추천)

6.3 노즐(Nozzle)

4장에서 노즐의 열역학적 사이클 해석에 대해서 알아보았다. 따라서 이번 장에서 4장에서 다루지 않은 부분만 추가적으로 알아볼 것이다.

노즐의 가장 기본적인 역할은 노즐의 면적 변화를 통해 작동 유체의 유속을 가속시키는 것이다. 과거에는 노즐의 팽창비를 결정하여 추력을 가능한 크게 하는 것이 주요 목적이었지만, 현대에는 추력을 크게 하는 것은 기본적인 요구 조건이고 그 외에도 다양한 요구 조건(스텔스 기능, 환경 보호 기능 등)을 충족해야 한다. 예를 들면 적외선 복사(Infrared radiation), 열 배기(Thermal plume), 스모크(Smoke), 소음 문제(Acoustic signature or noise) 등이 있다.

(a) 적외선 복사(Infrared radiation), 열 배기(Thermal plume)

현대 전투기의 스텔스 기능에 대한 주요성을 들어보았을 것이다. 한밤중에 눈으로는 보이지 않는 사물을 적외선을 이용하는 야투경(또는 야시경)을 사용하여 식별이 가능하다. 이는 온도의 4승에 비례하여 열복사가 이루어지기 때문에 물체에서 나오는 복사열을 적외선으로 탐지하여 물체를 식별한다. 이 원리를 역으로 이용하면, 즉 온도를 낮추면 열복사가 온도의 4승에 비례하여 줄어들기 때문에 야투경의 탐지가 어려워지므로, 이 원리를 항공기에 적용한다. 온도가 높은 배기가스가 그 대상이다. 스텔스 기능을 위해 배기가스의 온도를 낮추는 것이 핵심이기에 가능한 배기가스를 팽창시켜 온도를 낮추고, 배기가스를 대기와 빠르게 혼합/희석시켜 열적 냉각을 빠르게 할 필요가 있다.

(b) 스모크(Smoke)

하늘에 비행기는 없는데 연기(구름) 자국이 남아 있는 것을 본 적이 있을 것이다. 엔진 배기구에서 배출되는 배기가스가 주위의 공기와 혼합되어 대기 속에 있는 포화 상태의 수증기가 배기가스의 응결핵과 작용하여 응결되어 발생한 것이다. 따라서 기체 상태의 수증기가 물로 응결되어 구름과 같은 형태가 되어 눈으로 직접 관측이 가능하다.

(c) 소음(Acoustic signature)

안전과 소음문제로 인해 공항은 도심지에서 점점 멀어지고 있다. 도심지에 거주하는 사람들의 쾌적함을 방해하기 때문에 엔진 소음을 줄이는 것이 현안이 되고 있다. 소음을 줄이는 것과 추력을 크게 하는 것은 서로 상충되므로 절충해야 한다. 추력의 손실이 크지 않는 선에서 소음 문제를 해결해야 한다. 최근 개발되는 민항기의 엔진 노즐의 배기구가 톱니바퀴 형태인 것을 볼 수 있다. 톱니바퀴 형태로 배기구를 만듬으로 노즐 출구로 빠져나오는 배기가스를 대기의 사방으로 분산 및 소산 시켜 대기압과의 압력차를 빠르게 줄여 소음을 줄일 수 있다.

(d) 비행체의 형상

(a) ~ (c)는 항공기 엔진 관점에서 스텔스 향상을 위한 요소를 알아 보았다. 비행체의 형상도 스텔스 향상을 위해 중요하다. 보통 비행체의 형태는 유선형이지만, 전투기의 형상은 각을 이루고 있는 것을 알 수 있다. 초음속 비행에서 충격파가 발생하므로 비행 항력을 줄이기 위해 비행체 형상에 각을 만드는 것이 필수적이지만, 스텔스 기능을 위해서도 이는 중요하다. 레이더는 빛 또는 파(Wave)를 쏘아 반사되는 원리를 이용하여 물체를 탐지하는데 이 원리를 역으로 생각하면 항공기에서 반사되는 양을 줄이면 탐지가 어려워진다. 따라서 형상의 각도를 다양하게 하여 빛을 난반사시키면 한 방향으로 반사되는 양이 줄어서 레이더 탐지를 어렵게 할 수 있다.

6.3.1 추력

큰 추력이 요구되는 엔진은 축소-확대 노즐을 사용하여 연소가스를 가속시킨다. 노즐의 팽창각(α) 만큼 추력 손실이 발생하기 때문에 추력을 계산할 때 이것을 고려해야 한다. 대표적인 축소-확대 노즐은 원형과 사각형 노즐이 있다. 이 두 가지의 노즐에서 발생하는 추력을 구해보자.

(1) 콘형 노즐(Conical nozzle)

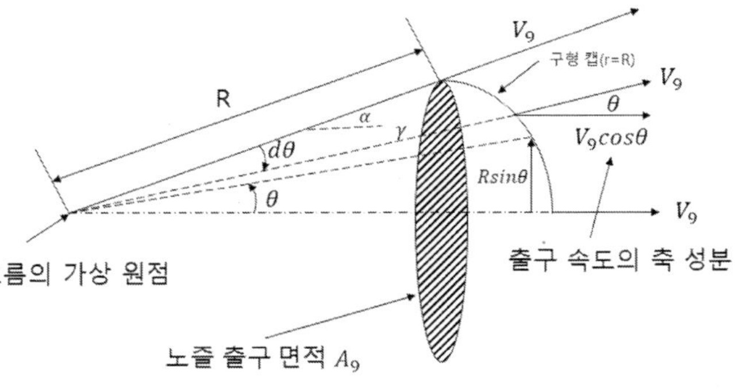

[그림 6-7] 콘형 노즐 단면

콘형 노즐에 대해서 먼저 알아보자. 그림 6-7)에서 노즐 팽창각 α, 노즐 출구 속도 V_9, 노즐 출구 면적 A_9으로 표현한다. 노즐의 팽창각에 의해 손실이 발생하는데 이 보정 추력 식을 유도해보자.

팽창각에 의한 추력 손실을 고려하지 않은 이상적인 추력 식은 다음 식 (6-2)와 같다.

$$F = \dot{m}_9 V_9 + (P_9 - P_0)A_9 \qquad \text{식 (6-2)}$$

노즐 출구의 팽창각에 의한 손실은 위 식의 우변의 첫 번째 항($\dot{m}_9 V_9$)에 영향을 미친다. 따라서 이 항에 보정계수(C_A)를 사용하여 이론 추력을 보정하면 다음 식과 같다.

$$F = C_A \dot{m}_9 V_9 + (P_9 - P_0) A_9 \qquad \text{식 (6-3)}$$

이때 보정계수는 다음 식 (6-4)와 같이 정의된다.

$$C_A \equiv \frac{\int V_9 \cos\theta d\dot{m}}{\dot{m}_9 V_9} \qquad \text{식 (6-4)}$$

콘형 노즐에서 보정계수를 구하기 위해서 노즐 출구의 미소 연소가스 질량 유량 $d\dot{m}$은 다음과 같이 표현할 수 있다.

$$d\dot{m} = \rho_9 V_9 dA \qquad \text{식 (6-5)}$$

dA을 콘형 노즐에 적용하여 표현하면 다음 식과 같다.

$$dA = 2\pi R sin\theta R d\theta = 2\pi R^2 \sin\theta d\theta \qquad \text{식 (6-6)}$$

이때 dA는 노즐의 미소 출구 면적이며 기하학적인 형상에 의해 다음 식과 같이 표현할 수 있다.

$$d\dot{m} = \rho_9 V_9 dA = 2\pi R^2 \rho_9 V_9 \sin\theta d\theta \qquad \text{식 (6-7)}$$

이 미소 질량 유량($d\dot{m}$)은 θ가 0부터 팽창각(α)까지 적분함으로 전체 노즐 출구 면적에 해당하는 질량 유량($\dot{m}_9$)에 관해 다음 식으로 표현할 수 있다.

$$\dot{m}_9 = \int_0^\alpha 2\pi R^2 \rho_9 V_9 \sin\theta d\theta = 2\pi R^2 \rho_9 V_9 (1 - \cos\alpha) \qquad \text{식 (6-8)}$$

또한 보정계수의 분모 부분을 계산하면 다음 식과 같다.

$$\int V_9 \cos\theta d\dot{m} = \int_0^\alpha 2\pi R^2 \rho_9 V_9^2 \sin\theta \cos\theta d\theta = \pi R^2 \rho_9 V_9^2 \sin^2\alpha \qquad \text{식 (6-9)}$$

따라서 보정계수를 계산하면 다음 식과 같고,

$$\therefore C_A \equiv \frac{\int V_9 \cos\theta d\dot{m}}{\dot{m}_9 V_9} = \frac{\pi R^2 \rho_9 V_9^2 \sin^2\alpha}{2\pi R^2 \rho_9 V_9^2 (1 - \cos\alpha)} = \frac{1 + \cos\alpha}{2} \qquad \text{식 (6-10)}$$

콘형 노즐의 추력 식은 다음 식 (6-11)으로 표현된다.

$$\therefore F = \left(\frac{1+\cos\alpha}{2}\right)\dot{m}_9 V_9 + (P_9 - P_0)A_9 \quad (\alpha = \text{팽창각}) \qquad \text{식 (6-11)}$$

위 식을 이용하여 노즐 팽창각도에 따른 추력 손실을 고려한 보정계수의 변화를 그림 6-8)에 나타내었다. 만약 팽창각(α)이 0이면 손실이 없어 보정계수는 1이며 이상 추력식과 같게 된다. 만약 30°라고 하면 약 0.93, 약 7%의 추력 손실이 발생한다. 따라서 위 식을 이용하면 노즐의 팽창각에 의한 손실을 간단하게 계산할 수 있다.

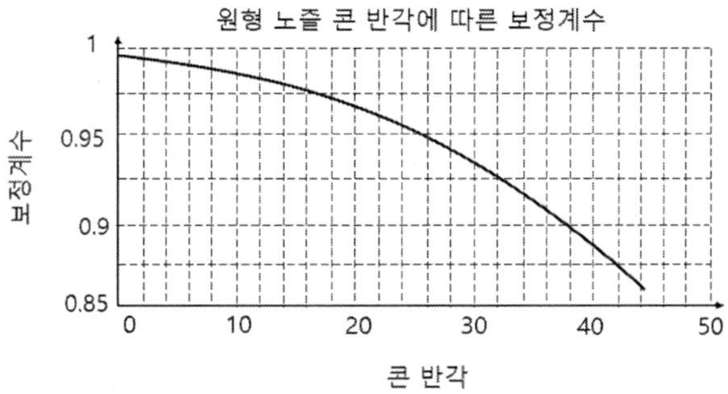

[그림 6-8] 콘형 노즐의 팽창 반각에 따른 보정계수

예제6.2

아음속으로 순항중인 항공기가 있다. 노즐을 통해 나오는 질량 유량이 0.5 kg/s, 속력은 500 km/h이다. 팽창각이 30°일 때 추력을 구하시오.

해설

식 (6-11)을 통해 추력은 다음과 같이 계산된다.

$$F = \left(\frac{1+\cos\alpha}{2}\right)\dot{m}_9 V_9 + (P_9 - P_0)A_9$$

아음속으로 순항 시 $P_9 = P_0$를 만족한다.

$\alpha = 30°$, $\dot{m}_9 = 0.5\ kg/s$,

$$V_9 = 500km/h = \frac{500km}{1h} = \frac{500 \cdot 10^3 m}{3600s}$$

$$= 138.889\ m/s$$

$$\therefore F = \left(\frac{1+\cos(30°)}{2}\right) \cdot 0.5 \cdot 138.889$$

$$= 138.889\ m/s$$

(2) 사각 노즐(2D nozzle)

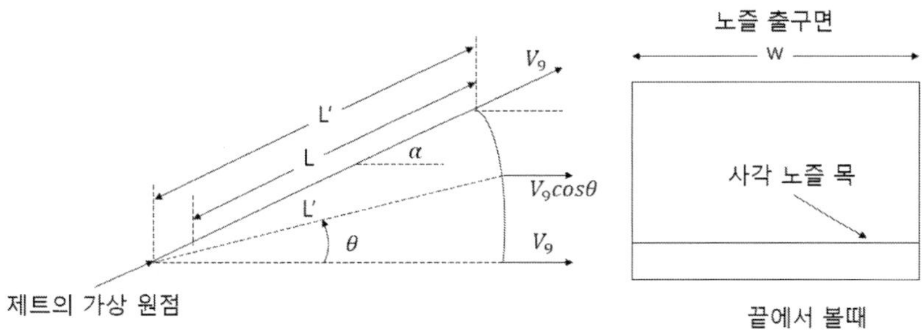

[그림 6-9] 사각 노즐 단면

사각 노즐은 고속 비행체 전투기 등에서 노즐의 항력을 최소화하기 위해서 사용된다. 그림 6-9)에서 노즐 팽창각 α, 노즐 출구 속도 V_9, 노즐 빗변 길이 L로 표현한다. 사각 노즐도 콘형 노즐의 보정 추력 식의 유도 과정과 유사하다. 이때 추력식과 보정계수의 정의는 콘형 노즐일 때와 같다.

$$F = C_A \dot{m}_9 V_9 + (P_9 - P_0)A_9, \ C_A \equiv \frac{\int V_9 \cos\theta d\dot{m}}{\dot{m}_9 V_9} \quad \text{식 (6-12)}$$

보정계수의 정의는 같지만 하지만 기하학적인 형상이 다르기 때문에 보정계수를 표현하는 수식은 달라진다. 따라서 콘형 노즐에서와 같은 과정과 같이 사각 노즐의 보정계수를 구한 후 보정된 추력 식을 유도해보자.

사각 노즐에 대한 보정계수의 분모 부분을 알아보기 위해 노즐 출구에서 연소가스의 미소 질량 유량 ($d\dot{m}$)을 원형 노즐일 때와 같이 표현한다.

$$d\dot{m} = \rho_9 V_9 dA \quad \text{식 (6-13)}$$

식 (6-13) 우변의 dA가 미지수이다. 따라서 사각 노즐의 기하학적 형상을 이용하여 dA을 구하면 다음 식과 같다.

$$dA = L' w d\theta \quad \text{식 (6-14)}$$

dA에 관한 식 (6-14)를 (6-13)에 대입하면 다음 식과 같다.

$$d\dot{m} = \rho_9 V_9 dA = \rho_9 V_9 L' w d\theta \quad \text{식 (6-15)}$$

미소 질량 유량을 팽창각만큼 적분하여 사각 노즐 출구에서 질량 유량을 구하면 다음 식과 같다.

$$\dot{m} = \int_{-\alpha}^{\alpha} \rho_9 V_9 L' w d\theta = 2\int_{0}^{\alpha} \rho_9 V_9 L' w d\theta = 2\rho_9 V_9 L' w \alpha \quad \text{식 (6-16)}$$

따라서 사각 노즐의 보정계수는 다음 식과 같고,

$$\therefore C_A \equiv \frac{\int V_9 \cos\theta d\dot{m}}{\dot{m}_9 V_9} = \frac{2\rho_9 V_9^2 L' w sin\alpha}{2\rho_9 V_9^2 L' w \alpha} = \frac{\sin\alpha}{\alpha} \quad \text{식 (6-17)}$$

사각 노즐의 보정된 추력 식은 다음 식 (6-18)과 같다.

$$\therefore F = \left(\frac{\sin\alpha}{\alpha}\right)\dot{m}_9 V_9 + (P_9 - P_0)A_9 \quad (\alpha = \text{팽창각}) \quad \text{식 (6-18)}$$

따라서 위 식을 이용하면 사각 노즐의 팽창각으로 인한 추력 손실을 고려한 추력을 계산할 수 있다.

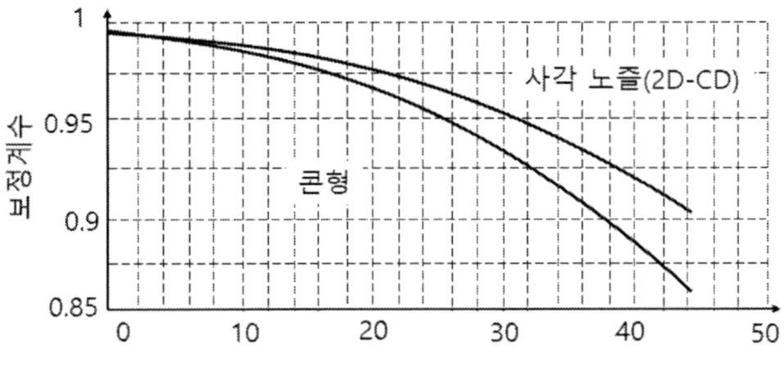

[그림 6-10] 콘형과 사각 노즐 팽창 반각에 따른 보정계수

그림 6-10)의 그래프에서 팽창각에 의한 손실은 콘형 노즐이 더 크다는 것을 알 수 있다.

예제6.3

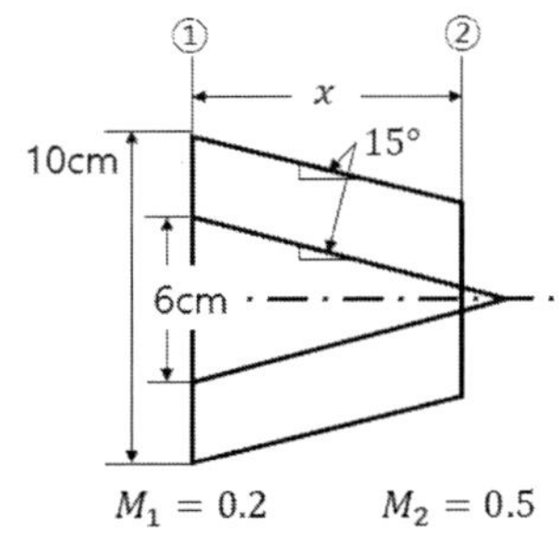

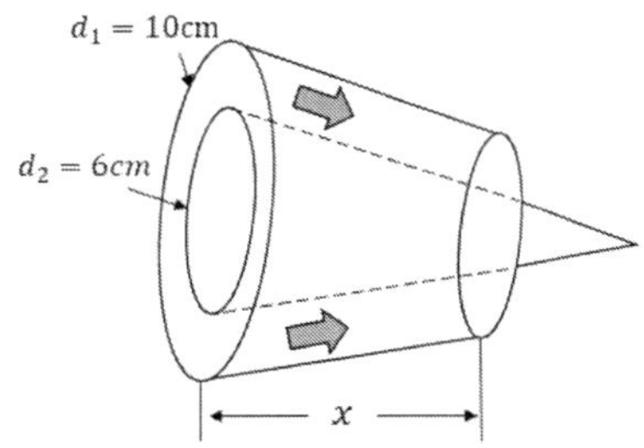

〈이해를 돕기 위한 3차원 형상〉

노즐의 형상이 위와 같을 때 x의 값을 구하시오. 등엔트로피 과정으로 가정하고 비열비 $\gamma = 1.4$이다.

해설

노즐 구간이 등엔트로피 과정을 만족하므로

$$\frac{A_1}{A^*} = \frac{1}{M_1}\left\{\frac{2}{\gamma+1}\left(1+\frac{\gamma-1}{2}M_1^2\right)\right\}^{\frac{\gamma+1}{2(\gamma-1)}}$$

$$\frac{A_2}{A^*} = \frac{1}{M_2}\left\{\frac{2}{\gamma+1}\left(1+\frac{\gamma-1}{2}M_2^2\right)\right\}^{\frac{\gamma+1}{2(\gamma-1)}}$$

에 의해 같은 A^*를 만족한다.

$$A_1 = \pi(5^2 - 3^2) = 16\pi\, cm^2$$

$$\therefore A^* = A_1 / \left(\frac{1}{M_1}\left\{\frac{2}{\gamma+1}\left(1+\frac{\gamma-1}{2}M_1^2\right)\right\}^{\frac{\gamma+1}{2(\gamma-1)}}\right)$$

$$= 16.9614 cm^2$$

구한 A^*와 M_2를 이용하여 A_2를 구한다.

$$A_2 = A^* \cdot \frac{1}{M_2}\left\{\frac{2}{\gamma+1}\left(1+\frac{\gamma-1}{2}M_2^2\right)\right\}^{\frac{\gamma+1}{2(\gamma-1)}}$$

$$= 22.7256 cm^2$$

노즐 축 방향 길이 x는 일차함수를 활용하여 구할 수 있다.

$$y_1 = -\tan 15^\circ x + 5$$

$$y_2 = -\tan 15^\circ x + 3$$

$$A_2 = \pi(y_2^2 - y_1^2) \rightarrow x \approx 8.18 cm$$

6.3.2 가변 노즐

가변 노즐을 통해 노즐에서 분출되는 제트의 방향을 바꿀 수 있다. 제트의 방향을 바꾸는 이유는 크게 세 가지가 있다. 1) 수직 이착륙을 위해, 2) 착륙 거리를 대폭 감소하기 위해, 3) 다양한 비행 선회를 위해 사용된다.

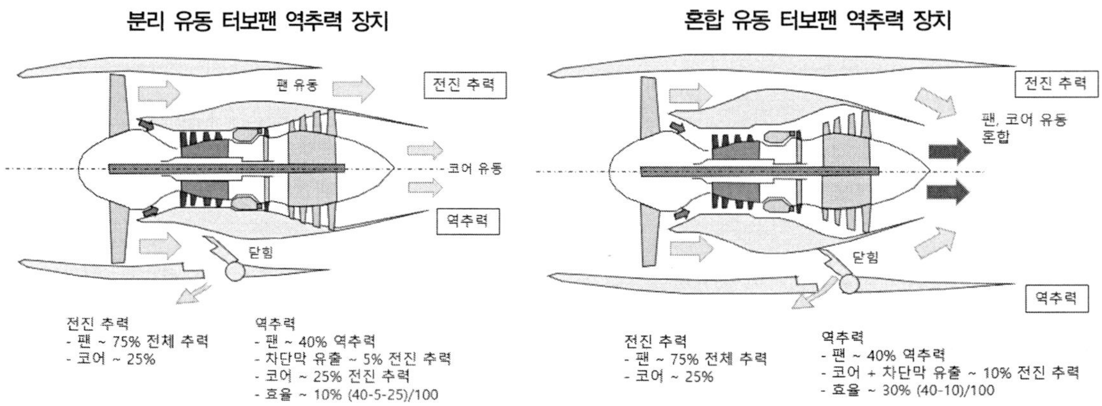

[그림 6-11] 터보팬 엔진의 역추진

프로젝트 #1: 흡입구 설계

각 장의 마지막에는 가스터빈 엔진을 설계하기 위해 프로젝트가 마련되어 있다.

본 프로젝트에서는 대기 압력 101.3 kPa, 대기 온도 15℃, 마하수 0.4, 흡입구 디퓨저 면적비 1.3, 공기 질량 유량 0.23 kg/s을 가정한다.

흡입구에서 등엔트로피 과정으로 가정한다. 따라서 전압력과 전온도는 일정하게 유지된다. 압축성 유동을 통해 면적의 비로 마하수를 구할 수 있다.

$$\frac{A_i}{A^*} = \frac{1}{M_i}\left\{\frac{2}{\gamma+1}(1+\frac{\gamma-1}{2}M_i^2)\right\}^{\frac{\gamma+1}{2(\gamma-1)}} \qquad (A^*\text{는 M=1일 때 면적임})$$

먼저 흡입구 입구에서의 마하수($M_i = 0.4$)를 통해 A_i/A^*를 구한다. (단, $\gamma = 1.4$)

이때 $A_i/A^* \approx 1.59$이다. 흡입구 입구와 출구의 면적 비를 1.3으로 가정하였다. 흡입구는 디퓨저 역할을 하므로 출구에서의 면적은 입구보다 크다. 따라서 $A_e = 1.3A_i$이다. 흡입구 출구에서의 마하수는 다음의 식을 통해 얻을 수 있다.

$$\frac{A_e}{A^*} = 1.3\frac{A_i}{A^*} = 1.3\frac{1}{M_i}\left\{\frac{2}{\gamma+1}(1+\frac{\gamma-1}{2}M_i^2)\right\}^{\frac{\gamma+1}{2(\gamma-1)}}$$

$$= \frac{1}{M_e}\left\{\frac{2}{\gamma+1}(1+\frac{\gamma-1}{2}M_e^2)\right\}^{\frac{\gamma+1}{2(\gamma-1)}} = 2.067 \qquad (\alpha = \text{팽창각})$$

계산을 통해 흡입구 출구 마하수 $M_e = 0.295$를 얻을 수 있다. (예제1과 동일한 방법으로 푼다)

입구 면적은 질량 유량의 정의로 구할 수 있다.

$$\dot{m} = \rho A V = \frac{P}{RT} A V \rightarrow A_i = \dot{m}\frac{RT_i}{P_i V_i} = 0.23\frac{287 \cdot 288}{101.3 \cdot 136.103 \cdot 10^3} = 1.38 \cdot 10^{-3}\, m^2$$

출구 면적은 입구 면적의 1.3배이므로 $A_e = 1.3,\ A_i = 1.79 \cdot 10^{-3}\, m^2$이다.

현재까지 결정한 수치를 정리하면 다음 표와 같다.

[표] 대기부터 흡입구의 디퓨저까지 결정된 결과

초기 세팅 값		흡입구 상태량		흡입구 디퓨저 출구 상태량	
대기 온도	288 K	정온도	288 K	정온도	292.138 K
대기 압력	101.3 kPa	정압력	101.3 kPa	정압력	106.487 kPa
질량 유량	0.23 kg/s	전온도	297.216 K	전온도	297.216 K
흡입 마하수	0.4	전압력	113.106 kPa	전압력	113.107 kPa
–		속도	136.103 m/s	속도	101.026 m/s
		마하수	0.4	마하수	0.295

프로젝트 #2: 노즐 설계

노즐 설계는 흐름상 가장 마지막에 설계해야 하지만 이 장의 제목이 흡입구와 노즐이므로 여기서 다루도록 한다.

식 6-11)에 의해 콘형 노즐의 추력 식은 다음과 같다.

$$F = C_A \dot{m}_9 V_9 + (P_9 - P_0) A_9$$

$$(\therefore C_A = \frac{1 + \cos\alpha}{2})$$

노즐 길이 대비 성능 효과가 좋은 노즐 각도 15°를 이용하여 계산한다.

다음의 상황을 가정하여 노즐 축 방향의 길이를 계산 해 보자.

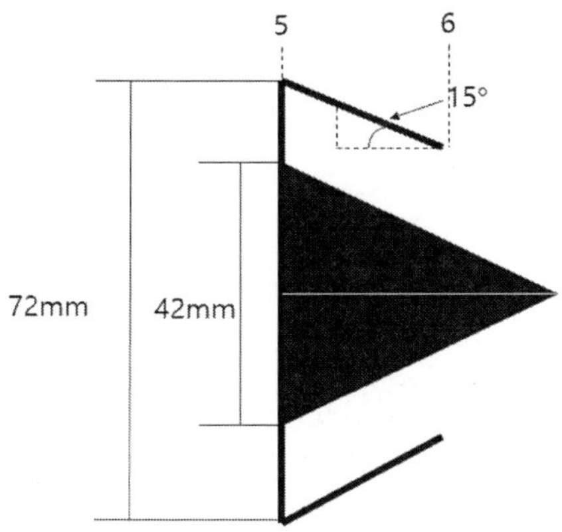

구간5 상태량	구간6 상태량
$A_5 = 0.002772\ m^2$ 마하수 = 0.189	$A_6 = Unknown$ 마하수 = 0.983

노즐내 유동을 등엔트로피로 가정하면 다음의 식을 만족한다.

$$\frac{A}{A^*} = \frac{1}{M}[(\frac{2}{\gamma+1})(1 + \frac{\gamma-1}{2}M^2)]^{\frac{\gamma+1}{2(\gamma-1)}}$$

$$\therefore A^* = 0.000881\ m^2$$

구간 6에서 마하수와 A^*를 알고 있으므로 A_6를 구할 수 있다.

$$\therefore A_6 = 0.000881\ m^2$$

A_6를 알고 있으므로 일차함수 그래프를 활용하여 x 방향의 노즐 길이를 알 수 있다.

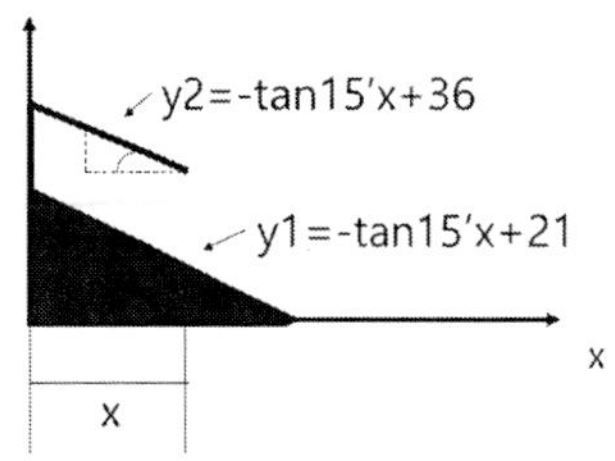

$$A_6 = \pi(y_2^2 - y_1^2)$$

$$\therefore x = 72.87\ mm$$

[표 6-2] 노즐 출구 상태량

노즐 출구 상태량	
정온도	689.987 K
정압력	101.3 kPa
전온도	800.896 K
전압력	183.969 kPa
속도	506.379 m/s
마하수	0.983
추력	84.893 N

터빈을 통과한 가스의 상태량을 알아야 노즐 출구에서의 상태량을 구할 수 있다. 이는 추후 다시 언급하도록 하고 간단하게 힌트를 주자면 노즐에서 등엔트로피 과정으로 가정하면 전압력과 전온도는 동일하다. 또한 아음속 유동이므로 노즐 출구 정압력은 대기 압력과 같다. 전압력과 정압력을 알고 있으므로 마하수를 구할 수 있다. 나머지 상태량 계산 과정은 스스로 해보자.

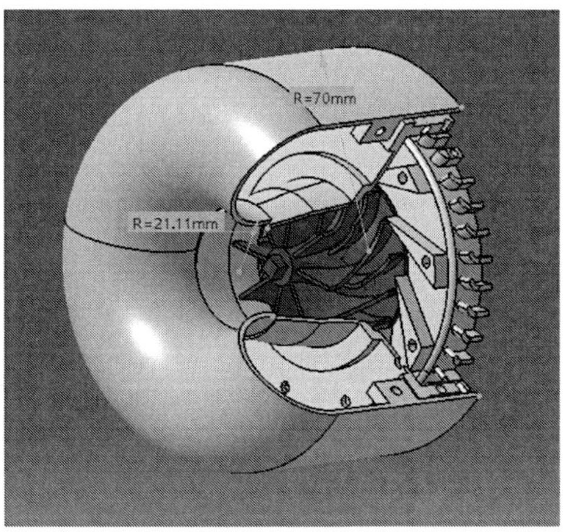

흡입구 디퓨저

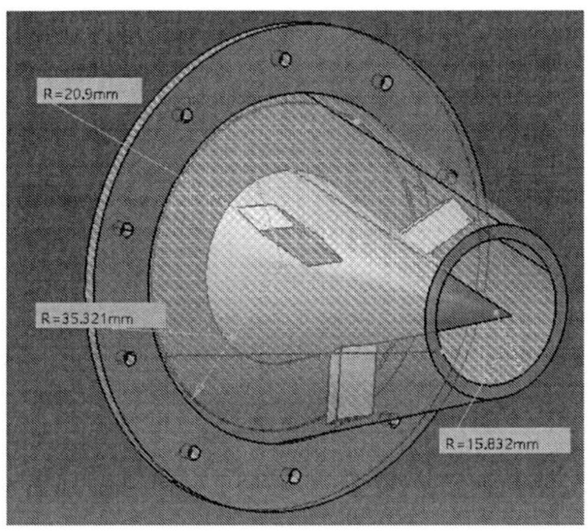

노즐

《 최종 형상 》

연습문제

1 아음속 영역과 초음속 영역에서 유로 단면적과 속도의 관계에 대해 설명하시오.

2 아음속 엔진의 흡입구와 노즐 형상에 대해 설명하시오.

3 초음속 엔진의 흡입구와 노즐 형상에 대해 설명하시오.

4 콘형 노즐과 사각 노즐의 노즐 출구의 팽창 반각이 각각 15도이다. 두 노즐의 팽창각에 의한 추력 손실을 구하여 그 크기를 비교하고, 콘형 노즐의 손실이 더 큰 이유를 설명하시오.

5 터보제트 엔진이 지상 18 km에서 185 m/s의 속도로 비행하고 있다. 이 엔진의 공기 흡입구 효율은 0.88이다. 압축기 입구의 전온도와 전압력을 구하시오. ($\gamma = 1.4$, $C_p = 1.004\,kJ/kg \cdot K$)

6 정체상태($P_0 = 137.89kPa$, $T_0 = 555.56K$)인 공기가 수축 노즐을 통과하며 노즐목의 면적은 13 cm^2이다. 노즐 출구 압력이 103.4 kPa, 68.95 kPa, 6.89 kPa일 때의 공기의 질량 유량, 노즐목의 마하수와 압력을 구하시오. ($\gamma = 1.4$)

7 수축 노즐의 노즐목 면적은 12.9 cm^2이며, 노즐 출구 압력은 70 kPa로 고정되어 있다. 전온도는 557 K이며 전압력이 103.4 kPa, 137.9 kPa, 206.8 kPa일 때의 질량 유량, 노즐목의 마하수와 압력을 구하시오. ($\gamma = 1.4$)

8 문제6)에서 질량 유량이 최대가 될때의 노즐 출구 압력을 구하고, 이때 노즐목의 마하수와 압력을 구하시오. ($\gamma = 1.4$)

9 항공기가 223 m/s의 속도로 비행하고 있다. 주위 공기의 압력은 70 kPa이고, 온도는 7℃ 이다. 압축기 입구의 전압력이 89 kPa일 때 흡입구의 램압축 효율을 구하시오.

10 터빈 출구의 전압력과 전온도가 각각 170 kPa과 647℃ 이며, 노즐의 출구 압력이 90 kPa, 대기압이 61 kPa이다. 노즐의 열효율이 94%라면, 노즐 출구의 온도와 분사 효율을 구하시오.

11 노즐의 입구에서 전압력과 전온도가 각각 137.89 kPa, 927.78 K이고, 배기압은 101.35 kPa이다. 노즐 효율이 0.97일 때, 배기 제트의 유속을 구하시오. ($k = 1.4$, $c_p = 1.172\,kJ/kg \cdot K$)

12 제트 엔진을 장착한 비행기가 착륙을 한다. 착륙 거리를 짧게 하기 위하여 역추진 장치를 가동한다. 착륙할 때의 속도는 30 m/s, 엔진이 사용하는 공기량은 50 kg/s, 배출가스의 속도는 400 m/s이다. 배출가스의 방향을 90도로 분출시킨다면, 분출시키기 전과 후의 추력의 크기를 비교하시오.

Chapter 7

연소기

Chapter 7

연소기

7.1 소개

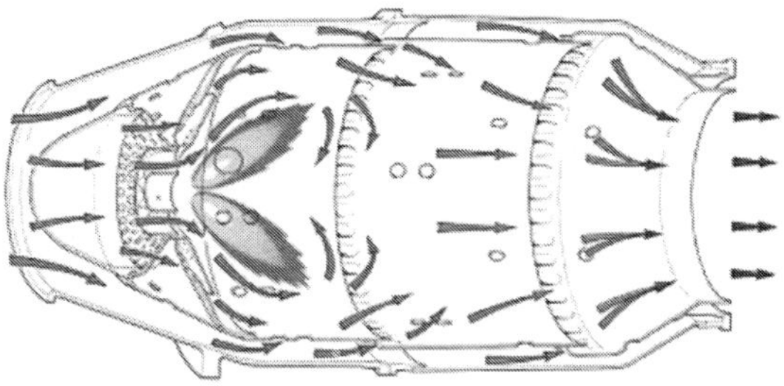

[그림 7-1] 연소기 형상과 열 유동 구조

압축기로부터 압축된 흡입 공기는 연소기에서 연료와 혼합되어, 높은 온도의 연소가스가 생성되며, 연소가스는 연소기 뒤에 있는 터빈을 힘차게 회전시킨다. 그림 7-1)은 연소기의 형상과 열 유동 구조를 나타낸다. 연소기 입구에서 연소기 중앙부로 갈수록 면적이 증가되다가 출구 쪽에서는 면적이 감소하는 단면을 갖고 있다. 이렇게 면적을 변화시킴으로써 입구에서의 압축된 흡입 공기와 출구에서의 연소가스의 속도와 압력을 조절할 수 있다. 또한 압축기로부터 유입되는 공기는 두 개로 구분된다. 연료와 혼합/연소되기 위해 중앙(센터) 입구를 통해 연소실로 유입되는 공기(위 그림에서 빨간색 화살표로 표시)와 연소실의 바깥쪽으로 우회하여 연소실 측면으로 들어가는 공기(위 그림에서 파랑색 화살표로 표시)로 구분할 수 있다. 연소실의 바깥쪽으로 우회하는 공기는 연소실을 냉각하는 역할과 높은 온도의 연소가스가 바로 터빈에 부딪히면 열적 부하의 문제를 일으키므로 연소가스의 온도를 낮추는(dilution) 역할을 한다. 다음 절에서 연소 매커니즘과 각 연소기 형상에 따른 차이를 자세히 알아볼 것이다.

연소되는 부분을 자세히 살펴보면, 화염이 팽창되는 것을 알 수 있다. 이는 스월(Swirl) 분사기를 사용한 경우로서 스월에 의한 원심력에 의하여 열유동이 팽창되며, 이로 인하여 연소기 중심부에서 재순환 영역이 발생하여 강건한 보염이 이루어진다. 현대의 가스터빈 연소기는 보염을 강하게 유지하기 위하여 연소기 앞부분에 재순환 영역을 만들기 위해 스월 분사기를 주로 사용한다. 이에 대하여는 추후에 자세히 다룬다.

연소기 설계에 있어서 중요한 지침(가이드라인)을 다음과 같이 요약할 수 있다.

- 연소 효율과 화염 안정성 향상
- 연소기 크기 소형화
- 공해 물질 감소
- 연소기 수명 증대
- 연소가스의 온도와 유질 제어

7.2 연소기 종류

연소기는 연소가스의 흐름 방향과 연소기의 배열 상태에 따라서 구분할 수 있다.

7.2.1 유동 흐름 방향에 따른 분류

연소기로 공급되는 흡입 공기의 방향과 연소기로부터 배출되는 연소가스의 방향을 비교하여 연소기를 분류할 수 있다. 흡입 공기의 유입 방향과 연소가스의 배출 방향이 일치하면 순방향 연소기라 하고, 방향이 반대 방향이면 역방향 연소기라 한다.

(1) 순방향 연소기(Straight-through flow combustor)

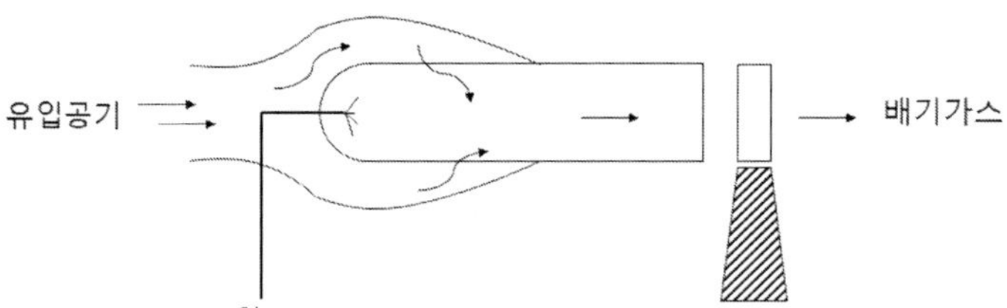

[그림 7-2] 순방향 연소기 단면

그림 7-2)와 같이 연소기로 들어오는 흡입 공기와 연소기에서 배출되는 연소가스의 방향이 같을 때 순방향 연소기라고 한다. 유동 속도가 역방향 연소기보다 상대적으로 빠르기 때문에 짧은 시간에 연소가 활발하게 형성되는 기술이 적용되는 연소기이다. 오늘날에는 소형 가스터빈 또는 헬리콥터에 사용하는 터보샤프트 엔진 외에는 순방향 연소기가 일반적으로 사용되고 있다.

(2) 역방향 연소기(Reverse flow combustor)

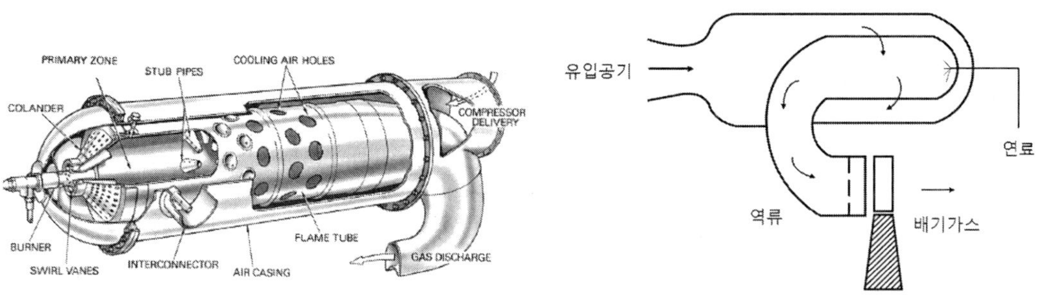

[그림 7-3] 역방향 연소기 및 단면

그림 7-3)과 같이 연소기로 들어오는 유입 공기와 연소기에서 배출되는 연소가스의 방향이 반대일 때 역방향 연소기라고 한다. 연소기에서 유동이 180°로 바뀌어 유동의 정체 시간이 길어지면 순방향 연소기보다 연소 시간을 더 확보할 수 있다. 하지만 역방향으로 유동을 바꾸기 위해서는 순방향 연소기보다 단면적이 증가되어야 하는 단점이 있다. 따라서 소형 엔진 또는 위아래 공간이 충분한 헬리콥터 엔진의 연소기로 주로 사용된다.

7.2.2 배열 상태에 따른 분류

연소기의 배열 상태에 따라 연소기를 분류할 수 있다. 대표적으로 캔형(Can or Tubular), 캔환형(Can annular), 환형(Annular)의 세 가지로 구분할 수 있다. 이 세 가지 종류의 연소기에 대해 알아보자.

(1) 캔형 연소기(Can or tubular combustor)

그림 7-4)와 같이 독립된 소형 연소기 여러 개를 회전 방향으로 배열하여 하나의 엔진 연소기로 구성한다. 각 연소기 마다 연료 분사기(Injector)가 있으며 연소기 전체적으로 점화플러그가 2개가 구성되어 있다. 각 소형 연소기를 연결하는 통로를 인터커넥터(Inter connector)라고 한다. 인터커넥터를 통해 이웃하고 있는 연소기로 화염이 전파되어 모든 연소기가 점화-연소되는 형태이다. 또한 연소기 입구로 들어온 압축된 흡입 공기의 일부는 연소기를 우회하여 각 연소기의 케이스(연소기의 가장 바깥쪽 원형 튜브)와 라이너(연소기의 가장 안쪽 원형 튜브) 사이의 통로로 분산되어 들어가 각 연소기를 독립적으로 냉각시키고, 또한 각 연소기의 후방에 위치한 홀(통로)을 통해 연소실 내부로 흘러들어가서 연소가스와 혼합되어 연소가스를 희석(냉각)시킨다.

캔형 연소기는 작은 연소기의 묶음이므로 연소기가 손상되어 교체할 때 손상된 연소기만 교체하면 되므로, 유지 보수의 시간과 비용이 적게 든다. 똑같은 작은 연소기들을 묶어서 사용하는 캔형 연소기는 연소기를 시험할 때 하나의 작은 연소기에 필요한 공기 유량을 공급하여 시험하면 되므로 연소기 시험에 필요한 공기 유량이 다른 형태의 연소기(캔 환형 또는 환형 연소기)보다 상대적으로 많이 작다. 예를 들면 10개의 작은 연소기로 구성된 캔형 연소기 같은 경우에는 10개의 연소기에 모두 공기 유량을 공급하지 않고, 10개 모두 동일한 연소기이기 때문에 1개의 연소기에 필요한 공기 유량만 공급하여 시험할 수 있다. 그리고 상대적으로 큰 부피의 연소기보다 작은 연소기의 연료 및 공기의 조절이 용이하여 캔 환형 또는 환형 연소기보다 실험이 여러모로 간편하다.

하지만 이러한 장점에도 불구하고 엔진이 대형으로 갈수록 작은 연소기가 많이 필요하기 때문에 전체 연소기의 무게와 부피가 크게 증가한다. 또한 작동 유체가 각각의 독립적인 작은 연소기를 통해서 이동하기 때문에 다른 형태의 연소기에 비해 상대적으로 압력 강하가 크고, 다른 형태의 연소기에 비하여 점화 지연이 크다.

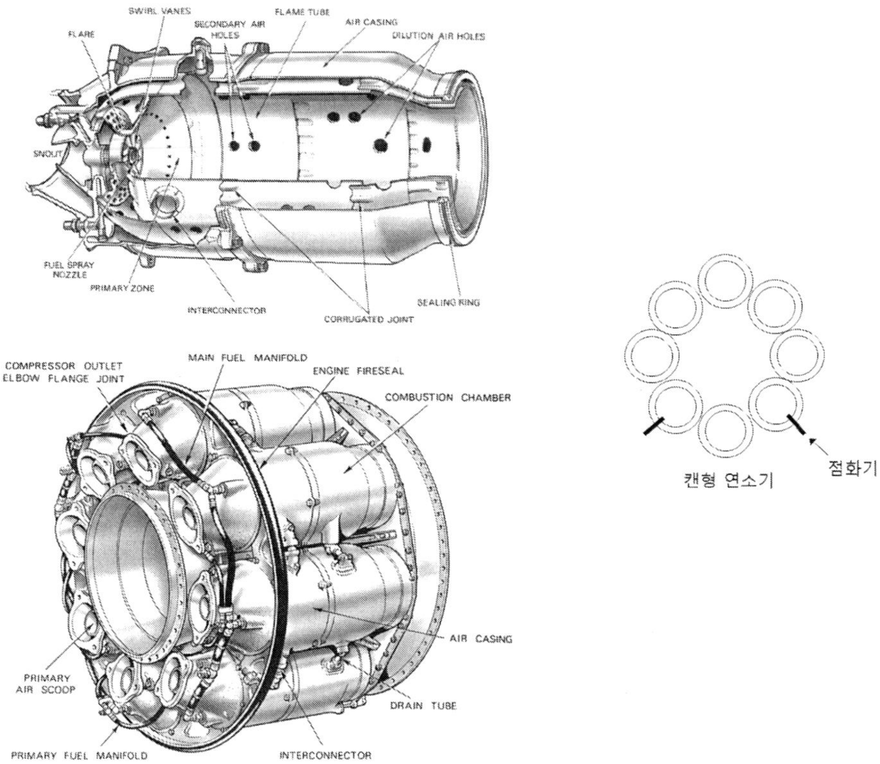

[그림 7-4] 캔형 연소기 및 단면

(2) 캔 환형 연소기(Can annular combustor)

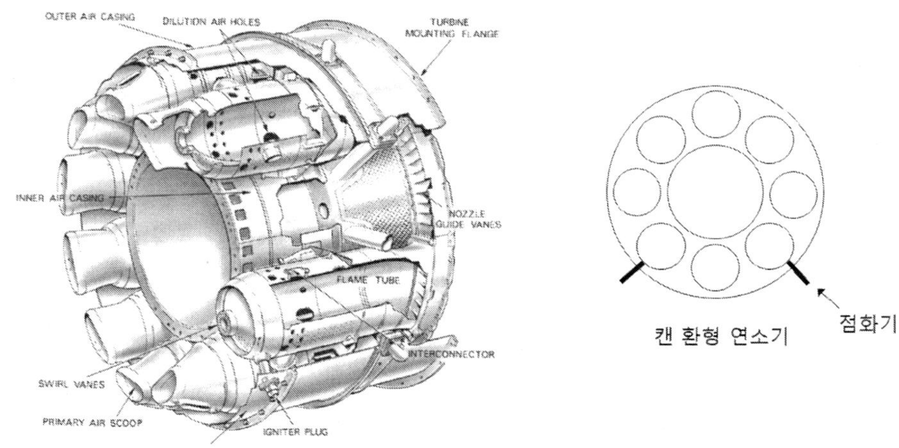

[그림 7-5] 캔 환형 연소기 및 단면

그림 7-5)와 같이 작은 연소기의 내부 케이스인 라이너(Liner)는 각각 사용하되 외관 케이스(Outer air casing)는 공통적으로 사용함으로써 각 연소기에서 화염이 각각 형성되지만, 냉각 공기의 통로는

하나로 공유하여 냉각 공기가 각 연소기로 들어가게 하여 연소기를 냉각과 연소가스를 희석시킨다. 캔 환형 연소기는 구조적으로 캔형 연소기보다 간단하다. 외관 케이스를 공통으로 사용하므로 캔형 연소기에 비하여 단면적이 상대적으로 작고 무게도 가볍다. 그 밖의 연소 과정은 캔형 연소기와 유사하다.

캔형 연소기와 유사하게 작은 연소기를 연결하는 통로인 인터커넥터가 있다. 이 인터커넥터는 작은 연소기에서의 연소 중에 발생하는 불균일한 압력을 이웃하고 있는 연소기로 전달하여 연소압의 불균일을 해소하는 역할도 한다. 만일 한 연소기에서 압력이 급격히 증가하면 구조물이 파손될 수 있기에 급격히 높아진 압력을 인터커넥터를 통해 이웃하고 있는 연소기로 압력을 전파시켜서 구조물이 버틸 수 있는 압력으로 조절된다. 따라서 인터커넥터는 점화 시스템을 간단하게 할 뿐만 아니라 연소압이 급격하게 상승하는 것을 완화하는 역할을 한다.

하지만 독립적인 연소기만 교체하는 캔형 연소기에 비해 외관 케이스를 공통으로 사용하므로 작은 연소기가 손상되면 공통의 외관 케이스를 분리하여 교체해야 하기 때문에 유지보수의 시간과 비용이 더 크다. 또한 공통으로 외관 케이스를 사용하기 때문에 연소기를 시험할 때 캔형 연소기보다 공급해야 하는 필요 공기 유량이 더 많이 요구된다.

(3) 환형 연소기(Annular combustor)

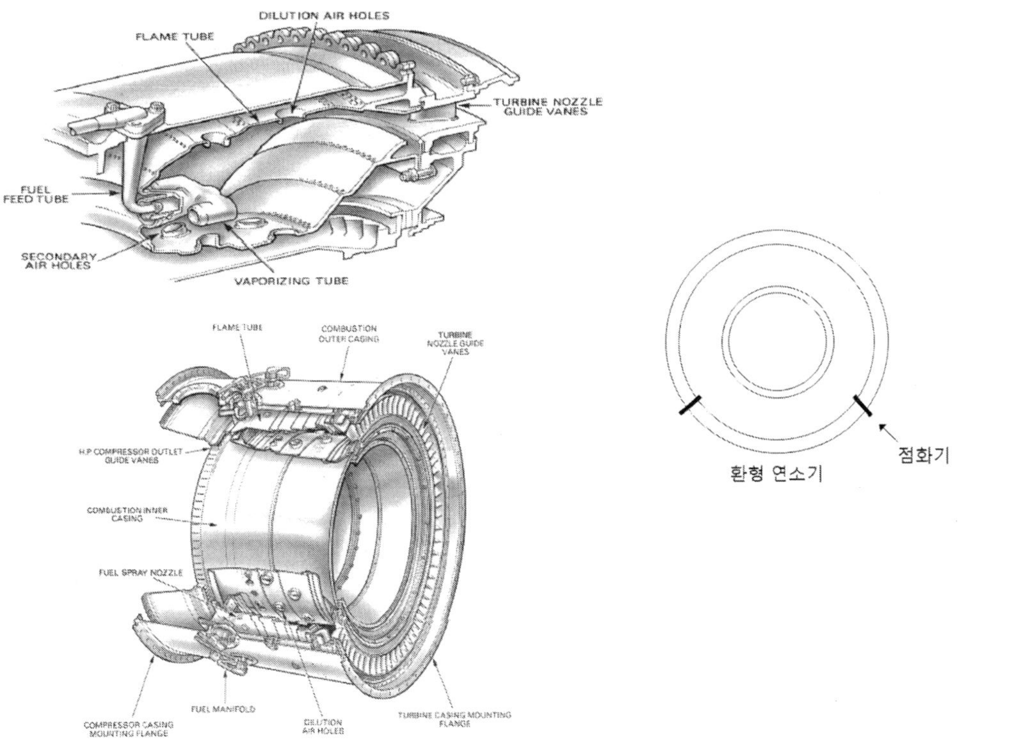

[그림 7-6] 환형 연소기 및 단면

그림 7-6)은 외관 케이스와 라이너를 모두 공통으로 사용하는 환형 연소기를 나타낸다. 인젝터로 연료와 공기가 공급되고 1~2개의 점화플러그를 통해 격막이 없는 하나의 공간에서 연소가 이루어진다. 냉각 공기의 통로도 외관 케이스 하나로 되어 있다. 캔형과 캔 환형 연소기보다 구조적으로 매우 간단하고, 작은 공간에서 큰 에너지 발생이 가능하지만 각 분사기 간에 격막이 없으므로 각 분사기에서 형성된 화염 간의 열 및 음향 간섭을 기술적으로 해결해야 한다. 환형 연소기는 다른 연소기들보다 가장 진보된 연소기라 할 수 있으며, 주어진 공간 내에서 고출력 또는 고에너지를 생성하기에 적합하여 현대의 가스터빈 엔진의 연소기로 가장 널리 사용된다.

7.3 연소 현상

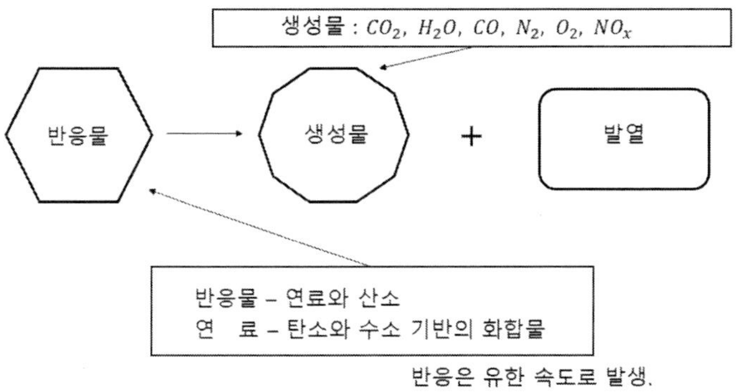

[그림 7-7] 연소 반응 도식

압축된 흡입 공기는 연소실에서 연료와 혼합되고 연료와 공기 중의 산소와 반응하는데 이를 연소 반응 또는 산화 반응이라 한다. 또한 반응 전의 연료와 공기를 반응물(Reactant), 연소 후의 연소가스를 생성물(Product)이라 한다(그림 7-7 참조). 연소 반응을 하면 연소가스가 고온이 되는데 그 이유를 알아보자. 반응물과 생성물의 엔탈피-온도($h-T$)선도를 나타낸 것이 그림 7-8)이다. 이 선도에서 볼 수 있듯이 반응물이 생성물보다 높은 엔탈피를 갖고 있으므로, 반응물이 생성물로 바뀌면서, 반응물의 엔탈피와 생성물의 엔탈피 차이만큼 열 에너지가 발생하고, 발생된 열 에너지는 반응물(연소가스)의 온도를 상승시켜서 연소가스가 고온이 된다. 고온의 연소가스의 운동 에너지를 이용하여 터빈을 회전시키고, 노즐을 통해 가속되어 추력을 발생한다.

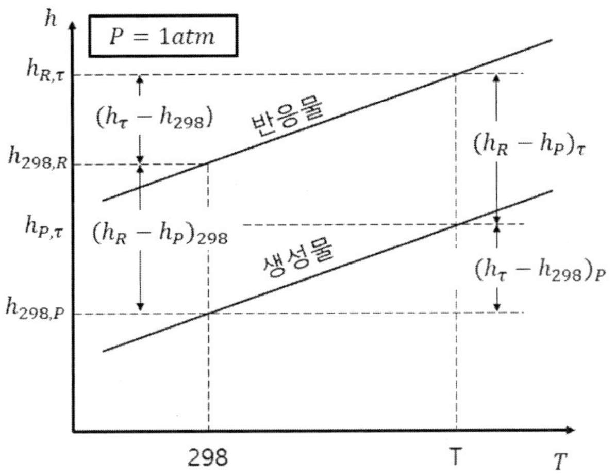

[그림 7-8] 반응물과 생성물의 엔탈비-온도 선도

예제7.1

매탄(CH₄)과 공기의 반응이 완전 연소 조건일 때, 1기압에서 단열 화염 온도를 구하시오.

분자	형성 엔탈피@ 298 K $\overline{h^0_{f,i}}$(kJ/kmol)	정압 비열 @ 1200 K $\overline{c^0_{p,i}}$(kJ/kmol-K)
CH_4	−74,831	−
CO_2	−393,546	56.21
H_2O	−241,845	43.87
N_2	0	33.71
O_2	0	−

해설

(a) 반응식:

$$CH_4 + x\,(O_2 + 3.76N_2) = y\,CO_2 + z\,H_2O + w\,N_2$$

의 계수를 맞추기 위해 좌변과 우변의 원자수를 분석한다.

좌변 C : 1개, H : 4개, O : 2 · x개, N : 3.76 · 2 · x개

우변 C : y개, H : 2 · z개, O : 2 · $y + z$개, N : 2 · w개

$\therefore x = 2,\ y = 1,\ z = 2,\ w = 7.52$

$$\Rightarrow CH_4 + 2\,(O_2 + 3.76N_2) = 1\,CO_2 + 2H_2O + 7.52\,N_2$$

반응물의 총 엔탈피:

$$H_{rea} = \sum_{rea} N_i \overline{h_i} = (1)(-74{,}831) + 2(0) + 7.52(0) = -74{,}831$$

생성물의 총 엔탈피:

$$H_{prod} = \sum_{prod} N_i\left[\bar{h}^0_{f,i} + \bar{c}_{p,i}(T_{ad} - 298)\right]$$

$$H_{prod} = (1)\left[-393{,}546 + 56.21(T_{ad} - 298)\right] + (2)\left[-241{,}845 + 43.87(T_{ad} - 298)\right] + (7.52)\left[0 + 33.71(T_{ad} - 298)\right]$$

단열이면 반응물의 총 엔탈피와 생성물의 총 엔탈피(형성 엔탈피+온도상승 엔탈피)는 같다.

$$H_{rea} = H_{prod} \Rightarrow \therefore T_{ad} = 2318\,K$$

7.3.1 연소 과정

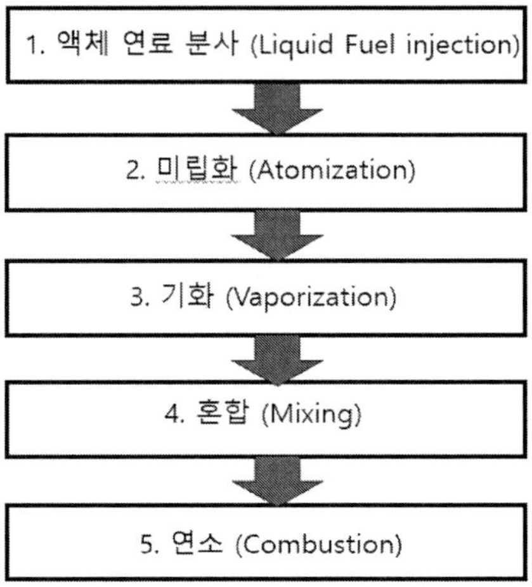

[그림 7-9] 연소 과정

항공용 가스터빈 엔진은 주로 액체연료를 사용한다. 연소기에서 액체 연료가 분사되면 액적으로 미립화되고, 기화되며, 기화된 연료는 공기와 혼합되어 연소된다. 이러한 일련의 과정은 시간이 소요된다. 연소 해석을 통하여 연소기의 크기를 가능한 작게 하면서 보염이 안정화되도록 연소기를 설계해야 한다.

7.3.2 항공용 연료(항공유) 종류

[표 7-1] 항공유 종류별 상태량 표

특성	항공 등유	JP-4	JP-5	Jet 4
수소 대 탄소 비율	1.93	2.02	1.92	1.94
38℃에서 증기압, kPa		18	0.3	0.7
초기 끓는점, ℃	50	60	180	170
소화점[1], ℃	260	246	260	265
발화점, ℃		−25	65	52
저위 발열량, kJ/kg	43,200	43,400	43,000	43,400
밀도, kg/m^3	800	760	820	810
화학 양론, 연공비	0.0679	0.0673	0.0680	0.0678
화학 양론, 공연비	14.72	14.85	14.71	14.74

1) End point : 화염이 꺼지는 온도

각 항공유들은 엔진의 사용 환경에 맞게 조성된다. 표 7-1)에서 항공 등유(Aviation kerosine), JP-4, JP-5, Jet A의 4가지 항공유의 열량은 대략 43,000 kJ/kg 정도로 거의 비슷하지만 초기 끓는점을 보면 차이가 큰 것을 알 수 있다. 항공기는 지상뿐만 아니라 높은 고도에서도 연료가 점화되어야 하기 때문에 연료조성은 운용 환경에 영향을 많이 받는다. 높은 고도에서의 대기 온도가 낮으므로 연료의 끓는점이 낮아야 빨리 기화되어 연소가 용이하므로 항공유들은 대체적으로 낮은 끓는점을 갖고 있다. 반면 선박용 가스터빈 엔진은 대기 환경의 변화가 작아 연료의 끓는점에 영향을 받지 않을 것 같지만, 선박의 엔진실 내부의 온도가 높아 점화 온도가 높을수록 화재의 위험에 노출되기 때문에 선박용 엔진에는 끓는점과 착화온도가 높은 연료를 사용한다. 따라서 엔진의 작동 환경에 따라 필요한 요구 조건 충족을 위해 여러 연료들이 존재한다.

7.3.3 연공비(Fuel-air ratio)

연소기에서의 연료-공기의 혼합비율(연공비(f))은 에너지 평형을 이용하여 결정할 수 있다. 터빈의 열적 한계로 터빈 입구 온도가 정해진다면 에너지 평형식(식 5-27)에 의해 연공비를 결정할 수 있다.

$$\dot{m}_a h_{t3} + \dot{m}_f \eta_b Q_R = (\dot{m}_a + \dot{m}_f) h_{t4} \qquad \text{식 (7-1)}$$

$$f = \frac{h_{t4} - h_{t3}}{Q_R \eta_b - h_{t4}} \cong \frac{C_p (T_{t4} - T_{t3})}{Q_R \eta_b - C_p T_{t4}} \qquad \text{식 (7-2)}$$

7.3.4 당량비(Equivalent ratio)

연공비에 따라 연소 특성(즉, 연소 속도, 연소에 의한 발열량 등)이 변하게 되므로, 연공비의 척도로서 당량비(ϕ)를 식 (7-3)과 같이 정의한다. 연소에 대해 연공비의 이론 조건(연료와 공기 중의 산소가 모두 연소되는 조건)에 대한 상대적인 연공비의 척도로서 당량비를 사용한다. 당량비는 이론 연공비와 실제 연공비가 같은 경우 즉, 1에 가까울수록 연소 특성이 좋으며, $\phi > 1$ 조건(연료 과잉, Fuel rich)에서는 연료가 남는 불완전 연소가 일어나므로 당량비가 커질수록 연소 효율은 감소하고 공해 물질이 발생한다.

$$\phi = \frac{(\text{연공비})_{\text{실제}}}{(\text{연공비})_{\text{이론}}} \qquad \text{식 (7-3)}$$

$\phi < 1$: 연료 희박 연소(연료량 < 공기량)

$\phi = 1$: 완전 연소(연료량 = 공기량)

$\phi > 1$: 연료 과잉 연소(연료량 > 공기량)

에너지 평형식을 이용한 연공비 계산 방법보다 더 정확한 방법은 화학 반응 프로그램(예를 들면, CEA (Chemical Equilibrium with Applications) code 등을 이용해서 계산할 수 있다. 실제 연소 반응은 매우 복잡한 화학 반응 과정으로 이루어진다. 화학 반응 프로그램을 이용하여 연소 반응이 평형에 도달할 때의 최종 생성물의 구성 성분과 온도를 계산할 수 있다.

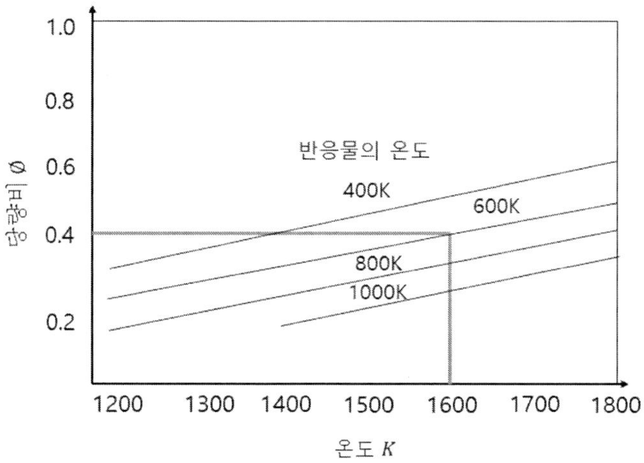

[그림 7-10] 당량비와 반응물의 연소가스 온도

예제7.2

등유를 사용하면서 다음의 상태량을 가지는 연소실이 있다. 연공비(f)와 당량비(ϕ)를 구하시오.

(a) $T_{t3}=650K,\ T_{t4}=1700K,\ \eta_b=0.9,\ C_p=1.008kJ/kgK,\ Q_R=43000kJ/kg$

(b) $C_{10}H_{22}+x\,(O_2+3.76N_2)=y\,CO_2+z\,H_2O+w\,N_2$

(등유는 항공유의 하나이며 n-decane($C_{10}H_{22}$)으로 표현된다.)

해설

(a) 식 (7-2)에 의해

$$f=\frac{h_{t4}-h_{t3}}{Q_R\eta_b-h_{t4}}\cong\frac{C_p(T_{t4}-T_{t3})}{Q_R\eta_b-C_pT_{t4}}$$

$$=\frac{1.008(1700-650)}{43000\cdot 0.9-1.008\cdot 1700}=0.0287$$

(b) $C_{10}H_{22}+x\,(O_2+3.76N_2)$

$=y\,CO_2+z\,H_2O+w\,N_2$

의 계수를 맞추기 위해 좌변과 우변의 원자수를 분석한다.

좌변 C : 10개, H : 22개, O : 2 · x개,

N : 3.76 · 2 · x개

우변 C : y개, H : 2 · z개, O : 2 · $y+z$개,

N : 2 · w개

$\therefore x=15.5,\ y=10,\ z=11,\ w=58.28$

$C_{10}H_{22}+15.5\,(O_2+3.76N_2)$

$=10\,CO_2+11H_2O+58.28\,N_2$

$(\text{연공비})_{\text{이론}}=1/15.5=0.0645$

식 (7-3)에 의해,

$$\phi=\frac{(\text{연공비})_{\text{실제}}}{(\text{연공비})_{\text{이론}}}=\frac{0.0287}{0.0645}=0.445$$

예제7.3

열량(Low Heating Value ; LHV)이 $42570.2\,kJ/kg$ 인 연료를 연소기에 주입하여 질량 유량 $4.5\,kg/s$ 의 압축 공기를 $440\,K$에서 $1100\,K$로 가열하였다. 주입된 연료의 질유량($\dot{m}_f$)와 연공비(f)는 얼마인가?

$c_p = 1.004\,kJ/kg \cdot K$

해설

$\dot{Q} = \dot{m}_a c_p \left(T_{T_2} - T_{T_1}\right) = \dot{m}_f (LHV)$ 이므로

$$\dot{m}_f = \frac{4.5 \times 1.004 \times (1100 - 440)}{42570.2} = 0.07\,kg/s$$

$$f = \frac{\dot{m}_f}{\dot{m}_o} = \frac{0.07}{4.5} = 0.0156$$

7.3.5 연소안정 영역

연소는 공기와 연료의 특정한 혼합비에서 일어난다. 그림 7-11)은 점화 가능 영역을 연공비와 압력 그래프로 표현한 것이다. 색칠한 영역 밖에서는 연소가 불가능한 영역을 의미한다. 압력이 증가할수록 연소가 가능한 연공비의 범위가 커지는 것을 알 수 있다. 또한 Y축과 평행한 점선은 공급된 공기 중의 산소와 연료가 모두 반응하는 완전 연소가 이루어지는 연공비(Stoichiometric fuel-air ratio, 양론비)를 의미한다. 이 완전 연소 연공비를 기준으로 오른쪽으로 갈수록 연료가 과농(Fuel rich)하며, 왼쪽으로 갈수록 연료가 희박(Fuel lean)함을 의미한다. 따라서 연료 과농 조건이 연소 가능 영역이 넓고, 연료 희박 영역은 연소 가능 영역이 좁아서 연소 조건이 매우 까다롭다. 과농 영역이 연소 안정성에서 유리하지만 연료 소비가 많아지므로, 연료를 적게 사용하는 것이 경제적이므로 연료 희박 영역에서 연소기를 운용하는 것을 더 선호한다. 또한 연료가 많이 공급되어 연소가 모두 소모되지 않으면 공해 물질이 생성되어 환경적으로도 문제된다. 따라서 희박 영역에서 연소기가 작동될 수 있는 연소 기술이 중요하다. 이 해결 방법에 대해서 알아보자.

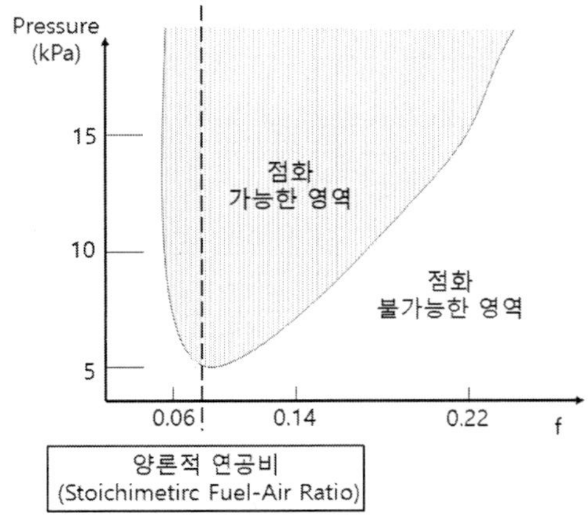

[그림 7-11] 압력과 연공비에 따른 연소 가능 영역

7.3.6 연소 구현 방법

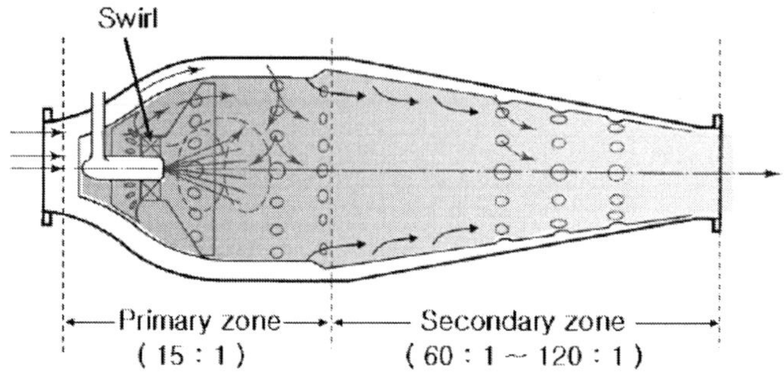

[그림 7-12] 연소 구현의 개념과 연소 영역에서 공기량과 연료량 비교

그림 7-12)는 연소기에서의 연소 구현 개념과 공기량 배분을 나타낸다. 일차 영역(Prime zone)은 분사기 주위를 포함하는 영역으로서 완전 연소의 연공비에 가깝게 하여 연소 효율을 높게 하면서 강건한 보염을 형성한다. 이차 영역(Secondary zone) 은 공기를 추가 공급하여 미연소된 연료를 완전 연소시키면서 연소가스의 온도를 낮추는 영역이다. 압축기로부터 우회된 냉각 공기가 이차 연소기 영역으로 들어와 연소가스를 희석을 시키고, 최종적으로 희박한 환경을 만들어주면 연료는 모두 연소되고, 연소가스의 온도가 감소하기 때문에 환경적으로 안정된 생성물의 형태로 연소기를 빠져나가게 한다. 또한 이차 영역에서의 연소가스 냉각은 연소기 뒤에 위치한 터빈의 작동 가능 온도로 연소가스의 온도를 낮추기 위함이다.

▣ 공해 물질과 온도와 관계

공해 물질의 생성과 연소가스의 온도는 밀접한 관계가 있다. NOx 등 공해 물질은 연소가스의 온도가 높을수록 많이 발생된다. 이는 온도가 높으면 해리 현상이 일어나기 때문이다. 해리 현상은 보통 2000 K 이상에서 발생된다. 이론 공연비에서는 연소 온도가 3000 K 이상이므로 공해 물질이 발생하므로 친환성을 위해서 연소가스 온도를 다시 떨어뜨려야 한다. 이를 구현하는 영역이 이차 연소 영역(Secondary zone)이다. 즉, 일차 연소 영역에서 약 3000 K 이상으로 화염을 유지하여 연소 효율을 높이고, 이차 연소 영역에서는 연소가스의 온도를 약 2000 K 이하로 낮추어 오염 물질을 줄이고 터빈으로 공급되는 가스의 온도도 낮춘다.

(1) 재순환 영역

추력을 높일 수 있는 방법은 빠른 공기의 흐름에서 완전 연소를 가능하게 하는 것이다. 이는 다음 추력식을 통해서도 알 수 있다(추력식 3장 참조).

$$F_n = \left(\dot{m}_a + \dot{m}_f\right) V_9 - \dot{m}_a V_0 + (p_9 - p_0) A_9$$

$$\Rightarrow F_n = \dot{m}_a\left[(1+f)V_e - V_0\right], \quad \text{if } p_9 = p_0 \qquad \text{식(7-4)}$$

$$\therefore F \propto \dot{m}_a \qquad \text{식 (7-5)}$$

흡입 공기의 양은 다음 식과 같다.

$$\dot{m} = \rho V A \qquad \text{식 (7-6)}$$

위 식에서 흡입 공기의 양을 크게 하는 것은 흡입 공기의 속도를 빠르게 하는 것과 엔진 유로의 크기를 키워 유로 면적을 증가시키는 방법임을 알 수 있다. 그렇지만 엔진의 크기를 가능한 크게 하지 않고 흡입 공기의 속도를 빠르게 하여 흡입 공기 내 산소를 모두 연소시키는 방법이 더 바람직하다. 빠른 흡입 공기에서도 연소시킬 수 있는 방법으로 재순환 영역을 형성하는 것이다. 재순환 영역은 유속이 낮아 연소 시간이 충분하기 때문이다.

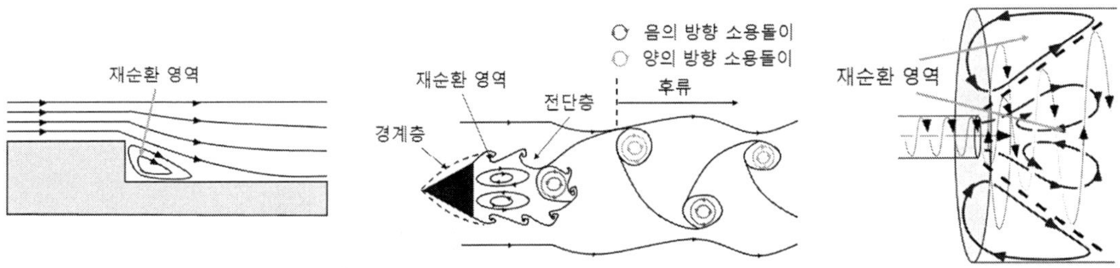

(a) 후향 계단 (b) V 형 (c) 스월

[그림 7-13] 재순환 영역을 구현하는 방법

재순환 영역을 만드는 방법으로 기하학적 방법과 유동학적 방법에 대해 알아보자.

▣ 후향 계단(Backward facing step)

유로의 면적을 갑자기 증가시키면 계단 하류에서 재순환 영역이 만들어진다(그림 7-13a). 이 재순환 영역에서는 속도가 매우 작기 때문에 연소하는데 충분한 시간을 가질 수 있다. 하지만 유동 박리(Flow separation) 및 재부착(Reattachment)되므로 유동 모멘텀 손실이 크게 발생하는 단점이 있다.

■ V형(V-shape or V-gutter)

연소기 내에 V형의 구조물을 설치하면 V형 구조물의 면을 따라 흐르는 유동에 의해 V형 구조물 뒤에서 재순환 영역이 만들어 진다. 따라서 재순환 영역을 후향 계단과 유사하게 만들 수 있다. V형은 에프터 버너에서 많이 사용된다.

■ 스월(Swirl)

후향 계단 보다 상대적으로 모멘텀 손실이 작게하여 재순환 영역을 만들 수 있는 방법은 유동의 스월을 이용하는 것이다. 유동에 스월을 주면 원심력이 작용하여 흐름이 팽창하게 된다. 따라서 안쪽의 흐름이 외부의 주흐름으로 빨려나가서 이 부분이 압력이 낮기 때문에 압력차에 의해 재순환 영역이 형성된다 그림 7-13c 참조).

(2) 화염 전파 속도

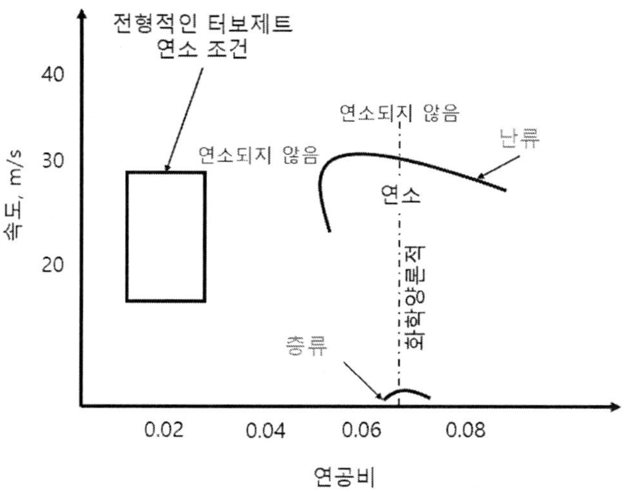

[그림 7-14] 연공비에 따른 화염 전파 속도

연소 시간을 충분히 가질 수 있는 재순환 영역을 만드는 것 외에도 화염 전파 속도(연소속도) 자체를 빠르게 하면 화염을 유지할 수 있는 조건의 영역이 넓어진다. 연소기로 들어오는 유동의 속도를 약 30m/s라고 할 때, 화염 전파 속도가 유동의 속도와 같으면 보염이 가능하다. 층류의 화염 전파 속도는 약 1m/s 인 반면에 난류 화염 전파 속도는 15 ~ 30m/s까지 증가 가능하므로 난류 화염을 만드는 것이 바람직하다.

현대 가스터빈 엔진은 강한 스월 분사기를 사용하여 연소실에서 강건한 재순환 영역과 빠른 난류 화염을 형성하여 많은 연료와 공기를 안정되게 연소시키는 기술이 적용된다.

예제7.4

가스터빈 엔진의 연소실에서 화염이 존재하는 부분은 일반적으로 면적이 크게 변하지 않으며 연료량은 공기량에 비하면 무시할 정도이다. 따라서 Rayleigh 유동 모델로 생각할 수 있다. 다음의 조건을 활용하여 출구②에서의 마하수, 전압력, 전온도를 구하시오.

$T_2 = 1500K,\ T_1 = 600K,$

$M_1 = 0.2,\ P_1 = 80kPa$

(단, 비열비 $\gamma = 1.333$)

다음의 식을 사용하시오.

$$\frac{T_2}{T_1} = \left(\frac{M_2}{M_1} \cdot \frac{1+\gamma M_1^2}{1+\gamma M_2^2}\right)^2$$

$$\frac{P_2}{P_1} = \frac{1+\gamma M_1^2}{1+\gamma M_2^2}$$

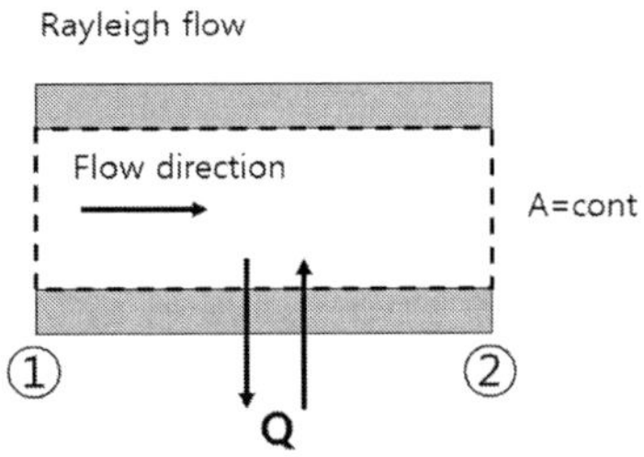

해설

$$\frac{T_2}{T_1} = \left(\frac{M_2}{M_1} \cdot \frac{1+\gamma M_1^2}{1+\gamma M_2^2}\right)^2 \rightarrow M_2 = 0.35$$

$$\frac{P_2}{P_1} = \frac{1+\gamma M_1^2}{1+\gamma M_2^2} \rightarrow \therefore P_2 = 72.437kPa$$

$$T_{t2} = T_2\left(1+\frac{\gamma-1}{2}M_2^2\right) = 1530.6K$$

$$P_{t2} = P_2\left(1+\frac{\gamma-1}{2}M_2^2\right)^{\frac{\gamma}{\gamma-1}} = 78.535kPa$$

7.4 연소기 냉각

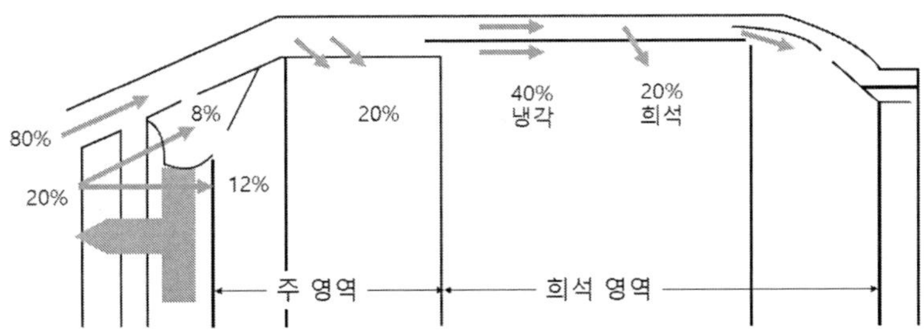

[그림 7-15] 연소기 냉각을 위한 흡입 공기 사용 방식

연소기 설계 시 연소 과정뿐만 아니라 냉각 방법 또한 중요하게 고려해야 한다. 위 그림은 연소기로 공급되는 공기의 용도를 나타낸다. 흡입 공기의 20%는 연소기 입구로 들어오며, 80%는 연소기 입구에서 우회된다. 우회된 80%의 흡입 공기의 20%는 일차 연소 영역으로 들어가 연소에 참여하고, 20%는 이차 연소 영역에서 화염의 온도를 떨어뜨리는 데 사용되고 40%는 연소기 내부 벽을 냉각시키는 데 사용된다. 즉 흡입되는 총 공기의 60%가 냉각에 사용되므로, 많은 양의 공기가 냉각에 목적을 두고 있음을 알 수 있다. 만약

냉각시키는 데 참여하는 공기의 비중을 줄인다면 줄어든 양만큼 연소에 참여할 수 있으므로 같은 크기의 연소기에서 더 높은 추력을 발휘할 수 있다.

또한 고열에 견딜 수 있는 재료 개발도 중요하며, 재료가 견딜 수 있는 그 이상의 온도에서도 연소기를 작동시키기 위한 냉각 방법에 대해 알아보자.

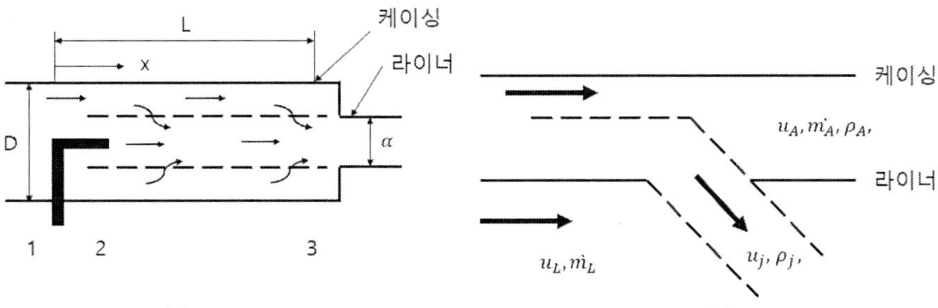

(a) (b)

[그림 7-16] 연소기의 냉각 시스템 개념도

냉각 시스템을 그림 7-16)과 같이 개략화할 수 있다. 그림 7-16a)에서 연소기에 냉각과 희석을 위한 통로를 볼 수 있는데, 일차 연소 영역에서의 축 방향의 유동 흐름과 냉각, 희석을 위해 우회해서 들어오는 공기의 방향이 일치하지는 않는다. 즉 서로 충돌하므로 전압력 손실이 일어난다.

전압력 손실을 가능한 작게 하면서 냉각을 잘 시킬 수 있는 냉각 장치의 형상과 유동 데이터를 그림 7-17)의 그래프와 같이 표현할 수 있다. 설계 인자의 범위를 조정하여 유량의 속도와 유동 방향에 의한 손실을 작게 하면서 냉각을 효과적으로 할 수 있는 최적의 인자들을 도출한다.

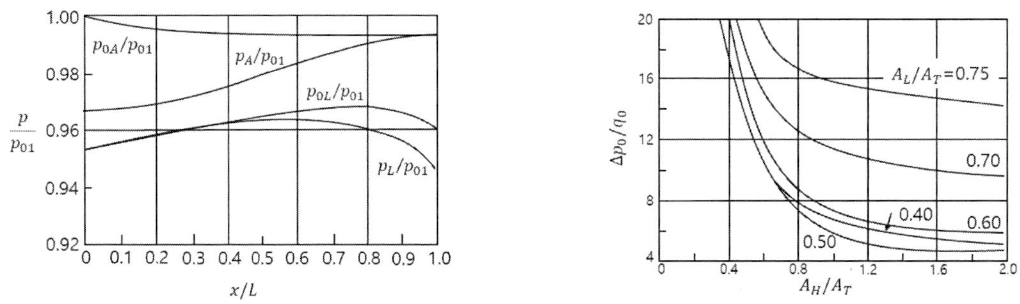

(a) 길이에 따른 압력 변화 (b) 면적비에 따른 전압력 변화

[그림 7-17] 냉각 장치의 형상에 따른 유동 압력 변화

냉각 시스템의 단면은 다양한 형태를 갖고 있지만 공통적인 목적은 연소기 벽면에 공기층을 형성하여 고온의 연소가스가 직접 연소기 벽에 닿는 것을 차단하는 것이다. 이를 막 냉각 기술이라 한다. 막 냉각 기술의 개념은 냉각층을 잘 형성하면서 전압력 손실이 최소화되도록 냉각 시스템을 설계하는 것이다.

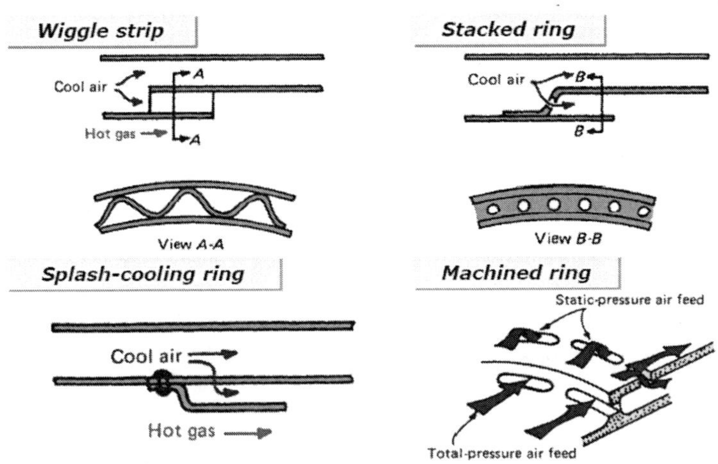

[그림 7-18] 기본적인 냉각 개념도

그림 7-18)은 기본적인 막 냉각 방법을 나타낸다. Wiggle strip의 형태는 냉각 공기가 단면과 같은 통로로 들어가 연소기 내부 벽에 공기층을 형성하여 연소가스가 벽에 직접 닿는 열을 차단한다. 하지만 이 통로의 단면적이 크므로 공기 속도가 상대적으로 작으므로 넓은 범위까지 냉각층을 형성하기 어렵다. 이 문제를 해결하기 위해 Stacked ring의 단면같이 통로의 면적을 줄여 냉각 공기의 속도를 빠르게 하여 하류로 잘 침투되어 공기층을 형성할 수 있다. 또한 보다 넓은 면적을 효과적으로 공기의 냉각층을 형성시킬 수 있는 다양한 형태들이 있다.

그림 7-19)는 진보된 냉각 방법을 나타낸다. Rolled ring과 같이 우회해서 냉각 공기를 공급하는 방법과 Z ring과 같이 여러 개의 구멍을 만들어 냉각층을 형성하는 방법과 Double-pass ring과 같이 작은 홀로 연결된 굴곡진 챔버 통로를 통해 냉각 공기를 공급하여 냉각층을 형성하는 다양한 방법들이 있다. 이러한 형태들이 공통적으로 추구하는 방향은 전압력 손실을 가능한 작게 하면서 넓은 범위의 냉각층을 형성하기 위함이다.

그림 7-20)은 더욱 진보된 그렇지만 복잡한 냉각 방법을 나타낸다. 어떤 경우는 수직 방향으로 냉각 공기를 공급하는 것보다 경사로 냉각 공기를 분사하는 것이 냉각 공기의 분포가 균일하게 되고, 그 외 가공 측면에서 더 간편한 방향으로 기공(포러스) 재료를 사용하여 냉각 공기를 공급하는 방법도 있다. 그러나 구조물이 복잡하면 고장날 확률이 증가하기 때문에 복합적으로 고려해서 냉각 시스템을 설계해야 한다.

냉각을 위해 필요한 공기는 냉각 방법에 따라 많이 다른데, 예를 들면 평범한 필름 냉각 대비 진보된 방법은 약 50% 이상을 감소시킬 수 있다(그림 7-21 참조). 위에 열거된 다양한 냉각 방법을 통하여 화염 온도 약 2000 K 이상에서도 연소실 벽을 보호할 수 있는 연구가 진행되고 있다.

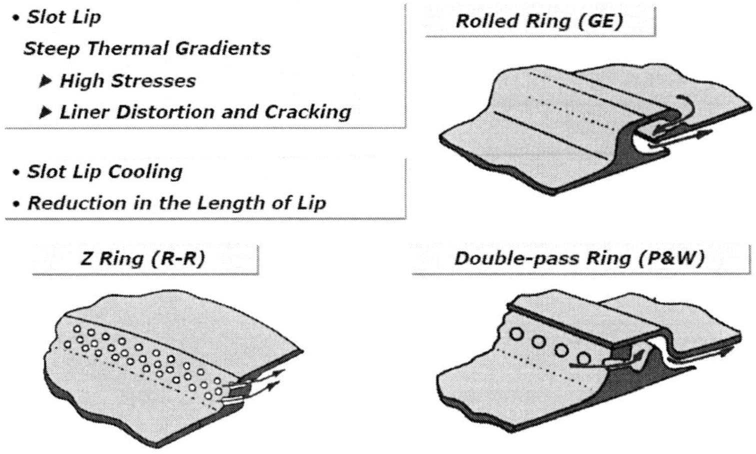

[그림 7-19] 진보된 냉각 개념도

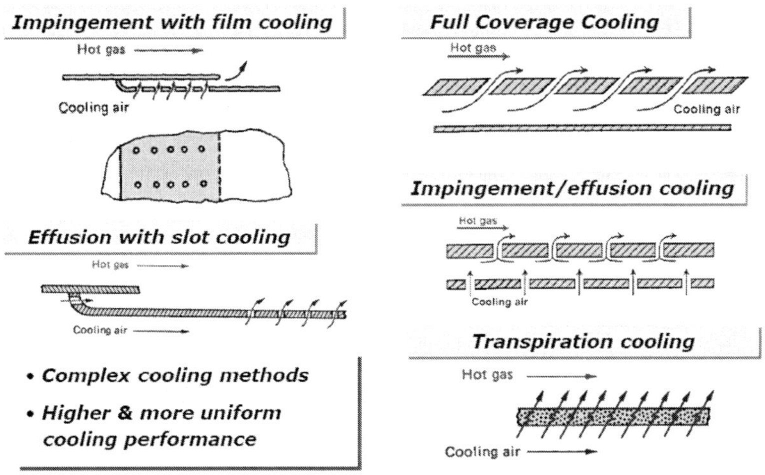

[그림 7-20] 더욱 진보된 막 냉각 개념도

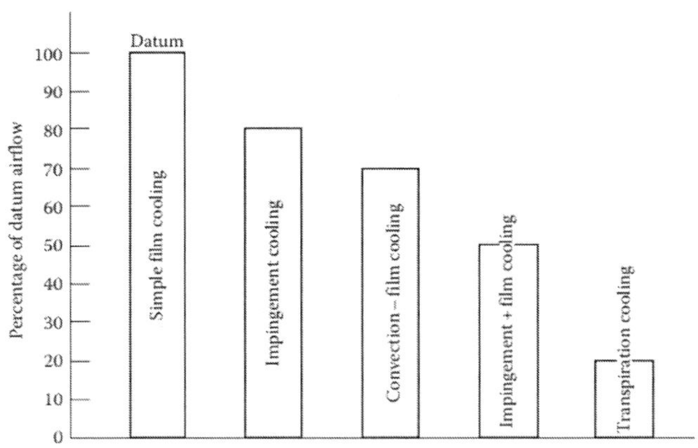

[그림 7-21] 냉각 방법에 따라 필요한 냉각 공기량

7.5 연소기 설계

연소기는 요구 조건에 따라 다양한 형상과 작동 인자가 결정된다. 이번 장에서는 일반적으로 항공기용 가스터빈에 이용되는 대표 연소기 중 하나인 스월컵 돔형 연소기(Swirl dome combustor)의 설계 개념을 예시하여 연소기 설계에 대한 이해를 돕고자 한다. 연소기의 설계 구간은 실험과 해석 및 경험 식을 기반으로 하여, 디퓨져(Diffuser section), 공기 공급계(Air distribution), 연소기 사이징(Combustor sizing), 연료 노즐(Fuel nozzle), 스월러(Axial swirler), 냉각홀(Dilution hole)을 결정한다. 여기에서는 공기 공급계, 연소기 사이징, 냉각홀 설계에 대해서 설명한다.

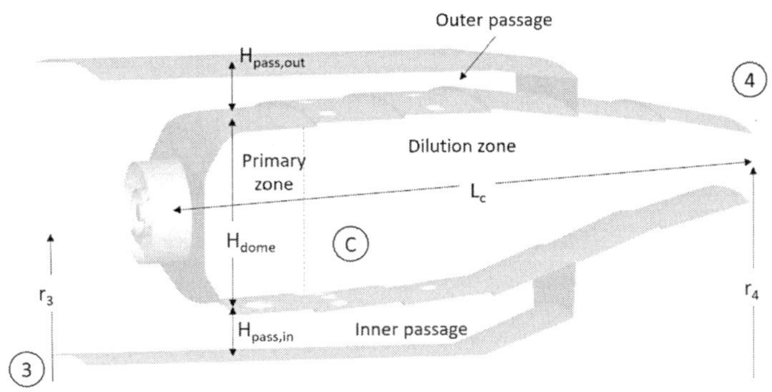

[그림 7-22] 돔형 연소기 개략도

돔형 연소기는 그림 7-22)와 같이 일차 영역(Primary zone)과 이차 영역(Dilution zone)을 가지고 있으며, 연소기의 입구, 출구, 내부는 각각 3, 4, C의 기호를 이용하여 구분하였다.

연소에 이용되는 연료는 탄화수소($CxHy$)의 구성을 가지고 있으며, 이를 통하여 다음과 같이 연료의 몰질량, 이론 공연비를 구할 수 있다.

$$MW_{fuel} = 12.01X + 1.008Y \qquad \text{식 (7-7)}$$

$$AF_{th} = 4.76a\frac{MW_{air}}{MW_{fuel}} \qquad \text{식 (7-8)}$$

여기서 $a = X + Y/4$, $MW_{air} = 28.89g/mol$이다.

연소기 출구에서의 전압력은 연소기 내 전압력 손실비(ϵ_c)를 통해서 다음과 같이 구할 수 있으며, 일반적으로 전압력 손실비는 5% 이내의 값을 가진다.

$$P_{t,4} = P_{t,3}(1 - \epsilon_c) \qquad \text{식 (7-9)}$$

전압력, 전온도를 이용하여 연소기 출구에서의 밀도, 온도, 속도를 다음과 같이 계산할 수 있다.

$$\rho_4 = P_{t,4}/(R_4 T_{t,4}) \qquad \text{식 (7-10a)}$$

$$T_4 = \frac{T_{t,4}}{1+\frac{(\gamma_4 - 1)}{2}M_4^2} \qquad \text{식 (7-10b)}$$

$$U_4 = M_4\sqrt{\gamma_4 R_4 T_4} \qquad \text{식 (7-10c)}$$

7.5.1 공기 공급계(Air distribution)

연소기의 전체 형상을 설계하기 위하여, 연소기 내로 들어온 공기의 각 위치별 분류가 필요하다. 압축기를 통과한 압축 공기는 연소기 냉각, 희석(Dilution), 연소 등의 주요 부분에 알맞게 공기량을 분배해야 하며, 이는 아래의 그림과 같다.

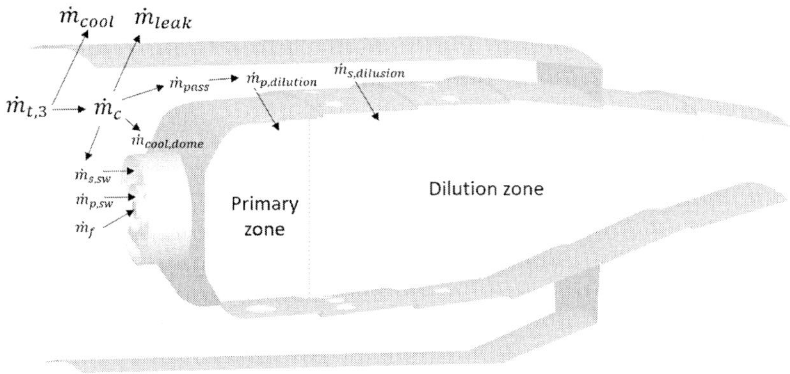

[그림 7-23] 스월컵 돔형 연소기의 공기 공급계 개략도

터빈의 냉각을 위한 공기를 제외한 연소기 내의 공기량은 다음과 같다.

$$\dot{m}_c = (1 - C_{cool})\dot{m}_{t,3,air} \qquad \text{식 (7-11)}$$

여기서 $\dot{m}_{t,3,air}$는 압축기를 통해 들어온 전체 공기량을 나타내며, C_{cool}은 터빈 냉각을 위한 공기량의 비를 나타낸다. C_{cool}은 일반적으로 10% 내의 값을 이용한다.

연소기 내의 공기와 연료와의 공연비는 다음과 같다.

$$AF = \frac{\dot{m}_c}{\dot{m}_f} \qquad \text{식 (7-12)}$$

연소기로 들어온 공기 중, 연료의 미립화에 필요한 공기량은 다음과 같다.

$$\dot{m}_{p,sw} = AF_{atom}\dot{m}_f \qquad \text{식 (7-13)}$$

AF_{atom}은 연료의 증발을 위해 필요한 공기와 연료의 비이며, 충분한 연료 증발을 위하여 일반적으로 2~3의 값을 가진다.

터빈의 냉각을 위한 공기뿐만 아니라 연소기 돔의 냉각을 위한 공기가 필요하며, 이때의 공기량은 다음과 같다.

$$\dot{m}_{cool,dome} = C_{cool,dome}\dot{m}_c \qquad \text{식 (7-14)}$$

여기서 $C_{cool,dome}$은 돔 냉각을 위한 공기량 비를 나타낸다.

돔형 연소기는 아이들링(Idle power) 시 연소 효율의 저하와 고출력시 스모크 문제를 피하기 위하여 1차 연소에서의 당량비(Φ_p)를 1.4~1.5로 설정한다. 따라서 1차 스월러, 돔 냉각 공기를 고려한, 2차 스월러를 위한 공기량은 다음과 같다.

$$\dot{m}_{s,sw} = \frac{AF_{th}}{\Phi_p}\dot{m}_f - \dot{m}_{p,sw} - \dot{m}_{cool,dome} \qquad \text{식 (7-15)}$$

따라서 돔에서의 전체 공기량은 다음과 같다.

$$\dot{m}_{dome} = \dot{m}_{p,sw} + \dot{m}_{s,sw} + \dot{m}_{cool,dome} \qquad \text{식 (7-16)}$$

돔 영역에 들어가는 공기는 연소기 내 공기($\dot{m}_c$) 중 약 20~40% 이다.

연소기 내 공기에서 돔에 할당된 공기량을 제외한 나머지 공기는 1, 2차 희석에 할당되고 이때의 공기량은 다음과 같이 구할 수 있다.

$$\dot{m}_{pass} = \dot{m}_c - \dot{m}_{dome} \qquad \text{식 (7-17)}$$

연소기 내 2차 연소 영역에서의 당량비(Φ_s)는 1차 희석용 홀에서 추가된 공기의 양으로 결정되며, 주어진 당량비를 통해서 1차 희석용 홀에 이용되는 공기량을 다음과 같이 구할 수 있다.

$$\dot{m}_{p,dilution} = \frac{AF_{th}}{\Phi_s}\frac{\dot{m}_c}{AF} - \dot{m}_{dome} \qquad \text{식 (7-18)}$$

추가적으로 연소기 내 기밀을 위한 leakage 공기를 고려할 경우 해당 공기량은 다음과 같이 구할 수 있다.

$$\dot{m}_{leak} = \dot{m}_c C_{leak} \qquad \text{식 (7-19)}$$

여기서 C_{leak}은 leakage 공기량의 비율이며 일반적으로 2% 이내의 공기를 이용한다.

라이너의 면적과 라이너 면에서의 압력을 알고 있으면, 라이너 냉각에 필요한 공기량을 구할 수 있다. 라이너의 대류 냉각 공기량은 일반적으로 단위 면적당 0.75 kg/s · m2 · atm이며, 따라서 대류 냉각에 필요한 공기량은 다음과 같이 구할 수 있다.

$$\dot{m}_{cool,liner} = 0.75 A_{liner} P_{liner} \qquad \text{식 (7-20)}$$

1차 희석용 공기량과 라이너 냉각용 공기량을 구하였으므로 2차 희석에 필요한 공기량은 다음과 같다.

$$\dot{m}_{s,dilution} = \dot{m}_{pass} - \dot{m}_{p,dilution} - \dot{m}_{cool,liner} \qquad \text{식 (7-21)}$$

7.5.2 연소실 사이징(Combustor Sizing)

연소기의 형상을 구하기 위하여 다양한 방법이 적용되며, 각기 다른 형상 변수를 구해야 한다. 또한 라이너와 스월러에서 압력강하 역시 고려되어야 한다. 연소기의 주요 치수는 속도법(velocity method) 또는 압력 인수(Pressure factor)에 따라 근사될 수 있다. 여기에서는 경험적 수치를 이용한 속도법을 이용하여 연소기 설계를 진행한다. 이는 연소기의 각 부분의 크기가 경험적으로 알려진 해당 부분의 속도와 공기 유량의 관계를 통해 결정하는 방법이다.

연소실의 크기는 주로 요구되는 열방출량으로부터 결정된다. 열방출량은 $\dot{m}_a f Q_R$로 나타낼 수 있다. 연소실이 클수록 압력 손실이 적고 출구 온도 분포를 균일하게 할 수 있어서 연소 안정성이 커진다. 여러 효과를 고려하여 연소 강도를 다음과 같은 식으로 나타낼 수 있다.

$$V = \frac{\dot{m}_a f Q_R}{\text{연소강도} \cdot P} \qquad \text{식 (7-22)}$$

항공용 가스터빈에서 연소 강도는 $2-5 \cdot 10^4 kW/m^3 atm$ 정도이고 산업용 가스터빈 엔진은 연소실 공간이 크므로 항공용보다 연소 강도가 낮다.

식 (7-22)는 연소실의 부피를 개략적으로 결정하는 데 유용하다. 이러한 공간 크기를 기초 데이터로 감안하여 구체적인 연소기 내 크기를 결정하는 과정은 다음과 같다. 먼저 돔 영역과 우회 유로(Passage)의 높이를 결정하기 위한 해당 부분의 속도는 다음과 같다. 일반적으로 유로 속도($U_{passage}$)는 35~60m/s, 돔 영역(U_{dome})에서는 7-12m/s의 값을 가진다. 앞선 공기량의 분배에 따라 유로와 돔에서의 공기량을 알기 때문에 각 위치의 면적은 다음과 같다.

$$A_{dome} = \frac{\dot{m}_{dome}}{\rho_3 U_{dome}} \qquad \text{식 (7-23)}$$

$$A_{pass} = \frac{\dot{m}_{pass}}{\rho_3 U_{pass}} \qquad \text{식 (7-24)}$$

두 면적을 합한 것을 연소기의 기준 면적(Reference area)으로 볼 수 있다.

$$A_{ref} = A_{dome} + A_{pass} \qquad \text{식 (7-25)}$$

따라서 기준 면적을 알면 연소기 내 공기량을 이용하여 기준속도(Reference velocity)를 다음과 같이 구할 수 있다.

$$U_{ref} = \frac{\dot{m}_c}{\rho_3 A_{ref}} \qquad \text{식 (7-26)}$$

이때 연소기의 길이를 구하기 위한 기준 운동량(Reference dynamic head)은 다음과 같다.

$$q_{ref} = \frac{1}{2}\rho_3 U_{ref}^2 \qquad \text{식 (7-27)}$$

따라서 돔의 높이와 유로(Passage)의 높이는 다음과 같이 계산할 수 있다.

$$H_{dome} = \frac{A_{dome}}{2\pi r_3} \qquad \text{식 (7-28)}$$

$$H_{pass} = \frac{A_{ref}}{2\pi r_3} - H_{dome} = H_{pass,in} + H_{pass,out} \qquad \text{식 (7-29)}$$

하나의 연료 스프레이가 담당하는 영역은 돔 영역과 거의 동일해야 하므로, 스월 컵에 의해 발생한 스월 유동의 직경은 돔의 높이와 유사해야 한다. 따라서 연소기에 필요한 전체 연료 노즐의 수는 아래와 같다.

$$N_{fn} = \frac{2\pi r_3}{H_{dome}} \qquad \text{식 (7-30)}$$

라이너의 길이는 연소기 형상에 따른 압력 인수(Pressure factor, PF)와 라이너 압력 강하값(ΔP_{liner})을 이용하여 아래와 같이 계산할 수 있다. 압력 인수는 연소기의 형상에 따라 다르며, 일반적으로 Can, Can-Annular, Annular 연소기에 대해 각 37, 28, 20의 값을 가진다.

$$L_{lr} = -20/(\Delta P_{liner}/q_{ref} H_{dome} * \mathrm{Ln}(1 - PF)) \qquad (7\text{-}31)$$

근래에는 일반적으로 라이너의 길이를 돔 높이의 2~3배의 길이를 이용한다. 연소기의 출구 면적은 연소된 가스를 기준으로 아래와 같이 계산할 수 있다.

$$A_{exit} = A_4 = \frac{\dot{m}_c + \dot{m}_f}{\rho_4 U_4} \qquad \text{식 (7–32)}$$

7.5.3 냉각 홀(Dilution Holes)

과농연료(Fuel rich) 연소기의 돔에서의 연소 온도는 매우 높아 반드시 냉각 공기를 이용하여 터빈 입구에 도달하기 전에 온도를 낮추어야 한다. 또한 NOx의 생성을 억제하기 위하여 고온의 온도를 유지하는 시간을 낮추기 위해서도 희석 공기가 추가되어야 한다. 냉각홀은 일반적으로 희석용 제트의 침투 깊이를 고려하여 계산되며, 일반적으로 희석용 제트는 돔 높이의 40%에 해당하는 곳까지 침투하여야 한다.

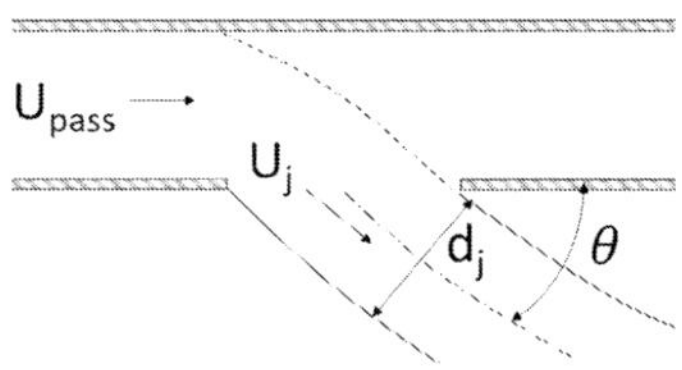

[그림 7–24] 냉각 홀 개략도

냉각을 위한 공기는 위 그림과 같이 희석 홀을 통해 들어오는 공기가 각도 θ를 가지며 연소기 내로 들어가는 형상으로 단순화할 수 있다. 이때 희석용 제트의 속도는 라이너에서의 압력 강하와 홀의 위치에서의 공기 밀도를 이용하여 다음과 같이 계산할 수 있다.

$$U_j = \sqrt{2\Delta P_{liner}/\rho_j} \qquad \text{식 (7–33)}$$

이때 밀도는 유로 내 공기의 압력 강하가 크지 않다면 3번 지점과 동일한 값을 이용한다. 라이너를 통과하면서 나타나는 압력의 강하는 다음과 같다.

$$\Delta P_{liner} = P_3 - P_c \qquad \text{식 (7–34)}$$

이때 P_c는 돔에서의 압력 또는 연소기 출구에서의 압력을 이용하여 근사할 수 있다. 냉각 홀의 크기를 결정하기 위하여 jet의 동압과 annulus 동압의 비(ratio)인 압력 인자(Pressure parameter, K)는 다음과 같다.

$$K = \frac{1/2\rho_j U_j^2}{1/2\rho_3 U_{pass}^2} \qquad \text{식 (7–35)}$$

냉각 홀은 이론 값과 실제 유동 간에 차이가 존재하며, 이를 유출 계수(Discharge coefficient)를 통해 보정한다. 홀의 형상에 따라 유출 계수 값이 달라질 수 있으며, 간단한 평면 냉각홀(Plain dilution hole)을 이용한 경우, 유출 계수 값은 아래와 같이 구할 수 있다.

$$C_d = \frac{1.25(K-1)}{\sqrt{4K^2 - K(2-\alpha)^2}} \quad \text{식 (7-36)}$$

여기서 α는 홀의 질유량과 annulus 질유량의 비이며, 개념 설계에서는 일반적으로 0.25를 이용한다. 최대 가능한 $C_{d,INF}$의 값은 0.625이며(K가 무한대에 가까울 때), 이를 통해 냉각홀의 각도는 다음과 같이 구할 수 있다.

$$\theta_d = \sin^{-1}\left(\frac{c_d}{c_{d,\infty}}\right) \quad \text{식 (7-37)}$$

침투 깊이를 위한 모멘텀 플럭스 비(J) 는 다음과 같이 구할 수 있다.

$$J = \frac{\rho_j U_j^2}{\rho_4 U_c^2} \quad \text{식 (7-38)}$$

이때 U_c는 연소기 내에서의 질유량을 이용하여 근사할 수 있다.

$$U_c = \frac{\dot{m}_{dome}}{\rho_4 A_{dome}} \quad \text{식 (7-39)}$$

최대 침투 깊이($Y_{\max}$)와 희석용 홀의 직경은 다음과 같은 관계를 가진다.

$$Y_{\max} = 1.25 d_j J^{0.5} \frac{\dot{m}_{dome}}{\dot{m}_{dome} + \dot{m}_{pass}} \quad \text{식 (7-40)}$$

따라서 $Y_{\max}/H_{dome} = 0.4$를 가지는 d_j는 위의 식을 통해 구할 수 있다.

실제 홀의 직경은 유출 계수가 고려된 값이므로 최종적인 홀의 직경은 다음과 같다.

$$d_{d,j} = \frac{d_j}{\sqrt{C_d}} \quad \text{식 (7-41)}$$

연소기 전체에 고려되는 홀의 개수는 다음과 같이 질량 유량과 홀의 직경을 통해서 계산된다.

$$N_h = 15.25 \dot{m}_{jet} (\Delta P_{liner} P_3 / T_3)^{-0.5} / d_{d,j}^2 \quad \text{식 (7-42)}$$

여기서 $\dot{m}_{jet} = \dot{m}_{p,dilution}$ 또는 $\dot{m}_{s,dilution}$이며, 이 과정은 1차 희석용 제트와 2차 희석용 제트의 조건을 따로 적용하여 각각의 조건에 맞는 직경과 개수를 찾아야 한다.

7.5.4 연소기 성능 파라미터

연소실 성능에 영향을 미치는 요소는 전압력 손실, 패턴 인자와 형상 인자, 라이너 냉각, 연소 효율, 화염 안정성으로 구분할 수 있다.

(1) 전압력 손실(PLF, Pressure loss factor)

- 유동전압력 손실(cold total pressure loss): $\left(\Delta P_t\right)_{cold}/P_{t3} \approx 4 \sim 7\%$　　식 (7-43a)
- 연소전압력 손실(hot total pressure loss): $\left(\Delta P_t\right)_{hot}/P_{t3} \approx 0.5 \sim 1\%$　　식 (7-43b)

전압력 손실은 점성층과의 마찰로 인해 감소되는 유동 전압력 손실과 발열 반응의 열 방출로 인한 연소 전압력 손실이 있다. 수치는 각각 4~7%, 0.5~1%이다. 이는 그림 7-25)와 같이 나타내기도 한다.

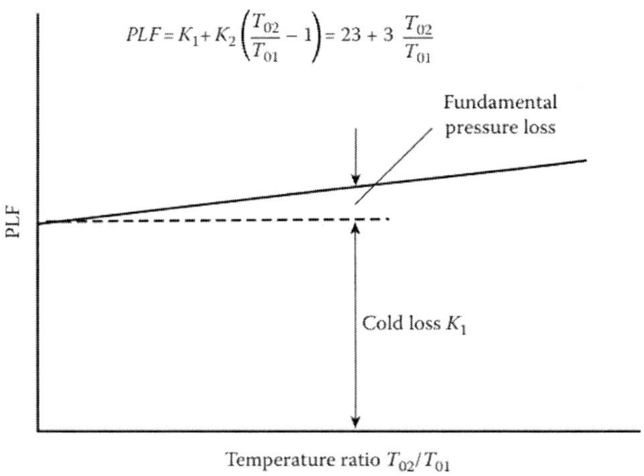

[그림 7-25] 전압력 손실

(2) 패턴 인자와 형상 인자

연료 분사기는 원형으로 배치되어있고, 희석으로 인한 공기 냉각과 같은 연소 불안정으로 인해 터빈 입구에서의 온도 분포는 불균일하다. 그러나 가스터빈 연소실 출구에서 온도 분포는 엔진 출력과 터빈의 내구성에 영향을 미치는 중요한 인자인데, 이러한 출구에서의 비균일함을 나타내는 것이 패턴 인자와 형상 인자이다.

• 패턴 인자(PF, pattern factor): $PF = \dfrac{T_{t,\max} - T_{t,avg}}{T_{t,avg} - T_{t,in}}$ 식 (7-44a)

• 형상 인자(P_f, profile factor): $P_f = \dfrac{T_{t,\max-avg} - T_{t,in}}{T_{t,avg} - T_{t,in}}$ 식 (7-44b)

$T_{t,\max}$: 최대 출구 온도, $T_{t,avg}$: 출구 온도의 평균, $T_{t,in}$: 평균 입구 온도,

$T_{t,\max-avg}$: 최대 온도의 원주 방향 평균 온도

패턴 인자는 연소기 내에서 일어날 수 있는 최고 온도의 고온 부위나 고온 유선이 터빈에 미칠 수 있는 열 충격을 나타내고 형상 인자는 평균 출구 온도 분포를 나타낸다.

패턴 인자와 형상 인자는 연소기 성능을 판단하는 데 있어 매우 중요한 인자이고, 패턴 인자를 0.25~0.45의 범위를 가지게 하고, 형상 인자는 1.04~1.08의 범위를 가질 수 있는데 적절한 값의 결정에는 실험 또는 CFD를 통한 연소기 분석이 필요하다.

(3) 연소 효율

연료와 공기가 연소되는 과정에서 연료가 완전히 연소되지 못하는 경우가 발생할 수 있으며, 이는 연소실 성능에 직접적으로 영향을 미친다. 연소 효율은 연공비에 따라 변하며 연료가 과농(Fuel rich)일수록 연소 효율이 낮아진다(그림 7-26 참조).

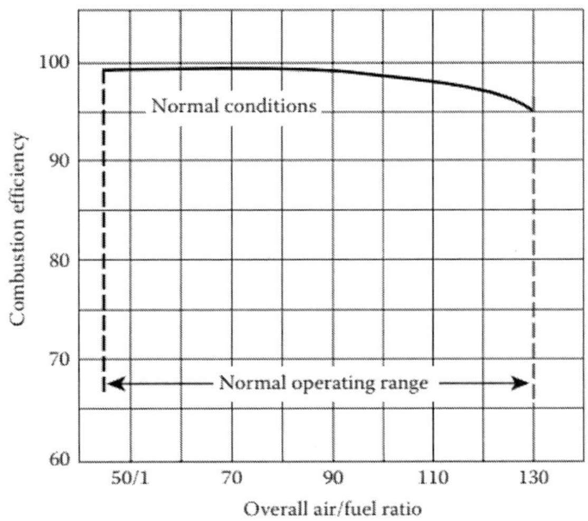

[그림 7-26] 공연비에 따른 연소 효율

또한 운전 조건이 다양하게 변하는 엔진의 작동 환경에서 연소 효율의 계산은 많은 실험과 해석의 경험에 따라 정확도의 차이가 크다. 운용 조건에 따라 연소 효율을 계산하는 방법을 소개한다. 압축기

후방에 위치하고 있으며, 연소기 입구의 압력과 온도는 운용 조건에 의해 결정되므로 연소 효율에 미치는 인자를 연소기 입구의 온도와 압력, 그리고 연소실의 연소 강도의 함수로 다음 식과 같이 표현할 수 있다.

$$\log(1-\eta) = a + b \times \log(\Omega_{O-D}/\Omega_D) \qquad \text{식 (7–45a)}$$

$$\Omega_{burner\,loading} = \frac{\dot{m}_0}{P_{t3}^{1.8} \times e^{\frac{T_{t3}}{300}} \times Burner\ Volume} \qquad \text{식 (7–45b)}$$

$a = \log(1-\eta_b)$

$b =$ 연소환경인자(Burner part load constant)

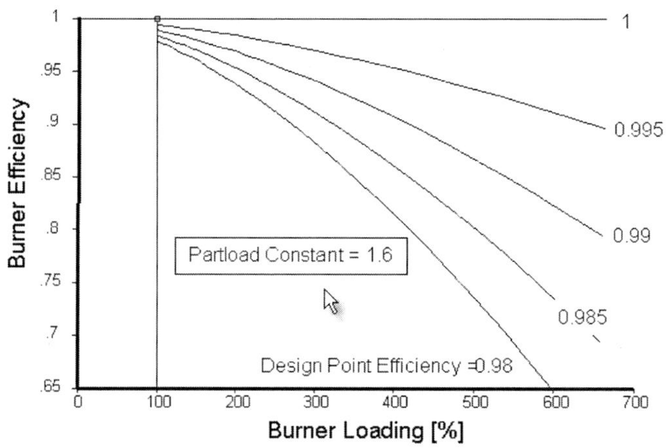

[그림 7–27] 연소환경 인자에 따른 연소 효율

7.6 연소기 해석

고효율의 연소와 냉각을 위한 실제 가스터빈 연소기는 형상이 복잡하고, 연소 현상과 냉각 등에 의해 연소기에서의 열 유동 구조 또한 매우 복잡하다. 더욱이 연소 현상은 실제 크기의 연소기와 테스트 형태의 축소형 연소기 간의 연소 현상의 상사성이 많이 차이가 있어서 실제 연소기 개발을 어렵게 한다. 실제 연소기에서 나타나는 현상을 계측하기 위한 정교한 실험은 고비용이 요구되고, 양질의 데이터를 수집하기 위한 시간도 많이 소요된다. 이러한 문제를 보완하기 위하여 수치 해석 기술이 그 대안으로 제시되고 있다. 오늘날 수치 해석 기법은 성공적으로 개발되고 있어서 고비용의 정교한 실험을 대체하기 위한 수치 해석 기술의 적용 시도가 활발히 이루어지고 있다. 수치 해석 기법에 대한 설명은 본 서적에서 다루지 않고 좀 더 전문적인 문헌을 참조하길 권한다. 본 절에서는 위에서 소개한 연소기(7.5절)에 대한 해석 결과를 소개함으로써 수치 해석 기술의 유용성을 제공한다.

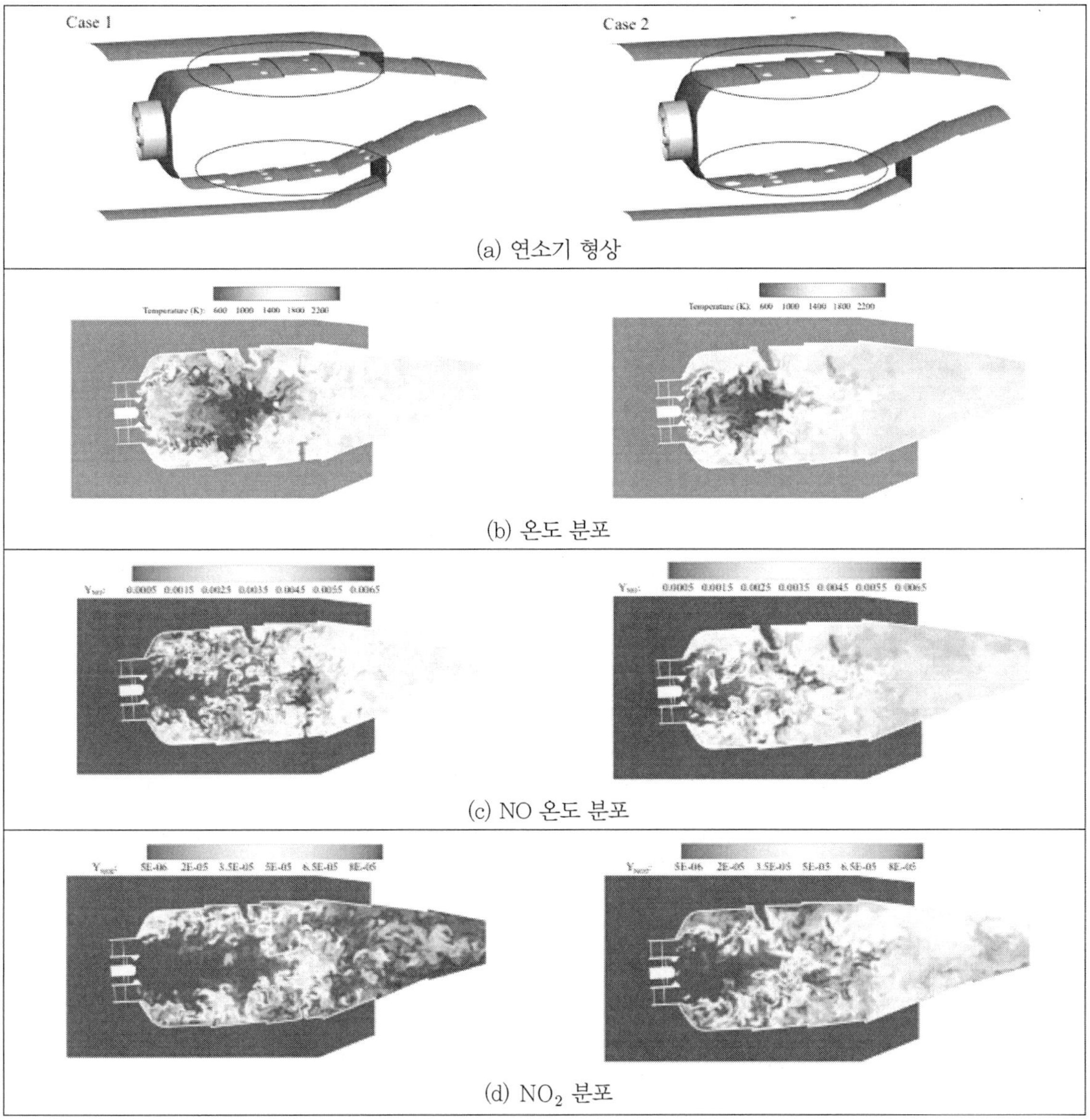

(a) 연소기 형상

(b) 온도 분포

(c) NO 온도 분포

(d) NO_2 분포

[그림 7-28] 가스터빈 연소기의 냉각홀의 변화에 따른 온도와 NOx 분포

7.7 후연소기(에프터 버너, After-burner)

후연소기는 주로 전투기와 같이 순간적으로 많은 추력을 요구하는 항공기에 쓰이고 있다. 후연소기는 고속 유동에서 화염을 안정화시키는 것이 핵심이다. 화염을 안정화시키는 대표적인 방법은 앞 절에서 언급했듯이 재순환 영역을 만드는 방법이다. 후연소기는 고속유동이기에 주유동 스월을 이용하는 것보다 기하학적인 재순환 영역을 만들어 공기와 연료를 혼합시켜 보염하는 것이 효과적이다. 그러나 고속 유동이기에 마찰을 줄여서 운동량 손실을 최소화할 필요가 있다.

7.7.1 후연소기

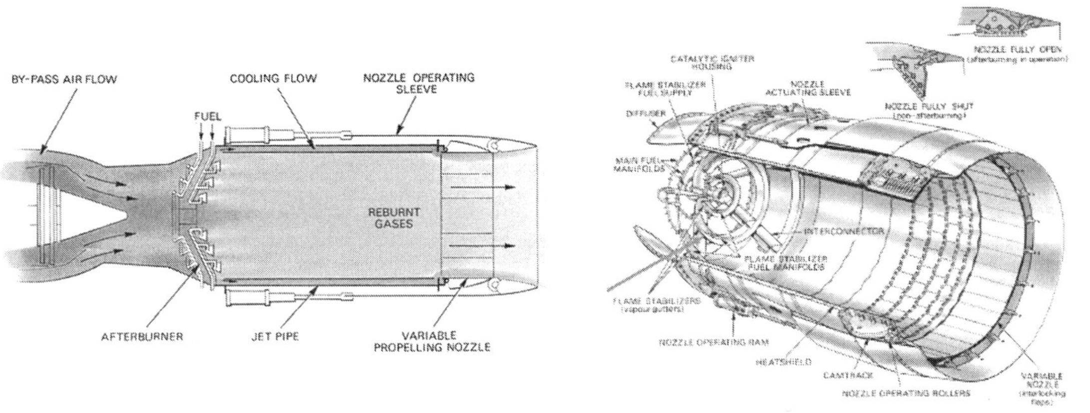

[그림 7-29] 후연소기(에프터 버너) 단면

이차 연소 장치인 후연소기는 터빈을 통과한 고온의 연소가스에 연료를 분사하면 자연 발화되어 연소를 구현하는 간단한 장치이다.

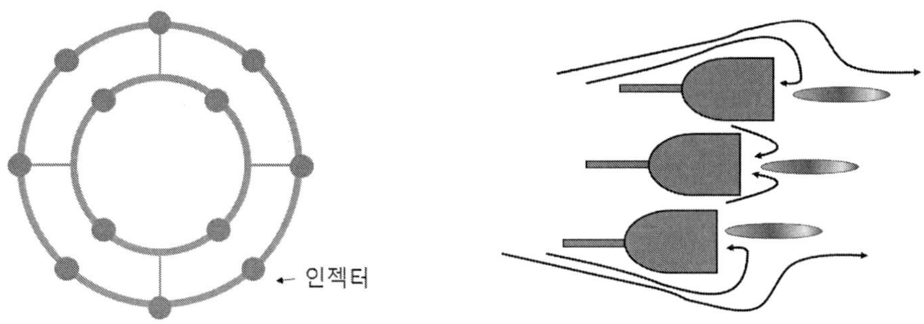

(a) 동심형 모양의 연료 공급관 (b) 유선형 인젝터

[그림 7-30] 후연소기(에프터 버너)의 연료 공급관 및 인젝터 형태

그림 7-30a)는 후연소기의 연료 분사와 보염을 위한 장치의 단면을 보여준다. 연료 분사기가 여러 개가 있는 것을 확인할 수 있다. 만약 각 분사기에 개별적으로 연료 공급관을 설치하여 공급하면 각 분사기의 조정은 간편할 것이다. 하지만 시스템적으로 매우 복잡해지므로 공통의 연료 공급관(Manifolder)으로 연료를 공급하는 것이 효과적이다. 연료 공급관은 동심원 형태로 원형 관에 분사기를 설치하면 후연소기 전면에 연료를 분사할 수 있고 시스템적으로 매우 간편하다. 후연소기에서 연소가스의 유동은 매우 빠르기 때문에 그림 7-30b)와 같이 분사기 단면의 앞쪽은 유선형 형태로 만들며 유동의 저항을 최소화한다. 단면 뒤쪽은 절단형이 되며 분사기 뒷쪽으로 재순환 영역이 만들어져 이 재순환 영역에 연료를 분사하면 연소 시간을 충분히 가질 수 있으므로 화염이 안정화될 수 있다.

추가적으로 후연소기를 이용할 때 고정된 노즐보다는 가변 노즐을 함께 사용한다. 작은 추력을 요구할 때는 연료 분사량을 줄이고, 추력을 크게 요구할 때는 후연소기에서 연료 분사량을 크게 해야 하므로, 후연소기 내의 압력을 크게 하지 않으면서 추력을 조정하기 위해 노즐목의 면적을 조정할 수 있어야 하는데 이는 가변 노즐로 구현할 수 있다.

7.7.2 화염면과 화염각

지금까지는 후연소기의 화염을 안정화시키는 방법에 대해서 살펴보았으며, 연소기에서 공기와 연료가 혼합하여 화염 면을 어떻게 예측할 것인지 알아보자.

그림 7-31)과 같이 화염 면이 각을 이루면서 형성되는데 이 화염면이 후연소기의 내부에 꽉 차야 하므로 화염면의 결정은 연소기의 길이와 관련이 있다. 만약 하나의 분사기를 이용하여 화염면을 형성한다면 연소기의 길이가 매우 길어지므로, 분사기를 여러 개 사용해서 연소기의 길이를 줄일 수 있다. 하지만 여러 개의 분사기를 이용하면 많은 구조물로 인해 운동량 손실이 발생한다. 따라서 연소기 전체 효율을 높이기

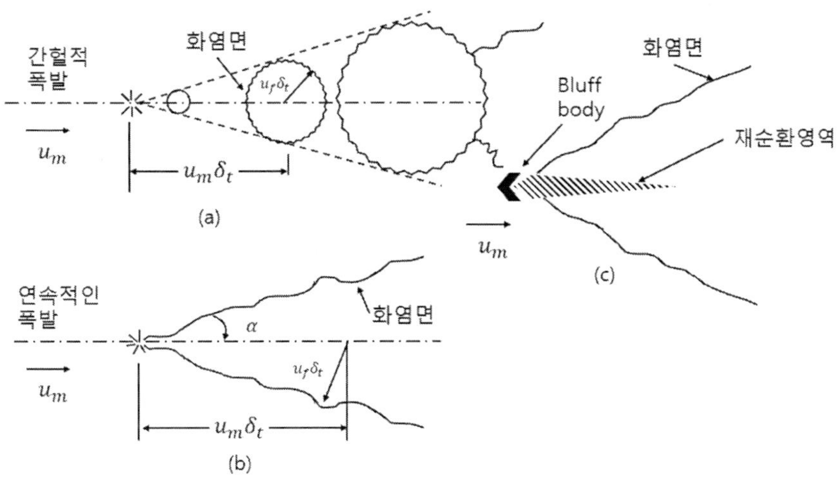

[그림 7-31] 화염면과 화염각

위해 분사기의 개수와 후연소기의 길이를 고려하여 결정한다. 이를 위해서 먼저 화염면이 어떤 각도로 형성되는지 계산할 필요가 있다.

후연소기로 들어오는 일차 연소가스의 유동 속도가 화염 전파 속도보다 빠르면 화염면의 각이 작아지고 화염의 소멸(Blow-out) 현상이 일어날 것이며, 그 반대는 화염면의 각이 커지고 화염이 상류로 이동할 것이다. 따라서 화염을 후연소기에서 유지하기 위해서 연소가스 유속과 화염 전파 속도로 화염이 유지되는 화염면의 각도 계산이 가능하다. 이 개념을 수식적으로 표현해보자.

그림 7-31)에 표현된 것과 같이 후연소기로 들어오는 연소가스의 속도를 u_m 이라하고 화염 전파 속도를 u_f라 하자. 화염 전파 속도와 연소가스의 유동 속도가 같은 위치에서 화염면이 형성될 것이다. 따라서 화염면과 수직한 연소가스의 성분을 다음과 같이 표현할 수 있다.

$$u_{m,\perp} = u_m \sin\alpha \quad \text{식 (7-46)}$$

또한 화염 전파 속도는 화염면과 수직한 성분과 같다.

$$u_{f,\perp} = u_f \quad \text{식 (7-47)}$$

따라서 화염면에 수직한 속도 성분이 서로 같아야 하므로 다음과 같은 관계가 성립한다.

$$u_{f,\perp} = u_m \sin\alpha = u_f \quad \text{식 (7-48)}$$

이를 화염각으로 하면 다음 식과 같다.

$$\therefore \alpha = \sin^{-1}\left(\frac{u_f}{u_m}\right) \quad \text{식 (7-49)}$$

따라서 위 식 (7-49)를 이용하면 화염각을 계산할 수 있고, 이 화염각을 이용하여 연소기의 길이와 분사기의 개수를 결정할 수 있다.

7.7.3 압력과 온도

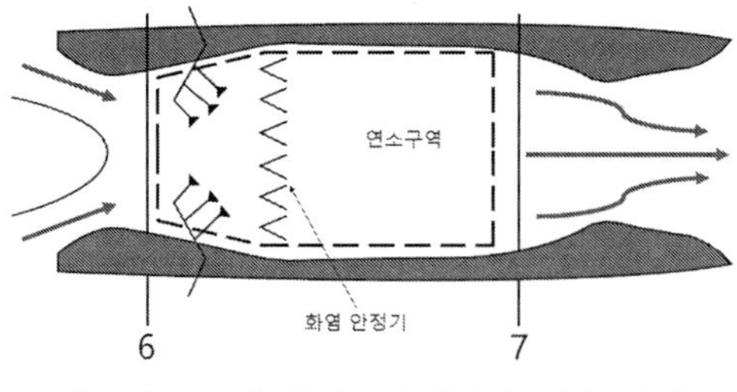

[그림 7-32] 후연소기에서의 검사 체적

후연소기에서 압력과 온도의 변화는 운동량 보존 방정식을 통해 알 수 있다. 후연소기의 입구를 ⑥, 출구를 ⑦로 설정하고 운동량 보존 방정식을 세우면 다음 식과 같다.

$$p_6 A_6 - p_7 A_7 - D = \dot{m}_7 V_7 - \dot{m}_6 V_6 \qquad \text{식 (7-50)}$$

위 식의 좌변은 후연소기의 유동 진행 방향(X축)에 대한 입구와 출구에서의 압력차에 의한 힘($P_6 A_6 - P_7 A_7$)과 벽면에서의 항력의 합(D)을 의미하고, 우변은 후연소기의 유동 진행방향에 대한 입구와 출구에서 발생되는 유동 모멘텀의 합($\dot{m}_7 V_7 - \dot{m}_6 V_6$)을 의미한다.

만약 후연소기의 입구와 출구의 면적 변화를 무시하면 다음 식과 같이 표현된다.

$$(p_6 - p_7)A - D = \dot{m}_7 V_7 - \dot{m}_6 V_6 \qquad \text{식 (7-51)}$$

$$(\because A_6 = A_7 = A = const.)$$

$$p_6 - p_7 = \frac{\dot{m}_7 V_7 - \dot{m}_6 V_6}{A} + \frac{D}{A} \qquad \text{식 (7-52)}$$

또 후연소기 안에서 유동이 축 방향으로 균일한 속도를 가지면 다음 식으로 표현할 수 있다.

$$p_6 - p_7 = \rho_7 V_7^2 - \rho_6 V_6^2 + \frac{D}{A} \qquad \text{식 (7-53)}$$

여기서 마찰상수 개념을 도입한다. 마찰상수(K)의 정의는 마찰로 인한 압력 강하를 상류 동압으로 나눈 값이며 다음 식으로 표현한다.

$$K \equiv \frac{\triangle p_{friction}}{\frac{1}{2}\rho V^2} \qquad \text{식 (7-54)}$$

식 (7-53)에서 D/A을 마찰상수로 표현해보자. 후연소기에서 발생된 항력을 면적으로 나누면 마찰로 인한 압력강하가 되므로, 마찰상수 정의에 의해서 다음 식과 같이 표현할 수 있다.

$$\frac{D}{A} = \triangle p_{friction} = K\frac{1}{2}\rho_6 V_6^2 \qquad \text{식 (7-55)}$$

이 D/A항을 위 보존 방정식에 대입하면 다음 식과 같고,

$$p_6 - p_7 = \rho_7 V_7^2 - \rho_6 V_6^2 + K\left(\frac{1}{2}\rho_6 V_6^2\right) \qquad \text{식 (7-56)}$$

식 (7−56)에서 속도를 마하수로 표현하기 위해 상태 방정식을 이용하고, 양변에 에프터 버너 출구 압력 (P_7)으로 나누면 다음 식과 같다.

$$\frac{p_6}{p_7} - 1 = \gamma M_7^2 - \gamma M_6^2 + K\left(\frac{\gamma M_6^2}{2}\frac{p_6}{p_7}\right) \quad \text{식 (7−57)}$$

식 (7−57)을 후연소기의 입구와 출구의 압력비(P_6/P_7)로 식을 정리하면, 다음 식과 같이 표현된다.

$$\therefore \frac{p_6}{p_7} = \frac{1+\gamma M_7^2}{1+\gamma M_6^2\left(1-\frac{K}{2}\right)} \quad \text{식 (7−58)}$$

위 압력비는 정압력비를 의미하고 전압력비를 알기 위해 2장에서 배웠던 전압력과 정압력비의 식을 이용하여 후연소기의 입구와 출구의 전압력비를 구하면 최종적으로 다음과 같이 구할 수 있다.

$$\therefore \frac{p_{t6}}{p_{t7}} = \frac{p_{t6}}{p_6}\frac{p_6}{p_7}\frac{p_7}{p_{t7}} = \frac{1+\gamma M_7^2}{1+\gamma M_6^2\left(1-\frac{K}{2}\right)}\left[\frac{1+\frac{\gamma-1}{2}M_6^2}{1+\frac{\gamma-1}{2}M_7^2}\right]^{\frac{\gamma}{\gamma-1}} \quad \text{식 (7−59)}$$

따라서 위 식들을 이용하면 후연소기에서의 전압력과 정압력의 변화(압력비)를 알 수 있다.

이렇게 구한 전압력비와 정압력비 식에 상태 방정식을 적용하면 전온도비와 정온도비(후연소기의 온도의 변화) 또한 구할 수 있다. 따라서 다음 식과 같은 관계식을 얻을 수 있다.

$$\frac{p_6}{p_7} = \frac{V_7}{V_6}\frac{T_6}{T_7} = \frac{M_7}{M_6}\sqrt{\frac{T_6}{T_7}} \quad \text{식 (7−60)}$$

위 식을 온도비에 대해서 정리하면 다음 식과 같고,

$$\therefore \frac{T_6}{T_7} = \left(\frac{P_6 M_6}{P_7 M_7}\right)^2 = \frac{M_6^2}{M_7^2}\left[\frac{1+\gamma M_7^2}{1+\gamma M_6^2\left(1-\frac{K}{2}\right)}\right]^2 \quad \text{식 (7−61)}$$

또한 전온도와 정온도의 비를 이용하면 최종적으로 다음 식과 같이 표현할 수 있다.

$$\frac{T_{t6}}{T_{t7}} = \frac{T_{t6}}{T_6}\frac{T_6}{T_7}\frac{T_7}{T_{t7}} = \frac{T_6}{T_7}\left[\frac{1+\frac{\gamma-1}{2}M_6^2}{1+\frac{\gamma-1}{2}M_7^2}\right] = \frac{M_6^2}{M_7^2}\left[\frac{1+\frac{\gamma-1}{2}M_6^2}{1+\frac{\gamma-1}{2}M_7^2}\right]\left[\frac{1+\gamma M_7^2}{1+\gamma M_6^2\left(1-\frac{K}{2}\right)}\right]^2 \quad \text{식 (7−62)}$$

따라서 식 (7-62)를 이용하여 후연소기에서의 전온도와 정온도의 변화 또한 알 수 있다.

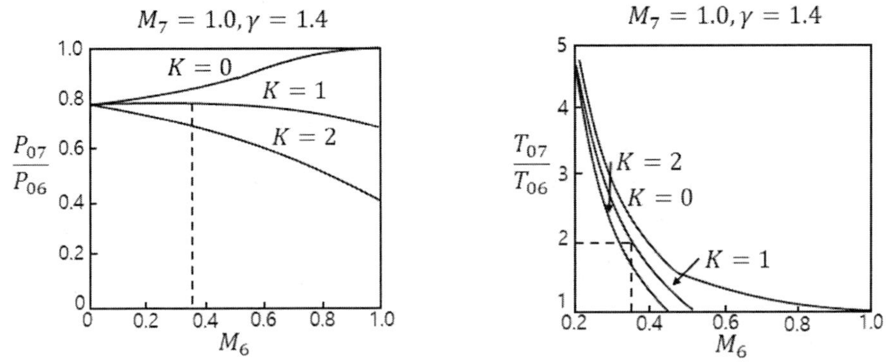

(a) 전압력 비 (b) 전온도비

[그림 7-33] 후연소기의 입구 유동 속도에 따른 상태량 변화

그림 7-33)은 후연소기 입구의 마하수에 따른 전압력과 전온도의 변화를 나타낸다. 또한 마찰상수(K)에 따라서 어떻게 변하는지도 알 수 있다. 터보제트 엔진에서 보통 후연소기의 입구와 출구의 온도비를 약 2 정도로 사용한다. 이는 후연소기로 들어오는 작동 유체는 출구에서 온도는 약 2배 상승한다는 의미이다. 설계관점에서 후연소기의 유동 마하수가 최대 0.35일 때, 전압력 손실은 최대 22%라는 것을 알 수 있다. 일반적으로 후연소기에서의 유동 마하수를 0.3정도에서 설계한다. 이렇게 구한 유동 마하수와 화염 전파 속도는 식 (7-49)를 통하여 화염각(α)을 결정할 수 있다.

프로젝트 #1: 기화기형 연소실 설계

연소실 설계를 위해 탄화수소 연료의 발열량은 42930 kJ/kg, 연소 효율은 1로 가정한다.

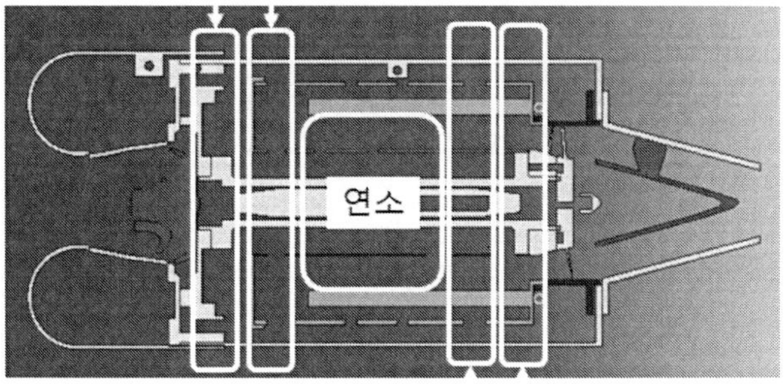

〈연소실 구간 설정〉

연소실은 크게 4구간으로 나뉘는데 3.5는 연소실 들어가기 직전의 구간, 3.6은 연소 직전의 구간, 3.7은 연소 후 구간, 4는 터빈 입구 구간이다.

1) 구간: 3.5 – 3.6

압축기 디퓨저를 지나 연소실로 들어가기 직전의 면적은 유량 관계식 (2-93)을 적용하면 다음과 같다.

$$A_{3.5} = \dot{m}\frac{\sqrt{T_{t3.5}}}{P_{t3.5}M_{3.5}}(1+\frac{\gamma-1}{2}M_{3.5}^2)^{\frac{\gamma+1}{2(\gamma-1)}}\sqrt{\frac{R}{\gamma}} = 0.001059m^2$$

벤치마킹한 엔진의 도면을 참고하여 연소실 입구 면적은 다음과 같다.

$A_{3.6} = \pi(55^2 - 25^2)mm^2 = 0.007539m^2$ (외부 라이너 직경과 내부 라이너 직경의 넓이 차)

구간 3.6의 상태량은 $A_{3.5}, A_{3.6}$의 넓이 비를 이용하여 계산하였다.

$$\frac{A_{3.5}}{A^*} = \frac{1}{M_{3.5}}\left\{\frac{2}{\gamma+1}(1+\frac{\gamma-1}{2}M_{3.5}^2)\right\}^{\frac{\gamma+1}{2(\gamma-1)}} = 2.406$$

$$\frac{A_{3.6}}{A^*} = \frac{A_{3.6}}{A_{3.5}}\frac{A_{3.5}}{A^*} = \frac{0.007539}{0.001059}\cdot\frac{A_{3.5}}{A^*} = \frac{1}{M_{3.6}}\left\{\frac{2}{\gamma+1}(1+\frac{\gamma-1}{2}M_{3.6}^2)\right\}^{\frac{\gamma+1}{2(\gamma-1)}} = 17.127$$

$\therefore M_{3.6} = 0.0338$

구간 3.5에서 3.6는 등엔트로피 과정과 단열 과정을 가정하면 다음의 상태량들을 구할 수 있다.

연소실 구간 3.5(=압축기 출구)		연소실 구간 3.6	
정온도	365.609 K	정온도	370.082 K
정압력	238.276 kPa	정압력	248.636 kPa
전온도	370.166 K	전온도	370.166 K
전압력	248.835 kPa	전압력	248.835 kPa
속도	95.710 m/s	속도	13.039 m/s
마하수	0.249	마하수	0.0338

2) 구간: 3.7

일반적으로 연소 온도가 높을수록 열효율이 높아진다. 하지만 열 응력을 크게 받는 터빈의 재질에 적합하도록 연소 온도는 설계 시 정해진다. 본 프로젝트에서는 590℃ 조건에서 계산을 진행한다.

연소실은 마찰이 없는 균일 단면 유로에 열 출입만 있는 Rayleigh 유동으로 가정하였다. 또한 비열비 γ는 연소가스의 1.333을 사용한다. 이상 기체라고 가정하였으므로 비열은 온도만의 함수이다. 일반적으로 압축기에서 공기의 비열비는 1.4이며 터빈에서 연소가스의 비열비는 보통 1.333을 사용한다.

연소 구간 3.7의 상태량은 다음의 식들을 통해 구할 수 있다.

$$T_{3.7} = 590 + 273 = 863K \qquad \eta_b = \frac{(1+f)c_{pt}T_{t3.7} - c_{pc}T_{t3.6}}{fQ_R} = 1(\text{가정})$$

$$\frac{T_{3.7}}{T_{3.6}} = \left(\frac{M_{3.7}}{M_{3.6}} \cdot \frac{1+\gamma M_{3.6}^2}{1+\gamma M_{3.7}^2}\right)^2 \qquad \frac{P_{3.7}}{P_{3.6}} = \frac{1+\gamma M_{3.6}^2}{1+\gamma M_{3.7^2}}$$

$$T_{t3.7} = \frac{(c_{pc}/c_{pt})T_{t3.6} + fQ_R(\eta_b/c_{pt})}{1+f} \qquad f = \frac{(c_{pc}/c_{pt})T_{t3.6} - T_{t3.7}}{T_{t3.7} - Q_R\eta_b/c_{pt}}$$

다른 상태량들은 등엔트로피 관계식을 통해 구할 수 있다.

연소실 구간 3.7	
정온도	863 K
정압력	248.130 kPa
전온도	863.384 K
전압력	248.517 kPa
속도	29.815 m/s
마하수	0.0517
연공비(f)	0.01493

3) 구간: 4

터빈 외부 반경을 구한 후 내부 반경(25 mm)의 넓이를 빼주면 터빈 입구에서의 면적을 알 수 있다. 이 값과 $A_{3.6}$과 비교를 통해 마하수를 구할 수 있다. 그 외의 식들은 이전에 수행되었던 과정과 동일하다.

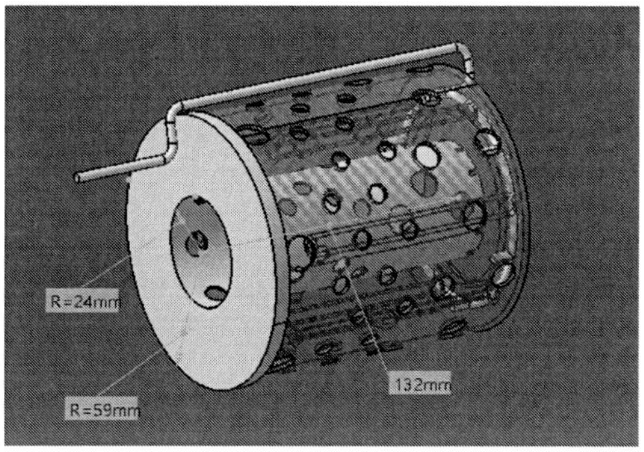

(a) 연소실 어셈블리 형상

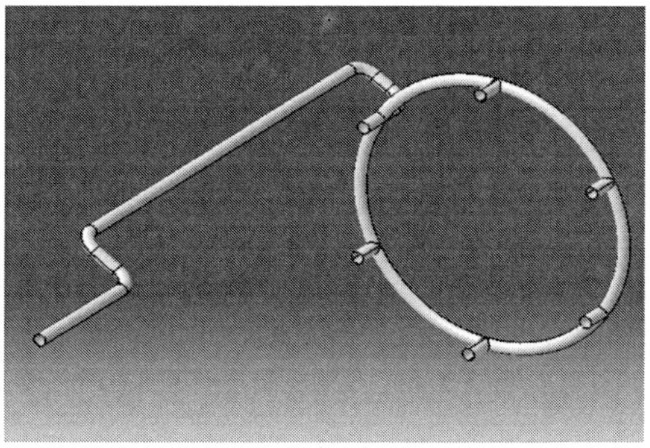
(b) 연료 공급관

《 최종 형상 》

프로젝트 #2: 스월돔형 연소기 설계

프로젝트 #2

성능 해석 결과를 통해 아래와 같은 조건이 도출되었다. 이를 이용하여 Fuel rich 연소기의 형상을 설계하시오.

$\rho_3 = 10.54kg/m^3$, $P_{t,3} = 2.4646 \times 10^6 Pa$, $r_3 = 0.255m$, $R_3 = 287.05J/kg \cdot K$

$\rho_4 = 5.03kg/m^3$, $T_{t,4} = 1{,}732.2K$, $r_4 = 0.275m$, $R_4 = 287.187J/kg \cdot K$

$M_4 = 0.165$,

$\gamma_3 = 1.4$, $\gamma_4 = 1.33$

$\dot{m}_{t,3,air} = 49.5363kg/s$, $\dot{m}_f = 1.1855kg/s$

연료 : Jet-A($C_{12}H_{24}$ 단일 화학종으로 가정)

$\Delta P_{liner} = 69kPa$

연소기의 설계를 위하여 아래와 같이 냉각, leak 공기, 유속 등을 가정한다.

$C_{cool} = 0.142$, $C_{cool,dome} = 0.01$, $C_{leak} = 0.02$, $\epsilon_c = 0.05$

$\Phi_p = 1.5$, $\Phi_s = 1.0$, $U_{dome} = 10m/s$, $U_{pass} = 45m/s$, $AF_{atom} = 3$

해설 1

연료를 $C_{12}H_{24}$로 가정하였으므로,

$$MW_{fuel} = 12.01 \times 12 + 1.008 \times 24 = 168.3g/mole$$

$$a = X + \frac{Y}{4} = 12 + \frac{24}{4} = 18$$

이때 연료의 이론 공연비는 다음과 같다.

$$AF_{th} = 4.76a\frac{MW_{air}}{MW_{fuel}} = 4.76 \times 18 \times \frac{28.89}{168.3} = 14.7$$

연소기의 입구 조건과 출구 조건을 통하여 출구의 물성치를 구하면,

$$P_{t,4} = P_{t,3}(1-\epsilon_c) = 2.4646 \times 10^6(1-0.05) = 2{,}452{,}277Pa$$

$$\rho_4 = P_{t,4}/(R_4 T_{t,4}) = \frac{2{,}452{,}277Pa}{287.187J/kg \cdot K \times 1{,}732.2K} = 4.93kg/m^3$$

$$T_4 = \frac{T_{t,4}}{1+\frac{(\gamma_4 - 1)}{2}M_4^2} = 1{,}724.454K$$

$$U_4 = M_4\sqrt{\gamma_4 R_4 T_4} = 133.9m/s$$

연소기 내 공기의 분포는 다음과 같이 결정할 수 있다. 연소기 내 냉각 공기를 제외한 연소기 내부의 공기는 다음과 같다.

$$\dot{m}_c = (1 - C_{cool})\dot{m}_{t,3,air} = (1-0.142)49.5363kg/s = 42.502kg/s$$

해설 2

이때의 연소기 내 전체 공연비는

$$AF = \frac{\dot{m}_c}{\dot{m}_f} = \frac{42.502}{1.1855} = 35.85$$

듀얼 스월러를 이용하는 경우, 연료의 미립화에 필요한 primary swirler의 공기량은 다음과 같다.

$$\dot{m}_{p,sw} = AF_{atom}\dot{m}_f = 3 \times 1.1855kg/s = 3.5565kg/s$$

돔 영역의 냉각을 위한 공기량은

$$\dot{m}_{cool,dome} = C_{cool,dome}\dot{m}_c = 0.01 \times 42.502kg/s = 0.425kg/s$$

secondary swirler에 필요한 공기량은 다음과 같다.

$$\dot{m}_{s,sw} = \frac{AF_{th}}{\Phi_p}\dot{m}_f - \dot{m}_{p,sw} - \dot{m}_{cool,dome} = 7.6364kg/s$$

따라서 돔 영역에서의 전체 공기량은

$$\dot{m}_{dome} = \dot{m}_{p,sw} + \dot{m}_{s,sw} + \dot{m}_{cool,dome} = 11.618kg/s$$

이는 연소기 내 공기량과 비교했을 때, 약 27.3%에 해당한다.

Passage 영역에 필요한 공기량은 다음과 같다.

$$\dot{m}_{pass} = \dot{m}_c - \dot{m}_{dome} = 30.884kg/s$$

이 중에서 1차 dilution 영역에 필요한 공기량은 다음과 같다.

$$\dot{m}_{p,dilution} = \frac{AF_{th}}{\Phi_s}\frac{\dot{m}_c}{AF} - \dot{m}_{dome} = 5.810kg/s$$

leakage 공기량은 필요한 만큼 이용할 수 있으며, 가정사항과 같으면

$$\dot{m}_{leak} = \dot{m}_c C_{leak} = 0.85kg/s$$

라이너의 냉각에 필요한 공기량은 라이너의 면적을 알고 있을 때 다시 계산되어야 하며, 우선 고려하지 않고 설계를 진행한다.

$$\dot{m}_{cool,liner} = 0$$

따라서 2차 dilution에 필요한 공기량은 다음과 같다.

$$\dot{m}_{s,dilution} = \dot{m}_{pass} - \dot{m}_{p,dilution} - \dot{m}_{cool,liner} = 25.074kg/s$$

이 이후는 본문에 기술한 순서에 따라 스스로 해보자!

연습문제

1 연소실 형상 설계를 위한 3가지 기본 형상을 제시하고 각 형상의 장단점을 설명하시오.

2 후연소기(에프터 버너)의 연소 방법을 설명하고 그 유용성을 논하시오.

3 다음 엔진은 어떤 종류의 가스터빈 엔진이며 연소실의 형상과 연소개념을 비교하시오.

(1) P&W JT3, P&W C PT6

(2) GE CF6, RR Trent 700, PW4000

4 다음 엔진의 후연소기의 형상과 연소 개념을 비교하시오.

(1) GE J47

(2) PW F135

5 가스터빈 연소기에서의 열역학 상태량(온도, 압력 등)의 변화량을 계산할 때에 Rayleigh 유동 모델을 적용할 수 있는가? Rayleigh 모델을 적용하는 데 있어서 가정과 타당성을 설명하시오.

6 연소기 입구의 공기의 상태량과 연소기 출구에서의 상태량은 아래와 같다. 공기 50 kg/s에 연료를 1 kg/s 주입한다. 연소기 효율은 0.98이고 연소기에서 4% 전압력 손실이 발생한다. 연공비와 연소기 출구에서의 전압력과 전온도를 구하시오. ($Q_R = 42000kJ/kg$)

- 공기 상태량: $\gamma_3 = 1.4$, $c_{p3} = 1004J/kg \cdot K$, $T_{t3} = 800K$, $P_{t3} = 2MPa$
- 연소가스 상태량: $\gamma_4 = 1.33$, $c_{p4} = 1156J/kg \cdot K$

7 가스터빈 엔진을 장착한 항공기가 표준 해면 상태에서 $223m/s$로 비행하고 있다. 램 효율이 85%, 압축기의 압력비가 4:1, 압축기의 효율이 80%, 연소기 압력 계수가 2%, 연료-공기비가 0.0122, 터빈 입구의 전온도는 707℃이다. 터빈의 효율이 84%이고, 분사 효율이 95%이다. 이 엔진의 후연소기는 전온도 1060℃, 압력계수 5%, 연공비 0.015일 때 다음을 구하시오.

(1) 후연소기를 작동시키지 않을 때의 순추력과 연료 소모율

(2) 후연소기 작동 시의 순추력 및 연료 소모율의 변화량

8 1차 Dilution hole을 위하여 다음과 같은 조건이 결정되어 있을 때, hole의 직경을 구하시오.

- $H_{dome} = 65mm$
- $\dot{m}_{dome} = 12.4kg/s$
- $\dot{m}_{pass} = 30.0kg/s$
- $A_{dome} = 0.15m^2$
- $U_{pass} = 50m/s$
- $\alpha = 0.25$
- $\Delta P_{liner} = 69kPa$
- $\rho_j = 10.37kg/m^3$
- $\rho_4 = 6.81kg/m^3$

Chapter 8

압축기

Chapter 8
압축기

8.1 소개

압축기는 흡입구로 들어오는 흡입 공기를 요구되는 압력비 만큼 압축하여 연소기로 공급하는 역할을 한다. 압축기를 회전시키는 데 필요한 동력은 터빈에서 연소가스에 의해 발생된 회전 동력이 축(Shaft)을 통해 압축기로 전달된다. 전달되는 동력을 이용하여 압축기의 블레이드(blade, 깃)가 흡입 공기를 밀어서 압축하고 압축기 후단에 있는 디퓨져를 이용하여 회전에 의해 교란된 압축된 공기를 순화시키면서 속도를 감속하여 연소실로 공급한다.

압축기는 크게 축류 압축기(Axial compressor)와 원심 압축기(Radial compressor)가 있으며, 축류 압축기는 흡입 공기가 축(Axial) 방향으로 유동이 진행하면서 압축되지만 원심(Radial) 압축기는 유동이 반경 방향으로 진행하면서 압축이 되는 회전체이다.

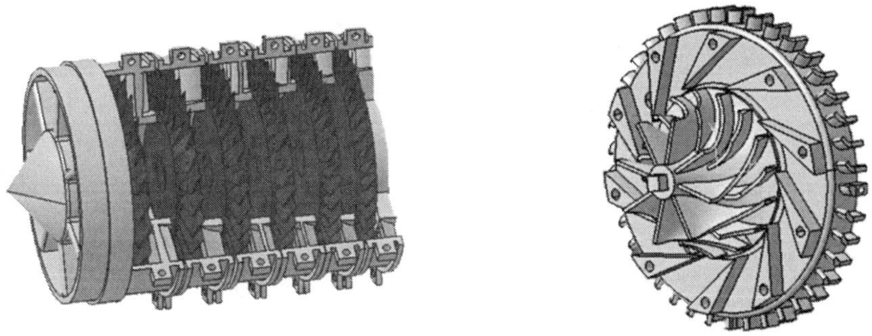

(a) 축류 압축기(Axial Compressor) (b) 원심 압축기(Radial Compressor)

[그림 8-1] 압축기 종류

(1) 축류 압축기(Axial compressor)

축류 압축기는 스테이터(Stator)와 로터(Rotor)가 한 쌍으로 이루어져 있으며 이를 한 단(Single stage)이라 칭한다. 축류 압축기는 한 단에서 흡입 공기를 약 1.35배 압력을 증가시킨다. 이때 1.35배는 원래 흡입 공기가 갖고 있는 압력에 35% 만큼 압력을 더 증가시킨다는 의미이다. 축류 압축기는 압력을 증가시키기 위해서 축 방향으로 여러 단(Multi-stage)을 배치하여 많은 양의 공기 유량을 고압으로 압축하는 데 용이하여, 가스터빈 엔진에서 많이 사용된다. 소형 가스터빈 엔진에도 축류 압축기를 이용할 수 있지만 다단을 사용하면 시스템이 복잡해지기 때문에 소형 가스터빈 엔진에서는 상대적으로 시스템이 간단한 원심 압축기를 많이 사용한다.

(2) 원심 압축기(Radial compressor)

원심 압축기는 흡입 공기의 압력을 약 4배 증가시킬 수 있으므로, 수치적으로는 원심 압축기 한 개의 압축비는 축류 압축기의 3~4 단의 압축비에 해당된다. 그러나 원심 압축기의 흡입 공기 유량을 증가시키거나 또는 압축비를 더 증가 시키려면 축류 압축기에 비하여 압축기의 직경을 더 크게 증가시켜야 하므로 대형 가스터빈 엔진에는 적합하지 않다.

8.2 축류 압축기

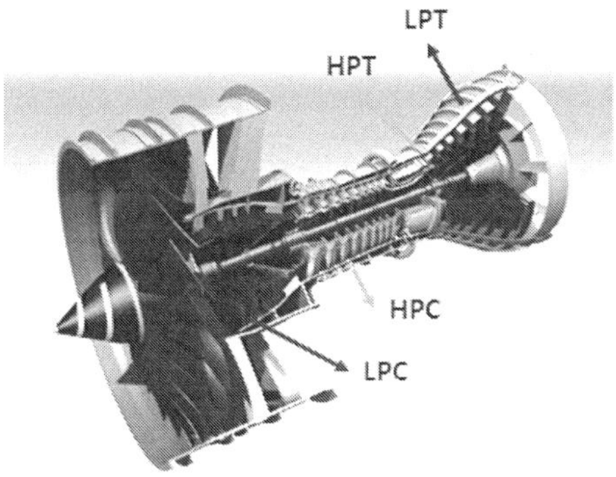

[그림 8-2] 다단 축류 압축기를 사용한 터보팬 엔진

위 그림은 다단 축류 압축기를 사용한 항공용 터보팬 엔진의 구성도를 나타낸다. 엔진 앞쪽에서 부터 팬(Fan), 저압 압축기(LPC, Low Pressure Compressor), 고압 압축기(HPC, High Pressure Compressor), 고압 터빈(HPT, High Pressure Turbine), 저압 터빈(LPT, Low Pressure Turbine)의 순으로 두 개의 스풀(Spool)을 이용하여 엔진이 구성되어 있다. 고압 터빈은 저압 압축기와 고압 압축기에 연결하고, 저압 터빈은 상대적으로 작은 토크를 요구하는 팬에 연결한 경우를 나타낸다.

8.2.1 압축기 회전

5장에서 압축기에 대한 열역학적 사이클 해석을 다루었다. 압축기나 터빈은 회전체이기 때문에 회전 토크에 대해 이해를 해야 한다. 압축기와 터빈의 차이점, 압축기의 회전 속도와 회전력인 토크에 대해서 알아보자.

(1) 압축기와 터빈의 차이점

그림 8-3)은 다단 압축기와 다단 터빈의 단면을 나타낸다. 압축기와 터빈의 단(Stage)은 스테이터(Stator)와 로터(Rotor)가 한 쌍으로 구성되어 있다. 스테이터는 정지되어 있는 부품을, 로터는 회전

하는 부품을 의미한다. 또한 스테이터의 날개는 블레이드(Blade), 로터의 날개는 베인(Vane) 이라 부른다. 그림 8-3)에서 볼 수 있듯이 압축기와 터빈은 비슷한 구성을 갖고 있지만 차이점이 존재하는데 이 차이점에 대해서 살펴보자.

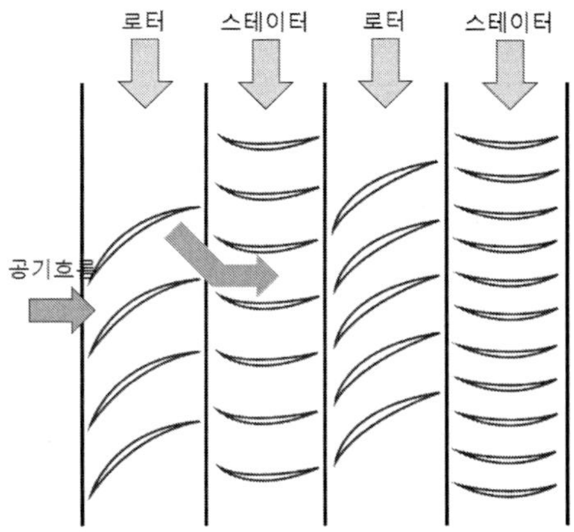

(a) 압축기

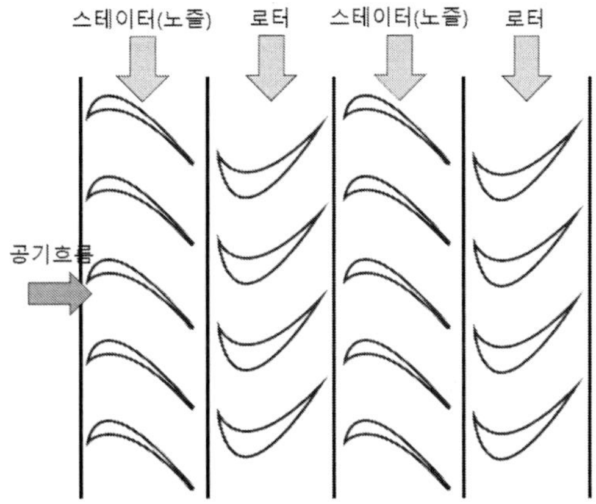

(b) 터빈

[그림 8-3] 다단 압축기와 다단 터빈의 단면

▣ 로터(Rotor)와 스테이터(Stator)의 순서

그림 8-3)에서 압축기와 터빈의 한 단의 구성을 보면 스테이터-로터의 순서가 서로 뒤바뀐 것을 알 수 있다. 압축기는 로터-스테이터의 순서이지만 터빈은 스테이터(터빈에서는 노즐이라 칭함)-로터 순서이다. 이 순서가 서로 뒤바뀐 이유는 압축기와 터빈의 입구 유동 상태의 차이 때문이다. 압축기 입구에서 흡입구를 통해 들어온 흡입 공기는 대기의 유동으로 비교적 균질하여 로터가 우선적으로 위치한다. 단지 대기 흐름의 급변 또는 비행 시 급격한 비행 자세 변경으로 대기 유동이 급변할 때를 대비하여 흡입구 입구 최 앞단에 가이드 베인을 설치한다(그림 8-5 참조). 하지만 터빈의 입구로 들어오는 연소가스는 연소기에서 연소가스와 희석 공기와의 빠른 혼합 등으로 매우 복잡한 유동이 발생한다. 이렇게 복잡한 유동의 연소가스가 바로 터빈 로터로 들어간다면 터빈 로터의 성능이 크게 저하되기 때문에 로터 앞에 스테이터를 먼저 통과하게 하여 연소가스의 유질을 균질하게 만들어 원하는 방향으로 유도할 필요가 있다.

▣ 베인의 두께

그림 8-3)에서 압축기와 터빈의 베인 두께가 다름을 알 수 있다. 대기 공기가 통과하는 압축기에 비해 터빈에서는 연소가스가 통과하므로 터빈이 고온 가스에 노출되기 때문에 터빈 베인의 두께가 압축기 베인보다 더 두껍게 해야 하며, 필요시에는 냉각 공기의 채널을 구성하기 위한 베인 내부의 공간이 필요하므로 압축기의 베인보다 더 두껍다.

■ 로터의 베인 형상

압축기와 터빈의 로터의 블레이드 형상을 보면 다르다는 것을 알 수 있다. 압축기의 로터와 터빈의 로터는 같은 회전체이지만 역할은 매우 다르다. 압축기의 로터는 작동 유체인 흡입 공기에 에너지를 전달하여 압력을 높이는 역할인 반면에 터빈의 로터는 작동 유체인 연소가스로부터 에너지를 받아 동력을 얻는 역할이다. 터빈 로터는 양력을 이용하여 추돌력과 더불어 더 큰 회전력(동력)을 얻기 위하여 로터의 블레이드는 에어포일 형상과 유사하다. 또한 터빈로터로 들어오는 연소가스의 속도가 빨라야 더 큰 충돌력와 양력을 로터에서 얻을 수 있으므로, 로터 앞에 위치한 스테이터는 유로를 노즐과 같게 하여 유동을 가속시킨다. 이런 연유로 터빈 스테이터는 노즐이라고 칭한다.

(2) 회전(Rotation)과 토크(Torque)

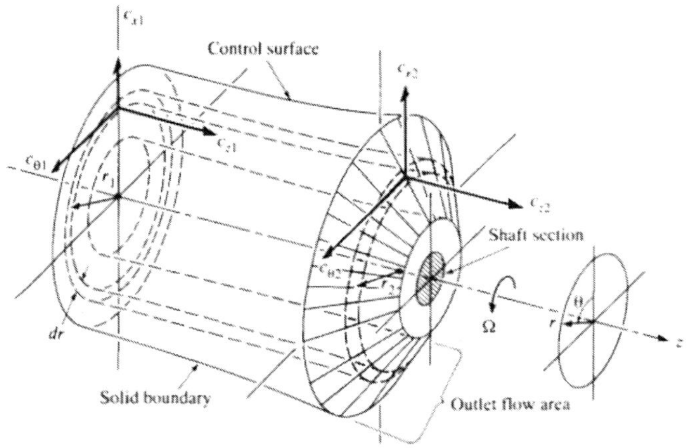

[그림 8-4] 회전체에서의 각 성분의 표현

회전체인 압축기를 이해하기 위해 회전과 토크의 개념을 이해할 필요가 있다. 그림 8-4)와 같이 압축기 입구를 ①, 출구를 ②로, 회전체가 돌아가는 각속도는 Ω로 표현한다. 회전체를 해석할 때 원통형 좌표계를 이용하는 것이 편리하기 때문에 축 방향의 흐름을 z방향으로, 회전 방향은 θ로, 반경 방향을 r로 정의한다. 또한 C는 유동의 절대 속도를 의미한다. 이 유동의 절대 속도를 원통 좌표계의 성분으로 나눌 수 있다. 유동의 절대 속도의 축 방향 성분을 C_z로, 회전 방향 성분을 C_θ로, 반경 방향 성분을 C_r로 표현한다.

반지름 r인 지점에서의 작동 유체의 회전 방향 속도는 C_θ이고, 이때 발생된 단위 질량당 작동 유체의 각 운동량은 rC_θ이다. 이 회전체를 지나가는 작동 유체의 질량 유량을 $\dot{m}$라 할 때 r인 지점에서의 작동 유체의 토크는 $\dot{m}rC_\theta$이며, 압축기로부터 작동 유체가 받는 토크는 압축기 입구와 출구의 각 운동량의 차로 구할 수 있다. 이때 토크는 다음 식 (8-1)로 표현된다.

$$\sum \tau = \dot{m}\,[\,(rC_\theta)_2 - (rC_\theta)_1\,] \qquad \text{식 (8-1)}$$

또한 압축기에서 일정 압력을 높이려고 할 때 식 (8-1)을 이용하여 압축기의 토크를 결정할 수 있다.

(3) 다단 압축기의 축 방향으로의 유로 면적 변화

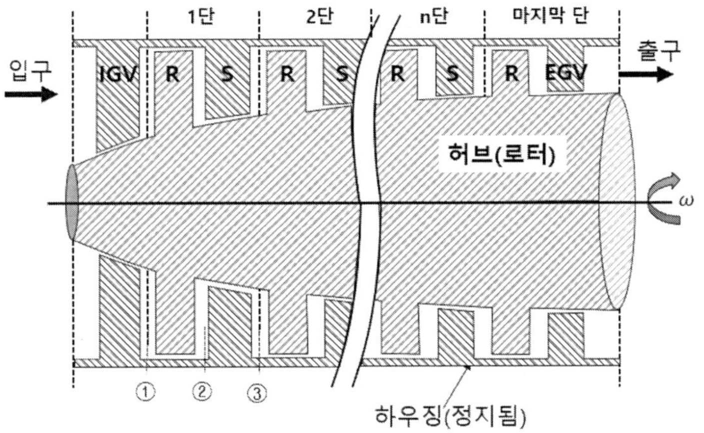

[그림 8-5] 축류형 다단 압축기 단면

그림 8-5)는 다단 축류형 압축기의 단면을 보여준다. 베인의 R은 로터를, S는 스테이터를 의미한다. 여러 개의 로터에 블레이드가 꼽혀져 있는 구조물은 허브(Hub)이며, 이 허브가 회전하여 작동 유체인 흡입 공기에 회전 동력을 공급한다. 또한 회전체인 압축기를 보호하기 위해 외곽에 둘러싸고 있는 원통형 구조물은 하우징(Housing)이다. 이 하우징에 스테이터가 고정되어 있다. 앞 절에서 언급했듯이 압축기 입구에 작동 유체인 흡입 공기의 유질을 균질하게 하기 위해 가이드 베인을 설치한다. 베인과 베인 사이의 틈이 유로이며 흡입 공기가 이 사이로 통과하면서 압축이 된다.

다단 압축기의 각 단의 베인의 높이는 뒤쪽으로 갈수록 점점 줄어드는 것을 확인할 수 있고, 이 높이가 점점 줄어듦에 따라 유로의 면적 또한 줄어드는 것을 유추할 수 있다. 이렇게 다단 압축기의 후단으로 갈수록 유로의 면적이 줄어드는 이유는 흡입 공기의 축 방향 속도는 거의 일정하게 유지하면서 압축기의 각 단을 지날 때마다 흡입 공기를 지속적으로 압축을 시키기 위함이다. 예를 들면 설계 압력비가 1.35라고 할 때 처음 단을 지날 때 흡입 공기가 1.35배 압축되고 다음 단을 통과하면서 이 압축된 흡입 공기가 다시 1.35배 압축되기 때문에, 두 번째 단을 지나가는 흡입 공기는 첫 단을 들어가기 전의 흡입 공기보다 $(1.35)^2$배 만큼 압축이 된다. 따라서 각 단을 지나면 지날수록 계속 압축되고 밀도가 증가하므로 유동의 유로 면적은 감소시켜 일정 속도를 유지한다. 이 내용을 수식으로 표현해보자.

흡입 공기 질량 유량은 다음 식으로 표현할 수 있다.

$$\dot{m} = \rho C_z A \qquad 식\ (8-2)$$

압축기는 단일 유로이기 때문에 압축기 앞쪽(Front)과 뒤쪽(Rear)의 공기 유량은 다음 식과 같은 관계를 갖는다.

$$\dot{m} = \rho_f C_{z,f} A_f = \rho_r C_{z,r} A_r = const. \qquad 식\ (8-3)$$

여기서 압축기를 설계할 때 압축기에서 흡입 공기의 축 방향 속도를 유사하게 만들기 때문에 압축기의 앞쪽과 뒤쪽의 축 방향 속도가 유사하므로 수식으로 표현하면 $C_{z,f} \approx C_{z,r}$의 관계를 갖는다. 식 (8-3)에서 이 축 방향 속도를 서로 약분하면 다음 식 (8-4)와 같은 관계를 얻을 수 있다.

$$\rho_f A_f = \rho_r A_r \qquad 식\ (8-4)$$

압축기 뒤쪽으로 갈수록 작동 유체의 밀도는 점점 커지므로 수식적으로 $\rho_f < \rho_r$ 관계를 갖는다.

$$\therefore A_f > A_r \qquad 식\ (8-5)$$

따라서 식 (8-5)와 같이 압축기 뒤쪽의 유로 면적이 앞쪽의 유로 면적보다 작아야 한다는 것을 알 수 있다.

8.2.2 압축기의 유동 상태량

압축기 한 단을 그림 8-6)과 같이 구간을 나누어 각 구간별로 유동 상태량을 해석할 수 있다. 이 그림은 압축기의 맨 첫 단을 보여주고 있으며 압축기 맨 앞에 가이드 베인이 설치되어 있다. 가이드 베인 뒤쪽으로 로터-스테이터 순으로 구성되어 한 단을 구성한다. 가이드 베인 출구이자 로터 입구를 ①, 로터 출구이면서 스테이터 입구를 ②, 스테이터 출구를 ③으로 지칭한다. 이때 압축기가 다단이라고 했을 때 가이드 베인을 제외하고 ①~③의 구간이 계속해서 반복된다.(그림 8-5 참조)

이렇게 세 개로 구간을 나눠서 속도, 압력, 온도와 같은 흡입 공기의 상태량 변화를 알아보자. 이렇게 상태량의 변화를 알 수 있으면 운동량 보존 방정식, 에너지 보존 방정식 등의 지배 방정식을 통해 최종적으로 압축기의 성능을 알 수 있다. 따라서 이번 절에서는 압축기에서 각 대표적 상태량의 변화에 대해서 알아보자.

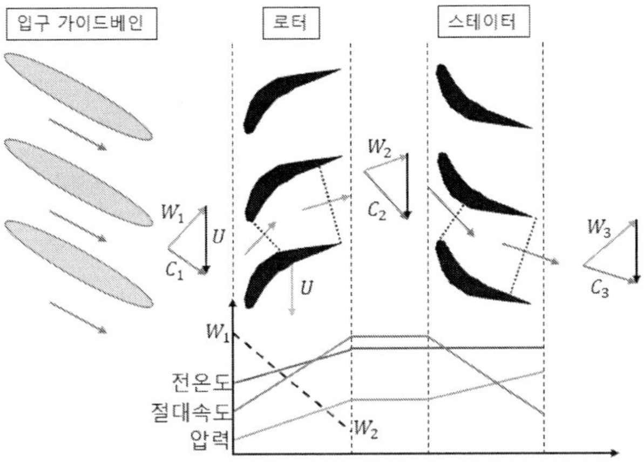

[그림 8–6] 압축기 한 단에서의 상태량 변화

(1) 절대 속도와 상대 속도(Absolute speed and relative speed)

그림 8–6)의 속도 선도를 보면 여러 가지 속도로 표현된다. 먼저 이 그림에서 파랑색 화살표로 표시된 속도를 유동의 절대 속도(C), 검정색 화살표로 표시된 속도를 로터의 선속도(U), 초록색으로 표시된 속도는 상대 속도(W)이다. 여기서 로터의 선속도는 회전 속도가 아닌 평균 반지름(r_m)에서의 선속도를 의미한다. 평균 반지름(r_m)이란 허브(Hub)와 만난 블레이드의 뿌리(Root)부터 블레이드의 끝(Tip)지점까지의 평균 지점에서 회전축 허브의 센터까지의 거리를 의미한다. 평균 반지름은 다음 식 (8–6)과 같이 표현한다.

$$\text{평균 반지름} : r_m = (r_t + r_r)/2 \qquad \text{식 (8–6)}$$

움직이는 물체를 해석할 때, 좌표계가 고정되어 있는 절대 좌표계를 이용하여 물체를 해석하는 방법과 물체의 움직임에 따라 좌표계도 물체와 같이 움직이는 상대 좌표계를 이용하여 물체를 해석하는 방법, 이 두 가지 방법을 이용한다. 이때 절대 속도란 절대 좌표계 관점에서 보는 물체의 속도를 의미하고 상대 속도란 상대 좌표계 관점에서 보는 물체의 속도를 의미한다. 특히 움직이는 물체 또는 회전하는 물체를 해석할 때 상대 좌표계인 상대 속도 개념을 이용하면 수식의 유도 과정이 매우 간편해진다. 예를 들어 움직이는 버스가 있다고 했을 때, 절대 좌표계는 지구에 고정되어 있다고 생각할 수 있고 버스 밖에 서있는 사람의 관점이라고 생각하면 된다. 이렇게 해석하기 위해서는 버스의 움직임을 일일이 표현해야 한다. 하지만 상대 좌표계 개념을 도입하면 좌표계가 움직이는 버스에 고정되어 있으며, 버스에 타고 있는 승객이 버스를 보는 관점이라고 생각하면 된다. 움직이는 버스 안에 있는 승객의 입장에서 창밖을 보면 도로의 가로등이 계속해서 나에게 오는 것처럼 느낀다. 버스안의 승객이 관심 있는 대상이 가로등이라 했을 때, 가로등의 상대 속도는 승객이 타고 있는 버스의 절대 속도에 가로등의 속도를 빼면 구해진다. 따라서 식으로 표현하면 다음과 같다.

상대 속도(가로등) = 관심 있는 물체의 절대 속도(가로등속도) − 승객의 절대 속도(버스속도) 식 (8-7)

버스의 절대 속도를 V라고 하자. 도로에 있는 가로등은 움직이지 않고 고정되어 있으므로 가로등의 절대 속도는 0이고 버스에 타고 있는 승객 입장에서 가로등의 상대 속도는 $0 - V = -V$이다. 따라서 움직이는 버스에 타고 있는 승객이 창밖을 봤을 때 가로등이 버스의 속도로 나에게 다가오는 것처럼 느끼는 것이다.

절대 속도와 상대 속도의 개념을 회전하는 로터에 적용해보자. 회전하는 로터를 절대 속도 개념을 이용하여 해석하면 로터가 회전하는 지점마다 해석해야 하기 때문에 직감적으로 이해하기 힘들 뿐더러 해석 식도 복잡하다. 하지만 상대 속도 개념을 이용하면 로터가 정지되어 있는 것처럼 생각하여 해석하기 때문에 직감적으로 이해가 가능하고 해석식도 간편하게 된다. 따라서 회전하는 로터를 해석할 때 상대 속도 개념을 이용하는 것이 간편하다.

상대 속도 관점으로 로터에 적용하고, 평균 반지름에서 로터의 선속도를 U, 로터로 들어오는 작동 유체 유동의 절대 속도를 C_1, 로터를 빠져나가는 작동 유체의 절대 속도를 C_2라고 하자. 상대 속도 관점은 회전하는 로터에 좌표계를 따라 다니면서 해석하기 때문에 로터가 정지되어 있는 것처럼 생각할 수 있다. 그러면 로터를 통과하는 작동 유체의 상대 속도를 구할 수 있다. 이 속도들은 방향과 크기를 모두 갖고 있는 벡터들이기 때문에 벡터 합을 이용하여 다음과 같은 식 (8-8)으로 상대 속도를 표현할 수 있다.

$$\text{상대 속도}(\overrightarrow{W}) = \text{절대 속도}(\overrightarrow{C}) - \text{로터 선속도}(\overrightarrow{U}) \qquad \text{식 (8-8)}$$

식 (8-8)에서 벡터의 마이너스는 방향이 반대인 의미이므로 로터의 선속도의 방향을 반대로 하여 벡터 합으로 표현할 수 있고, 이 벡터 합은 속도 삼각형을 이용하여 구할 수 있다.

위와 같이 상대 속도를 구하는 방법을 이용하여 압축기 각 구간에서의 속도를 구해보자. 먼저 가이드 베인을 통해 들어온 흡입 공기의 절대 속도가 C_1이고 회전하는 로터의 선속도는 U이기 때문에 그림 8-6)에서 가이드 베인쪽에 있는 속도 삼각형처럼 상대 속도 W_1을 구할 수 있다. 회전하는 로터가 정지되어 있다고 생각했을 때 상대 속도 W_1으로 작동 유체는 로터를 통과한다. 로터를 통과할 때 작동 유체의 유동에 마찰력을 줄이고 박리가 발생하지 않도록 상대 속도 개념을 적용하여 정지된 로터에 완만하게 유동이 들어오도록 설계해야 한다. 만약 완만하게 들어오지 않으면 공기가 로터에 부딪혀서 와류가 생기고 운동량 손실이 크게 발생한다.

로터로 들어오는 상대 속도(W_1)를 알면 로터의 형상은 정해져 있으므로 로터를 빠져나가는 상대 속도(W_2)를 알 수 있다. 이 로터 출구에서 상대 속도를 알고, 로터의 선속도를 알기 때문에 속도 삼각형을 이용하여 출구 상대 속도(W_2)와 로터 선속도(U)의 벡터 합을 통해서 로터 출구에서 작동 유체의 절대 속도(C_2) 또한 알 수 있다. 이렇게 쉽게 회전하는 물체를 해석할 수 있기 때문에 상대 속도 개념을 이용하는 것이다. 여기서 절대 속도, 상대 속도, 로터의 선속도 이 세 개의 속도 성분들로 구성된 삼각형을 속도 삼각형이라 한다.

해석에 앞서 유동 각에 대해서 알아보자. 절대 속도나 상대 속도는 특정 각을 갖고 있다. 이때 절대 속도의 특정 각을 절대 유동각이라 부르고 α로 표현하고 상대 속도는 상대 유동각이라 부르고 β로 표현한다. 이 절대 유동각과 상대 유동각은 축 방향을 기준으로 로터의 회전 방향으로 꺾여 있으면 양(+), 로터의 회전 방향과 반대 방향으로 꺾여 있으면 음(−)으로 정한다. 먼저 가이드 베인을 통해 작동 유체의 절대 속도가 절대 유동각(α_1)을 갖고 압축기 로터로 들어간다. 그러면 이 절대 유동각(α_1)을 알고 절대 속도를 알기 때문에 절대 속도 벡터를 알 수 있다. 또한 로터의 선속도(U)도 알기 때문에 속도 삼각형을 이용하여 로터 입구에서의 작동 유체의 상대 유동각(β_1)과 상대 속도(W_1)를 알 수 있다. 로터의 형상을 알고 상대 속도 개념을 도입하면 로터가 정지해 있다고 생각할 수 있어서 상대 유동각(β_1)을 갖는 로터 입구에서의 상대 속도(W_1)을 알기 때문에 로터 출구 상대 속도(W_2)를 알 수 있다. 이때 출구 상대 속도의 상대 유동각(β_2)을 로터 출구 부분의 형상을 이용하여 얻을 수 있다. 이렇게 구한 로터 출구 상대 속도와 로터의 선속도를 이용하여 로터 출구에서 절대 속도(C_2)와 절대 유동각(α_2)을 구할 수 있다. 이때 로터의 선속도는 로터 입구나 출구에서 같다고 가정한다(이를 같게 설계하기 때문이다). 스테이터는 움직이지 않으므로 절대 속도로 해석한다. 이때도 마찬가지로 로터 출구에서 나온 작동 유체가 스테이터로 들어올 때 에너지 손실을 줄이고 와류가 발생되지 않도록 유동이 매끄럽게 들어와야 하므로, 로터 출구에서의 절대 속도의 절대 유동각과 스테이터 입구에서의 절대 유동각을 같게 설계한다. 따라서 로터 출구 절대 속도의 절대 유동각은 α_2이며, 스테이터는 정지해 있으므로 스테이터 입구의 절대 속도(C_2)를 이용하여 스테이터 출구의 절대 속도(C_3)를 구한다. 스테이터 출구의 절대 속도의 절대 유동각은 스테이터 출구 부분 형상에 의해 정해지며, α_3라 부른다. 따라서 압축기 한 단에서의 절대 속도와 상대 속도를 모두 구할 수 있다. 상대 속도와 절대 속도 개념을 적절히 이용하면 회전체인 압축기 해석이 간편해진다.

(2) 전압력과 정압력(Total pressure and static pressure)

먼저 로터에서 압력 변화를 알아보자. 회전체인 로터는 터빈으로부터 받은 에너지를 흡입 공기에 공급하기 때문에 전압력과 정압력이 증가한다. 정확히 표현하면 회전하는 로터의 블레이드가 블레이드 사이로 흐르는 작동 유체와 부딪히면서 로터의 기계적 에너지를 작동 유체(흡입 공기)에 전달하는 것이다. 또한 상대 속도 개념으로 로터를 정지시켜 놓고 로터의 형상을 보면 입구의 유로 면적보다 출구의 유로 면적이 더 크다는 것을 그림 8-6)을 통해 알 수 있다. 로터 입구로 들어오는 작동 유체 유동의 속도는 아음속이기 때문에 면적이 증가함에 따라 속도는 감소하고 정압력은 증가한다. 로터 출구로 빠져나온 압축된 작동 유체는 로터와 스테이터 사이에 약간의 간극 또는 틈이 있다. 로터가 회전체이기 때문에 바로 붙여 놓게 되면 부딪히므로 간격을 조금 떨어뜨려 틈이 있도록 한다. 이 틈에서는 면적의 변화가 없고 특별히 기계적으로 공급해주는 에너지가 없기 때문에 압력 변화는 무시한다. 스테이터는 로터와 다르게 회전하지 않으므로 회전하면서 작동 유체에 압력을 가해주는 기계적 에너지가 없다. 하지만 스테이터는 유로의 면적이 커지는 디퓨져 형상으로 하여 스테이터로 들어오는 아음속의 공기가 유로의 면적이 커짐에 따라서 속도는 감소하고 압력은 증가시킨다. 이 스테이터 형상을 유로의 면적을 변화시키지 않을 수도 있지만 효과적으로 정압력을 증가시키기 위해 디퓨져 형상으로 설계한다. 따라서 로터에서는 전압력과 정압력 모두 증가하지만, 스테이터에서는 열출입이 없는 단열 과정이라 가정하면 전압력은 일정하고 정압력은 증가한다.

이 압력의 변화 개념을 이용하여 절대 속도 변화를 살펴보자. 로터에서 작동 유체가 기계적 에너지를 공급받기 때문에 절대 속도가 증가한다. 로터를 지나 로터와 스테이터의 간격(틈)에서는 유로의 면적의 변화가 없기 때문에 절대 속도 변화는 없다. 스테이터로 들어가는 작동 유체의 절대 속도는 아음속이기 때문에 유로의 면적이 점점 커지는 디퓨져 형상이므로 스테이터를 통과할 때 절대 속도는 감소한다. 스테이터에서는 스테이터의 선속도가 0이기(움직이지 않기) 때문에 작동 유체의 유동은 절대 속도와 상대 속도가 같다.

(3) 전온도와 정온도(Total temperature and static temperature)

압축기의 로터에서 로터가 흡입 공기에 기계적 에너지를 전달해주기 때문에 흡입 공기의 전온도는 상승하고, 로터와 스테이터의 틈에서와 스테이터에서는 단열 과정이라 가정하면 전온도는 일정하게 유지된다.

압축기의 로터에서 전온도가 증가하지만 압력 증가에 의한 정온도 또한 증가한다. 또한 로터 입구로 들어오는 흡입 공기는 로터 블레이드의 회전력을 받아 이 반발력으로 작동 유체가 압축되고, 미시적인 관점으로 본다면 작동 유체의 분자들끼리 서로 부딪히는 빈도가 증가하게 되어 정압력이 증가하고 정온도 또한 증가한다고 설명할 수 있다. 또한 로터는 디퓨져 형상이므로 공기의 속도가 아음속일 때 면적이 증가함에 따라 속도는 감소되고 정압력이 증가되고, 이 정압력이 증가됨에 따른 정온도도 증가된다.

로터를 빠져나온 공기는 로터와 스테이터의 틈에서 일과 열 출입이 없는 단열 과정이고 유로의 면적이 일정하기 때문에 전온도뿐만 아니라 정온도 또한 일정하다. 여기까지는 전온도의 변화의 경향이 비슷하다. 하지만 스테이터에서는 열과 일 출입이 없는 단열 과정이기 때문에 전온도는 일정하지만 스테이터 또한 로터와 같이 디퓨져 형상(면적 증가 형상)을 갖고 있기 때문에 정온도가 증가한다.

8.2.3 속도 삼각형(Velocity Triangle)

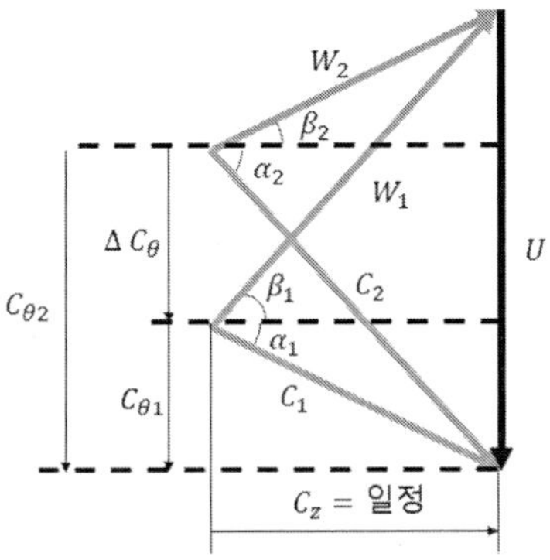

$$\vec{C} = \vec{U} + \vec{W}$$

α : Absolute flow angle
(C와 z축이 이루는 각)

β : Relative flow angle
(W와 z축이 이루는 각)

$$W_1 + U = C_1$$

$$U + W_2 = C_2$$

$$C_2 - C_1 = \Delta C_\theta$$

$$U = r\,\Omega = r\frac{2\pi N}{60}$$

[그림 8-7] 속도 삼각형

그림 8-7)은 앞에서 살펴본 그림 8-6)의 로터의 입구와 출구의 속도 삼각형을 합쳐서 표현한 것이다. 로터의 입구를 ①번 출구를 ②번으로 하면 공기의 절대 속도, 상대 속도, 그리고 평균 반지름에서 로터의 선속도를 그림 8-7)과 같이 나타낼 수 있다. 이렇게 표현하면 공기의 축 방향과 회전 방향의 절대 속도를 이해하기 편리하다. 지금부터 축 방향과 회전 방향의 절대 속도를 일반 속도로 표현할 것이다. 예를 들면 축 방향의 절대 속도를 축 방향 속도로 표현한다. 공기의 축 방향의 속도는 C_z로, 회전 방향의 속도 성분은 C_θ로 표현한다. 압축기는 공기의 축 방향 속도를 일정하게 하여 압축하기 때문에 로터의 입구와 출구에서 공기의 축 방향 속도는 일정한 값으로 같다. 따라서 로터를 통과할 때 공기의 축 방향 속도의 변화는 무시하면 다음 식 (8-9)과 같이 수식적으로 표현할 수 있다.

$$C_{z,1} = C_{z,2} = C_z = const. \qquad \text{식 (8-9)}$$

공기의 회전 방향 속도를 알아보자. 그림 8-7)의 속도 삼각형에서 로터 입구에서 공기의 회전 방향 속도는 $C_{\theta,1}$이며, 로터 출구에서 공기의 회전 방향 속도는 $C_{\theta,2}$로 표현한다. 여기서 평균 반지름에서 로터의 선속도는 U이며, 로터의 입구와 출구에서 동일하기 때문에 속도 삼각형을 이용하면 $C_{\theta,2}$값이 $C_{\theta,1}$값보다 크다는 것을 확인할 수 있다. 압축기의 로터가 회전하면서 축 방향 속도는 변하지 않고 회전 방향의 속도를 증가시킨다. 여기서 로터가 회전하면서 기여하는 것은 축 방향 속도는 변화 없이 회전 방향의 속도를 증가시킨다.

▣ 로터 선속도 가정

앞서 해석할 때 평균 반지름에서 로터의 선속도를 로터 입구나 출구에서 같다고 가정하였다. 로터는 강체이므로 로터의 입구나 출구의 각속도는 같다. 하지만 실제 로터의 입구의 평균 반지름($r_{m,1}$)과 출구의 평균 반지름($r_{m,2}$)은 약간 차이가 있어 엄밀히 따지면 로터 입구와 출구에서의 평균 반지름에서 로터의 선속도는 다르다. 하지만 로터의 입구와 출구의 평균반지름의 차이가 작아서 무시할 수 있을 때 로터의 입구와 출구에서의 로터의 선속도를 같다고 가정할 수 있다.

$$U_2 \approx U_1 = U \quad \because (r_{m,2} - r_{m,1}) \ll r_{m,1} \qquad \text{식 (8-10)}$$

8.2.4 압축기 성능 해석

압축기 성능 해석은 공기의 운동량 방정식으로 해석하는 방법과 에너지 방정식으로 해석하는 방법, 두 가지 방법으로 해석할 수 있다. 각각의 해석 방법을 자세히 알아보자.

(1) 운동량 방정식

■ 로터(Rotor)

앞서 압축기를 통과하는 작동 유체(공기)의 토크를 식 (8-1)과 같이 표현했다.

$$\sum \tau = \dot{m}\left[(rC_\theta)_2 - (rC_\theta)_1\right] \qquad \text{식 (8-1)}$$

토크는 회전력을 의미하며 동력(Power)은 토크에 각속도를 곱하여 구할 수 있다. 수식으로 표현하면 다음 식과 같다.

$$P = \tau\Omega \qquad \text{식 (8-11)}$$

여기서 앞서 구한 전체 작동 유체의 토크에 관한 식 (8-1)을 동력 식 (8-11)에 대입하면 다음 식 (8-12)과 같이 동력을 각 운동량에 관한 식으로 표현할 수 있다.

$$P = \tau\Omega = \dot{m}\left[(rC_\theta)_2 - (rC_\theta)_1\right]\Omega \qquad \text{식 (8-12)}$$

여기서 로터의 선속도는 다음 식과 같이 정의되므로,

$$r\Omega = U \qquad \text{식 (8-13)}$$

최종적으로 다음 식 (8-14)과 같이 압축기 로터의 동력을 공기의 질량 유량, 선속도, 회전 방향 속도의 차로 표현 가능하다.

$$\therefore P = \dot{m}U\left[(C_\theta)_2 - (C_\theta)_1\right] \qquad \text{식 (8-14)}$$

위에서 구한 동력은 로터를 통과하는 공기 전체가 로터로 부터 얻은 동력이다. 이를 단위 질량당 동력과 일은 다음과 같다.

$$\frac{P}{\dot{m}} = w_c = U(C_{\theta 2} - C_{\theta 1}) \qquad \text{식 (8–15)}$$

$$\therefore w_c = U(C_{\theta 2} - C_{\theta 1}) = U\Delta C_\theta \qquad \text{식 (8–16)}$$

단위 질량당 로터로부터 얻은 일 w_c는 로터의 선속도와 로터에서 공기의 회전 방향의 속도 변화를 곱한 값과 같다. 따라서 식 (8–16)과 같이 간단하게 동력을 계산할 수 있다.

▣ 스테이터(Stator)

단위 질량당 일의 식 (8–16)을 다시 한번 보자. 스테이터는 회전하지 않으므로 공기의 회전 방향 속도는 변화가 없는 것처럼 생각할 수 있는데 실제적으로 변화가 있다. 일단 스테이터는 회전하지 않으므로 선속도는 0이다. 하지만 스테이터의 디퓨져(유로 면적 증가) 형상에 의해 회전 방향의 속도 변화를 일으키고, 스테이터로 들어오는 공기 속도의 방향과 나가는 속도 방향이 달라지기 때문에 ΔC_θ는 양의 값이 된다. 이렇게 회전 방향의 속도 변화는 있지만 스테이터의 선속도는 0이기 때문에 스테이터가 작동 유체에 한 일은 없다.

$$w_c = 0 \quad \because U = 0 \ \ but \ \ \Delta C_\theta \neq 0$$

(2) 에너지 방정식

로터 입구와 출구에서의 작동 유체(공기)의 에너지의 차가 로터가 공급하는 기계적 에너지와 같기 때문에 에너지 보존 방정식을 세울 수 있다.

$$\dot{Q} - \dot{W} + \dot{m}_i h_{0i} - \dot{m}_e h_{0e} = \frac{d}{dt}(E_{sys}) \qquad \text{식 (8–17)}$$

여기서 단열 조건이라 가정하면 $\dot{Q} = 0$이 되고, 정상 상태로 가정하면 시간에 대한 변화율은 무시할 수 있다. 따라서 다음 식 (8–18)과 같이 에너지 방정식을 정리할 수 있다.

$$-\dot{W} = \dot{m}_e h_{0e} - \dot{m}_i h_{0i} = \dot{m}(h_{0e} - h_{0i}) = \dot{m}(h_{02} - h_{01}) \qquad \text{식 (8–18)}$$

공기가 받는 단위 시간당 에너지의 양은 로터의 출구와 입구에서 공기가 갖고 있는 에너지의 차이며 이 에너지는 개방계(Open system)이므로 엔탈피로 표현할 수 있다. 따라서 로터가 공기에 일을 해준 것이기 때문에 작동 유체의 에너지는 증가한다.

여기서 단위 시간당 일을 구할 수 있다.

$$\therefore w_c = \frac{-\dot{W}}{\dot{m}} = h_{02} - h_{01} \qquad \text{식 (8–19)}$$

따라서 에너지 방정식을 통해 단위 질량당 받은 에너지(로터가 한 일)를 공기의 단위 질량당 엔탈피의 차로 유도가 가능하고 운동량 방정식으로 유도한 단위 질량당 한 일과 같다.

$$w_c = h_{02} - h_{01} = \Delta h_0 = U(C_{\theta 2} - C_{\theta 1}) = U\Delta C_\theta \qquad \text{식 (8-20)}$$

결국 공기의 단위 질량당 엔탈피의 차는 각 운동량의 회전 방향 속도 변화와 관련이 있는 것을 알았다. 위 에너지 방정식과 운동량 방정식으로 유도된 단위 질량당 일의 관계식(식 8-1)에서 엔탈피를 온도로 표현하면 다음 식과 같다.

$$h_{02} - h_{01} = C_p(T_{02} - T_{01}) = U(C_{\theta 2} - C_{\theta 1}) \qquad \text{식 (8-21)}$$

관계식 (8-21)의 양변에 정압 비열과 로터 입구에서의 전온도로 나눠주면 다음 식과 같다.

$$\frac{T_{02} - T_{01}}{T_{01}} = \frac{U\Delta C_\theta}{C_p T_{01}} \qquad \text{식 (8-22)}$$

식 (8-22)의 우변에서 로터의 선속도와 정압 비열, 로터 입구의 전온도가 양수이며, 로터에서 공기의 회전 속도 변화량 또한 양수이기 때문에 우변은 양수이다. 우변이 양수이므로 좌변도 양수가 되어야 한다. 좌변의 분모는 온도 항이므로 양수다. 따라서 좌변의 분자인 $T_{02} - T_{01}$이 양수라는 것을 증명했다. 이 식을 통해 공기의 전온도 변화에 따라서 동력과 일을 공급함에 있어서 이 양을 정량화시킬 수 있다. 예를 들어 공기의 온도를 측정하면 로터의 각속도는 알고 있다면 식 (8-22)을 통해 공기가 얼마만큼의 회전력을 받는지 알 수 있다.

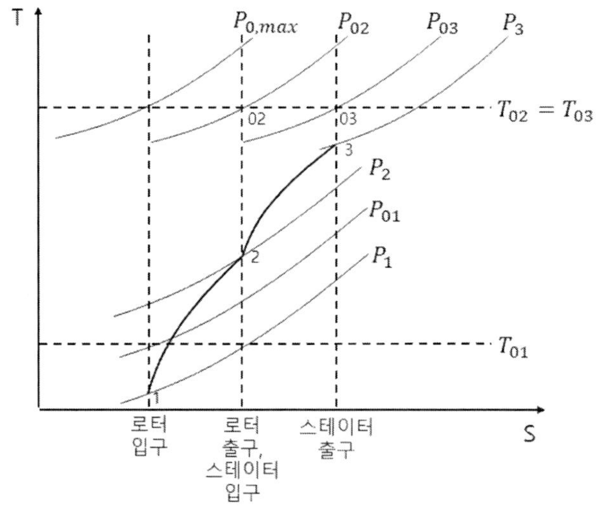

[그림 8-8] 압축기 한 단에서의 $T-s$ 선도

앞서 설명한 내용을 $T-s$ 선도를 통해 열역학적 상태량으로 이해해보자. 그림 8-8)의 $T-s$ 선도에서 ①은 압축기 로터의 입구, ②는 로터의 출구이면서 스테이터의 입구, ③은 스테이터 출구로 지칭했다. ①에서 ②과정을 보면 압축기의 로터 부분에 해당하므로 회전하는 로터가 공기에 에너지를 공급했으므로 전온도는 증가한다. 압축기에서 일을 받으므로 전압력도 상승한다. ②와 ③ 과정은 스테이터 부분에 해당하며 스테이터는 정지되어 있고 열 출입이 없다고 가정하면 전온도의 변화는 없으며, 이때도 마찬가지로 벽면에서의 마찰로 인해 전압력은 감소한다. 따라서 ①에서 ③과정에서 벽면에서 마찰로 인해 엔트로피가 증가하므로 그림 8-8)의 $T-s$ 선도와 같이 나타난다.

(3) 설계점(Design point)과 탈설계점(Off-design point)에서 유동 현상

(a) Positive incidence flow separation

$\frac{C_z}{U} < (\frac{C_z}{U})_{design}$

(b) No flow separation

$\frac{C_z}{U} = (\frac{C_z}{U})_{design}$

(c) Negative incidence flow separation

$\frac{C_z}{U} > (\frac{C_z}{U})_{design}$

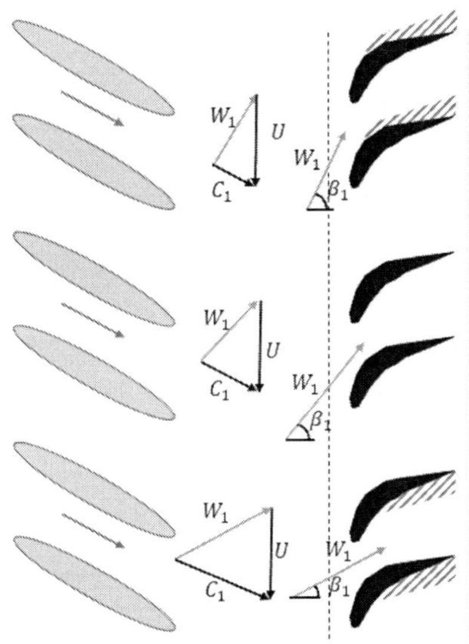

[그림 8-9] 설계점과 탈설계점에서 압축기 속도 삼각형 변화

앞 절에서 다룬 내용을 실제적 상황을 고려하여 분석하자. 설계점에서의 속도 삼각형은 그림 8-9b)와 같이 나타낼 수 있다. 이때 가이드 베인을 통해 나온 공기가 로터 입구로 들어갈 때 박리가 일어나지 않고 매끄럽게 들어가는 것을 그림을 통해 확인할 수 있다.

만약 입구 속도의 변화에 따라 가이드 베인으로 들어오는 공기의 속도가 달라진다고 하자. 이때 로터의 선속도는 일정하다고 가정한다. 만일 가이드 베인에서 설계점보다 들어오는 속도가 줄어든다면 (a)과 같은 현상, 작동 유체 유동이 가이드 베인 유동 각을 따라가지만 설계점의 로터의 선속도와 같기 때문에 위 그림과 같이 로터로 들어가는 상대 속도의 유동 각이 매우 커지게 된다. 따라서 로터의 베인에 부딪히게 되고 베인의 윗면에서 박리가 일어난다.

만약 가이드 베인에서 설계점보다 들어오는 속도가 빨라진다고 하면, (c)와 같은 현상이 발생하고 공기가 가이드 베인의 유동 각을 따라 가지만 로터의 선속도가 설계점과 같기 때문에 로터 입구로 들어가는 공기 유동의 상대 속도의 유동 각은 설계점보다 작아져서 베인에 부딪히고 베인 아랫면에 박리를 일으킨다. 이렇게 발생된 유동박리는 압축기의 성능을 저하시킨다.

따라서 로터로 들어오는 공기의 속도가 달라지면 로터의 선속도를 조정하거나, 로터 입구로 들어오는 공기의 상대 유동각의 변화에 맞춰 베인의 각도를 조정할 수 있는 가변 베인을 사용하여 유동박리를 방지할 필요가 있다.

8.2.5 압축기 형상 설계

앞 절에 설명한 속도 삼각형, 운동량 방정식, 에너지 방정식을 적용한 압축기 형상 설계 방법에 대해 살펴보자.

1) 오일러 터빈 방정식(Euler turbine equation)

압축기 로터에서 축 일(Shaft Power)과 질량 유량의 비는 w_c, 로터의 비일(Specific work)이라고 불리며, 터빈에서는 w_t로 표현된다.

위 식 8-16)에서 로터의 선속도(U)를 각속도(ω)로 표현하면 다음 식 8-23)과 같다.

$$w_c \equiv \frac{\wp_c}{\dot{m}_c} = \omega \Delta (r C_\theta)_c \qquad \text{식 (8-23)}$$

$$w_t \equiv \frac{\wp_t}{\dot{m}_t} = \omega \Delta (r C_\theta)_t \qquad \text{식 (8-24)}$$

이것이 압축기, 터빈 로터에서의 오일러 방정식이다.

식 (8-23)에서 알 수 있듯이 로터의 일은 각 운동량 변화에 의해 발생된다. 로터와 스테이터 토크는 각 열(Row)의 각 운동량 변화에 비례한다.

또한 위 식 8-19)에서 로터의 선속도(U)를 각속도(ω)로 표현하면 다음식 8-24)와 같다.

$$h_{02} = h_{01} + \omega \Delta (r C_\theta) \qquad \text{식 (8-24)}$$

무차원화된 전체 엔탈피 변화는 다음과 같다.

$$\frac{h_{02}}{h_{01}} = 1 + \frac{\omega \Delta (r C_\theta)}{h_{01}} = \frac{T_{02}}{T_{01}} \qquad \text{식 (8-25)}$$

식 (8-25)는 이상 기체(Calorically perfect gas)로 가정하였기 때문에 $h_0 \sim c_p T_0$로 표현하였다.

2) 유동각의 정의

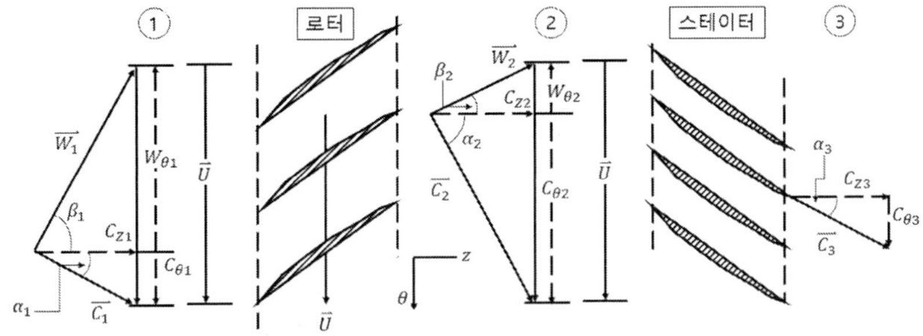

[그림 8-10] 반복되는 각 열과 단에서의 속도 삼각형

유동각은 축 방향 속도로부터 계산된다. α는 절대 유동각, β는 상대 유동각이다. 절대와 상대 유동각을 이용하여 속도를 다음과 같이 표현할 수 있다.

$$C_{\theta 1} = C_{z1} \cdot \tan(\alpha_1) \qquad \text{식 (8-26a)}$$

$$W_{\theta 1} = C_{z1} \cdot \tan(\beta_1) \qquad \text{식 (8-26b)}$$

$$C_{\theta 2} = C_{z2} \cdot \tan(\alpha_2) \qquad \text{식 (8-26c)}$$

$$W_{\theta 2} = C_{z2} \cdot \tan(\beta_2) \qquad \text{식 (8-26d)}$$

축 방향 속도인 C_{z1}, C_{z2}, C_{z3}는 축 방향 절대 속도이며 압축기에서 질량 유량에 기여한다. 일반적인 축류 압축기 설계 관점에서 축 방향 속도는 모든 단(Stage)에서 일정하다. 하지만 실제 상황에서는 3차원 압력구배로 이루어진 유동장의 특성 때문에 축 방향 속도가 일정하지는 않다. 터보머신 설계에 있어서 반복되는 단(Repeated stage)에서의 출구 속도 벡터와 입구 벡터가 동일하다고 가정한다.

$$\overrightarrow{C_3} = \overrightarrow{C_1}, \ \alpha_3 = \alpha_1 \qquad \text{식 (8-27)}$$

또한 반복되는 열(Repeated row)에서는 출구 상대 유동각이 입구 절대 유동각과 같고, 입구 상대 유동각이 출구 절대 유동각과 같은 개념이다. 위의 그림 8-10)은 반복되는 열 컨셉을 나타낸 그림이다.

$$|\beta_2| = |\alpha_1|, \ |\alpha_2| = |\beta_1| \qquad \text{식 (8-28)}$$

반복되는 열 설계는 반복되는 단 설계의 충분조건이다.

3) 단별 매개 변수(Stage parameters)

앞 절에서 오일러 터빈 방정식을 유도하였다.

$$\frac{T_{02}}{T_{01}} = 1 + \frac{\omega \Delta (r C_\theta)}{h_{01}} = 1 + \frac{U(C_{\theta 2} - C_{\theta 1})}{c_p T_{01}} \quad (\text{단, } r_1 \approx r_2 \approx r) \qquad \text{식 (8-29)}$$

유동각 정의에 따라 다시 정리를 하면 다음과 같다.

$$\frac{T_{02}}{T_{01}} = 1 + \frac{U(C_{z2}\tan\alpha_2 - C_{z1}\tan\alpha_1)}{c_p T_{01}} = 1 + (\frac{U^2}{c_p T_{01}})(\frac{C_{z1}}{U})(\frac{C_{z2}}{C_{z1}}\tan\alpha_2 - \tan\alpha_1) \qquad \text{식 (8-30)}$$

전온도 상승비를 나타낸 식 (8-30)에는 무차원화된 식인 C_{z1}/U와 $U^2/c_p T_{t1}$이 포함되어 있다. 이 무차원화된 식들은 터보머신에서 자주 등장하며 특별한 관심을 가질 필요가 있다. 또한 축 방향 속도가 일정하다고 했을 때 C_{z2}/C_{z1}은 1이다. 식 (8-30)은 로터의 출구 절대 유동각으로 표현이 되었는데 이는 좋은 선택이 아니다. 왜냐하면 로터 스피드에 따라 달라지기 때문이다. 따라서 상대 유동각인 β_2로 표현하는 것이 필요하다. β_2는 유동이 블레이드에서 박리되지 않는 한 거의 일정하다. 식 (8-30)을 α_1과 β_2로 표현하기 위해 절대 스월 속도($C_{\theta 2}$)를 상대 스월 속도로 다음과 같이 나타낼 수 있다.

$$C_{\theta 2} = U + W_{\theta 2} \qquad \text{식 (8-31)}$$

식 (8-26d)와 식 (8-31)을 식 (8-30)에 대입하면 다음과 같이 나타낼 수 있다.

$$\frac{T_{02}}{T_{01}} = 1 + (\frac{U^2}{c_p T_{01}})[1 + \frac{C_{z2}}{U}\tan\beta_2 - \frac{C_{z1}}{U}\tan\alpha_1] \qquad \text{식 (8-32)}$$

축 방향 속도가 일정하다고 가정하였을 때,

$$\frac{T_{02}}{T_{01}} = 1 + (\frac{U^2}{c_p T_{01}})[1 + \frac{C_z}{U}(\tan\beta_2 - \tan\alpha_1)] \qquad \text{식 (8-33)}$$

이다.

시계 방향 각도 증가는 (−)이고 반시계 방향 각도 증가를 (+)라고 할 때 C_z/U의 증가는 전온도비 상승을 감소시킨다. 축 방향 속도와 회전 속도의 비를 유동 계수(flow coeffcient: ϕ)로 정의한다.

$$\phi \equiv \frac{C_z}{U} \qquad \text{식 (8-34)}$$

식 (8-34)의 분자, 분모를 1 구간의 음속(a_1)으로 나누어보자.

$$\phi = \frac{C_z/a_1}{U/a_1} = \frac{M_z}{M_T} \quad \text{식 (8-35)}$$

M_z는 축 마하수이고 M_T는 블레이드 접선 마하수이다. 예를 들어, 마하 1의 속도로 돌고 있는 로터에 축 마하수 0.5인 유동이 흐른다면 유동 계수는 0.5이다.

다음으로 U^2/c_pT_{01}을 분석해보자. 분자, 분모에 1 구간에서의 음속 제곱을 곱해준다.

$$\frac{U^2}{c_pT_{01}} = \frac{U^2/a_1^2}{c_pT_{01}/(\gamma RT_1)} = \frac{(\gamma-1)M_T^2}{1+(\frac{\gamma-1}{2})M_1^2} \quad \text{식 (8-36)}$$

M_1은 축 방향 마하수 M_z와 α_1으로 표현이 가능하다는 것을 알고 있다.

$$M_1 = \frac{M_z}{\cos\alpha_1} \quad \text{식 (8-37)}$$

따라서,

$$\frac{U^2}{c_pT_{01}} = \frac{(\gamma-1)M_T^2}{1+(\frac{\gamma-1}{2})\frac{M_z^2}{\cos^2\alpha_1}} \quad \text{식 (8-38)}$$

식 (8-33)과 (8-38)에 근거하여 전온도 상승비를 블레이드 접선, 축 마하수로 나타낼 수 있다.

$$\frac{T_{02}}{T_{01}} = 1+[\frac{(\gamma-1)M_T^2}{1+(\frac{\gamma-1}{2})\frac{M_z^2}{\cos^2\alpha_1}}][1+(\frac{M_z}{M_T})(\tan\beta_2-\tan\alpha_1)] \quad \text{식 (8-39)}$$

이 식을 통해 축, 블레이드 접선 마하수가 세 가지 형태로 전온도 상승비에 영향을 끼친다는 것을 알 수 있다. 하지만 우변의 첫 번째 대괄호를 M_T^2으로 나누었을 때 M_T, M_z/M_T가 방정식을 지배한다는 것을 알 수 있다.

$$\frac{T_{02}}{T_{01}} = 1+[\frac{(\gamma-1)}{(\frac{1}{M_T^2})+(\frac{\gamma-1}{2\cos^2\alpha_1})(\frac{M_z}{M_T})^2}][1+(\frac{M_z}{M_T})(\tan\beta_2-\tan\alpha_1)] \quad \text{식 (8-40)}$$

상대 전체 엔탈피는 로터에서 유동 표면을 따라 일정하다(원심 방향 이동이 없는 정상 상태일 때).

$$h_{0,r} = h_1 + \frac{W_1^2}{2} = h_2 + \frac{W_2^2}{2} \qquad \text{식 (8-41)}$$

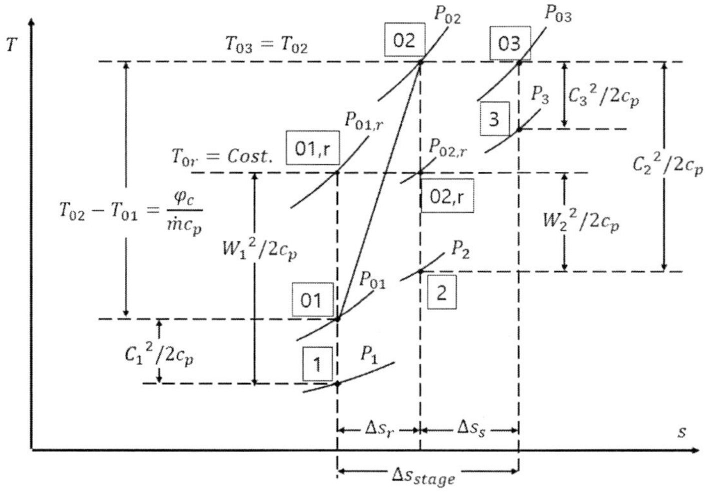

[그림 8-11] 압축기 로터와 스테이터에서의 $T-s$ 선도

식 (8-41)로 나타낸 식을 각각의 속도 요소들을 이용하여 나타낼 수 있다.

$$h_1 + W_{z1}^2/2 + W_{\theta 1}^2/2 = h_2 + W_{z2}^2/2 + W_{\theta 2}^2/2 \qquad \text{식 (8-42)}$$

$$h_1 + C_{z1}^2/2 + C_{\theta 1}^2/2 - C_{\theta 1}U = h_2 + C_{z2}^2/2 + C_{\theta 2}^2/2 - C_{\theta 2}U \qquad \text{식 (8-43)}$$

식 (8-43)의 왼쪽 3개 항의 합은 전엔탈피와 같다.

$$h_{01} - UC_{\theta 1} = h_{02} - UC_{\theta 2} \qquad \text{식 (8-44)}$$

로터에 한하여 이러한 엔탈피 상수는 로탈피(rothalpy)라고 불린다. 식 (8-44)은 다시 오일러 터빈 방정식과 연관하여 다음과 같이 표현된다.

$$h_{02} - h_{01} = \frac{\wp}{\dot{m}} = w_c = U(C_{\theta 2} - C_{\theta 1}) \qquad \text{식 (8-45)}$$

유체에 가해지는 로터의 비일을 무차원화하면

$$\psi = \frac{\Delta h_0}{U^2} = \frac{C_{\theta 2}}{U} - \frac{C_{\theta 1}}{U} = \frac{W_\theta + U}{U} - \frac{C_{\theta 1}}{U} = 1 + \left(\frac{C_z}{U}\right)(\tan\beta_2 - \tan\alpha_1) \qquad \text{식 (8-46)}$$

이다.

ψ는 무차원화된 매개변수이며 부하 계수(Stage loading factor)라고 정의된다. 유동계수 ϕ를 사용하여 부하 계수를 나타내면 다음과 같다.

$$\psi = 1 + \phi(\tan\beta_2 - \tan\alpha_1) \qquad \text{식 (8-47)}$$

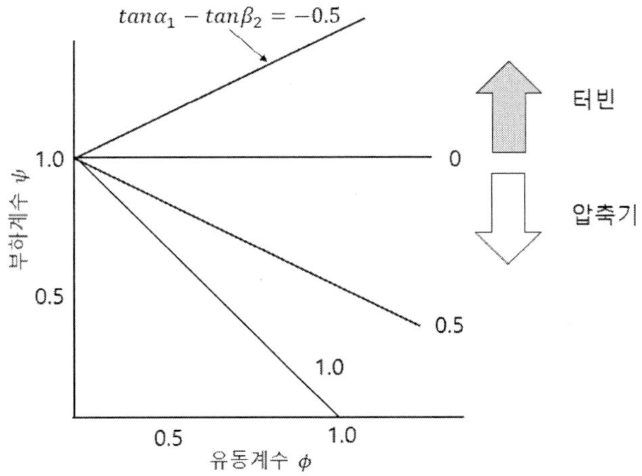

[그림 8-12] 이상적인 터보머신 단(Stage)에서 부하 계수와 유동계수의 선형 의존성(Horlock 1973)

로터에서 정엔탈피 변화와 한 단에서의 정엔탈피 변화의 비를 반동도(Degree of Reaction : °R)라고 정의한다. 비록 스테이터가 유체에 일을 가하진 않지만 디퓨저(속도 감속, 압력 증가) 역할을 하며 이는 유체의 온도와 정엔탈피를 증가시키기 때문이다.

$$°R \equiv \frac{h_2 - h_1}{h_3 - h_1} = \frac{h_{02} - h_{01} - (C_2^2 - C_1^2)/2}{h_{03} - h_{01} - (C_3^2 - C_1^2)/2} \qquad \text{식 (8-48)}$$

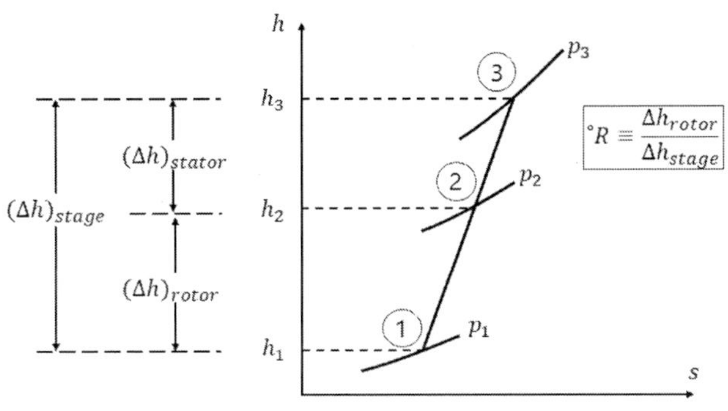

[그림 8-13] 압축기에서 정엔탈피 변화 그래프

스테이터에서는 유체에 가하는 일이 없기 때문에 정체 엔탈피는 일정하다. 따라서 $h_{03}=h_{02}$이고 단이 반복된다고 가정하면 $C_1=C_3$이다. 따라서,

$$^{\circ}R \cong 1-\frac{C_2^2-C_1^2}{2(h_{02}-h_{01})}=1-\frac{C_{z2}^2+C_{\theta 2}^2-C_{z1}^2+C_{\theta 1}^2}{2U(C_{\theta 2}-C_{\theta 1})} \qquad \text{식 (8-49)}$$

축 방향 속도가 일정($C_{z2}=C_{z1}$)하다는 가정을 하면 다음과 같다.

$$^{\circ}R \cong 1-\frac{C_{\theta 2}+C_{\theta 1}}{2U}=1-\frac{C_{\theta,mean}}{U} \qquad \text{식 (8-50)}$$

$C_{\theta,mean}$은 로터에서의 평균 스월이다. 압축기에서는 유동이 역압력 구배이기 때문에 로터와 스테이터에 똑같은 정압력 상승을 주는 것이 좋다. 따라서 50%의 반동도가 이상적이라고 생각할 수 있다.

식 (8-50)을 입구 절대 유동각(α_1)과 출구 상대 유동각(β_2)으로 나타내면

$$^{\circ}R=1-\frac{W_{\theta 2}+U+C_{\theta 1}}{2U}=\frac{1}{2}-\frac{C_z\tan\beta_2+C_z\tan\alpha_1}{2U}=\frac{1}{2}-\left(\frac{C_z}{U}\right)\left(\frac{\tan\beta_2+\tan\alpha_1}{2}\right) \qquad \text{식 (8-51)}$$

이다.

50% 반동도의 경우 로터 출구 상대 유동각은 입구 절대 유동각과 크기는 같고 부호는 반대이다. 즉,

$$\beta_2=-\alpha_1 \qquad \text{식 (8-52)}$$

이는 앞 절에서 설명했던 반복되는 행(Repeated row) 설계 조건과 같다.

예제8.1

축류식 압축기의 스펙과 작동 조건이 다음과 같을 때 물음에 답하시오.
평균 반지름 $r_m = 0.5\ m$
로터 평균 회전 속도 $U_m = 212\ m/s$
로터 입구 절대 유동
$C_{zm} = 155\ m/s$, $C_{\theta 1m} = 28\ m/s$
반동도 $°R_m = 0.60$, $\alpha_3 = \alpha_1$, $C_{zm} = Const.$

(a) 로터 각속도 ω [RPM]
(b) 로터 출구 스월 $C_{\theta 2m}$
(c) 로터 비일(Specific Work) w_{cm}
(d) 로터 출구 상대 속도 벡터
(e) 질량 유량당 로터와 스테이터 토크
(f) 부하 계수 ψ_m
(g) 유동계수 ϕ_m

해설

(a) 로터 각속도 ω [RPM]

$$\omega = U_m/r_m = \frac{212m/s}{0.5m} = 424rad/s$$
$$= 424rad/s \cdot \frac{60s/\min}{2\pi rad/rev} \approx 4049RPM$$

(b) 로터 출구 스월 $C_{\theta 2m}$

$$°R \cong 1 - \frac{C_{\theta 2m} + C_{\theta 1m}}{2U_m}$$

$C_{\theta 2m}$에 대해 정리하면

$$C_{\theta 2m} = 2U_m(1-°R_m) - C_{\theta 1m}$$
$$= 2(212m/s)(0.4) - 28m/s$$
$$\approx 141.6m/s$$

(c) 로터 비일(Specific Work) w_{cm}

오일러 터빈 방정식에 의해

$$w_c \equiv \frac{\wp_c}{\dot{m}} = \omega\Delta(rC_\theta)_c \rightarrow w_{cm}$$
$$= U_m(C_{\theta 2m} - C_{\theta 1m})$$
$$= 212m/s\,(141.6-28)m/s$$
$$\approx 24.08kJ/kg$$

(d) 로터 출구 상대 속도 벡터

출구에서 로터 상대 스월은

$$W_{\theta 2m} = C_{\theta 2m} - U_m$$
$$= (141.6-212)m/s = -71m/s$$

축 방향 속도는 일정하기 때문에 출구 상대 속도 벡터는 다음과 같다.

$$\overrightarrow{W_{2m}} = 155\hat{k} - 71\hat{e_\theta}$$

(e) 질량 유량당 로터와 스테이터 토크

$\alpha_3 = \alpha_1$이므로 로터와 스테이터에 걸리는 토크는 부호는 반대이고 크기는 같다.

$$\tau/\dot{m} = r_m(C_{\theta 2m} - C_{\theta 1m})$$
$$= 0.5m(141.6-28)m/s$$
$$= 56.8m^2/s = -\tau_{sm}/\dot{m}$$

(f) 부하 계수 ψ_m, (g) 유동계수 ϕ_m

$$\psi_m = \Delta C_\theta / U_m$$
$$= (141.6-28)/212 \approx 0.5358$$
$$\phi_m = C_{zm}/U_m = 155/212 = 0.731$$

압축기 블레이드의 경계층 상태에 대한 지표인 확산 계수(Diffusion Factor, D-factor)의 정의는 각각 다음과 같다.

$$D_r \equiv 1 - \frac{W_2}{W_1} + \frac{|W_{\theta 2} - W_{\theta 1}|}{2\sigma_r W_1} \quad (rotor\,D-factor) \qquad \text{식 (8-53)}$$

$$D_s \equiv 1 - \frac{C_3}{C_2} + \frac{|C_{\theta 3} - C_{\theta 2}|}{2\sigma_s C_2} \quad (stator\,D-factor) \qquad \text{식 (8-54)}$$

σ는 블레이드 견고성(Blade solidity)이며, 블레이드 시위 길이 c와 간격 s의 비(ratio)이다.

$$\sigma_r \equiv \frac{c_r}{s_r} \quad (rotor\,solidity) \qquad \text{식 (8-55)}$$

$$\sigma_s \equiv \frac{c_s}{s_s} \quad (stator\,solidity) \qquad \text{식 (8-56)}$$

현대 압축기 설계는 높은 Solidity를 가진다($\sigma_m \geq 1$). 이는 블레이드 간격이 반경과 함께 선형적으로 증가하기 때문이다. 일정한 시위 길이의 견고성 또한 블레이드 스팬(span)에 따라 선형적으로 감소한다.

$$s(r) = \frac{2\pi r}{N_b} \quad (blade \;\; spacing) \qquad \text{식 (8-57)}$$

예제8.2

우측 그림은 압축기 로터의 단면이다. 속도가 다음과 같을 때 물음에 답하시오.

단, $U_{m1} = U_{m2} = 200m/s$,

$C_{z1} = C_{z2} = 150\ m/s$, $\beta_2 = -35°$

(a) W_{1m}, W_{2m}

(b) D–factor D_{rm}

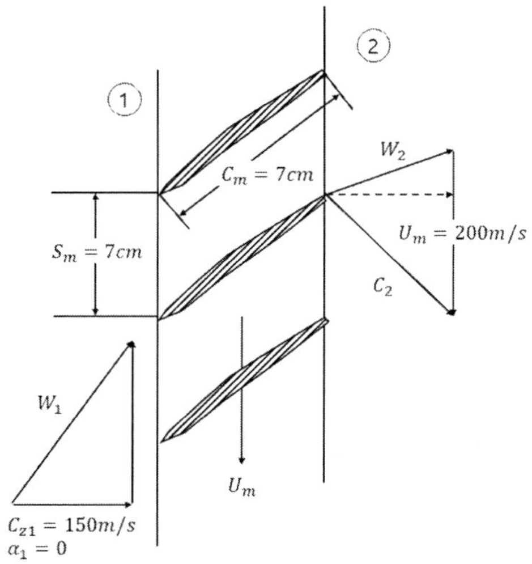

해설

(a) W_{1m}, W_{2m}

$W_{1m} = [(150)^2 + (200)^2]^{1/2} = 250m/s$

$W_{\theta 2m} = C_{z2}\tan\beta_2 = (150m/s)\tan(-35°)$

$\approx -105m/s$

$W_{2m} = [(150)^2 + (105)^2]^{1/2} = 183.1m/s$

(b) D–factor

$$D_{rm} = 1 - \frac{W_{2m}}{W_{1m}} + \frac{|W_{\theta 2m} - W_{\theta 1m}|}{2\sigma_{rm} W_{1m}}$$

$\sigma_{rm} = c/s = 7/7 = 1.0$

로터 입구에서 상대 접선 속도는 U_m과 크기는 같고 방향은 반대이다.

$W_{\theta 1m} = -200m/s$

$\therefore D_{rm} = 1 - (183.1/250) + |(-105 + 200)|$

$/(2 \cdot 1 \cdot 250) \approx 0.457$

D–factor가 0.5보다 작으므로 pitchline에서 경계층이 박리되지 않았음을 알 수 있다.

N_b는 블레이드의 개수이다. blade solidity 정의를 이용하면 다음과 같다.

$$\sigma(r) = \frac{N_b \cdot c}{2\pi r} \quad (blade \quad solidity) \qquad \text{식 (8-58)}$$

블레이드의 뿌리 부분인 r_h에서 가장 높은 solidity를 가지며 끝부분인 r_t에서 가장 작은 solidity를 가진다는 것을 알 수 있다.

앞 절에서 압축기의 블레이드(베인) 형상은 각 위치에서의 유동 속도와 방향을 고려하여 결정해야 함을 알 수 있다. 또한 공기의 유속 및 방향의 변화와 에너지 변화는 블레이드의 형상과 회전 속도에 의해 영향 받음을 알 수 있다. 압축기의 형상 인자를 결정하기 위한 가이드라인은 표 8-1)과 주요인자의 적정 범위는 표 8-2)와 같다.

[표 8-1] 압축기의 형상 인자를 결정하기 위한 가이드라인

Guidelines on the Range of Compressor Parameters

Parameter	Range of values	Typical value
Flow coefficient ϕ	$0.3 \le \phi \le 0.9$	0.6
D-Factor	$D \le 0.6$	0.45
Axial Mach number M_z	$0.3 \le M_z \le 0.6$	0.55
Tip Tangential Mach Number, M_T	1.0–1.5	1.3
Degree of reaction	$0.1 \le {}^{\circ}R \le 0.90$	0.5 (for $M < 1$)
Reynolds number based on chord	$300{,}000 \le Re_c$	>500,000
Tip relative Mach number (1st Rotor)	$(M_{1r})_{tip} \le 1.7$	1.3–1.5
Stage average solidity	$1.0 \le \sigma \le 2.0$	1.4
Stage average aspect ratio	$1.0 \le AR \le 4.0$	<2.0
Polytropic efficiency	$0.85 \le e_c \le 0.92$	0.90
Hub rotational speed	$\omega r_h \le 380$ m/s	300 m/s
Tip rotational speed	$\omega r_t \sim 450$—550 m/s	500 m/s
Loading coefficient	$0.2 \le \psi \le 0.5$	0.35
DCA blade (range)	$0.8 \le M \le 1.2$	Same
NACA-65 series (range)	$M \le 0.8$	Same
De Haller criterion	$W_2/W_1 \ge 0.72$	0.75
Blade leading-edge radius	$r_{L.E.} \sim 5$–10% of t_{max}	5% t_{max}
Compressor pressure ratio per spool	$\pi_c < 20$	up to 20
Axial gap between blade rows	$0.23\ c_z$ to $0.25\ c_z$	$0.25\ c_z$
Aspect ratio, fan	~2–5	<1.5
Aspect ratio, compressor	~1–4	~2
Taper ratio	~0.8–1.0	0.8

$$D_r \equiv 1 - \frac{W_2}{W_1} + \frac{|W_{\theta 2} - W_{\theta 1}|}{2\sigma_r W_1} \quad \text{(rotor } D\text{-Factor)}$$

$$D_s \equiv 1 - \frac{C_3}{C_2} + \frac{|C_{\theta 3} - C_{\theta 2}|}{2\sigma_s C_2} \quad \text{(stator } D\text{-Factor)}$$

$$R = \frac{C_a}{2U}(\tan\beta_1 + \tan\beta_2)$$

$$\sigma_r \equiv \frac{c_r}{s_r} \quad \text{(rotor solidity)}$$

$$\sigma_s \equiv \frac{c_s}{s_s} \quad \text{(stator solidity)}$$

$$\frac{V_2}{V_1} \ge 0.72 \quad \text{for rotor}$$

$$\frac{C_3}{C_2} \ge 0.72 \quad \text{for stator}$$

[표 8-2] 압축기의 형상의 주요 인자의 범위

	적정 범위	의미
D-factor	~0.55	블레이드에서 실속 여부의 척도
반동도 R	0.5~0.9	로터, 스테이터에서의 엔탈피 상승 비율
Blade solidity	1.0~1.5	블레이드 사이 간격과 시위 길이의 비율
De Haller 기준	0.72 이상	블레이드 전, 후에서 유동각 차이의 제한

4) vortex 이론

압축기는 회전체이므로 축 방향 속도, 회전 방향 속도 외에 반경 방향 속도가 발생하게 되며 이를 제어하지 않으면 손실이 발생된다. 보통 원심력과 압력이 평형을 이루도록 설계가 되는데 이를 위해서 블레이드의 허브(Hub)-팁(Tip)까지 유동각을 변화시켜 반경 방향 응력을 일정하게 만들고, 유동을 균질하게 만들어야 할 필요가 있다.

먼저 압축기에서 속도 성분을 둘로 나누어 전 엔탈피를 표현하고 이를 미분하면 다음과 같다.

$$h_1 = h + \frac{C_z^2}{2} + \frac{C_\theta^2}{2} \qquad \text{식 (8-59a)}$$

$$\frac{dh_0}{dr} = \frac{dh}{dr} + C_z\frac{dC_z}{dr} + C_\theta\frac{dC_\theta}{dr} \qquad \text{식 (8-59b)}$$

다음으로 깁스(Gibbs) 방정식을 위 식에 대입하면 원심력과 압력 간의 평형 관계식을 아래 식과 같이 표현된다.

$$T\frac{ds}{dr} = \frac{dh}{dr} - \frac{1}{\rho}\frac{dp}{dr} \qquad \text{식 (8-60a)}$$

$$\frac{dh_0}{dr} = T\frac{ds}{dr} + \frac{1}{\rho}\frac{dp}{dr} + Cz\frac{dC_z}{dr} + C_\theta\frac{dC_\theta}{dr} \qquad \text{식 (8-60b)}$$

$$\cancel{\underbrace{\frac{dh_0}{dr}}_{\text{blade-work-profile}}} = \cancel{\underbrace{T\frac{ds}{dr}}_{\text{blade-loss-profile}}} + \underbrace{\frac{1}{\rho}\frac{dp}{dr}}_{\text{static-pressure-profile}} + \underbrace{C_z\frac{dC_z}{dr}}_{\text{axial-velocity-profile}} + \underbrace{C_\theta\frac{dC_\theta}{dr}}_{\text{swirl-profile}} \qquad \text{식 (8-60c)}$$

$$\frac{1}{\rho}\frac{\partial p}{\partial r} = \frac{C_\theta^2}{r} \qquad \text{식 (8-60d)}$$

유도된 식을 반경 방향으로 엔탈피 변화와 엔트로피 변화가 없다고 가정하면 다음 항들이 소거된다. 마지막으로 원심력과 압력 간의 평형을 나타내는 식을 대입하면 아래와 같은 식이 유도된다. 이 식을 기본으로 적분하여 각 vortex 이론에 따라 쓰이게 된다.

$$\frac{d}{dr}(C_x^2) + \frac{1}{r^2}\frac{d}{dr}(r \cdot C_\theta)^2 \qquad \text{식 (8-61)}$$

〈최종 유도된 식〉

[표 8-3] Vortex theory

Method of design	Work variation with radius	Whirl distribution	Axial velocity varation with radius	Variation of reaction with radius	Radial equilibrium
Free vortex	Constant	$rC_\theta = constant$	Constant	Increases with radius	yes
Forced vortex	Increases with r^2	$C_\theta / r = constant$	From radial equilibrium	varies with radius	yes
Constant reaction	Constant	$C_\theta = ar \pm b/r$	From radial equilibrium	constant	yes
Exponential	Constant	$C_\theta = a \pm b/r$	From radial equilibrium	Varies with radius	yes

표 8-3)은 압축기 설계에 자주 쓰이는 vortex 이론들을 나타낸 표이다. 각 이론들을 식에 대입할 때 적용되는 가정은 다음과 같고 그 중에서도 가장 많이 쓰이는 이론은 free vortex와 constant reaction, exponential 이론이다. 이 이론들을 위에서 유도한 식을 바탕으로 나타내면 다음과 같다.

$$C_{\theta 1} = ar^n - b/r \, (before \;\; rotor) \qquad \text{식 (8-62)}$$

$$C_{\theta 2} = ar^n + b/r \, (after \;\; rotor) \qquad \text{식 (8-63)}$$

$$n = 0 \rightarrow Exponential \;\; design$$

$$n = 1 \rightarrow Constant \;\; reaction \;\; design$$

$$a = 0 \rightarrow Free \;\; vortex \;\; design$$

$$b = 0 \text{ and } n = 1 \rightarrow Forced \;\; vortex \;\; design$$

여기서 $a = U_m(1 - R_m)$, $b = \dfrac{C_p \Delta T}{2 U_m \lambda}$ 이다.

8.2.6 압축기 성능 맵(Axial compressor performance map)

압축기는 회전력을 이용한다. 가스터빈 엔진에서 동력이 많이 필요한 경우 흡입하는 공기 유량이 더 많이 필요하기 때문에 압축기에서는 더 많은 압축 일이 필요하다. 만약 동력이 더 적게 필요하다면 적은 유량이 필요하기 때문에 압축기에서는 적게 압축 일을 조정한다. 이러한 조정은 회전수에 따라 조정하는 범위가 달라지기 때문에 이런 문제를 그림 8-14)의 압축기 성능 맵을 통해 해결할 수 있다.

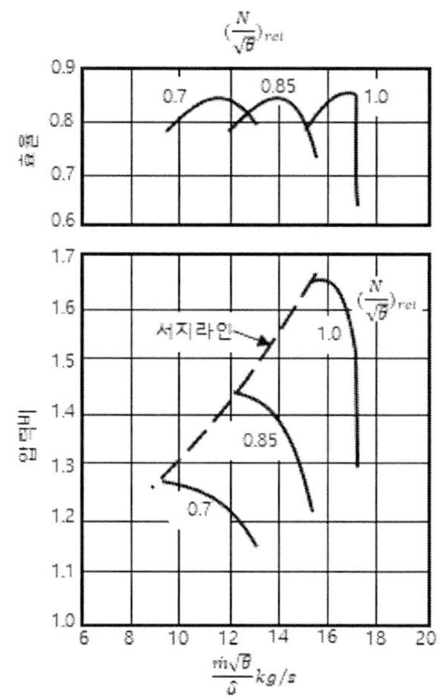

[그림 8-14] 전형적인 압축기 성능 맵

이 성능 맵에서의 X축은 공기 유량과 관련되고, 이 공기 유량 변수는 흡입되는 공기 유량, 온도, 경계층 두께의 변수로 되어 있는데 이를 수정된 작동 유체 질량 유량(Corrected mass flow rate)이라 한다. 이에 대하여는 10장에서 자세히 다룬다.

Y축을 보면 아래 선도는 압력비를, 위 선도에서는 효율을 의미한다. 위 선도에서 세 개의 선도들이 그려져 있는데 각각의 선도는 회전수에 따른 변화를 의미하며, X축과 비슷하게 이 변수 또한 회전수와 온도비(θ)에 대한 변수로 되어있다.

양력과 항력은 속도에 따라서 바뀐다. 이 속도의 변화를 변수로 지정해야 하지만 속도를 회전수로 대신하여 표현한다. 따라서 회전수와 온도비의 변수를 선택했다. 회전수에 따라서 선도가 달라지는 것을 특정 회전수에 대해 세 개의 선도를 그려 놓은 것이다. 회전수가 적다고 하면 효율 측면에서 넓은 범위에서 작게 변하는 것을 알 수 있다. 즉, 회전수가 적을 때 효율 곡선은 완만하다. 회전수가 점점 커짐에 따라 작은 질량 유량의 변화가 있어도 효율은 급격히 변하게 되어 급격하게 감소하는 효율 곡선이 된다. 회전수가 크면 클수록 그만큼 많은 압축을 할 수 있지만, 실제적으로 효율이 좋은 범위가 줄어든다. 따라서 회전수에 따른 선도를 확인할 필요가 있다.

또한 특정 회전수에 따른 세 개의 선도들을 보면 곡선 형태를 이루며 최고점이 있다. 이 의미는 공기 유량에 따라서 압축기 효율이 변하는데 이때 최고점을 설계점으로 택할 수 있다. 선도에서 최고점에서 오른쪽이나 왼쪽 상관없이 최고점을 벗어난 점들은 탈설계점이라 한다. 설계점에서 벗어난 점이기 때문에 최고 효율이 나오지 않는 것이다.

지금까지는 압축기의 효율 관점에서 살펴보았고, 이제는 압축기의 압력비에 대해서 알아보자. 압력비 선도는 압축기 효율 선도 아래에 있는 선도이다. 압력비 선도 또한 압축기 효율 선도와 비슷하지만 Surge line이 있다. 이 선을 기준으로 왼쪽은 선도가 그려지지 않으며 오른쪽은 회전수, 공기 유량에 따라 변화하는 폭이 다르다. Surge line 왼쪽 범위는 불안정한 상태여서 압축기 작동이 적절하지 못하다. 따라서 Surge line 오른쪽 범위에서 압축기를 작동해야 한다.

압축기 효율 선도와 유사하게 압력비도 최고점에서 운용한다. 또한 회전수가 작을 때는 공기 유량 변화에 따른 압력비가 완만하게 변하지만, 회전수가 커짐에 따라서 공기 유량 변화에 따른 압력비의 변화가 커서 선도의 곡선이 가파르게 변한다. 이렇게 회전수가 커지면 압력비의 변화가 큰 이유는 압축기는 역압력구배를 이루고 있어서 공기 유량이 커지면 유량이 진행하는 것을 막고 유동박리가 일어나기 때문이다. 실제로 운전하는 지점은 가능한 최고점에서 작동해야 하는데 작은 유량 변화에도 Surge line 바깥쪽으로 빠지게 때문에 압축기 작동점과 설계함에 있어서 어렵게 한다. 따라서 각 변수에 따라 성능들이 바뀌기 때문에 압축기에 대해서 성능 선도를 구해 놓아야 한다. 성능 선도를 성능 맵이라 한다. 압축기의 성능 맵은 압축기의 성능을 파악하고 압축기의 작동 범위를 설정하는 데 유용하게 사용된다.

(1) Surge 현상

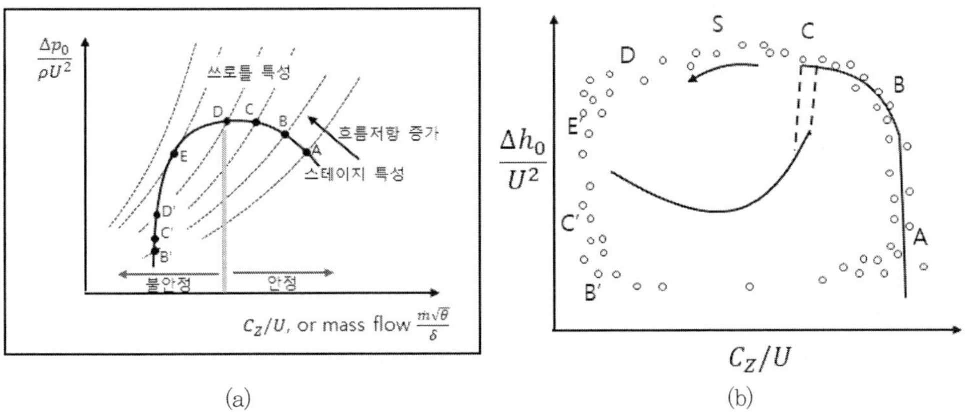

[그림 8-15] Surge 현상

그림 8-15)의 X축은 공기 유량을 의미하며, Y축은 압력 차를 의미한다. 압축기가 B점에서 작동하고 있다고 하자. 어떤 원인으로 만일 작동점이 A점으로 이동했다고 하면, A점으로 이동함에 따라 압력 차는 감소하고 유량은 증가되었음을 알 수 있다. 그런데 유동은 압력차에 의해서 이동하기 때문에 압력차가 감소했다는 것은 유량이 감소한다는 것이므로, 일시적으로 증가된 유량은 감소하게 되므로 원상태인 B점으로 돌아올 것이다. 반면에 공기 유량이 감소하여 B에서 C점으로 이동했다고 하자. 그러면 압력차는 커지고 유량은 감소된다. 압력차가 커짐에 따라서 공기 유량은 더 증가하게 되어 다시 B점으로 돌아올 것이다. 이렇게 어떤 점에서 공기 유량이든, 압력차든 어떠한 변화가 있어도 다시 제자리로 회

복되었을 때 압축기는 이 영역에서 안정하다고 표현한다. 똑같은 관점으로 최고점의 왼쪽인 점들을 살펴보자. 어떤 압축기가 E점에서 작동한다고 하자. D'점으로 이동하면, 공기 유량은 적어지고 압력 차 또한 작아진다. 압력 차가 작아지기 때문에 공기 유량은 더 줄어들게 할 것이다. 따라서 D'으로의 이동은 계속해서 C'점에서 다시 B'점으로 이동할 것이다. 그러기 때문에 다시 되돌아오지 않고 계속 한 방향으로 진전된다. 따라서 Surge line의 왼쪽은 즉 Surge 현상이 발생하면 압축기는 불안정하다고 한다. 만일 E점에서 공기 유량이 증가했을 때 D점으로 이동하여 계속 공기 유량을 증가시키면 오른쪽 영역으로 갈 수 있다고 생각하지만 실제로는 그렇지는 않다. 이 이유는 Surge 궤적이라고 하는 (그림 8-15b) 그래프를 통해 알 수 있다. 실제 Surge에 있는 각 점(Surge line 왼쪽 점들)들은 그래프에 표시된 화살표 방향으로 이동한다. C점에서 점점 유량이 줄어들어 불안정한 범위에 있는 E'점으로 이동하게 되었다고 하자. 이때 E'점에서 D점으로 이동하기 위해 질량 유량을 증가시키거나 압력 차를 키우면 C점으로 급격하게 이동하게 된다. 즉, 급격한 공기 유량의 변화가 발생한다. 실제로 회전체인 압축기가 Surge가 발생하면 큰 소리가 발생한다. 흘러가는 공기 유량이 점점 줄어들다가 한 번에 많은 유량이 흘러가는 현상이 반복된다. 이런 현상으로 쿵! 하는 소리가 발생한다. 따라서 압축기를 설계하거나 운용할 때 불안정한 Surge 현상에 빠지지 않고 안정한 영역에서 설계하고 운용해야 한다.

(2) 안정과 불안정(Stable and Unstable)

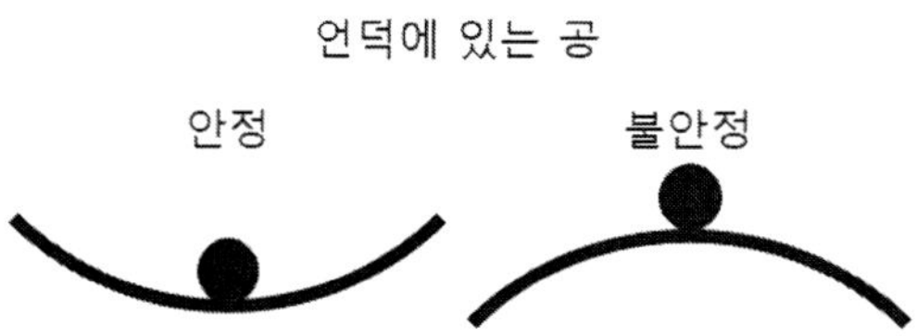

[그림 8-16] 안정과 불안정의 간단한 표현

안정하다 불안정하다는 그림 8-16)을 통해 쉽게 이해할 수 있다. 안정이라는 것은 어떠한 변화가 있어도 다시 그 자리로 되돌아오는 것을 의미하고, 불안정하다는 것은 작은 변화가 계속 변화를 유발하여 최종적으로 큰 변화를 일으키는 것이다.

▣ 다단 축류 압축기 특징

가스터빈 엔진의 다단 축류 압축기는 로터, 스테이터의 한 단으로 구성된 여러 단으로 구성되어 있다. 첫 번째 단에서 빠져나간 흡입 공기는 다시 다음 단으로 들어가는 형식이다. 만약 탈설계 범위에서 다단 압축기가 작동할 때 공기는 설계점일 때보다 틀어진 조건으로 첫 번째 단을 빠져나와 두 번째 단으로 들어갈 것이다. 그러면 이 틀어진 조건이 두 번째 단에 악영향을 미치고, 그 다음 단에서는 더 큰 악영향을 미치게 된다. 그러므로 만약 앞단에서 Surge 현상이 일어나지 않아도 뒤에 있는 후단에서는 Surge 현상에 빠질 확률이 높아지므로 압축기의 작동을 적절하게 관리해야 한다.

8.3 원심 압축기

8.3.1 임펠러

원심 압축기는 공기가 축 방향으로 유입되어 반경 방향으로 빠져나가면서 압축된다. 공기는 매우 비틀어져 있는 임펠러(로터)를 타고 흐르면서 에너지를 얻는다. 반경 방향 유동은 무시했었던 축류 압축기에 비해 원심 압축기는 흡입구와 출구 사이의 큰 반경 방향 변화를 기반으로 한다. 원심 압축기의 출구 반경이 입구 반경보다 월등히 높기 때문에 질량 유량이 축류 압축기 보다 적으며, 항력을 증가시키기는 점이 단점이다. 하지만 항력이 적은 저속 환경에서는 원심 압축기가 단당 높은 압축비를 가지며 구조적 결함도 문제가 덜하다는 장점이 있다.

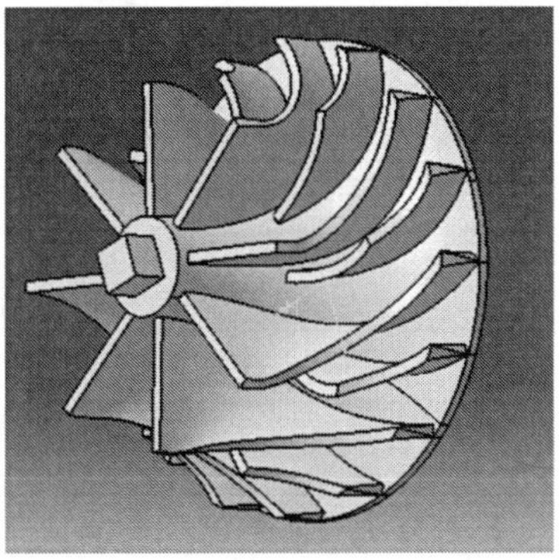

[그림 8-17] 원심식 압축기 임펠러

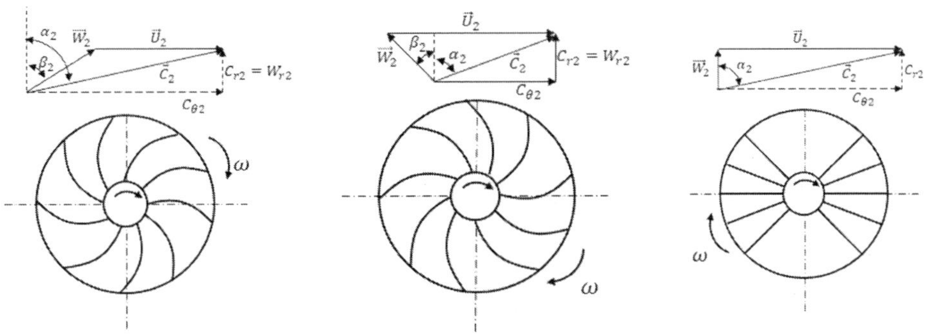

전향 베인 후향 베인 직선 베인

[그림 8-18] 원심 압축기 임펠러 베인의 회전방향의 형태

임펠러 출구에서 블레이드 형상은 임펠러 베인이 회전 방향으로 향하는 β_2에 따라 3개로 나뉜다. β_2는 블레이드가 반경 방향에서 반시계 방향으로 휘어진 각이 (+)각이다. 전향 베인은 β_2가 (−)이며, 후향 베인은 β_2가 (+), 직선 베인은 $\beta_2 = 0$ 이다. 동일 질량 유량에서 후향 베인은 임펠러 유출 속도 $\overrightarrow{C_2}$와 베인 부하 계수가 작아서 임펠러 성능은 떨어지지만, $\overrightarrow{C_2}$가 비교적 작기 때문에 디퓨저에서 조금만 감속해도 되므로 압축기 전체 성능은 좋아진다. 또한 후향 베인은 넓은 공기 유동의 범위에서 안정적으로 작동할 수 있어 터빈과의 매칭에도 유리하다. 전향 베인은 임펠러 유출 속도와 베인 부하 계수가 커 임펠러 성능은 향상되지만 압축기 전체 성능은 좋지 않다. 보통 가공상의 이유로 직선 베인을 많이 사용한다.

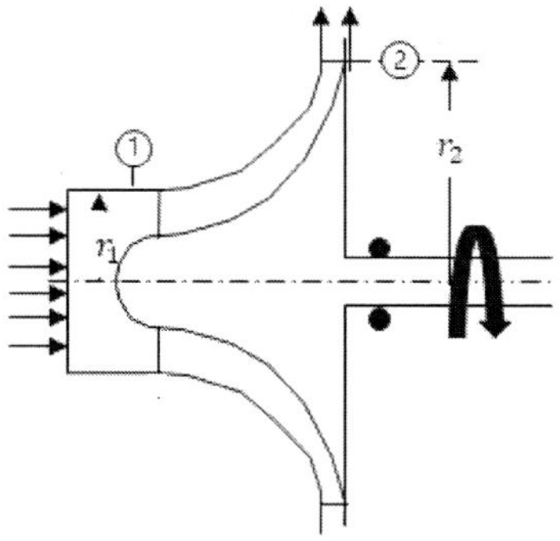

[그림 8-19] 원심압축기의 유동 흐름 개념도

유체로 전달되는 축력(Shaft power)은 전체 엔탈피 변화로 표현될 수 있다.

$$\wp = \dot{m}\omega(r_2 C_{\theta 2} - r_1 C_{\theta 1}) = \dot{m}(h_{t2} - h_{t1}) \qquad \text{식 (8-64)}$$

이 식을 정리하면 전온도 상승비는 다음과 같이 표현된다.

$$\frac{T_{t2}}{T_{t1}} = 1 + \frac{\omega \cdot r_2}{c_p T_{t1}}\left[C_{\theta 2} - \left(\frac{r_1}{r_2}\right) C_{\theta 1}\right] \qquad \text{식 (8-65)}$$

하지만 r_1/r_2는 충분히 작기 때문에 $(\frac{r_1}{r_2})C_{\theta 1}$은 $C_{\theta 2}$보다 작다. 따라서 원심 압축기에서는 이를 반영하여 다음과 같은 식으로도 전온도 상승비를 나타낼 수 있다.

$$\frac{T_{t2}}{T_{t1}} \approx 1 + \frac{\omega \cdot r_2}{c_p T_{t1}} \cdot C_{\theta 2} = 1 + \frac{U_2^2}{c_p T_{t1}}\left(\frac{C_{\theta 2}}{U_2}\right) \quad (U_2 = w \cdot r_2) \qquad \text{식 (8-66)}$$

원심 임펠러에서 미끄럼 계수(Slip factor)를 정의할 수 있다. 미끄럼 계수란 절대 스월 속도 $C_{\theta 2}$와 출구 임펠러 접선 속도의 비(U_2)로 나타낼 수 있다. 아래 첨자2는 임펠러 출구에서의 위치를 뜻한다.

$$\epsilon \equiv \frac{C_{\theta 2}}{U_2} \text{(미끄럼 계수)} \qquad \text{식 (8-67)}$$

오일러 방정식을 이용하여 접선 속도, 미끄럼 계수로 전온도 상승을 나타낼 수 있다.

$$T_{t2} = T_{t1} + \frac{\epsilon \cdot U_2^2}{c_p} \qquad \text{식 (8-68)}$$

미끄럼 계수와 임펠러 베인 개수의 상관관계를 나타내는 식이 제안되었다. 그 중 Stodola(1927)가 제시한 식이 직선 베인에서 유용한 식이다.

$$\epsilon = 1 - \frac{1.98}{N} \qquad \text{식 (8-69)}$$

예를 들어 20개의 임펠러에서는 유체에 에너지를 전달할 때 미끄럼 계수가 0.9 정도이다. 위의 임펠러 개수와 미끄럼 계수의 관계식에서 미끄럼 계수는 질량 유량과 독립적인 것을 알 수 있다. 하지만 실제 미끄럼 계수는 모든 베인 형상에 대해(전향, 후향, 직선베인) 질량 유량의 함수이다. 임펠러 개수를 늘리는 것은 미끄럼 계수를 줄이는 효과가 있지만 무게가 증가한다. 미끄럼 계수를 줄이면서 무게도 많이 증가되지 않는 절충 방안이 있다. 임펠러 베인의 절반 크기인 분리(Splitter) 베인을 설치하면 된다.

분리 베인을 설치함으로써 카운터 스월(Conuter-swirl) 생성을 억제하고 임펠러의 유동 박리를 줄여준다.

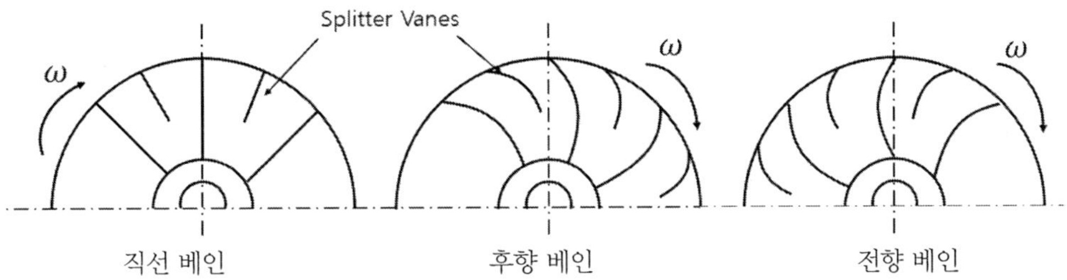

[그림 8-20] 원심 압축기 임펠러의 분리(Splitter) 베인 형상

전온도 상승비를 미끄럼 계수로 표현하여 정리해보자.

$$\tau_{stage} = \frac{T_{t2}}{T_{t1}} = 1 + \epsilon \frac{U_2^2}{\left(\frac{\gamma R T_{t1}}{\gamma - 1}\right)} = 1 + (\gamma - 1)\epsilon \frac{U_2^2}{a_{t1}^2} = 1 + (\gamma - 1)\epsilon \cdot \Pi_M^2 \qquad \text{식 (8-70)}$$

정체 음속는 a_{t1}으로 표현된다. 임펠러 출구 속도와 입구 정체 음속의 비는 무차원 인자이며 Mach Index Π_M이라 불린다.

$$\Pi_M^2 = \frac{U_2^2}{\gamma R T_{t1}} = \frac{U_2^2}{\gamma R T_{t1}(1+\frac{\gamma-1}{2}M_1^2)} = \frac{U_2^2}{a_1^2(1+\frac{\gamma-1}{2}M_1^2)} = \frac{M_{T2}^2}{1+\frac{\gamma-1}{2}M_1^2} \approx M_{T2}^2$$

$$(M_{T2} = \frac{U_2}{a_1}) \qquad \text{식 (8-71)}$$

따라서 전압력비, 전온도비의 관계식은 다음과 같다.

$$\frac{p_{t2}}{p_{t1}} = (\frac{T_{t2}}{T_{t1}})^{\frac{\gamma}{\gamma-1}} \cong [1+(\gamma-1)\epsilon \cdot M_{T2}^2]^{\frac{\gamma}{\gamma-1}} \qquad \text{식 (8-72)}$$

8.3.2 원심 디퓨저

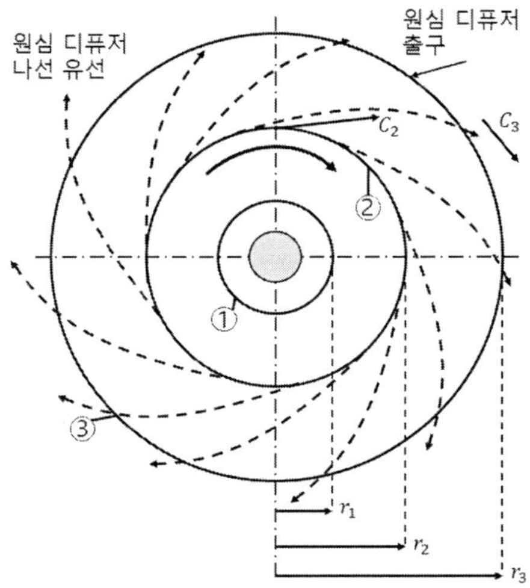

[그림 8-21] 원심 디퓨저 유동 흐름 개념도

원심식 압축기의 임펠러를 지난 유동은 원심 디퓨저로 들어간다. 임펠러 출구 절대 유동은 스월이 있으므로 원심 디퓨저에서의 유동 흐름은 나선형을 가진다. 디퓨저는 유동을 감속시켜 운동 에너지를 감소시켜서 정압력 상승으로 바꿔주는 역할을 한다.

각 운동량 보존에 의해,

$$rC_\theta = r_2 C_{\theta 2} \qquad \text{식 (8-73)}$$

$$\frac{C_\theta(r)}{C_{\theta 2}} = \frac{r_2}{r} \qquad \text{식 (8-74)}$$

이상 유체의 유선은 각 운동량 보존 때문에 로그 나선 형상을 띈다.

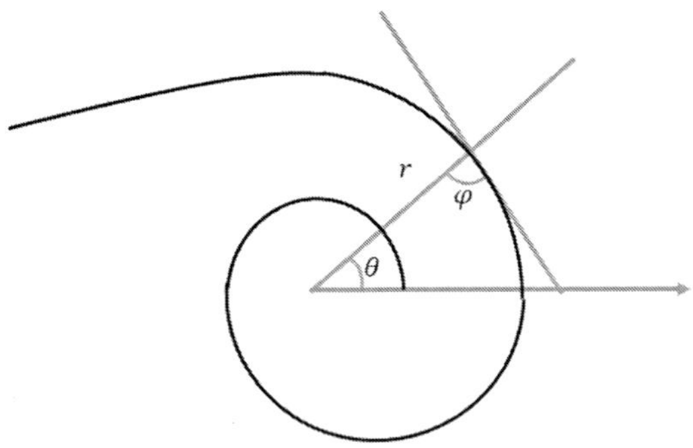

[그림 8-22] 로그 나선[1)] 정의

외부 억제 토크(External retarding torque)는 다음과 같다.

$$(\tau_{exit})_f = \dot{m}(r_3 C_{\theta 3} - r_2 C_{\theta 2}) = -\tau_w \qquad \text{식 (8-75)}$$

마찰에 의한 억제 토크의 존재는 각 운동량이 감소하고 스월이 로그 나선보다 빠르게 감소한다.

$$\frac{r C_\theta}{r_2 C_{\theta 2}} = 1 - \frac{\tau_{wall}}{\dot{m}(r_2 C_{\theta 2})} \qquad \text{식 (8-76)}$$

원심 디퓨저에서 마찰이 있을 때와 없을 때 유선 패턴을 다음과 같이 확인할 수 있다.

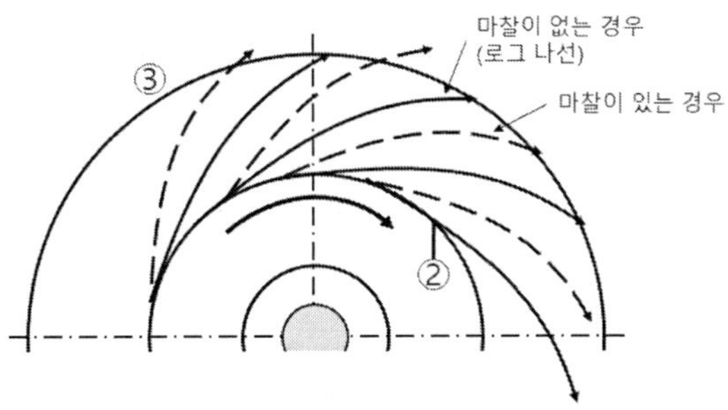

[그림 8-23] 원심 디퓨저에서 마찰이 있을 때와 없을 때의 유선 패턴

디퓨저로 들어가는 마하수 M_2는 임펠러 출구에서의 속도 삼각형을 이용하여 구할 수 있다.

$$C_2 = \sqrt{C_{r2}^2 + C_\theta^2} = \sqrt{C_{r2} + (U_T - C_{r2}\tan\beta_2)^2} \qquad \text{식 (8-77)}$$

1) 로그 나선(Logarithmic Spiral): 평면 위의 정점 O에서 나간 모든 사선과 일정한 각 φ를 이루는 곡선. O를 원점으로 하는 극좌표(r, θ)에 의한 방정식은 $r = ke^{c\theta}$ $(k > 0,\ c = \cot\varphi)$

임펠러 출구에서 음속은 T_2를 이용하여 구할 수 있다.

$$\frac{T_2}{T_1} \approx 1 + (\frac{\gamma - 1}{2}) M_T^2 \qquad \text{식 (8-78)}$$

다음의 식을 따르면 임펠러 출구에서의 음속은 입구에서의 음속과 관련이 있다.

$$\frac{a_2}{a_1} \approx \sqrt{1 + (\frac{\gamma - 1}{2}) M_T^2} \qquad \text{식 (8-79)}$$

출구 속도와 음속의 조합은 마하수이므로,

$$M_2 \approx \frac{\sqrt{M_{z1}^2 + (M_T - M_{z1} \tan\beta_2)^2}}{\sqrt{1 + (\frac{\gamma - 1}{2}) M_T^2}} \qquad \text{식 (8-80)}$$

에너지 보존식을 통해

$$h_3 - h_2 = \frac{C_2^2}{2} \approx \frac{U_T^2}{2} \qquad \text{식 (8-81)}$$

이다.

따라서 정온도비는 임펠러 출구 마하수와 관련된 식으로 나타낼 수 있다.

$$\frac{T_3}{T_1} = \frac{T_2}{T_1} + (\frac{\gamma - 1}{2}) M_T^2 \qquad \text{식 (8-82)}$$

위에서

$$\frac{T_2}{T_1} \approx 1 + (\frac{\gamma - 1}{2}) M_T^2 \qquad \text{식 (8-83)}$$

로 계산되었으므로

$$\therefore \frac{T_3}{T_1} \approx 1 + (\gamma - 1) M_T^2 \qquad \text{식 (8-84)}$$

이다. 등엔트로피 관계식을 정압력비를 계산할 수 있다.

$$\frac{p_3}{p_1} \approx [1 + (\gamma - 1) M_T^2]^{\frac{\gamma}{\gamma - 1}} \qquad \text{식 (8-85)}$$

프로젝트 #1: 축류식 압축기 설계

소형 가스터빈의 압축기는 축류식 압축기, 연소기는 역류식 에뉼러형 연소기, 터빈은 축류식 반동 터빈으로 선정하여 설계하자.

압축기 파라미터의 기준은 아래표와 같다.

[표 8-1] 압축기 파라미터의 범위(Range of compressor parameters)

Guidelines on the Range of Compressor Parameters		
Parameter	**Range of values**	**Typical value**
Flow coefficient ϕ	$0.3 \le \phi \le 0.9$	0.6
D-Factor	$D \le 0.6$	0.45
Axial Mach number M_z	$0.3 \le M_z \le 0.6$	0.55
Tip Tangential Mach Number, M_T	1.0–1.5	1.3
Degree of reaction	$0.1 \le {}^{\circ}R \le 0.90$	0.5 (for $M < 1$)
Reynolds number based on chord	$300{,}000 \le Re_c$	>500,000
Tip relative Mach number (1st Rotor)	$(M_{1r})_{tip} \le 1.7$	1.3–1.5
Stage average solidity	$1.0 \le \sigma \le 2.0$	1.4
Stage average aspect ratio	$1.0 \le AR \le 4.0$	<2.0
Polytropic efficiency	$0.85 \le e_c \le 0.92$	0.90
Hub rotational speed	$\omega r_h \le 380$ m/s	300 m/s
Tip rotational speed	ωr_t~450—550 m/s	500 m/s
Loading coefficient	$0.2 \le \psi \le 0.5$	0.35
DCA blade (range)	$0.8 \le M \le 1.2$	Same
NACA-65 series (range)	$M \le 0.8$	Same
De Haller criterion	$W_2/W_1 \ge 0.72$	0.75
Blade leading-edge radius	$r_{L.E.}$ ~5–10% of t_{max}	5% t_{max}
Compressor pressure ratio per spool	$\pi_c < 20$	up to 20
Axial gap between blade rows	0.23 c_z to 0.25 c_z	0.25 c_z
Aspect ratio, fan	~2–5	<1.5
Aspect ratio, compressor	~1–4	~2
Taper ratio	~0.8–1.0	0.8

설계 기준값은 아래 표와 같다.

[표 8-2] 설계 기준값

Parameter	기준값
유동 계수ϕ	0.6
부하 계수ψ	0.36~0.4
입구 마하수 M_z1	0.4
압축기 직경(m)	0.12
Hub-tip ratio(r_h1/r_t1)	0.5
압축비	3
최대 rpm	47500
폴리트로픽 효율	0.83

《 풀이 》

(1) 입, 출구 상태량 계산

먼저 표준 대기 상태량을 기준으로 입구 부분의 상태량을 계산한 뒤, 입구 부분 마하수를 이용해 축 방향 속도를 계산한다.

$$P_1 = P_{t1} \times [\frac{1}{1+0.5(\gamma-1)M_1^2}]^{\frac{\gamma}{\gamma-1}}, \quad T_1 = T_0 \times (\frac{1}{1+0.5(\gamma-1)M_1^2})$$

$$C_{z1} = M_1 \times a_1, \quad a_1 = \sqrt{(\gamma-1)C_{P1}T_1}$$

$$A_1 = \pi r_{t1}^2 [1-(\frac{r_{h1}}{r_{t1}})^2], \quad \dot{m} = \rho_1 A_1 C_{z1}, \quad \rho_1 = \frac{P_1}{RT_1}$$

이후 계산된 정온도, 정압력을 바탕으로 입구에서 밀도를 구하고, 설계 압축비를 바탕으로 출구 상태량과 출구 내부 직경 $r_{h,exit}$을 다음 수식을 이용해 계산한다. 이때 출구에서 회전 유동이 없는 swirl free 유동, 일정한 축 방향 속도 C_z를 가정한 상태로 계산한다.

$$P_{t,exit} = P_{t1} \times \pi_c, \quad C_{exit} = C_{z,exit} = Constant, \quad \tau_c = \pi_c^{(\gamma-1)/\gamma e_c}$$

$$T_{exit} = T_{t,exit} - C_{exit}^2 / 2C_{p,exit}, \quad M_{exit} = \frac{C_{exit}}{a_{exit}}$$

$$a_{exit} = \sqrt{(\gamma-1)C_p T_{exit}}, \quad A_{exit} = \frac{\dot{m}}{\rho_{exit} C_z}$$

$$r_{h,exit} = \sqrt{r_t^2 - A_{exit}/\pi}, \quad P_{exit} = P_{t,exit} \times [\frac{1}{1+0.5(\gamma-1)M_{exit}^2}]^{\frac{\gamma}{\gamma-1}}$$

최종적으로 계산된 입, 출구 상태량과 면적은 다음과 같다.

[표 8-3] 계산된 입·출구 상태량

압축기 입구 상태량		압축기 출구 상태량	
전온도 T_t1(K)	288	전온도 T_te	408.1824
정온도 T_1(K)	279.0698	정온도 T_e	399.2477
전압력 P_t1(kPa)	101.325	전압력 P_te	303.975
정압력〚 P〛_1(kPa)	90.7481	정압력〚 P〛_e	281.3309
밀도 ρ_1(kg/m^3)	1.133	밀도 ρ_e	2.4552
면적 A_1(m^2)	8.4823×〚10〛^(−3)	면적 A_e	3.9145×〚10〛^(−3)
질량 유량 m·(kg/s)	1.2873	온도비 τ_c	1.4173
축 방향 속도 C_z1(m/s)	133.9434	음속 a_e	400.5218
음속 a_1(m/s)	331.9759	출구 마하수M_e	0.3344
외경 r_t1(m)	0.06	내경 r_h1	0.0485
내경 r_h1(m)	0.03	끝단 회전 속도〚 U〛_tip	298.4513

(2) 압축기 형상 결정

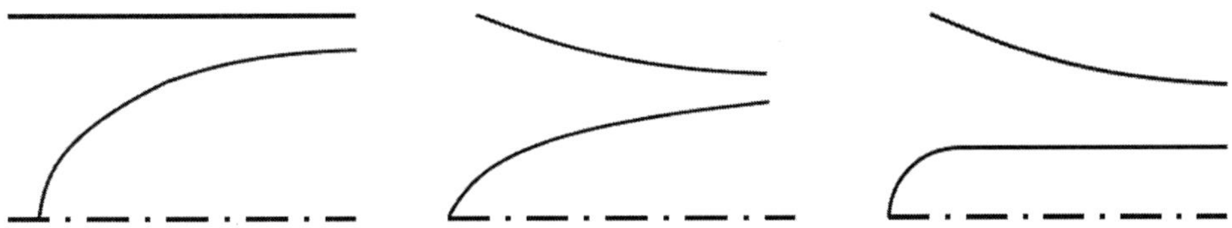

(a) Tip 반경 일정　　(b) Pitchline 반경 일정　　(c) Hub 반경 일정

◀ 압축기 형상 ▶

압축기 형상은 위 그림 형상 중에 적은 유동각 변화로 완만한 실속 특성을 확보할 수 있으며 더 많은 일을 가할 수 있는 Constant tip radius 형상으로 설계를 진행한다.

(3) 단수 결정

〈초기 계산 시 가정 사항〉

각 단은 동일한 유동각과 blade solidity를 가지고 있으며, 첫 번째 단을 기준으로 계산한다.
각 단에서 상승하는 온도는 평균 온도로 균일하다. 기본적으로 축류식 압축기는 Euler' Turbine theory에 근거해 유동각을 설계하며, 그 식을 설계에 적용할 수 있도록 정리하여 나타내면 다음과 같다.

$$W = (U_2 C_{w2} - U_1 C_{w1})$$

$$W = U(C_{w2} - C_{w1}) = UC_a(\tan\alpha_2 - \tan\alpha_1) = UC_a(\tan\beta_1 - \tan\beta_2)$$

$$\frac{U}{C_a} = \tan\alpha_1 + \tan\beta_1, \quad \frac{U}{C_a} = \tan\alpha_2 + \tan\beta_2$$

또한 한 단에서 로터와 스테이터가 유체에 가한 일의 비율을 나타내는 반동도(Degree of reaction)는 다음과 같다.

$$R = 1 - \frac{C_a}{2U}(\tan\alpha_2 + \tan\alpha_1)$$

또한 한 단에서 상승 온도와 유동각, 회전 속도 관계식은 다음과 같다.

$$\Delta T_{os} = \frac{\lambda UC_a(\tan\beta_1 - \tan\beta_2)}{c_p} = \frac{\lambda U(C_{w2} - C_{w1})}{c_p}$$

위 식에서 λ는 work done factor 로서 각 단에서 가해지는 일과 유동에 흡수되는 일의 비율을 나타낸다. 이것은 단 수를 결정할 때 1로 가정하여 계산하자.

위에서 나열한 수식들은 총 단수를 결정할 때 뿐만 아니라 각 단의 유동각을 계산할 때 사용된다.

```
P_ti = 101.325; T_ti = 288; RPM = 47500; RPM_r = 2 * pi * RPM / 60; pi_c = 2.8;

    //Compressor inlet
    M_i = 0.4; //가정값
    eq1 = 1 + M_i * M_i * (Gamma_a - 1) / 2;
    eq2 = Gamma_a / (Gamma_a - 1);
    T_i = T_ti * (1 / eq1);
    a_i = sqrt(Gamma_a * R * T_i);
    P_i = P_ti * pow(1 / eq1, eq2);
    C_zi = M_i * a_i;
    r_hi = r_ti / 2; //Hub tip ratio 가정
    rho_i = P_i*1000 / (R * T_i);
    A_i = pi * r_ti * r_ti - pi * r_hi * r_hi;
    m_dot_a = rho_i * A_i * C_zi;
    r_mi = (r_hi + r_ti) / 2;

    //Compressor inlet 상태량 출력
    printf("\n//Compressor inlet 상태량 (M_i = %lf)\n",M_i);
```

```
printf(" T_ti = %lfK, T_i = %lfK, P_ti = %lfkPa,   P_i = %lfkPa\n rho_i = %lfkg/m^3, A_i =
%lfm^2, m_dot_a = %lfkg/s, C_zi = %lfm/s\n a_i = %lfm/s, r_ti = %lfm,  r_hi = %lfm\n",
T_ti, T_i, P_ti, P_i, rho_i, A_i, m_dot_a, C_zi, a_i, r_ti, r_hi);

//Compressor exit
P_te = P_ti * pi_c;
C_ze = C_zi;
tau_c = pow(pi_c, 1 / (eq2 * e_c));
T_te = tau_c * T_ti;
T_e = T_te - C_ze * C_ze / (2 * Cp);
a_e = sqrt(Gamma_a * R * T_e);
M_e = C_ze / a_e;
eq3 = 1 + M_e * M_e * (Gamma_a - 1) / 2;
P_e = P_te * pow(1 / eq3, eq2);
rho_e = P_e * 1000 / (R * T_e);
A_e = m_dot_a / (rho_e * C_ze);
m_dot_e = m_dot_a;
//일정한 외경
r_te = r_ti;
r_he = sqrt(r_te * r_te - A_e / pi);
r_me = (r_te + r_he) / 2;
U_me = r_me * RPM_r;

// stage number 계산 : 위에 설명된 속도 삼각형으로 구하시오.
//평균 상승온도 수식
number_stage = (T_te - T_ti) / del_T_os;
number_stage_up = (int)(number_stage + 1); //number_stage에서 올림한 수

//필요한 단(stage) 수 출력
printf("\n해석을 위해 %lf -> %d단이 필요합니다.\n", number_stage, number_stage_up);
```

폴리트로픽 효율과 Wokr done factor를 고려했을 때 6개의 단이 필요함을 알 수 있다.

(4) 각 단의 형상 설계

표 8-1, 8-2, 8-3을 참조하여 설계를 진행한다.

▣ 설계 시 주안점

- 일정 외경을 가진 압축기에서는 큰 온도 변화가 아닌 이상 안정적인 D-factor를 가질 것으로 판단
- 상승 온도는 입구 부분에서 출구 부분까지 점진적으로 증가하되, 4,5,6단의 온도 상승률은 거의 일정하게 함.

• 로터의 회전 속도를 변수로 바꾸고 로터의 출구 부분에서 일정 질량 유량에 근거한 밀도 및 회전 속도가 일치하도록 코딩

각 단별 파라미터 가정

```
//단(stage) 별 상승온도, work done factor(lam) 가정
    del_T_t1 = (T_te - T_ti) / number_stage_up - 1.5;          //첫단 평균 온도보다 적게 상승
    del_T_t2 = (T_te - T_ti) / number_stage_up + 1;
    del_T_t3 = (T_te - T_ti) / number_stage_up + 0.5;
    del_T_t4 = (T_te - T_ti) / number_stage_up - 0.3;
    del_T_t5 = (T_te - T_ti) / number_stage_up + 0;
    del_T_t6 = (T_te - T_ti) / number_stage_up - 2;            //끝단 평균 온도보다 적게 상승
    lam_1 = 0.95; lam_2 = 0.91; lam_3 = 0.88;
    lam_4 = 0.85; lam_5 = 0.85; lam_6 = 0.85;
```

단별 상승 온도는 평균값을 기준으로 1단 부분에서는 원활한 유입, 압축이 가능하도록 낮게 잡고, 후단 부분에서 이를 보상하는 형식으로 설계한다. 후단으로 갈수록 Work done factor는 감소하며, Blade solidity는 증가한다.

1단

```
//1단 계산 (i_1은 로터 전, i_2는 로터 후)
    idel_T_t1 = del_T_t1;
    iC_ceta1 = 0;
    iC_ceta2 = Cp * idel_T_t1 / (lam_1 * U_m);
    ibeta_1 = atan(U_m / C_zi) * 180 / pi;
    ibeta_2 = atan((U_m - iC_ceta2) / C_zi) * 180 / pi;
    ialpha_1 = 0;
    ialpha_2 = atan(iC_ceta2 / C_zi) * 180 / pi;

    //1단 상태량
    P_t3 = P_ti * pow(1 + (e_c * idel_T_t1) / T_ti, eq2);
    T_t3 = T_ti + idel_T_t1;
    alpha1 = 0;
    alpha2 = ialpha_2;
    beta1 = ibeta_1;
    beta2 = ibeta_2;
    beta_2 = beta2;
    m_dot_3 = m_dot_a;
    C_1 = C_zi;
    W_1 = C_zi / cos(beta1 * pi / 180);
```

```
C_ceta1 = iC_ceta1;
C_ceta2 = iC_ceta2;
D_H1 = cos(beta1 * pi / 180) / cos(beta2 * pi / 180);
R_1 = 1 - (C_ceta2 - C_ceta1) / (2 * U_m);

//1단 로터 출구 상태량 계산
m_dot_2 = m_dot_a;
C_z2 = C_zi;
C_2 = C_z2 / cos(alpha2 * pi / 180);
W_2 = C_z2 / cos(beta2 * pi / 180);
T_t2 = T_t3;
T_2 = T_t2 - C_2 * C_2 / (2 * Cp);
P_2 = P_i * pow(T_2 / T_i, e_c * eq2);
P_t2 = P_2 * pow(T_t2 / T_2, eq2);
rho_2 = P_2 * 1000 / (R * T_2);
A_2 = m_dot_2 / (rho_2 * C_z2);
r_t2 = r_ti; //(=r_te)
r_h2 = sqrt((r_t2 * r_t2 * pi - A_2) / pi);
r_m2 = (r_t2 + r_h2) / 2;
U_m2 = r_m2 * RPM_r;
```

2~5단

```
//1단 스테이터 출구 상태량 계산 (i_3는 스테이터 전 , i_4는 스테이터 후
    int i3 = 1;
    while (1) {
    iU_m3 = U_m + (i3 - 1) * 0.01;
    i3++;

    idel_T_t2 = del_T_t2;
    R_2 = 0.72;
    C_z3 = C_zi;
    ibeta_3 = atan((idel_T_t2 * Cp / (lam_2 * iU_m3 * C_z3) + 2 * R_2 * iU_m3 / C_z3) / 2) *
    180 / pi;
    ibeta_4 = atan(2 * R_2 * iU_m3 / C_z3 - tan(ibeta_3 * pi / 180)) * 180 / pi;
    ialpha_3 = atan(iU_m3 / C_z3 - tan(ibeta_3 * pi / 180)) * 180 / pi;
    ialpha_4 = atan(iU_m3 / C_z3 - tan(ibeta_4 * pi / 180)) * 180 / pi;
    iC_ceta3 = C_z3 * tan(ialpha_3 * pi / 180);
    iC_ceta4 = C_z3 * tan(ialpha_4 * pi / 180); //196~201은 2단에서 로터 회전 속도 변수에 근거한
                                                유동각 계산
```

```
    //1단 스테이터 출구 절대 속도, 면적 계산
    iC_3 = C_z3 / cos(ialpha_3 * pi / 180);
    iT_3 = T_t3 - iC_3 * iC_3 / (2 * Cp);
    iP_3 = P_t3 * pow(iT_3 / T_t3, eq2);
    irho_3 = iP_3 * 1000 / (R * iT_3);
    iA_3 = m_dot_3 / (irho_3 * C_z3);
    r_t3 = r_ti;
    ir_h3 = sqrt((pi * r_t3 * r_t3 - iA_3) / pi);
    ir_m3 = (r_t3 + ir_h3) / 2;
    iU_m3_d = ir_m3 * RPM_r; //204~212 1단 출구 상태량에 근거한 1단 출구 면적, 2단 회전 속도 계산

    if (fabs(iU_m3_d - iU_m3) < 0.005) {
    break;
    }
    } //2단 회전 속도 변수가 1단 출구에서 계산 된 회전 속도와 일치하면 for문 나감
```

회전 속도를 변수로 설정해 로터의 출구 부분에서 일정 질량 유량에 근거한 밀도 및 회전 속도가 일치하도록 반복 계산하며, 이를 바탕으로 도출된 1단 출구, 즉 2단 입구의 면적과 상태량을 구한다.

```
//1단 스테이터 출구 상태량
    iC_3 = iC_3;
    T_3 = iT_3;
    P_3 = iP_3;
    rho_3 = irho_3;
    A_3 = iA_3;
    r_h3 = ir_h3;
    r_m3 = ir_m3;
    U_m3 = iU_m3_d;
    r_t3 = r_ti;
    //1단 스테이터 출구 상태량 출력
    printf("\n//1단 스테이터 출구 상태량\n");
    printf(" T_t3 = %lfK, T_3 = %lfK, P_t3 = %lfkPa, P_3 = %lfkPa\n rho_3 = %lfkg/m^3, A_3 =
    %lfm^2, m_dot_3 = %lfkg/s, C_z3 = %lfm/s\n r_m3 = %lfm/s, r_t3 = %lfm,  r_h3 = %lfm, U_m3
    = %lfm/s\n", T_t3, T_3, P_t3, P_3, rho_3, A_3, m_dot_3, C_z3, r_int i11 = 1;
    while (1) {
    iU_m11 = U_m9 + (i11 - 1) * 0.01;
    i11++;

    del_T_t6 = (pow(P_te / P_t11, 1 / eq2) - 1) * T_t11 / e_c;
    idel_T_t6 = del_T_t6;
    R_6 = 0.6;
    C_z11 = C_zi;

    ibeta_11 = atan((idel_T_t6 * Cp / (lam_6 * iU_m11 * C_z11) + 2 * R_6 * iU_m11 / C_z11) /
    2) * 180 / pi;
```

```
ibeta_12 = atan(2 * R_6 * iU_m11 / C_z11 - tan(ibeta_11 * pi / 180)) * 180 / pi;
ialpha_11 = atan(iU_m11 / C_z11 - tan(ibeta_11 * pi / 180)) * 180 / pi;
ialpha_12 = atan(iU_m11 / C_z11 - tan(ibeta_12 * pi / 180)) * 180 / pi;
iC_ceta11 = C_z11 * tan(ialpha_11 * pi / 180);
iC_ceta12 = C_z11 * tan(ialpha_12 * pi / 180);

//5단 스테이터 출구 절대 속도, 면적 계산
iC_11 = C_z11 / cos(ialpha_11 * pi / 180);
iT_11 = T_t11 - iC_11 * iC_11 / (2 * Cp);
iP_11 = P_t11 * pow(iT_11 / T_t11, eq2);
irho_11 = iP_11 * 1000 / (R * iT_11);
iA_11 = m_dot_11 / (irho_11 * C_z11);
r_t11 = r_ti;
ir_h11 = sqrt((pi * r_t11 * r_t11 - iA_11) / pi);
ir_m11 = (r_t11 + ir_h11) / 2;
iU_m11_d = ir_m11 * RPM_r;

if (fabs(iU_m11_d - iU_m11) < 0.005) {
break;
}
}
iC_11 = iC_11;
T_11 = iT_11;
P_11 = iP_11;
rho_11 = irho_11;
A_11 = iA_11;
r_h11 = ir_h11;
r_m11 = ir_m11;
U_m11 = iU_m11_d;
r_t11 = r_ti;

//5단 스테이터 출구 상태량 출력
printf("\n//5단 스테이터 출구 상태량\n");
printf(" T_t11 = %lfK,  T_11 = %lfK, P_t11 = %lfkPa, P_11 = %lfkPa\n rho_11 = %lfkg/m^3, A_11 = %lfm^2, m_dot_11 = %lfkg/s, C_z11 = %lfm/s\n r_m11 = %lfm/s, r_t11 = %lfm,  r_h11 = %lfm, U_m11 = %lfm/s\n", T_t11, T_11, P_t11, P_11, rho_11, A_11, m_dot_11, C_z11, r_m11, r_t11, r_h11, U_m11);


//6단 계산
P_t15 = P_t11 * pow(1 + (e_c * idel_T_t6) / T_t11, eq2);
T_t15 = T_t11 + idel_T_t6;
m_dot_13 = m_dot_11;
```

```
del_T_t6 = idel_T_t6;
m_dot_12 = m_dot_11;
T_t12 = T_te; //T_t13 = T_te
C_z12 = C_z11;
iC_12 = C_z12 / cos(ialpha_12 * pi / 180);
T_12 = T_t12 - iC_12 * iC_12 / (2 * Cp);
P_12 = P_11 * pow(T_12 / T_11, e_c * eq2);
P_t12 = P_12 * pow(T_t12 / T_12, eq2);
rho_12 = P_12 * 1000 / (R * T_12);
A_12 = m_dot_12 / (rho_12 * C_z12);
r_t12 = r_t11;
r_h12 = sqrt((pi * r_t12 * r_t12 - A_12) / pi);
r_m12 = (r_t12 + r_h12) / 2;
U_m12 = r_m12 * RPM_r;

//6단 유동각
alpha_12 = atan((Cp * del_T_t6 / (lam_6 * C_z12 * U_m11) + (U_m11 + U_m12) * (1 - R_6) / C_z12) /
(1 + U_m12 / U_m11)) * 180 / pi;
alpha_11 = atan((U_m11 + U_m12) * (1 - R_6) / C_z11 - tan(alpha_12 * pi / 180)) * 180 / pi;
alpha_13 = alpha_11;
beta_11 = atan((U_m11 - C_z11 * tan(alpha_11 * pi / 180)) / C_z11) * 180 / pi;
beta_12 = atan((U_m12 - C_z12 * tan(alpha_12 * pi / 180)) / C_z12) * 180 / pi;
C_ceta11 = C_z11 * tan(alpha_11 * pi / 180);
C_ceta12 = C_z12 * tan(alpha_12 * pi / 180);
D_H6 = cos(beta_11 * pi / 180) / cos(beta_12 * pi / 180);
W_11 = C_z11 / cos(beta_11 * pi / 180);
W_12 = C_z12 / cos(beta_12 * pi / 180);
C_11 = C_z11 / cos(alpha_11 * pi / 180);
C_12 = C_z12 / cos(alpha_12 * pi / 180);
C_13 = C_z12 / cos(alpha_13 * pi / 180);m3, r_t3, r_h3, U_m3);

//2단 계산
P_t5 = P_t3 * pow(1 + (e_c * idel_T_t2) / T_t3, eq2);
T_t5 = T_t3 + idel_T_t2;
m_dot_5 = m_dot_3;
del_T_t2 = idel_T_t2;
m_dot_4 = m_dot_3;
T_t4 = T_t5;
C_z4 = C_z3;
iC_4 = C_z4 / cos(ialpha_4 * pi / 180);
T_4 = T_t4 - iC_4 * iC_4 / (2 * Cp);
P_4 = P_3 * pow(T_4 / T_3, e_c * eq2);
P_t4 = P_4 * pow(T_t4 / T_4, eq2);
```

```
rho_4 = P_4 * 1000 / (R * T_4);
A_4 = m_dot_4 / (rho_4 * C_z4);
r_t4 = r_t3;
r_h4 = sqrt((pi * r_t4 * r_t4 - A_4) / pi);
r_m4 = (r_t4 + r_h4) / 2;
U_m4 = r_m4 * RPM_r;

//2단 유동각
alpha_4 = atan((Cp * del_T_t2 / (lam_2 * C_z3 * U_m3) + (U_m3 + U_m4) * (1 - R_2) / C_z3) /
(1 + U_m4 / U_m3)) * 180 / pi;
alpha_3 = atan((U_m3 + U_m4) * (1 - R_2) / C_z4 - tan(alpha_4 * pi / 180)) * 180 / pi;
beta_3 = atan((U_m3 - C_z3 * tan(alpha_3 * pi / 180)) / C_z3) * 180 / pi;
beta_4 = atan((U_m4 - C_z4 * tan(alpha_4 * pi / 180)) / C_z4) * 180 / pi;
C_ceta3 = C_z3 * tan(alpha_3 * pi / 180);
C_ceta4 = C_z4 * tan(alpha_4 * pi / 180);
D_H2 = cos(beta_3 * pi / 180) / cos(beta_4 * pi / 180);
W_3 = C_z3 / cos(beta_3 * pi / 180);
W_4 = C_z4 / cos(beta_4 * pi / 180);
C_3 = C_z3 / cos(alpha_3 * pi / 180);
C_4 = C_z4 / cos(alpha_4 * pi / 180);
```

6단

위 내용을 참조해서 계산 하시오.

(5) 허브-팁 유동각 결정

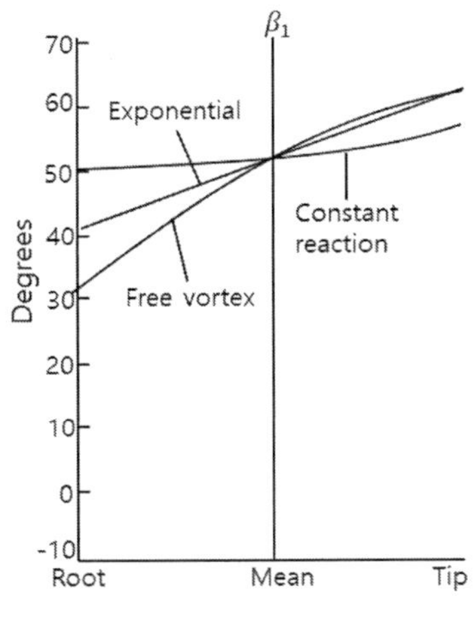

(a)

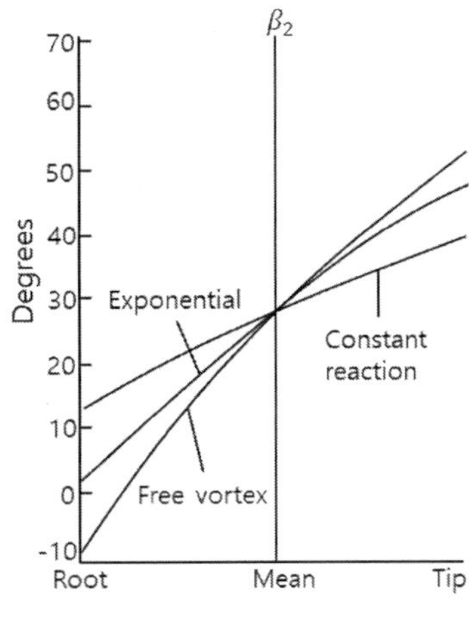

(b)

《 이론별 유동각 변화 》

위 그림에서 블레이드는 평균 반지름에서 반동도 0.5를 기준으로 설계되었으며, free vortex, exponential, constant reaction 순으로 유동각의 변화가 큰 것을 알 수 있었다. Free vortex 이론을 선정하면 일정한 축 방향 속도를 얻을 수 있으나 비틀림이 커지게 되어 끝단 부분에서의 반동도가 매우 높아지며 높은 Hub-tip ratio를 가지는 경우, 즉 블레이드 반경 방향 길이가 작을 경우엔 2차원 유동으로 근사할 수 있으므로 불필요 하고, Constant reaction 이론의 경우 이상적인 이론이지만, 반경 방향 평형이 무시되었으므로 낮은 Hub-tip ratio의 경우에는 적용이 불가능하다. 마지막으로 Exponetial 이론은 위의 2가지 이론의 절반 값 정도에 해당하는 비틀림각을 가지며, 축 방향 속도가 반경 방향에 따라 달라짐을 유의해야 한다.

이것을 바탕으로 본 설계에는 1단의 경우에는 Inlet Guide Vane(IGV)이 없으므로 일정한 축 방향 속도를 가지므로 Vortex free 이론을 적용하였고 2~6단은 실제 가스터빈 크기 대비 낮은 반경을 가지므로 2차원 유동으로 근사가 가능하여 Exponential 이론을 적용한다. 적합한 이론에 근거하여 유동각을 설계하되 유연한 반동도를 가지도록 수정을 가하여 설계를 진행한다. 이를 코딩으로 정리하면 다음과 같다.

1단 Hub-Tip 유동각 설계(Free vortex)

```
//1단 (Vortex Free design)
    U_t1 = r_ti * RPM_r;
    U_h1 = U_m * r_hi / r_mi;
    C_ceta_t1 = 0;
    C_ceta_h1 = 0;
    C_z_t1 = C_zi;
    C_z_h1 = C_zi;
    alpha_t1 = 0;
    alpha_h1 = 0;
    beta_t1 = atan(U_t1 / C_zi) * 180 / pi;
    beta_h1 = atan(U_h1 / C_zi) * 180 / pi;

    C_ceta_t2 = C_ceta2 * (r_m2 / r_t2);
    C_ceta_h2 = C_ceta2 * (r_m2 / r_h2);
    alpha_t2 = atan(C_ceta_t2 / C_z2) * 180 / pi;
    alpha_h2 = atan(C_ceta_h2 / C_z2) * 180 / pi;
    beta_t2 = atan((U_t1 - C_ceta_t2) / C_z2) * 180 / pi;
    beta_h2 = atan((U_h1 - C_ceta_h2) / C_z2) * 180 / pi;
    C_z_t2 = C_ceta_t2 / tan(alpha_t2 * pi / 180);
    C_z_h2 = C_ceta_h2 / tan(alpha_h2 * pi / 180);

반동도는 위 내용을 참조해서 구하시오.
```

2~6단 Hub-Tip 유동각 설계(Exponential)

```
//2단(Exponential)
    U_t3 = U_t1;
    U_h3 = U_m3 * r_h3 / r_m3;

    c2 = (U_m3 + U_m4) / 2 * (1 - R_2);
    b2 = Cp * del_T_t2 / (2 * (U_m3 + U_m4) / 2 * lam_2);

    C_ceta_t3 = c2 - b2 / (r_t3 / r_m3) - 10;
    C_ceta_h3 = c2 - b2 / (r_h3 / r_m3) + 22;
    C_ceta_t4 = c2 + b2 / (r_t4 / r_m4);
    C_ceta_h4 = c2 + b2 / (r_h4 / r_m4);

    C_z_t3 = sqrt(C_z3 * C_z3 - 2 * (c2 * c2 * log(r_t3 / r_m3) + c2 * b2 / (r_t3 / r_m3) - c2 * b2));
    C_z_h3 = sqrt(C_z3 * C_z3 - 2 * (c2 * c2 * log(r_h3 / r_m3) + c2 * b2 / (r_h3 / r_m3) - c2 * b2));
    C_z_t4 = sqrt(C_z4 * C_z4 - 2 * (c2 * c2 * log(r_t4 / r_m4) - c2 * b2 / (r_t4 / r_m4) + c2 * b2));
    C_z_h4 = sqrt(C_z4 * C_z4 - 2 * (c2 * c2 * log(r_h4 / r_m4) - c2 * b2 / (r_h4 / r_m4) + c2 * b2));

    beta_t3 = atan((U_t3 - C_ceta_t3) / C_z_t3) * 180 / pi;
    beta_h3 = atan((U_h3 - C_ceta_h3) / C_z_h3) * 180 / pi;
    beta_t4 = atan((U_t3 - C_ceta_t4) / C_z_t4) * 180 / pi;
    beta_h4 = atan((U_h3 - C_ceta_h4) / C_z_h4) * 180 / pi;

알파와 반동도는 위 내용을 참조해서 구하시오.
```

(6) 결과값

최종적으로 계산된 결과값을 정리하면 다음과 같다.

	반동도	상승 온도(K)	D-factor	De-Haller 기준	회전 속도 U_m(m/s)
1 단	0.8304	18.917669	0.421110	0.727736	233.7630
2 단	0.72	21.417669	0.421691	0.725563	243.2771
3 단	0.65	20.917669	0.422498	0.721501	250.5196
4 단	0.6	20.117669	0.426798	0.722385	256.1420
5 단	0.6	20.417669	0.425288	0.722252	261.2193
6 단					

결과 값을 분석하면 모든 단에서 파라미터가 안정 범위에 있으며 출구 영역에서 목표 전온도 값까지 상승하는 것을 확인할 수 있다. 계산된 유동각은 다음과 같다.

		1단		2단		3단		4단		5단		6단		
		R	S	R	S	R	S	R	S	R	S	R	S	13
alpha_h	절대 속도	0	42.67	9.278	41.29	13.68	43.89	17.64	45.77	19.25	46.26			
alpha_m		0	33.69	7.999	40.74	16.47	45.04	22.61	47.83	23.44	48.20			
alpha_t		0	27.57	7.862	41.33	20.20	47.12	26.23	50.76	26.66	50.84			
beta_h	상대 속도	48.08	10.87	48.23	16.04	48.93	17.16	49.01	17.99	50.33	21.90			
beta_m		59.10	45.12	58.34	43.67	57.00	40.98	55.81	38.94	56.26	39.74			
beta_t		65.82	59.62	64.92	57.46	62.91	55.39	61.85	53.49	61.57	52.58			

	1단		2단		3단	
	R	S	R	S	R	S
정온도[K]	294	297.9	312.7	318.7	331.3	338.9
정압력[kPa]	105.6	109.9	126.5	133.9	149.8	160.1
전온도[K]	306.9	306.9	328.3	328.3	349.3	349.3
전압력[kPa]	122.7	122.0	150.1	148.6	180.2	178.0
회전 속도[m/s]	233.76	–	243.3	–	250.5	–

	4단		5단		6단	
	R	S	R	S	R	S
정온도[K]	349.5	358.8	369.6	379.0		
정압력[kPa]	175.1	183.4	206.4	222.3		
전온도[K]	369.4	369.4	389.8	389.8		
전압력[kPa]	212.5	210.0	248.6	245.2		
회전 속도[m/s]	256.1	–	261.2	–		

(7) 블레이드 프로화일(profile) 설계

앞에서 설계한 유동각을 바탕으로 최적 입사각, 실제 출구 유동각을 고려하여 블레이드 형상을 설계한다. 이때 사용되는 파라미터들은 캠버각 θ, 시위선의 축 방향 각도(stagger angle) ζ, 그리고 설계 유동각 대비 실제 유동의 출구 각도(deviation angle) δ이다.

블레이드 설계에 앞서 Blade solidity σ를 다시 계산해야 하며, 이는 McKenzie 이론을 바탕으로 하여 정리했다.

VII. McKenzie Method

By using McKenzie method for rotor and stator pitch and chord can be found.[9]

$$C_p^* = 1 - \left(\frac{V_2}{V_1}\right)^2 \quad and \quad \frac{s}{c} = 9.(0.567 - C_p^*)$$

Further,

$$m = 0.23\left(\frac{2a}{c}\right)^2 + 0.1\left(\frac{\alpha_2}{50}\right) \quad \text{and,} \quad \delta = m\theta\sqrt{\left(s/c\right)}$$

$\theta = \alpha_1' - \alpha_2 + \delta$.

So Stagger angle can be found by following equation: Stagger angle= $\xi = \alpha_1' - \frac{\theta}{2}$.By following the method as above, one can get, Stagger angles of blades of rotor and stator. By assuming H/C ratio, one can get chord(C) of the blade, and also pitch of the blade can be found by assuming Pitch chord ratio.

Number of blades can be found by,

$$n = \frac{2 \times \Pi \times r_m}{S}.$$

《 McKebzie 이론 》

이 이론을 사용해 θ, ζ, δ를 계산할 수 있으며, 재계산된 Blade solidity를 바탕으로 블레이드 개수를 구할 수 있다. 이 수식을 코딩에 적용해 나타내면 다음과 같다.

Blade solidity 재계산

```
//Blade solidity
    sigma_s1 = sigma1 = 1 / (9 * (0.567 - (1 - pow(W_2 / W_1, 2))));
    sigma_s2 = sigma2 = 1 / (9 * (0.567 - (1 - pow(W_4 / W_3, 2))));
    sigma_s3 = sigma3 = 1 / (9 * (0.567 - (1 - pow(W_6 / W_5, 2))));
    sigma_s4 = sigma4 = 1 / (9 * (0.567 - (1 - pow(W_8 / W_7, 2))));
    sigma_s5 = sigma5 = 1 / (9 * (0.567 - (1 - pow(W_10 / W_9, 2))));
    sigma_s6 = sigma6 = 1 / (9 * (0.567 - (1 - pow(W_12 / W_11, 2))));
    D_factor1 = 1 - (cos(beta_1 * pi / 180) / cos(beta_2 * pi / 180)) + (cos(beta_1 * pi / 180) *
    (tan(beta_1 * pi / 180)-tan(beta_2 * pi / 180)) / (2 * sigma1));
    D_factor2 = 1 - (cos(beta_3 * pi / 180) / cos(beta_4 * pi / 180)) + (cos(beta_3 * pi / 180) *
    (tan(beta_3 * pi / 180) - tan(beta_4 * pi / 180)) / (2 * sigma2));
    D_factor3 = 1 - (cos(beta_5 * pi / 180) / cos(beta_6 * pi / 180)) + (cos(beta_5 * pi / 180) *
    (tan(beta_5 * pi / 180) - tan(beta_6 * pi / 180)) / (2 * sigma3));
    D_factor4 = 1 - (cos(beta_7 * pi / 180) / cos(beta_8 * pi / 180)) + (cos(beta_7 * pi / 180) *
    (tan(beta_7 * pi / 180) - tan(beta_8 * pi / 180)) / (2 * sigma4));
    D_factor5 = 1 - (cos(beta_9 * pi / 180) / cos(beta_10 * pi / 180)) + (cos(beta_9 * pi / 180) *
    (tan(beta_9 * pi / 180) - tan(beta_10 * pi / 180)) / (2 * sigma5));
    D_factor6 = 1 - (cos(beta_11 * pi / 180) / cos(beta_12 * pi / 180)) + (cos(beta_11 * pi / 180) *
    (tan(beta_11 * pi / 180) - tan(beta_12 * pi / 180)) / (2 * sigma6));
```

블레이드 개수 계산

```
//1단 로터
    AR1 = 1.95;
    chord1 = (r_ti - r_hi) / AR1;
    space1 = chord1 / sigma1;
    rotor_number1 = ceil(2 * pi * r_mi / space1);
    if ((int)(rotor_number1) % 2 == 0) {
    rotor_number1 = rotor_number1 + 1;
    }
    space1 = 2 * pi * r_mi / rotor_number1;
    chord1 = sigma1 * space1;
    AR1 = (r_ti - r_hi) / chord1;

    sigma_t1 = rotor_number1 * chord1 / (2 * pi * r_ti);
    sigma_h1 = rotor_number1 * chord1 / (2 * pi * r_hi);

    D_factor_t1 = 1 - (cos(beta_t1 * pi / 180) / cos(beta_t2 * pi / 180)) + (cos(beta_t1 * pi
    / 180) * (tan(beta_t1 * pi / 180) - tan(beta_t2 * pi / 180)) / (2 * sigma_t1));
    D_factor_h1 = 1 - (cos(beta_h1 * pi / 180) / cos(beta_h2 * pi / 180)) + (cos(beta_h1 * pi
    / 180) * (tan(beta_h1 * pi / 180) - tan(beta_h2 * pi / 180)) / (2 * sigma_h1));

    //1단 스테이터
    AR2 = 1.8;
    chord2 = (r_t2 - r_h2) / AR2;
    space2 = chord2 / sigma_s1;
    stator_number1 = ceil(2 * pi * r_m2 / space2);
    if ((int)(stator_number1) % 2 == 1) {
    stator_number1 = stator_number1 + 1;
    }
    space2 = 2 * pi * r_m2 / stator_number1;
    chord2 = sigma_s1 * space2;
    AR2 = (r_t2 - r_h2) / chord2;

    sigma_st1 = sigma_t1;
    sigma_sh1 = sigma_h1;
```

블레이드 Profile 설계

```
//1단
    //1단 로터
    i_opt1 = 2;

    m1_1 = 0.23 + 0.1 * beta_h2 / 50;
    ceta1_1 = (beta_h1  - beta_h2 - i_opt1) / (1 - (0.23 + 0.1 * beta_h2 / 50) /
    sqrt(sigma_h1));
    delta1_1 = m1_1 * ceta1_1 / sqrt(sigma_h1);
    zeta1_1 = beta_h1 - i_opt1 - ceta1_1 / 2;

    m2_1 = 0.23 + 0.1 * beta_2  / 50;
    ceta2_1 = (beta_1  - beta_2  - i_opt1) / (1 - (0.23 + 0.1 * beta_2 / 50) / sqrt(sigma1));
    delta2_1 = m2_1 * ceta2_1 / sqrt(sigma1);
    zeta2_1 = beta_1 - i_opt1 - ceta2_1 / 2;

    m3_1 = 0.23 + 0.1 * beta_t2 / 50;
    ceta3_1 = (beta_t1 - beta_t2- i_opt1) / (1 - (0.23 + 0.1 * beta_t2  / 50) / sqrt(sigma_t1));
    delta3_1 = m3_1 * ceta3_1 / sqrt(sigma_t1);
    zeta3_1 = beta_t1 - i_opt1 - ceta3_1 / 2;

    //1단 스테이터
    m1_2 = 0.23 + 0.1 * alpha_h3  / 50;
    ceta1_2 = (alpha_h2  - alpha_h3  - i_opt1) / (1 - (0.23 + 0.1 * alpha_h3  / 50) /
    sqrt(sigma_sh1));
    delta1_2 = m1_2 * ceta1_2 / sqrt(sigma_sh1);
    zeta1_2 = alpha_h2  - i_opt1 - ceta1_2 / 2;

    m2_2= 0.23 + 0.1 * alpha_3  / 50;
    ceta2_2 = (alpha2  - alpha_3  - i_opt1) / (1 - (0.23 + 0.1 * alpha_3  / 50) / sqrt(sigma_s1));
    delta2_2 = m2_2 * ceta2_2 / sqrt(sigma_s1);
    zeta2_2 = alpha2  - i_opt1 - ceta2_2 / 2;

    m3_2 = 0.23 + 0.1 * alpha_t3 / 50;
    ceta3_2 = (alpha_t2  - alpha_t3  - i_opt1) / (1 - (0.23 + 0.1 * alpha_t3 / 50) / sqrt(sigma_st1));
    delta3_2 = m3_2 * ceta3_2 / sqrt(sigma_st1);
    zeta3_2 = alpha_t2  - i_opt1 - ceta3_2 / 2;
```

최종적으로 정리된 블레이드 Profile은 다음과 같다.

[표 8-5] Blade profile 정리

	1단		2단		3단		4단		5단		6단	
	R	S	R	S	R	S	R	S	R	S	R	S
zeta_h	24.3	21.3	27.2	23.2	28.1	26.5	28.5	28.1	31.2	29.3		
zeta_m	48.5	16.3	47.4	24.1	45.3	29.4	43.5	30.9	44.2	31.8		
zeta_t	60.4	13.5	58.68	26.1	56.7	32.0	55.1	33.5	54.4	34.1		
camber angle_h	43.5	38.7	38.0	32.1	37.6	30.7	36.9	31.3	34.1	29.8		
camber angle_m	17.0	30.7	17.8	29.2	19.2	27.1	20.5	29.7	20.0	28.7		
camber angle_t	6.74	24.0	8.47	26.4	8.41	26.2	9.44	30.4	10.3	29.3		
delta_h	8.34	7.32	7.84	6.50	7.94	6.51	7.96	6.81	7.67	6.67		
delta_m	5.10	7.05	5.20	7.05	5.42	6.72	5.64	7.36	5.54	7.16		
delta_t	2.53	6.37	3.01	7.38	2.84	7.34	3.09	8.39	3.31	8.03		
chord(m)	0.01414	0.01415	0.01222	0.01218	0.01161	0.01150	0.01142	0.01064	0.01050	0.00984		
블레이드 갯수	23	24	29	30	33	36	35	38	39	42		

블레이드 에어포일은 NACA-65계열 에어포일을 선정하여 캠버 곡률을 변경해 코딩으로 캠버각 θ를 구해 1~6단, Hub-Tip까지 모두 36개의 에어포일 형상을 반복 계산해 구한다. 사용된 코딩은 다음과 같다.

캠버각 계산

```
figure(1)
plot(point(i,1), point(i,2),'k')
hold on
%%평균 캠버선 플롯
plot(camber(s,1), camber(s,2),'-.b')
%%시위선 길이
chord_length = sqrt((camber(26,1)-camber(1,1))^2+(camber(26,2)-camber(1,2))^2);
zeta = abs(atan((camber(26,2)-camber(1,2))./(camber(26,1)-camber(1,1)))).*180/pi();
%%좌표축 값 설정
set(gca,'xlim',[-8,10])
set(gca,'ylim',[-9,9])
v1 = 26; v2 = 24; w1 = 4; w2 = 5;%앞, 뒷전 n번째 자리 좌표(v:뒷전, w:앞전)

% 캠버각을 계산하시오.
```

```
%%접선 플롯
x4 = (camber(v1,1)-0.1) : (camber(v2,1)-camber(v1,1))/100 : (camber(v2,1) -10.9);
x5 = camber(w1,1)-0.2 : (camber(w2,1)-camber(w1,1))/100 : camber(w2,1) +10.9;
y4 = (camber(v2,2)-camber(v1,2))/(camber(v2,1)-camber(v1,1)).*(x4-camber(v2,1))+camber(v2,2);
y5 = (camber(w2,2)-camber(w1,2))/(camber(w2,1)-camber(w1,1)).*(x5-camber(w1,1))+camber(w1,2);
```

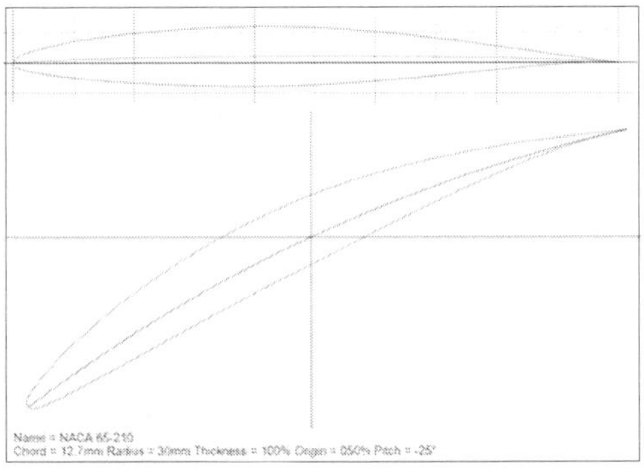

《 NACA-65-210 에어포일 캠버 곡률 변경 》

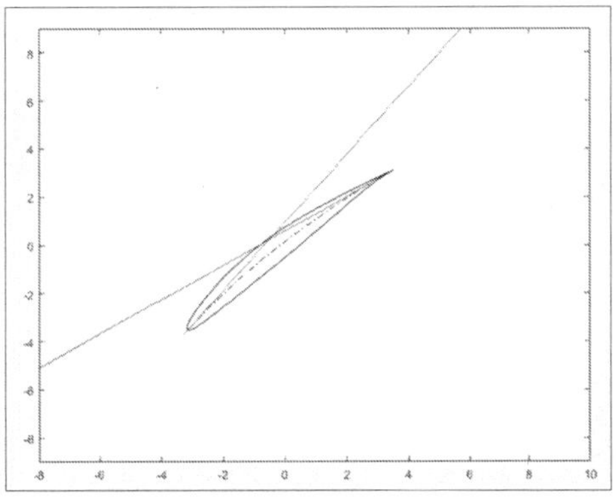

《 코딩을 이용한 캠버각 계산 예시 》

(8) 모델링

압축기 케이스 모델링 시 스테이터와 압축기 케이스를 일체형으로 제작하는 방식을 채택한다.

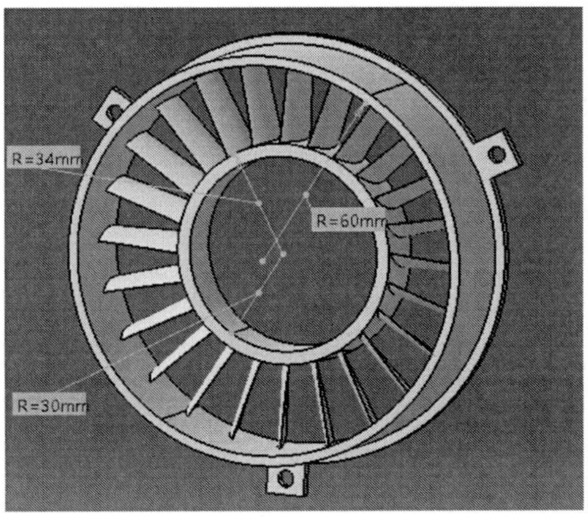

《 스테이터 모델링 》

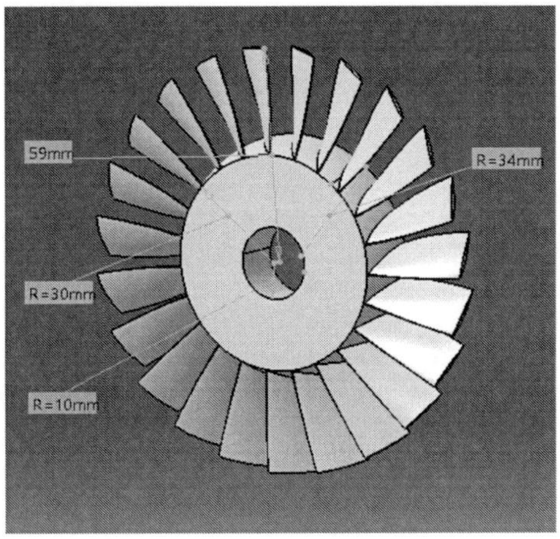

《 로터 모델링 》

스테이터는 볼트 체결을 위해 세 부분의 플랜지를 만든다.

블레이드는 앞의 선정된 36개의 에어포일을 Hub-tip 간격으로 배치하여 엑셀의 매크로 기능을 이용해 에어포일 좌표를 공간상에 나타낸 후, Generative shape design을 이용해 블레이드를 설계하였다. 로터와 스테이터 간에 간섭이 생기지 않도록 적절한 간격을 설정한다.

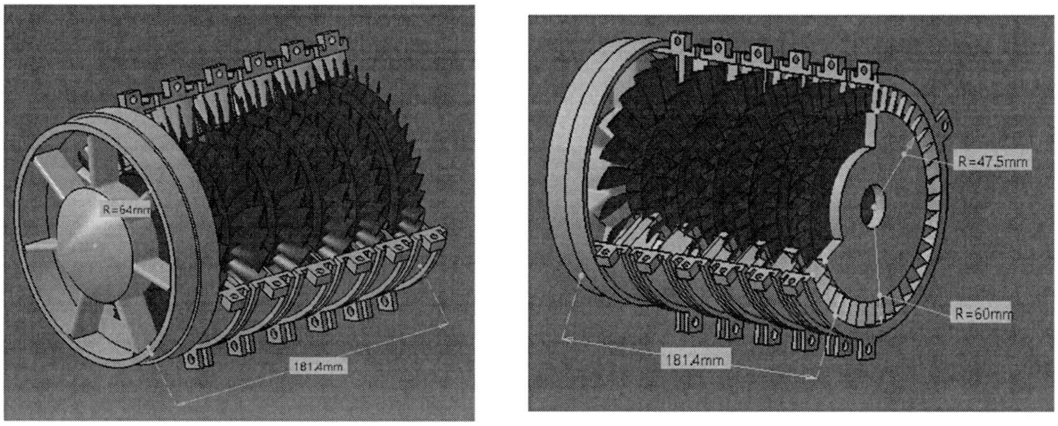

《 최종 압축기 어셈블리 》

프로젝트 #2: 원심식 압축기 설계

KJ-66 원심식 압축기 소형 가스터빈이며 임펠러 직경 66.6 mm, 임펠러 보어 직경 8.5 mm, 그리고 인듀서 직경 48.6 mm을 사용한다. 구동 RPM은 83,700이며 압축비는 2.2로 가정한다. 원심식 압축기에 있는 블레이드 개수는 16개이다. 원심 압축기를 설계하시오.

《 풀이 》
다음의 계산 과정을 통해 압축기 상태량을 구할 수 있다.

(1) 임펠러

① 먼저 블레이드 개수를 16으로 맞춰 SLIP FACTOR를 구한다.

$$S = 1 - \frac{1.98}{N} (N: \text{블레이드 개수})$$

② 임펠러 접선 속도를 구한다. $U_3 = \frac{d_{impeller,out}}{2} \times rpm \times \frac{2\pi}{60}$

③ 임펠러 출구에서의 전(Total)온도를 구한다.

$$T_{t3} = T_{t2} + T_{t2}(S \cdot (\gamma - 1) \cdot (\frac{U_3}{a_{t2}})^2)$$

④ 임펠러 출구에서 절대 속도를 구한다. $C_3 = \sqrt{V_2^2 + S^2 \cdot U_3^2}$

⑤ 임펠러 출구에서 정(Static)온도를 구한다. $T_3 = T_{t3} - \frac{C_3^2}{2c_p}$

⑥ 임펠러 출구에서 마하수를 구한다. $M_3 = \sqrt{2\frac{T_{t3}/T_3 - 1}{\gamma - 1}}$

⑦ 압축기 출구에서 전압력을 구한다. $P_{t3.5} = \pi_c \cdot P_{t2}$

⑧ 임펠러 출구에서 전압력을 구한다. $P_{t3} = P_{t3.5}/\eta_d$(η_d는 압축기 디퓨저 효율)

⑨ 임펠러 출구에서 정압력을 구한다. $P_3 = P_{t3}(\frac{T_3}{T_{t3}})^{\frac{\gamma}{\gamma - 1}}$

⑩ 임펠러 출구에서 음속을 구한다. $a_3 = \sqrt{\gamma R T_3}$

⑪ 임펠러 출구에서 속도를 구한다. $V_3 = a_3 \cdot M_3$

(2) 압축기 디퓨저

① 압축기 디퓨저 출구에서 정온도를 구한다. $T_{3.5} = T_3 + T_2 \frac{(\gamma - 1)}{2} M_3^2$

② 압축기 디퓨저 출구에서 전온도를 구한다. $T_{t3.5} = T_{t3}$

③ 압축기 디퓨저 출구에서 정압력을 구한다. $P_{3.5} = P_3 (\frac{T_{3.5}}{T_3})^{\frac{\gamma}{\gamma - 1}}$

④ 압축기 디퓨저 출구에서 마하수를 구한다. $M_{3.5} = \sqrt{2 \frac{T_{t3.5}/T_{3.5} - 1}{\gamma - 1}}$

⑤ 압축기 디퓨저 출구에서 음속을 구한다. $a_{3.5} = \sqrt{\gamma R T_{3.5}}$

⑥ 압축기 디퓨저 출구에서 속도를 구한다. $V_{3.5} = a_{3.5} \cdot M_{3.5}$

임펠러 출구 상태량		압축기 출구 상태량	
정온도	333.126 K	정온도	365.609 K
정압력	172.048 kPa	정압력	238.276 kPa
전온도	370.166 K	전온도	370.166 K
전압력	248.835 kPa	전압력	248.835 kPa
속도	272.857 m/s	속도	95.710 m/s
마하수	0.746	마하수	0.249

압축기 입구와 출구의 전온도 차를 이용하여 압축기 구동을 위해 필요한 일을 계산할 수 있다.

$$Work_{comp} = \dot{m}_{air} c_p (T_{t3.5} - T_{t2}) = 16.862\ kW$$

이는 터빈에서 발생되는 동력이 16.862kW보다 크거나 같아야 함을 의미한다.

▣ 원심식 압축기 형상

[표 8-7] 인듀서 각도

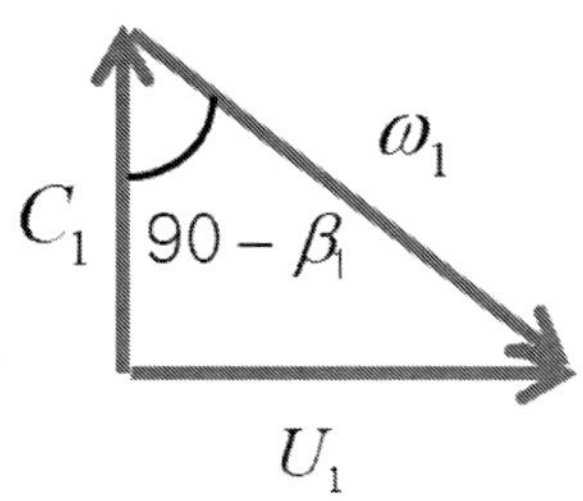

$U_1 = \frac{\pi DN}{60} = 212.99 m/s$,

$C_{z1} = \frac{\dot{m}}{\rho_1 A_1} = 102.91 m/s$

$\tan(90 - \beta_1) = \frac{W_{1\theta}}{C_{r1}} = \frac{U_1}{C_1}$

$\rightarrow \beta_1 = 25.78°$

[표 8-8] 임펠러 출구 폭

$\rho_2 = \frac{P_2}{RT_2} = 1.6537 kg/m^3$, $A_2 = \frac{\dot{m}}{\rho_2 C_{r2}} = 1.3514 \cdot 10^{-3} m^2$	$A_2 = 2\pi r_2 b$ $\rightarrow b = 6.5176 \cdot 10^{-3} m$

[표 8-9] 임펠러 출구 속도 삼각형

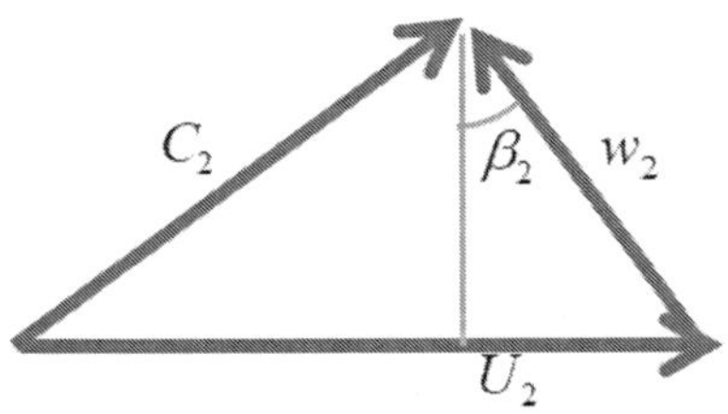	$U_2 = 301.687 m/s,\ C_{r2} = 102.91 m/s$ $C_{\theta 2} = 264.35 m/s,\ C_2 = 283.678 m/s$ $w_{\theta 2} = U_2 - C_{\theta 2} = 37.337 m/s$ $\tan\beta_2 = \frac{w_{\theta 2}}{C_{r2}}$ $\rightarrow \beta_2 = 19.94°$

[표 8-10] 디퓨저 베인 입구 각

Vainless space=2.75mm로 설정 $r_{2.5} = 0.033 + 0.00275 m$ $r_2 C_{\theta 2} = r_{2.5} C_{\theta 2.5}$ $C_{\theta 2.5} = 244.015 m/s$ $A_{2.5} = 2\pi r_{2.5} b = 1.464 \cdot 10^{-3} m^2$	$\rho_{2.5} = \frac{P_{2.5}}{RT_{2.5}} = 2.19 kg/m^3$ $C_{r2.5} = \frac{\dot{m}}{\rho_{2.5} A_{2.5}} = 71.737 m/s$ $\rightarrow \beta_{2.5} = \tan^{-1}(\frac{C_{r2.5}}{C_{\theta 2.5}}) = 16.382°$

임펠러 보어 직경	8.5 mm	임펠러 출구 폭	6.518 mm
임펠러 아이 직경	48.6 mm	임펠러 깃 각도	19.94°
임펠러 직경	66 mm	디퓨저 깃 각도	16.38°
인듀서 각도	24.86°	디퓨저 직경	110 mm

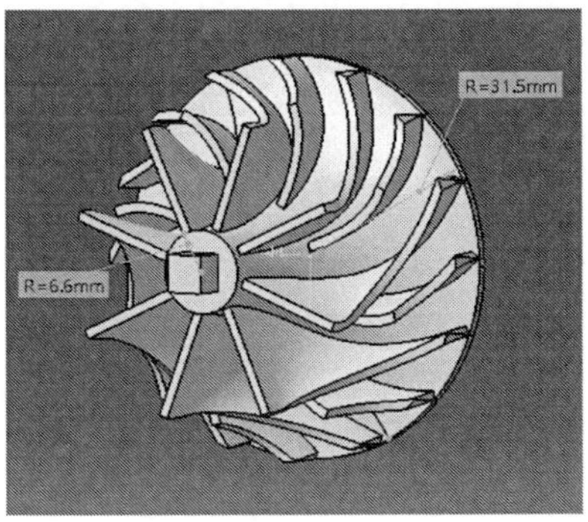

임펠러

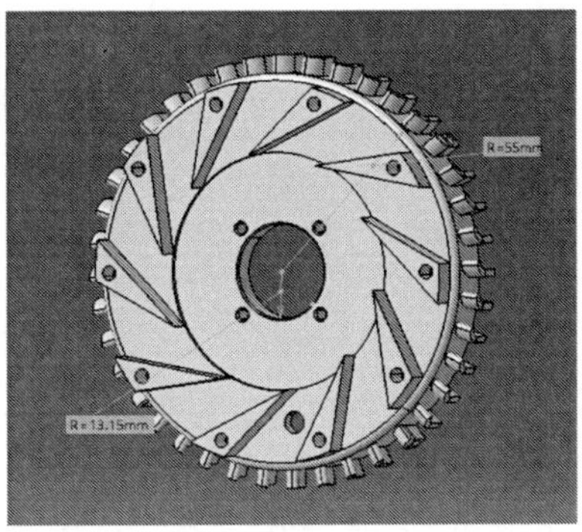

디퓨저

《 최종 압축기 형상 》

연습문제

1 터보제트 엔진을 장착한 비행기가 대기중($P_o = 68.94\,kPa$, $T_o = 266.66\,K$)에서 $185\,m/s$의 속도로 비행하고 있다. 이 엔진의 공기 흡입구 효율이 0.88이면 압축기 입구의 전온도와 전압력을 구하시오. ($\gamma = 1.4$, $c_p = 1.004\,kJ/kg \cdot K$)

2 대기압이 $50\,kPa$이고, 대기 온도가 $255\,K$인 상공에서 $270\,m/s$의 속도로 비행하고 있다. 압축기에서의 유동을 등엔트로피 과정으로 가정하여, 압축비가 5일 때 요구되는 단위 질량당 압축기의 일을 계산하라. ($c_p = 1.005kJ/kg \cdot K$, $\gamma = 1.4$)

3 압축기 입구의 전압력이 $98\,kPa$이고, 전온도가 27℃ 이며, 압축기 출구의 전압력이 $270\,kPa$, 전온도가 167℃ 이다. 기계적 마찰 손실이 전체 압축기 과정의 3%일 때, 압축기 효율을 구하시오.

4 축류식 압축기의 필요 단(Stage) 수를 계산하려고 한다. 단 당 전온도 상승은 $40\,K$이며 목표 압축비는 9이다. 대기 압력은 $101.3\,kPa$, 대기 온도 $273\,K$, 흡입 마하수는 0.4일 때 목표 압축비를 위한 필요 단 수와 이 때의 압축비를 다시 계산하시오. 압축기는 등엔트로피 과정을 거치며 $\gamma = 1.4$이다.

5 다음과 같은 입구에서 스월(선회) 없는 원심압축기의 압력비와 일을 구하시오.
($\gamma = 1.4$, $c_p = 1.005\,kJ/kg \cdot K$)

- 임펠러 끝 원주 속도: $U_2 = 457.2\,m/s$, 임펠러 입구의 평균 원주 속도: $U_1 = 91.44\,m/s$
- 임펠러 입구 공기의 전온도: $T_{T1} = 289\,K$, 압축기 효율: $\eta_c = 0.8$

6 원심 압축기의 임펠러 직경이 $0.6\,m$이고, $12000\,rpm$으로 회전하고 있다. 입구 전온도 $300\,K$이고 미끄럼계수는 0.9이다. 압축기 효율이 80% 일 때 전압력비와 전온도비, 발생 동력을 구하시오.

7 직경 $0.8\,m$와 $10{,}000\,rpm$의 회전 속도를 갖는 원심 압축기를 설계하고자 한다. 만일 중심(hub)−선단(tip) 직경비가 0.2이고, 입구 온도를 $283\,K$, 한계 마하수 M_e를 0.9라고 가정한다면, 최대 유량을 얻기 위해 필요한 입구 선단 직경비를 구하시오.

Chapter 9

터 빈

Chapter 9
터빈

9.1 소개(Introduction)

터빈 설계에서 중요한 기술 두 가지는 냉각 기술과 효율이라 할 수있다. 이는 터빈 블레이드가 매우 고온의 가스 속에서 작동되기 때문이다. 반면 압축기에서는 유동 안정성과 효율이 설계 시 중요한 인자들이다.

로터를 이용하여 작동 유체에 에너지를 전달하는 압축기와는 반대로 터빈 로터는 작동 유체로부터 회전력을 얻는다. 터빈 베인의 단면 형태는 충돌력과 양력(공력)을 모두 사용하며, 효과적으로 에너지를 얻기 위해 에어포일 형태의 형상을 갖고 있다. 또한 압력구배 관점에서 역압력구배인 압축기와 다르게 터빈에서는 순압력구배이기 때문에 유동박리가 상대적으로 적게 발생하고 열 응력을 고려하여 압축기보다 베인의 두께가 크다. 본 장에서는 터빈의 특징 및 종류 등에 대해 자세히 알아보자.

1) 터빈 단의 구성

터빈의 한 단(Stage)은 압축기의 한 단과 같은 로터와 스테이터로 구성되어 있다(터빈의 스테이터는 노즐의 역할을 하므로 이제부터 터빈의 스테이터를 터빈 노즐이라 칭한다). 터빈은 노즐–로터 순으로 한 단을 구성하고 있으므로 로터–스테이터 순으로 한 단을 구성하는 압축기와 반대이다. 또한 다단 터빈인 경우 노즐–로터 순으로 계속해서 반복되어 구성된다. 압축기와 유사하게 터빈을 해석하기 위해서 그림 9–1)과 같이 구간을 나누어 해석한다. 노즐 입구를 ①, 노즐 출구인 동시에 로터의 입구를 ②, 로터의 출구를 ③으로 지칭하자.

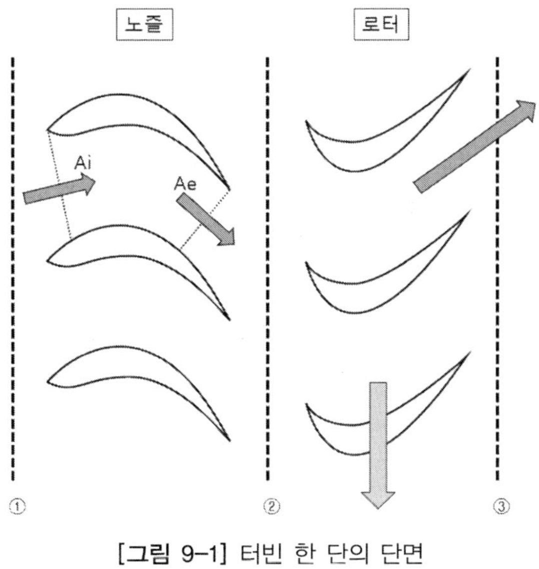

[그림 9–1] 터빈 한 단의 단면

(1) 터빈 노즐(Turbine nozzle or stator)

연소기의 연소가스는 매우 복잡한 유동 구조를 갖고 있다. 매우 복잡한 유동이 곧바로 로터로 들어가면 터빈 효율이 크게 낮아지기 때문에 로터 앞에 스테이터인 노즐을 놓아 유동을 균질하게 만든다. 여기서 압축기의 스테이터를 디퓨져라고 하는 것과 다르게 터빈의 스테이터를 노즐이라고 한다. 이 용어를 통해서 압축기와 터빈의 스테이터의 역할이 서로 다름을 알 수 있다.

터빈 노즐을 설계할 때 주의할 점은 연소가스가 노즐 블레이드 사이로 흐르기 때문에 베인들 사이 틈이 너무 작으면 질식(Choking)이 발생하므로 질식이 일어나지 않도록 블레이드 사이의 간격을 조정해야 한다.

(2) 터빈 로터(Turbine rotor)

연소기로부터 나온 고온, 고압의 연소가스는 터빈 노즐을 통해 가속되어 로터로 들어간다. 들어간 연소가스는 터빈 로터의 블레이드에 충돌하고 블레이드에 회전력을 전달한다. 또한 에어포일 형상의 블레이드 사이를 연소가스가 통과할 때 블레이드 윗면과 아랫면의 압력차를 만들고 이에 따라 공력이 발생하고 이 공력이 회전력을 만든다. 이때 발생하는 충돌력과 공력을 이용한 회전력으로 동력을 발생시키는 장치가 터빈 로터이다. 터빈 로터에서 충돌력은 항상 발생하지만 공력은 터빈 종류에 따라서 발생하지 않을 수도 있다.

9.2 터빈의 속도 삼각형과 발생 동력

9.2.1 터빈 속도 삼각형

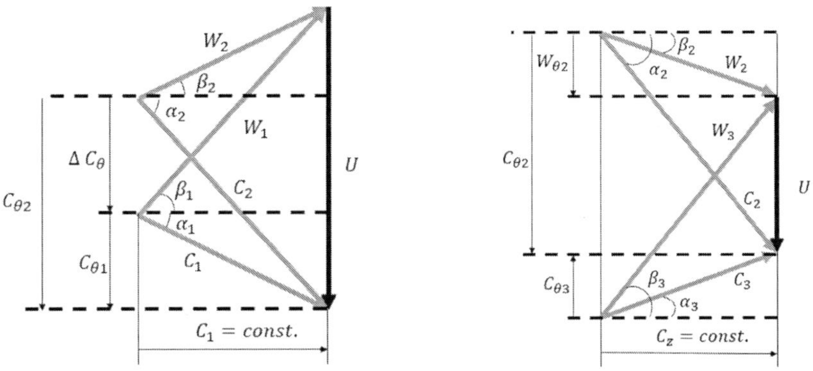

(a) 압축기 속도 삼각형 (b) 터빈 속도 삼각형(반동도 50%)

[그림 9-2] 압축기와 터빈의 속도 삼각형

그림 9-2a)는 압축기의 속도 삼각형이고 b는 터빈의 속도 삼각형이다. 압축기와 터빈의 스테이터와 로터의 형상과 작동 목적이 달라서 절대 속도와 상대 속도의 크기와 유동각이 서로 다르다.

압축기에서 상대 속도 개념을 도입하여 속도 삼각형을 표현했던 것처럼, 터빈에서도 속도 삼각형을 표현하는 방법은 동일하다. 속도를 유동각을 고려하여 벡터로 표현하고 벡터 합을 이용하여 최종 속도를 구한다. 터빈 노즐에 의해 로터로 입사되는 연소가스의 절대 속도($\overrightarrow{C_2}$)와 평균반지름에서의 로터의 선속도($\overrightarrow{U}$)를 빼주면 연소가스의 상대 속도($\overrightarrow{W_2}$)를 알 수 있다. 출구에서도 로터의 선속도($\overrightarrow{U}$)가 같다고 하면 터빈 로터 블레이드의 형상을 알기 때문에 로터 출구에서 연소가스의 상대 속도($\overrightarrow{W_3}$)를 알 수 있다. 따라서 로터 출구에서 절대 속도($\overrightarrow{C_3}$)를 알 수 있다. 터빈 노즐 출구의 절대 속도 유동각은 α_2, 상대 속도 유동각은 β_2, 터빈 로터 출구의 절대 속도 유동각은 α_3, 상대 속도 유동각은 β_3으로 표현한다. 이 성분들을 이용하여 그림 9-2b)와 같이 터빈에서의 속도 삼각형을 나타낼 수 있다.

9.2.2 터빈에서 힘이 전달되는 원리

압축기에서 작동 유체에 공급한 일은 로터를 통과하면서 작동 유체의 회전 속도의 변화량을 곱한 식으로 표현이 되었다.

$$\text{압축기} : w_c = U[(C_\theta)_2 - (C_\theta)_1] = U\Delta C_\theta \qquad \text{식 (9-1a)}$$

$$\text{터빈} : w_t = U[(C_\theta)_3 - (C_\theta)_2] = U\Delta C_\theta \qquad \text{식 (9–1b)}$$

그림 9–2a)에서 압축기의 속도 삼각형을 보면 로터의 선속도 방향은 회전 방향 속도의 변화량(=로터 출구성분–로터 입구성분)의 방향과 같다. 하지만 터빈에서는 그림 9–2b)에서 회전 방향 속도의 변화량 방향(= 로터 출구 성분–로터 입구 성분)과 로터의 선속도 방향이 반대인 것을 알 수 있다.

개념적으로 압축기에서는 로터의 회전 에너지를 작동 유체에 에너지를 공급하기 때문에 작동 유체는 회전 방향속도 변화량이 증가하는 것을 알 수 있다. 하지만 터빈에서는 작동 유체의 에너지를 이용하여 로터를 회전시키기 때문에 작동 유체의 회전 방향 속도 변화량이 감소된다. 또한 터빈 로터의 선속도와 작동 유체의 회전 방향 속도 변화량의 방향이 반대인데 이는 작용 반작용 법칙으로 이해할 수 있다. 이 이유를 작동 유체 관점에서 생각해보자.

작동 유체에 제어 체적(Control volume)을 설정하면, 압축기에서의 작동 유체는 로터로부터 힘을 받기 때문에 운동량 보존 방정식에서 외력은 압축기 로터의 회전력으로 작용한다. 따라서 $\sum\vec{F} \neq 0$이다. 외력이 작동 유체에 작용하기 때문에 외력의 방향과 작동 유체의 회전 방향 속도의 변화 방향이 같다. 하지만 터빈에서의 작동 유체는 터빈 로터의 회전력인 외력이 존재하지 않다. 따라서 $\sum\vec{F} = 0$ 이다. 터빈은 외력이 0이기 때문에 작용 반작용법칙인 뉴턴 제3법칙이 적용되고, 압축기는 외력이 있기에 운동량 보존 법칙인 뉴턴 제2법칙이 적용된다. 가장 대표적인 작용 반작용법칙이 적용된 예는 로켓이다. 로켓은 내부 내에서 가스가 분출되어 이 분출된 가스의 작용 반작용에 의해 추력을 얻는다. 로켓 또한 외력이 없는 $\sum\vec{F} = 0$이기 때문에 작용반작용 법칙이 적용되며, 노즐 축에서 분출되는 제트의 방향과 로켓이 움직이는 방향은 반대이다. 따라서 압축기는 작동 유체의 회전 방향 속도 변화량의 방향과 로터의 선속도 방향이 같고 터빈은 반대이다.

$$\text{압축기} : \sum\vec{F} = m \cdot \vec{a} \neq 0 \ (\text{가속도 법칙}) \qquad \text{식 (9–2a)}$$

$$\text{터빈} : \sum\vec{F} = 0 \ (\text{작용 반작용 법칙}) \qquad \text{식 (9–2b)}$$

9.2.3 터빈의 발생 동력

(1) 터빈에서 발생된 일(각 운동량 보존관점)

터빈은 압축기와 다르게 로터에서 회전 방향 속도의 변화량과 로터의 선속도의 방향이 반대이다. 이는 속도 삼각형을 이용하여 확인할 수 있다.

$$\sum\tau = \dot{m}[(rC_\theta)_2 - (rC_\theta)_3] \qquad \text{식 (9–3a)}$$

$$P = \dot{m}(U_2 C_{\theta 2} - U_3 C_{\theta 3}) \quad \text{식 (9-3b)}$$

압축기에서는 로터를 이용하여 작동 유체인 흡입 공기에 에너지를 전달하고, 터빈에서는 작동 유체인 연소가스로 부터 로터의 에너지를 받으므로 식 (9-3)의 회전력인 토크와 동력의 수식을 보면 압축기에서 구했던 수식과 유사하다. 여기서 압축기와 터빈에서의 차이점은 하첨자의 번호이다. 터빈은 압축기와 반대로 한 단이 구성되고, 각 구간별 번호를 터빈 노즐의 입구는 ①, 터빈 노즐의 출구인 동시에 터빈 로터의 입구는 ②, 터빈 로터의 출구는 ③이다. 연소가스가 터빈 로터에 전달한 회전력은 연소가스가 회전력을 잃은 값과 같다. 연소가스 관점에서 로터 입구에서 출구보다 더 높은 에너지를 갖고 있어 터빈 로터가 받은 토크나 발생동력을 직관적으로 식 (9-3)과 같이 로터 입구에서 출구의 값을 빼주어야 한다. 즉 식 (9-3)은 터빈 로터 관점에서 표현된 식이다.

또한 압축기에서 언급했듯이 로터는 강체이고 로터의 입구나 출구에서 같은 각속도를 갖고 있으며 반지름의 차이가 무시할 수 있다고 가정한다면 로터의 입구나 출구에서 평균 반지름에서 로터의 선속도가 같다. 따라서 로터에서 발생 동력은 다음 식 (9-4)과 같이 표현할 수 있다.

$$P = \dot{m}(U_2 C_{\theta 2} - U_3 C_{\theta 3}) = \dot{m} U (C_{\theta 2} - C_{\theta 3}) \quad \text{식 (9-4)}$$
$$(\because U_2 \approx U_3 = U)$$

터빈 로터에서 발생된 동력(Power)을 단위 작동 유체 질량 당 발생된 일로 표현되며, 다음 식과 같이 표현된다. 이는 압축기에서 다루었던 오일러 터빈 방정식이다.

$$w_T = \frac{P}{\dot{m}} = U(C_{\theta 2} - C_{\theta 3}) \quad \text{식 (9-5)}$$

(2) 터빈에서 발생된 일(에너지 보존 관점)

터빈에서 발생된 일을 압축기에서 유도한 방법과 똑같이 에너지 보존 관점에서 유도할 수 있다. 작동 유체인 연소가스가 터빈을 통과할 때 잃은 에너지 양은 터빈에서 얻은 에너지 양과 같다. 연소가스가 터빈에서 잃은 에너지의 양은 터빈으로 들어온 연소가스가 갖고 있는 에너지에 터빈을 빠져나가는 작동 유체가 갖고 있는 에너지의 차와 같다. 만약 터빈을 통과할 때 단열 과정, 정상 상태라고 가정하면 실제적으로 총 에너지 변화량(터빈에서 발생된 총 에너지 변화량)은 터빈 한 단의 입구와 출구의 차로 표현하며 다음 식과 같다.

$$\dot{W}_T = \dot{m}_1 h_{01} - \dot{m}_3 h_{03} = \dot{m}(h_{01} - h_{03}) = \dot{m} C_{p,t}(T_{01} - T_{03}) \quad \text{식 (9-6)}$$

또한 식 (9−6)과 같이 터빈 입구와 출구에서의 에너지 차를 엔탈피 차로 표현할 수 있고 정압 비열을 사용하여 엔탈피 차를 온도차로 표현할 수 있다. 터빈에서 발생된 총 에너지 변화량을 연소가스의 단위 질량 당 터빈 일을 구할 수 있고 다음 식과 같다.

$$w_T = \frac{\dot{W}_T}{\dot{m}} = C_{p,t}(T_{01} - T_{03}) \qquad \text{식 (9−7)}$$

이론적으로 터빈 한 단에서의 전엔탈피 차를 이용하여 발생된 에너지를 알 수 있지만, 실제적으로 터빈 노즐에서는 전엔탈피의 변화가 거의 없어 무시할 수 있으므로 터빈 로터에서의 전엔탈피의 변화가 곧 터빈에서의 전엔탈피의 변화된 양과 같다. 그러기 때문에 전온도 변화 또한 터빈 한 단에서 변화된 전온도차를 터빈 로터에서 변화된 전온도차로 다음 식과 같이 표현한다.

$$w_T = \frac{\dot{W}_T}{\dot{m}} = C_{p,t}(T_{01} - T_{03}) = C_{p,t}(T_{02} - T_{03}) = C_{p,t}\Delta T_0 \qquad \text{식 (9−8)}$$

$$(\because T_{01} = T_{02})$$

따라서 각 운동량 보존 관점과 에너지 보존 관점에서 유도된 작동 유체의 단위 질량 당 터빈에서 발생된 에너지를 정리하면 다음 식과 같다.

$$w_T = U(C_{\theta 2} - C_{\theta 3}) = C_{p,t}(T_{02} - T_{03}) \qquad \text{식 (9−9)}$$

식 (9−9)의 양변에 $C_{p,t}T_{01}$으로 나누면 다음 식 (9−10)과 같다.

$$\frac{w_T}{C_{p,t}T_{01}} = \frac{U(C_{\theta 2} - C_{\theta 3})}{C_{p,t}T_{01}} = \frac{T_{02} - T_{03}}{T_{01}} = \frac{\Delta T_0}{T_{01}} = const. \qquad \text{식 (9−10)}$$

터빈의 작동 한계 범위 내에서는 작동 유체의 회전 방향 속도의 변화량을 가능한 많이 증가시켜야 터빈에서 많은 일이 발생된다. 이때 로터의 선속도가 빠르면 로터 블레이드 끝(Tip)에서 박리가 일어나 실속(Stall)을 유발하기 때문에 작동 한계 범위가 존재한다. 따라서 로터의 선속도와 작동 유체의 회전 방향 속도는 상당히 중요한 파라미터라 할 수 있다. 터빈의 입구 온도 관점에서는 어떻게 하면 재료를 잘 개발할 것인가 또는 냉각 시스템을 어떻게 구현할 것인지의 문제이고, 로터의 선속도 관점에서는 로터 회전체 설계에 대한 문제이다. 이 문제점을 해결하기 위해 앞서 언급한 두 가지의 파라미터가 중요한 역할을 한다.

예제9.1

1단 터빈(single-stage turbine)에서 가스 유량이 13.6 kg/s로 노즐을 빠져나가며 노즐에서 출구 속도는 487.7 m/s이고, 출구 각은 25도이다. 이 가스가 로터로 들어가며, 로터에서 2,24 kW를 발생하고 있다. 평균 로터 속도는 304.8 m/s이다. 만일 축 방향 속도가 로터에서 일정하다면 터빈을 떠나는 가스의 운동 에너지는 얼마인가?

해설

단위 질량당 터빈 일,

$$w_T = \frac{\dot{W}_T}{\dot{m}} = \frac{2240}{13.6} = 164.558kW/kg \cdot s$$

각 운동량과 터빈 power 관계식

$$w_T = U(C_{\theta 2} - C_{\theta 3}) \Rightarrow \Delta C_\theta = w_T / U$$

$$\Delta C_\theta = \frac{1}{304.8}(164.558 \times 1000) = 539.9m/s$$

$$C_{z1} = 487.7\cos 65° = 206.1m/s$$

$$C_{\theta 1} = 487.7\sin 65° = 442m/s$$

축 방향 속도는 일정하므로 $C_{z1} = C_{z2}$

$$C_{\theta 2} = \Delta C_\theta - C_{\theta 1} = 539.9 - 442 = 97.9m/s$$

배출 속도는,

$$C_2 = \sqrt{C_{\theta 2}^2 + C_{z2}^2} = \sqrt{97.9^2 + 206.1^2} = 228.2m/s$$

배출가스의 운동 에너지는,

$$KE = \dot{m}\frac{C_2^2}{2} = 13.6\frac{228.2^2}{2} = 354.1kW$$

9.3 터빈의 종류

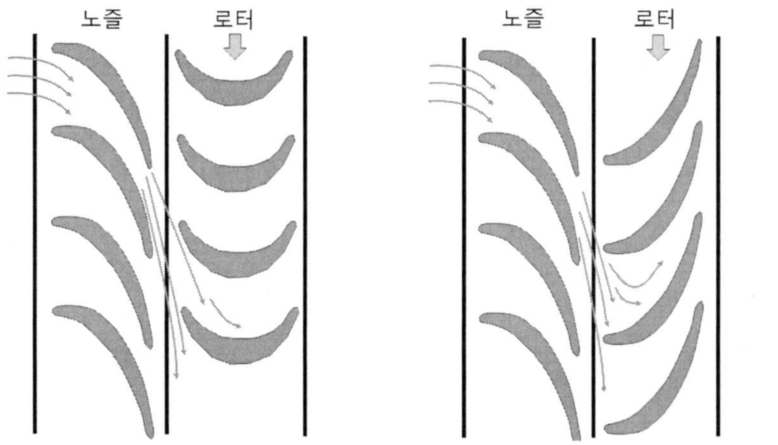

(a) 충돌 터빈(Impulse Turbine) (b) 반동 터빈(Reaction Turbine)

[그림 9-3] 충돌 터빈과 반동 터빈

터빈은 노즐과 로터로 구성되어 있으며 노즐을 통해 작동 유체인 연소가스를 가속시켜서 로터에서 회전력을 얻어 동력을 발생한다. 충돌력만 이용하는 충돌 터빈(Impulse turbine)과 충돌력 뿐만 아니라 공력의 힘도 이용하는 반동 터빈(Reaction turbine)이 있다. 이 두 종류의 터빈에 대해서 자세히 알아보자.

9.3.1 충돌 터빈(Impulse turbine)

공을 평판 위로 떨어뜨린다고 하자. 평판 면의 수직으로 공을 떨어뜨릴 때가 가장 큰 반력을 얻는다. 이 개념을 터빈에 적용시키면 작동 유체를 로터 면에 대해 입사각을 크게 해줄수록 큰 반력이 발생한다. 가장 큰 입사각은 수직일 때인데 만약 수직으로 로터 블레이드 면으로 연소가스가 입사한다면 이 연소가스는 축 방향으로 진행하지 못하고 정체될 것이다. 엔진은 작동 유체의 연속적 흐름을 통해서 에너지를 지속적으로 공급하는 기관이므로 축 방향으로 작동 유체가 계속적으로 흘러가야 한다. 따라서 작동 유체가 잘 흘러가면서 가능한 큰 반력을 얻을 수 있도록 노즐 출구 유동각, 즉 터빈 로터로 들어오는 입사각을 결정한다. 터빈 로터로 들어오는 연소가스의 입사각이 결정되면 단위 질량 당 터빈의 발생일은 앞서 유도한 식 (9-9)를 이용하면 어떤 상황에서 큰 반력이 발생되는지 알 수 있다.

$$w_T = U(C_{\theta 2} - C_{\theta 3}) = U\Delta C_\theta \qquad \text{식 (9-9)}$$

식 (9-9)에서 작동 유체의 회전 방향 속도 변화가 클수록 터빈 로터에서 큰 일이 발생됨을 알 수 있다. 입사각과 반사각이 같아졌을 때 최대의 반력이 발생하므로 터빈 로터의 입구의 상대 속도 유동각과 출구의 상대 속도 유동각이 같아야 한다. 로터의 블레이드 단면이 그림 9-4a)와 같이 좌우 대칭인 반달 형상으로 함으로써 최대 반력을 갖는 충돌 터빈을 구현할 수 있다.

1) 충돌 터빈의 상태량 변화와 성능

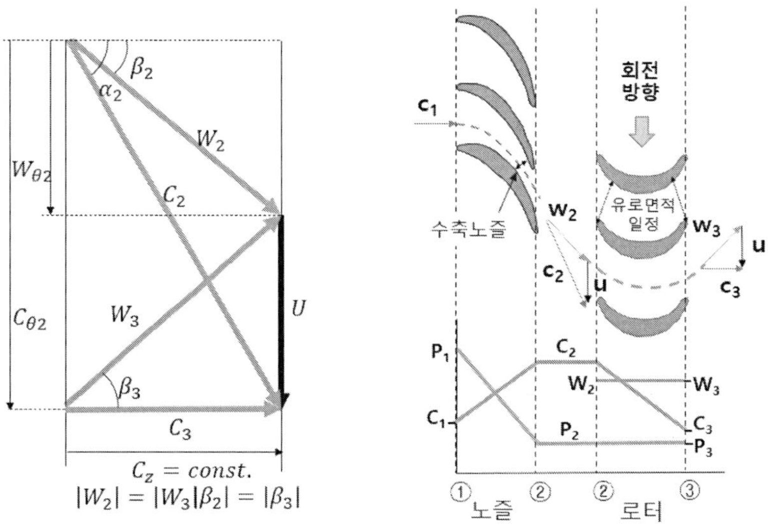

[그림 9-4] 충돌 터빈에서의 속도 삼각형과 상태량 변화

(1) 속도와 압력 변화

그림 9-4)와 같이 충돌 터빈에서 터빈 로터 블레이드의 단면은 반달 형상이므로 유로의 면적 변화가 없다. 터빈 로터에서 유로 면적의 변화가 없기에 정압력 변화는 없고 입사각과 반사각이 대칭이기에 상대 속도의 방향은 달라지고 크기의 변화는 없다. 하지만 축소 노즐 형상인 터빈 노즐에서의 면적 변화에 따라 상대 속도는 증가하고 정압력은 낮아진다.

전압력은 마찰과 같은 비가역성이 없다고 한다면 터빈 노즐에서는 일정하며, 터빈 로터에서는 상대 속도가 일정하더라도 연소가스가 로터에 충돌하면서 연소가스의 운동 에너지를 로터의 회전 에너지로 전달하였으므로 절대 속도와 전압력은 감소한다. 또한 연소가스의 절대 속도가 로터에서 감소하는 것을 속도 삼각형을 이용하여 알 수 있다. 평균 반지름에서 로터의 선속도를 알고 있고, 로터 입구에서 상대 속도를 이용하여 로터 출구에서 상대 속도를 알 수 있기 때문에 속도 삼각형을 이용하여 로터 출구에서 작동 유체의 절대 속도를 알 수 있고, 절대 속도 크기가 입구보다 출구에서 작다는 것을 알 수 있다.

회전하는 로터에서 정압력을 판단할 때에는 상대 속도를 이용하고 전압력을 판단할 때에는 절대 속도를 이용하면 편리하다. 전압력이란 상대적인 값이기에 상대 속도 개념을 적용하여 회전하는 로터를 정지해 놓고 전압력을 측정한 것과 절대 속도 개념을 적용하여 회전하는 로터에서 전압력을 측정한 것은 다르다. 우리가 측정하고 싶은 전압력은 회전하는 로터에서의 전압력이기에 전압력 변화를 구할 때는 절대 속도를 이용한다.

(2) 회전 방향의 속도 변화

충돌 터빈 속도 삼각형을 이용하여 연소가스의 회전 방향의 속도 변화를 수식적으로 알아보자. 터빈 로터 블레이드의 단면이 반달 형상을 갖고 있기에 상대 속도의 크기는 같고 방향은 반대이므로 다음 식과 같이 표현한다.

$$|\overrightarrow{W_2}| = |\overrightarrow{W_3}| \qquad \text{식 (9-11)}$$

$$|\beta_2| = |\beta_3| \qquad \text{식 (9-12)}$$

충돌 터빈에서 발생된 동력을 구하기 위해서는 로터에서 가스의 회전 방향 속도의 변화량을 알아야 한다. 이 회전 방향 속도의 변화량을 속도 삼각형을 이용하여 구하면 편리하다. 그림 9-4)의 속도 삼각형을 보면 로터 입구에서 가스의 회전 방향 절대 속도($C_{\theta 2}$)와 로터 출구에서 가스의 회전 방향 절대 속도($C_{\theta 3}$) 또한 알 수 있다. 또한 로터 입구와 출구에서의 회전 방향 상대 속도($W_{\theta 2}$, $W_{\theta 3}$)를 구할 수 있다. 이때 로터의 입구와 출구에서 상대 속도 유동각은 같으므로 회전 방향 상대 속도의 크기는 같다.

$$|W_{\theta 2}| = |W_{\theta 3}| \qquad \text{식 (9-13)}$$

따라서 충돌 터빈 회전 방향 절대 속도의 변화량은 회전 방향 상대 속도로 다음 식과 같이 표현할 수 있다.

$$\Delta C_\theta = C_{\theta 2} - C_{\theta 3} = 2W_{\theta 2} \qquad \text{식 (9-14)}$$

이는 다음 식으로 표현된다.

$$\Delta C_\theta = 2W_{\theta 2} = 2(C_{\theta 2} - U) \qquad \text{식 (9-15)}$$

속도 삼각형의 삼각 함수를 이용하면 식 (9-15)의 로터 입구에서의 회전 방향 절대 속도($C_{\theta 2}$)를 축 방향 속도 성분(C_z)으로 다음 식 (9-16)과 같이 표현할 수 있다.

$$\Delta C_\theta = 2(C_{\theta 2} - U) = 2(C_z \tan\alpha_2 - U) = 2U(\frac{C_z}{U} tan\alpha_2 - 1) \qquad \text{식 (9-16)}$$

노즐 출구 절대 유동각이 α_2이므로 노즐에서 가속되어 빠져나온 연소가스는 α_2로 로터 입구로 들어간다. 로터의 선속도(U)를 알고 있기에 속도 삼각형을 이용하여 로터 입구에서 상대 속도(W_2)를 구할 수 있고 로터 입구로 들어오는 연소가스 상대 속도 유동각(β_2)을 알 수 있다. 따라서 터빈 로터의 형상을 설계함에 있어 로터 입구 상대 속도 유동각(β_2)을 이용한다.

(3) 블레이드 부하 계수(ψ)

연소가스의 단위 질량당 터빈에서 발생된 일을 로터 선속도의 제곱으로 나눠줌으로 무차원수인 블레이드 부하 계수(ψ)로 표현할 수 있다. 서로 다른 두 개의 터빈이 있다고 하자. 한 터빈은 블레이드 부하 계수가 2이고, 또 다른 터빈은 블레이드 부하 계수가 1이라고 할 때 같은 로터 회전 속도에서 터빈에서 발생된 일은 블레이드 부하 계수가 2인 터빈이 블레이드 부하 계수 1인 터빈보다 2배 더 얻을 수 있다. 블레이드 부하 계수 또한 성능을 간단히 알아볼 수 있는 파라미터이다. 블레이드 부하 계수의 정의는 다음 식과 같이 표현할 수 있다.

$$\psi \equiv \frac{w_T}{U^2} \qquad \text{식 (9-17)}$$

연소가스의 단위 질량당 터빈에서 발생된 일을 각 운동량 보존과 에너지 보존 관점으로 유도된 식으로 다음 식과 같이 표현할 수 있다.

$$\psi \equiv \frac{w_T}{U^2} = \frac{\Delta h_0}{U^2} = \frac{C_{\theta 2} - C_{\theta 3}}{U} = \frac{\Delta C_\theta}{U} \qquad \text{식 (9-18)}$$

식 (9-18)의 우변의 ΔC_θ에 식 (9-16)을 대입하면 다음 식 (9-19)과 같이 표현된다.

$$\psi = \frac{\Delta C_\theta}{U} = \frac{1}{U}\left[2U\left(\frac{C_z}{U}tan\alpha_2 - 1\right)\right] = 2\left(\frac{C_z}{U}tan\alpha_2 - 1\right) \qquad \text{식 (9-19)}$$

위 식은 연소가스 회전 방향 속도 변화량과 부하 계수를 축 방향 속도, 로터 선속도, 노즐 출구 절대 속도 유동각(α_2)으로 표현했다. 축 방향 속도(C_z)는 엔진에서 필요한 작동 유체 질량 유량($\dot{m}$)에 따라 정해지므로 쉽게 알 수 있고, 터빈 노즐 출구에서 분출되는 절대 속도 유동각(α_2)은 터빈 로터의 입사각으로 표현되고, 이 각 또한 로터 형상이 결정되면 알 수 있다. 터빈 로터 선속도는 터빈 로터의 회전 속도(rpm)에 따라 값은 달라진다. 터빈도 압축기와 마찬가지로 로터 회전 속도에 따라 효율이 달라지기 때문에 식 (9-16)과 식 (9-19)을 로터 선속도로 표현한다. 따라서 우리가 쉽게 알 수 있는 파라미터들로 블레이드 부하 계수나, 연소가스 회전 방향 속도 변화량과 같은 성능을 쉽게 알 수 있다.

식 (9-19)에서 축 방향 속도(C_z)와 로터로 들어오는 절대 속도 유동각(α_2)이 크면 클수록 블레이드 부하 계수가 커지고 터빈에서 발생하는 동력 또한 커지는 것을 알 수 있다. 하지만 엔진에서 필요한 작동 유체의 질량 유량은 정해져 있기 때문에 크게 바꿀 순 없지만 터빈 로터로 들어오는 절대 속도 유동각(α_2)은 키울 수 있다. 터빈 로터 입구의 절대 속도 유동각(α_2)을 키우면 터빈 로터로 들어오는 입사각이 커지기 때문에 반발력을 크게 할 수 있다. 하지만 이 각(α_2)을 너무 크게 하면 유동의 박리가 쉽게 발생하여 압력 손실을 유발한다. 따라서 유동의 박리가 일어나지 않고 터빈 로터로 유동이 매끄럽게 흐르는 한도 내에서 로터 입구 절대 속도 유동각(α_2)을 크게 한다. 보통 이 각(α_2)의 최대 한도는 $70°$이다.

9.3.2 반동 터빈(Reaction Turbine)

그림 9-5)는 반동 터빈의 속도 삼각형과 한 단에서의 상태량의 변화를 보여준다. 블레이드 단면의 형상은 에어포일 형상으로 터빈 로터 블레이드의 윗면과 아랫면의 속도차에 의해 압력차가 발생하고, 이에 따라 양력이 발생하여 터빈 로터를 회전시킨다. 충돌력 뿐만 아니라 양력도 이용하여 회전력을 극대화시킬 수 있는 터빈이 반동 터빈이다.

충돌력과 양력을 모두 이용하여 터빈 로터를 회전시킨다고 해서 충돌력만 이용하는 충돌 터빈에 비해서 무조건 더 좋은 방법이라고는 할 수 없다. 반동 터빈의 로터 블레이드의 형상은 충돌 터빈보다 로터의 베인 곡면 형상이 상대적으로 복잡하여 제작 비용이 많이 든다. 따라서 낮은 추력을 요구하는 소형 엔진 같은 경우 비용 문제로 충돌 터빈을 선호하며, 대형 엔진은 엔진 전체 효율을 높이기 위해서 비용이 많이 들지만 반동 터빈을 선호한다.

1) 반동 터빈의 상태량 변화와 성능

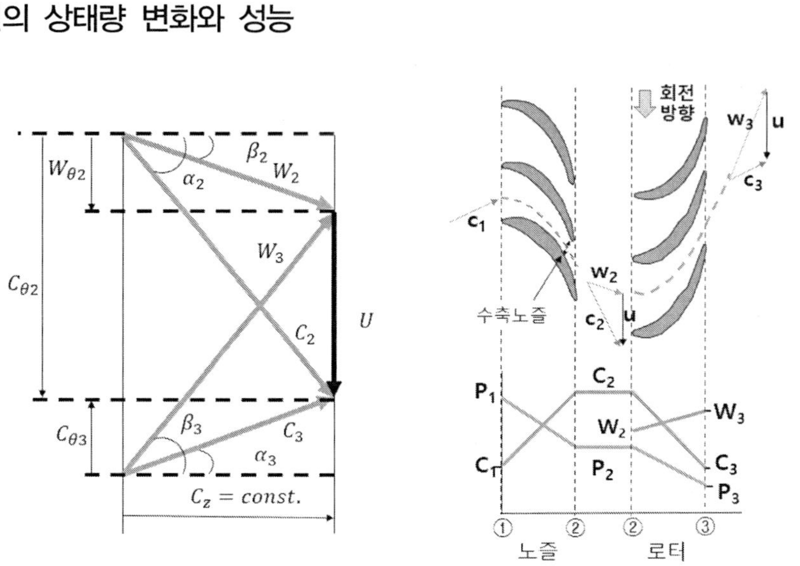

[그림 9-5] 반동 터빈에서의 속도 삼각형과 상태량 변화

반동 터빈에서 압력 강하는 노즐뿐만 아니라 로터에서도 속도 변화를 이용하기 때문에 노즐과 로터에서 모두 일어난다. 또한 충돌 터빈과 다르게 로터 베인 각도를 공력의 힘을 잘 이용하기 위해 형상을 좌우 대칭으로 하지 않는다.

(1) 속도와 압력 변화

반동 터빈 노즐은 충돌 터빈 노즐과 같이 축소 노즐 형상을 갖고 유로의 면적이 축 방향에 따라 감소됨에 따라 연소가스의 절대 속도는 증가하고 정압력은 낮아진다. 터빈 노즐 출구를 통해 가속된 연소가스는 노즐 출구 절대 속도 유동각(α_2)을 갖고 있다. 터빈 노즐과 로터 사이의 간격에서는 유로의 면적은 일정하고, 일과 열 출입이 없으므로 속도와 정압력과 전압력은 일정하게 유지된다. 절대 속도의 유동각(α_2)을 갖고 있는 연소가스가 $\overrightarrow{U}$의 선속도를 갖고 있는 로터로 들어간다. 여기서 터빈 로터 입구의 연소가스의 절대 속도와 로터의 선속도를 알고 있으므로 속도 삼각형을 이용하여 로터 입구에서의 연소가스의 상대 속도($\overrightarrow{W_2}$)를 구할 수 있다. 로터 형상이 정해져 있으면 로터 출구 상대 속도 유동각을 알고 로터 입구와 출구의 유로 면적 또한 알고 있으므로 로터 출구에서 연소가스의 상대 속도($\overrightarrow{W_3}$)를 알 수 있다. 그림 9-5)에서 보는 것과 같이 터빈 로터에서 유로의 면적은 축 방향으로 점점 줄어들기 때문에 터빈 로터에서 상대 속도는 점점 가속되고 정압력은 낮아진다. 알고 있는 로터 출구 상대 속도($\overrightarrow{W_3}$)와 로터 선속도($\overrightarrow{U}$)를 갖고 속도 삼각형을 이용하면 로터 출구에서 연소가스의 절대 속도($\overrightarrow{C_3}$)를 구할 수 있다. 로터 출구 절대 속도($\overrightarrow{C_3}$)는 로터에서 연소가스의 운동 에너지를 로터의 회전 에너지로 전달되었기 때문에 로터 입구 절대 속도($\overrightarrow{C_2}$)보다 줄어들게 된다.

보통 다단 터빈 관점에서 가능한 첫 번째 단으로 들어온 유동의 조건을 다음 단으로 들어가는 유동의 조건과 비슷하게 맞춰주기 위해 로터 출구 절대 속도($\overrightarrow{C_3}$)를 노즐 입구 절대 속도($\overrightarrow{C_1}$)와 비슷하게 만들어준다. 이렇게 되면 다음 단에서 그 앞단에서와 유사한 성능을 얻을 수 있다. 이때 각 단의 입구에서 비슷한 유동 조건을 맞춰준다고 하더라도 후단으로 갈수록 전압력과 정압력은 계속해서 낮아지기 때문에 후단에서 발생되는 동력 또한 작아진다. 만약 각 단으로 들어가는 유동 조건이 점점 달라진다고 한다면 후단으로 갈수록 그 유동의 편차가 커지고 계속해서 악영향을 미칠 수 있다.

(2) 반동도(The degree of reaction, R)

$$R = \frac{h_2 - h_3}{h_{01} - h_{03}} = \frac{\text{동엔탈피 변화}}{\text{전 엔탈피 변화}} \qquad \text{식 (9–20a)}$$

반동 터빈은 충돌력 뿐만 아니라 공력을 이용한다는 것을 알았다. 여기서 전체 회전력에서 공력의 비율이 얼마나 되는지에 대한 지표가 반동도이다. 터빈에서 발생된 동력 또는 에너지를 에너지 보존 관점인 엔탈피로 표현하여 터빈 한 단에서 발생된 전체 에너지 변화 대비 로터에서 공력에 의한 에너지 변화로 정의되며 식 (9–20a)와 같이 표현한다.

충돌 터빈을 예로 들면 터빈 로터에서 연소가스 속도가 방향만 바뀌고 크기는 일정하기 때문에 로터에서 엔탈피는 일정하다. 이것을 정의에 대입하면 충돌 터빈의 반동도는 0이 된다. 하지만 반동 터빈의 로터에서 속도가 변함에 따라 압력과 온도가 변화한다. 그러기 때문에 반동도는 0이 될 수 없고 만약 터빈 한 단에서 발생된 에너지 또는 엔탈피를 100%로 했을 때 충돌력을 50%, 공력을 50%를 이용했다고 한다면 반동도는 50%가 된다. 이 예로 부터 반동도가 클수록 반동 터빈에서 회전 에너지를 얻는데 충돌에 의한 에너지보다 공력에 더 많이 의존하고, 반동도가 작다고 한다면 공력 에너지보다 충돌에 의한 에너지에 더 많이 의존한다는 것을 알 수 있다.

터빈의 단의 입구와 출구의 운동 에너지(kinetic energy)가 같다면 식(9–20a)는 다음 식과 같이 표현된다.

$$R = 1 - \frac{C_2^2 - C_3^2}{2(h_{01} - h_{03})} = 1 - \frac{C_{\theta 2}^2 - C_{\theta 3}^2}{2U(C_{\theta 2} - C_{\theta 3})} = 1 - \frac{C_{\theta 2} + C_{\theta 3}}{2U} \qquad \text{식 (9–20b)}$$

(3) 50% 반동 터빈(50% Reaction turbine)

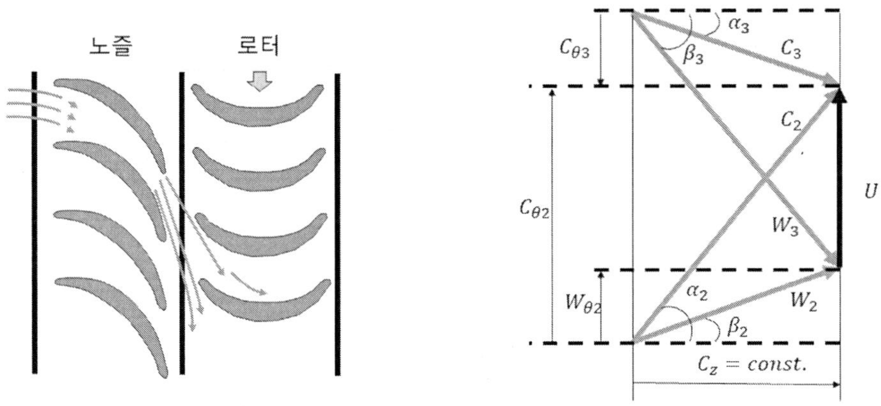

(a) 한 단에서의 충돌 터빈 단면 (b) 충돌 터빈 속도 삼각형(반동도 50%)

[그림 9-6] 충돌 터빈의 단면과 속도 삼각형

50% 반동도를 갖고 있는 반동 터빈 또한 속도 삼각형을 이용하여 해석할 수 있으며, 이 반동 터빈의 속도 삼각형은 그림 9-6b)와 같다. 50% 반동 터빈의 속도 삼각형의 특징은 $C_{\theta 3}$와 $W_{\theta 2}$가 크기는 같고 방향이 정반대이며 속도 삼각형으로 표현하면 이 두 속도는 상하 대칭이 되며 수식적으로 다음 식과 같이 표현된다.

$$|C_{\theta 3}| = |W_{\theta 2}| \quad \text{식 (9-21)}$$

또한 $C_{\theta 3}$를 그림 9-6b)의 속도 삼각형의 기하학적 형상을 이용하여 축 방향 속도 성분(C_z)으로 표현할 수 있다.

$$C_{\theta 3} = -W_{\theta 2} = -(C_z \tan\alpha_2 - U) \quad \text{식 (9-22)}$$

$W_{\theta 3}$를 삼각 함수를 이용하면 $C_z \tan\alpha_2$로 표현할 수 있고, 여기에 회전 방향인 로터의 선속도(U)를 빼면 $C_{\theta 3}$과 같아진다.

(4) 50% 반동 터빈 블레이드 부하 계수

50% 반동 터빈의 블레이드 부하 계수 또한 블레이드 부하 계수 정의 식 (9-17)을 이용하여 식 (9-23)과 같이 표현할 수 있다.

$$\psi = \frac{w_T}{U^2} = \frac{\Delta h_0}{U^2} = \frac{C_{\theta 2} - C_{\theta 3}}{U} \quad \text{식 (9-23)}$$

식 (9-23)의 세 번째 항은 에너지 보존 방정식으로, 네 번째 항은 운동량 보존 방정식에서 유도되었다. $C_{\theta 3}$을 축 방향 속도 성분으로 표현한 식 (9-22)을, $C_{\theta 2}$는 그림 9-6b)의 속도 삼각형의 상하 대칭성을 이용하여 기하학적으로 축 방향 속도 성분으로 표현하여 식 (9-23)에 대입하면 다음 식 (9-24)과 같다.

$$\psi = \frac{C_{\theta 2} - C_{\theta 3}}{U} = \frac{C_z \tan\alpha_2 - [-(C_z \tan\alpha_2 - U)]}{U} = 2\frac{C_z}{U} tan\,\alpha_2 - 1 \qquad \text{식 (9-24)}$$

$C_{\theta 3}$가 0인 로터 출구로 나오는 연소가스의 절대 속도(C_3)가 축 방향과 평행할 때를 의미하고, 만약 다단 터빈이라 했을 때 다음 단의 터빈 노즐 입구에서 절대 속도 유동각(α_3)이 0인 경우를 의미한다. 여기서 후단의 터빈 노즐 입구로 유동이 원활하게 들어가야 하므로 이전 단의 로터 출구의 절대 속도 유동각(α_3)과 후단의 노즐 입구 절대 속도 유동각(α_4)을 맞춰 주어야 한다.

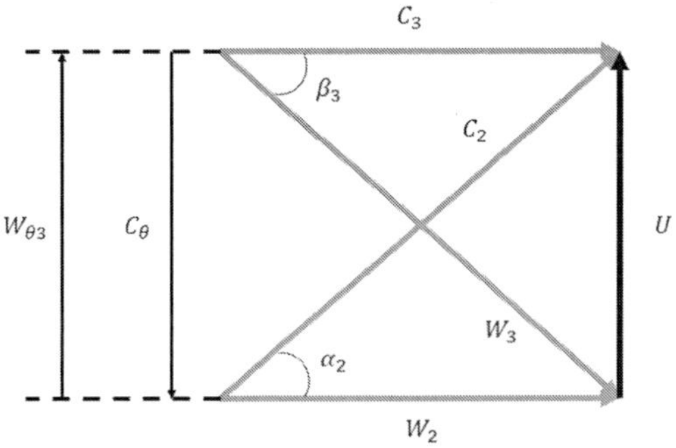

[그림 9-7] $C_{\theta 3}$가 0인 50% 반동 터빈의 속도 삼각형

$C_{\theta 3}$가 0인 50% 반동 터빈의 속도 삼각형은 그림 9-7)과 같으며, 블레이드 부하 계수 또한 이 속도 삼각형을 이용하여 구할 수 있다. 블레이드 부하 계수의 정의는 다음과 같고 에너지 보존 방정식과 운동량 보존 방정식에 의해 유도되어 식 (9-24)을 다시 한번 써보자.

$$\psi = \frac{w_T}{U^2} = \frac{\Delta h_0}{U^2} = \frac{C_{\theta 2} - C_{\theta 3}}{U} \qquad \text{식 (9-25)}$$

운동량 보존 방정식으로 유도된 식 (9-25)의 네 번째 항을 보면 $C_{\theta 3}$가 0이고, 위 속도 삼각형을 보면 $C_{\theta 2}$가 U와 크기와 방향이 같다는 것을 알 수 있다. 따라서 50% 반동 터빈에서 $C_{\theta 3}$가 0인 특별한 경우의 블레이드 부하 계수를 다음 식 (9-26)과 같이 간단히 표현할 수 있다.

$$\psi = \frac{w_T}{U^2} = \frac{C_{\theta 2} - C_{\theta 3}}{U} = \frac{C_{\theta 2}}{U} = 1 \qquad \text{식 (9-26)}$$

$$(\because C_{\theta 2} = U,\ C_{\theta 3} = 0)$$

(5) 충돌 터빈과 반동 터빈의 비교

앞서 언급했듯이 터빈 로터는 연소가스로부터 충돌력만 이용하여 회전 에너지를 얻는 충돌 터빈과 충돌력뿐만 아니라 로터 블레이드의 형상을 에어포일로 함으로써 베인 윗면과 아랫면의 속도 차에 의한 압력차를 이용한 공력도 이용하여 회전 에너지를 얻으면 반동 터빈이라 하였다. 만약 충돌 터빈과 반동 터빈이 같은 회전 속도를 갖고 있다고 할 때 터빈의 성능을 블레이드 부하 계수를 통해 비교해보자.

충돌 터빈의 블레이드 부하 계수는 2이고, $C_{\theta 3}$가 0인 50% 반동 터빈의 경우 블레이드 부하 계수는 1인 것을 앞서 유도하였다. 같은 회전 속도를 갖고 있으므로 블레이드 부하 계수가 2배 더 큰 충돌 터빈이 반동 터빈보다 2배 더 큰 동력을 발생시키는 것을 알 수 있다. 이 수치로만 본다면 충돌 터빈이 더 좋은 터빈이라고 할 수 있겠지만, 엄밀히 말해서 이 수치는 같은 유동 조건일 때 한 단에서만 적용이 된다. 충돌 터빈은 터빈 로터에서 유동 속도의 변화가 클수록 동력을 많이 발생시키지만 유동 속도 변화가 크므로 유동박리, 강한 난류 혼합, 강한 와류가 발생하여 연소가스가 한 단을 지나고 나면 연소가스 축 방향 유동 속도와 운동 에너지는 급격히 떨어진다. 반면 반동 터빈은 충돌 터빈보다 한 단에서 발생되는 동력은 작지만 한 단에서의 연소가스의 축 방향 유동 속도의 손실이 적게 발생한다. 이에 따라 한 단을 지난 연소가스의 유동 손실을 최소화하여 후단으로 들어갈 수 있기 때문에 전단에서의 터빈 성능과 후 단에서의 터빈 성능은 비슷하게 맞출 수 있다. 그러나 단을 거치면서 에너지 손실이 누적되기에 맨 첫 단의 성능이 가장 좋고 후단으로 갈수록 터빈의 성능이 점점 낮아진다.

따라서 터빈 한 단에서 발생하는 동력은 충돌 터빈이 반동 터빈보다 크지만 다단 터빈일 때 전체 터빈 성능 측면에서는 각 단에서 손실되는 에너지 또는 각 단을 지나면서 누적되는 에너지 손실이 적은 반동 터빈이 충돌 터빈보다 유리하다. 그러기에 한 단의 터빈만 사용하는 낮은 동력을 발생시키는 소형 엔진이나 엔진 끝에서 연소가스의 모멘텀 차로 발생시키는 제트의 힘이 필요 없는 산업용 가스터빈

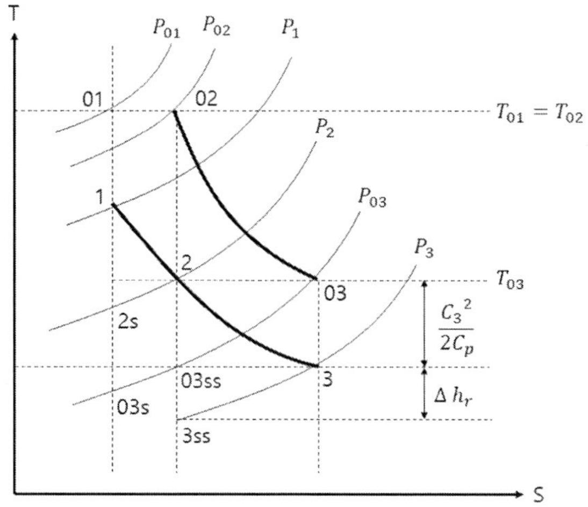

[그림 9-8] 터빈 한 단에서의 $T-s$ 선도

엔진에서 충돌 터빈을 많이 사용하고 다단 터빈과 추력을 많이 필요로 하는 대형 항공용 가스터빈 엔진에서는 반동 터빈이 적합하다.

그림 9-8)은 터빈 한 단에서의 T-s 선도를 의미하고, ①은 터빈 노즐의 입구, ②는 터빈 노즐의 출구인 동시에 로터의 입구, ③은 로터의 출구로 정했다. 위 $T-s$ 선도는 실제 터빈 한 단에서 발생된 현상을 보여준다. 터빈 입구로 들어온 아음속의 연소가스가 터빈 노즐에서 유로의 면적이 점점 줄어들기 때문에 속도는 가속되면서 온도와 압력은 감소한다. 터빈 노즐에서는 열의 출입이 없다($\dot{Q}=0$)고 하면, 전온도는 일정하게 유지되고 터빈의 노즐 벽면에서의 마찰로 인해 전압력은 감소하는 것을 알 수 있다. 터빈 노즐 출구로 나온 연소가스가 터빈 로터를 통과하면서 터빈 로터에 에너지를 전달하기 때문에 전온도는 감소하는 것을 알 수 있고 반동 터빈인 경우 공력을 극대화시키기 위해서 터빈 로터에서도 유로의 면적을 감소시키면서 연소가스를 가속시킨다. 따라서 정온도와 정압력은 감소하고, 터빈 노즐에서와 마찬가지로 로터의 벽면의 마찰에 의해서 전압력은 감소한다. 터빈 노즐과 로터에서 벽면에서 마찰에 의해 엔트로피가 증가하는 것을 위 $T-s$ 선도를 통해서 알 수 있다.

예제9.2

연소실을 빠져나온 가스가 터빈 노즐로 들어가고 있다. 축 방향 속도는 동일하다. 다음 그림과 같은 상태량일 때 물음에 답하시오.

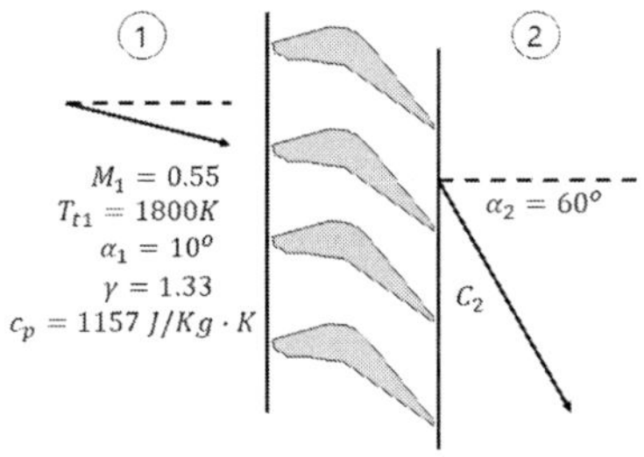

단, 노즐은 냉각되지 않으며 축 방향 속도는 일정하다.

(a) 입구 속도 C_1 $[m/s]$

(b) 출구 절대 마하수 M_2

(c) 유량 당 토크($r_1 \approx r_2 = 0.35\ m$)

해설

(a) 입구 속도 C_1

구간1 에서의 마하수와 전온도를 사용하여 정온도를 구할 수 있다.

$$T_1 = \frac{T_{t1}}{1+(\gamma-1)M_1^2/2} = 1714K$$

음속은

$$a_1 = \sqrt{(\gamma-1)c_pT_1} = 809\ m/s$$

$$\therefore C_1 = M_1a_1 = 445\ m/s$$

$$C_{z1} = C_1\cos\alpha_1 \approx 438.24\ m/s$$

(b) 출구 절대 마하수 M_2

$$C_2 = C_{z2}/\cos\alpha_2 = C_{z1}/\cos(60°)\ m/s$$

$$\approx 876.48\ m/s$$

구간 2의 음속을 계산하기 위해 T_2가 필요하다. 문제의 조건 중 `냉각되지 않은 노즐'에 의해 T_{t2}는 T_{t1}과 동일하다.

$$T_2 = T_{t2} - C_2^2/2c_p = 1800K - (876.48)^2/(2 \cdot 1157) \approx 1468K$$

(c) 유량 당 토크

$$\tau/\dot{m} = r_1C_{\theta_1} - r_2C_{\theta_2} \approx r(C_{\theta_1} - C_{\theta_2})$$

$$= r(C_{z1}\tan\theta_1 - C_{z2}\tan\theta_2)$$

$$= 10.35(438.24 \times \tan(10) - 438.24 \times \tan(60)) = -7056(m^2/s)$$

예제9.3

예제9.2)의 후단에 로터가 놓여 있다. 로터의 입구 상대 속도는 500 m/s 이며, 로터 출구의 절대 속도는 500 m/s이며 20도의 각도로 빠져나간다. 단, 노즐과 로터 사이의 공간은 유동 흐름에 영향을 주지 않는다. 다음 물음에 답하시오.
(a) 로터의 속도, (b) 유량 당 토크($r_1 \approx r_2 = 0.35m$), (c) 부하 계수, (d) 반동도

해설

(a) 로터의 속도 U

$C_{z2} = C_2 \cos\alpha_2 \approx 438.24\ m/s$

$C_{z3} = C_3 \cos 20 \approx 219.12\ m/s$

$C_{\theta_2} = C_{z3} \tan 20 \approx 759.05\ m/s$

$W_{\theta_2} = [C_3^2 - C_{z3}^2] = 240.72\ m/s$

$\therefore U = C_{\theta_2} - W_{\theta_2} = 759.05 - 240.72$
$= 518.33\ m/s$

(b) 유량 당 토크($r_1 \approx r_2 = 0.35m$)

$\tau/\dot{m} = rC_{z1}(\tan\theta_1 - \tan\theta_2)$
$= 304{,}803\ (m^2/s)$

(c) 부하 계수

$$\psi = \frac{C_{\theta 2} - C_{\theta 3}}{U} = 1.134$$

$\psi = C_{\theta_2} - W_{\theta_2} = 759.05 - 240.72$
$= 518.33\ m/s$

(d) 반동도

$$R = 1 - \frac{C_{\theta 2} + C_{\theta 3}}{2U} = 0.103$$

9.4 터빈 냉각(Cooling of Turbine)

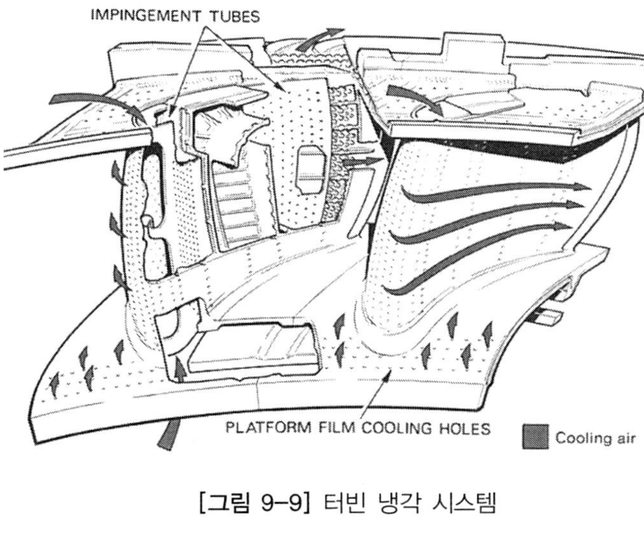

[그림 9-9] 터빈 냉각 시스템

터빈에서 에너지 또는 동력을 얻는 것도 중요하지만 가스터빈 엔진의 성능은 터빈 입구 온도에 제한을 받기 때문에 터빈 구조물이 고온에 견디는 것이 매우 중요하다. 이때 터빈 구조물이 견딜 수 있는 온도보다 연소가스의 온도가 더 높기 때문에 냉각을 통해서 이 온도차를 극복해야 한다. 그림 9-9)는 냉각 시스템이 있는 터빈을 표현하였다. 이 그림을 자세히 보면 베인 벽면에 작은 홀들이 뚫려있는 것을 알 수 있다. 터빈 구조물을 냉각하기 위한 공기는 압축기에서 연소기를 우회하여 압축된 공기는 이 홀들을 통해 나온다. 이 홀에서 나온 냉각 공기가 베인 벽면에 막을 형성하여 고온의 연소가스가 베인에 직접 닿지 않도록 한다. 따라서 냉각을 위한 압축 공기 또는 냉각 공기로 터빈 베인 벽면에 막을 형성한다고 하여 막 냉각(Film cooling)이라 한다.

그림 9-10)과 같이 냉각 공기 홀의 채널은 매우 복잡하게 형성되어 있으며 고온의 연소가스가 특히 많이 부딪혀 연소가스에서 베인으로 열 전달이 많이 발생하는 부분에 고압의 냉각 공기를 보내 냉각 공기 막을 두껍게 형성시키고, 상대적으로 열 전달이 적게 발생하는 부분에는 저압의 냉각 공기를 보내어 냉각 공기 막을 얇게 형성시켜 효과적으로 터빈 냉각시스템을 구현한다. 이 그림을 보면 고압의 냉각 공기가 흐르는 부분과 저압의 냉각 공기가 흐르는 부분의 위치를 확인할 수 있다.

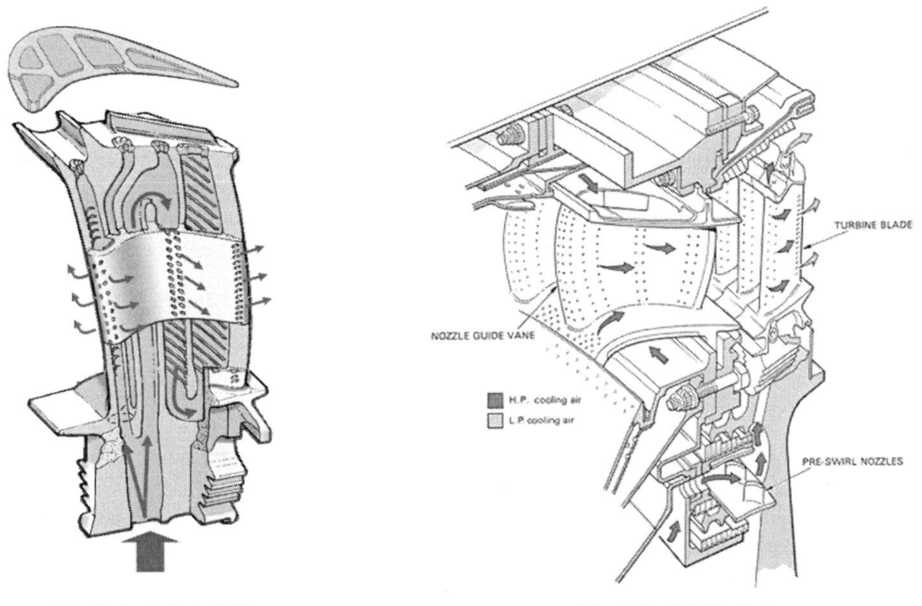

(a) 터빈 베인의 내부 (b) 터빈 베인의 단면

[그림 9-10] 냉각 시스템이 있는 터빈 베인의 내부와 단면

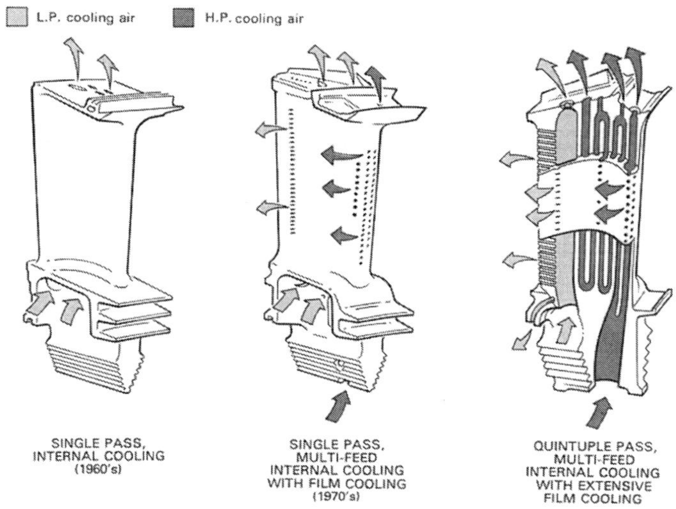

[그림 9-11] 시대별 터빈 베인의 단면

현대의 터빈 베인은 터빈 베인 내부의 다양한 통로를 구성하였고 베인 표면의 홀 또한 이전 시대의 것보다 훨씬 많아졌다는 것을 알 수 있다. 따라서 냉각 시스템이 과거보다 훨씬 복잡해졌고 효과적인 냉각 시스템을 구현하는 방향으로 개발된다는 것을 알 수 있다.

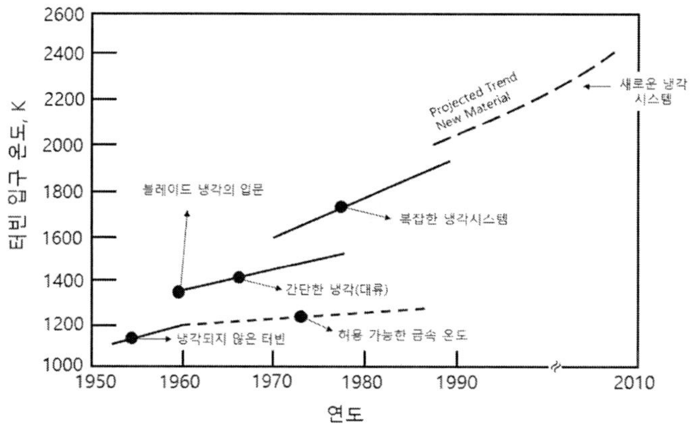

[그림 9-12] 연도에 따른 터빈 한계 온도 변화

그림 9-12)는 연도에 따른 터빈 구조물이 견딜 수 있는 온도의 변화를 보여준다. 1960년대 냉각 시스템이 도입되기 전에는 재료의 한계 온도가 곧 터빈의 열적 한계 온도이었으며 약 1200 K 정도였다. 1960년대 냉각 시스템이 도입되어 10년 사이 터빈 열적 한계 온도를 약 100 K정도 높였고, 시대가 지남에 따라서 냉각 시스템 또한 더욱 복잡해지고 냉각 효과 또한 증가하였다. 시대별로 보면 1970년대에 단순한 냉각 시스템을 이용하여 터빈 열적 한계 온도를 1400 K까지, 1980년대에는 정교한 냉각 시스템의 개발로 인해 약 1800 K까지 증가하였다. 냉각 시스템에 복합소재 재료의 개발로 인하여 2000년대 들어서는 2400 K까

지 증가하였다. 이 수치를 보았을 때 재료 개발 또한 냉각 시스템을 구성하는 것과 같이 중요한 요소라고 볼 수 있다. 재료가 견딜 수 있는 온도가 높아질수록 냉각에 의존하는 비율이 낮아지거나 또는 똑같은 냉각 시스템을 갖고 있으면 터빈 입구 온도를 더 높일 수 있기에 가스터빈 엔진의 효율은 증가하게 된다.

예제9.4

연소기를 지난 연소가스는 50 kg/s의 질량 유량과 $h_{tg}=1800kJ/kg$을 가진다. 터빈 블레이드는 냉각 시스템에 의해 냉각되는데 0.5 kg/s의 질량 유량과 $h_{tc}=900kJ/kg$이 터빈 블레이드 끝단에서 분사된다. 냉각 기술로 인해 희석된 가스는 감소된 엔탈피를 가지게 된다. $h_{t,mixed-out}$을 구하시오. ($c_p=1.59kJ/kg\cdot K$)

해설

에너지 균형 식에 의해

$$\dot{m}_g h_{tg}+\dot{m}_c h_{tc}=(\dot{m}_g+\dot{m}_c)h_{t,mixed-out}$$

$$50kg/s\cdot 1800kJ/kg+0.5kg/s\cdot 900kJ/kg$$
$$=(50kg/s+0.5kg/s)h_{t,mixed-out}$$
$$\therefore h_{t,mixed-out}=1791.1kJ/kg$$

9.5 터빈 설계

터빈은 압축기와 달리 순압력 구배의 유동 상태에서 작동 한다. 따라서 경계층 박리에 대해 많이 민감하지 않다.

압축기 설계와 유사하게 터빈 설계에도 질량 보존, 운동량 보존, 에너지 보존 방정식을 사용한다. 각 운동량 보존식은 오일러 터빈 방정식으로 표현이 된다(앞절, 8장 참조).

$$\tau_{fluid}=\dot{m}(r_2C_{\theta 2}-r_1C_{\theta 1}) \quad \text{식 (9-27)}$$

터빈 단(Stage)은 스테이터, 즉 노즐에서부터 시작된다. 연소가스는 터빈 노즐에서 팽창되고 가속된다. 유체 열 에너지가 운동 에너지로 바뀌는 구간이다. 노즐의 입구 유동은 일반적으로 무회전(Swirl free)이며 노즐은 유동에 회전력을 전달한다. 이는 회전을 제거하는 압축기 스테이터와는 정반대이다.

로터와 유체 간의 동력 교환은 다음의 그림에서 확인할 수 있다. 로터의 회전 방향은 공력이 접선(tangential) 방향에 가해지는 방향과 같다. 로터 축 동력은 에너지 보존에 의해 로터의 입구와 출구의 에너지 차이만큼 발생하므로 다음과 같이 표현된다.

$$\wp_{rotor}=-\wp_{fluid}=\dot{m}(h_{t2}-h_{t3}) \quad \text{식 (9-28)}$$

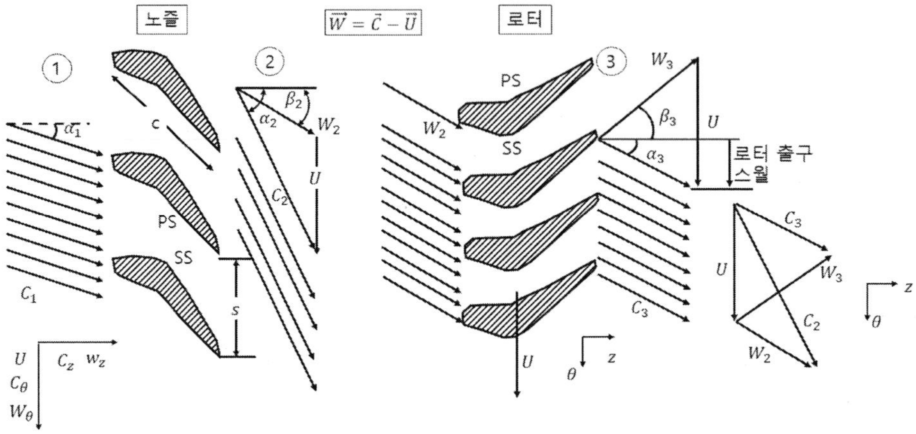

[그림 9-13] 터빈 속도 삼각형과 유동 형상

오일러 터빈 방정식을 통하여 다음과 같이 표현할 수 있다(9.2절 참조).

$$\wp_{rotor} = -\wp_{fluid} = \dot{m}\omega[(r_2 C_{\theta 2}) - (r_3 C_{\theta 3})] \qquad \text{식 (9-29)}$$

유동이 터빈 로터를 지나면 회전이 사라지기 때문에 식 (9-29) 우측의 값은 양(+)이다. 따라서 로터는 동력을 얻고 반대로 유체는 에너지를 잃는 것을 알 수 있다. 노즐에서 토크는 다음과 같다.

$$\tau_n = -\tau_{fluid} = \dot{m}[(r_1 C_{\theta 1}) - (r_2 C_{\theta 2})] \qquad \text{식 (9-30)}$$

로터에서 토크는 다음과 같다.

$$\tau_r = -\tau_{fluid} = \dot{m}[(r_2 C_{\theta 2}) - (r_3 C_{\theta 3})] \qquad \text{식 (9-31)}$$

단이 반복되는 경우엔, 로터 출구 각 운동량이 노즐 입구 각 운동량과 같아진다. 즉,

$$r_3 C_{\theta 3} = r_1 C_{\theta 1} \qquad \text{식 (9-32)}$$

터빈 비일(Specific work)은 노즐 출구 각 α_2과 로터 출구에서 회전이 없다는 조건을 통해 표현될 수 있다.

$$w_t = U(C_{\theta 2} - C_{\theta 3}) \approx UC_{\theta 2} = C_{z2}\tan\alpha_2 \qquad \text{식 (9-33)}$$

식 (9-33)을 통해 축 방향 속도 C_z가 일정 할 때, 로터의 유량당 일의 양은 회전 속도 U와 α_2가 증가할 때 선형적으로 증가함을 알 수 있다. 일반적으로 α_2의 각도는 70°까지 제한된다. 그렇지 않으면 유량 손실이 과도해진다.

$$\alpha_{2,\max} \approx 70° \qquad \text{식 (9-34)}$$

설계 계산 순서는 다음과 같다.

(1) 터빈 축 토크와 터빈의 평균 반지름 및 축 방향 속도 결정

(2) 터빈 로터 블레이드 깃수 선정

(3) 블레이드 비틀림각 선정

(4) 최종 형상 치수 보정

프로젝트: 터빈 설계

터빈 역시 압축기와 마찬가지로 원심식 터빈과 축류식 터빈이 있다. 여기서는 축류식 터빈을 설계해보자. 반동도는 50%이고, $\alpha_3 = 0$, $\beta_2 = 0$인 반동 터빈을 선정하였다. 그리고 터빈 로터에서 발생하는 동력을 극대화하기 위해서 터빈 노즐 출구에서의 최대 유동각인 $\alpha_2 \cong 70°$로 선정을 하였다.

《 풀이 》

(1) 평균 반지름 및 필요 축 방향 속도

[표 9-1] 평균 반지름 계산

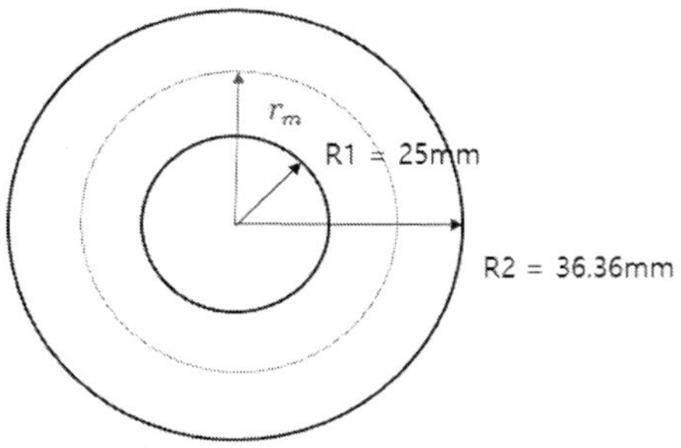

$$\psi = \frac{w_t}{U^2} = 1 \ (where\ U = r_m \cdot w)$$

$$U = r_m \cdot w = \sqrt{w_t} = \sqrt{\frac{P_{req}}{\dot{m}}}$$

$$r_m = \frac{1}{w}\sqrt{\frac{P_{req}}{\dot{m}}} = \frac{60}{2\pi \cdot rpm}\sqrt{\frac{P_{req}}{\dot{m}}}$$

$$(where\ \ rpm = 83{,}700,\ \ P_{req} = 16.862kw)$$

$$\therefore r_m = 30.69mm$$

$$\therefore R_2 = 2r_m - 25 = 36.36mm$$

[표 9-2] 필요 축 방향 속도 계산

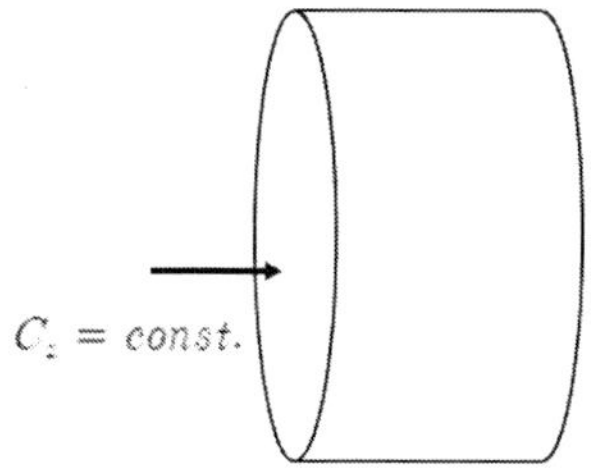

(터빈)

$$U = C_Z \tan\alpha_2$$

$$C_Z = \frac{U}{\tan\alpha_2} = \frac{r_m \cdot w}{\tan\alpha_2}$$

$$(where\, w = \frac{rpm \cdot 2\pi}{60})$$

$$\therefore C_{Z,\max} = 109.21 m/s$$

(2) 블레이드 깃수 선정

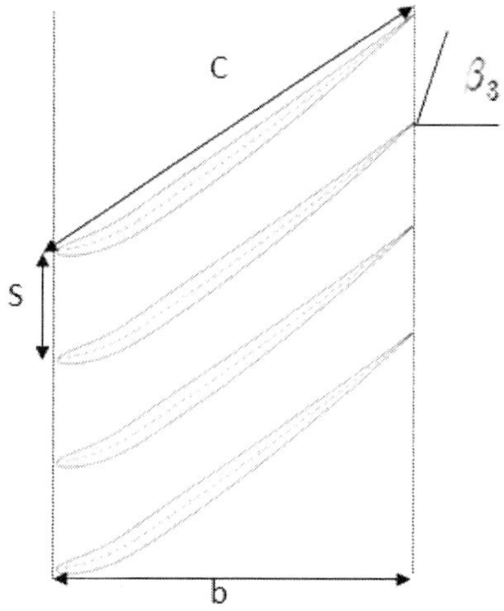

《 터빈 로터 축 방향 단면 》

블레이드 접선 방향 힘 계수를 이용하여 블레이드 사이 간격인 S에 관한 식이 유도된다.

$$Z = \frac{2S}{C}(Cos\beta_3)^2(\tan\beta_2 - \tan\beta_3)$$

축 방향 속도가 일정하면 다음과 같은 ZC/S 식이 유도되며, 보통 제트 엔진에서의 블레이드 접선 방향 힘 계수가 0.8을 참고하여 다음과 같은 시위, 블레이드 사이 간격 S에 관한 식이 유도되었다.

$$.\frac{ZC}{S} = 2(\cos\beta_3)^2(\tan\beta_2 - \tan\beta_3) \quad (Z \cong \text{f or } jetangle, \beta_2 = 0)$$

실제 kj-66 모델의 경우 23개의 블레이드 깃을 가지고 있다. 하지만 블레이드 깃수가 많아지면 터빈의 전체적인 스케일이 감소되어 목업을 만들 때 불리할 것으로 판단하였다. 따라서 제작 및 설계 용이성을 위해 블레이드 깃수를 20개로 선정하였다.

다음은 블레이드 깃수 20개에 대한 계산 값이다.

블레이드 사이각	$\frac{360°}{20}=18°$
블레이드 사이 거리	$2\pi r_m \times \frac{18°}{360°} \cong 9.6387mm$
시위 길이	$C=0.8453S=8.1476mm$

(3) 블레이드 비틀림각 선정

블레이드 비틀림각을 주어야 하는 이유는 같은 각속도로 돌면 블레이드 길이 방향에 따라 선속도가 달라진다. 이에 따라 모멘트가 발생하여 블레이드 구조적으로 무리가 생길 수 있기 때문에 비틀림각을 주어 같은 각속도에도 블레이드 길이 방향에 따라 선속도를 같게 해주어야 한다.

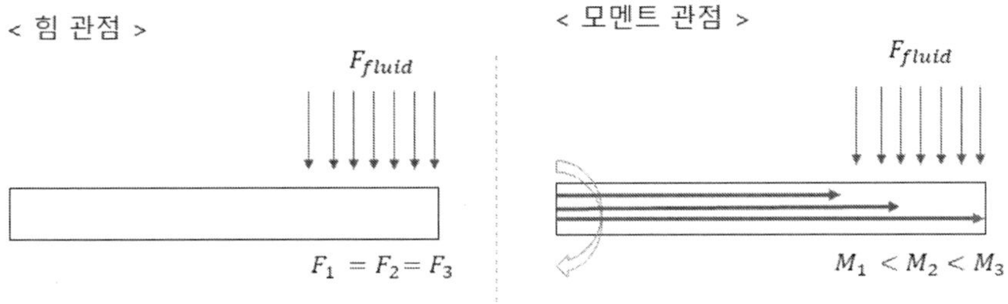

유동이 터빈 입구로 들어오면서 블레이드에 충돌하여 얻는 힘과 공력을 이용하여 터빈 로터를 돌리게 된다. 이때 반동도를 50%로 설정하였기 때문에 충돌력이 50%, 공력이 50%가 발생한다. 하지만 충돌력같은 경우에는 유동의 유효 면적이 필요한데 이 유효 면적을 결정하는 데 한계가 있기 때문에 공력만 고려하여 비틀림각을 설정하였다.

$$F_\theta = \dot{m}(W_{\theta 2} - W_{\theta 1})$$

즉 터빈 로터가 회전방향으로 받는 힘을 뜻한다.

Known	
ρ_2	$0.8045kg/m^3$
s	$7.03mm$
W_{z2}	$104.67m/s$
$W_{\theta 1}$	$250.946m/s$
$W_{\theta 2}$	$-250.946m/s$

$$\therefore F_\theta = 116.94N$$

여기서 회전력의 50%가 공력이기 때문에 $F_{aero} = 58.47\ N$으로 구할 수 있다. 이때 공력(F_{aero})은 양력 계수의 관계식으로 표현할 수 있다.

$$F_{aero} = C_l \frac{1}{2} \rho C_z^2 c \quad (\text{c : cord length})$$

공력으로 인하여 블레이드 뿌리에서 받는 모멘트는 다음과 같이 구할 수 있다.

$$M = r C_l(r) \frac{1}{2} \rho C_z^2 c = r_m \cdot F_{aero}$$

블레이드 단면이 에어포일 형상이고, 에어포일은 받음각에 따른 양력 계수를 결정할 수 있는데 이 양력 계수는 받음각과 레이놀즈에 대한 함수로 표현이 된다. 해당 설계에 적용되는 NACA 9210 에어포일 형상에 대한 양력 계수는 MIT에서 배부하는 Xfoil 이라는 툴로 계산이 가능하며, 이를 계산하기 위해서는 유동의 레이놀즈 수를 알아야 한다.

레이놀즈 수의 정의는 다음과 같다.

$$Re_L \equiv \frac{\rho VL}{\mu} = \frac{\rho C_z c}{\mu}$$

Known	
ρ_2	$0.8045 kg/m^3$
c	$0.0164 mm$
$C_z = W_2$	$104.27 m/s$

레이놀즈 수를 구하기 위해서는 미지수인 점성 계수를 알아야한다. 이를 위해서는 터빈 입구로 유입되는 연소가스의 질량 분율을 계산해야 하며, 그 과정은 다음과 같다.

터빈 로터를 통과하는 연소가스의 분자식과 질량 분율은 다음과 같이 계산된다.

연소가스 분자식 : $12CO_2 + 13H_2O + 74O_2 + 347.8N_2$

	분자량 [kg/kmol]	몰 분율	질량 분율
CO_2	44	0.0269	0.04104
H_2O	18	0.02910	0.01818
O_2	32	0.1656	0.1840
N_2	28	0.7784	0.7567

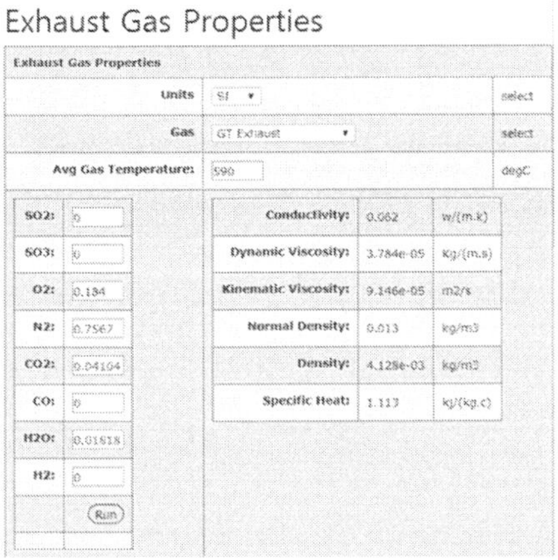

연소가스 점성계수
$\mu \approx 3.784 \times 10^{-5} kg/ms$

질량분율 값을 firecad.net에 입력해 점성 계수를 도출했다.

$$\therefore Re_L \equiv 40200(\text{층류})$$

연소가스가 난류로 들어오긴 하지만 코드 길이가 매우 작기 때문에 층류가 될 수 있으며 Xfoil 툴에 적용이 가능함을 확인했다.

Xfoil을 이용해 계산한 블레이드의 뿌리~끝단까지의 양력 계수 및 받음각은 다음과 같다.

NACA 9210 Ma = 0.1891 Re = 0.029×10⁶ α = 4.8171° C_L = 1.4282 C_M = -0.2071 C_D = 0.04844 L/D = 29.49 N_{cr} = 9.00	NACA 9210 Ma = 0.1891 Re = 0.029×10⁶ α = 2.6349° C_L = 1.0547 C_M = -0.1719 C_D = 0.05774 L/D = 18.27 N_{cr} = 9.00	NACA 9210 Ma = 0.1891 Re = 0.029×10⁶ α = 1.4198° C_L = 0.8164 C_M = -0.1516 C_D = 0.06207 L/D = 13.15 N_{cr} = 9.00
r_i(뿌리)	r_m(평균)	r_o(끝단)

	길이 [m]	양력 계수	받음각 [°]
r_i(뿌리)	0.020910	1.4282	
r_m(평균)	0.02863	1.0547	
r_o(끝단)	0.036321	0.8164	

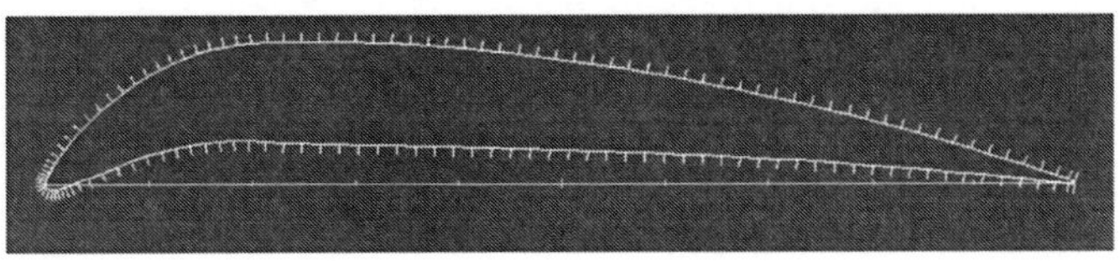

[그림 9-15] NACA9210

Xfoil 프로그램 상 Save 기능을 이용하여 NACA9210 좌표값 저장을 저장하였다.

(4) 최종 형상 치수

제 원	값	제원	값
초기 외부 반경 [mm]	36.32	반동도 [%]	50
초기 평균 반지름 [mm]	30.661	α_1, β_1 [Degree]	?
내부 반경 [mm]	25	α_2 [Degree]	?
회전 수 [rpm]	83,700	β_2 [Degree]	?
질량 유량 [kg/s]	0.233	α_3[Degree]	?
발생 동력 [W]	16,862		

터빈 노즐 입구		터빈 노즐 출구		터빈 로터 출구	
정온도	860.016 K	정온도	831.408 K	정온도	?
정압력	244.659 kPa	정압력	213.671 kPa	정압력	?
전온도	863.384 K	전온도	863.384 K	전온도	?
전압력	248.517 kPa	전압력	248.517 kPa	전압력	?
절대 속도	88.244 m/s	절대 속도	271.898 m/s	절대 속도	?
마하수	0.153	마하수	0.481	마하수	?

터빈이 발생시키는 일은 터빈 로터를 지나기 전과 후의 전온도를 이용하여 구할 수 있다.

$$Work_{turb} = (\dot{m}_{air} + \dot{m}_{fuel})(T_{t4} - T_{t5})c_{pt}$$

$$\therefore\ Work_{turb} = 16.862kW$$

$$Work_{comp} = \dot{m}_{air} c_p (T_{t3.5} - T_{t2}) = 16.862kW$$

따라서 터빈을 통해 얻어지는 동력과 압축기를 구동하기 위한 필요 일이 같음을 확인하였다.

터빈 로터 출구의 상태량을 얻었으니 노즐 구간의 상태량들을 구할 수 있다.

카티아 모델링

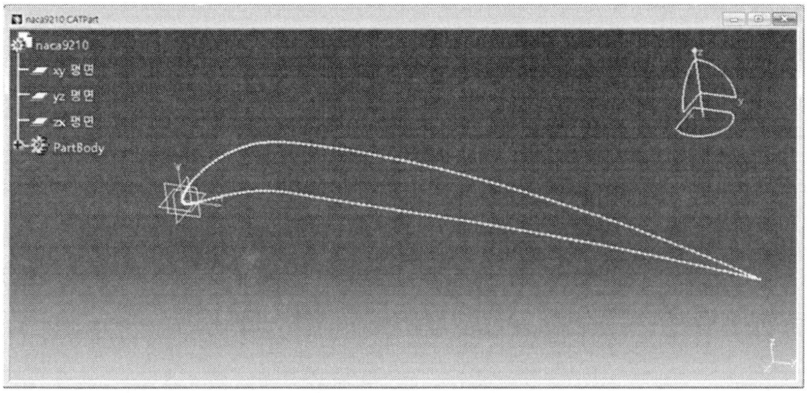

[그림 9-16] NACA9210

카티아 상에 NACA9210 에어포일을 띄우기 위해 엑셀 매크로 기능을 이용하였다.

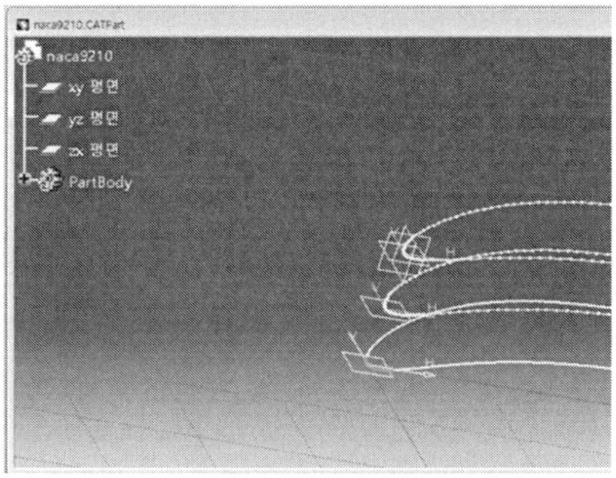	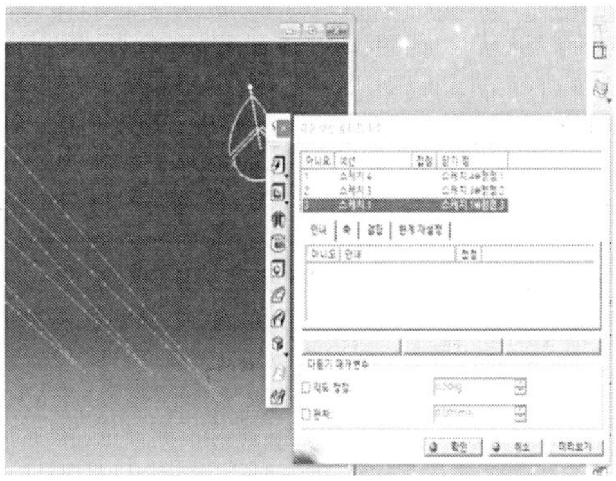
면 생성 후 에어포일 복제 후 회전 기능을 이용한 비틀림각 설정	다중 섹션 솔리드 정의 기능

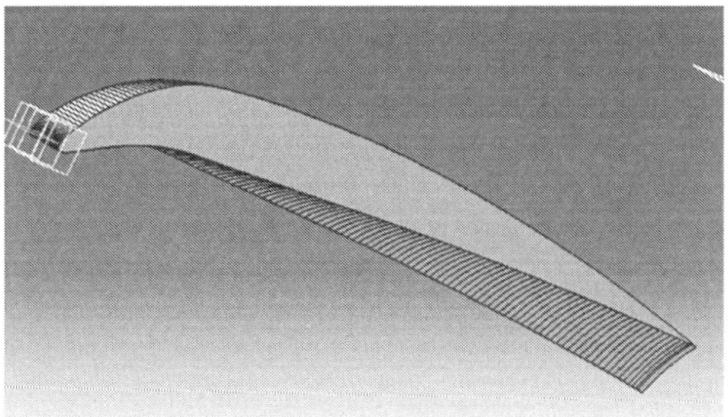

[그림 9-17] 비틀림이 적용된 에어포일

설계 블레이드 개수에 맞게 복제를 하고 로터, 노즐 디스크 같은 경우 형상에 맞게 간단하게 제작하면 다음과 같다.

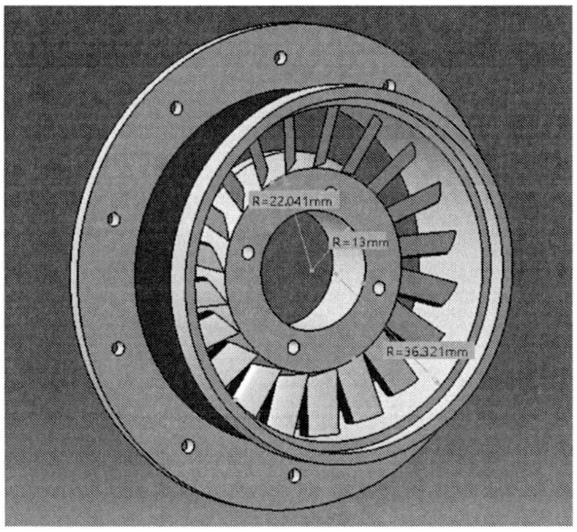

노즐

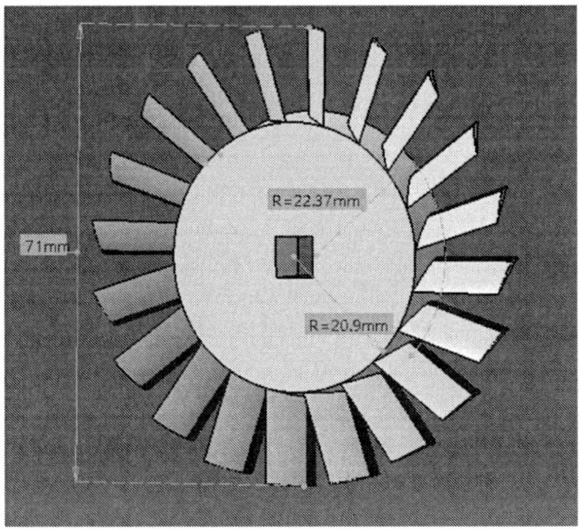

로터

《 최종 형상 》

연습문제

1 터빈 로터에서 절대 속도가 감소하는데 압력 또한 감소한다. 그 이유를 설명하시오.

2 축류 압축기와 축류 터빈의 구조는 비슷하다. 하지만 압력 변화율은 터빈이 압축기 보다 크다. 그 이유를 설명하시오.

3 터빈 노즐 입구의 전압력과 전온도가 $483\,kPa$, 760℃ 이다. 가스 속도는 $152\,m/s$, 노즐 출구 압력은 $241\,kPa$, 출구 전압력은 $441\,kPa$이다. 노즐 출구 속도, 노즐 효율, 출구 마하수를 구하시오.

4 터빈 입구에서 전압력과 전온도가 각각 $305\,kPa$, 707℃ 이고, 터빈 출구의 전압력 및 전온도가 각각 $160\,kPa$, 577 ℃ 이라면, 가스와 축 간의 전달 손실이 출력의 4% 일 때 전체 터빈 효율을 구하시오.

5 1단 터빈의 로터의 반동도는 0이다. 로터 출구에서 가스의 회전 방향이 없다(즉, $C_{\theta 3} = 0$). 노즐 출구 각도는 70도이다. 1단 통로(노즐과 로터)에서 축 방향 속도는 $252\,m/s$로 일정하다. 터빈 입구 전온도는 $1650\,K$이다. 다음을 구하시오. (단 $C_p = 1156\,J/kg\,K$, $\gamma = 1.33$)

(1) 로터 속도
(2) 1단에서의 전온도 손실
(3) 로터 출구 마하수
(4) 노즐과 로터의 속도 삼각형

6 1단 터빈의 로터의 반동도는 15%이다. 로터 출구는 회전 방향이 없다(즉, vortex free, $C_{\theta 3}=0$). 평균 반경은 0.6m이며, 축 속도는 6500rpm이다. 1단 통로(노즐과 로터)에서 축 방향 속도는 일정하다. 다음을 구하시오.

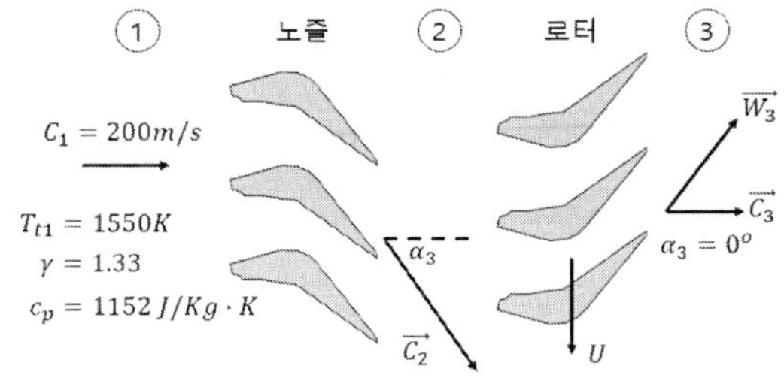

(단 $C_p = 1152\, J/kg\, K$, $\gamma = 1.33$, 입구 조건은 그림과 같음)

(1) 노즐 출구 스월 속도($C_{\theta 2}$)

(2) 로터 출구 마하수

(3) 부하 계수

7 스월이 없는 터빈 로터(free vortex turbine rotor)의 선단 직경이 0.61m, 뿌리 직경이 0.46m이고 속도의 축 방향 성분이 183m/s이다. 로터는 50% 대칭 반동도이며, 로터 속도(U)는 306m/s, 로터의 선단과 뿌리에서의 속도 차이는 457m/s이다. 로터의 선단과 뿌리에서의 속도 삼각형을 구하시오.

8 오른쪽 그림처럼 3단 축류 터빈에서 터빈으로 들어오는 연소가스의 전온도는 1100K이다. 3단 각 로터의 평균 회전 속도는 340m/s로 일정하다. 다른 데이터는 아래 표와 같다. 다음을 구하시오.
(단 $C_p = 1148\, J/kg\, K$, $R = 287\, J/kg\, K$, $\gamma = 1.33$)

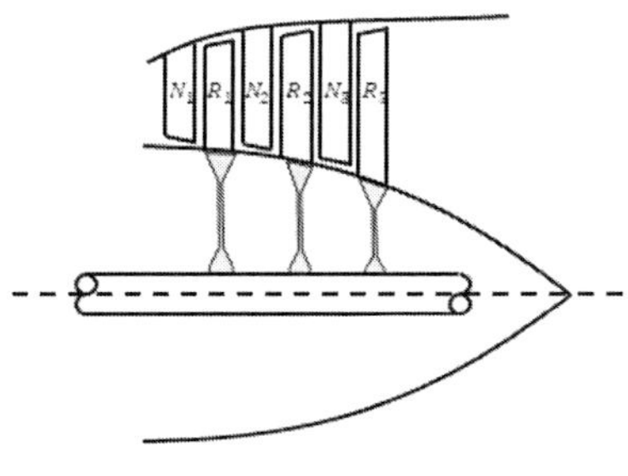

(1) 각단에서 속도 삼각형

(2) 각단에서 압력 손실

9 아래와 같은 설계 변수를 사용하여 축류 터빈을 설계하려 한다. 속도 삼각형을 작성하고 필요한 전압력비 P_{T0}/P_{T2}와 1단 전체 효율을 구하시오. 이들 결과를 사용하여 터빈의 기본형태와 크기를 설계하시오. ($\gamma = 1.4$, $c_p = 1.005\, kJ/kg \cdot K$)

- 질량 유량 당 터빈일: $\Delta h_t = 232.635\, kJ/kg$, 가스 질량 유량: $\dot{m} = 3.37\, kg/s$
- 입구 전압력: $P_0 = 552\, kPa$, 입구 전온도: $T_0 = 1255\, K$
- 노즐 효율: $\eta_N = 0.94$, 로터 효율: $\eta_R = 0.88$, 블레이드 부하 계수: $\Psi = 3$
- 반동도: 0.4, 로터의 회전수 : 40000rpm

Chapter 10

가스터빈 엔진 통합 설계와 탈설계

Chapter 10

가스터빈 엔진 통합 설계와 탈설계

10.1 소개(Introduction)

항공기는 이륙을 시작으로 상승과 순항, 하강, 착륙까지 많은 상태를 경험한다. 전체 비행 시간을 보면 항공기가 이륙과 착륙하는 시간에 비해 순항하는 시간이 압도적으로 많다. 이에 따라 항공용 가스터빈 엔진의 설계점은 순항하는 조건에 맞춰져 있다. 가스터빈 엔진의 설계점이 순항 조건에 맞춰져 있다고 하더라도 이륙과 착륙 조건에서도 엔진이 정상적으로 작동해야 한다. 이륙을 할 때는 큰 추력이 필요하기 때문에 설계점보다 더 큰 회전수를 이용하여 많은 공기를 흡입하고 큰 추력을 발생시켜야 하며, 착륙할 때는 중력 방향 성분의 힘을 도움받기 때문에 보다 작은 추력이 발생하더라도 안정적으로 착륙할 수 있어야 하며 설계점보다 더 작은 회전수를 이용한다. 따라서 가스터빈 엔진을 설계함에 있어 설계점 뿐만 아니라 설계점 밖의 작동 조건을 모두 고려해야 한다. 또한 고도에 따라 대기의 상태량이 달라지고, 회전수에 따라 엔진 내부의 각 구성품들을 통과하는 작동 유체의 상태 또한 달라지기 때문에 설계점 밖에서 엔진 작동이 가능해야 한다.

가스터빈 엔진이 설계점에서 최적으로 설계가 되고 제작이 되면 형상을 바꿀 수 없기에 설계점 밖에서의 엔진 또한 어떻게 작동되며 작동 유체는 어떠한 상태량을 갖고 있는지 알아볼 필요가 있다. 이때 질량 보존, 에너지 보존 법칙에 의해 각 구성품 간의 매칭(matching)을 통해 질량과 에너지가 보존되는지 확인을 해야 한다. 매칭 과정에는 압력 또는 온도를 고려한 수정된 파라미터를 사용하며 설계점 밖에서 가스터빈 엔진 내부의 작동 유체의 상태, 회전수, 동력 등의 변화와 엔진이 작동 가능한지 확인해야 한다.

10.2 수정된 파라미터(Corrected Parameters)

1) 수정된 압력과 온도(Corrected pressure and temperature)

$$\text{수정된 압력} : \delta_i \equiv \frac{p_{0i}}{p_{ref}} \qquad \text{식 (10-1a)}$$

$$\text{수정된 온도} : \theta_i \equiv \frac{T_{0i}}{T_{ref}} \qquad \text{식 (10-1b)}$$

수정된 압력은 δ 로 표현을 하며, 하첨자 i는 엔진 내부의 구간의 위치를 나타내는 숫자를 의미한다. 예를 들면 압축기 입구는 ②, 압축기 출구는 ③으로 지칭할 수 있다. 이 수정된 압력은 각 구간의 전압력을 기준 압력으로 나눈 값으로 정의한다. 여기서 기준 압력은 보통 대기압(101.325 kPa)으로 한다.

수정된 압력과 유사하게 수정된 온도를 정의한다. 수정된 온도는 θ 로 표현하고, 하첨자 i는 엔진 내부의 구간의 숫자를 의미한다. 수정된 온도 또한 각 구간의 전온도를 기준 온도로 나눈 값으로 정의한다. 이때 기준 온도는 상온 288 K(15℃)로 한다.

2) 수정된 작동 유체 질량 유량(Corrected mass flow rate)

$$\dot{m}_{ci} \equiv \frac{\dot{m}_i \sqrt{\theta_i}}{\delta_i} \qquad \text{식 (10-2)}$$

수정된 작동 유체 질량 유량은 식 (10-2)과 같이 정의한다. 하첨자 c는 수정되었다는 것을 의미한다. 수정된 압력과 온도와 다르게 각 구간별 작동 유체 질량 유량, 온도, 압력을 고려하여 정의했다. 이 수정된 작동 유체 질량 유량에 수정된 압력과 온도의 정의를 대입하고 마하수의 함수로 표현하면 다음과 같은 식 (10-3)으로 표현할 수 있다.

$$\text{수정된 질량 유량}: \dot{m}_{ci} \equiv \frac{\dot{m}_i \sqrt{\theta_i}}{\delta_i} = \sqrt{\frac{\gamma_i}{R_i}} \frac{p_{ref}}{\sqrt{T_{ref}}} A_i M_i \left(1 + \frac{\gamma_i - 1}{2} M_i^2\right)^{-\frac{\gamma_i + 1}{2(\gamma_i - 1)}} \qquad \text{식 (10-3)}$$

$$\left(\because \dot{m} = \frac{p_t}{\sqrt{RT_t}} A \sqrt{\gamma} M \left(1 + \frac{\gamma - 1}{2} M^2\right)^{\frac{\gamma + 1}{2 - 2\gamma}} : \text{2장 참조}\right)$$

3) 수정된 회전수(Corrected shaft speed)

$$\text{수정된 회전수}: N_{ci} \equiv \frac{N}{\sqrt{\theta_i}} \qquad \text{식 (10-4)}$$

터보제트 엔진을 예로 들면 단일 스풀인 경우엔 한 축으로 압축기와 터빈이 연결되어 있으므로 각 구간의 회전수는 모두 동일하다. 이때는 단일 스풀일 때를 가정하고 표현하였고, 각 구간별 온도를 고려하여 회전수를 수정하였다. 만약 멀티 스풀이라면 HPC와 HPT가 연결되어 있고, LPC와 LPT가 연결되어 각각의 회전수는 다르다.

4) 수정된 연료 질량 유량(Corrected fuel flow rate)

$$\text{수정된 연료 질량 유량}: \dot{m}_{fc} \equiv \frac{\dot{m}_f}{\delta_2 \sqrt{\theta_2}} \qquad \text{식 (10-5)}$$

수정된 연료 질량 유량은 연료 질량 유량에 압축기 입구에서의 압력과 온도를 고려하여 식 (10−5)과 같이 정의한다.

5) 수정된 추력(Corrected thrust)

$$F_c \equiv \frac{F}{\delta_0} \qquad \text{식 (10−6)}$$

수정된 추력은 추력에 대기 상태의 압력을 고려하여 식 (10−6)과 같이 정의한다. 따라서 대기 상태의 압력에 따라 수정된 추력 값은 바뀌게 된다.

6) 수정된 TSFC(Corrected thrust specific fuel consumption)

$$TSFC_c \equiv \frac{TSFC}{\sqrt{\theta_0}} \qquad \text{식 (10−7)}$$

수정된 TSFC는 TSFC에 대기 상태의 온도를 고려하여 식 (10−7)과 같이 정의한다. 또한 TSFC의 정의에 앞서 수정된 파라미터의 정의를 이용하여 다음 식과 같이 표현할 수 있다.

$$TSFC_c = \frac{TSFC}{\sqrt{\theta_0}} = \frac{\dot{m}_f}{F}\frac{1}{\sqrt{\theta_0}} = \frac{\dot{m}_{fc}\delta_2\sqrt{\theta_2}}{F_c\delta_0}\frac{1}{\sqrt{\theta_0}} \qquad \text{식 (10−8)}$$

수정된 온도와 압력의 정의를 식 (10−8)에 대입하면 다음 식 (10−9)과 같다.

$$TSFC_c = \frac{\dot{m}_{fc}\delta_2\sqrt{\theta_2}}{F_c\delta_0}\frac{1}{\sqrt{\theta_0}} = \frac{\dot{m}_{fc}}{F_c}\frac{\delta_2}{\delta_0}\sqrt{\frac{\theta_2}{\theta_0}} = \frac{\dot{m}_{fc}}{F_c}\frac{p_{t2}/p_{ref}}{p_{t0}/p_{ref}}\sqrt{\frac{T_{t2}/T_{ref}}{T_{t0}/T_{ref}}} \qquad \text{식 (10−9)}$$

식 (10−9)을 정리하고, 압력비는 π로, 온도비는 τ로 표현하면 다음 식 (10−10)과 같다.

$$TSFC_c = \frac{\dot{m}_{fc}}{F_c}\frac{p_{t2}}{p_{t0}}\sqrt{\frac{T_{t2}}{T_{t0}}} = \frac{\dot{m}_{fc}}{F_c}\pi_d\sqrt{\tau_d} \qquad \text{식 (10−10)}$$

흡입구에서 열 에너지의 출입이 없다고 가정하면 전온도는 일정하기 때문에 τ_d는 1이 되고 TSFC는 다음 식 (10−11)으로 간단히 표현된다.

$$TSFC_c = \frac{\dot{m}_{fc}}{F_c}\pi_d \qquad \text{식 (10−11)}$$

10.3 압축기-터빈 간의 매칭(Compressor-Turbine Matching)

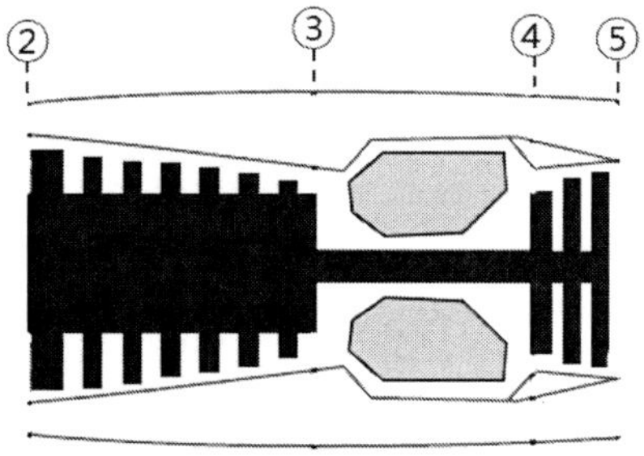

[그림 10-1] 압축기-터빈 연결

압축기와 터빈의 매칭은 압축기에서 필요한 동력만큼 터빈에서 동력을 발생시켜야 한다. 압축기와 터빈 사이에 회전축(Shaft)을 이용하여 동력을 전달한다. 이 회전축을 이용하여 동력을 전달할 때 기계적 마찰로 인해 동력(에너지) 손실이 발생하므로 이 동력손실을 고려한 기계적 효율을 고려한다. 만약 멀티 스풀인 경우에는 저압 압축기와 연결된 저압 터빈의 스풀과 고압 압축기와 연결된 고압 터빈의 스풀의 회전수는 다르다. 그림 10-1)과 같이 단일 스풀에 대해서 알아보자.

다음 식은 압축기의 필요 동력과 터빈에서 발생된 동력을 의미한다.

$$P_c = \dot{m}_0 (h_{t3} - h_{t2}) \quad \text{식 (10-12a)}$$

$$P_t = \dot{m}_0 (1+f)(h_{t4} - h_{t5}) \quad \text{식 (10-12b)}$$

또한 터빈에서 발생된 동력은 회전축에서 발생된 손실된 동력만큼 빼고 남은 양만큼 압축기로 전달된다. 수식으로 표현하면 다음 식과 같다.

$$\dot{m}_0 (h_{t3} - h_{t2}) = \eta_m \dot{m}_0 (1+f)(h_{t4} - h_{t5}) \quad \text{식 (10-13)}$$

압축기에서의 온도비로 식 (10-13)의 엔탈피를 정압 비열과 온도로 표현하고, 식을 정리하면 다음 식과 같다.

$$\tau_c - 1 = \eta_m (1+f) \frac{C_{p,t}}{C_{p,c}} \frac{T_{t4}}{T_{t2}} (1 - \tau_t) \quad \text{식 (10-14)}$$

위 식과 같이 압축기와 터빈의 에너지 발란스를 열역학 특성치로 표현할 수 있다.

1) 성능 맵(Turbine Performance Map)

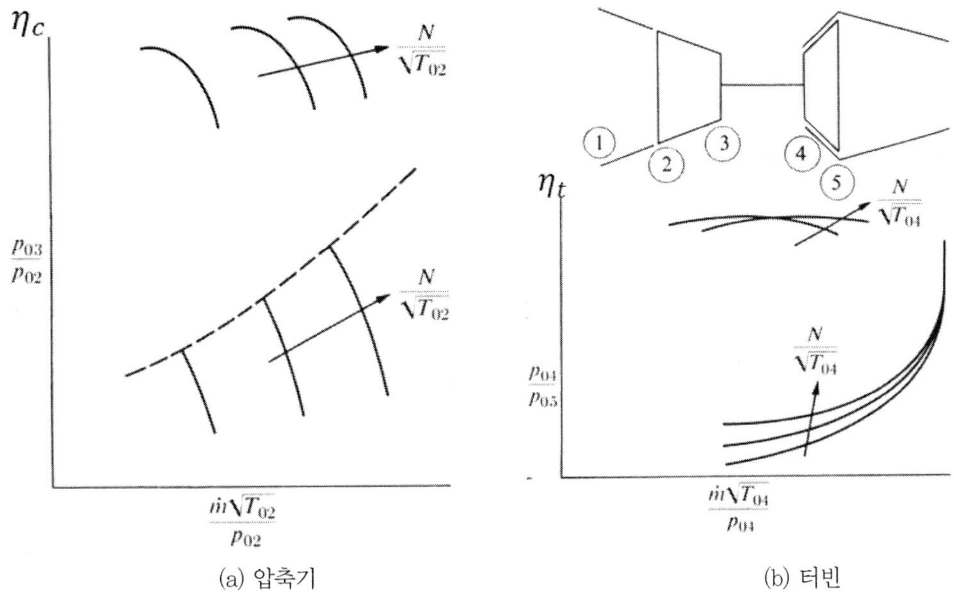

[그림 10-2] 압축기와 터빈의 성능 맵

그림 10-2)는 압축기와 터빈의 성능 맵을 나타낸다. 터빈의 성능 맵의 X축은 수정된 질량 유량으로 표현하였다. 특정 회전수에 따라 효율과 압력비를 알 수 있다. 회전수가 증가할수록 속도와 압력비는 점차 증가하고, 효율은 변화가 적다고 볼 수 있다. 압축기와 터빈의 성능 맵의 차이는 곡선의 방향과 변화 폭이다. 압축기는 일정한 회전수를 갖는다고 할 때 효율과 압력비와 같은 성능의 변화가 작동 유체의 질량 유량의 변화에 따라 크게 변하지만 터빈의 경우 그 변화폭이 작다고 할 수 있다. 이는 터빈의 성능이 크게 변하지 않는 범위가 압축기보다 더 넓다는 것을 의미한다. 또한 유동 관점에서 터빈은 순 압력 구배이기 때문에 역압력 구배인 압축기에 비해 흐름이 안정하고 상대적으로 유동 박리가 발생할 확률이 작다. 따라서 순압력 구배인 터빈의 성능 맵을 보면 최고점에서 연소가스의 유량이 변함에 따라 성능의 변화는 상당히 작아 좋은 성능으로 작동할 수 있는 범위가 넓다.

터빈과 압축기의 매칭에 있어서 작동 영역이 넓은 터빈보다 작동 영역이 좁은 압축기에 유의할 필요가 있다. 만약 터빈의 작동 영역에 맞춘다면 압축기의 작동 영역 밖에 존재할 수 있기 때문에 엔진 작동이 불안정할 수 있다.

2) 터빈과 압축기 매칭 과정

(1) 작동 회전수(N)를 설정한다.

(2) 터빈의 입구 온도(T_{04})를 가정한다.
(만약 터빈의 재료를 선택했다면 이 재료가 견딜 수 있는 온도로 설정한다.)

(3) 압축기의 압력비(π_c)를 가정한다.

(4) 단위 작동 유체 질량 당 압축기에 필요한 일(w_c)을 계산한다.

(5) 압축기에 필요한 일을 터빈에서 발생시킬 수 있도록 터빈의 압력비(π_t)를 계산한다.

(6) 엔진으로 들어온 흡입 공기에 공급된 연료의 질량 유량과 터빈 입구로 들어오는 연소가스의 질량 유량이 질량 평형($\dot{m}_{turb} = (\dot{m}_{comp} + \dot{m}_f)$)을 이루는지 확인한다. 만약 이 관계식이 성립하지 않으면 3번으로 돌아가 새로운 압축기의 압력비(π_c)를 가정한다.

(7) 흡입구 압력비(π_d), 압축기 압력비(π_c), 연소실 압력비(π_b), 터빈 압력비(π_t)로부터 노즐 압력비(π_n)를 계산한다.

(8) 터빈으로 들어오는 작동 유체의 질량 유량($\dot{m}_{turb}$), 노즐 압력비(π_n), 터빈 입구 온도(T_{04})를 이용하여 노즐의 출구 면적(A_e)을 계산한다. 만약 계산한 노즐 출구 면적($A_{e,calculated}$)과 실제 노즐 출구 면적($A_{e,actual}$)과 비교하여 같지 않다면 2번으로 돌아가 새로운 터빈 입구 온도(T_{04})를 가정한다.

열역학적 사이클을 이용한 가스터빈 엔진의 시스템이 작동하기 위해 맨 처음 터빈과 압축기의 매칭이 필요하다. 압축기에 필요한 동력을 터빈으로부터 전달받아야 하며, 터빈에서도 압축기에서 필요한 동력이 발생해야 하기 때문이다. 서로의 매칭 과정은 위와 같은 순서로 구성되어 있다.

먼저 (1) 작동 회전수를 설정한다. 작동 회전수를 설정할 때 엔진의 출력을 고려하여 설정하고 이때 만약 작은 출력을 요구하면 작은 작동 회전수로, 반대로 많은 출력을 요구하면 더 큰 작동 회전수로 설정한다. 예를 들면 회전수가 8,000 rpm 또는 10,000 rpm과 같은 회전수로 설정한다. (2) 터빈 입구 온도는 제약조건이 있으므로 이 온도를 설정한다. 또는 엔진의 최고 온도를 가정한다. (3) 압축기의 압력비를 가정한다. 이때 어떤 회전수에서 어떤 온도인지 잘 모르기 때문에 성능 맵 또는 유사한 엔진을 벤치마킹한다. (4) 압축기에 필요한 일을 계산할 수 있다. (5) 터빈은 압축기에 필요한 동력을 전달하기 때문에 압축기에 필요한 일만큼 터빈에서 발생되어야 하므로 이에 맞는 터빈의 압력비를 결정한다. (6) 연소기에서 질량 평형이 이루어지는지 확인한다. 만족되지 않으면 (3)으로 돌아가 질량 평형이 이루어 질 때까지 (3)~(6) 과정을 반복한다.

만약 연소기에서 질량 평형이 이루어진다고 한다면 그 다음 노즐을 설계한다. (7)노즐 앞 구성품인 흡입구, 압축기, 연소기, 터빈의 압력비를 이용하여 노즐의 압력비를 계산한다. 이때 연소가스가 노즐을 통해 배출되기 때문에 노즐의 효율도 고려해야 한다. (8) 터빈으로 들어오는 연소가스의 질량 유량과 노즐의 압력비, 터빈의 입구 온도를 이용하여 노즐 출구 면적을 계산하고, 실제 노즐 면적과 비교한다. 만약 만족되지 않는다면 (2)으로 돌아가 새로운 터빈 입구 온도를 설정하고 (2)~(8) 과정을 반복한다. 모든 과정을 만족해야만 가스터빈 엔진의 전체 시스템이 설계가 완성되었다고 할 수 있다.

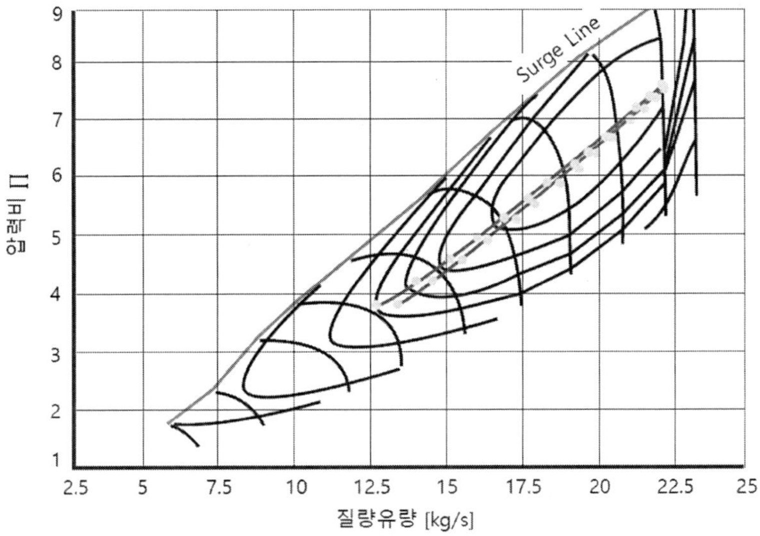

[그림 10-3] 고압 압축기 성능 맵

압축기와 터빈의 매칭뿐만 아니라 다른 구성품들과의 매칭에서도 엔진 작동 영역에서 문제없이 정상 작동을 하는 것이 일차적인 목표이다. 이차적인 목표는 작동 영역에서 정상 작동뿐만 아니라 가능한 높은 효율 또는 높은 성능에서 작동되는 것이다. 그림 10-3)의 성능 맵을 보면 압축기의 압력비, 효율뿐만 아니라 터빈의 성능 선도를 그래프로 표현하였다. 먼저 압축기의 압력비를 보면 회전 속도에 따라 압력비는 각각 다르다는 것을 알 수 있고 압력비를 너무 높이면 Surge 현상에 빠지기 때문에 Surge line에 붙지 않도록 해야 한다. 여기서 압축기의 회전 속도는 압축기가 결정하는 것이 아니라 터빈에 의해서 결정된다. 터빈에서도 마찬가지로 효율이 높고 팽창비가 좋은 작동점이 있을 것이고 이 점에서 회전 속도는 다른 변수들에 영향을 받는다.

압축기의 효율을 보면 회전수가 클수록 좋아지는 것을 알 수 있지만 회전수가 너무 크면 효율이 크게 감소함을 알 수 있다. 따라서 효율이 가장 좋으면서 회전수도 맞추는 회전수 변수가 0.9인 선도를 따라가는 것이 좋다. 이때 효율을 너무 높이면 Surge 현상에 빠지기 쉬우므로 주의해야 한다.

10.4 탈설계 해석

항공기는 이륙을 시작으로 고도 상승과 순항, 고도 하강, 착륙까지 많은 상태를 경험한다. 이에 따라 가스 터빈 엔진의 설계점과 다른 조건에서 엔진이 작동되어야 하고 요구되는 추력을 제공되어야 한다. 설계점과 다른 조건(점)을 탈설계점(Off-design)이라고 한다. 본 절에서는 탈설계점에 대한 성능 해석을 설명한다.

10.4.1 이중 스풀 터보제트 엔진의 탈설계 해석

5장 엔진 성능 해석 예제로 설명한 이중 스풀 터보제트 엔진에 대해 탈설계 해석 예시를 들어 설명한다(엔진의 형상과 설계점에서의 성능은 5장 예제를 참조).

탈설계점을 계산하기 위하여 필요 구성품의 성능 맵을 교정하고 탈설계점을 찾기 위한 오차 변수를 결정해야 한다. 성능 맵의 교정 변수는 10.2절에 설명된 변수 , 즉 회전수, 질량 유량 등을 적용한다. 오차 변수는 다음의 6개(유량 균형과 에너지 균형)를 선정한다.

(1) 입력값(운항 조건)과 추정값 설정

- 운항 조건: 고도(10.67km), 비행 마하수(0.86)

(2) 구성부품 맵 스케일링

〈운용 조건에 따른 구성 부품의 성능〉

- 압축기 – 축 속도, R-line ⇒ 효율, 수정된 유량(MFP), 압력비
- 터빈 – 축 속도, 압력비 ⇒ 효율, 수정된 유량(MFP)

(3) 탈설계점 계산

① 입력값(운항 조건) & 추정값 6개 설정

고압 축 속도(NH)	0.9871	HPC R-line	2.0298
LPC R-line	2.0298	HPT 압력비(HPT PR)	2.2668
연료 유량	1.5675	LPT 압력비(LPT PR)	1.3403

② 엔진 계산

- 설계점 계산식 사용(구성 부품의 노즐 크기, 내부 구조 변하지 않음)
- 맵 데이터 구성 부품 성능 값으로 사용

– 교정 축 속도 계산(저압, NL, 고압 NH)

1. LPC	$NL_{LPC} = \frac{\sqrt{T_{t2,D}}}{\sqrt{T_{t2,O-D}}} * NL_{input}$
2. HPC	$NH_{HPC} = \frac{\sqrt{T_{t2.5,D}}}{\sqrt{T_{t2.5,O-D}}} * NH_{assumed}$
3. HPT	$NH_{HPT} = \frac{\sqrt{T_{t4,D}}}{\sqrt{T_{t4,O-D}}} * NH_{assumed}$
4. LPT	$NL_{LPT} = \frac{\sqrt{T_{t4.5,D}}}{\sqrt{T_{t4.5,O-D}}} * NL_{input}$

– 구성 부품 성능 값

보간법 사용, 교정 축 속도와 R-line(압축기) 혹은 압력비(터빈)를 사용해 구성 부품 성능 값 계산

③ 오차 변수 선정 및 계산

1. HPC 유량 균형	$Error_1 = \dot{m}_{c2.5,O-D} - \dot{m}_{c2.5,map}$ $\dot{m}_{c2.5,O-D} = \dot{m}_{2.5,O-D} \times \sqrt{\frac{T_{t2.5}}{288.15}} / \frac{P_{t2.5}}{101.325}$
2. HPT 유량 균형	$Error_2 = \dot{m}_{c4,O-D} - \dot{m}_{c4,map}$ $\dot{m}_{c4,O-D} = \dot{m}_{4,O-D} \times \sqrt{\frac{T_{t4}}{288.15}} / \frac{P_{t4}}{101.325}$
3. LPT 유량 균형	$Error_3 = \dot{m}_{c4.5,O-D} - \dot{m}_{c4.5,map}$ $\dot{m}_{c4.5,O-D} = \dot{m}_{4.5,O-D} \times \sqrt{\frac{T_{t4.5}}{288.15}} / \frac{P_{t4.5}}{101.325}$
4. 노즐 유량 균형	$Error_4 = \dot{m}_{7,O-D} - \rho_{9,O-D} \times V_{9,O-D} \times A_9$
5. 고압 축 에너지 균형	$Power_{HPC,O-D} / \eta_{m_{hp\ shaft}} - Power_{HPT,O-D}$
6. 저압 축 에너지 균형	$(Power_{fan,O-D} + Power_{LPC,O-D}) / \eta_{m_{LP\ shaft}} - Power_{LPT,O-D}$

④ 오차 범위 설정(Tolerance) 및 수치 기법 적용

- 오차 범위: $\sum_{i=1}^{6} Error_i^2 < 10e-11$
- Newton-Raphson 사용: $x_{n+1} = x_n - J_F(x_n)^{-1} F(x_n)$
- x : 6가지 입력값, J_F: $Jacobian$, $F(x)$: 엔진 모델 계산

• 자코디안 메트릭스 J_F(6X6) 계산(미분 대신, step 사용하여 근사값 계산)

• 각 입력값이 6가지 오차에 미치는 영향을 확인 및 사용하기 위함

$$J_F = \begin{pmatrix} \dfrac{Error_1(x_1+\frac{x_{1_{step}}}{2}) - Error_1(x_1-\frac{x_{1_{step}}}{2})}{x_{1_{step}}} & \cdots & \dfrac{Error_6(x_6+\frac{x_{6_{step}}}{2}) - Error_1(x_6-\frac{x_{6_{step}}}{2})}{x_{6_{step}}} \\ \vdots & \ddots & \vdots \\ \dfrac{Error_6(x_1+\frac{x_{1_{step}}}{2}) - Error_6(x_1-\frac{x_{1_{step}}}{2})}{x_{1_{step}}} & \cdots & \dfrac{Error_6(x_6+\frac{x_{6_{step}}}{2}) - Error_6(x_6-\frac{x_{6_{step}}}{2})}{x_{6_{step}}} \end{pmatrix}$$

$NH_{step}(x_1)$	0.01	$PR_{HPT_{step}}(x_5)$	0.05
$R-line_{LPC,step}(x_3)$	0.5	$PR_{LPT_{step}}(x_6)$	0.05
$R-line_{HPC,step}(x_4)$	0.5	$f \times \dot{m}_{0_{step}}(x_8)$	0.05

$$J_F = \begin{pmatrix} -197.6682 & -0.3237 & 0 & 0 & 0 & 36.57 \\ -158.3707 & 10.3316 & 16.5285 & -0.0874 & 0 & 4.6875 \\ 4.0918 & -0.057 & -0.4055 & -0.5746 & 0 & -0.1033 \\ 52.4643 & 8.6343 & -4.6784 & 0.6687 & -0.009 & -0.55 \\ -135.2223 & 0.5788 & -50.2638 & 0 & -305.2023 & -24.3903 \\ 23.3417 & 9.174 & -9.5361 & 0.7083 & 4.6957 & -3.1584 \end{pmatrix}$$

• 6가지 오차가 오차 범위 내로 수렴할 때까지 반복

⑤ 탈설계점 계산 결과

$M_a = 0,\ altitude = 0m,\ NL = 1$		$M_a = 0.86,\ altitude = 10670m,\ NL = 1$	
고압 축 속도(NH)	1	고압 축 속도(NH)	0.9572
LPC R-line	1.7688	LPC R-line	1.8179
HPC R-line	2.0805	HPC R-line	2.0375
HPT 압력비(HPT PR)	2.2734	HPT 압력비(HPT PR)	2.2551
LPT 압력비(LPT PR)	1.3261	LPT 압력비(LPT PR)	1.3403
연료 유량	2.4734	연료 유량	1.0337

(1) 추력과 연료 소모율 계산

1) 비행 조건(고도 10.67 km, M=0.86)

$T_a = T_a + \triangle T_{amb} = 233.795\,K$

$P_a = 23.8348\,kPa$

$P_{ta} = P_a(1+\frac{\gamma-1}{2}M_a^2)^{\frac{\gamma}{\gamma-1}} = 38.6390\,kPa$

$T_{ta} = T_a(1+\frac{\gamma-1}{2}M_a^2) = 268.4702\,K$

$a = \sqrt{\gamma R T_a} = 306.6385\,m/s$

$V = M_a \times a = 263.7091\, m/s$

$\rho_a = \dfrac{P_a}{RT_a} = \dfrac{23.8348\, kPa}{287.0512 \times 233.795\, K}$

$= 0.3552\, kg/m^3$

2) 흡입구

• 단열 조건으로 가정,

$T_{t2} = T_{ta} = 268.4702\, K$

$P_{t2} = P_{ta} \cdot \pi_d = 38.4454\, kPa$

3) 덕트1

$P_{t2} = P_{t2}(1 - dPqP_{duct1}) = 38.3493\, kPa$

4) LPC

$NL_c = \left(\sqrt{T_{t2,D}} / \sqrt{T_{t2.O-D}}\right) \times NL = 1.0626$

$\therefore \pi_{LPC} = 2.4223,\ \eta_{LPC} = 0.8699,$

$\dot{m}_{c_{LPC}} = 123.7792$

$P_{t2.5} = P_{t2} \times \pi_{LPC} = 92.8927\, kPa$

$s_{t2.5s} = s_{t2} + R \times \ln(\pi_{LPC}) = 7.0128 \cdot 10^3$

$T_{t2.5s} = 345.6229\, K$

$\Delta h_{t,actual} = (h_{t2.5s} - h_{t2})/\eta_{LPC} = 8.9172 \cdot 10^4\, \dfrac{J}{kg}$

$h_{t2.5} = h_{t2} + \Delta h_{t,actual} = 5.5037 \cdot 10^4\, \dfrac{J}{kg}$

$T_{t2.5} = 357.1348\, K$

$Power_{LPC} = \dot{m}_0 \times \Delta h_{t,actual} = 4.3388 \cdot 10^6\, W$

5) 덕트2

$P_{t2.5} = P_{t2.5} \times (1 - dPqP_{duct2}) = 92.6605\, kPa$

6) HPC

$NH_c = \left(\sqrt{T_{t2.5,D}} / \sqrt{T_{t2.5.O-D}}\right) \times NH = 1.0055$

$\therefore \pi_{HPC} = 5.8266,\ \eta_{HPC} = 0.8604,$

$\dot{m}_{c_{HPC}} = 59.2333$

$P_{t3} = P_{t2.5} \times \pi_{HPC} = 539.8982\, kPa$

$s_{t3s} = s_{t2.5} + R \times \ln(\pi_{HPC}) = 7.5518 \cdot 10^3$

$T_{t3s} = 585.3305\, K$

$\Delta h_{t,actual} = \Delta h_{t,isentropic} / \eta_{HPC} = 2.7201 \cdot 10^5$

$h_{t3} = h_{t2.5} + \Delta h_{t,actual} = 3.2705 \cdot 10^5\, \dfrac{J}{kg}$

$T_{t3} = 621.4422\, K$

$Power_{LPC} = \dot{m}_3 \times \Delta h_{t,actual} = 1.3235 \cdot 10^7\, W$

7) 연소기

$\dot{m}_4 = \dot{m}_0(1+f) = 49.6898\, kg/s$

$P_{t4} = P_{t3} \times \pi_b = 510.6801\, kPa$

$\dfrac{h_{t4} = \dot{m}_0 \times h_{t3} + \dot{m}_0 \times f \times Q_{R^*}\eta_b}{\dot{m}_0(1+f)}$

$T_{t4} = 1368.7\, K$

8) HPT

$NH_c = \left(\sqrt{T_{t4,D}} / \sqrt{T_{t4.O-D}}\right) \times NH = 0.9882$

$\therefore \eta_{HPT} = 0.9136,\ \dot{m}_{c_{HPT}} = 21.4869$

$\Delta h_{t,actual} = Power_{HPC} / \left(\eta_{m_{hp\,shaft}} \times (\dot{m}_0 + \dot{m}_0 \times f)\right)$

$= 2.6635 \cdot 10^5\, \dfrac{J}{kg}$

$h_{t4.5s} = h_{t4} - \dfrac{\Delta h_{t,actual}}{\eta_{HPT}} = 9.028 \cdot 10^5\, \dfrac{J}{kg}$

$h_{t4.5} = h_{t4} - \Delta h_{t,actual} = 9.2799 \cdot 10^5\, \dfrac{J}{kg}$

$T_{t4.5} = 1154.8\, K,\ T_{t4.5s} = 1134.3\, K$

$P_{t4.5} = P_{t4} \div \pi_{HPT} = 226.4509\, kPa$

9) 덕트3

$P_{t4.5} = P_{t4.5} \times (1 - dPqP_{duct3}) = 224.2196\, kPa$

10) LPT

$NL_c = \left(\sqrt{T_{t4.5,D}} / \sqrt{T_{t4.5.O-D}}\right) \times NL = 1.0325$

$\therefore \eta_{LPT} = 0.9303,\ \dot{m}_{c_{LPT}} = 44.9526$

$\Delta h_{t,actual} = \dfrac{Power_{LPC}}{\eta_{m_{lp\,shaft}} \times (\dot{m}_0 + \dot{m}_0 \times f)}$

$= 0.8604,\ \dot{m}_{c_{HPC}} = 59.2333$

$h_{t5s} = h_{t4.5} - \dfrac{\Delta h_{t,actual}}{\eta_{LPT}} = 8.3413 \cdot 10^5\, \dfrac{J}{kg}$

$h_{t5} = h_{t4.5} - \Delta h_{t,actual} = 8.4068 \cdot 10^5\, \dfrac{J}{kg}$

$T_{t5} = 1083.3\, K,\ T_{t5s} = 1077.9\, K$

$P_{t5} = P_{t4.5} \div \pi_{LPT} = 167.2935\, kPa$

11) 덕트4

$P_{t6} = P_{t5} \times (1 - dPqP_{duct4}) = 165.6156\, kPa$

12) 노즐(수축 노즐)

$T_{t7} = T_{t6} = 1083.3\, K$

$P_{t7} = P_{t6} = 165.6156\, kPa$

• 노즐 질식 상태 확인

$P_{sMN} = \dfrac{P_{t7}}{(1 + \frac{\gamma - 1}{2})^{\frac{\gamma}{\gamma - 1}}}$

$$= 90.0911\,kPa\,(at\,Mach = 1)$$

$$T_{sMN} = \frac{T_{t7}}{(1+\frac{\gamma-1}{2})} = 938.0403K$$

$$P_a = 23.8348kPa$$

$$P_{sMN}(90.0911\,kPa) > P_a(23.8348\,kPa)$$

$$\therefore choked$$

※ 질식 상태가 아닌 경우, 수치 기법(Bisection or false-position) 필요

$$P_7 = P_a = \frac{P_{t7}}{(1+\frac{\gamma-1}{2}M_7^2)^{\frac{\gamma}{\gamma-1}}}$$

위 식을 만족하는 마하 수 계산(수치 기법)

$$T_7 = \frac{T_{t7}}{(1+\frac{\gamma-1}{2}M_9^2)}$$

• 질식 상태인 경우,

$$M_7 = 1$$

$$P_7 = P_{sMN} = 90.0911kPa$$

$$T_7 = T_{sMN} = 938.0403\,K$$

• 노즐 출구 계산

$$a_7 = \sqrt{\gamma R T_7} = 593.9851\,m/s$$

$$V_7 = M_7 \times a_7 = 593.9851\ m/s$$

$$\rho_7 = \frac{P_7}{RT_7} = 0.3344\ kg/m^3$$

13) 성능 계산

$$F = \dot{m}_0(1+f)\,V_9 - \dot{m}_0\,V_0 + (P_9 - P_0)A_9$$
$$= 33.257\,kN$$

$$SFC = \frac{\dot{m}_0 \times f}{F} = 31.0821\,\frac{mg}{N\,s}$$

(2) 설계점과 탈설계점의 작동점 분석

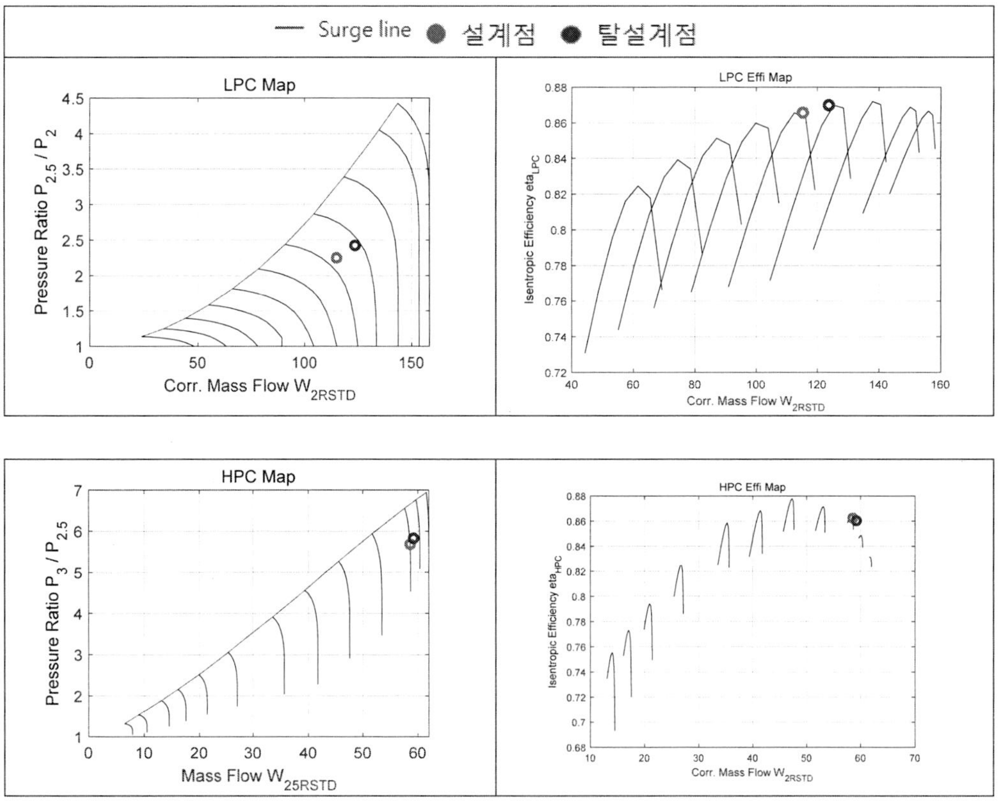

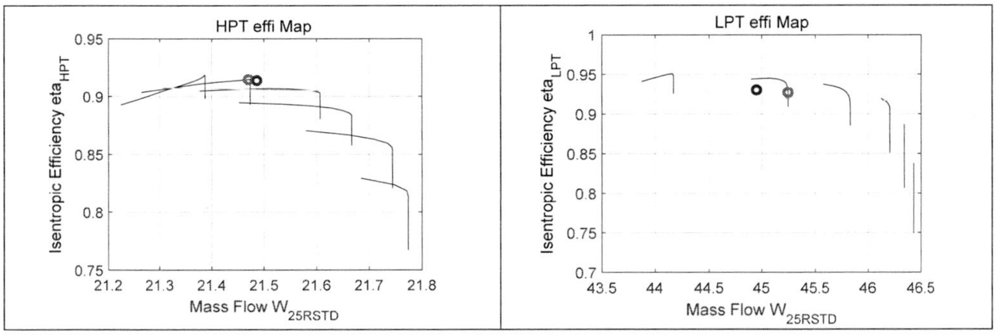

(3) 오차 분석

1. HPC 유량 균형	$Error_1 = \dot{m}_{c2.5,O-D} - \dot{m}_{c2.5,map} = 59.2333 - 59.2333 = 8.2884 \cdot 10^{-8}$
2. HPT 유량 균형	$Error_2 = \dot{m}_{c4,O-D} - \dot{m}_{c4,map} = 21.4869 - 21.4869 = 2.9124 \cdot 10^{-8}$
3. LPT 유량 균형	$Error_3 = \dot{m}_{c4.5,O-D} - \dot{m}_{c4.5,map} = 44.9526 - 44.9526 = 2.0152 \cdot 10^{-8}$
4. 노즐 유량 균형	$Error_5 = \dot{m}_{7,O-D} - V_{9,O-D} \times A_{9,D} \times \rho_{9,O-D}$ $= 49.6898 - (593.9851)(0.2501)(0.3344) = 8.8879 \cdot 10^{-8}$
5. 고압 축 에너지 균형	$\dfrac{\Delta h_{t,actual_{HPC}}}{\eta_{m_{hp\,shaft}}} - \Delta h_{t,actual_{HPT}} = \dfrac{1.3235 \cdot 10^{7}}{1} - 1.3235 \cdot 10^{7} = 1.6083 \cdot 10^{-8}$
6. 저압 축 에너지 균형	$\dfrac{\Delta h_{t,actual_{LPC}}}{\eta_{m_{LP\,shaft}}} - \Delta h_{t,actual_{LPT}} = \dfrac{4.3388 \cdot 10^{6}}{1} - 4.3388 \cdot 10^{6} = 7.2342 \cdot 10^{-6}$

10.5 엔진 통합 설계/제작 예시

가스터빈 엔진의 구성품(흡입구, 압축기, 연소실, 터빈, 노즐)의 설계 과정과 결과를 각 구성품의 장(chapter)의 마지막 부분에 "프로젝트"로 소개하였다. 설계된 구성품을 3D 프린터로 제작하였다. 각 구성품을 조립하고, 모터를 구동축에 연결하여 압축기-터빈의 회전을 확인하였다. 본 절에서는 엔진을 통합한 내용에 대해 설명한다. 더 자세한 내용이 필요하면 저자에게 연락하면 설계/제작에 관한 구체적인 자료를 제공할 수 있다.

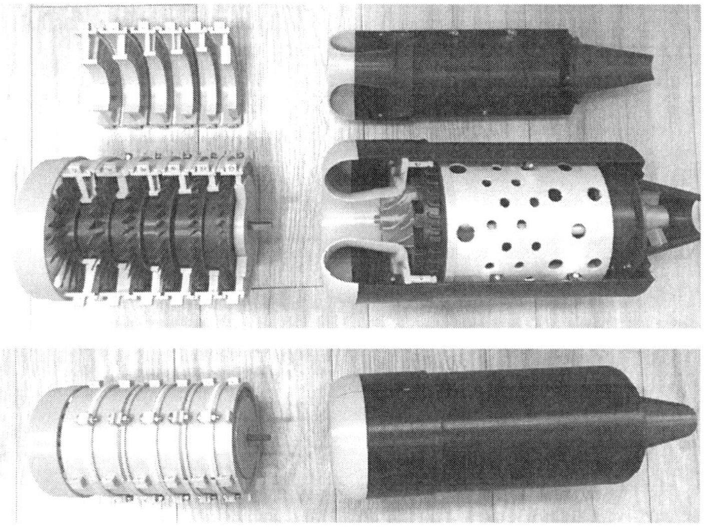

[그림 10-7] 6단 축류식 압축기 가스터빈 엔진(좌)과 원심식 압축기 가스터빈 엔진(우)

프로젝트: 탈설계 해석

5장 엔진 성능 해석의 이중 스풀 터보팬 엔진에 대해 탈설계 해석을 하시오(엔진의 형상과 설계점에서의 성능은 5장 참조).

연습문제

1 축류 압축기의 지상 정지 상태의 설계 축 속도와 공기 유량이 각각 8,000 rpm 및 27 kg/s이다. 1500 m 고도(압력 84.1 kPa, 온도 −12℃ 인)의 공항에서 엔진이 동일한 rpm으로 작동할 때 공기의 질량 유량과 압력비를 구하시오. (단 압축기의 성능 선도는 10.4 탈설계 해석에서 제공된 선도와 같음)

2 표준 해면고도 설계 조건에서 시험중인 터보제트 엔진이 11,000 rpm에서 9000 N의 추력을 발생하고 있다. 대기압과 외부 온도가 각각 81.26 kPa, −34℃ 의 고도에 있는 비행장에서 9,000 rpm으로 운전할 때, 정지 추력의 근사치를 구하시오.

3 터보프롭 엔진이 해면 고도에서의 설계 축 동력이 2,200 kW이고, 분사 추력은 회전수 9.000 rpm, 공기 유량 22.7 kg/sec에서 4,400 N이다. 프로펠러의 효율이 80%이고, 램 효율이 85%라면, 11,000 m의 고도에서 비행 속도가 180 m/sec, 엔진 회전수가 8,500 rpm일 때의 축 동력을 구하시오. (성능 선도는 10.4 탈설계 해석에서 제공된 선도와 같음)

Chapter 11

램제트 엔진

Chapter 11

램제트 엔진

11.1 소개

램제트 엔진은 경사 충격파와 수직 충격파를 이용하여 흡입 공기를 초음속에서 아음속으로 감속하고 연소기에서 연료와 공기를 혼합/연소시켜 발생한 연소가스를 노즐을 통해 가속시킴으로서 추진력을 얻는 추진기관이다. 공기 흡입식 엔진 중 가장 단순한 구조를 갖는 엔진 중 하나이이다. 열역학 사이클 관점에서 단열 압축–정압 연소–단열 팽창–정압 배기의 브레이튼 사이클에 해당된다. 그림 11–1)은 전형적인 초음속 램제트 엔진으로 흡입구–디퓨져–연소기–노즐로 구성된다. 연소기에서는 0.2에서 0.3 정도의 낮은 연소실 입구 마하수를 필요로 하기 때문에, 초음속 비행 시 흡입 유로에서의 압력 상승이 매우 크다. 예를 들어, 공기 유속이 비행 마하수 3에서 연소기 입구 마하수 0.3으로 등엔트로피 과정으로 감속된다면, 이때 대기압과 연소기에서의 정압력비는 약 34에 해당한다. 그렇지만 흡입구에서 발생하는 충격파로 인하여 전압력 손실이 발생하여 등엔트로피 과정에서 얻을 수 있는 압력비의 일부 만을 얻을 수 있다. 이는, 특히 높은 비행 마하수에서는, 충격파에 의한 전압력 손실이 매우 크게 발생한다. 본 장에서는 램제트 엔진에 대한 작동개념, 개발 이력, 열역학 사이클, 램제트 엔진 내에서의 열역학 상태량의 변화와 추력 특성에 대해 살펴본다.

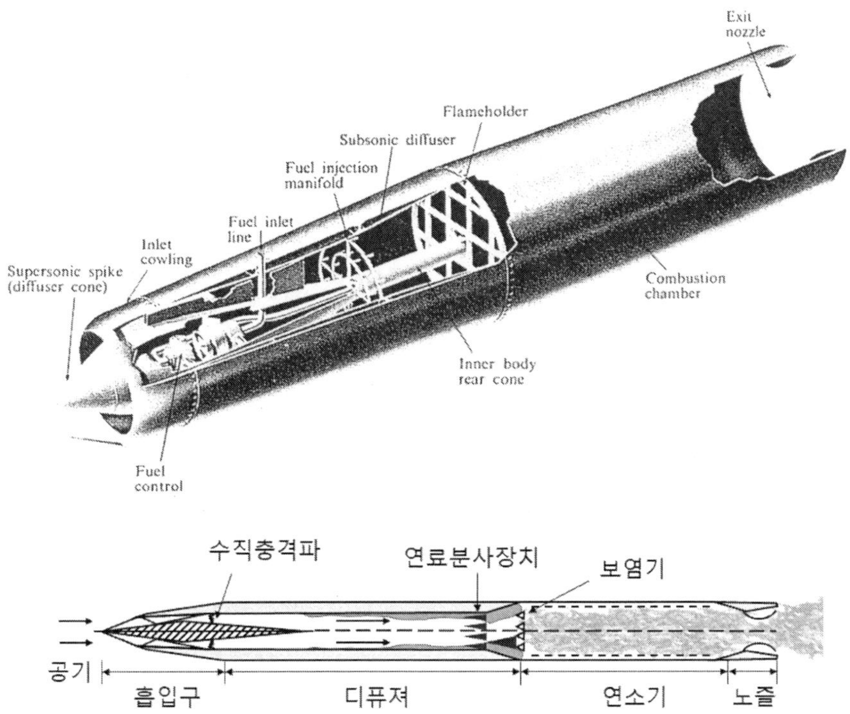

[그림 11–1] 액체 램제트 엔진 개략도

11.2 램제트 엔진(Ramjet engine)의 종류와 특징

가스터빈 엔진의 압축기는 아음속 영역에서는 흡입 공기를 압축에 적합하지만, 비행 속도가 초음속(마하수 2 이상)으로 빨라지면 엔진으로의 공기의 유입을 오히려 방해(blockage)하여 압축기의 성능이 크게 저하된다. 이를 극복하기 위하여 램제트 엔진은 압축기를 사용하지 않고 흡입구의 형상을 이용하여 수직 충격파(Normal shock wave)를 발생시켜 (램압축으로) 흡입 공기를 압축한다. 이는 초고속 비행에 적합할 뿐 아니라, 압축기와 터빈을 사용하지 않기 때문에 경량화가 가능하여 높은 추력/중량비(약 20)를 가진다. 그러나 램제트 엔진도 비행 마하수 4-5 이상이 되면 엔진 내의 공기 역학적 과부하로 인하여 압력 손실이 크게 증가하고, 연소 효율이 크게 저하하여 이 이상의 속도에서는 사용이 불가능하다. 왜냐하면 램제트 엔진은 아음속에서 연소를 하는데 흡입 공기가 극초음속에서 아음속으로 감속될 때 공기의 온도는 2000°K 이상이 되므로 공기의 해리가 일어날 뿐만 아니라 화염 온도에 근접 또는 상회하므로 연소에 의한 화학 에너지를 발생시켜 추진 에너지를 얻겠다는 추진 개념이 무의미하게 된다. 이러한 문제점을 극복하고 마하수 5 이상에서도 작동이 가능한 공기 흡입식 엔진이 스크램제트(Supersonic combustion ramjet) 엔진이다. 스크램 엔진에 대하여는 다음 장(12, 13장)에서 다룬다.

램제트 엔진은 형태와 사용되는 연료 관점에서 분류할 수 있다.

1) 형태 관점

램제트 엔진은 가스터빈 엔진과 달리 작동 특성상 초음속 비행에서만 유효 추력을 발생시킬 수 있어 램제트의 작동 가능 속도(비행 마하수 약 1.5)까지 가속시켜주는 로켓 추진 기관과 같은 부스터가 필수적이다. 부스터와 램제트의 조합 기술은 여러 번의 변화를 거쳐 발전해 왔으며, 더욱 간결하고 소형/경량화 되었다. 이들은 그 형태에 따라 다음과 같이 3가지 세대로 구분된다(그림 11-2 참조).

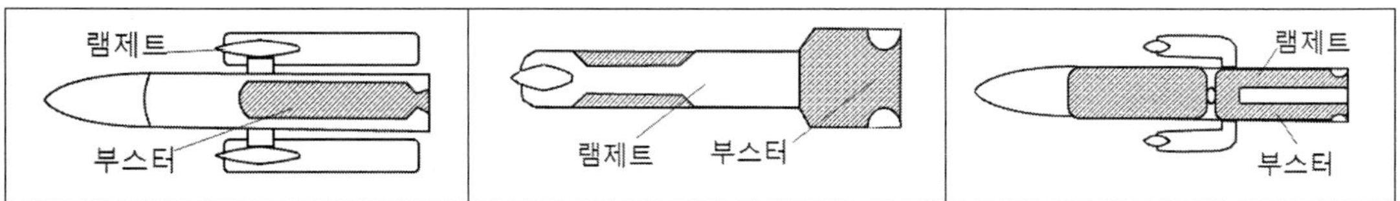

(a) 1 세대 | (b) 2 세대 | (c) 3 세대

[그림 11-2] 램제트 엔진의 형태에 따른 분류

■ 제1세대

램제트 엔진이 기체 밖에 부착되어 부피와 무게가 가장 큰 형태이다. 1950년대의 램제트 개발 역사 중 초창기 형태로 미국의 대공 BOMARC, ICBM Navaho, 러시아 Burya 등이 이에 속한다.

■ 제2세대

램제트 엔진이 비행체의 내부에 위치하고, 램제트 다음에 연이어 로켓 부스터가 연결되어 있다. 이와 같은 형태는 1세대보다 부피와 무게가 작지만 여전히 부스터가 램제트와 별도로 연결되어 있어 비행체의 크기와 무게가 크게 감소되지 못하는 형태이다. Sea Dart, Ganef(SA-4) 등이 이에 해당된다.

■ 제3세대

2세대와 달리 부스터가 램제트 엔진의 연소실 내부 공간에 장착되어 있으며, 부스터의 추진제가 연소 후에는 램제트의 연소실 공간으로 사용되어 한 개의 연소실에서 부스터와 램제트 엔진이 작동하므로 비행체의 소형/경량화가 가능하다. 오늘날의 램제트 유도탄이 이와 같은 유형이다. 프랑스의 ASMP, 러시아의 YAKHONT 등이 이에 해당된다.

2) 연료 관점

램제트 엔진은 사용되는 연료에 따라 구분된다. 액체 연료를 사용하는 액체 램제트 엔진, 고체 연료를 사용하는 고체 램제트 엔진, 고체연료 가스 발생기에서 발생되는 가스를 연료로 사용하는 덕티드 로켓으로 구분된다.

■ 액체 램제트(Liquid Fuel Ramjet)

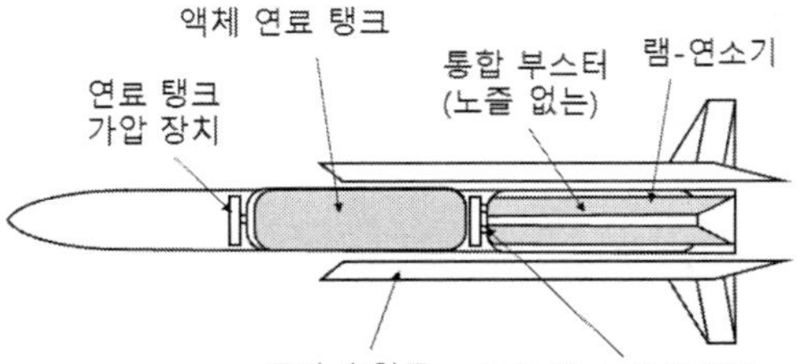

[그림 11-3] 액체 램제트

액체 램제트는 연료 탱크에 저장된 액체 연료가 연료 조절/분사 장치를 통해 연소실로 공급되어 공기 흡입구를 통해 공급된 대기 공기와 혼합되어 연소가스가 발생되고, 고온의 연소가스는 노즐을 통해 빠른 속도로 분출되어 추력을 발생한다. 비추력(I_{sp})이 1,200초 이상이며, 고밀도 금속 포함 연료(Metalized slurry fuel) 사용 시 성능이 크게 증가될 수 있다.

▣ 덕티드 로켓(Ducted Rocket)

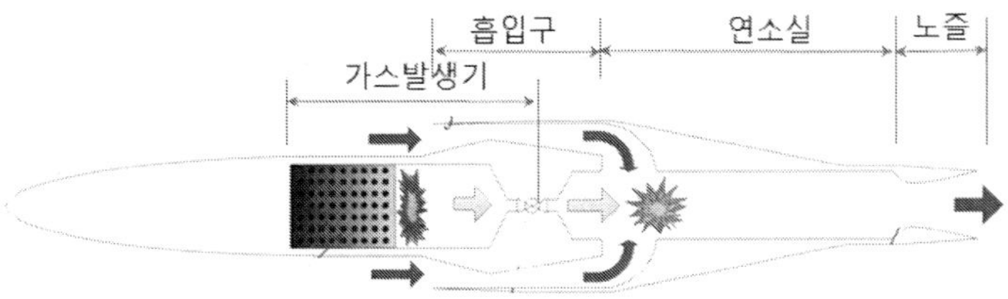

[그림 11-4] 덕티드 로켓

액체 램제트의 액체 연료 탱크 위치에 가스 제너레이터가 있으며, 여기에 과농 연료 상태의 고 체연료가 충전되어 있다. 가스 제너레이터에서 일차적으로 연소된 가스는 과농 연료 가스 상태로 2차 연소실(램제트 연소실)로 공급되고 공기 흡입구를 통해 유입된 외부 대기 공기와 혼합되어 2차 연소를 한다. 가스 발생기에 산화제가 있으므로 그만큼 액체 램제트에 비하여 성능이 저하된다. 반면에 일차 연소 화염은 대기 공기와 관계 없이 가스 발생기에서 발생되므로 화염 형성의 여부는 비행체의 자세 또는 속도 변화의 영향을 받지 않는다. 비추력은 가스 조절 밸브를 사용하지 않으면 700~800초 정도이며, 밸브를 사용하면 좀 더 복잡하고 제작비도 더 들지만 성능을 향상시킬 수 있다. 액체 램제트와 달리 고체연료를 사용하므로 취급, 보관, 정비 면에서는 유리하다.

▣ 고체 램제트(Solid Fuel Ramjet)

램제트 연소실에 과농연료 고체 추진제를 충전하여 공기 흡입구를 통해 유입된 대기 공기와 혼합 연소되어 추력을 발생한다. 비추력은 200초 이상이나 액체 램제트보다는 낮다. 금속 연료를 첨가하여 성능을 향상시킬 수 있다.

최근에는 고체 램제트를 적용하는 경우가 거의 없으며 그중 액체 램제트 엔진이 가장 운용 범위가 넓다.

11.3 램제트 엔진의 추진 원리

물리적 현상을 적절하게 가정하여 램제트 엔진의 추력을 간단하게 예측하는 방법을 설명한다. 추력은 추진체의 입구와 출구에서의 모멘텀 차이로 표현할 수 있다(2장 참조). 실제로는 비행체가 움직이면서 대기 공기가 엔진으로 유입되나, 상대 속도의 개념을 적용하면 비행체를 정지시키고 대기 공기가 비행체의 속도로 흡입구로 유입되는 것으로 간주하여 추진력을 계산할 수 있다.

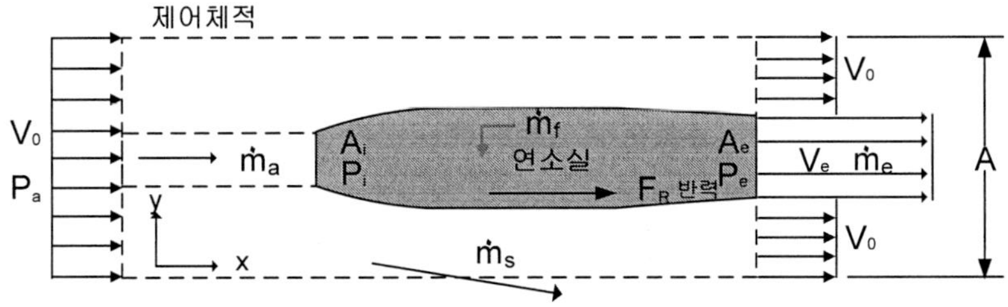

[그림 11.5] 추력 계산을 위한 제어 체적

임의의 고도(대기압P_a)에서 비행 속도(V_0)로 비행하는 비행체에 대한 추력을 산출해보자. 상대 속도의 개념을 도입하면, 엔진으로 유입되는 공기의 질량 유량은 $\dot{m}_a = \rho_a V_0 A_i$ 이며 노즐로 분출되는 배기가스의 질량 유량은 $\dot{m}_e = \rho_e V_e A_e$로 표현되고 $\dot{m}_e = \dot{m}_a + \dot{m}_f$ 이 된다. 여기에서 ρ_e는 밀도, A는 유로의 단면적을 의미하며, 하첨자 a는 공기, f는 연료, i는 흡입구 입구, e는 배기가스(제트) 분출 지점을 의미한다.

제어 체적의 측면 밖으로 빠져나가는 질량유량 $\dot{m}_s$를 고려하여 질량 보존의 식을 제어 체적 전체에 적용하면 다음과 같다.

$$\rho_e V_e A_e + \rho_a V_0 (A - A_e) + \dot{m}_s - \dot{m}_f - \rho V_0 A = 0 \quad \text{식 (11.1)}$$

다시 정리하면

$$\dot{m}_s = \dot{m}_f + \rho_a V_0 A_e - \rho_e V_e A_e \quad \text{식 (11.2)}$$

$$\dot{m}_f = \dot{m}_e - \dot{m}_a = \rho_e V_e A_e - \rho_a V_0 A_i \quad \text{식 (11.3)}$$

이므로

$$\dot{m}_s = \rho_a V_0 (A_e - A_i) \quad \text{식 (11.4)}$$

모멘텀 보존식을 제어 체적에 적용하면 다음과 같다.

$$\sum \vec{F} = F_R + A_e (P_a - P_e) \quad \text{식 (11.5)}$$

제어 체적이 충분히 클 때 측면으로 빠지는 질량 유량의 y 방향 속도가 아주 작다고 가정하여 y 방향 모멘텀을 무시하면 $\dot{m}_s$에 의한 모멘텀은 $\dot{m}_s V_0$이다.

$$\int_{cs} \rho V_x (\vec{V} \cdot \vec{n}) d\vec{A} = \dot{m}_e V_e + \dot{m}_s V_0 + \rho_a V_0 (A - A_e) V_0 - \dot{m}_a V_0 - \rho_a V_0 (A - A_i) V_0 \quad \text{식 (11.6)}$$

위 식에 식 (11.2), 식 (11.3)을 대입하면

$$\int_{cs} \rho V_x(\vec{V} \cdot \vec{n}) d\vec{A} = \dot{m}_e V_e - \dot{m}_a V_0 \qquad \text{식 (11.7)}$$

식 (11.5)는 다음과 같이 표현된다.

$$F_R + A_e(P_a - P_e) = \dot{m}_e V_e - \dot{m}_a V_0 \qquad \text{식 (11.8)}$$

작용과 반작용 법칙에 따라 엔진의 추력은 다음과 같다.

$$F = F_R = \dot{m}_e V_e - \dot{m}_a V_0 + A_e(P_e - P_a) \qquad \text{식 (11.9)}$$

연공비를 f라 하면 $f = \dot{m}_f / \dot{m}_a$가 되며, 식 (11.9)는 다음과 같다.

$$F = F_R = \dot{m}_a[(1+f)V_e - V_0] + A_e(P_e - P_a) \qquad \text{식 (11.10)}$$

첫 번째 항을 모멘텀 추력, 두 번째 항을 압력 추력이라 하며 일반적으로 압력 추력은 모멘텀 추력에 비해 매우 작다. 노즐 끝에서 분출되는 제트의 압력이 대기압과 같도록 노즐을 최적 설계하면$P_e = P_a$가 된다.

식 (11.10)을 사용하여 임의의 비행 속도 V_0 에서 추력을 계산하기 위하여 연료의 양과 연소가스의 분출 속도를 알아야 하는데 이는 열역학 사이클 해석을 통하여 알 수 있다.

11.4 램제트 엔진의 작동 특성

11.4.1 흡입구의 압력 회복율

램제트 엔진은 램압축(공기의 압축 성질)을 이용한다. 충격파는 두 가지 종류가 있다는 것을 2장에서 다루었다. 흐름과 수직인 수직 충격파(Normal shock)와 흐름과 경사를 갖고 발생하는 경사 충격파(Oblique shock)가 있다. 수직 충격파와 경사 충격파 모두 유동의 상태량을 변화시킨다. 초음속 유동이 수직 충격파를 만나면 아음속 유동이 되며, 경사 충격파를 통과하면 낮은 초음속 유동이 된다.

그림 11-6)을 통해서 수직 충격파와 경사 충격파의 전압력 회복률을 볼 수 있다. 전압력 회복률은 유동이 충격파를 통과하면서 전압력이 얼마나 회복되었는지 보여주는 척도이다. 전압력 회복률이 낮다는 것은 충격파로 인한 손실이 크다는 것을 의미한다. 그림 11-6)의 x축은 충격파를 지나기 전 유속(M_1)을, y축은 충격파 전, 후의 전압력비(P_{t2}/P_{t1})를 의미한다.

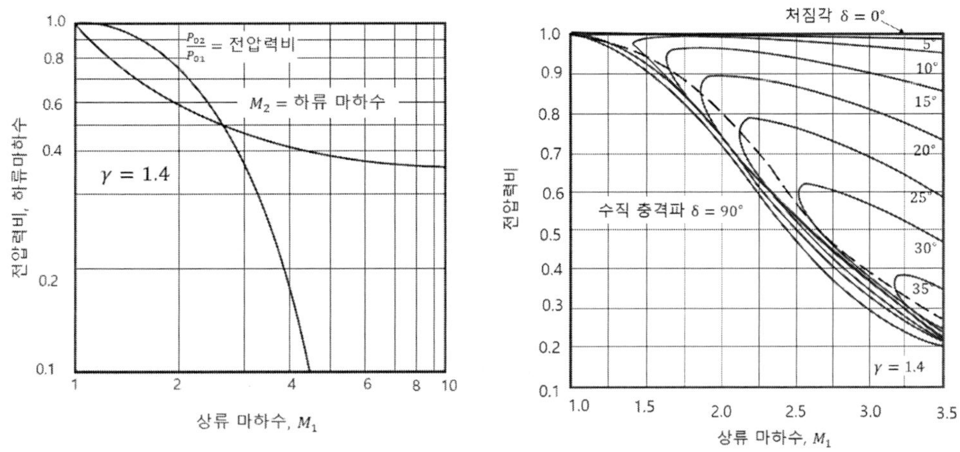

(a) 수직 충격파

(b) 경사 충격파

[그림 11-6] 마하수에 따른 수직 충격파와 경사 충격파의 전압력 회복률

(1) 수직 충격파의 전압력 회복률

그림 11-6(a)는 수직 충격파에 의한 전압력 손실을 나타낸다. 전압력 회복률이 1이라는 것은 전압력 손실이 없다는 것을 의미한다. 유속(M_1)이 3일 때 전압력 비는 0.7이며, 이는 전압력 회복률이 약 70% 즉, 수직 충격파에 의해 30%의 전압력 손실이 발생됨을 의미한다. 유속이 더욱 빨라져 마하수 4일 때는 전압력 회복률이 약 15% 이며, 수직 충격파에 의한 전압력 손실은 85%이다. 속도가 빠를 수록 압력 손실이 매우 큼을 알 수 있다.

(2) 경사 충격파 전압력 회복률

경사 충격파는 충격파의 각도가 커짐에 따라서 충격파의 세기는 커지고, 이 세기가 커짐에 따라서 손실 또한 증가한다. 만약 이 각도가 직각이면 수직 충격파와 같아질 것이다. 그림 10-6(b)에서 여러 개의 선이 보이는데 경사 각도에 따른 전압력 회복률을 의미한다. 각도가 5°일 때는 충격파를 지나기 전의 유속에 상관없이 경사 충격파에 의한 손실이 작음을 알 수 있다. 충격파의 각도가 20°, 충격파 전의 마하수(M_1)가 3일 때 전압력 회복률은 80%이므로 경사 충격파에 의한 전압력 손실은 20% 이다. 수직 충격파와 경사 충격파를 비교한다면 수직 충격파에서는 70%의 전압력 손실이 발생하지만 경사 충격파(20°)에서는 20%인 것을 알 수 있다. 따라서 전압력 손실 관점에서 수직 충격파보다 경사 충격파를 만들어 속도를 감속시키고 압력을 높이는 것이 더 효율적이다. 하지만 경사 충격파를 지나도 유속은 여전히 초음속이다. 램제트 엔진에서는 충격파를 지난 흡입 공기의 속도를 아음속으로 감속시켜야 한다. 따라서 경사 충격파를 여러 개를 만들어 속도를 감속시키고 감속된 낮은 초음속에서 수직 충격파를 발생하게 하면 손실을 최소화하면서 아음속으로 만들 수 있다.

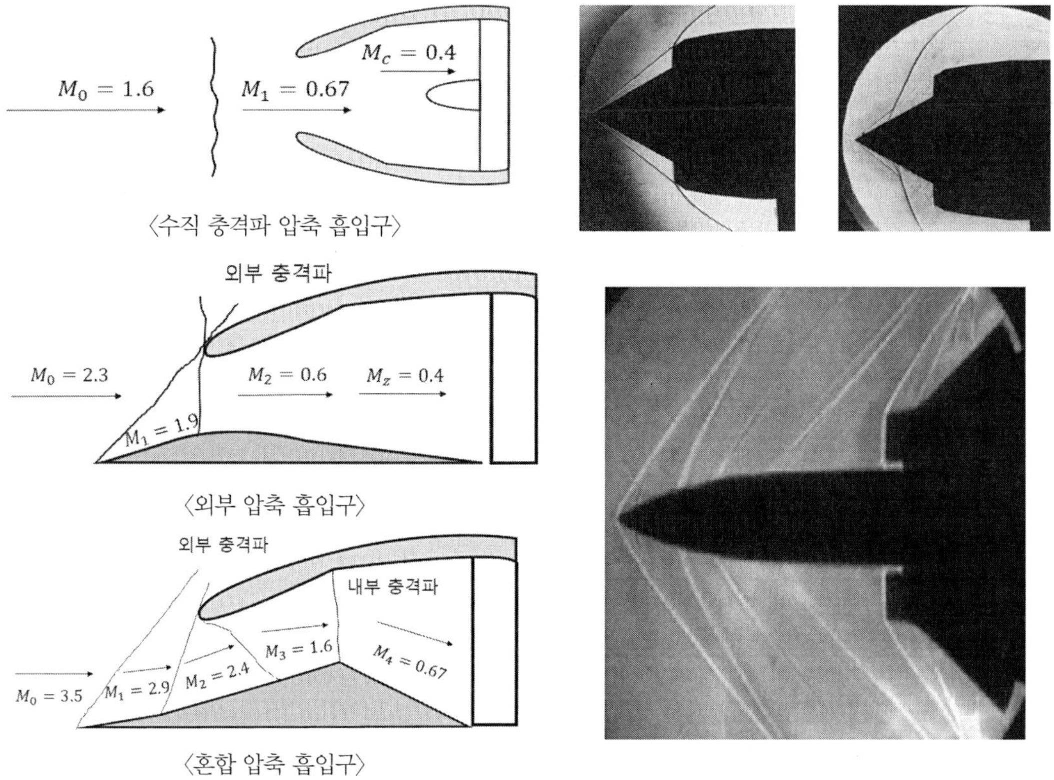

[그림 11–7] 여러 흡입구 형상에서 발생하는 충격파 형태

엔진 밖에서 발생하는 충격파를 외부 충격파, 안에서 발생하는 것을 내부 충격파라고 한다. 또한 외부 충격파에 의해서 압축되는 것을 외부 압축, 내부 충격파에 의해서 압축되는 것을 내부 압축이라고 한다. 만약 외부와 내부 충격파가 모두 존재하면 혼합 압축이라고 한다.

그림 11–7)은 비행 속도에 따라 전압력 손실을 작게하기 위한 흡입구의 형태를 보여준다. 낮은 초음속에서는 수직 충격파만 이용하는 수직 충격파 압축 흡입구를 사용하며, 좀 더 빠른 초음속(약 $M = 2$)일 때는 경사 충격파를 먼저 만들고 수직 충격파를 만드는 외부 압축 흡입구를 사용한다. 비행 마하수가 $M = 3.5 \sim 4.0$일 때는 경사 충격파를 여러 개 만들고 마지막에 수직 충격파를 만듦으로 흡입 공기의 속도를 아음속으로 만들어 주는 혼합 압축 흡입구가 된다. 하지만 경사 충격파를 많이 만들수록 흡입구의 길이와 무게가 증가된다. 따라서 이를 감안하여 몇 개의 경사 충격파를 만드는 것이 전체 성능(무게 포함) 최적화에 적절한지 절충점을 찾아 결정한다.

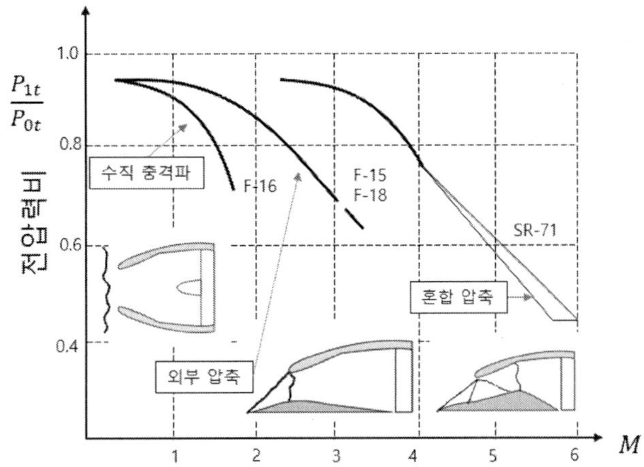

[그림 11-8] 여러 형태 흡입구의 전압력 회복률

그림 11-8)은 몇 가지 형태 흡입구의 비행 속도에 따른 전압력 회복률을 나타낸다. 먼저 수직 충격파만 이용하는 수직 충격파 압축 흡입구는 비행 마하수 약 2까지 이용할 수 있다는 것을 알 수 있다. F-16 전투기에 이 흡입구가 사용되었다. 수직 충격파만 이용하면 비행 속도가 증가함에 따라 전압력 손실이 급격히 커지기 때문에 외부에서 압축을 하되 경사 충격파 1개와 수직 충격파를 사용하여 최대 비행 마하수를 약 3까지 사용할 수 있다. 이러한 흡입구는 F-15, F-18 전투기에 사용되었다. 비행 속도가 더 커지게 되면 이 또한 전압력 손실이 크게 커진다. 그래서 경사 충격파의 혼합 압축 흡입구를 이용하여 최대 비행 마하수를 5까지 가능케 하며, 이는 블랙버드(SR-71)에 적용이 되었다. 이때 전압력 회복률은 60%이므로 수직 충격파에 의한 전압력 회복률보다 훨씬 높다. 따라서 여러 개의 경사 충격파와 수직 충격파를 사용하여 전압력 손실을 줄이면서 비행 속도를 높힐 수 있다.

▣ Oswatitsch 이론

초음속 흡입구에서 경사 충격파를 여러 개 만들어 전압력(Total pressure) 회복률을 가능한 높이면서 흡입 공기의 속도를 낮추고 압력(Static pressure)을 높이는 것이 효과적인 흡입구 설계 방법임을 알 수 있었다. 이때 여러 개의 경사 충격파를 만든다는 것은 알았지만 어떤 크기의 경사 충격파를 만들어야 초음속의 흡입 공기를 감속시키면서 전압력 손실을 최소화하는 방법에 대해 살펴보자. Oswatitsch 이론에 의하면 각 경사 충격파의 세기가 같을 때 전압력 손실이 최소화된다. 충격파의 세기를 같게 하면 각 경사 충격파에서 발생하는 손실 또한 같아진다. 이렇게 함으로써 최적의 흡입구를 설계할 수 있다(그림 11-9).

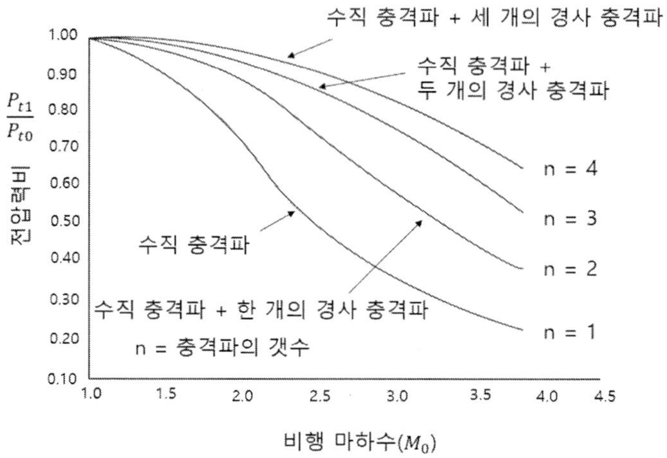

[그림 11-9] 경사 충격파와 수직 충격파의 혼합 시 전압력 회복률

수직 충격파 하나만 사용할 때보다 여러 개의 경사 충격파와 하나의 수직 충격파가 있을 때 전압력 회복률을 높이면서 초음속을 아음속으로 감속시킬 수 있다(그림 11-9). 3개의 세기가 같은 경사 충격파와 하나의 수직 충격파가 있을 때는 전압력 회복률은 약 90%, 즉 손실은 10%인 것을 확인할 수 있다.

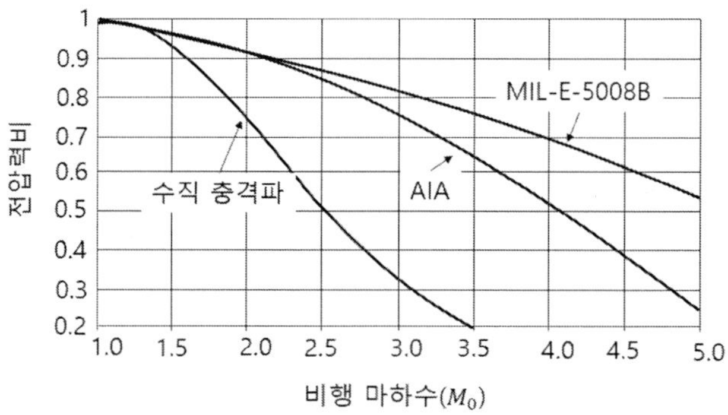

[그림 11-10] 흡입구 전압력 회복률

$$\pi_d = 1 - 0.1(M_0 - 1)^{1.5} \quad (1 < M_0) \text{ - AIA-Standard}$$

$$\pi_d = 1 - 0.075(M_0 - 1)^{1.35} \quad (1 < M_0 < 5) \text{ - MIL-E-5008B}$$

$$\pi_d = 800/(M_0^4 + 935) \quad (5 < M_0) \text{ - MIL-E-5008B} \qquad \text{식 (11.11)}$$

유입 속도에 따라 전압력 손실을 식 (11.11)와 같이 예측할 수 있다. 초음속 및 극초음속 구간에서 전압력 손실을 알기 위해서는 실험 및 해석을 통해 구할 수 있다.

11.4.2 탈설계 작동(Off-design operation)

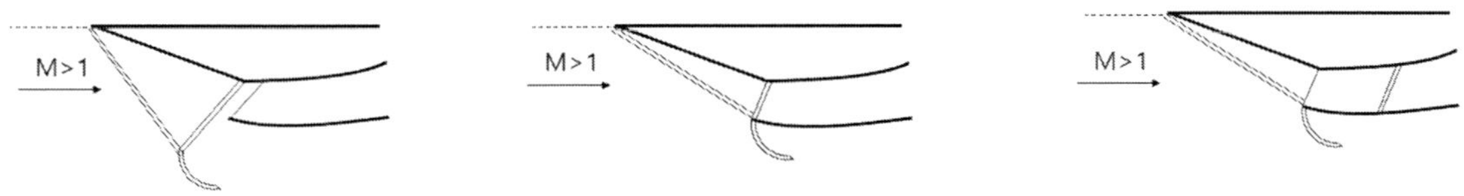

(a) 아임계 모드　　(b) 임계 모드　　(c) 초임계 모드

[그림 11-11] 흡입구 작동 모드

흡입구의 램프에서 발생하는 충격파가 카울에 부딪히고 카울 입구에서 수직 충격파가 발생하면 이를 임계 모드(Critical mode)라고 하며, 수직 충격파가 카울의 밖으로 빠져나가면 아임계 모드(Subcritical mode), 흡입구의 램프에서 발생하는 충격파가 카울 안으로 들어가고 수직 충격파가 카울 안쪽에서 발생하면 초임계 모드(Supercritial mode)라고 한다(그림 11-11).

엔진이 설계 점에서 작동하다가, 대기 공기 또는 연소실의 압력의 진동으로 외란이 발생되면, 외란에 의해서 충격파의 위치가 앞, 뒤로 움직이게 되어 불안정해질 수 있다. 엔진이 설계점에 있다가 외란에 의해 충격파들의 위치가 이동했을 때를 탈설계에 있다고 할 수 있다. 비행을 할 때는 설계점과 탈설계 모두 경험하기 때문에 설계 시 탈설계를 고려해야 한다. 설계점에서 초임계 모드로 변화되면 흡입구의 공기량은 변화하지 않지만 강한 충격파의 발생으로 전압력 손실은 크게 증가한다. 반면에 아임계 모드로 변화되면 유출(Spillage) 현상이 발생하여 흡입 공기량이 작아지고 전압력 손실도 증가한다(그림 11-12).

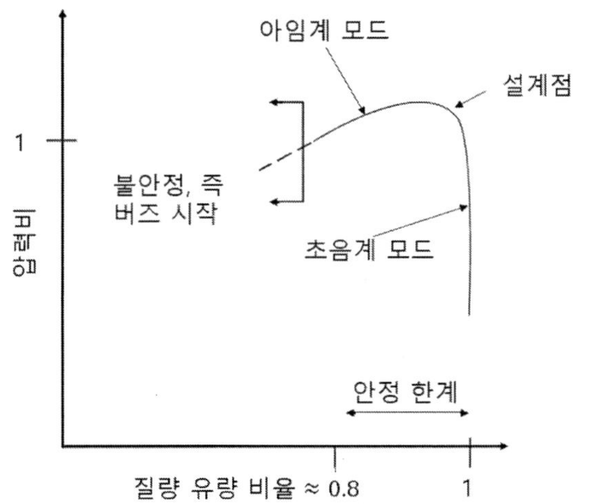

[그림 11-12] 흡입구 작동 모드에 따른 압력비와 공기 질량 유량 변화

11.4.3 버즈 현상(Buzz instability)

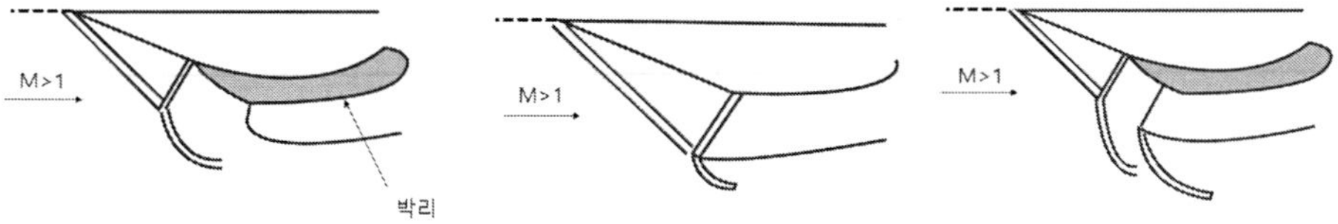

[그림 11-13] 흡입구에서 발생하는 버즈현상

흡입구에서의 흡입 공기의 외란 또는 연소실에서의 압력이 크게 진동하면 충격파의 위치와 세기가 변하게 되어 충격파가 이동한다. 그래서 유량의 변화가 있는 흡입 공기가 엔진으로 들어가서 압력 변화를 일으키고 이 압력 변화에 의해서 충격파는 이동하게 된다. 수직 충격파가 카울 밖에서 발생되다가 카울 안으로 들어가고 다시 카울 밖으로 빠져 나가는 운동을 반복하는 현상을 버즈(Buzz)라고 한다. 수직 충격파가 카울의 앞, 뒤로 움직임에 따라 흡입구 유량과 충격파의 세기가 크게 변하면서 "붕" 떠는 소리를 낸다. 버즈 현상이 발생하면 압력 변화뿐만 아니라 경계층의 변화로 연소기로 들어가는 공기의 유질의 변화가 상당히 크게 발생하여 비시동 문제를 일으킬 수 있다.

11.4.4 엔진 비시동(Unstart)

초음속 비행 시 충격파가 흡입구 앞에서 발생함에 따라 흡입 공기가 흡입구 밖으로 빠져나가기 때문에 들어오는 흡입 공기 질량 유량이 상당히 변하면서 비시동에 빠질 수 있다. 따라서 비시동 문제를 해결하기 위한 방법 중 하나는 흡입구 앞에서 발생하는 충격파를 엔진 내부로 위치시키는 것이다(여기서는 충격파를 수직 충격파로 가정하여 설명함). 하지만 충격파를 내부에 위치를 시키더라도 어느 위치에 있어야 할지를 결정해야 한다. 만일 흡입구가 축소-확장 흡입구(Convergent-divergent inlet)라고 한다면 그림 11-14)는 수직 충격파의 위치를 나타낸 것이다. 충격파가 어느 위치에 있는 것이 적절한지 알아보자.

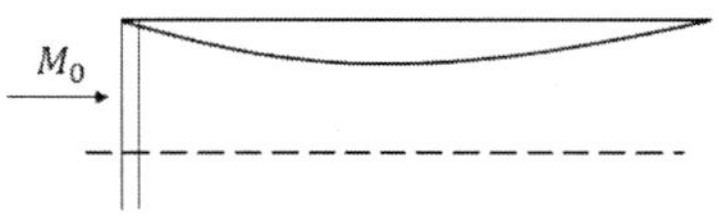

(a) 시작 충격파가 립(이른바 초기 시작 위치)에 위치한다.

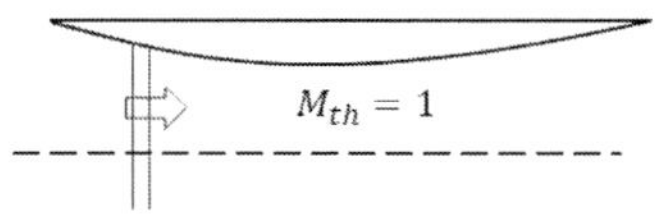

(b) 충격파가 축소 부분에서 불안전하므로 충격파가 흡입구로 이동한다.

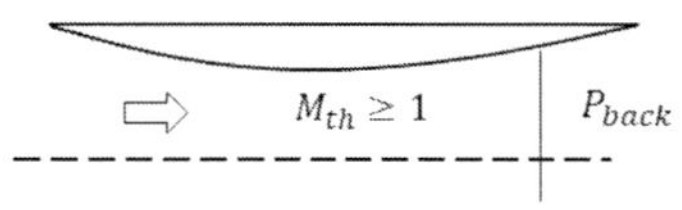

(c) 충격파가 빨아들여지고, 확대 부분에서 엔진에 의해 만들어진 배압상태로 인하여 안정된다. 흡입구에서 시동이 가능해진다.

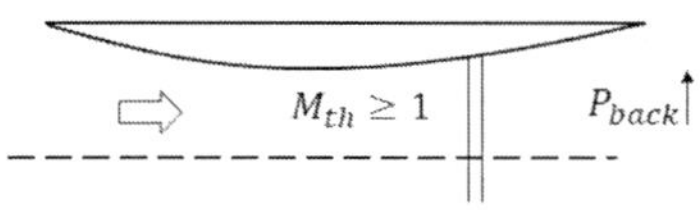

(d) 전압 회복을 위해 충격파를 노즐목 부분에 위치시키고자 엔진의 배압이 증가된다. 최상의 P_{back}는 최대 전압력 회복을 만들어내고 충격파를 노즐목에 위치시킨다.

[그림 11-14] 흡입구에서 충격파의 위치

(a) 충격파가 흡입구 입구에 위치

충격파가 흡입구 입구에 위치해 있다면, 외부나 연소실에서 조그마한 압력 변화만 있어도 충격파가 앞으로 빠져나가기 때문에 충격파가 불안정하여 흡입구 입구에 충격파가 위치하는 것은 바람직하지 않다.

(b) 충격파가 흡입구 축소 부분에 위치

충격파가 흡입구 축소 부분에 위치할 때 충격파 앞, 뒤의 압력의 관계를 알아보자. 충격파가 발생하기 위해서는 초음속의 공기가 흡입구로 들어와야 한다. 이렇게 들어온 초음속 공기가 흐름 방향으로 면적이 줄어드는 축소부분을 통과할 때 속도는 점점 감소하고 압력은 증가하며, 충격파를 통과하면서 압력은 급격히 증가한다. 또한 축소 부분에서 흡입 공기의 속도가 줄어들기 때문에 충격파가 하류로 갈수록 충격파의 세기는 감소한다. 흡입구 축소부에서 면적이 커지는 방향으로 충격파가 이동하면 충격파 뒤의 압력이 더 커지므로 충격파는 계속 면적이 커지는 방향으로 전진되어 흡입구 밖으로 빠져나가게 된다. 만일 충격파가 면적이 작아지는 쪽(노즐목의 방향)으로 움직이기 시작하면 위에서 설명한 반대 현상으로 충격파는 노즐목 방향으로 계속 움직여서 축소 면적 부분에서 충격파가 위치해 있는 것은 불안정하다.

(c) ~ (d) 충격파가 흡입구 확대 부분에 위치

반면에 충격파가 흡입구의 확대 부분에 위치해 있다고 하면 축소 부분과 정 반대의 현상이 일어난다. 초음속 유동이 흡입구 목을 지나서 확대 부분으로 갈수록 흡입 공기는 가속이 되며 흐름 방향으로 충격파의 세기는 증가한다. 만일 확대 부분에서 충격파 앞의 힘이 더 커서 충격파가 출구 쪽으로 밀려나는 현상이 발생한다면 확대 노즐에서 초음속의 공기는 점점 가속이 되면서 충격파의 세기가 더 커지기 때문에 배압(Back pressure)이 점점 증가한다. 따라서 충격파가 하류로 더 이상 가지 못하고 어딘가에 머물게 된다. 충격파가 상류로 움직인다면 위와 반대의 현상으로 충격파의 세기가 작아져서 더 이상 상류로 가지 못하고 어딘가에 머물게 된다. 따라서 확대 부분에서는 충격파가 위치해 있는 것이 안정하다.

따라서 흡입구의 비시동 현상을 방지하기 위해 충격파를 흡입구 내부로 삼켜서 엔진에서 필요한 공기량만큼 흡입구로 들어오게 할 수 있다. 이때 흡입구 내부 노즐목 면적을 증가시켜서 충격파를 흡수할 수 있고, 배압을 조절하여 충격파를 흡입구 팽창부의 원하는 곳에 위치시킬 수 있다(그림 11-15).

가변 흡입구를 구현하기 위해서 흡입구의 내부 면적을 가변시킬 수 있는 장치가 있어야 한다. 이 가변 장치를 설치함에 있어서 컨트롤러와 센서와 같은 추가적인 장치가 필요함으로 시스템이 복잡해지고 비용도 증가한다. 흡입구 내부 면적을 가변시킴으로 내부 면적이 고정되어 있을 때보다 무게가 증가하기 때문에 적용 여부에 대해 비교 검토가 필요하다. 흡입구 밖으로 배출되는 현상을 배제하기 위하여 속도영역을 제한하던지 아니면 넓은 비행 속도 영역을 갖기 위해 시스템이 복잡해지고 무게가 증가하더라도 가변장치를 설치하던지 두 방향을 모두 비교 검토하여 절충점을 찾아야 한다.

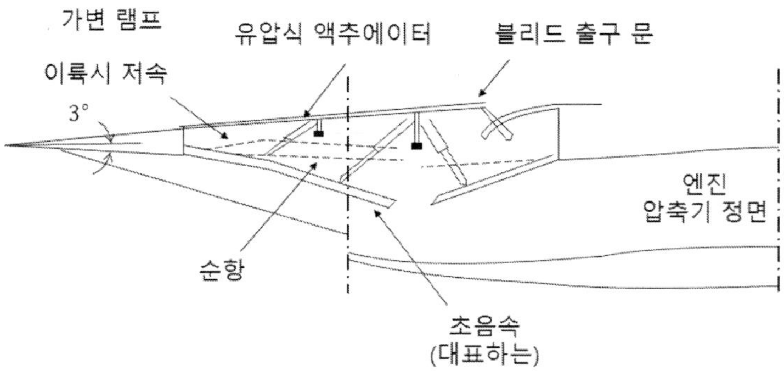

[그림 11-15] 흡입구의 가변 램프

그림 11-15)와 같은 흡입구 형태를 가변 램프 흡입구라고 하며, 가변 램프 흡입구는 비행 속도에 따라 흡입구 유로의 높낮이를 바꿔가면서 유로의 면적을 조절하여 해당 속도에 필요한 흡입 공기의 유량을 엔진으로 들어오게 하면서 전압력 회복률을 크게 할 수 있다. 비행 속도가 낮을 때는 유로의 높이를 높여 유로의 면적을 크게 하고, 초음속 비행 시엔 유로의 높이를 낮추어 유로의 면적을 작게 하여 버즈 현상을 해결할 수 있다.

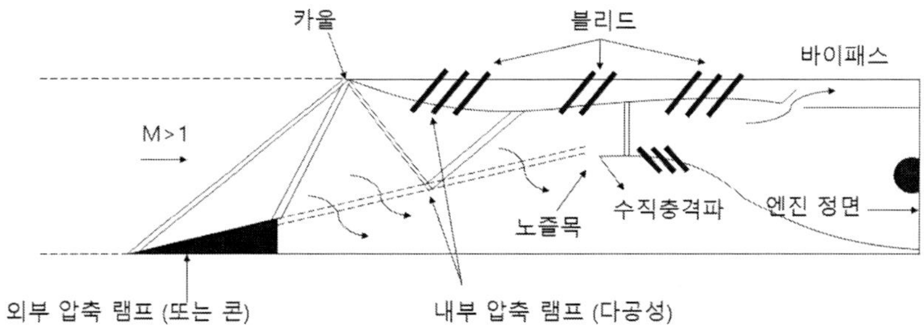

[그림 11-16] 홀(Hole)이 있는 흡입구의 콘 형태

그림 11-16)을 보면, 흡입구에 홀(hole)이 뚫려 있는 것을 볼 수 있다. 이 홀을 통해서 공기를 흡입하거나 불어넣어서 경계층이 박리되는 것을 막아준다. 버즈 현상이 발생하면 경계층이 박리가 된다는 것을 앞에서 알았다. 이때 홀을 통해 공기를 흡입(Suction)하여 압력차에 의해 흡입구 콘 표면에 유선이 붙어 경계층이 박리되는 것을 막을 수 있다. 이 홀을 통해 경계층을 제어하여 비행 속도가 저속에서 고속까지 유동박리가 일어나지 않도록 흡입구를 안정화시킬 수 있다.

11.5 램제트 엔진 사이클

그림 11-18)은 램제트 엔진의 개념도이다. 램제트 엔진은 단열 압축-정압 연소-단열 팽창-정압 배기의 브레이톤 사이클에 해당된다, 각 열역학 사이클에 대한 특징을 알아보자.

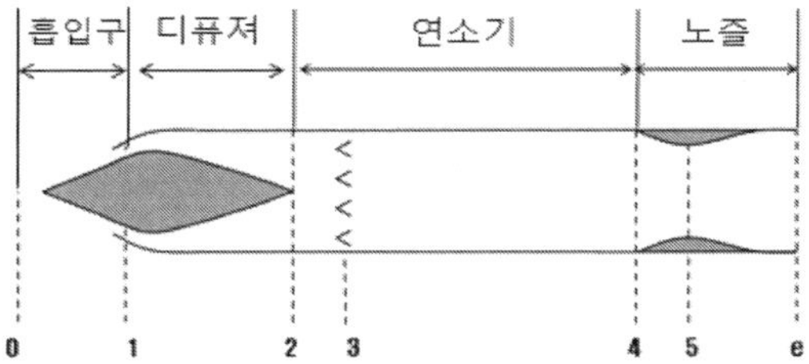

[그림 11-17] 램제트 엔진의 개념도

11.5.1 이상 사이클(Ideal Cycle)

램제트 엔진의 성능에 대한 이해를 위해서는 단순화된 모델의 열역학적 해석을 수행하는 것이 유용하다. 먼저 엔진 내부에서의 압축/팽창 과정은 가역 단열 과정이고, 연소 과정은 일정한 압력에서 일어난다고 가정한다. 이러한 가정은 물론 현실적이지 않다. 실제 흡입구에서는 충격파, 벽면 마찰 등에 의해 비가역적이다. 또한 연소기에서는 빠른 속도에서 연소가 발생하여 마찰, 연료-공기 혼합, 열 전달 등에 의해 전압력 손실이 존재한다. 그렇지만 이상 사이클 해석 결과는 열역학 법칙에 의해 허용되는 엔진의 최대 성능과 실제 엔진에서의 한계를 나타내기 때문에 유용한 개념이다.

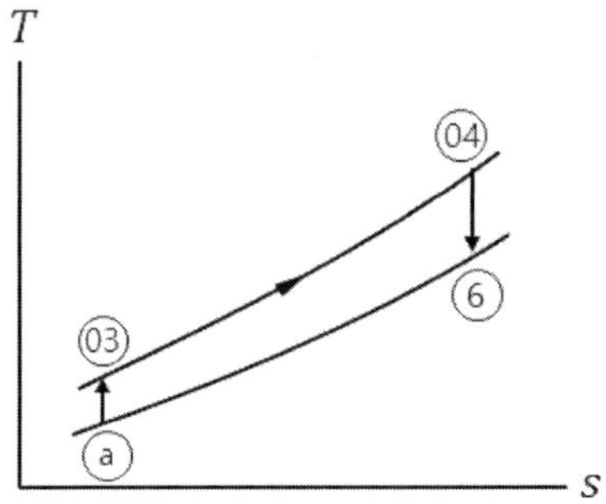

[그림 11-18] 램제트 엔진의 이상 사이클

그림 11-18)은 그림 11-17)의 위치 번호를 사용하여, 이상적 램제트 엔진에서의 온도-엔트로피 관계를 나타낸다. 압축 과정은 ⓐ에서 ③이며 등엔트로피 과정이다. 연소 과정은 정압에서의 열 에너지와 질량 유

입 과정으로 ③에서 ④에 해당하며 최고 온도는 T_{04}이다. 출구 노즐에서는 연소 생성물이 등엔트로피 과정으로 대기압까지 팽창된다.

이상(Ideal) 엔진의 추력식은 앞 장에서 유도된 식으로 다음과 같다.

$$F = \dot{m}_a[(1+f)u_e - u] \qquad \text{식 (11.12)}$$

이상 엔진 사이클(등엔트로피 압축, 저속/정압 연소, 등엔트로피 팽창) 과정에서 전압력은 일정하다고 할 수 있다. 그러므로 $p_{01} = p_{06}$이다.

$$\frac{p_{01}}{P_1} = \left(1 + \frac{\gamma - 1}{2}M_0^2\right)^{\frac{\gamma}{\gamma - 1}}, \quad \frac{p_{06}}{P_e} = \left(1 + \frac{\gamma - 1}{2}M_e^2\right)^{\frac{\gamma}{\gamma - 1}}$$

여기서 M_0은 비행 마하수를, M_e는 노즐 출구에서의 마하수를 나타낸다. 그러므로 이상적인 팽창의 조건 $p_e = p_0$에 따라 다음의 결과를 얻을 수 있다.

$$\frac{p_{01}}{p_0} = \frac{p_{06}}{p_e}, \quad M_e = M_0$$

따라서 노즐 출구 속도를 다음의 식으로부터 결정할 수 있다.

$$u_e = \frac{a_e}{a_0}u_0$$

여기서 a는 음속으로 $a = \sqrt{\gamma RT}$이므로, $a_e/a_0 = \sqrt{T_e/T_0}$ 가 된다. 그러나 $M_e = M_0$ 이므로, $T_e/T_0 = T_{06}/T_{01}$와 같다. $T_{04} = T_{06}$이기 때문에

$$u_e = u_0\sqrt{T_{04}/T_0} \qquad \text{식 (11.13)}$$

에너지 방정식을 이상적인 연소 과정에 대해 적용하면,

$$(1+f)h_{04} = h_{03} + fQ_R \qquad \text{식 (11.14)}$$

여기서 f는 연료-공기비를 나타내며, Q_R은 연료의 열량을 나타낸다. 만일 비열이 일정하다고 가정한다면 식 (11.14)으로부터 연료-공기비 f가 얻어진다.

$$f = \frac{(T_{04}/T_{01}) - 1}{(Q_R/c_pT_{01}) - T_{04}/T_{01}} \qquad \text{식 (11.15)}$$

식 (1.12)와 (11.15)를 결합하여 단위 공기질량 유량 당 추력을 나타내면 다음과 같다.

$$\frac{F}{\dot{m}_a} = M_0\sqrt{\gamma R T_0}\left[(1+f)\sqrt{T_{04}/T_0}\left(1+\frac{\gamma-1}{2}M^2\right)^{-1/2} - 1\right] \qquad \text{식 (11.16)}$$

여기서 f는 식 (11.15)로 부터 주어진다. 단위 추력 당 연료 소모율은 다음과 같다.

$$TSFC = \frac{\dot{m}_f}{F} = \frac{f}{F/\dot{m}_a} \qquad \text{식 (11.17)}$$

그림 11-19)는 이상 램제트 엔진의 비행 마하수와 최고 온도 조건에 따른 비추력과 연료-공기비의 관계를 나타낸다.

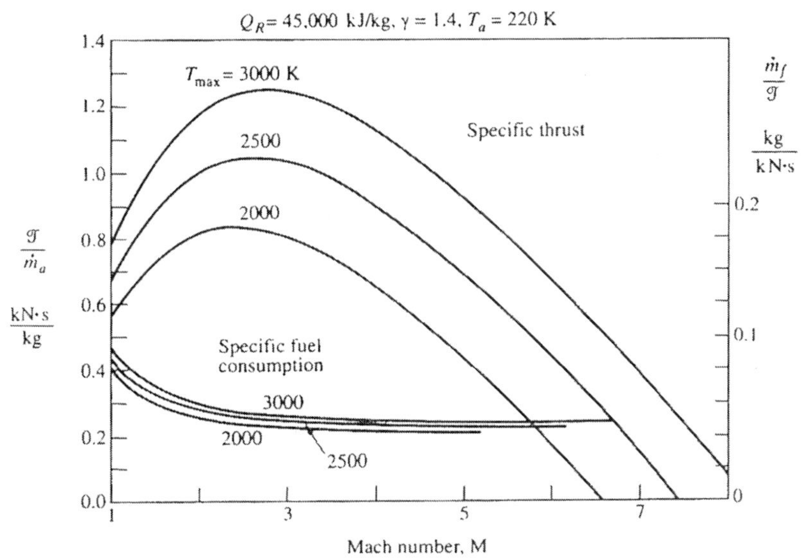

[그림 11-19] 이상 램제트 엔진의 추력과 연료 소모율(이상 사이클)

그림 11-19)에서 비행 마하수 2.6에서 최대 비추력이 얻어지는 것을 확인할 수 있다. 하지만 3 이상의 마하수에서는 더 나은 순항 거리를 얻을 수 있다. 연료 소모율은 유한한 값을 가진다. 또 그림 11-20)에서 비추력은 마하수가 증가할수록 감소하는 반면, 총 효율은 급격하게 증가하는 것을 볼 수 있다. 이는 최소 연료 소모율을 갖기 위한 조건과 단위 추력을 최대화하기 위한 조건이 매우 다르다는 일반적인 결과의 한 예가 된다.

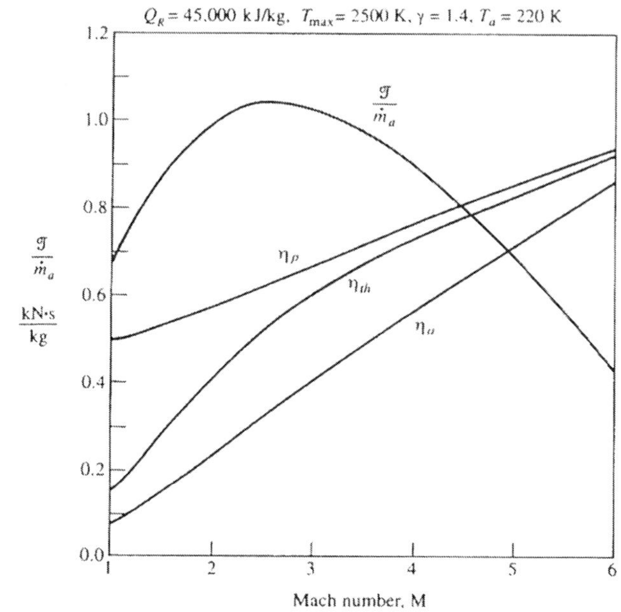

[그림 11-20] 램제트 엔진의 추력과 비추력(이상 사이클)

예제11.1

램제트 엔진을 장착한 비행체가 고도 10 kM(압력 26 kPa, 온도 220 K)에서 마하수 3으로 비행하고 있다. 흡입구로 들어오는 공기량은 $50kg/s$이다. 연료를 $1kg/s$로 연소실에 주입하고 있다. 손실이 없는 이상적인 경우 (a) 추력, (b) 열효율, (c) 추진 효율, (d) 전체 효율을 구하시오.
(단, 공기: $\gamma = 1.4$, $c_p = 1005J/kg \cdot K$, 연료: $Q_R = 42000kJ/kg$, $\gamma_4 = 1.33$, $c_{p4} = 1156J/kg \cdot K$)

해설

$$T_{03} = T_{0a} = T_a\left(1 + \frac{\gamma - 1}{2}M_a^2\right)$$

$$= 220\left(1 + \frac{1.4 - 1}{2}3^2\right) = 616\,K$$

$$\dot{m}_0 h_{03} + \dot{m}_f Q_R \eta_b = \dot{m}_0(1+f)h_{04}$$

$h_0 \sim c_p T_0$이므로 정리하면,

$$T_{04} = \frac{c_{p3}T_{03} + fQ_R}{c_{p4}(1+f)}$$

$$= \frac{1005(616) + 0.02(42000 \cdot 10^3)}{1156(1+0.02)} \cong 1237\,K$$

($\because \dot{m}_{air} = 50kg/s, \dot{m}_{fuel} = 1kg/s$이므로 $f = 1/50 = 0.02$)

$$\frac{P_{03}}{P_a} = \frac{P_{04}}{P_e} \Rightarrow \left(\frac{T_{03}}{T_a}\right)^{\frac{\gamma}{\gamma-1}} = \left(\frac{T_{04}}{T_e}\right)^{\frac{\gamma}{\gamma-1}}$$

$$\therefore T_e = \frac{T_a}{T_{03}}T_{04} = \frac{220}{616}(1237) = 442\,K$$

$$u_e = \sqrt{2C_p(T_{04} - T_e)}$$

$$= \sqrt{2(1156)(1237 - 442)} = 1355.7\,m/s$$

$$u_a = Ma = 3\sqrt{1.4(287)220} = 892\,m/s$$

이상 팽창으로 가정하면

(a) $F = \dot{m}_a[(1+f)u_e - u]$

$$= 50[(1+0.02)1812 - 892] = 42812\,N$$

(b) $\eta_{th} = \dfrac{(u_e^2 - u_a^2)/2}{C_{pe}T_{04} - C_{p3}T_{03}}$

$$= \frac{(1355.7^2 - 892^2)/2}{1156(1237) - 1005(616)} = 0.643$$

(c) $\eta_p \simeq \dfrac{2}{u_e/u_a + 1} = \dfrac{2}{1355.7/892 + 1} = 0.794$

(d) $\eta_{tot} = \eta_{th} \cdot \eta_p = 0.643 \cdot 0.794 = 0.510$

11.5.2 실제 사이클(Real Cycle)

실제 렘제트 엔진은 마찰, 열손실 등에 의해 작동 유체가 엔진을 통과함에 따라 전압력의 손실이 발생한다. 그림 11-21)의 T-s 선도는 압축, 연소, 팽창의 과정에서 이러한 비가역성에 의한 영향을 나타낸다. ⓐ에서 ③의 압축 과정은 마찰 손실 등으로 더 이상 등엔트로피 과정이 아니다. 마찰 등에 의한 엔트로피의 증가로 전압력 손실이 발생하여 등엔트로피 과정에서의 전압력보다 낮다.

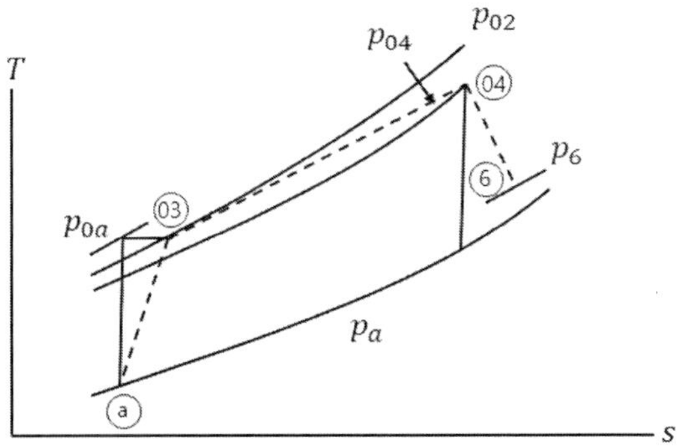

[그림 11-21] 램제트 엔진의 실제 사이클

흡입구의 성능 손실은 전압력 손실로 표현 가능하며 이는 전압력비 r_d로 나타 낼 수 있다(2장 , 5장 참조).

$$r_d = \frac{p_{03}}{p_{01}} \qquad \text{식 (11.18)}$$

이와 유사하게, 연소실의 전압력비 r_e와 노즐의 전압력비 r_n도 다음과 같이 정의된다.

$$r_e = \frac{p_{04}}{p_{03}}, \quad r_d = \frac{p_{06}}{p_{04}} \qquad \text{식 (11.19)}$$

그러므로 전체 전압력비는 다음과 같다. 전압력의 손실을 작동 유체의 운동량 손실을 의미한다.

$$\frac{p_{06}}{p_{01}} = r_d r_e r_n \qquad \text{식 (11.20)}$$

또한 실제 노즐 출구 압력 p_e(또는 p_6)는 대기 압력 p_0와 같지 않다. 일정한 비열비에 대해, 출구 마하수는

$$M_e^2 = \frac{2}{\gamma - 1}\left[\left(1 + \frac{\gamma - 1}{2}M^2\right)\left(\frac{p_{06}}{p_{01}}\frac{p_0}{p_e}\right)^{(\gamma-1)/\gamma} - 1\right] \qquad \text{식 (11.21)}$$

따라서 전압력비를 이용하여 나타내면 다음과 같다.

$$M_e^2 = \frac{2}{\gamma - 1}\left[\left(1 + \frac{\gamma-1}{2}M^2\right)\left(r_d r_e r_n \frac{p_0}{p_e}\right)^{(\gamma-1)/\gamma} - 1\right] \qquad \text{식 (11.22)}$$

엔진으로부터 발생하는 열 전달을 무시한다고 가정하면 출구속도는 $u_e = M_e\sqrt{\gamma R T_e}$, 또는 출구 전온도를 이용하면 다음 식과 같다.

$$u_e = M_e\sqrt{\gamma R T_{04} \Big/ \left(1 + \frac{\gamma-1}{2}M_e^2\right)} \qquad \text{식 (11.23)}$$

비가역성은 엔진전체의 전온도에는 영향을 끼치지 않으므로 원하는 최고온도 T_{04}를 얻기 위한 연료-공기비는 식 (11.24)과 같다.

$$f = \frac{(T_{04}/T_{01}) - 1}{(\eta_b Q_R / c_p T_{01}) - T_{04}/T_{01}} \qquad \text{식 (11.24)}$$

여기서 η_b는 연소 효율을 나타내며 $\eta_b Q_R$는 실제 연료의 단위 연료당 열량을 나타낸다. 단위 공기 질량 유량당 추력은 다음과 같으며,

$$\frac{F}{\dot{m}_a} = [(1+f)u_e - u_0] + \frac{1}{\dot{m}_a}(p_e - p_0)A_e \qquad \text{식 (11.25)}$$

또는 식 (11.24)과 식 (11.25)를 이용하여

$$\frac{F}{\dot{m}_a} = (1+f)\sqrt{\frac{2\gamma R T_{04}(m-1)}{(\gamma-1)m}} - M_0\sqrt{\gamma R T_0} + \frac{p_e A_e}{\dot{m}_a}\left(1 - \frac{p_0}{p_e}\right) \qquad \text{식 (11.26)}$$

와 같이 나타낼 수 있다. 여기서

$$m = \left(1 + \frac{\gamma-1}{2}M^2\right)\left(r_d r_e r_n \frac{p_0}{p_e}\right)^{(\gamma-1)/\gamma}$$

단위 추력 당 연료 소모율은 다음과 같다.

$$TSFC = \frac{f}{F/\dot{m}_a} \qquad \text{식 (11.27)}$$

그림 11-22)와 그림 11-23)은 손실계수를 $r_d = 0.7$, $r_b = 0.95$, $r_n = 0.98$로 가정하여, 이에 따른 공기역학적 손실의 영향을 나타낸다. 그림 11-19)와 그림 11-22)를 비교하면, 실제 엔진 사이클에서 나타나는 손실에 의하여 최대 비추력과 비연료 소모율에서 약 10%의 감소가 나타남을 확인할 수 있다.

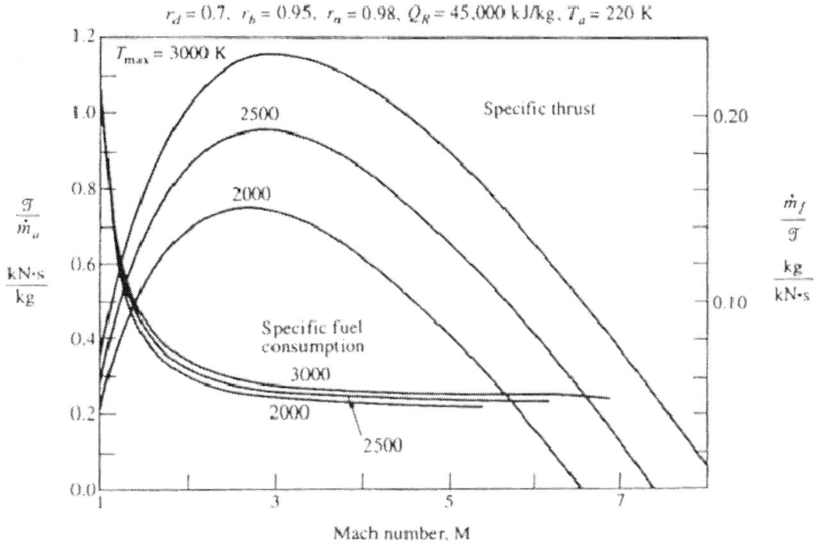

[그림 11-22] 램제트 엔진의 추력과 추력 당 연료 소모율(실제 사이클)

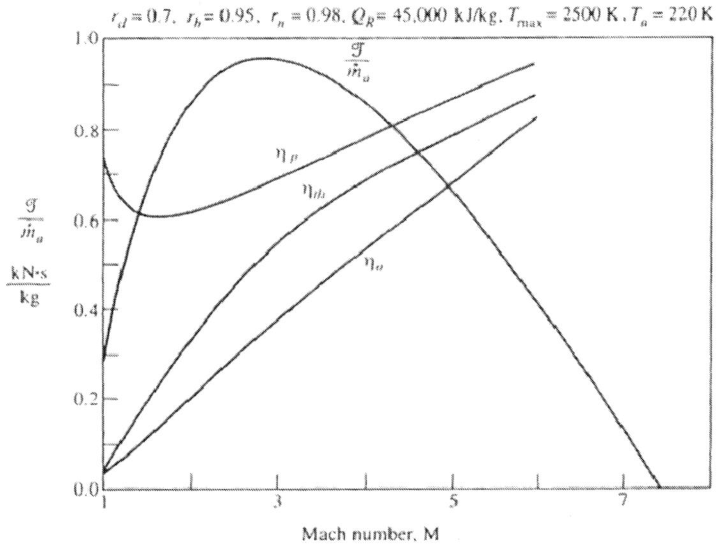

[그림 11-23] 실제 램제트 엔진의 추력과 효율(실제 사이클)

이러한 손실계수가, 특히 흡입구의 손실(r_d)의 경우, 비행 마하수에 대해 독립적이라는 가정은 다분히 비현실적이다. 흡입구의 손실은 비행 마하수와 흡입구 및 디퓨져의 형상에 크게 의존한다. 큰 마하수 영역에 걸쳐 효율적인 비행을 하기 위해서 초음속 공기 흡입구는 변화 가능하고 복잡한 형상을 필요로 하며, 이를 통해 충격파에 의한 과도한 손실을 피할 수 있다. 충격파의 손실을 줄이기 위해서는 여러 개의 경사 충격파의 결합이 필요하며, 경사 충격파의 각도는 상류의 마하수에 의해 결정된다(2장, 6장 참조).

위의 실제 사이클 문제를 다룰 때에 손실 계수를 $r_d = 0.7$, $r_b = 0.95$, $r_n = 0.98$로 가정하였는데, 엔진의 각 구성품(흡입구, 디퓨저, 연소실, 노즐)의 손실을 정확히 알 수 있다면 이를 통해 간단한 사이클 관계식으로 실제 엔진의 성능을 정확히 계산할 수 있으므로 각 구성품에서의 손실과 엔진 사이클에 대한 이해는 매우 유용하다. 다음의 절에서 각 구간별 열역학 상태량의 변화와 각 구성품의 손실에 대해 알아보자.

11.6 램제트 엔진의 구간별 상태량 변화

그림 11-24)는 흡입 공기가 램제트 엔진의 구성품을 통과할 때에 각 구간별 열역학 상태량의 변화를 나타낸다.

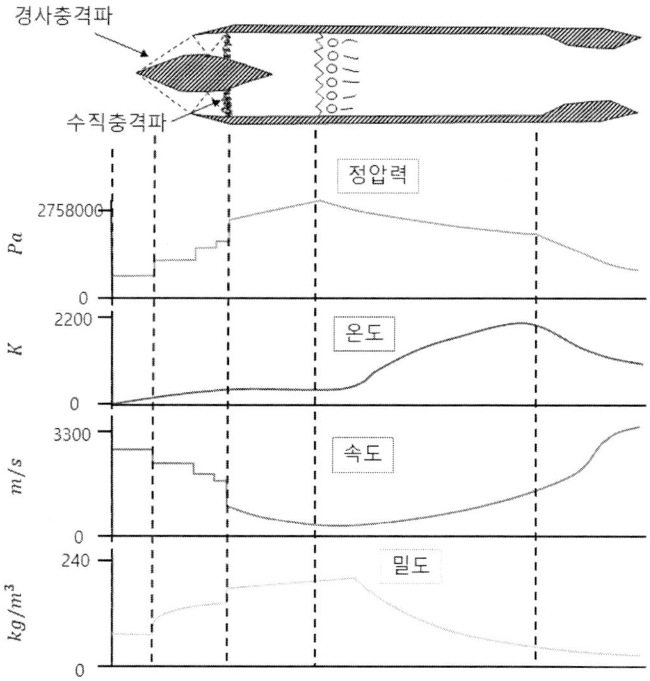

[그림 11-24] 램제트 엔진 내에서 열역학 상태량의 변화

엔진 흡입구로 초음속으로 유입되는 공기는 흡입구의 형상에 의하여 여러 개의 경사 충격파가 발생하여 정압력이 상승(램 압축)하고 유속은 감소한다. 흡입구의 압력과 연소실의 압력간의 발란스를 맞추기 위하여 디퓨져에서 수직 충격파가 발생되고, 초음속의 흡입 공기는 수직 충격파를 지나면서 아음속으로 감속된다. 아음속으로 감속된 공기는 유로 단면적의 증가로 연료 분사기에 도달하기 까지 지속적으로 감속된다. 엔진의 입구에서 연료 분사기에 이르는 유로를 초음속 디퓨져와 아음속 디퓨져로 구분할 수 있는데, 엔진 입구에서 수직 충격파까지의 공기 유속은 초음속이므로 초음속 디퓨져, 수직 충격파 이후는 아음속

이므로 아음속 디퓨져라고 한다. 아음속 디퓨져와 연료 분사기를 통과하면서 압력이 상승된 공기-연료 혼합물은 연소기에서 연소된다. 연소기에서 노즐 쪽으로 갈수록 압력은 서서히 감소하고 연소에 의해 온도가 가파르게 상승하므로 연소가스는 팽창하게 되고, 노즐을 통하여 더욱 가속된다. 흡입 공기의 양에 비해 분사된 연료의 양이 매우 작으므로 이를 무시한다면, 분출되는 가스의 속도가 흡입되는 공기의 속도보다 크면 비행체는 가속되고, 분출되는 가스의 속도가 흡입 공기의 속도보다 작으면 비행체는 감속된다고 할 수 있다. 이러한 점이 로켓 추진 기관과 공기 흡입식 추진 기관과 다른 점 중의 하나이다.

11.7 램제트 엔진의 성능 해석

램제트 엔진의 열역학 사이클은 "브레이튼(Brayton)" 사이클이다. 엔진에서 나타나는 현상을 보다 실제에 가까운 성능을 예측하기 위해서는 엔진의 각 구성 요소가 열역학 데이터에 영향을 미치는 인자들에 대한 모델 정립과 각 구성 요소의 성능 요소들을 산출하고, 열역학-공기 역학적으로 시스템의 작동 가능성 여부를 판단하여 추진 성능을 판단할 수 있는 성능모델링이 필요하다.

성능 해석은 고도와 비행 마하수 등의 비행조건, 흡입구 설계를 위한 설계 마하수 및 형상 조건, 엔진의 형상 정보 등을 초기 변수로 하여 각 위치(Station)에서의 마하수, 온도, 압력을 비롯한 유동 변수 상태량을 계산하고 최종적으로 엔진의 성능을 도출한다. 해석에 적용되는 엔진의 각 위치의 정의는 그림 11-25)와 같다.

각 구성 요소(흡입구, 입구 덕트, 연소기, 노즐)의 성능 해석을 위한 관련 식은 13.4장(스크램제트 엔진의 성능 해석)을 참조 바란다.

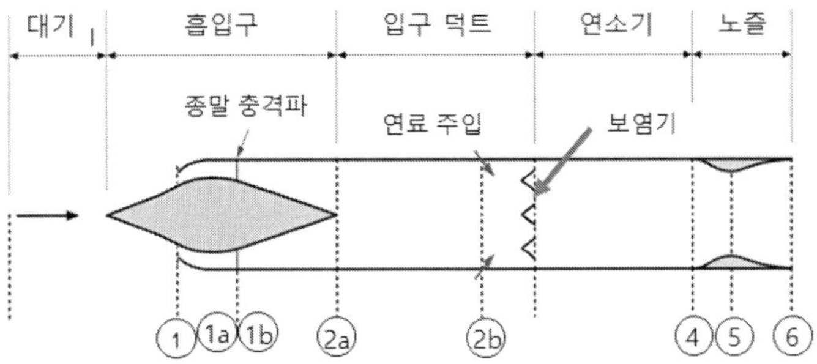

[그림 11-25] 램제트 엔진 개략도

프로젝트: 램제트 엔진의 성능 해석

동축형의 일정한 단면적의 연소기를 갖는 엔진으로 해석을 위한 엔진의 작동 조건 및 비행 조건은 아래 표와 같다. 마하수 2.8을 기준으로 하는 2개의 압축 각도를 갖는 흡입구이다. 0차원/1차원 연소 모델에 대한 해석 결과를 비교하시오.

[표 11-2] 엔진 작동 조건 및 연료특성

비행 조건	고도	15 km
	비행 마하수	3.0
	받음각	0 deg
흡입구	설계점	3.87
	램프 갯수	2
	램프 각도	25 deg
연료	연료 분자식	$C_{12}H_{24}$
	발열량	43000 kJ/kg
	당량비	1.0

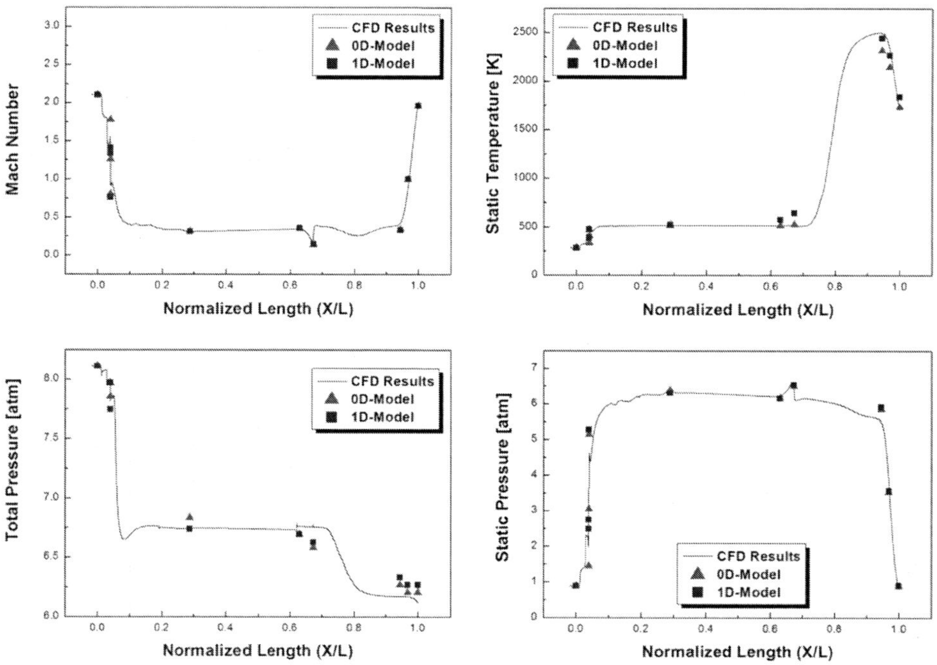

《 램제트 엔진의 내부 유동의 열역학 상태량(당량비 1.0일 때) 》

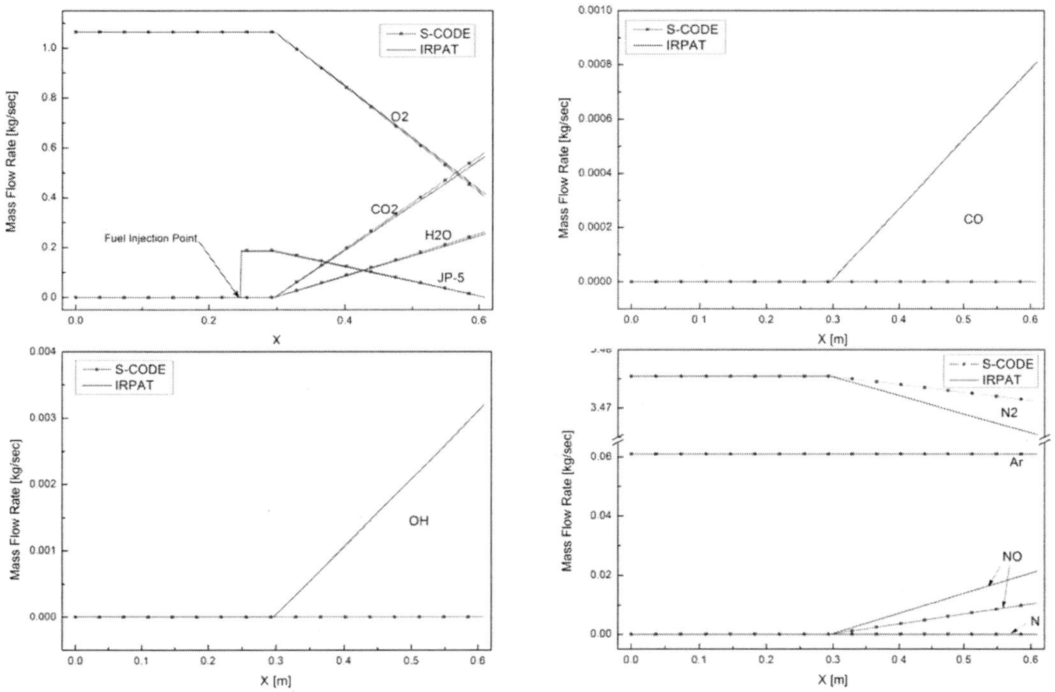

램제트 엔진의 연소실 내 연소가스의 성분(당량비 1.0 일 때)

연습문제

1 램제트 엔진이 고도 $20\,km$, 비행 마하수 2와 3일 때에 실제 사이클에서 각 구성품의 손실(r_d, r_b, r_n)을 적절한 범위에서 변경하면서 엔진의 추력, 연료 소모율, 엔진 성능 효율의 변화를 비교하시오.

2 램제트 엔진 내에서 열역학 상태량의 변화를 나타내는 그림 11-24)에서 전압력, 전온도, 마하수의 변화를 나타내시오.

3 그림 11-24)의 속도 보다 마하수가 20% 증가하였다.

(1) 이때 각 열역학 상태량의 변화 선도를 나타내시오, 전압력, 전온도, 마하수의 변화를 포함해서 나타내시오.

(2) 이때 추력 크기의 변화를 논하고, 원래의 추력을 발휘하기 위하여 어떻게 해야 하는지 설명하고 타당함을 논하시오.

4 그림 11-24)의 속도 보다 마하수가 20% 감소하였다.

(1) 이때 각 열역학 상태량의 변화 선도를 나타내시오, 전압력, 전온도, 마하수의 변화를 포함해서 나타내시오.

(2) 이때 추력 크기의 변화를 논하고, 원래의 추력을 발휘하기 위하여 어떻게 해야 하는지 설명하고 타당함을 논하시오.

5 램제트 엔진 내에서 열역학 상태량의 변화(그림 11-24)와 가스터빈 엔진에서의 열역학 상태량의 변화의 차이를 비교하고 그 이유를 설명하시오.

6 공기가 마하수 0.2로 연소실로 들어오고 공기의 온도와 압력은 각각 $300\,K$, $100\,kPa$이다. 연소실에서는 공기 $1\,kg$ 당 $50\,kJ$의 비율로 열이 공급된다. 마찰을 무시할 때 연소실 출구에서의 압력, 온도, 전압력 손실량을 구하시오. (단, $\gamma = 1.4, R = 0.287\,kJ/kg \cdot K$, and $c_p = 1.004\,kJ/kg \cdot K$)

7 램제트 엔진의 흡입구에서의 마하수가 3.0이며 이때 대기압과 온도는 각각 $8.5\,kPa$, $220\,K$이다. 연소실 출구에서의 온도는 $2500\,K$이다. 엔진의 손실은 무시하며, 공기량은 $30\,kg/s$이며 연료량은 공기량에 비하여 많이 작아서 무시할 수 있다. 추력, 열효율, 추진 효율, 전체 효율을 구하시오. (단, 공기: $\gamma = 1.4$, $c_p = 1005 J/kg \cdot K$)

8 램제트 엔진을 장착한 비행체가 고도 $10\,km$(압력 $26\,kPa$, 온도 $220\,K$)에서 마하수 3으로 비행하고 있다. 흡입구로 들어오는 공기량은 $50kg/s$이다. 연료를 $1kg/s$로 연소실에 주입하고 있다. 흡입구에서의 전압력 손실은 $\pi_d = 1 - 0.075(M_0 - 1)^{1.35}$이다. 연소 효율은 0.98이고 연소실에서 4% 전압력 손실이 발생한다. 추력, 열효율, 추진 효율, 전체 효율을 구하시오. (단, 공기: $\gamma = 1.4$, $c_p = 1005 J/kg \cdot K$, 연료: $Q_R = 42000 kJ/kg$, $\gamma_4 = 1.33$, $c_{p4} = 1156 J/kg \cdot K$)

Chapter 12

스크램제트 엔진

Chapter 12
스크램제트 엔진

12.1 소개

스크램제트 엔진은 열역학 사이클 관점에서는 가스터빈 엔진 및 램제트 엔진과 동일한 단열 압축–정압 연소–단열 팽창–정압 배기의 브레이튼 사이클에 해당된다. 일반적으로 램제트 추진 기관의 작동 영역은 마하수 2~4의 초음속 영역에 해당하며, 스크램제트 추진 기관은 마하 6 이상의 극초음속 영역에서 효율적으로 작동한다. 램압축 방법으로 극초음속 공기를 낮은 초음속(약 마하수 2.0)으로 감속하여야 하므로 충격파에 의한 전압력 손실이 매우 크게 발생한다. 따라서 전압력 손실을 최소화하면서 연소실에서 안정된 보염이 되도록 해야 하는데 이는 엔진 설계에 있어서 매우 까다롭다. 더욱이 엔진 내 큰 압력 손실과 항력보다 더 큰 추력(양의 값을 갖는 순추력)을 발생해야 하므로 이를 만족하는 엔진의 작동 가능 영역이 다른 엔진(가스터빈과 램제트 엔진)에 비하여 매우 좁다.

이미 20세기 초 프랑스에서 최초로 그 개념이 제시된 스크램제트 엔진은 기계적 구조는 다른 엔진에 비하여 매우 단순하지만 실제 작동 환경(열유체 역학)이 매우 까다로워 엔진 작동에 대한 깊은 물리적 이해가 절실히 요구되는 분야이다. 따라서 엔진의 성능에 영향을 미치는 각 인자들을 파악하고 정확하고 근본적인 물리적 이해를 도모하는 것이 무엇보다 중요하며, 이는 작동 개념의 근간이 되는 열역학을 바탕으로 한 해석적 방법을 통해 접근할 수 있다.

따라서 본 장에서는 램제트/스크램제트 엔진에 대한 물리적 특성과 작동 한계를 공기 역학 및 열역학적 이론을 기반으로 한 사이클 해석을 통해 살펴보자. 또한 이를 기반으로 스크램제트 엔진의 성능 해석을 설명하여 이에 대한 이해를 돕고자 하였다.

12.2 스크램제트 엔진의 종류와 특징

12.2.1 스크램제트 엔진(Scramjet engine)

스크램제트 엔진은 초고속 순항 비행을 위한 공기 흡입식 추진 기관으로서 단일 비행체가 극초음속 비행을 가능케 하는 엔진이다.

램제트 엔진은 흡입구에서 수직 충격파를 발생시켜 초음속의 공기를 아음속으로 감속하여 연소실에서는 아음속에서 연소가 된다. 하지만 수직 충격파를 이용하여 아음속으로 감속시킬 때 너무 큰 전압력 손실이 발생하면 추진 효율이 작아서 필요한 추력을 발휘할 수 없다. 예를 들면 수직 충격파를 이용하여 마하수 3을 아음속으로 감속하면 약 60%의 전압력 손실이 발생한다. 따라서 스크램제트 엔진과 같이 극초음속으로 비행하는 경우는 전압력 손실이 너무 크지 않도록 여러 개의 경사 충격파를 발생시켜 낮은 초음속(약 마하수 2)으로 감속하여 연소를 한다.

스크램제트 엔진은 극초음속 비행에서 유효 추력을 발생시킬 수 있어 스크램제트의 작동 가능 속도(비행 마하수 약 5)까지 가속시키는 부스터와 또는 부스터-램제트 엔진과 같은 여러 추진 장치가 함께 사용된다.

초음속에서 극초음속까지의 광범위한 비행 영역을 만족시키기 위해서는 램제트 엔진 또는 스크램제트 엔진 중 어느 한 가지 엔진으로는 불가능하며, 두 엔진을 복합하여 적용할 필요가 있다. 램제트 엔진과 스크램제트 엔진을 복합한 엔진을 이중 램제트 엔진(Dual ramjet)이라 한다. 이중 램제트 엔진을 위하여 비행 영역에 따라 보다 우수한 성능을 갖는 엔진(램제트 또는 스크램제트 엔진)을 조합한다. 하나의 비행체로 광범위한 비행영역을 충족시킬 수 있을 뿐만 아니라, 비행 전 경로에서 추진 효율을 향상시킬 수 있다. 이중램제트 엔진으로 이중 모드 램제트(Dual Mode Ramjet, DMR) 엔진과 이중 연소 램제트(Dual Combustion Ramjet, DCR) 엔진의 두 가지 개념이 적용가능하다.

램제트와 스크램제트 엔진에 대한 개념도와 설명은 다음과 같다.

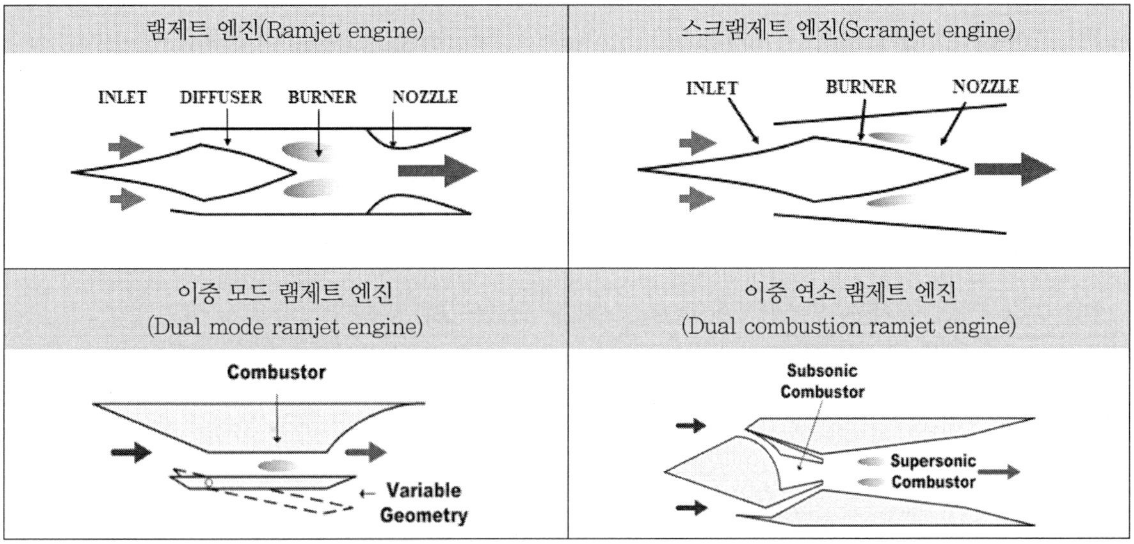

[그림 12-1] 램제트 및 스크램제트 엔진의 종류와 구조

(1) 램제트 엔진(Ramjet engine)

램제트 엔진은 초음속으로 흡입되는 공기가 쐐기 모양의 흡입구 물체를 지나갈 때 충격파가 발생하고 이 충격에 의해서 초음속의 흡입 공기를 아음속까지 감속시켜 압력을 높이는 원리를 이용한다. 이런 현상, 즉 공기의 압축 현상을 램(Ram) 또는 램 효과(Ram effect)라고 한다. 흡입구에서 압축된 공기는 디퓨져(Diffuser)를 통해 연소실로 공급되며, 연소실에서 발생된 연소가스가 노즐을 통하여 분출되는 제트의 힘으로 추진력을 얻는다. 램 압축되는 흡입구의 형상은 쐐기 형태(Wedge shape)인데, 이는 아음속 흡입구처럼 타원 형태(Elliptic shape)로 하면 물체 앞에 수직 충격파가 발생하여 전압력 손실이 크게 증가되어 흡입구의 효율(압력 회복율)이 크게 저하되므로, 쐐기 형태로 설계하는 것이 추진 효율을 높일 수 있는 방법 중 하나이다.

(2) 스크램제트 엔진(Scramjet engine)

스크램제트 엔진(Scramjet engine)의 SCRamjet은 초음속 연소 램제트(Supersonic combustion ramjet)의 약자로 연소기에서의 유속이 초음속에서 연소됨을 호칭한 것이다. 램 효과를 이용하여 극초음속 공기를 흡입구와 디퓨저에서 낮은 초음속(마하수 2-3)으로 감속/압축시키고, 연소실로 유입된 공기는 연료와 혼합되어 초음속에서 연소된다. 스크램제트 엔진은 램제트 엔진과 같이 흡입 공기를 압축시키고자 하는 목적은 같지만, 연소기에서의 유동 속도는 램제트와는 달리 초음속에서 연소된다는 점이 다르다.

(3) 이중 모드 램제트 엔진(Dual mode ramjet engine)

이중 모드 램제트(DMR) 엔진은 하나의 연소기로 아음속 또는 초음속에서 연소가 되도록 하여 초음속과 극초음속 비행이 가능하게 하는 추진 기관이다. 초음속 비행에서는 램제트 엔진 모드가 작동하고, 극초음속 비행에서는 스크램제트 엔진 모드의 작동을 위해서, 흡입구와 노즐의 형상이 작동 모드에 따라 변하는 가변형상을 적용한다.

(4) 이중 연소 램제트 엔진(Dual combustion ramjet engine)

이중 연소 램제트(DCR) 엔진은 아음속 연소기와 초음속 연소기가 각각 독립적으로 두 개의 연소기로 구성되며, 초음속과 극초음속 비행이 가능하게 하는 추진 기관이다. 움직이는 부분이 없이 고정된 형상으로 램제트 엔진 모드에서는 아음속 연소기에서 주추력을 발생하고, 스크램제트 엔진 모드에서는 초음속 연소기에서 주 추력을 발생하며, 초음속에서 극초음속으로의 천이 모드에서는 두 연소기가 대등한 추력을 발생한다.

[표 12-1] 초고속 램제트 엔진의 특징

<table>
<tr><th colspan="2">엔 진</th><th>추력원</th><th>압축
방식</th><th>설 명</th></tr>
<tr><td colspan="2">램제트</td><td rowspan="4">제트
(Jet)</td><td rowspan="4">램압축</td><td>• 공기 흡입 유로 1개: 경사 충격파와 수직 충격파로 흡입 공기를 초음속에서 아음속으로 감속
• 아음속 연소
→ 초음속 순항에 적합(마하수 2~4)</td></tr>
<tr><td rowspan="3">스크램
제트</td><td>스크램
제트</td><td>• 공기 흡입 유로 1개: 경사 충격파로 흡입 공기를 극초음속에서 낮은 초음속으로 감속
• 초음속 연소(Supersonic combustion)
→ 극초음속 순항에 적합(마하수 4~10)</td></tr>
<tr><td>이중 연소
램제트</td><td>• 고정 공기 흡입 유로 2개: 1개는 경사 충격파로 흡입 공기를 극초음속에서 낮은 초음속으로 감속, 1개는 경사 충격파와 수직 충격파로 흡입 공기를 극초음속에서 아음속으로 감속
• 초음속과 아음속 연소
→ 초음속-극초음속 순항에 적합(마하수 2~6)</td></tr>
<tr><td>이중 모드
램제트</td><td>• 가변 공기 흡입 유로 1개로 작동 상태 전환: 흡입 공기를 극초음속에서 낮은 초음속으로 감속, 열질식 이용하여 램모드 작동
• 초음속과 아음속 연소
→ 초음속-극초음속 순항에 적합(마하수 3~10)</td></tr>
</table>

12.2.2 복합 사이클 스크램제트 엔진(Combined Cycle Scramjet Engine)

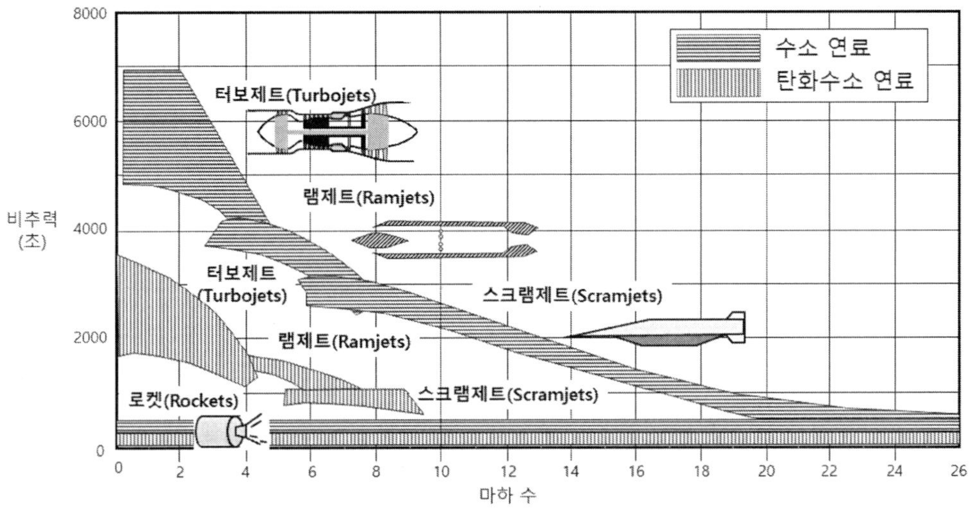

[그림 12-2] 각종 추진 기관의 비행 속도(마하수)에 따른 비추력 선도

로켓 추진 기관은 산화제를 비행체에 탑재하여 사용하므로 공기 흡입식 엔진의 비추력에 비하여 매우 낮다. 하지만 로켓 추진 기관은 공기가 없는 대기권 밖에서도 비행이 가능하고, 추력은 비행 고도에 큰 영향을 받지 않는다. 또한 공기를 흡입하기 위한 흡입구가 없기 때문에 흡입 공기의 속도에 영향을 받지 않으므로 로켓 추진 기관은 비행 속도에 상관없이 거의 일정한 비추력을 갖는다. 반면에 연소에 필요한 산소를 대기를 흡입하여 얻어야 하는 공기 흡입식 엔진의 추력은 흡입구의 성능에 비추력은 크게 영향을 받는다. 엔진 작동 영역이 비행 속도와 고도에 의해 제한되지만 비추력이 로켓 추진 기관보다 높다. 공기 흡입식 엔진은 엔진의 종류(형태)에 따라 운용 범위와 비추력이 결정된다. 또한 공기 흡입식 엔진은 고도의 영향을 많이 받는데, 고도가 높을수록 대기 중의 공기 밀도가 낮아지므로, 공기 흡입량이 작아져서 추력이 감소되고 때로는 연소 불안정 현상이 발생한다. 그러므로 광범위한 비행 속도와 넓은 영역의 비행 환경(고도 등)에서 효과적인 비행을 위해서는 한 종류의 엔진으로 비행하는 것은 불가하거나, 가능하더라도 매우 비효율적이므로 비행 영역에 적합한 엔진의 선택이 필요하다.

공기 흡입식 엔진의 작동 영역과 성능이 비행 속도와 고도에 영향을 크게 받으므로 광범위한 비행에 효과적인 엔진의 작동을 위하여 몇 가지의 엔진을 조합하는 결합 사이클 엔진을 적용할 수 있다. 이는 아음속 비행에 유용한 엔진과 초음속 및 극초음속에 유용한 엔진을 조합하여 출발(Take off)에서부터 극초음속까지 비행 속도를 효과적으로 증가시킬 수 있는 방법이다. 결합 사이클 엔진은 대표적으로 TBCC(Turbine based combined cycle) 엔진과 RBCC(Rocket based combined cycle) 엔진이 있다.

TBCC 엔진은 터보제트 엔진을 이용하여 아음속에서 초음속까지 가속이 가능하다. 이는 초음속에서는 램제트 엔진이 작동하고, 극초음속에서는 스크램제트 엔진이 작동하는 엔진이다. 전 비행 구간에서 효과적으로 공기의 흡입과 압축을 위하여 흡입구 형상을 변화시키는 가변 흡입구를 사용하고, 아음속에서의 공기 유로와 초음속 이상에서의 공기 유로를 다르게 한다. 초음속 이상에서 흡입구 형태는 쐐기형으로 하여 램 압축을 이용한 램제트 엔진이 작동하도록 각각의 엔진 작동모드를 전환한다(그림 12-3).

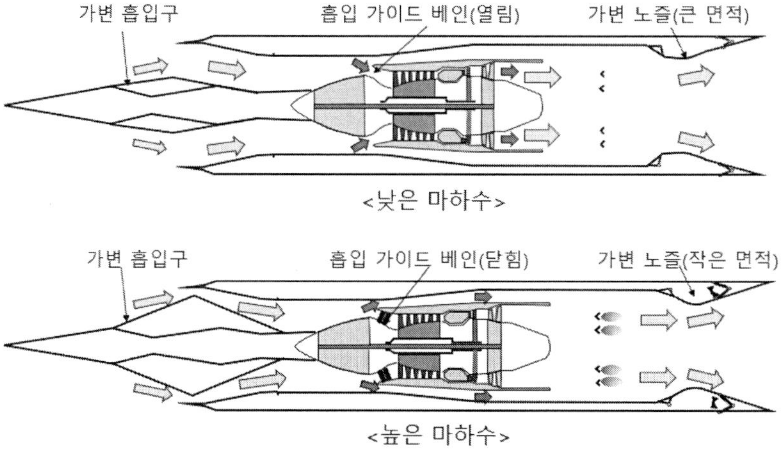

[그림 12-3] TBCC(Turbine Based Combined Cycle) 엔진

RBCC 엔진은 TBCC 엔진과 달리, 초음속까지 가속하기 위하여 로켓 추진 기관을 사용한다. 따라서 RBCC 엔진은 TBCC 엔진에 비해 엔진 구성이 간단하고, 무게도 상대적으로 작다는 장점이 있다(그림 12-4). 하지만 앞서 비추력에서 확인했듯이 로켓 추진 기관은 가스터빈 엔진에 비해 낮은 비추력을 갖고 있기 때문에 엔진의 성능 효율이 TBCC 엔진에 비하여 떨어지는 단점이 있다.

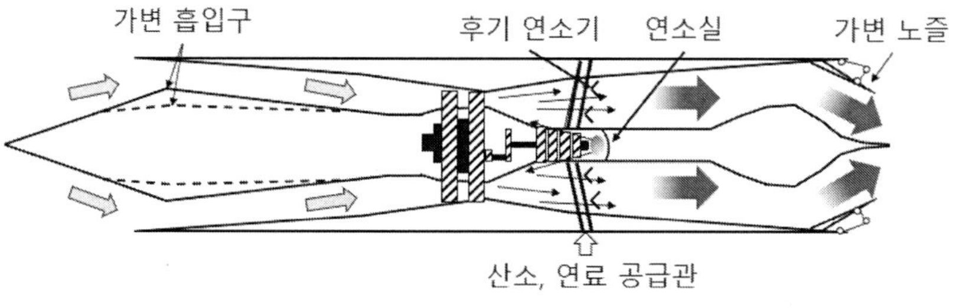

[그림 12-4] RBCC(Rocket Based Combined Cycle) 엔진

12.3 스크램제트 엔진의 발전과 역사

스크램제트 엔진은 가스터빈 엔진보다 구조적으로 훨씬 간단하지만 내재하고 있는 물리적 현상이 복잡하고, 보염(연소 유지)이 어려워서 가스터빈 제트 엔진 보다 훨씬 뒤늦게 개발되었다.

1960년 Ferri에 의하여 지상에서 자유 흐름 시험(Freejet test)을 통하여 초음속 연소의 가능성이 제시된 이후, 1991년 러시아 CIAM에서 마하수 5.5의 시험 비행 성공(실제로 초음속에서 연소되었다는 근거가 미약하여 논란이 있음), 2004년 11월 16일 미국 X-43A의 비행 마하수 9.8 에서의 초음속 연소 확인에 이르기까지, 기본적 실증 시험을 하는 데 약 45년이 소요되었다는 것은 그만큼 기술적 난제가 매우 크다는 것을 의미한다. 이러한 맥락에서 극초음속 순항 비행체의 실용화는 연구/개발 과정이 순탄치 않음에 따라, 막대한 연구 비용과 기술적 난제로 회의적인 시각이 크게 대두되었다. 그럼에도 초고속 비행에 대한 일부 국가의 기술 개발이 지속되어 2019년 이후부터 최근에 이르러 중국의 극초음속 활강 비행체의 Wu-14, 러시아의 활강(Avangard) 및 순항(Zircon)의 성공적 비행 은 극초음속 비행체에 대한 실용화에 새로운 전환기를 맞이하고 있다(그림 12-5 참조).

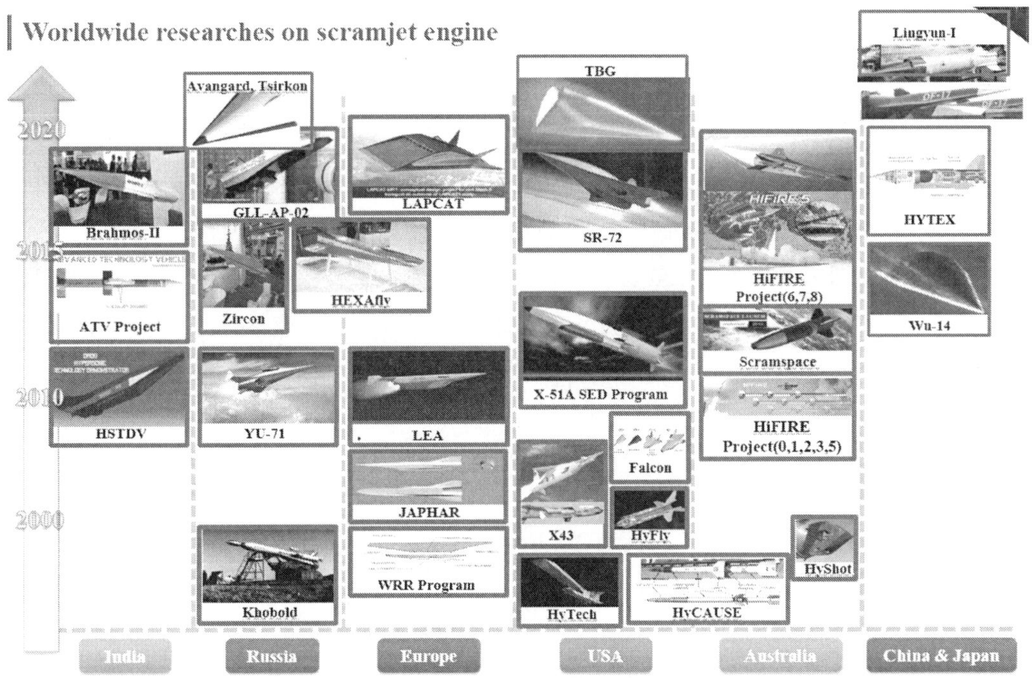

[그림 12-5] 세계 각국의 극초음속 비행체 및 스크램제트 엔진 개발 현황

스크램제트 엔진은 사용 연료(수소 또는 탄화수소)와 흡입구의 형태로 연구 목적과 적용 대상을 연관하여

구분할 수 있다. 수소 연료를 사용하는 스크램제트 연구/개발 프로그램은 항공 엔진용 및 우주 재사용 발사체용으로 적용하기 위한 프로그램이며, 탄화수소계열의 연료를 사용하는 것은 군사 유도탄에 적용을 위하여 연구되는 프로그램이라 할 수 있다. 수소 연료는 탄화수소에 비하여 단위질량 대비 에너지 함유량이 3배 크고, 흡열 기능이 매우 우수한 반면, 부피가 크고 취급이 까다로우므로 군용으로 적절하지 않으나 화학 반응속도가 매우 빠르므로 고고도에서 주로 운용되는 우주접근 비행체를 위한 연료로 사용된다(그림 12-4 참조). 반면에 탄화수소는 수소에 비하여 단위 부피 대비 에너지 함유량이 4배 많고 상대적으로 안정하므로 군용으로 적합하다. 흡입구의 형태가 고정 흡입구인 경우는 스크램제트 연소 연구용 프로그램이거나 두 개의 연소실(아음속 연소실과 초음속 연소실)을 사용하는 이중 연소 램제트(DCR: Dual Combustion Ramjet)로서 초음속에서 극초음속까지 비행이 가능한 군용 비행체에 적용하기 위한 프로그램이다. 반면에 가변 흡입구를 사용하는 이중 모드 램제트(DMR: Dual Mode Ramjet) 또는 광범위한 마하수의 극초음속 비행이 가능한 복합 엔진 연구는 차세대 우주 발사체와 극초음속 여객기의 추진 기술 개발과 연관지을 수 있다.

차세대 우주 발사체 및 민간 초음속 여객기, 그리고 초고속 정밀 타격을 위한 무기 개발의 군사용의 목적 등으로 많은 연구 및 개발이 이루어지고 있다. 이와 더불어 단일 비행체로서 초음속에서 극초음속 영역까지의 광범위한 비행 영역에서 작동 가능한 추진 기관에 대한 연구가 진행되면서 램제트와 스크램제트의 복합 사이클을 적용한 이중 램제트 엔진에 대한 연구 또한 여러 국가들에 의해 수행되고 있다.

비행체가 고도를 높게 비행하면 고고도에서는 대기압이 낮으므로 팽창비가 커진다. 로켓은 계속해서 고도 상승하므로 팽창비가 커지는 노즐을 사용할 수 있다. 하지만 항공기는 고고도로 올라갔다가 다시 저고도인 지상으로 내려와야 하기 때문에 항공기에도 팽창비가 커지는 장치인 노즐의 적용은 저고도에서는 큰 항력으로 작용한다. 이를 개선하기 위하여 그림 12-6)과 같이 비행체의 몸체 형상을 이용하여 팽창비가 커지도록 한다. 비행체의 몸체의 형상으로 노즐의 한쪽 면이 결정되고, 다른쪽은 배기가스 제트의 압력과 대기압과 평형으로 이루어지는 플룸 면을 형성하여 추력을 발생한다. 따라서 노즐이 있을 때보다 노즐 없이 비행체의 몸체를 이용할 때가 성능은 떨어지지만 저 고도에서 항력이 크게 줄어들기 때문에 항공기 비행 성능은 좋아진다.

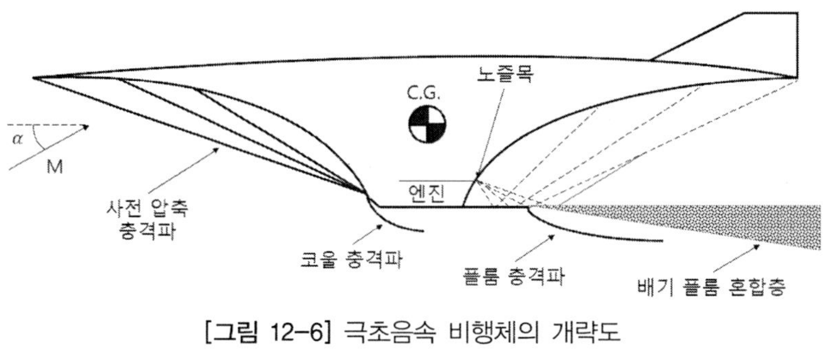

[그림 12-6] 극초음속 비행체의 개략도

12.4 스크램제트 엔진의 추진 원리

12.4.1 추진 원리

램제트 엔진은 초음속 비행을 위한 추진 기관인 반면에 스크램제트 엔진은 극초음속 비행을 위한 추진 기관이다. 흡입구에서 초음속을 아음속으로 감속시키는 램제트 엔진과 같이 스크램제트 엔진에서 극초음속을 아음속으로 감속시키면 전압력 손실이 너무 크고, 온도는 공기의 해리 온도((1450 ~ 1650K) 이상이 되어 순추력 발생을 기대할 수 없다. 따라서 스크램제트 엔진의 흡입구는 극초음속을 낮은 초음속(마하수 3 정도)으로 감속한다. 이를 위해 흡입구 형상을 이용하여 여러 개의 경사 충격파를 만들어서 전압력 손실을 최소화하면서 초음속으로 램 압축한다. 흡입구에서 흡입 공기는 감속하고 압력상승이 이루어지게 하며, 이러한 과정은 연소실에서 적절한 연소 환경을 만들어 주기 위해 필수적이다. 유입된 유동이 연소실에서 연소 과정을 통해 압력이 상승하므로 흡입구 방향으로의 역압력 구배가 발생한다. 역압력 구배가 크게 증가하면 흡입구에서의 경계층이 커지고 유동박리가 발생하고, 이로 인해 유동의 유효 면적이 감소하고 공기의 유입이 억제되어 엔진이 작동 불능 상태가 될 수 있다. 이러한 현상을 최소화하기 위하여 그림 12-1)에서 볼 수 있듯이 흡입구와 연소실 사이에 버퍼 역할을 하는 격리부를 설치한다. 격리부는 흡입구의 공기 유동의 압력 변화와 연소에 의한 연소실에서의 압력 변화가 서로(흡입구와 연소실) 간의 직접적으로 상호 간섭을 받지 않도록 이를 완화시키기 위한 장치이다. 스크램제트 엔진에서 연료는 빠른 공기 속에서도 공기와 원활이 혼합되고, 안정한 연소를 위하여 다양한 연료분사 방법과 보염 방법이 적용된다. 연소기 내에서 연소된 연소가스는 노즐을 통과하면서 운동 에너지로 전환되어 빠르게 분사되고 이에 대한 반작용으로 추진력을 발생한다. 추력의 크기와 추진 효율은 비행체의 받음각, 흡입구에서의 압력 회복율과 충격파의 거동, 연소기에서의 연소율 및 화염의 동적 거동에 매우 민감하게 영향을 받으므로 엔진의 작동 범위에서 순추력이 발생되도록 설계해야 한다.

그림 12-7)은 위에서 설명한 점이 고려된 스크램제트 엔진의 구성(공기 흡입구, 격리부(Isolator), 연료 분사기, 연소실, 노즐)을 나타낸다.

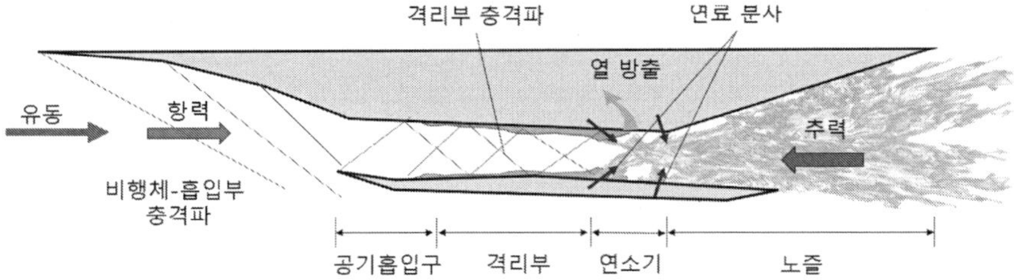

[그림 12-7] 스크램제트 엔진 개략도

12.4.2 스크램제트 엔진의 추력 계산식

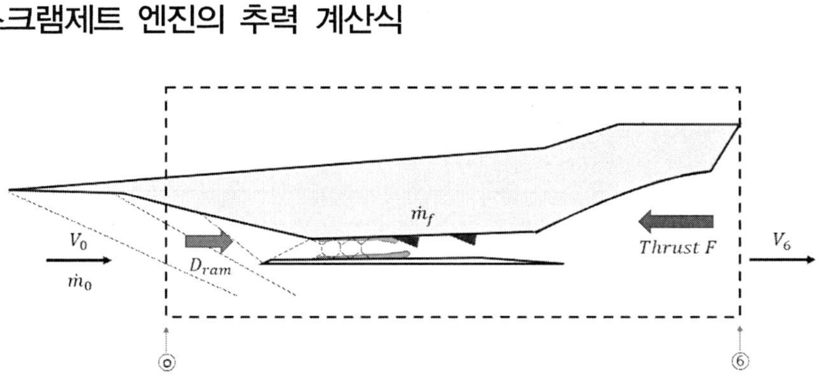

[그림 12-8] 엔진 주위 검사 체적 내에서 작용하는 힘(추력) 개념도

추력은 공기 흡입구와 노즐 출구에서의 유동의 모멘텀 차이로 표현할 수 있다. 실제로는 비행체가 움직이면서 대기 공기가 엔진으로 유입되나, 상대 속도의 개념을 적용하면 비행체를 정지시키고 대기 공기가 비행체의 속도로 흡입구로 유입되는 것으로 간주하여 추진력을 계산할 수 있다.

램제트 엔진과 유사하게 추력 계산을 다음과 같이 표시할 수 있다. 단지 가스터빈 엔진과 다르게 램제트 및 스크램제트 엔진은 비행체가 높은 초음속과 극초음속에서 비행하므로 유입되는 공기는 흡입구에서 충격파의 발생으로 전압력 손실이 상대적으로 크게 발생한다. 이를 고려하여 추력을 다음과 같이 나타낼 수 있다.

$$F_n = (\dot{m}_0 + \dot{m}_f) V_6 - D_{ram} + (p_6 - p_0) A_6 \qquad (12-1)$$

$$D_{ram} = C_{ram} \dot{m}_0 V_0$$

위 식에서 D_{ram}은 흡입구로 유입되는 고속 공기가 감속되면서 나타나는 모멘텀 손실을 의미하며 램항력이라 한다. C_{ram}은 항력 계수를 의미한다. $\dot{m}_0$와 $\dot{m}_f$는 공기량와 연료량을 나타내며, 배기 노즐 끝단에서의 압력 p_6는 아음속의 경우 대기 압력 p_0와 같게 되나 극초음속으로 분사되는 경우 작동 조건에 따라 대기 압력 p_0와 다른 값을 가지는 경우도 발생할 수 있다.

12.5 램제트 엔진과 스크램제트 엔진의 작동 분배

스크램제트 엔진의 작동 특성을 이해하기 위하여 램제트/스크램제트 엔진의 작동 한계 및 작동 영역을 파악하기 위한 사이클 해석을 수행한다. 램제트와 스크램제트 엔진의 작동 한계/분배를 위한 두 가지 형태 연소기(일정 단면적 연소기와 일정 압력 연소기)에 대해 살펴보자. 그림 12-9)는 두 가지 형태 중에 연소실이 일정 단면적을 갖은 스크램제트 엔진의 예시를 나타낸다. 본 해석에 사용된 각 영역에서의 상태량 표시법은 그림 12-9)의 영역 표시법과 동일하게 적용하였다.

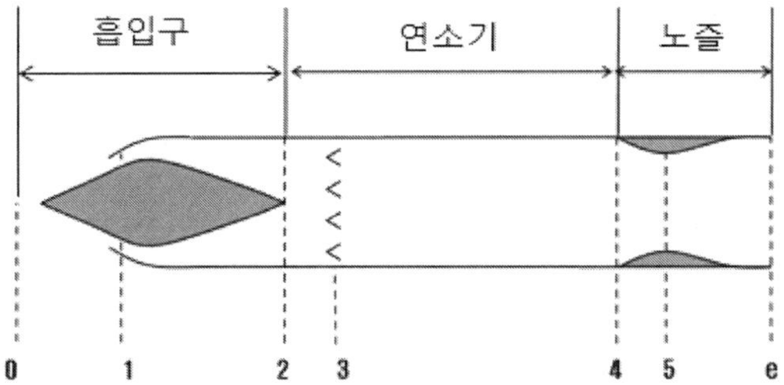

[그림 12-9] 램제트와 스크램제트 엔진의 작동 분배를 위한 엔진 개념도

12.5.1 작동 분배

1) 흡입구

흡입구를 통해 압축되어 엔진으로 들어오는 초음속 공기는 충격파를 통과하면서 급격한 온도 상승이 발생한다. 압축 공기의 온도상승으로 연소기로 공급되기 전, 흡입 공기의 해리가 발생된다면 연소를 통해 에너지를 얻는 것이 무의미하게 된다. 따라서 연소기로 유입되는 압축 공기의 온도는 해리가 발생되지 않는 온도 조건(1450~1650K 이하)을 만족하여야 하며 이는 연소기 입구 마하수 M_2의 경계조건이 될 수 있다.

단열 과정에 대한 자유 흐름과 흡입구 출구에서의 정온도비는 다음 식과 같이 정의된다.

$$\theta = \frac{T_2}{T_0} = \frac{1+\dfrac{\gamma-1}{2}M_0^2}{1+\dfrac{\gamma-1}{2}M_2^2} \qquad \text{식 (12-2)}$$

그림 12-10)은 식 (12-2)로부터, 순항고도(11km~20km)에서의 대기 온도 $T_0 = 216.65\,K$와 공기

의 해리 온도 $T_2 = 1550\,K$를 기준으로 비행 마하수와 연소기 입구 마하수 간의 관계를 보여준다. 아음속 연소를 하는 램제트 엔진은 연소기 입구 마하수 $M_2 < 1.0$의 조건에서 적용 가능하다. 따라서 공기의 해리 온도를 한계 조건으로 할 때 램제트 엔진이 작동 가능한 비행 마하수의 한계는 $M_0 = 6.16(M_2 = 1.0)$ 이하의 영역에 해당한다. 그러나 실제 작동되는 램제트 엔진의 연소기 입구 마하수는 약 0.1−0.4가 적용되며, $M_2 \leq 0.4$인 램제트의 비행 한계는 이론적으로 $M_0 \leq 5.65$로 제한됨을 확인할 수 있다. $M_0 > 6.16$의 영역에서는 아음속 유동을 얻고자 할 경우 $M_2 < 1$에서 압축 공기의 온도가 공기의 해리 온도 이상이 되어 램제트 엔진의 작동이 불가능하며 공기의 해리를 방지하기 위해서는 반드시 $M_2 > 1$이어야만 한다. 이는 초음속 연소, 즉 스크램제트 엔진이 적용되어야 함을 의미한다. 경험적으로 스크램제트의 경우, 비행 마하수에 대한 연소기 입구 마하수의 비는 $M_2/M_0 = 0.375$를 사용하며, 이는 공기 해리를 방지하기 위한 온도조건을 만족함을 그림 12−10)을 통해 확인할 수 있다.

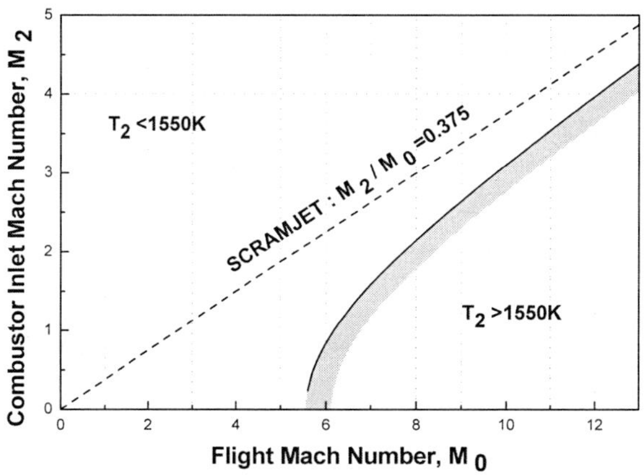

[그림 12−10] 공기의 해리를 방지하기 위한 흡입구의 마하수(M_0)와 출구의 마하수(M_0) 관계

2) 연소기

연소기 영역은 그림 12−9)에서 2−4에 해당하며, 1) 정상 상태, 2) 가스 상태량 일정한 이상 기체, 3) 질량 추가가 있는 비점성 유동의 가정을 통해 질량, 운동량, 에너지 보존 방정식을 적용한다. 연소기 해석에 적용된 지배 방정식은 다음 식 (12−3)−(12−6)와 같다.

$$\dot{m}_a + \dot{m}_f = \rho_2 V_2 A_2 (1+f) = \rho_3 V_3 A_3 \qquad \text{식 (12−3)}$$

$$(\dot{m}_a + \dot{m}_f) V_4 - \dot{m}_a V_2 = P_2 A_2 - P_4 A_4 + \int_{wall} P dA \qquad \text{식 (12−4)}$$

$$Q = (\dot{m}_a + \dot{m}_f)c_p T_{t3} - \dot{m}_a c_p T_{t2} = \dot{m}_f \eta_B H_f = \dot{m}_a q \qquad \text{식 (12-5)}$$

$$\frac{P_4}{P_2} = \frac{\rho_4}{\rho_2}\frac{T_4}{T_2} \qquad \text{식 (12-6)}$$

연소기에서의 전온도 상승비는 식 (12-5)로부터 식 (12-7)과 같이 연소기 내 열량 추가율에 의해 결정된다.

$$\frac{T_{t4}}{T_{t2}} = \frac{1}{1+f}\left(1 + \frac{q}{c_p T_{t2}}\right) \qquad \text{식 (12-7)}$$

일정한 단면적을 가지는 연소기와 일정한 압력을 가지는 연소기, 두 가지 형상의 연소기에 대하여 해석을 해보자.

(1) 일정한 압력을 가지는 연소기($P_2 = P_4$)

브래이튼 사이클은 공기 흡입식 추진 기관에 적용되는 대표적인 개방 사이클로서 정압 연소를 수반한다. 따라서 이와 같은 브래이튼 사이클을 기반으로 한 정압 연소를 가정한 램제트/스크램제트의 사이클 해석을 수행한다.

연소기 내 마찰 손실을 고려하지 않는다면, 마찰이 없는 유동에 대한 Euler 식 ($dP = -\rho V dV$)으로부터 연소기 내 압력이 일정하다면($P_2 = P_4$) 속도도 일정함을 알 수 있다($V_2 = V_4$). 따라서 일정한 압력을 가지는 연소기의 입구 마하수와 출구 마하수의 비는 식 (12-2)와 식 (12-5)로부터 다음 식과 같이 나타낼 수 있다.

$$\frac{M_4}{M_2} = \sqrt{\frac{T_2}{T_4}} = \frac{1}{\sqrt{1 + q/(c_p T_2)}} \qquad \text{식 (12-7)}$$

이로부터 연소에 의한 열량 추가가 존재한다면 연소기 마하수 비는 1보다 작으며, 따라서 일정한 압력의 연소기는 연소기 출구의 마하수가 입구의 마하수 보다 항상 작음을 알 수 있다($M_4 < M_2$).

또한 식 (12-4)으로부터 압력이 일정한 경우 검사 체적에 작용하는 외력은 없으므로 식 (12-8)과 같이 연소기 입구와 출구의 면적비의 관계식을 얻을 수 있다.

$$\frac{A_4}{A_2} = \frac{\rho_2 V_2^2}{\rho_4 V_4^2} = \frac{\gamma P_2 M_2^2}{\gamma P_4 M_4^2} = \frac{M_2^2}{M_4^2} \qquad \text{식 (12-8)}$$

일정한 압력의 연소기에서 $M_4 < M_2$이므로 연소기 면적비 A_4/A_2는 항상 1보다 크며, 따라서 일정

압력을 가지는 연소기는 축 방향으로 갈수록 단면적이 확장되는 형상을 가지게 됨을 알 수 있다.

일정한 압력을 가지는 연소기 내 열량 추가로 인한 전압력 손실과 전온도비는 식 (12-9), (12-10)으로 표현된다.

$$\frac{P_{t4}}{P_{t2}} = \left[\frac{2+(\gamma-1)M_4^2}{2+(\gamma-1)M_2^2} \right]^{\frac{\gamma}{\gamma-1}} \quad \text{식 (12-9)}$$

$$\frac{T_{t4}}{T_{t2}} = \left(\frac{M_4}{M_2} \right)^2 \left[\frac{2+(\gamma-1)M_4^2}{2+(\gamma-1)M_2^2} \right] \frac{1}{(1+f)^2} \quad \text{식 (12-10)}$$

연소에 의한 열량추가는 아음속 유동에서는 마하수의 증가를 초음속 유동에서는 마하수의 감소를 가져온다. 이는 또한 유동 속도를 마하수 1 이상으로 증가시키거나 감소시키지 못하는데 이를 열질식(Thermal choking)이라 부른다. 따라서 연소기 내 열량 추가율은 열질식에 의해 제한된다. 일정한 압력을 가지는 연소기는 연소기 출구 마하수가 입구 마하수보다 항상 작으므로 램제트의 경우($M_2 < 1$) 열질식이 발생하지 않으며 스크램제트의 경우($M_2 > 1$)만 열 질식이 발생하므로 이에 따른 열량 추가율의 한계를 고려한다.

열질식이 발생한 경우($M_4 = 1$)에 대한 전압력비와 전온도비의 한계는 식 (12-11), (12-12)와 같이 정의된다.

$$\left(\frac{P_{t4}}{P_{t2}} \right)_{\text{lim}} = \left[\frac{\gamma+1}{2+(\gamma-1)M_2^2} \right]^{\frac{\gamma}{\gamma-1}} \quad \text{식 (12-11)}$$

$$\left(\frac{T_{t4}}{T_{t2}} \right)_{\text{lim}} = \frac{(\gamma+1)M_2^2}{2+(\gamma-1)M_2^2} \frac{1}{(1+f)^2} \quad \text{식 (12-12)}$$

또한 전온도비 한계 조건으로부터 연소로 인한 열량 추가율의 한계 조건($M_2 \geq 1$)은 다음과 같다.

$$\frac{q_{\text{lim}}}{c_p T_{t2}} = \frac{(\gamma+1)M_2^2}{2+(\gamma-1)M_2^2} \frac{1}{(1+f)} - 1 \quad \text{식 (12-13)}$$

(2) 일정한 단면적을 가지는 연소기($A_2 = A_4$)

일정한 압력을 가지는 연소기는 축 방향으로 갈수록 면적이 확장되는 형상을 가지므로 엔진의 무게 및 체적 증가에 따른 항력의 증가를 수반하는 단점이 있다. 일정한 단면적의 연소기는 면적 증가로 무게 또는 항력이 증가되어 문제가 되는 경우에는 이러한 문제점을 보완할 수 있다. 일정한 단면적을 가지는 연소기 내부의 전압력비와 전온도비는 연소기 입구 마하수와 출구 마하수를 이용하여 식

(12−14), (12−15)와 같이 나타낼 수 있다.

$$\frac{P_{t4}}{P_{t2}} = \frac{1+\gamma M_2^2}{1+\gamma M_4^2}\left[\frac{2+(\gamma-1)M_4^2}{2+(\gamma-1)M_2^2}\right]^{\frac{\gamma}{\gamma-1}} \quad \text{식 (12−14)}$$

$$\frac{T_{t4}}{T_{t2}} = \left[\frac{1+\gamma M_2^2}{1+\gamma M_4^2}\left(\frac{M_4}{M_2}\right)\right]^2\left[\frac{2+(\gamma-1)M_4^2}{2+(\gamma-1)M_2^2}\right]\frac{1}{(1+f)^2} \quad \text{식 (12−15)}$$

열질식 현상은 일정한 단면적을 가진 연소기의 경우 아음속 연소(램제트)와 초음속 연소(스크램제트) 모두에서 발생한다. 열질식에 도달했을 때, $M_4 = 1$에 대한 전압력비와 전온도비의 한계는 식 (12−16), (12−17)과 같다.

$$\left(\frac{P_{t4}}{P_{t2}}\right)_{\text{lim}} = \frac{1+\gamma M_2^2}{1+\gamma}\left[\frac{\gamma+1}{2+(\gamma-1)M_2^2}\right]^{\frac{\gamma}{\gamma-1}} \quad \text{식 (12−16)}$$

$$\left(\frac{T_{t4}}{T_{t2}}\right)_{\text{lim}} = \frac{1}{(\gamma+1)(1+f)^2}\frac{\left(1+\gamma M_2^2\right)^2}{M_2^2\left[2+(\gamma-1)M_2^2\right]} \quad \text{식 (12−17)}$$

위의 전온도비 한계 조건으로부터 열량 추가율의 한계 조건은 다음 식과 같다.

$$\frac{q_{\text{lim}}}{c_p T_{t2}} = \frac{1}{(\gamma+1)(1+f)}\frac{\left(1+\gamma M_2^2\right)^2}{M_2^2\left[2+(\gamma-1)M_2^2\right]} - 1 \quad \text{식 (12−18)}$$

그림 12−11)과 12−12)는 일정한 면적의 연소기와 일정한 압력의 연소기에 대하여 연소기 입구 마하수 M_2에 따른 전압력 손실의 한계와 열량 추가율의 한계를 보여준다. $M_2 < 1$의 경우, 즉 램제트의 경우 연소기 형상에 따른 압력 손실의 한계는 크지 않다. 반면 $M_2 > 1$의 스크램제트의 경우, 속도가 증가함에 따라 압력 손실은 증가하며, 동일한 M_2에 대해 일정한 압력의 연소기가 일정한 단면적의 연소기보다 전압력 손실이 더 크게 발생하는 것을 확인할 수 있다. 열량 추가율의 한계는, 램제트 ($M_2 < 1$)의 경우, 일정한 압력의 연소기는 열질식에 대한 제약을 받지 않는 반면, 일정한 단면적의 연소기는 M_2가 1에 가까워짐에 따라 열질식에 따른 열량 추가율의 한계치가 급격히 감소하는 것을 확인할 수 있으며 이를 방지하기 위해서는 마하수가 충분히 낮아야 함을 알 수 있다. 스크램제트 ($M_2 > 1$)의 경우, 열량 추가율의 한계는 마하수가 증가함에 따라 증가하며, 동일한 마하수에 대해서는 일정한 압력의 연소기가 일정한 단면적의 연소기에 비해 월등히 유리함을 알 수 있다. 이와 같이 연소기 형상에 따라 전압력 손실과 열량 추가율의 한계가 상반된 경향성을 나타내므로 엔진의 형상을 결정함에 있어 두 인자의 영향에 따른 엔진 성능의 특성을 비교하여 최적의 형상을 결정하도록 해야

할 필요가 있다.

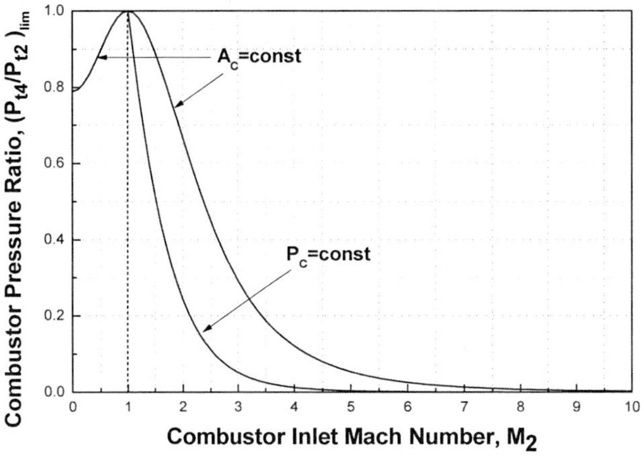

[그림 12-11] 연소기 입구 속도에 따른 전압력 비의 한계(연소기에서 열량 추가시)

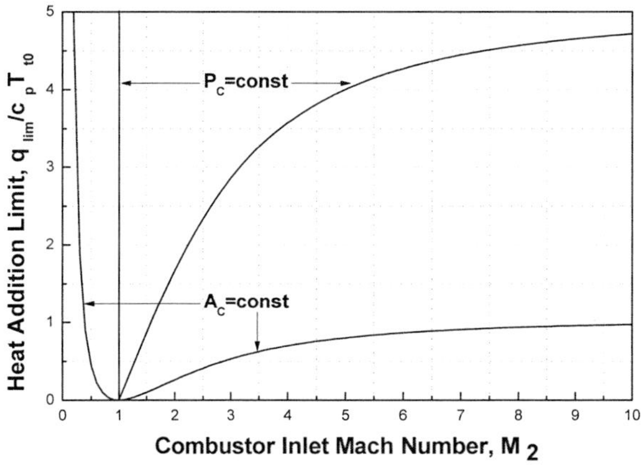

[그림 12-12] 연소기 입구 속도에 따른 열량 추가량의 한계

12.5.2 성능 변수

엔진의 추력은 다음 식으로 표현된다.

$$F = \dot{m}_a[(1+f)V_e - V_0] + A_e(P_e - P_0) - F_{Drag} \qquad \text{식 (12-19)}$$

추력은 모멘텀 추력과 압력 추력, 항력으로 구분된다. 노즐에서 이상 팽창을 가정하면 압력 추력의 영향은 무시되고, 외부 항력에 의한 영향도 배재하자.

추력 요구 조건이 주어질 때 엔진의 공기 유량, 즉 엔진의 크기를 결정하기 위한 변수로서 단위 공기 유량 당의 추력비(Specific thrust)를 다음 식과 같이 정의할 수 있다(4장 참조).

$$\psi = \frac{F}{\dot{m}_a g_0} = \frac{V_0}{g_0}\left[(1+f)\frac{V_e}{V_0} - 1\right] + \frac{A_e P_0}{\dot{m}_a g_0}\left(\frac{P_e}{P_0} - 1\right) \qquad \text{식 (12-20)}$$

추진 노즐의 성능특성을 대표하는 추력 계수의 정의는 다음 식과 같다.

$$C_F = \frac{F}{\frac{1}{2}\rho_0 V_0^2 A_0} = 2\left[(1+f)\frac{V_e}{V_0} - 1\right] + \frac{2P_0 A_e}{\dot{m}_a V_0}\left(\frac{P_e}{P_0} - 1\right) \qquad \text{식 (12-21)}$$

여기서 기준이 되는 면적(A_0)은 엔진으로 유입되는 공기 유량의 흡입구 포획(capture) 면적이다.

단위 연료량 당의 추력을 나타내는 비추력(specific impulse)은 다음 식과 같다.

$$I_{sp} = \frac{F}{\dot{m}_f g_0} = \frac{\psi}{f} = \frac{V_0 C_F}{2 f g_0} \qquad \text{식 (12-22)}$$

엔진의 열효율 η_{th}은 연료의 연소 효율을 의미하며 다음 식과 같다.

$$\eta_{th} = \frac{\frac{\dot{m}_a}{2}\left[(1+f)V_e^2 - V_0^2\right]}{\eta_B \dot{m}_f H_f} = \frac{V_0^2}{2f\eta_B H_f}\left[(1+f)\left(\frac{V_e}{V_0}\right)^2 - 1\right] \qquad \text{식 (12-23)}$$

식 (12−19)~(12−23)으로부터 모든 성능 변수는 추진 노즐의 출구 속도와 비행 속도의 비로 나타나는 것을 알 수 있다. 속도비 V_e / V_0는 단열 과정에 대한 관계식과 노즐 효율 계수의 정의를 이용하여 식 (12−24)와 같이 정의된다.

$$\frac{V_e}{V_0} = \sqrt{\frac{\eta_n T_{t4} / T_0}{\frac{\gamma - 1}{2} M_0^2}\left[1 - \left(\frac{P_e}{P_{t4}}\right)^{\frac{\gamma-1}{\gamma}}\right]} \qquad \text{식 (12-24)}$$

12.5.3 성능 부하 분담

비행 마하수에 따른 램제트와 스크램제트의 성능을 연소기 형상 및 연소기 입구 마하수에 따라 비교함으로써 작동 한계를 파악하고 각 엔진의 작동 영역 분포를 파악한다. 해석에 사용된 대기조건 및 연료조건, 효율계수는 표 12−2)와 같다. 연소기 입구 마하수 M_2는 램제트의 경우 0.1−0.4를, 스크램제트의 경우 1.5−4.0을 적용하였으며, 당량비는 0.5를 기준으로 하였다.

[표 12-2] 대기 조건 및 연료 조건과 효율 계수

고도(순항 모드)	$15\,km$	발열량	$H_f = 43.356\,MJ/kg$
대기 조건	$T_0 = 216.65\,K,\ c_p = 1005\,J/kgK$	연소 효율	$\eta_B = 0.90$
연료	Kerosene	흡입구 효율	$\eta_K = 0.90\,(ramjet),\ 0.98\,(scramjet)$
연공비	$(\dot{m}_f/\dot{m}_a)_{st} = 0.068$	노즐 효율	$\eta_n = 0.96$

그림 12-13)과 12-14)는 일정한 압력의 연소기에 대하여 비행 마하수와 연소기 입구 마하수에 따른 열효율과 추력비의 변화를 보여준다. 램제트/스크램제트의 열효율과 추력비는 모두 연소기 입구 마하수에 따라 증가함을 확인할 수 있다. 램제트의 경우 열질식에 의한 제약이 없으며, 연소기 입구 마하수에 따른 성능 변화의 폭이 매우 좁고, 비행 마하수가 증가할수록 연소기 입구 마하수에 무관하게 된다. 그러나 스크램제트의 경우 연소기 입구 마하수에 따른 성능 변화가 램제트에 비해 크며, 연소기 입구 마하수가 증가할수록 변화 폭이 증가함을 확인할 수 있다. 또한 앞서 언급하였듯이 일정한 압력의 연소기를 갖는 스크램제트의 경우 열질식에 의해 비행 한계가 존재하는 것을 확인할 수 있다. 연소기 입구 마하수가 $M_2 = 1.5$에서 $M_2 = 2.0$으로 증가함에 따라 열질식에 의한 비행 한계가 낮아져 비행 가능 영역은 증가하지만 성능은 떨어지는 것을 볼 수 있다. 그러나 $M_2 = 3.0$으로 증가할 경우 열질식은 발생하지 않으나 낮은 초음속 영역에서는 음의 효율을 가짐으로서 유효한 성능을 내지 못하게 되며 $M_2 = 4.0$으로 더 증가하게 되면 오히려 비행 가능 영역이 축소됨을 확인할 수 있다. 램제트와 스크램제트의 성능을 비교해보면, 비행 마하수 $M_0 = 5.2 \sim 8.75$에서 램제트보다 스크램제트가 더 높은 성능을 갖는 것을 알 수 있다. 따라서 이중 램제트를 적용할 경우 이러한 조건을 기준으로 낮은 비행 마하수 영역에서는 램제트를, 높은 비행 마하수 영역에서는 스크램제트를 적용하는 것이 효율적이다. 램제트에서 스크램제트로의 천이지점은 스크램제트의 연소기 입구 마하수를 어떠한 값을 기준으로 하느냐에 따라 크게 변한다. 그러나 앞서 흡입 공기의 해리 조건을 기준으로 한 램제트의 비행 한계가 약 마하 5.65임을 감안할 때 천이 지점의 스크램제트의 연소기 입구 마하수는 마하 2.0 이하가 타당함을 알 수 있다.

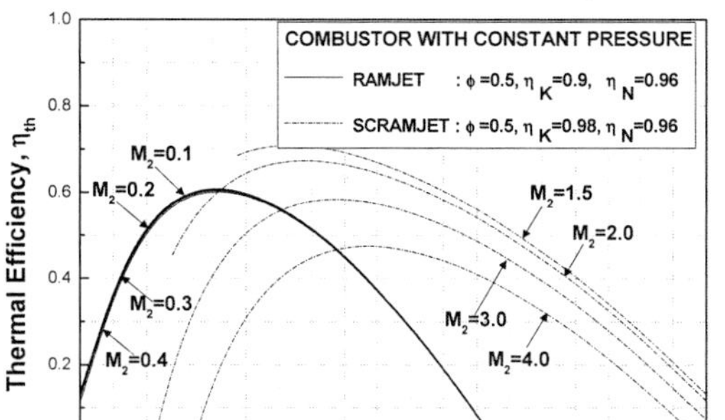

[그림 12-13] 일정 압력연소기의 열효율

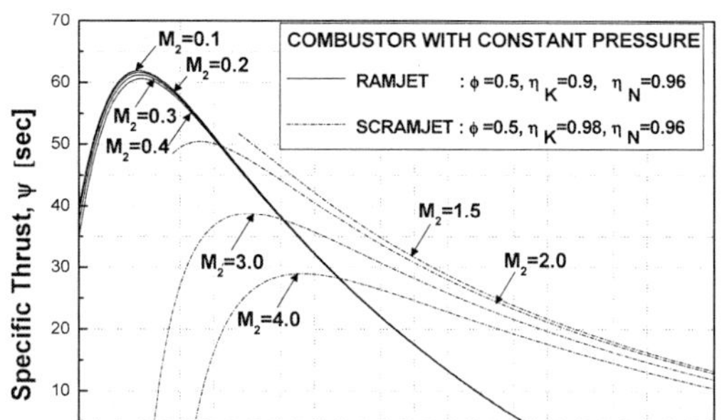

[그림 12-14] 일정 압력 연소기의 비추력

그림 12-15)와 12-16)은 일정한 단면적의 연소기를 가지는 램제트/스크램제트에 대한 열효율과 추력비의 결과를 보여준다. 연소기 입구 마하수 증가에 따른 성능의 감소는 램제트/스크램제트 모두 일정한 압력의 연소기와 동일하다. 그러나 일정한 단면적의 연소기의 경우 스크램제트 뿐만 아니라 램제트의 경우에도 열질식이 발생한다. 램제트의 경우 연소기 입구 마하수의 증가에 따른 성능 변화는 적지만, 열질식 발생에 따른 비행 한계가 크게 변화함을 확인할 수 있다. 스크램제트의 경우 램제트와는 반대로 연소기 입구 마하수가 증가함에 따라 열질식에 의한 비행 한계가 낮아져 비행 가능 영역이 확대되지만 일정한 압력의 연소기를 갖는 경우와 비교할 때, 비행 가능 영역은 훨씬 좁게 나타나며, $M_2 = 1.5$의 경우 유효한 성능을 거의 나타내지 못한다. 램제트와 스크램제트의 성능을 비교해 보면, 동일한 당량비 조건에서, $M_2 = 4.0$의 경우 비행 마하수 약 $M_0 = 7.75$ 이상에서 열량 추가율의 제한 없이 램제트에서 스크램제트로의 천이가 가능하다. 하지만 실제 스크램제트가 작동하는 연소기 입구 마하수는 낮은 초음속 영역으로 이는 실현 불가능한 작동 조건이다. 이보다 낮은 연소기 입구 마하수를 갖는 스크램제트 작동 상태로의 천이를 위해서는 열질식의 발생을 감수하거나, 당량비 조건을 변화시켜야만 한다. 이러한 점에서 일정한 압력을 갖는 연소기의 경우와 비교할 때 일정한 단면적의 연소기는 보다 연소기 입구 마하수의 선택 폭이 좁음을 알 수 있다.

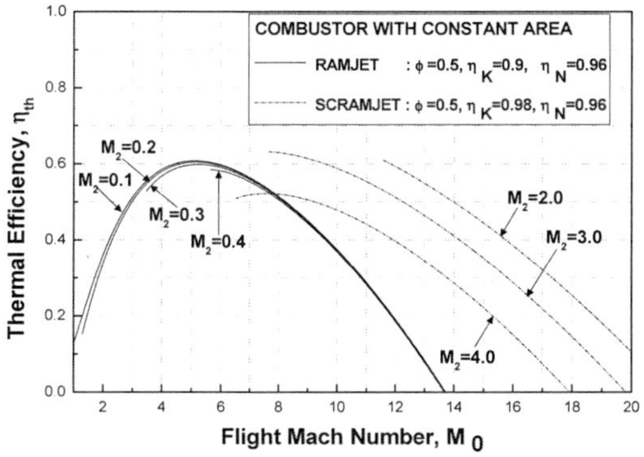

[그림 12-15] 일정 단면 연소기의 열효율

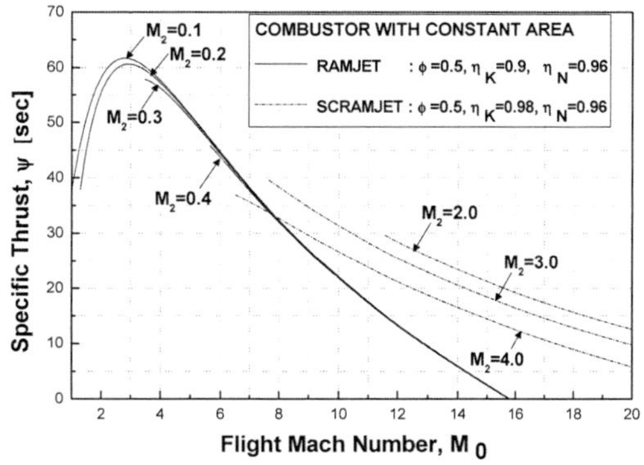

[그림 12-16] 일정 단면 연소기의 비추력

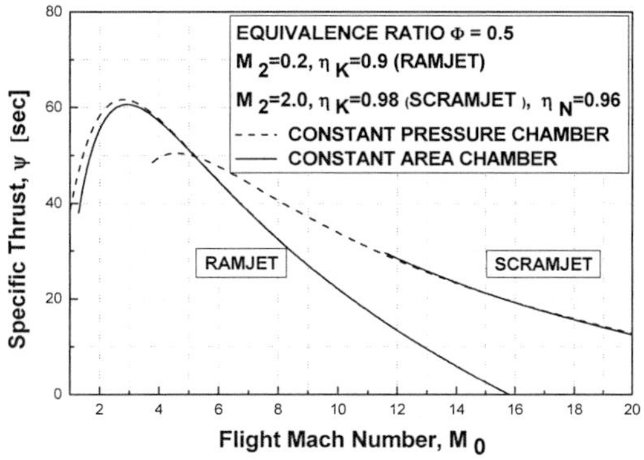

[그림 12-17] 연소기 형상에 따른 비추력(당량비 0.5인 경우)

그림 12-17)은 당량비 0.5에 대한 램제트와 스크램제트의 비추력을 연소기 형상에 따라 비교한 결과이다. 동일한 흡입구 및 노즐의 성능 조건에 대해 연소기 형상에 따른 램제트와 스크램제트의 성능을 비교해 보면, 램제트의 경우 약 마하 5까지의 영역에서는 일정한 압력을 가지는 연소기의 추력비가 다소 높게 나타나며, 그 이상의 비행 영역에서는 두 연소기 형상에 따른 추력비는 큰 차이가 없음을 알 수 있다. 스크램제트의 경우도 두 연소기 형상에 따른 성능의 차이는 미미하지만, 열 질식에 의한 비행 가능 영역의 차이는 매우 큼을 알 수 있다. 그러나 비행 속도가 극초음속으로 증가할수록 추력에 미치는 항력의 영향이 증가하므로 연소기 영역에 대하여 가변 형상을 적용하여 열질식을 방지할 수 있는 조건을 만족하는 비행 영역에 따라 연소기 형상을 달리 한다면 광범위 마하수에 대하여 작동 효율을 증가시킬 수 있을 것이다.

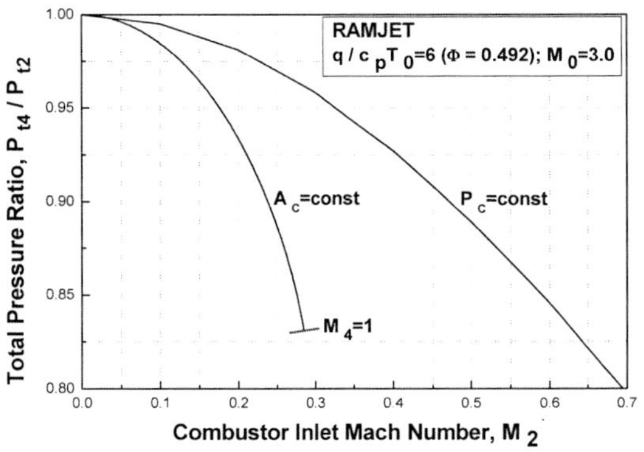

[그림 12-18] 연소기 형상에 따른 램제트의 전압력 손실 및 열질식에 의한 열량추가의 한계(당량비 0.5인 경우)

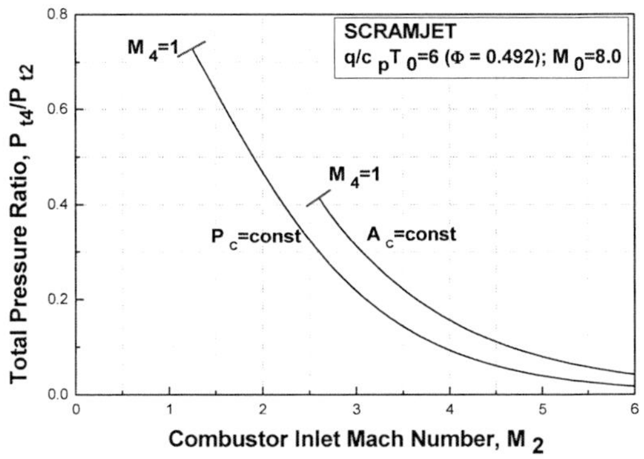

[그림 12-19] 연소기 형상에 따른 스크램제트의 전압력 손실 및 열질식에 의한 열량추가의 한계(당량비 0.5인 경우)

그림 12-18)과 12-19)는 연소기 형상에 따른 램제트와 스크램제트의 전압력 손실 및 열질식에 의한 열량추가의 한계를 보여준다. 연소기 내 압력 손실은 전반적으로 램제트의 압력 손실에 비해 스크램제트의 압력 손실이 훨씬 높게 나타난다. 연소기 형상에 따라서는, 램제트의 경우 일정한 압력적의 연소기의 경우가 일정한 단면적의 연소기에 비해 연소기 내 압력 손실이 적고 열질식이 발생하지 않기 때문에 연소기 입구 마하수에 의한 한계가 없으나, 일정한 단면적의 연소기는 열량 투입으로 인한 압력 손실이 크며 열 질식에 의한 연소기 입구 마하수의 한계가 있다. 스크램제트의 경우 램제트와는 반대로 일정한 단면적의 연소기가 일정한 압력의 연소기에 비해 압력 손실이 적음을 확인할 수 있다.

위의 해석 결과, 램제트와 스크램제트가 최적으로 작동하기 위한 비행영역이 각각 다르며, 이는 또한 연소기의 형상에 따라서도 다르게 나타남을 알 수 있다. 램제트/스크램제트 모두 연소기의 형상에 따른 성능의 차이는 크지 않았지만 램제트의 경우 일정한 압력의 연소기가 높은 성능을 나타내었고, 스크램제트의 경우 거의 유사함을 볼 수 있었다. 일정한 압력을 가지는 연소기의 경우 램제트/스크램제트 모두 일정한 단면적의 연소기에 비해 광범위한 비행영역을 가진다. 하지만 이의 경우 연소기 출구 면적이 입구 면적보다 큰 확산 형상을 가지며 면적비가 커질수록 엔진의 체적과 무게가 증가하게 되고 따라서 항력도 증가하게 되어 비행 성능을 감소시킨다. 이에 반해 일정한 단면적의 연소기는 일정한 압력의 연소기에 비해 비행영역의 제한은 크지만 엔진의 체적과 무게를 줄일 수 있다.

12.6 스크램제트 엔진의 구간별 상태량 변화

스크램제트 엔진은 공기 흡입구, 격리부(Isolator), 연료분사기, 연소기, 노즐 등으로 구성되어 있다. 그림 12-20)은 스크램제트 엔진 내에서의 열역학 상태량의 변화를 나타낸다.

엔진 흡입구로 극초음속으로 유입되는 공기는 흡입구의 형상과 카울의 형상에 의하여 충격파가 발생하여 정압력이 상승(램압축)하고 유속은 감소한다. 스크램제트 엔진은 램제트 엔진과 달리 연소기에서 초음속 연소가 이루어지므로 흡입구에서 수직 충격파를 발생시킬 필요가 없다.

그러나 여러 개의 경사 충격파를 지난 흡입구 출구에서의 공기는 상당히 높은 초음속(마하수 4 이상)이므로 이를 감속시키고 여러 충격파를 지나면서 발생된 복잡한 공기의 구조를 완화하여 연소실로 공급할 필요가 있다. 이를 위해 격리부를 설치한다. 격리부는 유로의 면적이 거의 일정한 부분과 면적이 증가하는 부분으로 이루어져 있다. 공기는 흡입구와 격리부(Isolator)를 통과하면서 여러 개의 충격파를 지나고 경

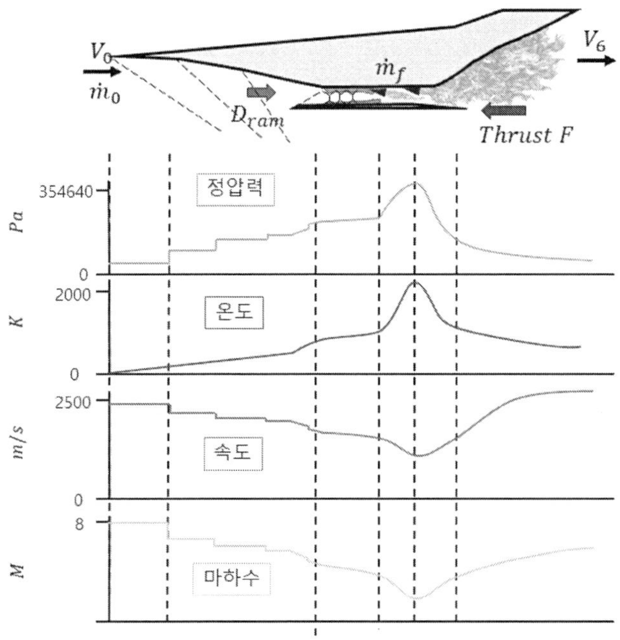

[그림 12-20] 스크램제트 엔진 내에서 열역학 특성의 변화

계층이 발달되어 낮은 초음속(약 마하수 3)으로 감속 및 순화되어 연소실로 공급된다. 연소실 입구 전에 연료를 분사하여 초음속 공기와 혼합된다.

연료는 빠른 공기 속에서도 공기와 원활이 혼합되고, 안정된 연소를 위하여 다양한 연료분사 방법과 보염 방법이 적용된다. 연소기 내에서 연소된 연소가스는 노즐을 통과하면서 운동 에너지로 전환되면서 빠르게 제트로 분사되고 이에 대한 반작용으로 추진력을 발생한다.

12.7 스크램제트 엔진의 성능 해석

스크램제트 엔진의 열역학 사이클은 가스터빈 엔진과 램제트 엔진과 같이 "브레이튼(Brayton)" 사이클이다. 본 연구에서는 보다 실제에 가까운 성능을 예측하기 위하여 엔진의 각 구성 요소가 열역학 데이터에 영향을 미치는 인자들에 대한 모델 정립, 각 구성 요소의 성능 요소들을 산출하고, 열역학-공기 역학적으로 시스템의 작동 가능성 여부를 판단하여 추진 성능을 판단할 수 있는 성능 모델을 제시한다[33-35].

성능 해석은 비행 마하수와 고도 등의 비행 조건, 흡입구의 형상 조건, 엔진의 형상 정보 등을 초기 변수로 하여 각 위치(Station)에서의 마하수, 온도, 압력을 비롯한 유동 변수 상태량을 계산하고 최종적으로 엔진의 성능을 도출하도록 한다.

본 해석에 사용된 스크램제트 엔진의 각 영역에서의 상태량의 표시법은 그림 12-21)의 영역 표시법과 동일하게 적용한다.

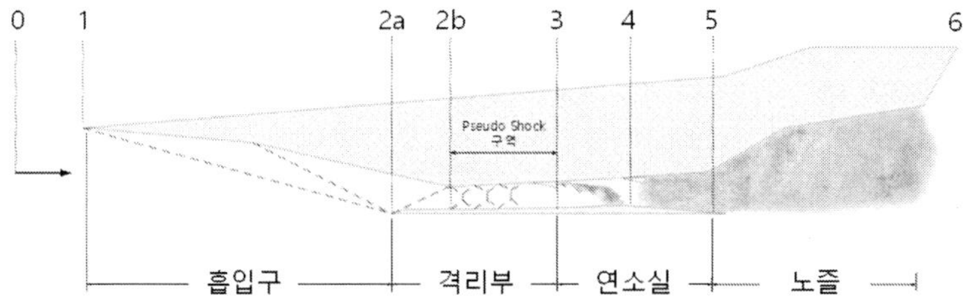

[그림 12-21] 스크램제트 엔진의 각 위치 정의

12.7.1 외기 조건

스크램제트 엔진은 공기를 흡입하여 산화제로 사용하므로 대기 조건을 고려해야 한다. 비행 고도에 따라 변하는 대기의 압력과 온도는 다음과 같은 대기 모델을 적용할 수 있다.

(h < 11000 m인 경우)

$$T_0 = 288.15 - 0.0065h \qquad \text{식 (12-25a)}$$

$$P_0 = 101.325 \times \left(\frac{288.15}{T_0}\right)^{-5.25588} \qquad \text{식 (12-25b)}$$

(11000 m < h < 24994 m인 경우)

$$T_0 = 216.65 \qquad \text{식 (12-25c)}$$

$$P_0 = 22.63253/\exp(0.000157689(h - 10998.1)) \qquad \text{식 (12-25d)}$$

(24994 m < h < 30000 m인 경우)

$$T_0 = 216.65 + 0.0029892 \times (h - 24994) \qquad \text{식 (12-25e)}$$

$$P_0 = 2.5237 \times (216.65/T_0)^{11.8} \qquad \text{식 (12-25f)}$$

위의 대기 모델을 통해 계산된 전압력(T_0)과 전온도(P_0)와 비행 마하수를 고려하여 흡입구 입구에서의 공기 물성치를 계산할 수 있다.

12.7.2 흡입구

공기의 램 압축을 이용하는 스크램제트 엔진의 흡입구 효율은 엔진 성능의 주요한 변수이다. 흡입구에서 발생하는 손실은 주로 충격파와 점성 효과에 기인한다. 흡입구에서는 여러 개의 경사 충격파를 통해 공기를 압축한다. 경사 충격파를 지난 공기의 상태량를 알기 위하여, 충격파의 각도(θ)를 먼저 계산한다. 흡입구의 편향각 δ와 충격파의 각 θ의 관계식 (12-26)을 이용하여 θ를 계산한다. 본 장에서는 쐐기형 흡입구에 대한 관계식을 나타냈으며, 원추형인 경우에는 Taylor Maccoll의 관계식을 사용한다.

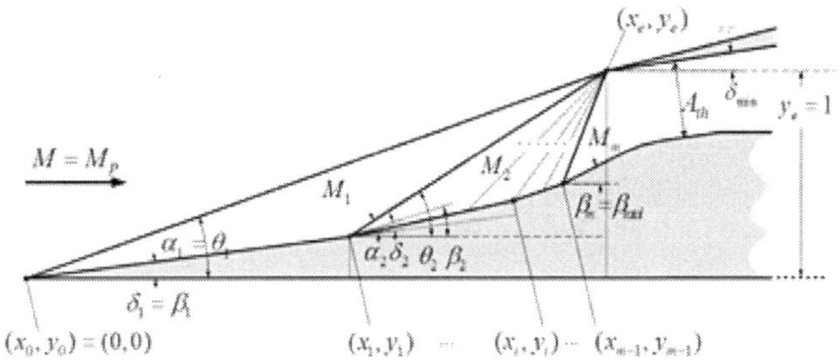

[그림 12-21] 쐐기형 흡입구 형상 개념도

$$\tan\theta = \frac{M^2 - 1 + 2\lambda\cos\left(\dfrac{4\pi + \cos^{-1}\chi}{3}\right)}{3\left(1 + \dfrac{\gamma - 1}{2}M^2\right)\tan\delta} \qquad \text{식 (12-26)}$$

$$(\lambda = \sqrt{(M^2-1)^2 - 3\left(1 + \frac{\gamma-1}{2}M^2\right)\left(1 + \frac{\gamma+1}{2}M^2\right)\tan^2\delta},$$

$$\chi = \frac{1}{\lambda^3}[(M^2-1)^3 - 9\left(1 + \frac{\gamma-1}{2}M^2\right)\left(1 + \frac{\gamma-1}{2}M^2 + \frac{\gamma+1}{4}M^4\right)\tan^2\delta])$$

계산한 θ와 M을 다음의 식에 대입하여 충격파 이후의 상태량을 구할 수 있다.

$$\frac{P_{2a}}{P_1} = \frac{2\gamma M_1^2\sin^2\theta - \gamma + 1}{\gamma + 1} \qquad \text{식 (12-27)}$$

$$\frac{T_{2a}}{T_1} = \left[2 + (\gamma - 1)M_1^2\sin^2\theta\right]\frac{2\gamma M_1^2\sin^2\theta - \gamma + 1}{(\gamma+1)^2 M_1^2\sin^2\theta} \qquad \text{식 (12-28)}$$

$$\frac{P_{02a}}{P_{01}} = \left[\frac{(\gamma+1)M_1^2\sin^2\theta}{2 + (\gamma-1)M_1^2\sin^2\theta}\right]^{\frac{\gamma}{\gamma-1}}\left[\frac{\gamma+1}{2\gamma M_1^2\sin^2\theta - \gamma + 1}\right]^{\frac{1}{\gamma-1}} \qquad \text{식 (12-29)}$$

$$M_{2a}^2 = \frac{1 + \dfrac{\gamma-1}{2}M_1^2}{\gamma M_1^2\sin^2\theta - \dfrac{\gamma-1}{2}} + \frac{M_1^2\cos^2\theta}{1 + \dfrac{\gamma-1}{2}M_1^2\sin^2\theta} \qquad \text{식 (12-30)}$$

이를 경사 충격파의 개수 만큼 반복하여 계산하면 경사 충격파 후방에서의 상태량을 구할 수 있다.

12.7.3 격리부(Isolator)

격리부 내부의 유동은 여러 개의 충격파로 구성되며, 벽면에서의 경계층 성장으로 인해 충격파가 발생하여 감속과 압력 상승을 유발한다. 그림 12-23)에서 격리부 내부 유동의 특성을 살펴보면 초기 흡입구 카울에 의해 발생한 경사 충격파는 엔진 몸체 벽면에서 반사되고 여러 개의 충격파가 형성되고 대기 공기는 이를 통과하여 연소실로 공급된다. 그리고 후방의 연소실에서 연소가 발생해 후방의 압력이 상승하면, 초음속 유동의 특성상 연소실의 유동 정보가 초음속인 코어 유동에서는 전방으로 전파되지 않으며, 경계층을 통해 연소실의 유동 정보가 상류로 전달로 되어 격리부 내부에서 경계층 박리가 발생하고 의사 충격파(Pseudo shock)가 격리부 내부에 발생된다.

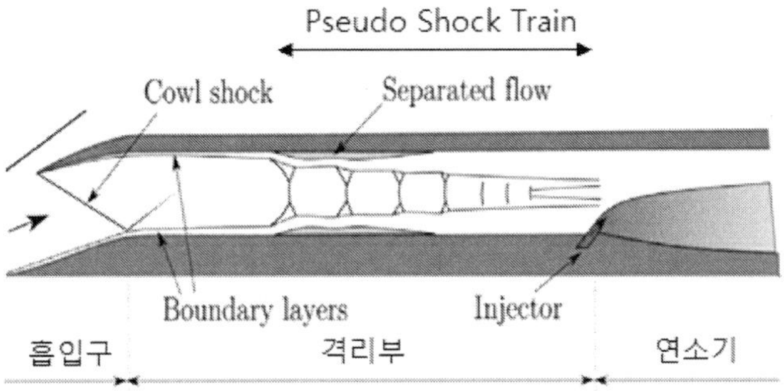

[그림 12-23] 후방 압력에 의한 격리부 내부 유동 변화

1) 이론적 접근 방법

격리부는 Fanno flow의 관계식으로 공기의 상태량을 결정한다. 계산을 위해 격리부의 단면적을 알아야 한다. 격리부의 높이가 주어지면 너비에 대한 정보는 설계점에서의 질량 유량을 이용하여 다음과 같은 방식으로 계산할 수 있다.

$$\dot{m}_a = \rho U A \qquad \text{식 (12-31)}$$

$$\rho = \frac{P}{RT} \qquad \text{식 (12-32)}$$

$$U = M\sqrt{\gamma R T} \qquad \text{식 (12-33)}$$

$$w = \sqrt{\frac{RT}{\gamma}}\,\frac{\dot{m}_a}{PMh} \qquad \text{식 (12-34)}$$

다음으로 f(Darcy Friction Factor)를 구해야 하는데, 이를 위해서는 Re(레이놀즈 수)와 ϵ_R(상대 조도)를 알아야 한다. 상대 조도는 D_h(수력 직경)를 사용하여 다음과 같은 방법으로 계산한다.

$$D_h = \frac{2wh}{w+h} \qquad \text{식 (12-35)}$$

$$\epsilon_R = \frac{\epsilon}{D_h} \qquad \text{식 (12-36)}$$

Re(레이놀즈 수)를 구하기 전에 Sutherland 방정식을 이용하여 공기의 점성 계수를 계산한다.

$$\mu = \frac{bT^{3/2}}{T+S} \qquad \text{식 (12-37)}$$

$$(b = 1.458\times 10^{-6} kg/m\,s\,K^{1/2},\ S = 110.4K)$$

이를 이용하여 다음의 식을 사용하여 레이놀즈 수를 구한다.

$$Re = \frac{\rho U D_h}{\mu} \qquad \text{식 (12-38)}$$

f(Darcy friction factor)를 구하기 위해 Colebrook 방정식(12-39)을 사용한다. 그러나 Colebrook 방정식에서는 f값을 바로 구할 수 없기에 수치적 방법이 필요하다. 이를 위해서 Newton-Rapshon 방법을 사용하고, 초기값은 Haaland 방정식(12-40)을 이용하여 구한다.

$$\frac{1}{\sqrt{f}} = -2\log\left[\frac{\epsilon/D_h}{3.7} + \frac{2.51}{Re\sqrt{f}}\right] \qquad \text{식 (12-39)}$$

$$f = \left[-1.8\log\left[\left(\frac{\epsilon/D_h}{3.7}\right)^{1.11}\frac{6.9}{Re}\right]\right]^{-2} \qquad \text{식 (12-40)}$$

Newton-Rapshon법에 사용되는 식은 Colebrook 방정식을 다시 정리하여 식 (12-41), (12-42)와 같이 F의 함수로 나타낼 수 있다.

$$F = \frac{1}{\sqrt{f}} + 2\log\left[\frac{\epsilon/D_h}{3.7} + \frac{2.51}{Re\sqrt{f}}\right] = 0 \qquad \text{식 (12-41)}$$

$$\frac{dF}{df} = -\frac{1}{2}f^{-3/2}\left[1 + \frac{2\times 2.51}{\ln 10\left[\frac{\epsilon/D_h}{3.7} + \frac{2.51}{Re\sqrt{f}}\right]Re}\right] \qquad \text{식 (12-42)}$$

앞에서 구한 f와 덕트 입구에서의 무차원 길이를 이용하여 Fanno flow의 후방 상태량을 계산할 수 있다. 무차원 길이의 유도 과정은 다음과 같다.

$$pA - (p+dp)A - \tau_w c dx = (\rho + d\rho)(u+du)^2 A - \rho u^2 A \qquad \text{식 (12-43a)}$$

$$\rho u A\left[\left((h+dh) + \frac{(u+du)^2}{2}\right) - \left(h + \frac{u^2}{2}\right)\right] = 0 \qquad \text{식 (12-43b)}$$

$$\frac{du}{u} = -\frac{1}{\gamma - 1}\times\frac{1}{M^2}\times\frac{dT}{T} \qquad \text{식 (12-43c)}$$

$$\frac{du}{u} = -\frac{1}{\gamma}\frac{1}{M^2}\frac{dp}{p} - 2\frac{\tau_w}{\frac{1}{2}\rho u^2}\frac{dx}{D_h} \qquad \text{식 (12-43d)}$$

$$\frac{M^2 - 1}{\gamma M^2(\gamma - 1)M^2}\frac{dT}{T} = 2\,C_f\frac{dx}{D_h} \qquad \text{식 (12-43e)}$$

$T_t = T(1+\frac{\gamma-1}{2}M^2)$ 양변을 미분한 뒤 다음 식에 대입한다.

$$4C_f\frac{dx}{D_h}=\frac{1-M^2}{(\gamma M^2)(1+\frac{\gamma-1}{2}M^2)}\frac{dM^2}{M^2}(\because \frac{2MdM}{M^2}=\frac{dM^2}{M^2}) \quad \text{식 (13-43f)}$$

$$\frac{4}{D_h}\int_0^{L^*}C_f dx = 4C_f\frac{L^*}{D_h}=\int_{M^2}^{1}\frac{1-M^2}{(\gamma M^2)(1+\frac{\gamma-1}{2}M^2)}\frac{dM^2}{M^2} \quad \text{식 (12-43g)}$$

$$\frac{fL_{\max}}{D}=\left(\frac{\gamma+1}{2\gamma}\right)\ln\left[\frac{\frac{\gamma+1}{2}M^2}{1+\frac{\gamma-1}{2}M^2}\right]-\left(\frac{M^2-1}{\gamma M^2}\right) \quad \text{식 (12-43h)}$$

후방에서의 무차원 길이를 다음과 같이 구한다.

$$\frac{fL_{\max,2}}{D}=\frac{fL_{\max\cdot 1}}{D}-\frac{fL}{D_h} \quad \text{식 (12-44)}$$

위 식들을 Newton-Rapshon법을 사용하여 후방에서의 마하수를 구한다. 이때 사용되는 함수는 다음과 같다.

$$F=\left(\frac{\gamma+1}{2\gamma}\right)\ln\left[\frac{\frac{\gamma+1}{2}M^2}{1+\frac{\gamma-1}{2}M^2}\right]-\left(\frac{M^2-1}{\gamma M^2}\right)-\frac{fL_{\max,2}}{D} \quad \text{식 (12-45)}$$

$$\frac{dF}{dM}=\frac{\gamma+1}{\gamma M}-\frac{M(\gamma+1)(\gamma-1)}{\gamma[2+(\gamma-1)M^2]}+\frac{2(M^2-1)}{\gamma M^3}-\frac{2}{\gamma M} \quad \text{식 (12-46)}$$

후방의 마하수를 다음의 식에 대입하여 후방의 상태량을 계산한다.

$$\frac{T}{T^*}=\frac{T_0}{T^*}\times\frac{T}{T_0}=(\frac{\gamma+1}{2})\cdot\frac{1}{(1+\frac{\gamma-1}{2}\times M^2)}=\frac{\gamma+1}{2+(\gamma-1)M^2} \quad \text{식 (12-47)}$$

$$\frac{P}{P^*}=\frac{\rho RT}{\rho^* RT^*}=\frac{\rho T}{\rho^* T^*}=\frac{1}{M}\sqrt{\frac{T}{T^*}}=\frac{1}{M}[\frac{\gamma+1}{2+(\gamma-1)M^2}]^{\frac{1}{2}} \quad \text{식 (12-48)}$$

$$T_{2b}=T_{2a}\frac{T^*}{T_{2a}}\frac{T_{2b}}{T^*} \quad \text{식 (12-49)}$$

$$P_{2b} = P_{2a}\frac{P^*}{P_{2a}}\frac{P_{2b}}{P^*} \qquad \text{식 (12-50)}$$

Fanno Flow를 통과한 유동은 격리부 후방에 형성된 의사 충격파를 통과하게 된다. 이를 해석하기 위해서는 경계층 두께(δ)를 알아야 하는데, 먼저 격리부를 매끄러운 관으로 가정한 후, 다음의 식 (12-52)를 이용하여 경계층 두께를 구한다. 그리고 식 (12-53)을 통해 굴절각(Δ)을 구한다.

$$\frac{\delta}{x} = \frac{0.38}{Re^{\frac{1}{5}}} \qquad \text{식 (12-51)}$$

$$\delta = \frac{0.38}{\left(\frac{P_{2b}U_{2b}x}{RT_{2b}\mu}\right)^{\frac{1}{5}}} \cdot x \qquad \text{식 (12-52)}$$

$$\Delta = \tan^{-1}\frac{\delta}{x} \qquad \text{식 (12-53)}$$

굴절각(Δ)을 구하면 마하수는 식 (12-30), 압력비와 온도비는 식 (12-27), (12-28)을 이용하여 격리부 출구에서의 물성치를 구할 수 있다. 이를 통해 의사 충격파 길이는 마하수에 따라 다음의 식으로 구하게 된다.

$$L_{ST_{M_{2a}>2.5}} = \frac{D_h}{4K}\frac{g_2^2}{\gamma f_2}\left[\frac{\left(\frac{P_3}{P_{2a}}-1\right)}{\left(f_2-\frac{P_3}{P_{2a}}\right)(f_2-1)} + \frac{1}{f_2}ln\left(\frac{\frac{P_3}{P_{2a}}(f_2-1)}{f_2-\frac{P_3}{P_{2a}}}\right)\right] + \frac{\gamma-1}{2\gamma}ln\left(\frac{P_3}{P_{2a}}\right) \qquad \text{식 (12-54)}$$

$\left(K = 44.5\overline{C_f},\ g_2 = \frac{\dot{m}\sqrt{(\gamma-1)h_{t,2a}}}{P_{2a}(h \cdot w)},\ f_2 = \frac{(P_{2a}(h \cdot w) + \rho_{2a}u_{2a}^2(h \cdot w))}{P_{2a}(h \cdot w)},\ C_p = \frac{\gamma}{\gamma-1} \cdot R,\right.$

$\left. h_{t,2a} = h_{2a} + \frac{U_{2a}^2}{2}\right)$

$$L_{ST_{M_{2a}<2.5}} = \left(\frac{\theta_m^{\frac{1}{2}}}{Re_{\theta_m}^{\frac{1}{4}}}\right)\frac{\sqrt{D_h}}{M_{2a}^2-1}\left[50\left(\frac{P_3}{P_{2a}}\right) + 170\left(\frac{P_3}{P_{2a}}-1\right)^2\right] \qquad \text{식 (12-55)}$$

$$\left(\frac{\theta}{x} \cong \frac{0.037}{(Re_x)^{1/5}},\ Re_{\theta_m} = \frac{\rho_{2b}u_{2b}\theta_m}{\mu}\right)$$

2) 반실험적 접근 방법

격리부의 내부 유동 특성을 파악하기 위한 이론적 접근 이외에도 실험적 접근을 소개한다. 대표적으로 1973년에 Waltrup과 Billig는 실험을 통하여, 격리부 내부 유동의 특성을 모사하는 식 (12-56)으로 표현되는 실험 경험식을 제안하였다.

$$\frac{X}{\sqrt{D}} = \frac{\theta^{1/2}}{Re_\theta^{1/4}} \frac{1}{M_1^2 - 1} \left[50(P_r - 1) + 170(P_r - 1)^2 \right] \quad \text{식 (12-56)}$$

변수	물리적 의미
D	유로 직경
Re_θ	Reynolds 수
θ	경계층 모멘텀 두께
M_1	상류 마하수
P_r	압력비

위 경험식은 유입 유동의 특성과 입구·출구의 압력 비율에 큰 영향을 받는다. 위의 식을 사용하여 의사 충격파 내부 유동의 해석을 위한 상미분 방정식은 다음 식 (12-57)과 같다. 격리부 입구에서의 유동 조건과 격리부 후방의 압력 정보를 이용한 관계식을 통하여 의사 충격파 내부의 유동 정보의 제한적인 예측이 가능하다.

$$dP = P_1 \sqrt{\frac{dx}{\sqrt{D}} \frac{M^2 - 1}{170} \frac{Re_\theta^{1/4}}{\theta^{1/2}} + \frac{25}{1156}} - \frac{5}{34} \quad \text{식 (12-57)}$$

12.7.4 흡입구-격리부 반실험적 접근 방법

흡입구에서 나타나는 충격파에 의한 전압력 손실과 격리부에서 나타나는 충격파와 마찰에 의한 전압력 손실(π_d)을 통합해서 비행 마하수의 함수로 구성하여, 다음과 같이 계산할 수 있다.

($1 < M_0 < 5$인 경우)

$$\pi_d = 1 - 0.075(M_0 - 1)^{1.35} \quad \text{식 (12-58a)}$$

($5 < M_0$인 경우)

$$\pi_d = \frac{800}{(M_0^4 + 935)} \quad \text{식 (12-58b)}$$

12.7.5 연소기

1) 연료-공기 혼합

초음속 연소실의 해석에 있어서 기존의 화학 평형 연소 모델은 연소에 의한 내부 유동 특성을 모사하는 데 한계가 존재하는데, 이는 화학 반응에 의해 연소가 완전히 일어나는 속도에 비해 유동이 흐르는 속도가 매우 빨라서 연소가 보염기 내에서 완전히 연소가 완료되지 않고 보염기 후방에서 연소가 완료되거나, 완전히 연소되지 못한 연료는 그대로 연소실 밖으로 빠져나가게 된다. 이는 연료 소모 효율을 낮추고, 에너지 효율의 저하를 야기하게 된다.

실제 물리적 현상을 더 고려하기 위해 혼합 모델을 고려할 필요가 있다. 그림 12-24)과 같이 초음속 유동 중간에 연료 분사기가 존재하는 연소실에서의 연료의 분사와 혼합 및 연소에 관한 해석적 접근이 Boyce 등에 의해 제안되었다.

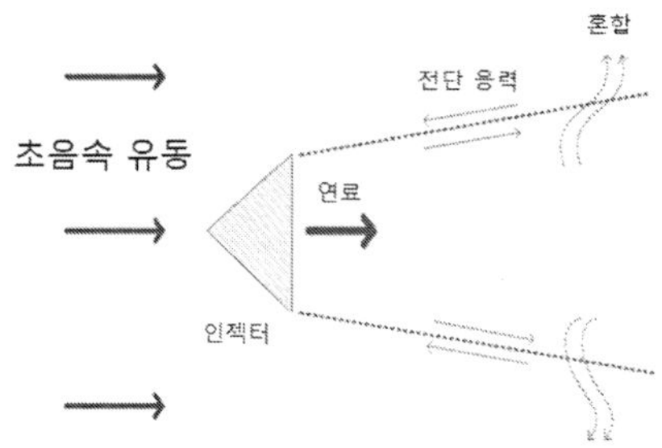

[그림 12-24] 혼합 모델의 개략도

이에 대한 연구는 단순한 분사기에 관한 연구이지만, 초음속 연소실에서 유동 방향에 따른 연료 혼합 효율 모델로 응용할 수 있다.

$$\eta = a\left(1 - e^{(-(k\bar{x}))^d}\right) \qquad \text{식 (12-59)}$$

여기서 a=1.06492, k=3.69639, d=0.80586, $\bar{x} = (x - L_{inj})/L_{mix}$이다.

식 (12-59)의 혼합 효율은 초기 증가량과 하류로 진행할수록 혼합율이 점진적으로 증가하는 지수형태의 변화를 나타낸다. 혼합 길이 L_{mix} 이후에는 연료와 산화제의 혼합이 완료된 것으로 가정한다.

2) 연소

초음속 연소실에서는 연료-공기의 화학 반응 시간과 비교해서 공기의 유속이 매우 빨라서 짧은 구간에서 연소가 화학 평형에 도달한다고 할 수 없다. 이러한 초음속 연소의 특징을 모사하기 위해서 연소실 입구에서 인젝터까지, 인젝터에서 분열 지점까지, 분열 지점 이후부터 연소실 후방까지 3구역으로 나누어서 계산한다. 연소실 입구에서 인젝터까지는 연소실 면적 변화를 무시하면 앞장에서 설명된 격리부와 같이 Fanno Flow로 가정하여 식 (12–35) ~ 식 (12–50)를 적용할 수 있다.

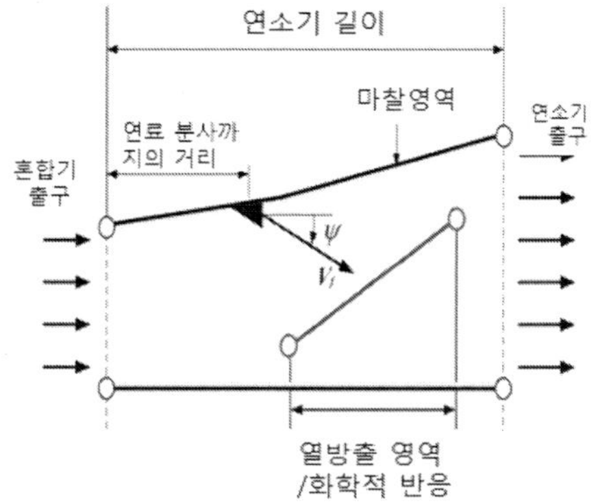

[그림 12–25] 연소실 내부 해석을 위한 개념도

연소가 일어나는 구간에서의 계산은 전온도의 변화율이 연소실 입구의 온도에서 화염 온도(예를 들면, CEA를 통해 얻어진 화염 온도)까지 선형적으로 변화된다고 가정한다. CEA를 통해 얻은 화염 온도와 Rayleigh 계산을 통해 얻은 온도를 계속 비교하며 반복 계산을 수행한다. Rayleigh Flow 계산을 위해서 다음의 식을 사용하여 전온도를 계산할 수 있다.

$$T_{0,injector} = T_{injector}\left[1+\frac{\gamma-1}{2}M_{injector}^2\right] \qquad \text{식 (12–60)}$$

$$T_{04} = T_4\left[1+\frac{\gamma-1}{2}M_4^2\right] \qquad \text{식 (12–61)}$$

식 (12–61)에서 T_4는 CEA를 통해 얻은 최종 연소 온도이고, M_4는 가정한 출구 마하수이다. 이후 Rayleigh 계산을 통해 온도를 비교하여 그 결과에 따라 수정이 이루어진다. 전온도를 구한 다음 Rayleigh Flow 관계식을 계산한다.

$$\frac{T_0}{T_0^*} = \frac{(1+\gamma)M^2[2+(\gamma-1)M^2]}{(1+\gamma M^2)^2} \qquad \text{식 (12–62)}$$

$$\frac{T_{04}}{T_0^*} = \frac{T_{04}}{T_{0,injector}}\frac{T_{0,injector}}{T_0^*} \qquad \text{식 (12–63)}$$

위의 두 식에서 구한 값과 Newton–Rapshon법을 사용하여 후방에서의 마하수를 구한다. 이때 사용되는 함수는 다음과 같다.

$$F = \frac{(1+\gamma)M^2[2+(\gamma-1)M^2]}{(1+\gamma M^2)^2} - \frac{T_{02}}{T_0{}^*} \qquad \text{식 (12-64)}$$

$$\frac{dF}{dM} = \frac{2M^3(\gamma-1)(\gamma+1)}{\sigma_1} + \frac{2M\sigma_2(\gamma+1)}{\sigma_1} - \frac{4M^3\gamma\sigma_2(\gamma+1)}{(\gamma M^2+1)^3} \qquad \text{식 (12-65)}$$

$$(\sigma_1 = (\gamma M^2+1)^2,\ \sigma_2 = (\gamma-1)M^2+2)$$

후방의 마하수를 다음의 식에 대입하여 후방의 상태량을 계산한다.

$$\frac{P}{P^*} = \frac{\gamma+1}{1+\gamma M^2} \qquad \text{식 (12-66)}$$

$$\frac{T}{T^*} = \frac{(\gamma+1)^2 M^2}{(1+\gamma M^2)^2} \qquad \text{식 (12-67)}$$

$$P_4 = P_{injector}\frac{P^*}{P_{injector}}\frac{P_4}{P^*} \qquad \text{식 (12-68)}$$

$$T_4 = T_{injector}\frac{T^*}{T_{injector}}\frac{T_4}{T^*} \qquad \text{식 (12-69)}$$

연소실 후방의 면적이 넓어지는 구간은 다음의 관계식을 이용하여 구한다.

$$\frac{A}{A^*} = \frac{1}{M}\left[\left(\frac{2}{\gamma+1}\right)\left(1+\frac{\gamma-1}{2}M^2\right)\right]^{\frac{\gamma+1}{2(\gamma-1)}} \qquad \text{식 (12-70)}$$

$$\frac{A_5}{A^*} = \frac{A_5}{A_4}\frac{A_4}{A^*} \qquad \text{식 (12-71)}$$

연소실 후방 마하수는 위 식들을 이용하여 Newton-Rapshon법으로 구한다.

$$F = \frac{1}{M}\left[\left(\frac{2}{\gamma+1}\right)\left(1+\frac{\gamma-1}{2}M^2\right)\right]^{\frac{\gamma+1}{2(\gamma-1)}} - \frac{A}{A^*} \qquad \text{식 (12-72)}$$

$$\frac{dF}{dM} = \Lambda^{\frac{\gamma+1}{2(\gamma-1)}-1} - \frac{2(\gamma-1)}{M^2}\Lambda^{\frac{\gamma+1}{2(\gamma-1)}} \qquad \text{식 (12-73)}$$

$$(\Lambda = \left(\frac{2}{\gamma+1}\right)\left(1+\frac{\gamma-1}{2}M^2\right))$$

연소실 후방 물성치들은 다음 관계식을 이용하여 구할 수 있다.

$$T_5 = \frac{1+\frac{\gamma-1}{2}M_4^2}{1+\frac{\gamma-1}{2}M_5^2} \cdot T_4 \qquad \text{식 (12–74)}$$

$$P_5 = \left(\frac{T_5}{T_4}\right)^{\frac{\gamma}{\gamma-1}} \cdot P_4 \qquad \text{식 (12–75)}$$

12.7.6 추진 노즐

스크램제트 엔진의 연소실 후방의 속도는 초음속이기 때문에 노즐목은 필요하지 않다. 따라서 아래 식을 이용하여 연소실의 후방과 같이 노즐의 팽창비에 따른 노즐 면적에 대한 물성치를 계산할 수 있다(2장 참조).

$$\frac{A}{A^*} = \frac{1}{M}\left[\left(\frac{2}{\gamma+1}\right)\left(1+\frac{\gamma-1}{2}M^2\right)\right]^{\frac{(\gamma+1)}{2(\gamma-1)}} \qquad \text{식 (12–76)}$$

프로젝트: 스크램제트 성능 해석

스크램제트 엔진의 형상과 작동 조건이 다음과 같다. 엔진의 성능을 계산하시오.

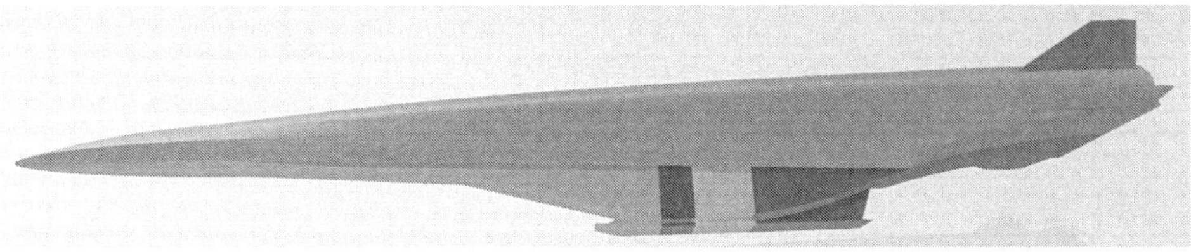

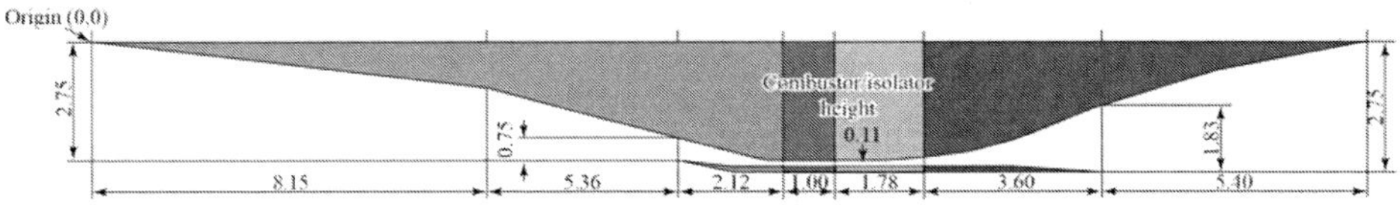

《 성능 해석 Baseline 모델 》

《 3D 프린팅 》

$Altitude$	26 km	ϵ	0.002 mm
M_1	8.0	b	$1.458 \times 10^{-6} kg/msK^{1/2}$
P_1	0.0218 atm	S	110.4 K
T_1	222.54 K	h	0.11 m
$\dot{m}_a$	177.0 kg/s	P_4'	1.86285 atm
$\dot{m}_f$(당량비 0.5)	2.84 kg/s	$L_{injector}$	0.5584 m
Ram 개수	3개	$mw(CEA)$	26.55 kg/mol
1st wedge angle	5.18°	$T_4(CEA)$	2192.51 K
2nd wedge angle	14.98°	$C_p(CEA)$	1.7387 $kJ/kg \cdot K$
3rd wedge angle	27.7°	$\gamma(CEA)$	1.2672
R	287 $J/kg \cdot K$	R_u	8314 $J/mol \cdot K$
γ	1.4	A_5, A_{5a}, A_6	0.2, 0.6, 1.05m^2

《 풀이 》

1) 흡입구

고도 26km, 초기 마하수 8, ramp의 개수는 3개 이므로

① 편향각(δ: deflection angle) 계산

1st deflection angle = 1st wedge angle = 5.18°

2nd deflection angle = 2nd wedge angle − 1st wedge angle = 9.8°

3rd deflection angle = 3rd wedge angle − 2nd wedge angle = 12.72°

② 충격파 각도(θ: shock angle) 계산

$$\lambda = \sqrt{(M^2-1)^2 - 3\left(1+\frac{\gamma-1}{2}M^2\right)\left(1+\frac{\gamma+1}{2}M^2\right)\tan^2\delta}$$

$$\chi = \frac{1}{\lambda^3}[(M^2-1)^3 - 9\left(1+\frac{\gamma-1}{2}M^2\right)\left(1+\frac{\gamma-1}{2}M^2+\frac{\gamma+1}{4}M^4\right)\tan^2\delta]$$

$$\tan\theta = \frac{M^2-1+2\lambda\cos\left(\frac{4\pi+\cos^{-1}\chi}{3}\right)}{3\left(1+\frac{\gamma-1}{2}M^2\right)\tan\delta}$$ 를 이용하여

θ를 계산한다.

θ = 11°, 16.37°, 21.65°

③ 3개 충격파 이후의 마하수, 온도, 압력, 속도 계산

$$M_{2a} = \sqrt{\frac{1+\frac{\gamma-1}{2}M_1^2}{\gamma M_1^2\sin^2\theta - \frac{\gamma-1}{2}} + \frac{M_1^2\cos^2\theta}{1+\frac{\gamma-1}{2}M_1^2\sin^2\theta}} = 3.8289$$

$$P_{2a} = \frac{2\gamma M_1^2\sin^2\theta - \gamma+1}{\gamma+1}P_1 = 0.9404\,atm$$

$$T_{2a} = \left[2+(\gamma-1)M_1^2\sin^2\theta\right]\frac{2\gamma M_1^2\sin^2\theta-\gamma+1}{(\gamma+1)^2M_1^2\sin^2\theta}T_1 = 781.03\,K$$

$$U_{2a} = M_{2a}\times\sqrt{\gamma RT_{2a}} = 2145\,m/s$$

2) 격리부

① 격리부 너비 계산

질량 유량 $\dot{m}_a = \rho UA$에서 $\rho = \frac{P}{RT}$, $U = M\sqrt{\gamma RT}$를 이용하여 다음과 같이 너비를 구한다.

$$w = \sqrt{\frac{RT}{\gamma}}\frac{\dot{m}_a}{PMh} = 1.7648\,m$$

② 상대 조도 계산

f를 구하기 위해서는 Re, ϵ_R를 알아야 한다.

ϵ_R(상대 조도)는 $\epsilon = 0.002\,mm$와 D_h을 이용하여 구한다.

$$D_h = \frac{2wh}{w+h} = 0.2071\,m$$

$$\epsilon_R = \frac{\epsilon}{D_h} = 9.6576\times10^{-6}$$

③ 레이놀즈 수 계산

레이놀즈 수를 구하기 전에 Suthorland Eq를 이용하여 공기의 점성 계수를 계산한다.

$$\mu = \frac{bT_{2a}^{3/2}}{T_{2a}+S} = 3.57\times10^{-5}\,N\cdot s/m^2$$

$(b = 1.458\times10^{-6}\,kg/m\,s\,K^{1/2},\ S = 110.4\,K)$

$$\rho = \frac{P_{2a}\times101325}{R\times T_{2a}} = 0.4251\,kg/m^3$$

$$U = M_{2a}\times\sqrt{\gamma RT_{2a}} = 2145\,m/s$$

$$Re = \frac{\rho UD_h}{\mu} = 5.2891\times10^6$$

④ Darcy Friction Factor(f) 계산

Haaland Eq으로 초기값을 구한다.

$$f = \left[-1.8\log\left[\left(\frac{\epsilon/D_h}{3.7}\right)^{1.11}\frac{6.9}{Re}\right]\right]^{-2} = 0.0024$$

Colebrook Eq과 수치 해석적 방법(Newton–Raphson법)을 이용하여 f를 구한다.

$$\frac{1}{\sqrt{f}} = -2\log\left[\frac{\epsilon/D_h}{3.7}+\frac{2.51}{Re\sqrt{f}}\right]$$

$\therefore f = 0.011$

⑤ 최종 마하수, 온도, 압력, 속도 계산(Fanno Flow만 고려)

격리부 내부 유동을 Fanno Flow로 가정한 뒤 다음과 같은 식을 이용하여 상태량을 구한다.

$$\frac{fL_{\max,1}}{D} = \left(\frac{\gamma+1}{2\gamma}\right)\ln\left[\frac{\frac{\gamma+1}{2}M^2}{1+\frac{\gamma-1}{2}M^2}\right] - \left(\frac{M^2-1}{\gamma M^2}\right) = 0.6187$$

$$\frac{fL_{\max,2}}{D} = \frac{fL_{\max,1}}{D} - \frac{fL}{D_h} = 0.5656$$

무차원 길이 식에 수치 해석적 방법(Newton–Raphson법)을 이용하여 M를 구한다.

$M_3 = 3.3189$

후방의 마하수를 다음의 식에 대입하여 상태량을 구한다.

$$\frac{T}{T^*} = \frac{T_0}{T^*}\times\frac{T}{T_0} = \left(\frac{\gamma+1}{2}\right)\cdot\frac{1}{\left(1+\frac{\gamma-1}{2}\times M^2\right)}$$

$$= \frac{\gamma+1}{2+(\gamma-1)M^2}$$

$$T_3 = T_{2a}\frac{T^*}{T_{2a}}\frac{T_3}{T^*} = 958.8\ K$$

$$\frac{P}{P^*} = \frac{\rho RT}{\rho^* RT^*} = \frac{\rho T}{\rho^* T^*} = \frac{1}{M}\sqrt{\frac{T}{T^*}}$$

$$= \frac{1}{M}[\frac{\gamma+1}{2+(\gamma-1)M^2}]^{\frac{1}{2}}$$

$$P_3 = P_{2a}\frac{P^*}{P_{2a}}\frac{P_3}{P^*} = 1.2020\,atm$$

$$U_3 = M_3\sqrt{\gamma RT_3} = 2060\,m/s$$

⑤ Fanno Flow 후 마하수, 온도, 압력, 속도 계산

격리부 내부 유동을 Fanno Flow로 가정한 뒤 다음과 같은 식을 이용하여 상태량을 구한다.

$$\frac{fL_{\max,1}}{D} = \left(\frac{\gamma+1}{2\gamma}\right)\ln\left[\frac{\frac{\gamma+1}{2}M^2}{1+\frac{\gamma-1}{2}M^2}\right] - \left(\frac{M^2-1}{\gamma M^2}\right)$$

$$= 0.6187$$

$$\frac{fL_{\max,2}}{D} = \frac{fL_{\max\cdot 1}}{D} - \frac{f\cdot x}{D_h} = 0.5709$$

무차원 길이 식에 수치 해석적 방법(Newton–Raphson법)을 이용하여 M를 구한다.

$$M_{2b} = 3.3636$$

후방의 마하수를 다음의 식에 대입하여 상태량을 구한다.

$$\frac{T}{T^*} = \frac{T_0}{T^*}\times\frac{T}{T_0} = (\frac{\gamma+1}{2})\cdot\frac{1}{(1+\frac{\gamma-1}{2}\times M^2)}$$

$$= \frac{\gamma+1}{2+(\gamma-1)M^2}$$

$$T_{2b} = T_{2a}\frac{T^*}{T_{2a}}\frac{T_{2b}}{T^*} = 941.24\,K$$

$$\frac{P}{P^*} = \frac{\rho RT}{\rho^* RT^*} = \frac{\rho T}{\rho^* T^*} = \frac{1}{M}\sqrt{\frac{T}{T^*}}$$

$$= \frac{1}{M}[\frac{\gamma+1}{2+(\gamma-1)M^2}]^{\frac{1}{2}}$$

$$P_{2b} = P_{2a}\frac{P^*}{P_{2a}}\frac{P_{2b}}{P^*} = 1.1751\,atm$$

$$U_{2b} = M_{2b}\sqrt{\gamma RT_{2b}} = 2068.5\,m/s$$

⑥ Boundary Layer Thickness 계산

격리부에서 후방으로 갈수록 경계층이 선형적으로 발달한다고 가정한다. 그러면 x 지점에서의 경계층 두께는 다음과 같다.

$$\frac{\delta}{x} = \frac{0.38}{Re^{\frac{1}{5}}} \rightarrow \delta = \frac{0.38}{(\frac{P_{2b}U_{2b}x}{RT_{2b}\mu})^{\frac{1}{5}}}\cdot x = 0.0447m$$

위 식은 매끄러운 관 내에서의 경계층 두께를 구하는 식이다. 따라서 굴절각은 다음과 같이 구할 수 있다.

$$\Delta = \tan^{-1}\frac{\delta}{x} = 0.0497rad = 2.848°$$

⑦ 경사 충격파 개수 & PCST Length 계산

경사 충격파를 구하기 위해서 흡입구 ②~③의 식을 이용하여 나오는 압력이 P_4'과 같아질때까지 반복 계산을 한다. 따라서 반복 계산한 횟수가 경사 충격파의 개수가 되고 결과값은 다음과 같다.

$M_3 = 3.0425,\ P_3 = 1.8785\ atm,\ T_3 = 1077\,K,$

$U_3 = 2001.5\,m/s$, 경사 충격파 개수 = 2개

PCST Length는 다음과 같다.

$$L_{ST_{M_{2a}>2.5}} = \frac{D_h}{4K}\frac{g_2^2}{\gamma f_2}[\frac{(\frac{P_3}{P_{2a}}-1)}{(f_2-\frac{P_3}{P_{2a}})(f_2-1)} + \frac{1}{f_2}ln(\frac{\frac{P_3}{P_{2a}}(f_2-1)}{f_2-\frac{P_3}{P_{2a}}})] + \frac{\gamma-1}{2\gamma}ln(\frac{P_3}{P_{2a}})$$

$$= 0.1026\,m$$

$$\text{오차율} = \left|\frac{0.1013-0.1026}{0.1013}\right|\times 100\% = 1.28\%$$

3) 연소실

연소실은 인젝터와 분열 지점 기준으로 3구간으로 나눌 수 있다.

① 연소실 입구 ~ 인젝터

면적 변화를 무시하면 격리부와 같이 Fanno Flow를 적용한다.

$$\mu = \frac{bT_3^{3/2}}{T_3+S} = 4.3399\times 10^{-5}N\cdot s/m^2$$

$(b = 1.458\times 10^{-6}\ kg/m\,s\,K^{1/2},\ S = 110.4\ K)$

$$\rho = \frac{P_3\times 101325}{R\times T_3} = 0.6158\ kg/m^3$$

$$U = M_3\times\sqrt{\gamma RT_3} = 2001.4\ m/s$$

레이놀즈 수와 Darcy Friction Factor(f)는 다음과 같이 나온다.

$$Re = \frac{\rho U D_h}{\mu} = 5.8810 \times 10^6$$

$f = 0.0110$

인젝터에서의 물성치는 다음과 같이 구할 수 있다.

$\therefore M_{3,injector} = 2.8541,\ P_{3,injector} = 2.0855\ atm,$

$T_{3,injector} = 1168.0\ K,\ U_{3,injector} = 1955.2\ m/s$

② 연소 구간

연료: 액체수소, 산화제: 공기, 당량비: 0.5

CEA 프로그램을 통해 구한 연소가스 물성치(mw, T_4, C_p, γ)는 표에 기록되어 있다.

$$R = \frac{R_u}{mw} = 313.145\ J/kg \cdot K$$

연소 구간은 Rayleigh Flow를 이용하여 구하는데 다음과 같은 과정을 거친다.

㉠ 연소 전, 후의 전온도를 구한다.

$$T_{0,injector} = T_{injector}\left[1 + \frac{\gamma - 1}{2} M_{injector}^2\right] = 2439.2\ K$$

$$T_{04} = T_4\left[1 + \frac{\gamma - 1}{2} M_4^2\right]$$

이때 M_4은 우리가 구하고자 하는 값으로, 일단 임의로 가정한다.

㉡ 연소 후 마하수는 다음과 같이 구한다.

$$\frac{T_{0,injector}}{T_0^*} = \frac{(1+\gamma) M_{injector}^2 [2 + (\gamma - 1) M_{injector}^2]}{(1 + \gamma M_{injector}^2)^2} = 0.6017$$

$$\frac{T_{04}}{T_0^*} = \frac{T_{04}}{T_{0,injector}} \frac{T_{0,injector}}{T_0^*}$$

위 식들을 이용하여 Newton-Rapshon법으로 연소 후 마하수를 구한다.

㉢ 위에서 구한 마하수를 이용하여 물성치를 구한다.

$$\frac{P}{P^*} = \frac{\gamma + 1}{1 + \gamma M^2}$$

$$\frac{T}{T^*} = \frac{(\gamma+1)^2 M^2}{(1 + \gamma M^2)^2}$$

㉣ Rayleigh Flow로 계산된 온도와 인젝터에서의 온도를 비교하여 M_4을 수정한다.

위 과정을 반복하여 계산한 물성치들은 다음과 같다.

$\therefore M_4 = 2.2325$

$$P_4 = P_{injector} \frac{P^*}{P_{injector}} \frac{P_4}{P^*} = 3.2274\ atm$$

$$T_4 = T_{injector} \frac{T^*}{T_{injector}} \frac{T_4}{T^*} = 1711.7\ K$$

$$U_4 = M_4 \sqrt{\gamma R T_4} = 1840\ m/s$$

③ 연소실 후방

연소실 후방은 단면적이 넓어지므로 다음의 관계식을 이용하여 구한다.

초기 단면적 $A_4 = w \cdot h = 0.1941\,m^2$

후방 단면적 $A_5 = 0.2\,m^2$(Driscoll 모델 측정값)

$$\frac{A}{A^*} = \frac{1}{M}\left[\left(\frac{2}{\gamma+1}\right)\left(1 + \frac{\gamma - 1}{2} M^2\right)\right]^{\frac{\gamma+1}{2(\gamma-1)}}$$

$$\frac{A_5}{A^*} = \frac{A_5}{A_4} \frac{A_4}{A^*} = 2.0669$$

연소실 후방 마하수는 위 식들을 이용하여 Newton-Rapshon법으로 구한다.

$\therefore M_5 = 2.3121$

연소실 후방 물성치들은 다음 관계식을 이용하여 구할 수 있다.

$$T_5 = \frac{1 + \frac{\gamma - 1}{2} M_4^2}{1 + \frac{\gamma - 1}{2} M_5^2} \cdot T_4 = 1663.5\ K$$

$$P_5 = \left(\frac{T_5}{T_4}\right)^{\frac{\gamma}{\gamma - 1}} \cdot P_4 = 2.8183\ atm$$

$$U_5 = M_5 \sqrt{\gamma R T_5} = 1878.5\ m/s$$

4) 노즐

노즐은 크게 아래 카울 벽면이 있는 부분과 벽면이 없이 대기로 노출된 부분으로 나누어 진다.

① 아래 카울 벽면이 있는 부분

$A_5 = 0.2\,m^2$

$A_{5a} = 0.6\,m^2$

$$\frac{A}{A^*} = \frac{1}{M}\left[\left(\frac{2}{\gamma+1}\right)\left(1 + \frac{\gamma - 1}{2} M^2\right)\right]^{\frac{\gamma+1}{2(\gamma-1)}}$$

$$\frac{A_{5a}}{A^*} = \frac{A_{5a}}{A_5} \frac{A_5}{A^*} = 6.2003$$

노즐 후방 마하수는 위 식들을 이용하여 Newton-Rapshon법으로 구한다.

$\therefore M_{5a} = 4.5328$

노즐 후방 물성치들은 다음 관계식을 이용하여 구할 수 있다.

$$T_{5a} = \frac{1+\frac{\gamma-1}{2}M_5^2}{1+\frac{\gamma-1}{2}M_{5a}^2} \cdot T_5 = 761.45\ K$$

$$P_{5a} = \left(\frac{T_{5a}}{T_5}\right)^{\frac{\gamma}{\gamma-1}} \cdot P_5 = 0.0693\ atm$$

$$U_{5a} = M_{5a}\sqrt{\gamma R T_{5a}} = 2491.6\,m/s$$

② 아래 벽면이 없는 부분

대기로 노출된 부분을 벽면이 있는 면적으로 추정하여 편의상 $A_6 = 1.05\,m^2$으로 하면

$$\frac{A_6}{A^*} = \frac{A_6}{A_{5a}}\frac{A_{5a}}{A^*} = 10.8506$$

노즐 출구 마하수는 위 식들을 이용하여 Newton-Rapshon법으로 구한다.

$$\therefore M_6 = 5.6659$$

노즐 출구 물성치들은 다음 관계식을 이용하여 구할 수 있다.

$$T_6 = \frac{1+\frac{\gamma-1}{2}M_{5a}^2}{1+\frac{\gamma-1}{2}M_6^2} \cdot T_{5a} = 539.17\,K$$

$$P_6 = \left(\frac{T_6}{T_{5a}}\right)^{\frac{\gamma}{\gamma-1}} \cdot P_{5a} = 0.0135\ atm$$

$$U_6 = M_6\sqrt{\gamma R T_6} = 2620.7\ m/s$$

5) 추력 및 비추력 계산

추력 :

$$F = (\dot{m}_a + \dot{m}_f)v_e - \dot{m}_a v_i + A_e(P_e - P_a)$$
$$= 47.01\ kN$$

비추력 : $I_{sp} = \dfrac{F}{\dot{m}_f g_0} = 1687.2\ s$

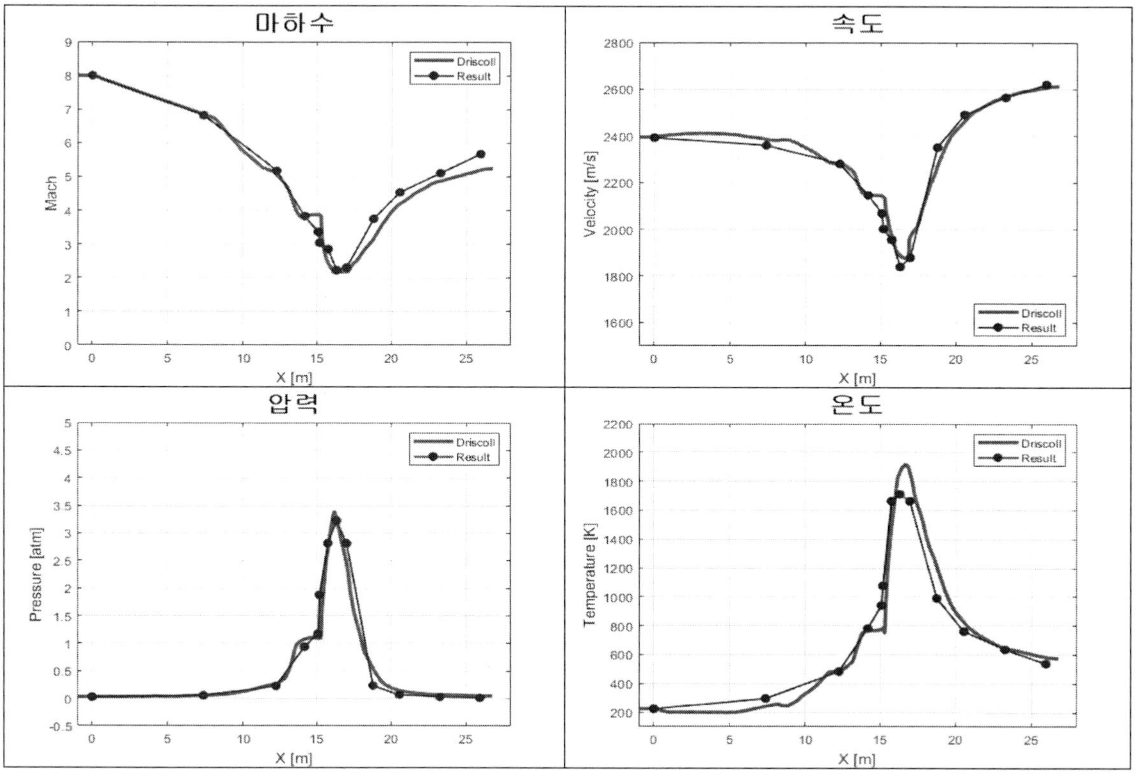

《 성능 해석 결과 》

연습문제

1 스크램제트 엔진에서 흡입공기가 해리되는 이유와 이를 방지하기 위한 방법을 설명하시오

2 극초음속 비행에 적합하도록 설계된 스크램제트 엔진의 흡입구와 노즐 형상에 대해 램제트 엔진의 흡입구와 노즐 형상과 비교하여 유사성과 다른 점을 설명하시오.

3 스크램제트 엔진의 연소기 형상으로 일정 압력 연소기와 일정 면적의 연소기 중 어느 것이 적절하며, 그 이유를 설명하시오.

4 현재 연구되고 있는 스크램제트 엔진은 경우에 따라 일정 압력 또는 일정 면적 연소기를 적용하고 있다. 그 예를 들고 그 이유를 설명하시오.

5 아음속 연소기와 초음속 연소기는 서로 어떻게 다르며 그 이유를 설명하시오.

6 스크램제트 엔진의 연소기 입구의 마하수는 2.6, 온도는 $850\,K$이다. 일정 압력 연소기와 일정 면적 연소기 두 가지 경우에 압력 회복률, 온도 회복률, 최대 공급 가능 열량을 비교하시오. (단 $Q_R = 45000\ kJ/kg$, $\gamma = 1.3$)

7 스크램제트 엔진의 흡입구는 전압력 손실을 감소하기 위하여 혼합 압축을 위해 3개 이상의 경사 충격파를 사용한다. 3개의 경사 충격파를 이용하는 스크램제트 엔진 전체의 전온도와 전압력의 변화를 이상 사이클과 실제 사이클의 T-s 선도를 그려서 비교하고, 그 이유를 설명하시오.

8 스크램제트 엔진이 공기는 $30\,kg/s$, 공연비는 0.02에서 작동한다. 배출가스의 속도가 $1200\,m/s$이며 출구 압력은 대기압과 같다. 추력이 $1000\,kW$일 때 비행기의 속도를 구하시오.

9 스크램제트 엔진의 카울 앞에서 마하수 2의 공기가 40°의 각을 갖는 평면 경사 충격파가 되도록 공기를 감속시킨다. 카울 경사 충격파를 지난 공기는 효율 90%의 격리부를 지나간다. 카울 효율과 전체 압축효율을 구하시오.

10 스크램제트 엔진 연소기의 연소 효율이 90%이다. 연소기 입구의 전온도가 444 K이며, 연소기 출구의 온도가 2,078K이라면 연료-공기비를 구하시오. (전온도 상승 근사식은 $\Delta T_x / \Delta T = Q_{R_{ref}} / \eta_b Q_R$이며, $Q_{R_{ref}} = 44,192\,kJ/kg$ $Q_R = 43,000\,kJ/kg$임)

11 이상적인 이중 연소 램제트 엔진을 생각하자. 초음속 연소실로 공급된 공기와 아음속 연소실로 공급된 공기의 비를 β라 할 때, 다음을 구하시오.

(1) 엔진의 추력식을 다음과 같이 나타낼 수 있음을 T-s 선도를 그려서 설명하시오.

$$F = \dot{m}_a(1+f)u_e + \beta u_e$$

12 스크램제트 엔진이 적용된 비행기가 고도 25 km에서 마하수가 6.0으로 비행하고 있다. 연소실 출구에서의 온도는 2100 K이다. 엔진에서의 손실은 무시하며, 공기량은 10 kg/s이며, 연공비는 0.02이다. 추력, 열효율, 추진 효율, 전체 효율을 구하시오.

(단, 공기: $\gamma = 1.4$, $c_p = 1004 J/kg \cdot K$)

13 고도 30 km에서 마하 6으로 비행하는 극초음속 비행체에 스크램제트 엔진이 작동하고 있다. 흡입구와 격리부에서 발생하는 압력 손실은 식 12-58)를 통해 계산할 수 있다. 연소기는 일정 압력 연소실이며 출구에서 쵸킹이 된다. 배기 제트 출구 압력은 대기 압력과 같다. 다음을 구하시오. ($Q_R = 43,030\,kJ/kg$)

(1) 연공비 (2) 노즐 출구 마하수(M_6) (3) 순추력 (4) 연료 소모율

(5) 연소실 팽창비(A_5/A_3) (6) 노즐 팽창비(A_6/A_5) (7) 열효율 (8) 추진 효율

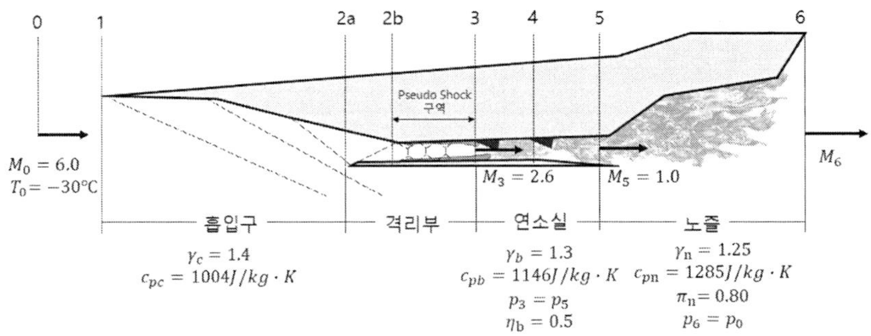

참고문헌

Chapter 1 서론

1) 한국추진공학회, "항공우주추진기관 개론", 한티미디어, 2008.
2) 한국항공우주학회, "항공우주학개론", 경문사, 2020.
3) Bussing, T. Bratkovich, T. Hinkey, J. "Practical Implementation of Detonation Engines", AiAA 97-2748, 1997.
4) http://history.nasa.gov

Chapter 2 열역학 복습

1) Cengel, Y "Thermodynamics (an engineering approach)", 9th, McGrawHill, 2020.
2) John, J, "Gas Dynamics", 3rd, Pearson, 2006.
3) Anderson, J.D., Jr. "Modern Compressible Flow", 3rd edition, McGraw-Hill, New York, 2003.
4) Anderson, J.D., Jr., "Fundamentals of Aerodynamics", 4th edition, McGraw-Hill, New York, 2005.
5) Shapiro, A.H.,"The Dynamics and Thermodynamics of Compressible Fluid Flow", Vol. I and II, The Ronald Press, New York, 1953.

Chapter 3 가스터빈 개론

1) 한국항공우주학회, "항공우주학개론", 경문사, 2020.
2) Farokhi, S., "Aircraft Propulsion", 2nd, Wiley, 2014.
3) Sayed, A., "Aircraft Propulsion and Gas Turbine Engines", 2nd, CRC Press, 2017.
4) Mattingly, J., "Elements of Gas Turbine Propulsion", 6th, McGraw Hill, 1996.
5) Mattingly, J., "Elements of Propulsion: Gas Turbines and Rockets", AIAA, 2006.
6) Birch R.E. "Gas Turbine Engines for pilots and mechanics", Jepprsen, 2001.
7) https://en.wikipedia.org/wiki/Frank_Whittle
8) https://commons.wikimedia.org/wiki/File:GE_J31_Aircraft_Engine.jpg.
9) http://history.nasa.gov
10) https://pwgtf.com/

11) https://www.rolls-royce.com/innovation

12) https://en.wikipedia.org/wiki/Rolls-Royce

13) https://www.sciencedirect.com/topics/engineering/annular-combustor

14) Ballal, D and Zelina, J, "Progress in Aero-Engine Technology, 1939-2003 (invited)", 39th AIAA/ASME/SAE/ASEE Joint Propulsion Conference and Exhibit 2023 July Huntsville, Alabama, USA, AIAA 2003-4412, 2003.

Chapter 4 엔진의 성능 파라미터

1) Farokhi, S., "Aircraft Propulsion", 2nd, Wiley, 2014.

2) Mattingly, J., "Elements of Gas Turbine Propulsion", 6th, McGraw Hill, 1996.

3) Mattingly, J., "Elements of Propulsion: Gas Turbines and Rockets", AIAA, 2006.

Chapter 5 가스터빈 엔진 성능해석

1) 홍용식 "가스터빈의 기초이론", 청문각, 1995.

2) 공창덕, 구자예, 김귀순, 정홍철, "항공가스터빈엔진" 동명사, 1999.

3) Kerrebrock, J.L. "Aircraft Engines and Gas Turbines, 2nd edition", MIT Press,5 Cambridge, Mass, 1992.

4) Farokhi, S., "Aircraft Propulsion", 2nd, Wiley, 2014.

5) Mattingly, J., "Elements of Gas Turbine Propulsion", 6th, McGraw Hill, 1996.

6) Mattingly, J., "Elements of Propulsion: Gas Turbines and Rockets", AIAA, 2006.

7) Sayed, A., "Aircraft Propulsion and Gas Turbine Engines", 2nd, CRC Press, 2017.

8) Cengel, Y "Thermodynamics (an engineering approach)", 9th, McGrawHill, 2020.

9) Birch R.E. "Gas Turbine Engines for pilots and mechanics", Jepprsen, 2001.

Chapter 6 흡입구

1) 허엽, 문규환, 성홍계, "극초음속 쐐기형 흡입구의 최대 전압력 회복률을 위한 오스와치 기법 분석", 한국항공우주학회지, Vol 45, No. 12, pp. 1031-1038, 2017
2) Farokhi, S., "Aircraft Propulsion", 2nd, Wiley, 2014.
3) Mattingly, J., "Elements of Gas Turbine Propulsion", 6th, McGraw Hill, 1996
4) Mattingly, J., "Elements of Propulsion: Gas Turbines and Rockets", AIAA, 2006
5) John, J, "Gas Dynamics", 3rd, Pearson, 2006.
6) Anderson, J.D., Jr. "Modern Compressible Flow", 3rd edition, McGraw-Hill, New

Chapter 7 연소기

1) https://www.sciencedirect.com/topics/engineering/annular-combustor
2) Farokhi, S., "Aircraft Propulsion", 2nd, Wiley, 2014.
3) Mattingly, J., "Elements of Gas Turbine Propulsion", 6th, McGraw Hill, 1996.
4) Mattingly, J., "Elements of Propulsion: Gas Turbines and Rockets", AIAA, 2006.

Chapter 8 압축기

1) Farokhi, S., "Aircraft Propulsion", 2nd, Wiley, 2014.
2) Mattingly, J., "Elements of Gas Turbine Propulsion", 6th, McGraw Hill, 1996
3) Mattingly, J., "Elements of Propulsion: Gas Turbines and Rockets", AIAA, 2006.
4) Philip G. Hill & Carl R. Peterson. (2009). *mechanics and thermodynamics of propulsion 2nd edition.* Pearson, 2009.
5) The Jet Engine 5th edition. Rolls Royce, Wiley, 2015.
6) https://grabcad.com/library/2-spool-high-bypass-turbofan, February 21st, 2012.

Chapter 9 터빈

1) Farokhi, S., "Aircraft Propulsion", 2nd, Wiley, 2014.
2) Mattingly, J., "Elements of Gas Turbine Propulsion", 6th, McGraw Hill, 1996
3) The Jet Engine 5th edition. Rolls Royce, Wiley, 2015.
4) Lakshminarayana.B. (1996). *Fluid dynamics and Heat transfer of Turbomachinery, 1996*

Chapter 10 통합설계와 탈설계

1) Farokhi, S., "Aircraft Propulsion", 2nd, Wiley, 2014.
3) Mattingly, J., "Elements of Gas Turbine Propulsion", 6th, McGraw Hill, 1996
4) Mattingly, J., "Elements of Propulsion: Gas Turbines and Rockets", AIAA, 20

Chapter 11 램제트

1) 성홍계, 윤현걸, "램제트/스크램제트의 기술동향과 소요기술 분석 I. 램제트엔진(액체램제트, 덕티드로켓)", 한국추진공학회지, 제10권 1호, pp. 72-86, 2006
2) 성홍계, 윤현걸, "램제트/스크램제트의 기술동향과 소요기술 분석 II. 스크램제트엔진 및 복합엔진", 한국추진공학회지, 제10권 2호, pp. 115-128, 2006
3) Oswatitsh, K. "Pressure Recover for Missiles with Reaction Propulsion at High Supersonic Speeds(The Efficiency of Shock Diffusers)," NACA TM 1140(translation), 1947.
4) Philip G. Hill & Carl R. Peterson. (2009). *mechanics and thermodynamics of propulsion 2nd edition.* Pearson.

Chapter 12 스크램제트

1) 성홍계, 윤현걸, "램제트/스크램제트의 기술동향과 소요기술 분석 I. 램제트엔진(액체램제트, 덕티드로켓)", 한국추진공학회지, 제10권 1호, pp. 72-86, 2006
2) 성홍계, 윤현걸, "램제트/스크램제트의 기술동향과 소요기술 분석 II. 스크램제트엔진 및 복합엔진", 한국추진공학회지, 제10권 2호, pp. 115-128, 2006

3) 허엽, 문규환, 성홍계, '극초음속 쐐기형 흡입구의 최대 전압력 회복율을 위한 오스와치 기법 분석, 한국항공우주학회지, 제 45권 6호, pp. 1031-1038, 2017.

4) 김선경, 전창수, 성홍계, 변종렬, 윤현걸, "이중램제트(이중연소/이중모드)엔진을 위한 램제트/스크램제트의 작동영역분배 및 성능민감도 분석 Part l.작동영역분배" 한국항공우주학회, 38권 6호, pp. 586-595, 2010.

5) 김선경, 전창수, 성홍계, 변종렬, 윤현걸, "이중램제트(이중연소/이중모드)엔진을 위한 램제트/스크램제트의 작동영역분배 및 성능민감도 분석 Part ll.성능민감도", 한국항공우주학회, 38권 6호, pp, 596-604, 2010.

6) Waltrup, P.J. Billig, F.S. "Structure of shock waves in cylindrical ducts." AIAA journal 11(10), pp:1404-1408, 1973.

7) Boyce, R. R., Paull, A., Stalker, R. J., Wendt, M., Chinzei, N., and Miyajima, H., "Comparison of supersonic combustion between impulse and vitiation-heated facilities", Journal of Propulsion and Power, Vol 16(4), pp.709-717, 2000.

8) John D Anderson, 2012, Modern Compressible Flow : with historical perspective, 3rd9 Edition, McGraw-Hill, NewYork

9) Sean M. Torrez, Derek J. Dalle, James F. Driscoll, 2010, "Dual Mode Scramjet Design to Achieve Improved Operational Stability," AIAA 2010-6957

10) Vijay Gopal and Donald R Wilson, 2016, Reduced-Order Analysis of Dual Mode Scramjet Isolator Operation, AIAA, San Diego, California, USA

찾아보기

ㅈ

ㅊ